Non-Stop High-Pass

소방시설관리사

제2차

소방시설의
설계 및 시공

소방기술사 / 소방시설관리사 / 전기안전기술사

김 상 현 저

동일
출판사

머리말

1 저자 생각

건축물이 고층화, 대형화 및 복합화 되어감에 따라 화재발생 시 인명피해 및 재산피해가 증가하고 있습니다. 이러한 사유로 건축물의 화재안전성 및 피난안전성을 확보하기 위하여 설치된 소방시설에 대한 철저한 점검과 유지관리의 중요성이 절실히 요구되고 있습니다. 관련법에 따라 소방시설관리사가 종합정밀점검은 물론 작동기능점검에도 참여하여야 함에 따라서 관리사의 수요는 현재보다 더욱 증가될 것이며, 이론과 실무를 겸비한 능력 있는 관리사가 인정받는 시대가 올 것입니다.

이러한 시대의 흐름에 맞추어 본인에 맞는 미래를 체계적으로 설계해야 할 때입니다.

 남과는 다른! 남보다 앞서가는! 눈부신 미래를 위한 첫걸음!
제가 안내하겠습니다. Follow Me !!!

2 본서의 특징

① 출제경향을 철저히 분석하여 집필한 소방시설관리사 Non-Stop High-Pass
② 핵심 요점정리(소방기계 일반+소방전기 일반+화재안전기준+법령+기타) 수록
③ 출제 예상문제를 충분히 수록하여 이론교재와 문제풀이 교재를 체계적으로 단권화
④ 계산문제 중심의 교재(기본문제+중급문제 수록) + 최종 마무리 + 심화문제 수록
⑤ 최신 출제경향을 반영, 단원별 출제 예상문제만 수록하여 교재를 Slim하게 알짜만 담았습니다.
⑥ 과년도 기출문제 수록(7~25회)

3 소방시설관리사 실기공부 방법

① 쉬운 내용부터 어려운 내용으로 단계적으로 학습할 것
② 가장 취약한 과목부터 공부할 것
③ 자신감을 가질 것
④ 오답노트를 작성할 것
⑤ 학습순서 : 화재안전기준 정리→소방시설의 설계 및 시공 또는 소방시설의 점검실무행정
⑥ 과목별 득점 전략을 세울 것
⑦ 계산문제와 서술형 문제에 시간을 균등히 분배할 것

⑧ 매일 공부하는 습관을 만들 것(1일 공부량을 설정할 것)

⑨ 문제풀이보다 이론공부가 먼저임을 잊지 말 것

⑩ 암기수첩을 만들 것

4 소방시설관리사 합격을 위한 준비사항

① 주변을 정리하자, 친목모임이 많을수록 공부시간이 줄어든다.

② 내가 공부하고 있음을 주변에 알리자. 그래야 감시의 눈이 많아진다.

③ 주변의 시선을 무시하자. 대신 공부해 주지 않는다.

④ 집안일, 경조사보다 먼저 공부를 우선시 하자.

⑤ 합격 후 구체적인 목표를 세우자.

⑥ 투명인간이 되자.

⑦ 이제 나도 "관리사"라는 생각을 갖고 공부에 임하자. 간절하면 이루어진다.

⑧ 포기하고 싶을 때마다 합격의 순간을 생각하자.

⑨ 소방시설관리사 응시자격이 됨을 감사하게 생각하자.

⑩ 초심을 잃지 말자.

5 소방시설의 설계 및 시공 공부전략

① 본 공부 시작 전 핵심 요점정리를 암기할 것

② 소방전기, 소방기계 등 기초이론에 충분한 시간을 투자할 것

③ 관련된 계산공식 및 단위를 반드시 숙지할 것

④ 기출문제를 완벽히 풀 수 있을 때까지 매일 실제 답안지에 작성하고 관련된 이론은 반드 시 숙지할 것

⑤ 오답노트를 작성하여 답안작성 시 실수를 줄일 수 있도록 할 것

⑥ 목표점수 : 80점 이상

⑦ 암기법, 키워드 및 단원별 핵심 요점정리를 숙지할 것

⑧ 설비별 동작원리 및 동작순서(Block Diagram) 정리할 것

⑨ 설비별 성능시험방법 정리할 것

⑩ 매일 시험 보는 습관을 가질 것

6 출제경향 분석

① 계산문제와 서술형 문제

구 분	10회	11회	12회	13회	14회	15회	16회	17회	18회	19회	20회	21회	22회	23회	24회	25회
계산 문제	44	51	50	66	70	64	47	49	73	84	42	54	73	82	73	84
서술형 문제	56	49	50	34	30	36	53	51	27	16	58	46	27	18	27	16

② 화재안전기준 및 기타

구 분	10회	11회	12회	13회	14회	15회	16회	17회	18회	19회	20회	21회	22회	23회	24회	25회
화재안전기준	56	50	95	100	53	79	54	64	57	78	24	54	66	58	52	74
기타	44	50	5	0	47	21	46	36	43	22	76	46	34	42	48	26

7 소방시설관리사

① 시험시간

시험구분	시험과목		시험시간	문항수
제1차 시 험	5개 과목		09:30~11:35(125분) (09:00까지 입실)	과목별 25문항 (총 125문항)
	4개 과목 (일부면제자)		09:30~11:10(100분) (09:00까지 입실)	
제2차 시 험	1교시	소방시설의 점검실무행정	09:30~11:00(90분) (09:00까지 입실)	과목별 3문항 (총 6문항)
	2교시	**소방시설의 설계 및 시공**	11:50~13:20(90분) (11:20까지 입실)	

② 2차 시험과목 및 시험방법

구분	시험과목	시험방법
2차시험	1. 소방시설의 점검실무행정(점검절차 및 점검기구 사용법 포함) 2. 소방시설의 설계 및 시공	논문형을 원칙으로 기입 형을 가미

③ 합격결정 기준

2차시험	매 과목 100점을 만점으로 하되, 시험위원의 채점 점수 중 최고점수와 최저점수를 제외 한 점수가 매 과목 평균 40점 이상, 전 과목 평균 60점 이상을 득점한 자

8 맺음말

본 교재에 대한 오타신고, 개선사항 및 질의사항은 아래 홈페이지에 올려주시면 감사하겠습니다. 교재 정오표 및 보충자료 또한 아래 홈페이지에 게시하겠습니다.

▸ 동일출판사 http://www.dongilbook.co.kr

소방시설관리사 관련 동영상 강의는 아래의 배울학 사이트에서 보실 수 있습니다.

▸ 동영상 강좌 http://www.baeulhak.com

관리사 공부는 단거리가 아닌 지구력을 요하는 마라톤과 같습니다. 끝까지 페이스를 잃지 않고 꾸준히 하시는 분 만이 결승선을 통과할 수 있습니다. 앞만 보고 달리십시오. 힘들면 잠시 쉬었다가 가셔도 됩니다. 절대로 뒤를 돌아보시거나 앞으로 달리기를 주저하시면 안 됩니다.

본 수험서가 관리사 시험을 합격하는데 조금이나마 도움이 되었으면 하는 작은 바람을 가져 봅니다. 또한, 최적의 수험서가 될 수 있도록 최선의 노력을 다하겠습니다.

끝으로 본 교재가 출판되기까지 도움을 주신 동일출판사 관계자 분들과 물심양면(物心兩面)으로 도움을 준 사랑하는 아내와 두 아이에게 미안함과 고마움을 전합니다.

저자 김상현 드림

• 現 배울학 소방분야 대표교수 / • 소방기술사
• 소방시설관리사 / • 전기안전기술사

책의 차례

1 핵심 요약정리

2 소방시설의 설계 및 시공

 **3** 최종 마무리문제(문제 01~25) / 371

 4 심화문제(문제 01~30) / 447

 5 설계 및 시공 기출문제

MEMO

소방시설관리사 2차

1편
핵심 요약정리

01 소방기계 일반

1 유체의 단위

(1) SI 기본단위

양	기호	명명
길이	m	meter(미터)
질량	kg	kilogram(킬로그램)
시간	s	second(세컨드)
전류	A	Ampere(암페어)
온도	K	Kelvin(켈빈)
광도	cd	Candela(칸델라)
물질의 양	mol	mole(몰)

(2) SI 보조단위

양	기호	명명
평면각	rad	Radian(라디안)
입체각	sr	Steradian(스테라디안)

(3) 고유 명칭을 갖는 유도단위

물리량	명칭	기호	기본단위 조합
힘	newton(뉴턴)	N	$kg \cdot m/s^2$
압력	pascal(파스칼)	Pa	N/m^2
에너지, 일, 열량	joule(주울)	J	$N \cdot m$
동력, 전력	watt(와트)	W	J/s
전하	coulomb(쿨롱)	C	$A \cdot s$
전압	volt(볼트)	V	J/C
광속	lumen(루멘)	lm	$cd \cdot sr$
조도	lux(룩스)	lx	lm/m^2

(4) SI 단위 접두어 및 배수

접두어	배수	접두어	배수
T(테라)	10^{12}	d(데시)	10^{-1}
G(기가)	10^9	c(센티)	10^{-2}
M(메가)	10^6	m(밀리)	10^{-3}
k(킬로)	10^3	μ(마이크로)	10^{-6}
h(헥토)	10^2	n(나노)	10^{-9}
da(데카)	10^1	p(피코)	10^{-12}

(5) 주요 단위 환산

물리량	주요 단위환산
길이	1[ft ; 피트]=0.3048[m], 1[inch ; 인치]=25.4[mm]=2.54[cm] 1[mile ; 마일]=1,609.344[m]
질량	1[lb ; 파운드]=0.4536[kg]
부피	1[gal ; 갤런]=3.785[l], 1[m^3 ; 세제곱미터]=1,000[l]
열량	1[BTU]=0.252[kcal], 1[kcal ; 킬로칼로리]=427[kgf·m] 1[kcal]=427×9.8=4,184[J]
힘	1[kgf ; 킬로그램 중]=9.8[N]=9.8×10^5 dyne 1[N ; 뉴턴]=$\frac{1}{9.8}$[kgf] 1[N]=1[kg·m/s^2], 1[N]=10^5 dyne = 10^5 g·cm/s^2
점성계수	1p[poise ; 푸아즈]=1[g/cm·s]=1[dyne·s/cm^2]=0.1[kg/m·s]
동점성계수	stokes(스토크스)[cm^2/s]
일	1[J ; 줄]=1[N·m]=10^7[erg] = 10^7 [dyne·cm] 1[kgf·m]=9.8[N·m]=9.8[J]
동력	1[kW]=102[kgf·m/s]=1.36[PS] 1[PS]=75[kgf·m/s]=735[W]
물의 밀도	1[g/cm^3]=1[kg/L]=1,000[kg/m^3]=1,000[N·s^2/m^4]=102[kgf·s^2/m^4]
물의 비중량	1[gf/cm^3]=1[kgf/L]=1,000[kgf/m^3]=9,800[N/m^3]=9.8[kN/m^3]

(6) 그리스 문자표

기호	명명	기호	명명
α	alpha(알파)	ν	nu(뉴)
β	beta(베타)	ξ	xi(크사이)
γ	gamma(감마)	o	omicron(오미크론)
δ	delta(델타)	π	pi(파이)
ϵ	epsilon(입실론)	ρ	rho(로우)
ζ	zeta(제타)	σ	sigma(시그마)
η	eta(에타)	τ	tau(타우)
θ	theta(세타)	υ	upsilon(웁실론)
ι	iota(이오타)	ϕ	phi(프아이)
κ	kappa(카파)	χ	chi(카이)
λ	lambda(람다)	ψ	psi(프사이)
μ	mu(뮤)	ω	omega(오메가)

(7) 밀도 및 비체적

1) 밀도(비질량)

① 정의 : 단위 체적당 유체의 질량

② 밀도의 계산 : $\rho = \dfrac{m}{V} = \dfrac{1}{V_s}$

m : 질량[kg], V : 체적[m³], V_s : 비체적[m³/kg]

2) 물의 밀도

$\rho = 1[\text{g/cm}^3] = 1[\text{kg/L}] = 1,000[\text{kg/m}^3] = 1,000[\text{N} \cdot \text{s}^2/\text{m}^4] = 102[\text{kgf} \cdot \text{s}^2/\text{m}^4]$

3) 비체적

① 정의 : 단위 질량당의 체적(밀도의 역수)

② 단위 : [m³/kg]

③ 계산식 : $V_s = \dfrac{1}{\rho}$

(8) 비중량 및 비중

1) 비중량 : $\gamma = \dfrac{W}{V} = \rho \times g$ [N/m³]

ρ : 밀도[kg/m³], W : 중량[N], V : 부피[m³], g : 중력가속도(9.8[m/s²])

2) 비중(Specific gravity) : $S = \dfrac{\rho}{\rho_w} = \dfrac{\gamma}{\gamma_w}$

ρ : t[℃] 물질의 밀도[kg/m³], $\qquad \rho_w$: 4[℃] 물의 밀도[kg/m³]

γ : t[℃] 물질의 비중량[kN/m³], $\qquad \gamma_w$: 4[℃] 물의 비중량[kN/m³]

2 압력(pressure)

(1) 압력의 계산

$$P = \gamma h = \dfrac{F}{A} \ [\text{N/m}^2]$$

γ : 비중량[N/m³], h : 높이[m], A : 단면적[m²], F : 힘[N]

(2) 절대압력

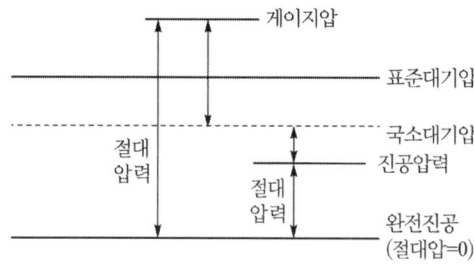

1) 절대압력 = 국소대기압 + 게이지압(계기압력)

2) 절대압력 = 국소대기압 − 진공압력

(3) 압력의 단위변환

$$
\begin{aligned}
1[\text{atm}] &= 760[\text{mmHg}] & &= 76[\text{cmHg}] \\
&= 1.0332[\text{kgf/cm}^2] & &= 10,332[\text{kgf/m}^2] \\
&= 10.332[\text{mH}_2\text{O}] & &= 10,332[\text{mmH}_2\text{O}] \\
&= 10.332[\text{mAq}] & &= 10,332[\text{mmAq}] \\
&= 14.7[\text{psi}] & &= 14.7[\text{lb/in}^2] \\
&= 101,325[\text{Pa}] & &= 101.325[\text{kPa}] & &= 0.101325[\text{MPa}] \\
&= 1,013[\text{mbar}] & &= 1.013[\text{bar}]
\end{aligned}
$$

3 유량의 계산

(1) 체적유량

$$Q = A_1 V_1 = A_2 V_2 [\text{m}^3/\text{s}]$$

여기서, A_1, A_2 : 단면적[m²], V_1, V_2 : 유속[m/s]

(2) 질량유량

$$m = \rho_1 A_1 V_1 = \rho_2 A_2 V_2 [\text{kg/s}]$$

여기서, ρ_1, ρ_2 : 밀도[kg/m³]

(3) 중량유량

$$G = \gamma_1 A_1 V_1 = \gamma_2 A_2 V_2 [\text{N/s}]$$

여기서, γ_1, γ_2 : 비중량[N/m³]

(4) 압력에 따른 유량 산출

1) 헤드 : $Q = K\sqrt{10P}$

　　여기서, Q : 유량[L/min], K : 상수, P : 압력[MPa]

2) 옥내·외 소화전 : $Q = 0.653 \times CD^2\sqrt{10P}$

　　여기서, Q : 유량[L/min], C : 유량계수, D : 내경[mm], P : 압력[MPa]

(5) 벤투리미터(=오리피스미터)

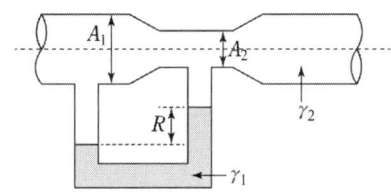

$$Q = \frac{CA_2}{\sqrt{1-\left(\frac{A_2}{A_1}\right)^2}}\sqrt{2g\frac{\gamma_1-\gamma_2}{\gamma_2}R} = \frac{CA_2}{\sqrt{1-\left(\frac{A_2}{A_1}\right)^2}}\sqrt{2g\frac{P_1-P_2}{\gamma_2}}\ [\text{m}^3/\text{s}]$$

여기서, C : 벤투리 계수(또는 오리피스 계수), A_1, A_2 : 단면적$[\text{m}^2]$

P_1, P_2 : 압력$[\text{N}/\text{m}^2]$, γ_1, γ_2 : 비중량$[\text{N}/\text{m}^3]$, R : 마노미터의 높이$[\text{m}]$

4 베르누이방정식

(1) 이상유체에서의 베르누이 방정식

$$\frac{P_1}{\gamma_1} + \frac{V_1^2}{2g} + Z_1 = \frac{P_2}{\gamma_2} + \frac{V_2^2}{2g} + Z_2$$

V_1, V_2 : 유속$[\text{m}/\text{s}]$, P_1, P_2 : 압력$[\text{Pa}]$ 또는 $[\text{N}/\text{m}^2]$

Z_1, Z_2 : 위치수두$[\text{m}]$, γ_1, γ_2 : 비중량$[\text{N}/\text{m}^3]$

(2) 실제유체에서의 베르누이 방정식

$$\frac{P_1}{\gamma_1} + \frac{V_1^2}{2g} + Z_1 = \frac{P_2}{\gamma_2} + \frac{V_2^2}{2g} + Z_2 + \triangle H$$

$\triangle H$: 손실수두$[\text{m}]$, V_1, V_2 : 유속$[\text{m}/\text{s}]$, P_1, P_2 : 압력$[\text{Pa}]$ 또는 $[\text{N}/\text{m}^2]$

Z_1, Z_2 : 위치수두$[\text{m}]$, γ_1, γ_2 : 비중량$[\text{N}/\text{m}^3]$

5 파스칼의 원리

$$P_1 = P_2\ ,\quad \frac{F_1}{A_1} = \frac{F_2}{A_2}$$

P_1, P_2 : 압력$[\text{Pa}]$, F_1, F_2 : 힘$[\text{N}]$, A_1, A_2 : 단면적$[\text{m}^2]$

6 토리첼리의 식

$$V = C\sqrt{2gH}$$

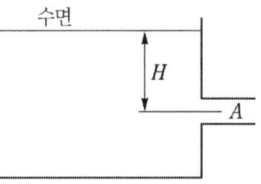

V : A점에서의 유속$[\text{m}/\text{s}]$

C : 유량계수(=속도계수 × 수축계수)

g : 중력가속도$(9.8[\text{m}/\text{s}^2])$

H : 높이$[\text{m}]$

7 피토-정압관

$$V = C\sqrt{2g \times \frac{\Delta P}{\gamma_2}} = C\sqrt{2g\frac{\gamma_1 - \gamma_2}{\gamma_2}R}$$

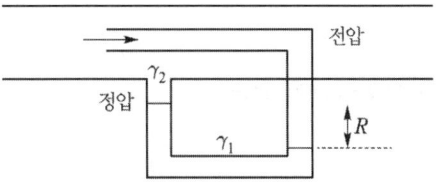

C : 유량계수

γ_2 : 물의 비중량[N/m³]

γ_1 : 마노미터 내 물질의 비중량[N/m³]

ΔP : 전압과 정압의 차(동압)[N/m²]

R : 마노미터의 높이차[m]

8 유체의 반발력 및 반동력

(1) 운동량 변화에 의한 반발력(운동량에 의해 생기는 반발력) = 노즐에 걸리는 반발력

$$F = \rho Q(V_2 - V_1)[\text{N}]$$

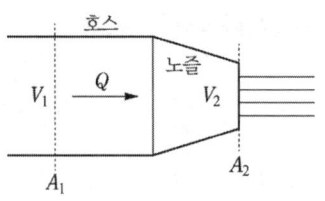

여기서, ρ : 밀도[kg/m³]

   (물의 밀도 : 1,000[kg/m³])

   Q : 유량[m³/s]

   V_1 : 소방호스의 유속[m/s]

   V_2 : 노즐의 유속[m/s]

(2) 플랜지 볼트에 작용하는 힘

$$F = \frac{\gamma Q^2 A_1}{2g}\left(\frac{A_1 - A_2}{A_1 A_2}\right)^2[\text{N}]$$

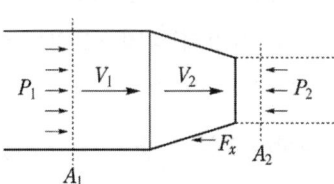

여기서, γ : 비중량[N/m³]

   (물의 비중량 9,800[N/m³])

   Q : 유량[m³/s]

   A_1 : 소방호스의 단면적[m²]

   A_2 : 노즐의 단면적[m²]

(3) 노즐의 반동력

① 반동력 $R = 1.57PD^2$

   여기서, P : 방수압력[MPa], D : 내경[mm], R : 반동력[N]

② 반동력 $F = \rho QV[\text{N}]$

   여기서, ρ : 밀도[kg/m³], Q : 유량[m³/s], V : 유속[m/s]

9 수력반경의 계산

(1) 원관의 경우

$$R_h = \frac{A}{\ell} = \frac{\pi D^2/4}{\pi D} = \frac{D}{4}$$

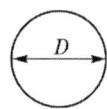

D : 직경[m]

(2) 이중배관의 경우

$$R_h = \frac{A}{\ell} = \frac{1}{4}(D-d)$$

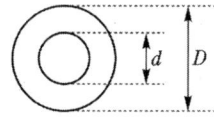

D : 외경[m], $\quad d$: 내경[m]

(3) 사각형의 경우

$$R_h = \frac{A}{\ell} = \frac{ab}{2(a+b)}$$

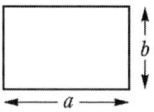

(4) 수력지름(4각형 유로)

$$D_h = \frac{4A}{\ell} = \frac{4ab}{2(a+b)} = \frac{2ab}{(a+b)}$$

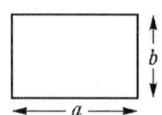

a : 폭[m], $\quad b$: 높이[m]

10 레이놀즈수

(1) 레이놀즈수(Re)에 의한 분류

① 층류 : Re ≤ 2,100

② 천이(임계)영역 : 2,100 < Re < 4,000

③ 난류 : Re ≥ 4,000

(2) 레이놀즈수의 계산

$$R_e = \frac{관성력}{점성력} = \frac{dV\rho}{\mu} = \frac{dV}{\nu}$$

μ : 점성계수[kg/m·s]

ρ : 밀도[kg/m^3]

ν : 동 점성계수[m^2/s]

V : 유속[m/s]

d : 내경[m]

11 마찰손실 및 압력손실의 계산

(1) Darcy-Weisbach의 식

$$\triangle H = \frac{P}{\gamma} = \frac{f\ell V^2}{2gD}$$

$\triangle H$: 마찰손실수두[m],　P : 압력차[Pa] 또는 [N/m²],　V : 유속[m/s]

γ : 비중량(물의 경우 9,800[N/m³]),　f : 관 마찰계수,　ℓ : 길이[m]

(2) Hazen-Williams의 공식

$$\triangle P_m = 6.174 \times 10^4 \times \frac{Q^{1.85}}{C^{1.85} \times D^{4.87}} \times \ell \quad \rightarrow \quad ①식$$

$\triangle P_m$: 마찰손실압력[MPa],　Q : 토출량[ℓ/min],　C : 조도(Roughness)

D : 관의 내경[mm],　ℓ : 길이[m]

※ 1[kgf/cm²]=0.1[MPa]의 관계를 고려하여 식을 정리하였음.

표준대기압을 이용하여 단위 환산하는 경우 하젠-윌리암(Hazen-Williams)의 식

$$\triangle P_m = 6.174 \times 10^5 \times \frac{Q^{1.85}}{C^{1.85} \times D^{4.87}} [\text{kgf/cm}^2/\text{m}]의 관계에서$$

[kgf/cm²]을 [MPa] 로 환산하면

$$\triangle P_m = 6.174 \times 10^5 \times \frac{Q^{1.85}}{C^{1.85} \times D^{4.87}} \times \ell [\text{kgf/cm}^2] \times \frac{0.101325[\text{MPa}]}{1.0332[\text{kgf/cm}^2]}$$

$$\triangle P_m = 6.05 \times 10^4 \times \frac{Q^{1.85}}{C^{1.85} \times D^{4.87}} \times \ell [\text{MPa}] \quad \rightarrow \quad ②식$$

①식과 ②식 모두 단위환산의 개념적 차이로 인하여 수치상의 차이가 나는 것이므로 문제에서 명확하게 공식을 주어지지 않으면 어느 식을 써도 무방할 것으로 사료된다.
개념적 차이 (1 [kgf/cm²]=0.1[MPa]과 1.0332[kgf/cm²]=0.101325[MPa])

(3) 등가길이(관 부속품에 의한 손실)

$$L_e = \frac{KD}{f}$$

K : 손실계수

D : 배관내경[m]

f : 관 마찰계수 $\left(f = \frac{64}{R_e} \right)$

(4) 돌연 확대관의 손실

$$\triangle H = \frac{(V_1 - V_2)^2}{2g} = K \frac{V_1^2}{2g}$$

$$K = \left(1 - \frac{A_1}{A_2}\right)^2 = \left(1 - \frac{D_1^2}{D_2^2}\right)^2$$

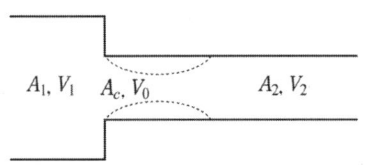

$\triangle H$: 마찰손실[m], V_1, V_2 : 각 지점에서의 유속[m/s]

A_1, A_2 : 각 지점에서의 단면적[m²], K : 손실계수

(5) 돌연 축소관의 손실

$$\triangle H = \frac{(V_c - V_2)^2}{2g} = K \frac{V_2^2}{2g}$$

$$K = \left(\frac{1}{C_c} - 1\right)^2$$

$\triangle H$: 마찰손실[m], V_0, V_2 : 각 지점에서의 유속[m/s]

A_c, A_2 : 각 지점에서의 단면적[m²], C_c : 베나 축소계수, K : 손실계수

12 전양정(전수두)의 계산

(1) 압력계, 진공계(또는 연성계) 이용

전양정 = 진공계 + 압력계 + 높이차

① 진공계 지시값 = 흡입측 수두 + 흡입측 마찰손실수두

② 압력계 지시값 = 토출측 수두 + 토출측 마찰손실수두 + 방출구(또는 노즐 선단)압력 환산수두

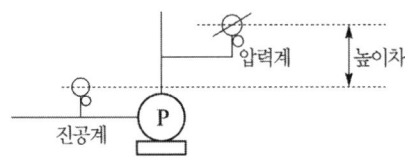

(2) 베르누이 방정식의 이용

$$H = \frac{P}{\gamma} + \frac{V^2}{2g} + Z + \triangle H$$

전수두 = 압력수두 + 속도수두 + 위치수두 + 마찰손실수두

(3) 헤드 또는 방수구에서의 전양정 계산

$$H = h_1 + h_2 + h_3 + h_4$$

h_1 : 설계압력 환산수두 또는 방사압력 환산수두

h_2 : 배관의 마찰손실수두

h_3 : 낙차

h_4 : 소방용 호스의 마찰손실수두

(4) 소화설비에 따른 전 양정의 계산

소화설비	전양정의 계산	비 고
옥내소화전설비	$H = h_1 + h_2 + h_3 + 17[\text{m}]$	h_1 : 호스의 마찰손실수두 h_2 : 배관의 마찰손실수두 h_3 : 낙차의 환산수두 17 : 노즐선단의 방사압력환산수두
옥외소화전설비	$H = h_1 + h_2 + h_3 + 25[\text{m}]$	h_1 : 호스의 마찰손실수두 h_2 : 배관의 마찰손실수두 h_3 : 낙차의 환산수두 25 : 노즐선단 방사압력환산수두
포소화설비	$H = h_1 + h_2 + h_3 + h_4[\text{m}]$	h_1 : 호스의 마찰손실수두 h_2 : 배관의 마찰손실수두 h_3 : 낙차의 환산수두 h_4 : 방출구의 설계압력 환산수두 또는 노즐선단의 방사압력 환산수두
스프링클러설비	$H = h_1 + h_2 + 10[\text{m}]$	h_1 : 낙차의 환산수두 h_2 : 배관의 마찰손실수두 10 : 헤드 방사압력 환산수두
물분무소화설비	$H = h_1 + h_2 + h_3[\text{m}]$	h_1 : 낙차의 환산수두 h_2 : 배관의 마찰손실수두 h_3 : 물분무헤드의 설계압력 환산수두
연결송수관설비	$H = h_1 + h_2 + h_3 + h_4[\text{m}]$ - 소방차의 가압송수능력	h_1 : 호스의 마찰손실수두 h_2 : 배관의 마찰손실수두 h_3 : 낙차의 환산수두 h_4 : 노즐선단의 방사압력환산수두

13 유효흡입양정의 계산

(1) 부압방식(수조가 펌프보다 낮은 경우)

$$NPSH_{av} = H_a - H_h - H_f - H_v$$

H_a : 대기압수두[m]

H_h : 흡입수두[m]

H_f : 마찰손실수두[m]

H_v : 유체 포화증기압 환산수두[m]

(2) 정압방식(수조가 펌프보다 높은 경우)

$$NPSH_{av} = H_a + H_h - H_f - H_v$$

H_a : 대기압수두[m]

H_h : 압입수두[m]

H_f : 마찰손실수두[m]

H_v : 유체 포화증기압 환산수두[m]

14 비속도 및 상사법칙

(1) 비속도

$$N_s = \frac{NQ^{\frac{1}{2}}}{H^{\frac{3}{4}}}$$

N_s : 비속도(비교회전도)[rpm·m³/min·m]

N : 펌프의 회전수[rpm]

Q : 펌프의 토출량[m³/min](양흡입의 경우 $Q \div 2$)

H : 전양정[m](다단의 경우 $H \div$ 단수)

$$N = (1-s) \times \frac{120f}{P}$$

N : 전동기의 회전수 또는 회전속도[rpm]

s : 슬립, f : 주파수[Hz], P : 극수

(2) 상사법칙

구 분	관 계 식	
유 량	$\dfrac{Q_2}{Q_1} = \left(\dfrac{N_2}{N_1}\right)^1 \times \left(\dfrac{D_2}{D_1}\right)^3$	$Q_1,\ Q_2$: 유량[m³/min] $H_1,\ H_2$: 양정[m] $N_1,\ N_2$: 회전수[rpm] $D_1,\ D_2$: 직경[m] $P_1,\ P_2$: 축동력[kW]
양 정	$\dfrac{H_2}{H_1} = \left(\dfrac{N_2}{N_1}\right)^2 \times \left(\dfrac{D_2}{D_1}\right)^2$	
축동력	$\dfrac{P_2}{P_1} = \left(\dfrac{N_2}{N_1}\right)^3 \times \left(\dfrac{D_2}{D_1}\right)^5$	

15 펌프의 압축비 및 가압송수능력

(1) 압축비

$$k = \left(\frac{P_2}{P_1}\right)^{\frac{1}{\varepsilon}}$$

k : 압축비,　ε : 단수,　P_1 : 흡입측 압력[Pa],　P_2 : 토출측 압력[Pa]

(2) 가압송수능력

$$c = \frac{P_2 - P_1}{\varepsilon}$$

c : 가압송수능력,　ε : 단수,　P_1 : 흡입측 압력[Pa],　P_2 : 토출측 압력[Pa]

16 감열과 잠열

(1) 감열(현열)

$$Q = mC\Delta T$$

Q : 열량[kcal],　m : 질량[kg],　C : 비열[kcal/kg · ℃],　ΔT : 온도차[℃]

(2) 잠열

$$Q = m\gamma$$

Q : 열량[kcal],　m : 질량[kg],　γ : 잠열[kcal/kg]

17 보일의 법칙

$$P_1 V_1 = P_2 V_2 = 일정$$

P_1, P_2 : 절대압력[atm]

　　　(=대기압 + 게이지압 = 대기압 − 진공압)

V_1, V_2 : 체적[m^3]

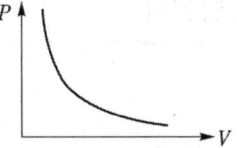

18 샤를의 법칙

$$\frac{V_1}{T_1} = \frac{V_2}{T_2} = 일정$$

T_1, T_2 : 절대온도[K](=273+℃)

V_1, V_2 : 체적[m^3]

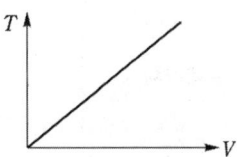

19 보일-샤를의 법칙

$$\frac{P_1 V_1}{T_1} = \frac{P_2 V_2}{T_2} = 일정$$

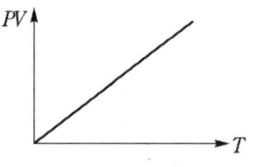

P_1, P_2 : 절대압력[atm]

  (= 대기압 + 게이지압 = 대기압 − 진공압)

T_1, T_2 : 절대온도[K](= 273 + ℃)

V_1, V_2 : 체적[m³]

20 CO₂ 농도 및 가스의 체적 계산

(1) CO₂ 농도의 계산

$$CO_2[\%] = \frac{21 - O_2}{21} \times 100[\%]$$

① 21 : 이산화탄소 방출 전 산소농도[%]

② O_2 : 이산화탄소 방출 후 산소농도[%]

(2) CO₂ 가스농도

$$CO_2[\%] = \frac{방출가스\ 체적[m^3]}{방호구역\ 체적[m^3] + 방출가스\ 체적[m^3]} \times 100$$

(3) 방출된 CO₂ 가스의 체적

$$CO_2[m^3] = \frac{21 - O_2}{O_2} \times 방호구역\ 체적[m^3]$$

21 상태 방정식

이상기체 또는 완전기체	$PV = nRT = \dfrac{W}{M}RT$	① P : 압력[atm] ② V : 체적[m³] ③ n : 몰수 $\left(= \dfrac{질량}{분자량}\right)$ ④ M : 분자량[kg/kmol] ⑤ R : 기체상수(0.082 [atm·m³/kmol·K]) ⑥ W : 질량[kg] ⑦ T : 절대온도[K = 273 + ℃]
실제기체	$PV = GRT$	① P : 압력[N/m²] ② V : 체적[m³] ③ R : 기체상수(J/kg·K) ④ G : 질량[kg] ⑤ T : 절대온도[K = 273 + ℃]

02 소방전기 일반

1 전압강하의 계산

전기방식	전압강하	비고
단상 2선식, 직류 2선식	$e = \dfrac{35.6LI}{1,000A}$	L : 선로길이[m]
3상 3선식	$e = \dfrac{30.8LI}{1,000A}$	I : 부하전류[A] e : 선로의 전압강하[V]
3상 4선식	$e = \dfrac{17.8LI}{1,000A}$	A : 전선 단면적[mm²]

2 등수의 계산

$$FUN = EAD$$

F : 1등당 광속[lm], U : 조명률[%], N : 등수, D : 감광보상률$(= \dfrac{1}{M(유지율)})$
E : 조도[lx], A : 단면적[m²]

3 감시전류와 작동전류

(1) 감시전류

① 등가 회로도

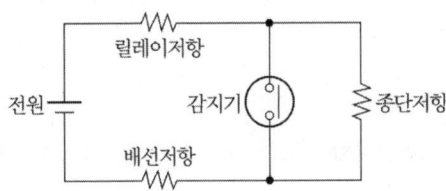

② 감시전류 $= \dfrac{회로전압}{배선회로저항 + 종단저항 + 릴레이저항}$

(2) 작동전류

작동전류 $= \dfrac{회로전압}{배선회로저항 + 릴레이저항}$

4 전동기 용량 계산

(1) 전동력, 축동력, 수동력의 관계

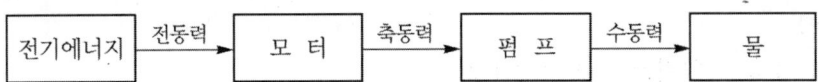

(2) 동력의 상호변환

① $1[\text{kW}] = 102[\text{kgf} \cdot \text{m/s}] = 1000[\text{N} \cdot \text{m/s}]$

② $1[\text{PS}] = 75[\text{kgf} \cdot \text{m/s}] = 0.735[\text{kW}]$

(3) 수동력, 축동력 및 전동력(전동기 용량)의 계산 1

구 분	[kW]	[PS]	비 고
수동력	$P = \gamma QH \, [\text{kW}]$	$P = \dfrac{\gamma QH}{0.735} \, [\text{PS}]$	① γ : 비중량[kN/m³]
축동력	$P = \dfrac{\gamma QH}{\eta} \, [\text{kW}]$	$P = \dfrac{\gamma QH}{0.735\eta} \, [\text{PS}]$	② Q : 토출량[m³/s] ③ H : 전양정[m]
전동력	$P = \dfrac{\gamma QH}{\eta} \times K \, [\text{kW}]$	$P = \dfrac{\gamma QH}{0.735\eta} \times K \, [\text{PS}]$	④ η : 전효율[%] ⑤ K : 전달계수

(4) 공기동력, 축동력 및 전동력(전동기 용량)의 계산 2

구 분	[kW]	[PS]	비 고
공기동력	$P = \dfrac{P_t Q}{102} \, [\text{kW}]$	$P = \dfrac{P_t Q}{75} \, [\text{PS}]$	① P_t : 전압[mmAq]
축동력	$P = \dfrac{P_t Q}{102\eta} \, [\text{kW}]$	$P = \dfrac{P_t Q}{75\eta} \, [\text{PS}]$	② Q : 풍량[m³/s] ③ η : 전효율[%]
전동력	$P = \dfrac{P_t Q}{102\eta} \times K \, [\text{kW}]$	$P = \dfrac{P_t Q}{75\eta} \times K \, [\text{PS}]$	④ K : 전달계수

(5) 전동기 용량계산 3

① 전동기 용량 1

$$P = \frac{\gamma QHK}{\eta} \, [\text{kW}]$$

γ : 비중량[kN/m³], $\quad Q$: 토출량[m³/s], $\quad H$: 전양정[m], $\quad \eta$: 전효율[%], $\quad K$: 전달계수

② 전동기 용량 2

$$P = \frac{9.8\,QHK}{\eta} \, [\text{kW}]$$

Q : 토출량[m³/s], $\quad H$: 전양정[m], $\quad \eta$: 전효율[%], $\quad K$: 전달계수

③ 전동기 용량 3

$$P = \frac{0.163\,QHK}{\eta} \, [\text{kW}]$$

Q : 토출량[m³/min], $\quad H$: 전양정[m], $\quad \eta$: 전효율[%], $\quad K$: 전달계수

(6) 전효율의 산정

전효율 = 수력효율 × 체적효율 × 기계효율

5 전동기의 속도계산

(1) 동기속도

$$N_s = \frac{120}{P}f\,[\text{rpm}]$$

P : 극수,　f : 주파수[Hz]

(2) 전부하 속도(회전속도)

$$N = (1-s) \times \frac{120}{P}f[\text{rpm}]$$

P : 극수,　f : 주파수[Hz],　s : 슬립

(3) 전선의 구비조건

① 도전율이 크고 고유저항은 작을 것
② 내구성이 클 것
③ 비중이 작을 것
④ 가요성(유연성)이 풍부하고 값이 저렴할 것
⑤ 기계적 강도가 클 것
⑥ 인장강도가 클 것

6 전선의 색상

상 (문자)	색상
L1	갈색
L2	검은색
L3	회색
N	파란색
보호도체	녹색-노란색

7 콘덴서 용량 계산

(1) 전력용(진상용)콘덴서 용량계산

$$Q_c = P_r - P_r' = P(\tan\theta_1 - \tan\theta_2)$$
$$= P\left(\frac{\sin\theta_1}{\cos\theta_1} - \frac{\sin\theta_2}{\cos\theta_2}\right)[\text{kVA}]$$

Q_c : 콘덴서 용량[kVA],　　P : 유효전력[kW]
$\cos\theta_1$: 개선 전 역률,　　$\cos\theta_2$: 개선 후 역률

(2) 전력용(진상용)콘덴서의 설치효과

① 배전선 및 변압기의 손실경감
② 전압강하의 경감
③ 계통용량의 증가(설비의 여유도 증가)
④ 전기요금의 경감
⑤ 송배전선의 전력손실 절감

8 자가발전기 용량 계산

$$GP \geq [\Sigma P + (\Sigma Pm - PL) \times a + (PL \times a \times c)] \times k$$
여기서, GP : 발전기 용량(kVA)

(1) ΣP : 전동기 이외 부하의 입력용량 합계(kVA)

가. 입력용량(고조파 발생부하 제외)

$$P = \frac{부하용량(kW)}{부하효율 \times 역률}$$

나. 고조파 발생부하의 입력용량 합계(kVA)

㉮ UPS의 입력용량

$$P = (\frac{UPS출력(kVA)}{UPS효율} \times \lambda) + 축전지 충전용량$$

(※ 축전지 충전용량은 UPS 용량의 6~10% 적용)

㉯ 입력용량(UPS 제외)

$$P = \left[\frac{부하용량(kW)}{효율 \times 역률}\right] \times \lambda$$

(※ λ(THD 가중치)는 KS C IEC 61000-3-6의 표 6을 참고한다. 다만, 고조파 저감 장치를 설치할 경우에는 가중치 1.25를 적용할 수 있다.

(2) ΣPm : 전동기 부하용량 합계(kW)

(3) PL : 전동기 부하 중 기동용량이 가장 큰 전동기 부하용량(kW), 다만, 동시에 기동될 경우에는 이들을 더한 용량으로 한다.

(4) a : 전동기의 kW당 입력용량 계수
(※ a의 추천값은 고효율 1.38, 표준형 1.45이다. 다만, 전동기 입력용량은 각 전동기별 효율, 역률을 적용하여 입력용량을 환산할 수 있다)

(5) c : 전동기의 기동계수
㉮ 직입 기동 : 추천값 6(범위 5~7)
㉯ Y-△ 기동 : 추천값 2(범위 2~3)

㉰ VVVF(인버터) 기동 : 추천값 1.5(범위 1~1.5)

㉱ 리액터 기동방식의 추천 값

구 분	탭(Tap)		
	50%	65%	80%
기동계수(c)	3	3.9	4.8

(6) k : 발전기 허용전압강하 계수는 표 4.1-1를 참조한다.
다만, 명확하지 않은 경우 1.07~1.13으로 할 수 있다.

표 4.1-1 발전기 허용전압강하 계수

구 분		발전기 정수 x_d'' (%)					
		20	21	22	23	24	25
발전기 허용전압 강하율 (%)	15	1.13	1.19	1.25	1.30	1.36	1.42
	16	1.05	1.10	1.16	1.21	1.26	1.31
	17	0.98	1.03	1.07	1.12	1.17	1.22
	18	0.91	0.96	1.00	1.05	1.09	1.14
	19	0.85	0.90	0.94	0.98	1.02	1.07
	20	0.80	0.84	0.88	0.92	0.96	1.00

9 축전지 용량 계산

(1) 허용 최저전압

① 개념 : 부하측의 각 기기에서 요구하는 최저 전압 중 최고의 값에 축전지와 부하 사이의
접속선의 전압강하를 합한 값

② 셀(cell)당 허용 최저 전압의 산출

$$V = \frac{V_a + V_c}{n}$$

V_a : 부하의 허용 최저 전압[V]

V_c : 축전지와 부하 사이의 전압강하[V]

n : 축전지 직렬접속 셀 수

(2) 표준 계산

$$C = \frac{1}{L}KI$$

C : 축전지용량[Ah] L : 보수율(경년용량저하율)

K : 용량환산시간계수 I : 방전전류

(3) 시간적으로 누적되는 부하계산

$$C = \frac{1}{L}[K_1 I_1 + K_2 (I_2 - I_1) + K_3 (I_3 - I_2)]$$

C : 축전지용량[Ah]

L : 보수율(경년용량 저하율)

K : 용량환산시간계수

I : 방전전류

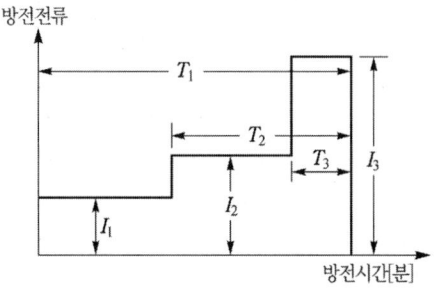

(4) 시간에 따라 순차 기동되는 부하 계산

축전지 용량 $C = \frac{1}{L}[K_1 I_1 + K_2 I_2 + K_3 I_3]$

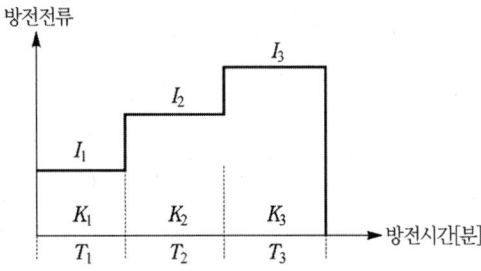

(5) 시간에 따라 감소되는 부하 계산

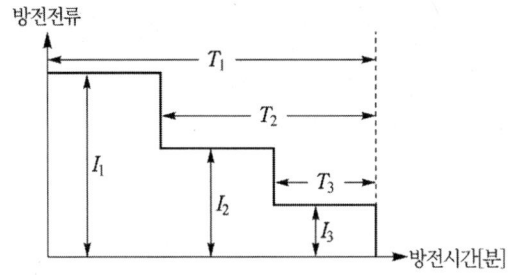

① $C_1 = \frac{1}{L} K_1 I_1$

② $C_2 = \frac{1}{L}[K_1 I_1 + K_2 (I_2 - I_1)]$

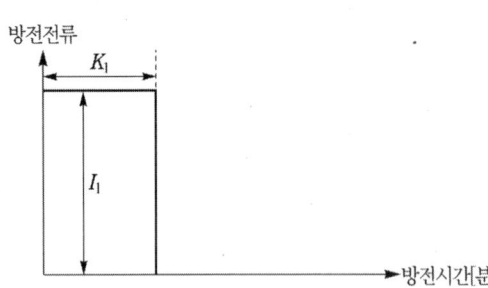

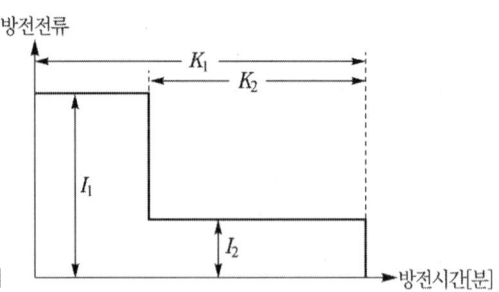

③ $C_3 = \dfrac{1}{L}[K_1 I_1 + K_2(I_2 - I_1) + K_3(I_3 - I_2)]$ 중 큰 값을 선정한다.

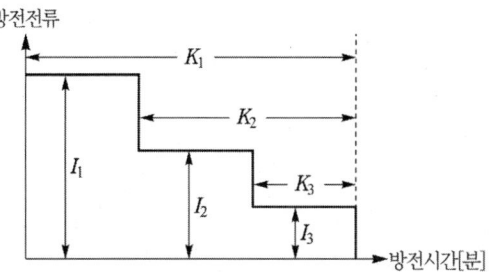

(6) 방전전류 감소 후 증가되는 부하

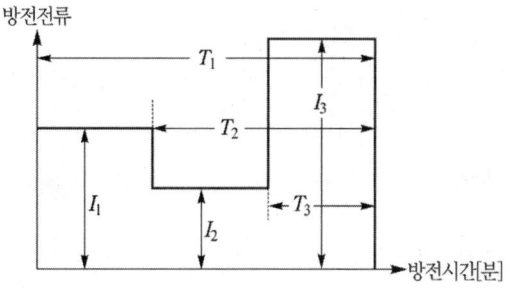

① $C_1 = \dfrac{1}{L}K_1 I_1$

② $C_2 = \dfrac{1}{L}[K_1 I_1 + K_2(I_2 - I_1)]$

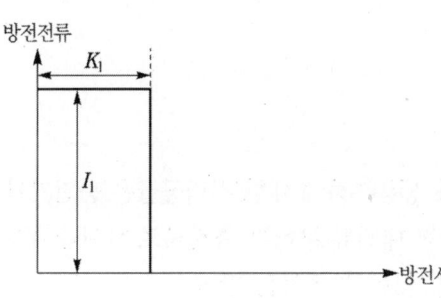

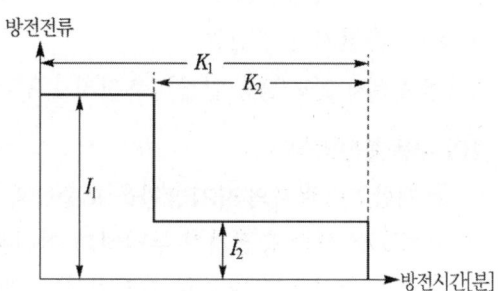

③ $C_3 = \dfrac{1}{L}[K_1 I_1 + K_2(I_2 - I_1) + K_3(I_3 - I_2)]$ 중 큰 값을 선정한다.

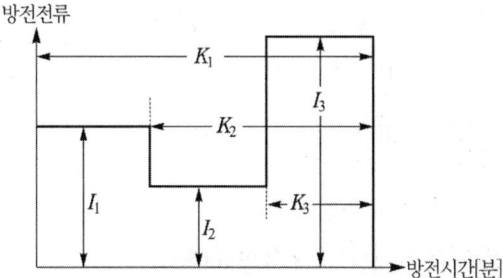

(7) 연축전지와 알칼리축전지 비교

구 분	연축전지	알칼리 축전지
기전력	2.05~2.08[V]	1.32[V]
공칭전압	2.0[V]	1.2[V]
공칭용량(방전시간율)	10(A)h	5(A)h
방전종지전압	1.6[V]	0.96[V]

(8) 축전지의 충·방전 반응식

① 연축전지의 충·방전 반응식

$$PbO_2(\text{이산화납}) + 2H_2SO_4(\text{묽은황산}) + Pb(\text{납}) \underset{\text{충전}}{\overset{\text{방전}}{\rightleftarrows}} \underset{(\text{황산납})}{PbSO_4} + \underset{(\text{물})}{2H_2O} + \underset{(\text{황산납})}{PbSO_4}$$

② 알칼리축전지의 충·방전 반응식

$$\underset{(\text{옥시수산화니켈})}{2NiOOH} + 2H_2O + \underset{(\text{카드뮴})}{cd} \underset{\text{충전}}{\overset{\text{방전}}{\rightleftarrows}} \underset{(\text{수산화니켈})}{2Ni(OH)_2} + \underset{(\text{수산화카드뮴})}{cd(OH)_2}$$

(9) 축전지의 수량 계산

$$N = \frac{V}{V_B}$$

N : 축전지 수량

V : 부하정격전압[V]

V_B : 축전지 공칭전압

(연축전지 2[V/셀], 알칼리축전지 1.2[V/셀])

(10) 부동충전방식

① 개념 : 축전지의 자기방전을 보충함과 동시에 상용부하에 대한 전력공급은 충전기가 부담하도록 하되 충전기가 부담하기 어려운 일시적 대전류 부하는 축전지로 하여금 부담하게 하는 방식으로 거치용 축전지 설비에서 가장 많이 적용하는 방식

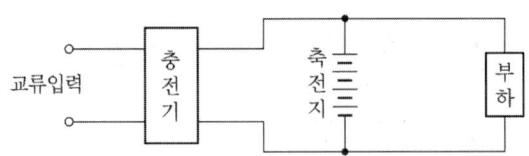

② 충전기 2차 전류 $= \dfrac{\text{축전지의 정격용량}}{\text{축전지의 공칭용량}} + \dfrac{\text{상시부하}}{\text{표준전압}}$

※ 축전지의 공칭용량(연 축전지 10h, 알칼리 축전지 5h)

③ 충전기 2차 출력 : $P[VA] = 표준전압[V] \times 충전기 2차전류[A]$

10 교차회로방식

(1) 정의

하나의 방호구역 내에 2 이상의 화재감지기회로를 설치하고 인접한 2 이상의 화재감지기가 동시에 감지되는 때에는 소화설비가 작동하여 소화약제가 방출되는 방식

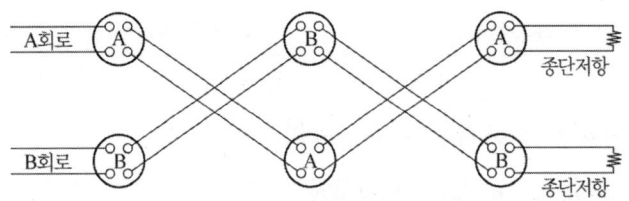

(2) 적용설비

① 준비작동식 스프링클러설비 ② 일제살수식 스프링클러설비

③ 분말소화설비 ④ 이산화탄소소화설비

⑤ 할론소화설비 ⑥ 할로겐화합물 및 불활성기체 소화설비

⑦ 미분무소화설비 ⑧ 물분무소화설비

03 소화기구 및 자동소화장치

1 간이소화용구의 능력단위(소화약제외)

간 이 소 화 용 구		능력단위
1. 마른모래	삽을 상비한 50L 이상의 것 1포	0.5단위
2. 팽창질석 또는 팽창진주암	삽을 상비한 80L 이상의 것 1포	

2 특정소방대상물별 소화기구의 능력단위

암기법 📝 위락3O / 공집관문의장 5O

특정소방대상물	소화기구의 능력단위
1. 위락시설	해당 용도의 바닥면적 30[m²] 마다 능력단위 1단위 이상
2. 공연장·집회장·관람장·문화재·장례식장 및 의료시설	해당 용도의 바닥면적 50[m²] 마다 능력단위 1단위 이상
3. 근린생활시설·판매시설·운수시설·숙박시설·노유자시설·전시장·공동주택·업무시설·방송통신시설·공장·창고시설·항공기 및 자동차 관련 시설·및 관광휴게시설	해당 용도의 바닥면적 100[m²] 마다 능력단위 1단위 이상
4. 그 밖의 것	해당 용도의 바닥면적 200[m²] 마다 능력단위 1단위 이상

소화기구의 능력단위를 산출함에 있어서 건축물의 주요구조부가 **내화구조**이고, 벽 및 반자의 실내에 면하는 부분이 **불연재료·준불연재료** 또는 **난연재료**로 된 특정소방대상물에 있어서는 위 표의 **기준면적의 2배**를 해당 특정소방대상물의 기준면적으로 한다.

3 부속용도별로 추가해야 할 소화기구 및 자동소화장치

용 도 별	소화기구의 능력단위
1. 다음 각목의 시설. 다만, **스프링클러설비·간이스프링클러설비·물분무등소화설비** 또는 **상업용 주방자동소화장치**가 설치된 경우에는 자동확산소화기를 설치하지 아니 할 수 있다. 가. **보일러실·건조실·세탁소·대량화기취급소** 나. **음식점**(지하의 음식점을 포함한다)·**다중이용업소·호텔·기숙사·노유자 시설·의료시설·업무시설·공장·장례식장·교육연구시설·교정 및 군사시설의 주방** 다만, 의료시설·업무시설 및 공장의 주방은 공동취사를 위한 것에 한한다.	1. 해당 용도의 **바닥면적 25 제곱미터 마다 능력단위 1단위 이상의 소화기**로 할 것. 이 경우 나목의 주방에 설치하는 소화기 중 1개 이상은 주방화재용 소화기(K급)로 설치 2. 자동확산소화기는 해당 용도의 바닥면적을 기준으로 10 제곱미터 이하는 1개, 10 제곱미터 초과는 2개 이상을 설치하되, 보일러, 조리기구, 변전설비 등 방호대상에 유효하게 분사될 수 있는 위치에 배치될 수 있는 수량으로 설치

용 도 별			소화기구의 능력단위
다. 관리자의 출입이 곤란한 변전실·송전실·변압기실 및 배전반실(불연재료로된 상자안에 장치된 것을 제외한다)			
2. **발전실·변전실·송전실·변압기실·배전반실·통신기기실·전산기기실**·기타 이와 유사한 시설이 있는 장소. 다만, 제1호 다목의 장소를 제외한다.			해당 용도의 **바닥면적 50[m²]마다 적응성이 있는 소화기 1개 이상** 또는 유효설치방호체적 이내의 가스·분말·고체에어로졸 자동소화장치, 캐비닛형자동소화장치(다만, 통신기기실·전자기기실을 제외한 장소에 있어서는 교류 600[V] 또는 직류 750[V] 이상의 것에 한한다)
3. 위험물안전관리법시행령 별표1에 따른 지정수량의 1/5 이상 지정수량 미만의 위험물을 저장 또는 취급하는 장소			능력단위 2단위 이상 또는 유효설치방호체적 이내의 가스·분말·고체에어로졸 자동소화장치, 캐비닛형자동소화장치
4.「화재의 예방 및 안전관리에 관한 법률 시행령」별표 2에 따른 특수가연물을 저장 또는 취급하는 장소	「화재의 예방 및 안전관리에 관한 법률 시행령」별표 2에서 정하는 수량 이상		「화재의 예방 및 안전관리에 관한 법률 시행령」별표 2에서 정하는 수량의 50배 이상마다 능력단위 1단위 이상
	「화재의 예방 및 안전관리에 관한 법률 시행령」별표 2에서 정하는 수량 500배 이상		대형소화기 1개 이상
5. 고압가스안전관리법·액화석유가스의 안전관리 및 사업법 및 도시가스사업법에서 규정하는 가연성가스를 연료로 사용하는 장소	액화석유가스 기타 가연성가스를 연료로 사용하는 연소기기가 있는 장소		각 연소기로부터 보행거리 10[m] 이내에 능력단위 3단위 이상의 소화기 1개 이상. 다만, 상업용 주방자동소화장치가 설치된 장소는 제외한다.
	액화석유가스 기타 가연성가스를 연료로 사용하기 위하여 저장하는 저장실(저장량 300[kg] 미만은 제외한다)		능력단위 5단위 이상의 소화기 2개 이상 및 대형소화기 1개 이상
6. 고압가스안전관리법·액화석유가스의 안전관리 및 사업법 또는 도시가스사업법에서 규정하는 가연성가스를 제조하거나 연료외의 용도로 저장·사용하는 장소	저장하고 있는 양 또는 1개월 동안 제조·사용하는 양	200[kg] 미만	저장하는 장소 — 능력단위 3단위 이상의 소화기 2개 이상
			제조·사용하는 장소 — 능력단위 3단위 이상의 소화기 2개 이상
		200[kg] 이상 300[kg] 미만	저장하는 장소 — 능력단위 5단위 이상의 소화기 2개 이상
			제조·사용하는 장소 — 바닥면적 50[m²]마다 능력단위 5단위 이상의 소화기 1개 이상
		300[kg] 이상	저장하는 장소 — 대형소화기 2개 이상
			제조·사용하는 장소 — 바다면적 50[m²] 마다 능력단위 5단위 이상의 소화기 1개 이상
7. 마그네슘 합금 칩을 저장 또는 취급하는 장소			금속화재용 소화기(D급) 1개 이상을 금속재료로부터 보행거리 20 m 이내로 설치할 것

[비고] 액화석유가스·기타 가연성가스를 제조하거나 연료외의 용도로 사용하는 장소에 소화기를 설치하는 때에는 해당 장소 바닥면적 50[m²] 이하인 경우에도 해당 소화기를 2개 이상 비치하여야 한다.

소화기의 형식승인 및 제품검사의 기술기준

제9조(자동차용소화기)

1. 강화액소화기(안개모양으로 방사되는 것에 한함)
2. 할로겐화합물 소화기
3. 이산화탄소 소화기
4. 포소화기
5. 분말소화기

제10조(대형소화기의 소화약제)

1. 물소화기 : 80[L] 이상
2. 강화액소화기 : 60[L] 이상
3. 할로겐화물 소화기 : 30[kg] 이상
4. 이산화탄소소화기 : 50[kg] 이상
5. 분말소화기 : 20[kg] 이상
6. 포소화기 : 20[L] 이상

04 옥내소화전설비

1 계통도

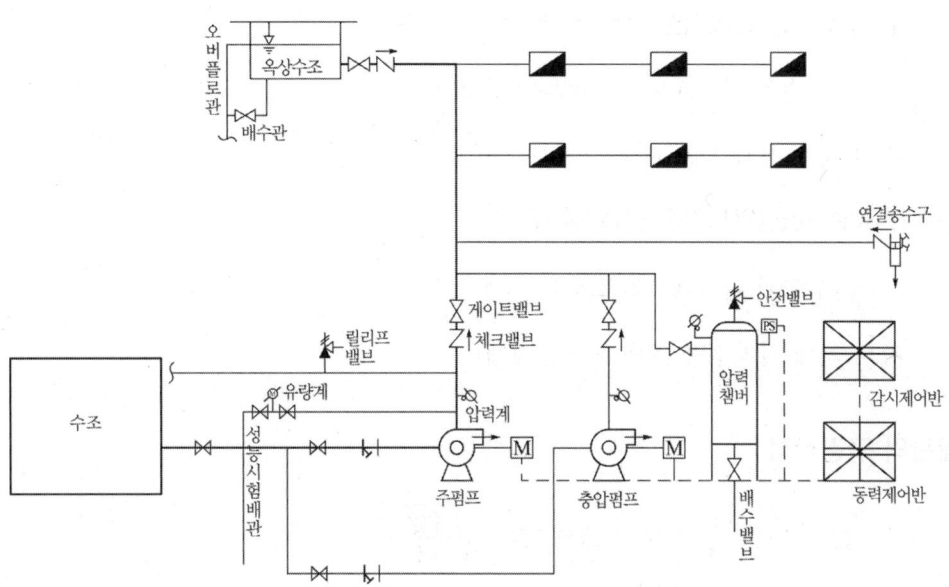

2 옥내소화전과 호스릴옥내소화전의 비교

구 분	호스릴 옥내소화전설비	옥내소화전설비
수 원	30층 미만	$N \times 2.6[m^3]$이상 (N : 2개 이상은 2개)
	30층 이상 49층 이하	$N \times 5.2[m^3]$이상
	50층 이상	$N \times 7.8[m^3]$이상
토 출 량	$N \times 130[L/min]$이상 (N : 2개 이상은 2개)	$N \times 130[L/min]$이상 (N : 2개 이상은 2개)
수평거리	25[m] 이하	25[m] 이하
호스구경	25[mm] 이상	40[mm] 이상
가지배관	25[mm] 이상	40[mm] 이상
수직배관	32[mm] 이상	50[mm] 이상

연결송수관설비의 배관과 겸용할 경우의 주배관은 구경 100[mm] 이상, 방수구로 연결되는 배관의 구경은 65[mm] 이상의 것으로 하여야 한다.

3 옥상수원 산출 기준

(1) 층수가 30층 이상 49층 이하(면제기준 만족 시 제외)

$$\text{옥상수원 } Q = N \times 5.2[\text{m}^3] \times 1/3 \text{이상}$$

(N : 층의 최대 설치수량, 5개 이상은 5개)

(2) 층수가 50층 이상(면제기준 만족 시 제외)

$$\text{옥상수원 } Q = N \times 7.8[\text{m}^3] \times 1/3 \text{이상}$$

(N : 층의 최대 설치수량, 5개 이상은 5개)

(3) 층수가 30층 미만(면제기준 만족 시 제외)

$$\text{옥상수원 } Q = N \times 2.6[\text{m}^3] \times 1/3 \text{이상}$$

(N : 층의 최대 설치수량, 2개 이상은 2개)

4 배관의 구경산정

$$Q = AV = \frac{\pi}{4}D^2 \times V \text{ 에서 } D = \sqrt{\frac{4Q}{\pi V}}$$

Q : 토출량[m^3/s], D : 배관의 구경[m], V : 유속[m/s]
(특별한 요구가 없는 경우 유속은 4[m/s]를 적용한다.)

5 창고시설 수원(호스릴 옥내소화전설비 포함)

$$Q = N \times 5.2[\text{m}^3] \text{ 이상}$$

N : 가장 많은 층의 설치개수(2개 이상은 2개)

05 스프링클러설비

1 수원 및 토출량 산정

(1) 스프링클러설비

<table>
<tr><td rowspan="9">수원</td><td colspan="2">30층 미만</td><td>$N \times 1.6[\text{m}^3]$ 이상 (N : 개수)</td></tr>
<tr><td colspan="2">30층 이상 49층 이하</td><td>$N \times 3.2[\text{m}^3]$ 이상 (N : 개수)</td></tr>
<tr><td colspan="2">50층 이상</td><td>$N \times 4.8[\text{m}^3]$ 이상 (N : 개수)</td></tr>
<tr><td colspan="3">[옥상수원]
① 층수가 30층 이상 49층 이하(의무설치)
   옥상수원 $Q = N \times 3.2[\text{m}^3] \times 1/3$ 이상 (N : 개수)
② 층수가 50층 이상(의무설치)
   옥상수원 $Q = N \times 4.8[\text{m}^3] \times 1/3$ 이상 (N : 개수)
③ 층수가 30층 미만(면제기준 제외)
   옥상수원 $Q = N \times 1.6[\text{m}^3] \times 1/3$ 이상 (N : 개수)</td></tr>
<tr><td colspan="2">토출량</td><td>$N \times 80[\text{L/min}]$ 이상 (N : 개수)</td></tr>
<tr><td rowspan="4">기준개수</td><td>10개</td><td>10층 이하로서 헤드 부착높이가 8[m]미만</td></tr>
<tr><td>20개</td><td>① 공장
② 근린생활시설·운수시설 또는 복합건축물
③ 10층 이하로서 헤드 부착높이가 8[m]이상인 것</td></tr>
<tr><td>30개</td><td>① 11층 이상(지하층 제외)
② 지하상가 또는 지하역사
③ 특수가연물 저장·취급하는 공장
④ 판매시설 또는 복합건축물(판매시설이 설치된 복합건축물을 말한다)</td></tr>
</table>

N : 개수(기준개수와 설치개수 중 작은값)

2 헤드수량 산정

(1) 스프링클러설비

① 수평거리(r)

용도	특수가연물/무대부	기타	내화구조
수평거리	1.7[m]	2.1[m]	2.3[m]

② 정방형(정사각형) 배치[적용각도 45°]

가로수량	가로수량 $= \dfrac{\text{가로길이}}{2 \times \text{수평거리} \times \cos 45°}$
세로수량	세로수량 $= \dfrac{\text{세로길이}}{2 \times \text{수평거리} \times \cos 45°}$
전체수량	가로수량 × 세로수량
방호면적	$S^2 = (2r\cos 45°)^2$

③ 장방형(직사각형) 배치[적용각도 30°, 45°, 60°]

가로수량	$가로수량 = \dfrac{가로길이}{2 \times 수평거리 \times \cos(30 \sim 60)°}$
세로수량	$세로수량 = \dfrac{세로길이}{2 \times 수평거리 \times \sin(30 \sim 60)°}$
전체수량	가로수량 × 세로수량
방호면적	$S_1 \times S_2$ ① $S_1 = 2r\cos(30° \sim 60°)$ ② $S_2 = 2r\sin(30° \sim 60°)$

(2) 기타설비

측벽형 헤드 수량	4.5[m] 미만	$수량 = \dfrac{긴\ 변의\ 길이}{3.6}$ (소수점 이하는 절상)
	4.5[m] 이상 9.0[m] 이하	$수량 = \dfrac{긴\ 변의\ 길이}{3.6}$ (소수점 이하는 절상) 산출수량 × 2 + 1
드렌처설비		$수량 = \dfrac{개구부\ 상부의\ 길이}{2.5}$ (소수점 이하는 절상)

3 공동주택(NFPC 608)

(1) 기준개수

① 아파트등 : 10개

② 아파트등의 각 동이 주차장으로 서로 연결된 구조인 경우 해당 주차장 부분 : 30개

(2) 아파트등의 세대내 스프링클러헤드를 설치하는 경우 수평거리 : 2.6[m] 이하

(3) 수원

$$Q = N \times 1.6[\text{m}^3]\ 이상$$

N : 기준개수와 설치개수 중 작은 값

4 창고시설

(1) 수원(라지드롭형 스프링클러헤드를 설치하는 경우)

① 창고 $Q = N \times 3.2[\text{m}^3]$ 이상

② 랙식창고 $Q = N \times 9.6[\text{m}^3]$ 이상

N : 가장 많은 방호구역의 설치개수(30개 이상은 30개)

(2) 수평거리(라지드롭형 스프링클러헤드를 설치하는 경우)

    ① 특수가연물을 저장 또는 취급하는 창고 : 1.7[m] 이하

    ② 그외 창고 : 2.1[m] 이하

    ③ 내화구조로 된 창고 : 2.3[m] 이하

(3) 가압송수장치의 송수량

    0.1[Mpa]의 방수압력 기준으로 160[L/min] 이상

06 간이스프링클러설비

1 수원 및 토출량

구 분	수 원	토출량
일반시설	2[개]×50[L/min]×10[min]	2[개]×50[L/min]
① 근린생활시설 ② 숙박시설 중 생활형 숙박시설 ③ 복합건축물	5[개]×50[L/min]×20[min]	5[개]×50[L/min]

1) 근린생활시설로 사용하는 부분의 바닥면적의 합계가 1천 m^2 이상인 것은 모든 층

2) 숙박시설로 사용되는 바닥면적의 합계가 300 m^2 이상 600 m^2 미만인 시설

3) 복합건축물로서 연면적 1천 m^2 이상인 것은 모든 층

2 간이헤드의 수량

$$수량 = \frac{바닥면적}{(2 \times 2.3 \times \cos 45°)^2}$$

07 화재조기진압용 스프링클러설비

1 수원 및 토출량

수 원	토출량
$Q = 12 \times 60 \times K\sqrt{10P}$ [L]	$Q = 12 \times K\sqrt{10P}$ [L/min]
K : 상수[L/min/(MPa)$^{1/2}$] P : 헤드선단의 방수압력[MPa]	K : 상수[L/min/(MPa)$^{1/2}$] P : 헤드선단의 방수압력[MPa]

2 헤드의 수량

(1) **최대수량** $= \dfrac{\text{바닥면적[m}^2]}{6.0\text{[m}^2]}$

(2) **최소수량** $= \dfrac{\text{바닥면적[m}^2]}{9.3\text{[m}^2]}$

3 화재조기진압용 스프링클러헤드의 최소방사압력[MPa]

최대층고	최대저장높이	화재조기진압용 스프링클러헤드				
		$K = 360$ 하향식	$K = 320$ 하향식	K = 240 하향식	K = 240 상향식	K = 200 하향식
13.7[m]	12.2[m]	0.28	0.28	–	–	–
13.7[m]	10.7[m]	0.28	0.28	–	–	–
12.2[m]	10.7[m]	0.17	0.28	0.36	0.36	0.52
10.7[m]	9.1[m]	0.14	0.24	0.36	0.36	0.52
9.1[m]	7.6[m]	0.10	0.17	0.24	0.24	0.34

08 물분무소화설비

① 수원 및 토출량

용 도	수 원	토출량
특수가연물 저장 또는 취급하는 소방대상물	바닥면적(최소 50[m²])[m²] × 10[L/min·m²] × 20분	바닥면적(최소 50[m²])[m²] × 10[L/min·m²]
차고 또는 주차장	바닥면적(최소 50[m²])[m²] × 20[L/min·m²] × 20분	바닥면적(최소 50[m²])[m²] × 20[L/min·m²]
절연유봉입변압기	바닥제외표면적[m²] × 10[L/min·m²] × 20분	바닥제외표면적[m²] × 10[L/min·m²]
케이블트레이, 케이블덕트	투영바닥면적[m²] × 12[L/min·m²] × 20분	투영바닥면적[m²] × 12[L/min·m²]
콘베이어 벨트	벨트부분 바닥면적[m²] × 10[L/min·m²] × 20분	벨트부분 바닥면적[m²] × 10[L/min·m²]

② 전기기기와 물분무헤드 사이의 이격거리

전압 [kV]	거리 [cm]	전압 [kV]	거리 [cm]
66 이하	70 이상	154 초과 181 이하	180 이상
66 초과 77 이하	80 이상	181 초과 220 이하	210 이상
77 초과 110 이하	110 이상	220 초과 275 이하	260 이상
110 초과 154 이하	150 이상		

09 미분무소화설비

1 수원계산

$$Q = N \times D \times T \times S + V$$

Q : 수원의 양[m^3]

N : 방호구역(방수구역)내 헤드의 개수

D : 설계유량[m^3/min]

T : 설계방수시간[min]

S : 안전율 (1.2이상)

V : 배관의 총체적[m^3]

10 포소화설비

1 특정소방대상물에 따라 적응하는 포소화설비

특정소방대상물	포소화설비
특수가연물을 저장·취급하는 공장 또는 창고	포워터스프링클러설비, 포헤드설비, 고정포방출설비, 압축공기포소화설비
차고 또는 주차장	포워터스프링클러설비·포헤드설비 또는 고정포방출설비, 압축공기포소화설비, 호스릴포소화설비 또는 포소화전설비
항공기격납고	포워터스프링클러설비, 포헤드설비, 고정포방출설비, 압축공기포소화설비, 호스릴포소화설비(바닥면적이 1,000[m²] 이상이고 항공기의 격납위치가 한정되어 있는 경우 그 한정된 장소 외의 부분에 한함)

2 포소화설비의 수원

(1) 특정소방대상물에 따른 분류

특정소방대상물	소화설비	수 원
특수가연물을 저장·취급하는 공장 또는 창고	포헤드설비 또는 포워터스프링클러설비	$N \times$ 표준 방사량[L/min] $\times$ 10분 이상 N : 수량(200[m²]내 설치된 수량)
	고정포 방출설비	$N \times$ 표준 방사량[L/min] $\times$ 10분 이상 N : 방호구역 안의 고정포방출구 수량
	설비가 함께 설치되어 있는 경우에는 산출량 중 최대값으로 수원을 산정한다.	
차고·주차장	포소화전설비 또는 호스릴포소화설비	$N \times 6[m^3]$ 이상 N : 방수구가 가장 많은 층의 호스릴포방수구 또는 포소화전방수구 수(5개 이상은 5개)
	하나의 차고 또는 주차장에 호스릴포소화설비, 포소화전설비, 포워터스프링클러설비, 포헤드설비, 고정포방출설비가 함께 설치된 때에는 각 설비의 산출량 중 최대값을 수원으로 함.	
항공기격납고	포헤드설비 또는 포워터스프링클러설비	$N \times$ 표준 방사량[L/min] $\times$ 10분 이상 N : 가장 많이 설치된 항공기격납고의 포헤드 수량
	고정포 방출설비	$N \times$ 표준 방사량[L/min] $\times$ 10분 이상 N : 방호구역 안의 고정포방출구 수량
	호스릴포소화설비	$N \times 6[m^3]$ 이상 N : 호스릴포방수구가 가장 많이 설치된 격납고의 호스릴방수구 수(호스릴포방수구가 5개 이상 설치된 경우에는 5개)
	상기설비와 호스릴포소화설비를 함께 설치한 경우 각 설비의 산출량을 합산하여 수원을 산정한다.	

(2) 압축공기포소화설비를 설치하는 경우

① 방호구역의 면적[m²] × 설계방출밀도 [L/min · m²] × 10분 이상

② 설계방출밀도 [L/min · m²]

- 일반가연물, 탄화수소류는 1.63[L/min · m²] 이상
- 특수가연물, 알코올류와 케톤류는 2.3[L/min · m²] 이상

(3) 표준방사량[L/min]

구 분	표준 방사량
포워터스프링클러헤드	75[L/min] 이상
포헤드·고정포방출구 또는 이동식포노즐·압축공기포헤드	각 포헤드·고정포방출구 또는 이동식포노즐의 설계압력에 따라 방출되는 소화약제의 양

③ 가압송수장치

(1) 전동기 또는 내연기관에 따른 펌프를 이용

$$H = h_1 + h_2 + h_3 + h_4$$

H : 펌프의 양정[m]

h_1 : 방출구의 설계압력 환산수두 또는 노즐 선단의 방사압력 환산수두[m]

h_2 : 배관의 마찰손실수두[m], h_3 : 낙차의 환산수두[m]

h_4 : 호스의 마찰손실수두[m]

(2) 고가수조의 자연낙차를 이용하는 경우 자연낙차수두

$$H = h_1 + h_2 + h_3$$

H : 필요한 낙차[m]

h_1 : 방출구의 설계압력 환산수두 또는 노즐선단의 방사압력 환산수두[m]

h_2 : 배관의 마찰손실수두[m]

h_3 : 호스의 마찰손실수두[m]

(3) 압력수조를 이용하는 경우 필요한 압력

$$P = p_1 + p_2 + p_3 + p_4$$

P : 필요한 압력[MPa]

p_1 : 방출구의 설계압력 또는 노즐선단의 방사압력[MPa]

p_2 : 배관의 마찰손실수두압[MPa]

p_3 : 낙차의 환산수두압[MPa]

p_4 : 호스의 마찰손실수두압[MPa]

4 포소화약제의 저장량

구 분	소화설비	수 원
고정포 방출방식	고정포방출구에서 방출하기 위하여 필요한 양	$Q = A \times Q_1 \times T \times S$ Q : 포소화약제의 양[L] A : 저장탱크의 액표면적$[m^2]$ Q_1 : 단위 포소화수용액의 양$[L/m^2 \cdot min]$ S : 포소화약제의 사용농도[%] T : 방출시간[min]
	보조소화전에서 방출하기 위하여 필요한 양	$Q = N \times S \times 8,000[L]$ Q : 포소화약제의 양[L] N : 호스접결구 개수(3개 이상은 3개) S : 포소화약제의 사용농도[%]
	가장 먼 탱크까지의 송액관(내경 75 mm 이하의 송액관을 제외)에 충전하기 위하여 필요한 양	$Q = V \times S \times 1,000[L/m^3]$ Q : 포소화약제의 양[L] V : 송액관 내부체적$[m^3]$ S : 포소화약제의 사용농도[%]
	저장량	저장량 = 고정포방출구 + 보조소화전 + 송액관
옥내포소화전방식 또는 호스릴방식	저장량	$Q = N \times S \times 6,000[L]$ Q : 포소화약제의 양[L] N : 호스접결구 개수(5개 이상은 5개) S : 포소화약제의 사용농도[%] ※ 바닥면적이 $200[m^2]$ 미만인 경우 $Q = N \times S \times 6,000[L] \times 0.75$
포헤드방식	저장량	$Q = N \times$ 표준 방사량 $\times$ 10분 $\times$ S 이상 N : 수량($200[m^2]$ 내 설치된 수량) S : 포소화약제의 사용농도[%]
압축공기포 소화설비	저장량	$Q = N \times$ 표준 방사량 $\times$ 10분 $\times$ S 이상 N : 하나의 방사구역 안에 설치된 포헤드 수량 S : 포소화약제의 사용농도[%]

5 포 소화약제 혼합방식

① 펌프 프로포셔너방식

② 프레셔 프로포셔너방식

③ 라인 프로포셔너방식

④ 프레셔 사이드 프로포셔너방식

⑤ 압축공기포 믹싱챔버방식

6 팽창비율에 따른 포 및 포 방출구의 종류

팽창비율에 따른 포의 종류	포방출구의 종류
팽창비가 20 이하인 것(저발포)	포헤드, 압축공기포헤드
팽창비가 80 이상 1,000 미만인 것(고발포)	고발포용 고정포방출구

7 소방대상물 및 포 소화약제의 종류에 따른 포헤드의 방사량[L/min·m²]

소방대상물	포소화약제의 종류	바닥면적 1[m²]당 방사량
차고, 주차장 및 항공기 격납고	단백포	6.5 L 이상
	합성계면활성제포	8.0 L 이상
	수성막포	3.7 L 이상
특수가연물을 저장 또는 취급하는 소방대상물	단백포	6.5 L 이상
	합성계면활성제포	
	수성막포	

8 포 헤드와 보의 하단 수직거리 및 수평거리

포헤드와 보의 하단의 수직거리	포헤드와 보의 수평거리
0	0.75[m] 미만
0.1[m] 미만	0.75[m] 이상 1[m] 미만
0.1[m] 이상 0.15[m] 미만	1[m] 이상 1.5[m] 미만
0.15[m] 이상 0.30[m] 미만	1.5[m] 이상

9 포 소화설비 수량 산출

포소화설비		폐쇄형감지헤드 수량	수량 $= \dfrac{\text{바닥면적[m}^2]}{20[\text{m}^2]}$ (소수점 이하는 절상)
	면적 기준	포헤드 수량	수량 $= \dfrac{\text{바닥면적[m}^2]}{9[\text{m}^2]}$ (소수점 이하는 절상)
		포워터스프링클러 헤드 수량	수량 $= \dfrac{\text{바닥면적[m}^2]}{8[\text{m}^2]}$ (소수점 이하는 절상)
	압축공기 포소화설비의 분사헤드 수량	유류탱크주위	수량 $= \dfrac{\text{바닥면적[m}^2]}{13.9[\text{m}^2]}$ (소수점 이하는 절상)
		특수가연물저장소	수량 $= \dfrac{\text{바닥면적[m}^2]}{9.3[\text{m}^2]}$ (소수점 이하는 절상)
			<table><tr><th>방호대상물</th><th>방호면적 1[m²]에 대한 1분당 방출량</th></tr><tr><td>특수가연물</td><td>2.3[L]</td></tr><tr><td>기타의 것</td><td>1.63[L]</td></tr></table>
	길이 기준	정방형 배치	① 가로수량 $= \dfrac{\text{가로길이}}{S}$ ② 세로수량 $= \dfrac{\text{세로길이}}{S}$ 헤드상호간 거리(S) $S = 2r\cos 45°$ (유효반경 $r = 2.1$[m])
		장방형 배치	대각선의 길이(pt) $pt = 2r$

10 차고 · 주차장에 설치하는 호스릴포소화설비 또는 포소화전설비

구 분	토출량
바닥면적 200[m²] 이하	$N \times 230[\text{L/min}]$
바닥면적 200[m²] 초과	$N \times 300[\text{L/min}]$

[비고] N : 방수구수(5개 이상은 5개), S : 약제의 농도

11 고발포용고정포방출구의 방출량

(1) 전역방출방식

① 방출량 = 관포체적[m³] × 포수용액 방출량 [L/m³·min]

② 관포체적 : 해당 바닥면적[m²] × (방호대상물의 높이[m] + 0.5[m])

③ 포수용액 방출량

소방대상물	포의 팽창비	1[m³]에 대한 분당 포수용액 방출량
항공기격납고	팽창비 80이상 250미만의 것	2.00[L]
	팽창비 250이상 500미만의 것	0.50[L]
	팽창비 500이상 1,000미만의 것	0.29[L]
차고 또는 주차장	팽창비 80이상 250미만의 것	1.11[L]
	팽창비 250이상 500미만의 것	0.28[L]
	팽창비 500이상 1,000미만의 것	0.16[L]
특수가연물을 저장 또는 취급하는 소방대상물	팽창비 80이상 250미만의 것	1.25[L]
	팽창비 250이상 500미만의 것	0.31[L]
	팽창비 500이상 1,000미만의 것	0.18[L]

④ 고정포방출구의 수량

$$수량 = \frac{바닥면적[\text{m}^2]}{500[\text{m}^2]} \text{ (소수점 이하는 절상)}$$

(2) 국소방출방식

① 방출량 = 방호면적[m²] × 포수용액 방출량 [L/m²·min]

② 방호면적 : 당해 방호대상물의 높이의 3배(1[m] 미만의 경우에는 1[m])의 거리를 수평으로 연장한 선으로 둘러싸인 부분의 면적

• 사각형 구조

$$방호면적 = (가로 + 3H \times 2) \times (세로 + 3H \times 2)$$

$3H$: 방호대상물 높이의 3배(최소 1[m])

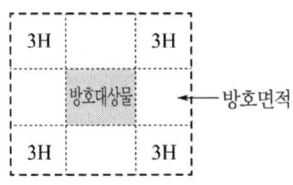

• 원형구조

$$방호면적 = \pi \times (r + 3H)^2$$

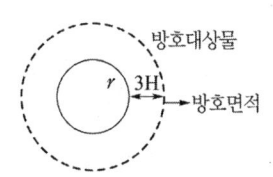

r : 반지름[m]

$3H$: 방호대상물 높이의 3배(최소 1[m])

③ 방호면적 1[m²]에 대한 1분당 방출량

방호대상물	방호면적 1[m²]에 대한 1분당 방출량
특수가연물	3[L]
기타의 것	2[L]

11 이산화탄소소화설비

1 이산화탄소소화설비 약제량 계산

(1) 전역방출방식

1) 표면화재 방호대상물

① 소화약제 저장량

$$W = V \times K_1 \times 보정계수 + A \times K_2$$

W : 약제저장량[kg]

V : 방호구역의 체적(불연재료나 내열성의 재료로 밀폐된 구조물이 있는 경우에는 그 체적을 감한 체적)[m³]

K_1 : 방호구역 체적당 소화약제량[kg/m³]

A : 개구부 면적[m²], K_2 : 개구부 가산량[kg/m²]

(방호구역의 개구부에 자동폐쇄장치를 설치하지 아니한 경우)

② 방호구역 체적 1[m³]에 대한 소화약제의 양(K_1) 및 개구부 가산량(K_2)

방호구역 체적	방호구역 체적에 대한 소화약제의 양 [kg/m³]	최저 한도량 [kg]	개구부 가산량[kg/m²] (자동폐쇄장치 미 설치시)
45[m³] 미만	1.0[kg/m³]	45[kg]	5[kg/m²]
45[m³] 이상 150[m³] 미만	0.9[kg/m³]		
150[m³] 이상 1,450[m³] 미만	0.8[kg/m³]	135[kg]	
1,450[m³] 이상	0.75[kg/m³]	1,125[kg]	

2) 심부화재 방호대상물

① 소화약제 저장량

$$W = V \times K_1 + A \times K_2$$

W : 약제 저장량[kg]

V : 방호구역의 체적(불연재료나 내열성의 재료로 밀폐된 구조물이 있는 경우에는 그 체적을 감한 체적)[m³]

K_1 : 방호구역 체적당 소화약제량[kg/m³]

A : 개구부 면적[m²]

K_2 : 개구부 가산량[kg/m²]

(방호구역의 개구부에 자동폐쇄장치를 설치하지 아니한 경우)

② 방호구역 체적 $1[m^3]$에 대한 소화약제의 양(K_1) 및 개구부 가산량(K_2) `16회 설계`

방호대상물	방호구역 체적에 대한 소화약제의 양$[kg/m^3]$	설계농도 [%]	개구부 가산량$[kg/m^2]$ (자동폐쇄장치 미 설치시)
유압기기를 제외한 전기설비·케이블실	$1.3\,[kg/m^3]$	50	
체적 $55[m^3]$ 미만의 전기설비	$1.6\,[kg/m^3]$	50	
서고, 전자제품창고, 목재가공품 창고, 박물관	$2.0\,[kg/m^3]$	65	$10\,[kg/m^2]$
고무류, 면화류창고, 모피창고, 석탄창고, 집진설비	$2.7\,[kg/m^3]$	75	

(2) 국소방출방식

1) 면적식

구 분	약제량	비 고
① 저압식	$W = S \times 13[kg/m^2] \times 1.1$	W : 약제저장량$[kg]$ S : 방호대상물 표면적$[m^2]$ ① 사각형 구조 : 가로$[m]$ × 세로$[m]$ ② 원형 구조 : $\pi \times$(반지름$[m]$)^2
② 고압식	$W = S \times 13[kg/m^2] \times 1.4$	

2) 용적식

구 분	약제량	비 고
저압식	$W = V \times Q \times 1.1$	$Q = 8 - 6\dfrac{a}{A}$
고압식	$W = V \times Q \times 1.4$	

W : 약제저장량$[kg]$
Q : 방호공간 $1[m^3]$에 대한 소화약제의 양$[kg/m^3]$
V : 방호공간의 체적$[m^3]$
A : 방호공간의 벽면적의 합계$[m^2]$
a : 방호대상물 주위에 설치된 벽 면적의 합계$[m^2]$

보충설명

※ 방호공간 : (방호대상물의 각 부분으로부터 $0.6[m]$의 거리에 따라 둘러싸인 공간)

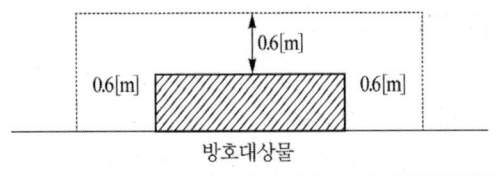
0.6[m] 0.6[m] 0.6[m]
방호대상물

(3) 호스릴방식

구 분	개당 약제량	분당 방출량
약제저장량	90[kg/개]	60[kg/min]

2 배관의 유량산정

표면화재	1분	① 유량[kg/min]=$\dfrac{\text{저장량[kg]}}{\text{기준방사시간(1[min])}}$ ② 저장량 W=저장용기수(병) × 병당 저장량
심부화재	7분	① 유량[kg/min]=$\dfrac{\text{저장량[kg]}}{\text{기준방사시간(7[min])}}$ ② 저장량 W=저장용기수(병) × 병당 저장량
	2분 이내 30[%] 농도 도달	① 유량[kg/min]=$\dfrac{\text{계산된 약제량[kg]}}{\text{기준방사시간(2[min])}}$ ② 저장량 $W=V[\text{m}^3] \times 0.673[\text{kg/m}^3]$
※ 심부화재 시에는 7분과 2분 이내 30[%] 농도에 도달하는 조건을 동시에 만족해야 한다.		

보충설명

※ 0.673[kg/m³]이 나온 이유

심부화재시 방호구역의 최소예상온도 10℃를 적용

① 선형상수 $S = K_1 + K_2 \times t[\text{m}^3/\text{kg}]$

② $K_1 = \dfrac{22.4}{\text{분자량}} = \dfrac{22.4}{44} = 0.509$

③ $S = K_1 + K_2 \times t = 0.509 + \dfrac{0.509}{273} \times 10 = 0.527 = 0.53[\text{m}^3/\text{kg}]$

④ 2분 이내 30% 농도에 도달하기 위해 체적당 필요한 소화 약제량

$$x = 2.303\log_{10}\frac{100}{100-C} \times \frac{1}{S} = 2.303\log_{10}\frac{100}{100-30} \times \frac{1}{0.53} = 0.673[\text{kg/m}^3]$$

3 과압배출구

(1) 과압배출구(Pressure Vent) 면적(NFPA 12)

$$x = \frac{239\,Q}{\sqrt{P}}$$

x : 벤트 면적[mm²], Q : 유량[kg/min], P : 실구조의 허용인장강도[kPa]

(2) 실구조의 허용인장강도

① 경량 건축물 : 1.2[kPa]

② 보통(일반) 건축물 : 2.4[kPa]

③ 콘크리트 또는 vault(아치형) 건축물 : 4.8[kPa]

(3) 과압배출구 설계 시 고려사항(소방방재청 지침)

① 과압발생 시 신속하게 개방되어야 한다.

② 소화약제 대신 공기가 배출되도록 가급적 높은 곳에 설치할 것

③ 방호구역의 허용압력이하에서 개방되어야 한다.(구조물의 파괴방지)

④ 약제방사 노즐에서 가급적 먼 곳에 설치하여야 한다.

(4) 과압배출구 설치시 검토내용(NFTC 106)

① 방호구역의 누설면적　　② 방호구역의 최대허용압력

③ 소화약제 방출식의 최고압력　　④ 소화농도 유지시간

4 자유유출시 약제량 계산

(1) 약제량 계산

$$x = 2.303 \log_{10}\left(\frac{100}{100-C}\right) \times \frac{1}{S} \, [\text{kg/m}^3]$$

x : 체적당 약제량[kg/m³]　　　S : 비체적[m³/kg]

(2) 비체적의 계산

$$S = \frac{RT}{PM} = K_1 + K_2 t$$

P : 절대압력[atm]　　　　M : 분자량[kg/kmol]

t : 실의 최소예상온도[℃]　　T : 절대온도[K]

R : 기체상수(0.082[atm · m³/kmol · K])

K_1 : $\dfrac{22.4}{분자량}$,　　K_2 : $\dfrac{K_1}{273}$

5 이산화탄소소화설비의 계통도

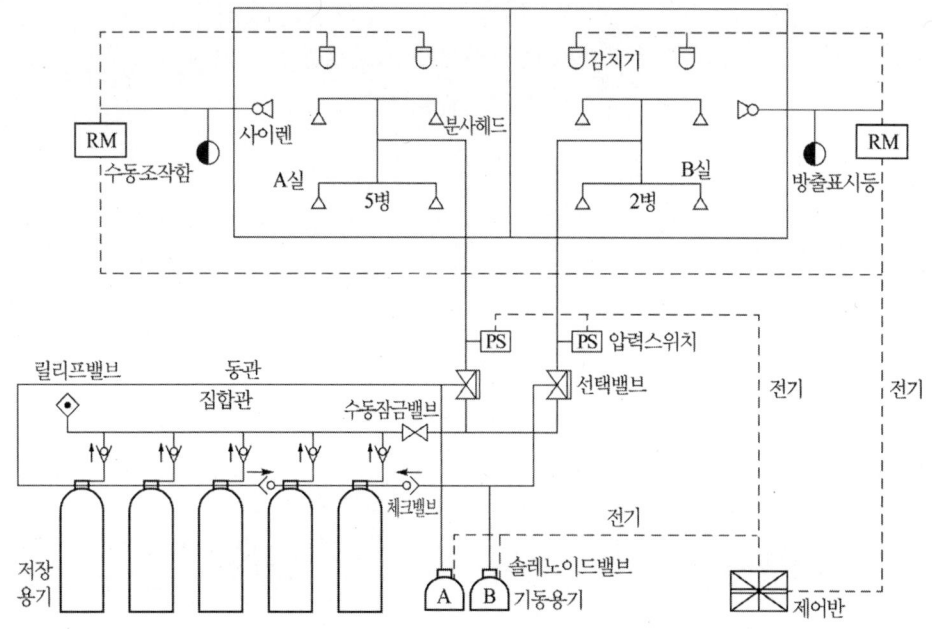

6 [별표 1] 가연성 액체 또는 가연성 가스의 소화에 필요한 설계농도

방호대상물	설계농도[%]
수소(Hydrogen)	75
아세틸렌(Acetylene)	66
일산화탄소(Carbon Monoxide)	64
산화에틸렌(Ethylene Oxide)	53
에틸렌(Ethylene)	49
에탄(Ethane)	40
석탄가스, 천연가스(Coal, Natural gas)	37
사이크로 프로판(Cyclo Propane)	37
이소부탄(Iso Butane)	36
프로판(Propane)	36
부탄(Butane)	34
메탄(Methane)	34

12 할론 소화설비

1 약제량 계산

(1) 전역방출방식

① 저장량

$$W = V \times K_1 + A \times K_2$$

W : 약제저장량[kg], K_1 : 방호구역 체적당 소화약제량[kg/m³]

A : 개구부 면적[m²], K_2 : 개구부 가산량[kg/m²]

② 방호구역 체적당 소화약제량

소방대상물 또는 그 부분		소화약제의 종별	방호구역의 체적 1[m³]당 소화약제의 양
차고·주차장·전기실·통신기기실·전산실 기타 이와 유사한 전기설비가 설치되어 있는 부분		할론 1301	0.32[kg] 이상 0.64[kg] 이하
화재의 예방 및 안전 관리에 관한 법률 시행령 별표 2의 특수가연물을 저장·취급하는 소방대상물 또는 그 부분	가연성고체류·가연성액체류	할론 2402	0.40[kg] 이상 1.1[kg] 이하
		할론 1211	0.36[kg] 이상 0.71[kg] 이하
		할론 1301	0.32[kg] 이상 0.64[kg] 이하
	면화류·나무껍질 및 대팻밥·넝마 및 종이부스러기·사류·볏짚류·목재가공품 및 나무부스러기를저장·취급하는 것	할론 1211	0.60[kg] 이상 0.71[kg] 이하
		할론 1301	0.52[kg] 이상 0.64[kg] 이하
	합성수지류를 저장·취급하는 것	할론 1211	0.36[kg] 이상 0.71[kg] 이하
		할론 1301	0.32[kg] 이상 0.64[kg] 이하

③ 개구부 가산량(자동폐쇄장치를 설치하지 않은 경우)

소방대상물 또는 그 부분		소화약제의 종별	가산량(개구부의 면적 1[m²]당 소화약제의 양)
차고·주차장·전기실·통신기기실·전산실·기타 이와 유사한 전기설비가 설치되어 있는 부분		**할론 1301**	**2.4[kg]**
화재의 예방 및 안전 관리에 관한 법률 시행령 별표 2의특수가연물을 저장·취급하는 소방대상물 또는 그 부분	가연성고체류·가연성액체류	할론 2402	3.0[kg]
		할론 1211	2.7[kg]
		할론 1301	2.4[kg]
	면화류·나무껍질 및 대팻밥·넝마 및 종이부스러기·사류·볏짚류·목재가공품 및 나무부스러기를 저장·취급하는 것	할론 1211	4.5[kg]
		할론 1301	3.9[kg]
	합성수지류를 저장·취급하는 것	할론 1211	2.7[kg]
		할론 1301	2.4[kg]

(2) 국소방출방식

① **면적식** : 윗면이 개방된 용기에 저장하는 경우와 화재 시 연소면이 1면에 한정되고 가연물이 비산할 우려가 없는 경우

소화약제의 종별	약제량 계산방법
할론 2402	방호대상물의 표면적$[m^2]$ × 8.8$[kg/m^2]$ × 1.10
할론 1211	방호대상물의 표면적$[m^2]$ × 7.6$[kg/m^2]$ × 1.10
할론 1301	방호대상물의 표면적$[m^2]$ × 6.8$[kg/m^2]$ × 1.25

② **용적식**

$$Q = X - Y\frac{a}{A}$$

Q : 방호공간 1$[m^3]$에 대한 할론 소화약제의 양$[kg/m^3]$

a : 방호대상물의 주위에 설치된 벽의 면적의 합계$[m^2]$

A : 방호공간의 벽면적(벽이 없는 경우에는 벽이 있는 것으로 가정한 당해 부분의 면적)의 합계$[m^2]$

소화약제의 종별	약제량 계산방법
할론 2402	$V[m^3] \times \left[5.2 - 3.9\frac{a}{A}\right][kg/m^3] \times 1.10$
할론 1211	$V[m^3] \times \left[4.4 - 3.3\frac{a}{A}\right][kg/m^3] \times 1.10$
할론 1301	$V[m^3] \times \left[4.0 - 3.0\frac{a}{A}\right][kg/m^3] \times 1.25$

(3) 호스릴방식

소화약제의 종별	소화약제의 양
할론 2402 또는 1211	50$[kg]$
할론 1301	45$[kg]$

2 호스릴할론소화설비 노즐의 방사량

소화약제의 종별	1분당 방사하는 소화약제의 양
할론 2402	45$[kg]$
할론 1211	40$[kg]$
할론 1301	35$[kg]$

3 배관(분사헤드)의 유량산정

기준방사 시간	10초	① 유량$[kg/s] = \dfrac{저장량[kg]}{기준방사시간(10[s])}$ ② 저장량 W = 저장용기수(병) × 병당 저장량

13 할로겐화합물 및 불활성기체 소화설비

1 할로겐화합물 및 불활성기체 소화약제의 종류

소화약제		설계농도[%]	화 학 식
할로겐 화합물	퍼플루오로부탄 (FC-3-1-10)	40	C_4F_{10}
	도데카플루오로-2-메틸펜탄-3-원 (FK-5-1-12)	10	$CF_3CF_2C(O)CF(CF_3)_2$
	하이드로클로로플루오로카본혼화제 (HCFC BLEND A) **14회 설계**	10	$C_{10}H_{16}$: 3.75[%] HCFC-22($CHClF_2$) : 82[%] HCFC-123($CHCl_2CF_3$) : 4.75[%] HCFC-124($CHClFCF_3$) : 9.5[%]
	클로로테트라플루오르에탄(HCFC-124)	1	$CHClFCF_3$
	트리플루오로메탄 (HFC-23) **10회 설계**	30	CHF_3
	펜타플루오로에탄 (HFC-125)	11.5	CHF_2CF_3
	헵타플루오로프로판 (HFC-227ea)	10.5	CF_3CHFCF_3
	헥사플루오로프로판 (HFC-236fa)	12.5	$CF_3CH_2CF_3$
	트리플루오로이오다이드 (FIC-13I1)	0.3 **10회 설계**	CF_3I
불활성 기 체	불연성·불활성기체 혼합가스(IG-01)	43	Ar
	불연성·불활성기체 혼합가스(IG-100)	43	N_2
	불연성·불활성기체 혼합가스(IG-541)	43	N_2 : 52[%], Ar : 40[%], CO_2 : 8[%]
	불연성·불활성기체 혼합가스(IG-55)	43	N_2 : 50[%], Ar : 50[%]

2 할로겐화합물 및 불활성기체 소화약제 약제량 계산

(1) 할로겐화합물 소화약제

① 약제량의 계산

$$W = \frac{V}{S} \times \left[\frac{C}{(100-C)} \right]$$

W : 소화약제의 무게[kg]

V : 방호구역의 체적[m³]

S : 소화약제별 선형상수$(K_1 + K_2 \times t)$[m³/kg]

C : 체적에 따른 소화약제의 설계농도[%]

t : 방호구역의 최소예상온도[℃]

② 소화약제별 선형상수

소화약제	K1	K2
FC-3-1-10	0.094104	0.00034455
HCFC BLEND A	0.2413	0.00088
HCFC-124	0.1575	0.0006
HFC-125	0.1825	0.0007
HFC-227ea	0.1269	0.0005
HFC-23	0.3164	0.0012
HFC-236fa	0.1413	0.0006
FIC-13I1	0.1138	0.0005
FK-5-1-12	0.0664	0.0002741

(2) 불활성기체 소화약제

① 약제량의 산정

$$X = 2.303 \left(\frac{V_S}{S} \right) \times \log_{10} \left[\frac{100}{(100 - C)} \right]$$

X : 공간체적 당 더해진 소화약제의 부피$[\text{m}^3/\text{m}^3]$

V_S : 20[℃]에서 소화약제의 비체적$[\text{m}^3/\text{kg}]$

S : 소화약제별 선형상수$(K_1 + K_2 \times t)[\text{m}^3/\text{kg}]$

C : 체적에 따른 소화약제의 설계농도[%]

t : 방호구역의 최소예상온도[℃]

② 소화약제별 선형상수

소화약제	K1	K2
IG-01	0.5685	0.00208
IG-100	0.7997	0.00293
IG-541	0.65799	0.00239
IG-55	0.6598	0.00242

(3) 설계농도의 산정

① A급 화재 : 설계농도 C = 소화농도[%] × 1.2

② B급 화재 : 설계농도 C = 소화농도[%] × 1.3

③ C급 화재 : 설계농도 C = 소화농도[%] × 1.35

※ A·B·C급 화재별 안전계수

설계농도	소화농도	안전계수
A급	A급	1.2
B급	B급	1.3
C급	A급	1.35

3 할로겐화합물 및 불활성기체 소화약제 배관의 두께 계산

$$t = \frac{PD}{2SE} + A[\text{mm}]$$

t : 배관의 두께[mm], P : 최대허용압력[kPa], D : 배관의 바깥지름[mm]

SE : 최대허용응력[kPa]

　　(배관재질 인장강도의 1/4값과 항복점의 2/3중 적은 값 × 배관이음효율 × 1.2)

A : 나사이음·홈이음 등의 허용값[mm]

(1) 배관이음 효율

배관이음 효율	이음매 없는 배관	1.0
	전기저항 용접배관	0.85
	가열맞대기 용접배관	0.60

(2) 나사이음, 홈이음 등의 허용 값[mm] (헤드 설치부분은 제외한다.)

나사이음, 홈이음 등의 허용 값 [mm]	나사이음	나사의 높이
	절단홈이음	홈의 깊이
	용접이음	0

4 할로겐화합물 및 불활성기체 소화약제 배관의 유량 계산

구 분	기준방사시간	배관 유량의 계산
할로겐 화합물	10초	① 유량 $Q[\text{kg/s}] = \dfrac{\text{약제량[kg]}}{\text{기준방사시간(10[s])}}$ ② 약제량 $W = \dfrac{V}{S} \times \dfrac{C \times 0.95}{100 - C \times 0.95}$
불활성 기 체	A,C급 화재 2분 B급 화재 1분	① 유량 $Q[\text{m}^3/\text{min}] = \dfrac{\text{약제량[m}^3]}{\text{기준방사시간([min])}}$ ② 약제량 $W = 2.303\left(\dfrac{V_S}{S}\right) \times \log_{10}\dfrac{100}{100 - C \times 0.95} \times V[\text{m}^3]$

5 이너젠(Inergen;IG-541) 과압배출구 면적

$$\text{산출식} : x = \frac{42.9Q}{\sqrt{P}}$$

x : 과압배출구 면적[cm^2], Q : 유량[m^3/min], $\dot{P}$: 방호구역 허용강도[kgf/m^2]

① 경량 건축물 : 10

② 일반(보통) 건축물 : 50

③ 철근콘크리트 또는 Valut(아치형) 건축물 : 100

6 과압배출구 설치 시 검토내용(NFTC 107A)

① 방호구역의 누설면적

② 방호구역의 최대허용압력

③ 소화약제 방출식의 최고압력

④ 소화농도 유지시간

14 분말소화설비

1 분말소화설비 약제량 계산

(1) 전역방출방식

약제 저장량 W=방호구역의 체적$[\text{m}^3] \times K_1[\text{kg/m}^3]$+개구부 면적$[\text{m}^2] \times K_2[\text{kg/m}^2]$

소화약제의 종별	방호구역의 체적 1$[\text{m}^3]$에 대한 소화약제의 양(K_1)	개구부의 면적 1$[\text{m}^2]$에 대한 소화약제의 가산 양(K_2)
제1종 분말	$0.6[\text{kg/m}^3]$	$4.5[\text{kg/m}^2]$
제2종 분말 또는 제3종 분말	$0.36[\text{kg/m}^3]$	$2.7[\text{kg/m}^2]$
제4종 분말	$0.24[\text{kg/m}^3]$	$1.8[\text{kg/m}^2]$

※ 개구부 가산량 : 방호구역의 개구부에 자동폐쇄장치를 설치하지 아니한 경우에 적용

(2) 국소방출방식

① 약제량 $W[\text{kg}]$=방호공간의 체적 $V[\text{m}^3] \times Q[\text{kg/m}^3] \times 1.1$

소화약제의 종별	약제량 계산방법
제1종 분말	$V[\text{m}^3] \times \left[5.2-3.9\dfrac{a}{A}\right][\text{kg/m}^3] \times 1.1$
제2종, 제3종 분말	$V[\text{m}^3] \times \left[3.2-2.4\dfrac{a}{A}\right][\text{kg/m}^3] \times 1.1$
제4종 분말	$V[\text{m}^3] \times \left[2.0-1.5\dfrac{a}{A}\right][\text{kg/m}^3] \times 1.1$

② $Q = X - Y\dfrac{a}{A}$

Q : 방호공간(방호대상물의 각 부분으로부터 $0.6[\text{m}]$의 거리에 따라 둘러싸인 공간) $1[\text{m}^3]$에 대한 분말소화약제의 양$[\text{kg/m}^3]$

a : 방호대상물의 주변에 설치된 벽면적의 합계$[\text{m}^2]$

A : 방호공간의 벽면적(벽이 없는 경우에는 벽이 있는 것으로 가정한 당해 부분의 면적)의 합계$[\text{m}^2]$

③ X 및 Y : 다음표의 수치

소화약제의 종별	X의 수치	Y의 수치
제1종 분말	5.2	3.9
제2종 분말 또는 제3종 분말	3.2	2.4
제4종 분말	2.0	1.5

(3) 호스릴 방식

약제의 종류	개당 약제량	분당 방출량
제1종	50[kg/개]	45[kg/min]
제2종, 제3종	30[kg/개]	27[kg/min]
제4종	20[kg/개]	18[kg/min]

2 배관(분사헤드)의 유량 산정

기준방사 시간	30초	① 유량$[kg/s] = \dfrac{\text{저장량}[kg]}{\text{기준방사시간}(30[s])}$ ② 저장량 W = 저장용기수(병) × 병당 저장량

3 분말소화약제의 저장용기의 내용적

소화약제의 종별	소화약제 1kg 당 저장용기의 내용적
제1종 분말(탄산수소나트륨을 주성분으로 한 분말)	0.8[L]
제2종 분말(탄산수소칼륨을 주성분으로 한 분말)	1.0[L]
제3종 분말(인산염을 주성분으로 한 분말)	1.0[L]
제4종 분말(탄산수소칼륨과 요소가 화합된 분말)	1.25[L]

4 분말소화약제의 열분해 반응식

(1) 제1종분말 소화약제

① 1차 열분해반응식(270[℃]) : $2NaHCO_3 \rightarrow Na_2CO_3 + CO_2 + H_2O$

② 2차 열분해반응식(850[℃]) : $2NaHCO_3 \rightarrow Na_2O + 2CO_2 + H_2O$

(2) 제2종분말 소화약제

① 1차 열분해반응식(190[℃]) : $2KHCO_3 \rightarrow K_2CO_3 + CO_2 + H_2O$

② 2차 열분해반응식(890[℃]) : $2KHCO_3 \rightarrow K_2O + 2CO_2 + H_2O$

(3) 제3종분말 소화약제

① 1차 열분해반응식(190[℃]) : $NH_4H_2PO_4 \rightarrow H_3PO_4$ (올토인산) $+ NH_3$

② 2차 열분해반응식(300[℃]) : $NH_4H_2PO_4 \rightarrow HPO_3$ (메타인산) $+ NH_3 + H_2O$

[위험물에서 제3종 분말 반응식]
① 1차 열분해반응식 (190[℃]) : $NH_4H_2PO_4 \rightarrow H_3PO_4 + NH_3$
② 2차 열분해반응식 (215[℃]) : $2H_3PO_4 \rightarrow H_4P_2O_7 + H_2O$
③ 3차 열분해반응식 (300[℃] 이상) : $H_4P_2O_7 \rightarrow 2HPO_3 + H_2O$

(4) 제4종분말 소화약제

① $2KHCO_3 + (NH_2)_2CO \rightarrow K_2CO_3 + 2CO_2 + 2NH_3$

15 옥외소화전설비

1 수원 및 토출량의 계산

(1) 수원

$$수원\ Q = N \times 7[\text{m}^3]\ 이상$$

N : 옥외소화전의 설치개수(2개 이상은 2개)

(2) 토출량

$$Q = N \times 350[\text{L/min}]\ 이상$$

N : 옥외소화전의 설치개수(2개 이상은 2개)

2 가압송수장치

(1) 고가수조

$$H = h_1 + h_2 + 25$$

H : 필요한 낙차[m]

h_1 : 호스 마찰손실수두[m]

h_2 : 배관의 마찰손실수두[m]

(2) 압력수조

$$P = p_1 + p_2 + p_3 + 0.25$$

P : 필요한 압력[MPa]

p_1 : 호스의 마찰손실수두압[MPa]

p_2 : 배관의 마찰손실수두압[MPa]

p_3 : 낙차의 환산수두압[MPa]

3 소화전함

옥외소화전의 설치 수량	소화전함
옥외소화전이 10개 이하	옥외소화전마다 5m 이내의 장소에 1개 이상
옥외소화전이 11개 이상 30개 이하	11개 이상
옥외소화전이 31개 이상	옥외소화전 3개마다 1개 이상

16 자동화재탐지설비 및 시각경보장치

1 열감지기의 수량계산(차동식, 정온식, 보상식)

(단위 : m²)

부착높이 및 특정소방대상물의 구분		감 지 기 의 종 류						
		차동식 스포트형		보상식 스포트형		정 온 식 스포트형		
		1종	2종	1종	2종	특종	1종	2종
4[m] 미만	주요구조부를 내화구조로 한 특정소방대상물 또는 그 부분	90	70	90	70	70	60	20
	기타 구조의 특정소방대상물 또는 그 부분	50	40	50	40	40	30	15
4[m] 이상 8[m] 미만	주요구조부를 내화구조로 한 특정소방대상물 또는 그 부분	45	35	45	35	35	30	
	기타 구조의 특정소방대상물 또는 그 부분	30	25	30	25	25	15	

2 열반도체식 차동식분포형감지기의 수량 계산

① 하나의 검출기에 접속하는 감지부 : 2개 이상 15개 이하

② 다만, 바닥면적이 다음 표에 따른 면적의 2배 이하인 경우에는 2개(부착높이가 8[m] 미만이고, 바닥면적이 다음 표에 따른 면적 이하인 경우에는 1개) 이상

부착높이 및 특정소방대상물의 구분		감지기의 종류	
		1종	2종
8[m] 미만	주요구조부가 내화구조로 된 특정소방대상물 또는 그 구분	65[m²]	36[m²]
	기타 구조의 특정소방대상물 또는 그 부분	40[m²]	23[m²]
8[m] 이상 15[m] 미만	주요구조부가 내화구조로 된 특정소방대상물 또는 그 부분	50[m²]	36[m²]
	기타 구조의 특정소방대상물 또는 그 부분	30[m²]	23[m²]

3 열전대식 차동식분포형감지기의 수량 계산

① 열전대부는 감지구역의 **바닥면적 18[m²]**(주요구조부가 **내화구조로** 된 특정소방대상물에 있어서는 **22[m²]**)마다 1개 이상으로 할 것. 다만, **바닥면적이 72[m²]**(주요구조부가 **내화구조로** 된 특정소방대상물에 있어서는 **88[m²]**) **이하**인 특정소방대상물에 있어서는 **4개 이상**으로 하여야 한다.

② 하나의 검출부에 접속하는 열전대부는 **20개 이하**로 할 것. 다만, 각각의 열전대부에 대한 작동여부를 검출부에서 표시할 수 있는 것(주소형)은 형식승인 받은 성능인정범위내의 수량으로 설치할 수 있다.

4 연기감지기의 수량 계산

(1) 감지기 부착높이·감지기의 종류에 따른 바닥면적(m²)당 1개 이상 설치

부착높이	감지기의 종류	
	1종 및 2종	3종
4[m] 미만	150[m²]	50[m²]
4[m] 이상 20[m] 미만	75[m²]	-

(2) 복도, 통로, 계단 및 경사로

설치장소	복도, 통로		계단, 경사로	
종 별	1, 2종	3종	1, 2종	3종
거 리	보행거리 30[m]	보행거리 20[m]	수직거리 15[m]	수직거리 10[m]

5 부착높이에 따른 감지기의 종류

(1) 4[m] 미만

 **암기법 차보정 광이 열연복불**

- 차동식 (스포트형, 분포형)
- 보상식 스포트형
- 정온식 (스포트형, 감지선형)
- 이온화식 또는 광전식 (스포트형, 분리형, 공기흡입형)
- 열복합형
- 연기복합형
- 열연기복합형
- 불꽃감지기

(2) 4[m] 이상 8[m] 미만

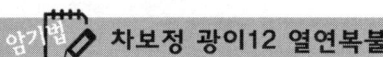 **암기법 차보정 광이12 열연복불**

- 차동식 (스포트형, 분포형)
- 보상식 스포트형
- 정온식 (스포트형, 감지선형) 특종 또는 1종
- 이온화식 1종 또는 2종
- 광전식(스포트형, 분리형, 공기흡입형) 1종 또는 2종
- 열복합형
- 연기복합형
- 열연기복합형
- 불꽃감지기

(3) 8[m] 이상 15[m] 미만

 **암기법 차분 광이12 연불**

- 차동식 분포형
- 이온화식 1종 또는 2종

- 광전식(스포트형, 분리형, 공기흡입형) 1종 또는 2종
- 연기복합형
- 불꽃감지기

(4) 15[m] 이상 20[m] 미만

 **광이 1연불**

- 이온화식 1종
- 광전식(스포트형, 분리형, 공기흡입형) 1종
- 연기복합형
- 불꽃감지기

(5) 20[m] 이상

 **불광아**

- 불꽃감지기
- 광전식(분리형, 공기흡입형)중 아나로그방식

6 경보방식

(1) 11층(공동주택인 경우 16층) 이상 → 우선경보방식

발화 층	경보방식
2층 이상	발화층 및 그 직상 4개층에 경보
1층	발화층 · 그 직상 4개층 및 지하층에 경보
지하층	발화층 · 그 직상층 및 기타의 지하층에 경보

(2) 30층 이상 특정소방대상물 → 우선경보방식

발화 층	경보방식
2층 이상	발화층 및 그 직상 4개층에 경보
1층	발화층 · 그 직상 4개층 및 지하층에 경보
지하층	발화층 · 그 직상층 및 기타의 지하층에 경보

17 피난기구

1 설치장소별 피난기구의 적응성

설치장소별 구분 \ 층별	1층	2층	3층	4층 이상 10층 이하
1. 노유자시설	· 미끄럼대 · 구조대 · 피난교 · 다수인피난장비 · 승강식 피난기	· 미끄럼대 · 구조대 · 피난교 · 다수인피난장비 · 승강식 피난기	· 미끄럼대 · 구조대 · 피난교 · 다수인피난장비 · 승강식 피난기	· 구조대[1] · 피난교 · 다수인피난장비 · 승강식 피난기
2. 의료시설·근린생활시설 중 입원실이 있는 의원·접골원·조산원			· 미끄럼대 · 구조대 · 피난교 · 피난용트랩 · 다수인피난장비 · 승강식 피난기	· 구조대 · 피난교 · 피난용트랩 · 다수인피난장비 · 승강식 피난기
3. 「다중이용업소의 안전관리에 관한 특별법 시행령」 제2조에 따른 다중이용업소로서 영업장의 위치가 4층 이하인 다중이용업소		· 미끄럼대 · 피난사다리 · 구조대 · 완강기 · 다수인피난장비 · 승강식 피난기	· 미끄럼대 · 피난사다리 · 구조대 · 완강기 · 다수인피난장비 · 승강식 피난기	· 미끄럼대 · 피난사다리 · 구조대 · 완강기 · 다수인피난장비 · 승강식 피난기
4. 그 밖의 것			· 미끄럼대 · 피난사다리 · 구조대 · 완강기 · 피난교 · 피난용 트랩 · 간이완강기[2] · 공기안전매트 · 다수인피난장비 · 승강식 피난기	· 피난사다리 · 구조대 · 완강기 · 피난교 · 간이완강기[2] · 공기안전매트 · 다수인피난장비 · 승강식 피난기

[비고] 1) 구조대의 적응성은 장애인 관련 시설로서 사용자 중 스스로 피난이 불가한 자가 있는 경우 2.1.2.4에 따라 추가로 설치하는 경우에 한한다.

2) 간이완강기의 적응성은 2.1.2.2에 따라 숙박시설의 3층 이상에 있는 객실에 추가로 설치하는 경우에 한한다.

2 피난기구 수량 산출

구 분	면 적
숙박시설, 노유자시설, 의료시설	층의 바닥면적 500[m²]마다 1개 이상
위락시설, 문화 및 집회시설, 운동시설, 판매시설, 복합용도의 층	층의 바닥면적 800[m²]마다 1개 이상
계단실형 아파트	각 세대마다 1개 이상
그 밖의 용도	층의 바닥면적 1,000[m²]마다 1개 이상

3 피난기구 설치의 감소

(1) 피난기구를 설치하여야 할 소방대상물 중 다음 각 호의 기준에 적합한 층에는 **피난기구의 2분의 1을 감소**할 수 있다. 이 경우 설치하여야 할 피난기구의 수에 있어서 소수점 이하의 수는 1로 한다.

① 주요구조부가 내화구조로 되어 있을 것

② 직통계단인 피난계단 또는 특별피난계단이 2 이상 설치되어 있을 것

(2) 피난기구를 설치하여야 할 소방대상물 중 주요구조부가 내화구조이고 다음 각 호의 기준에 적합한 건널 복도가 설치되어 있는 층에는 **피난기구의 수에서 해당 건널 복도의 수의 2배의 수를 뺀 수**로 한다.

① 내화구조 또는 철골조로 되어 있을 것

② 건널 복도 양단의 출입구에 자동폐쇄장치를 한 60분+ 방화문 또는 60분 방화문(방화셔터를 제외한다)이 설치되어 있을 것

③ 피난·통행 또는 운반의 전용 용도일 것

18 인명구조기구

1 특정소방대상물의 용도 및 장소별로 설치하여야 할 인명구조기구

특정소방대상물	인명구조기구의 종류	설치수량
지하층을 포함하는 층수가 7층 이상인 관광호텔 및 5층 이상인 병원	① 방열복 또는 방화복 (안전모, 보호장갑 및 안전화를 포함) ② 공기호흡기 ③ 인공소생기	각 2개 이상 비치할 것. 다만, 병원의 경우에는 인공소생기를 설치하지 않을 수 있다.
① 문화 및 집회시설 중 수용인원 100명 이상의 영화상영관 ② 판매시설 중 대규모 점포 ③ 운수시설 중 지하역사 ④ 지하가 중 지하상가	공기호흡기	층마다 2개 이상 비치할 것. 다만, 각 층마다 갖추어 두어야 할 공기호흡기 중 일부를 직원이 상주하는 인근 사무실에 갖추어 둘 수 있다.
물분무등소화설비 중 이산화탄소소화설비를 설치해야 하는 특정소방대상물	공기호흡기	이산화탄소소화설비가 설치된 장소의 출입구 외부 인근에 1대 이상 비치할 것

19 유도등 및 유도표지

1 유도등 및 유도표지의 종류

설 치 장 소	유도등 및 유도표지의 종류
1. 공연장·집회장(종교집회장 포함)·관람장·운동시설	• 대형피난구유도등 • 통로유도등 • 객석유도등
2. **유흥주점영업시설**(유흥주점영업중 손님이 춤을 출 수 있는 무대가 설치된 카바레, 나이트클럽 또는 그 밖에 이와 비슷한 영업시설만 해당한다)	
3. **위락시설**·**판매시설**·**운수시설**·「관광진흥법」 제3조제1항제2호에 따른 관광숙박업·**의료시설**·**장례식장**·방송통신시설·전시장·**지하상가**·**지하철역사**	• 대형피난구유도등 • 통로유도등
4. 숙박시설(제3호의 관광숙박업 외의 것)·오피스텔	• 중형피난구유도등 • 통로유도등
5. 제1호부터 제3호까지 외의 건축물로서 지하층·무창층 또는 층수가 11층 이상인 특정소방대상물	
6. 제1호부터 제5호까지 외의 건축물로서 근린생활시설·노유자시설·업무시설·발전시설·종교시설(집회장 용도로 사용하는 부분 제외)·**교육연구시설**·**수련시설**·**공장**·교정 및 군사시설(국방·군사시설 제외)·자동차정비공장·운전학원 및 정비 학원·**다중이용업소**·**복합건축물**	• 소형피난구유도등 • 통로유도등
7. 그 밖의 것	• 피난구유도표지 • 통로유도표지

[비고] 1. 소방서장은 특정소방대상물의 위치·구조 및 설비의 상황을 판단하여 대형피난구유도등을 설치하여야 할 장소에 중형피난구유도등 또는 소형피난구유도등을, 중형피난구유도등을 설치하여야 할 장소에 소형피난구유도등을 설치하게 할 수 있다.
　　　 2. **복합건축물의 경우, 주택의 세대 내에는 유도등을 설치하지 아니할 수 있다.**

2 유도등 수량계산

(1) 복도 및 거실 통로유도등

$$설치개수 = \frac{구부러진\ 곳이\ 없는\ 부분의\ 보행거리[m]}{20} - 1$$

(2) 객석유도등

$$설치개수 = \frac{객석\ 통로의\ 직선부분의\ 길이[m]}{4} - 1$$

(3) 유도표지

$$설치개수 = \frac{보행거리[m]}{15} - 1$$

※ 유도등 수량 산출 시 상기 산출한 수량 외에 구부러진 모퉁이마다 추가로 가산한다.

20 소화수조 및 저수조

1 소화수조 또는 저수조의 저수량

소방대상물의 구분	면 적
1. 1층 및 2층의 바닥면적 합계가 15,000[m²] 이상인 소방대상물	7,500[m²]
2. 제1호에 해당되지 아니하는 그 밖의 소방대상물	12,500[m²]

$$저수량 = \frac{소방대상물\ 연면적}{기준면적}\ (소수점이하\ 절상) \times 20[m^3]\ 이상$$

2 채수구의 수량

소요수량	20[m³] 이상 40[m³] 미만	40[m³] 이상 100[m³] 미만	100[m³] 이상
채수구의 수	1 개	2 개	3 개

3 가압송수장치 토출량

소요수량	20[m³] 이상 40[m³] 미만	40[m³] 이상 100[m³] 미만	100[m³] 이상
가압송수장치의 1분당 양수량	1,100[L] 이상	2,200[L] 이상	3,300[L] 이상

4 창고시설

소화수조 또는 저수조의 저수량 :

$$\frac{특정소방대상물의\ 연면적[m^2]}{5,000[m^2]}\ (소수점\ 이하의\ 수는\ 1로\ 본다) \times 20[m^3]\ 이상$$

21 제연설비

1 제연설비 배출량 계산

(1) 제연구역이 벽으로 구획되는 경우

① 제연구역이 거실인 경우

구 분	배출량
바닥면적이 400[m²]미만	① 배출량=바닥면적 1[m²]×1[m³/min] 이상 (최저 배출량 5,000[m³/hr])
바닥면적이 400[m²]이상	① 직경 40[m]이내 : 40,000[m³/hr] 이상 ② 직경 40[m]초과 : 45,000[m³/hr] 이상

② 제연구역이 통로인 경우 : 배출량 45,000[m³/hr] 이상

(2) 제연구역이 제연경계로 구획된 경우

수직거리	배출량	
	거실의 직경 40[m] 이하	거실의 직경 40[m] 초과 또는 제연구역이 통로
2[m] 이하	40,000[m³/hr] 이상	45,000[m³/hr] 이상
2[m] 초과 2.5[m] 이하	45,000[m³/hr] 이상	50,000[m³/hr] 이상
2.5[m] 초과 3[m] 이하	50,000[m³/hr] 이상	55,000[m³/hr] 이상
3[m] 초과	60,000[m³/hr] 이상	65,000[m³/hr] 이상

(3) 제연방식이 인접통로 배출방식인 경우

통로길이	수직거리	배출량	비고
40[m] 이하	2[m] 이하	25,000[m³/hr] 이상	벽으로 구획된 것 포함
	2[m] 초과 2.5[m] 이하	30,000[m³/hr] 이상	
	2.5[m] 초과 3[m] 이하	35,000[m³/hr] 이상	
	3[m] 초과	45,000[m³/hr] 이상	
40[m] 초과 60[m] 이하	2[m] 이하	30,000[m³/hr] 이상	벽으로 구획된 것 포함
	2[m] 초과 2.5[m] 이하	35,000[m³/hr] 이상	
	2.5[m] 초과 3[m] 이하	40,000[m³/hr] 이상	
	3[m] 초과	50,000[m³/hr] 이상	

(4) 공동예상제연구역의 배출량 결정

① 공동예상제연구역이 벽으로 구획 : 배출량을 합산한 값

② 공동예상제연구역이 제연경계로 구획 : 배출량 중 최대값

③ 독립배출방식의 경우 : 최대값

2 제연설비 공기유입구 및 배출구

(1) 공기유입구

① 공기유입구의 크기 : $1\,[\mathrm{m^3/min}] \times 35\,[\mathrm{cm^2/(m^3/min)}]$ 이상

② 유입풍도의 풍속 : $20\,[\mathrm{m/s}]$ 이하

③ 예상제연구역에 공기가 유입되는 순간의 풍속 : $5\,[\mathrm{m/s}]$ 이하

(2) 배출기

① 흡입측 풍도의 풍속 : $15\,[\mathrm{m/s}]$ 이하

② 배출측 풍도의 풍속 : $20\,[\mathrm{m/s}]$ 이하

(3) 덕트의 크기

$$A = \frac{Q}{V}\,[\mathrm{m^2}] = \text{덕트의 폭}[\mathrm{m}] \times \text{높이}[\mathrm{m}]$$

A : 단면적$[\mathrm{m^2}]$

V : 풍도의 풍속$[\mathrm{m/s}]$

Q : 배출량$[\mathrm{m^3/s}]$

3 풍도 단면의 긴변 또는 직경에 따른 강판의 두께

풍도단면의 긴 변 또는 직경의 크기	450[mm] 이하	450[mm] 초과 750[mm] 이하	750[mm] 초과 1500[mm] 이하	1500[mm] 초과 2250[mm] 이하	2250[mm] 초과
강판 두께	0.5[mm] 이상	0.6[mm] 이상	0.8[mm] 이상	1.0[mm] 이상	1.2[mm] 이상

4 Hinkley 공식

$$t = \frac{20A}{P\sqrt{g}}\left(\frac{1}{\sqrt{y}} - \frac{1}{\sqrt{h}}\right)$$

t : 청결층 깊이 y가 될 때까지의 경과시간$[\mathrm{s}]$, A : 실의 바닥면적$[\mathrm{m^2}]$

P : 불의 둘레$[\mathrm{m}]$, y : 청결층의 깊이$[\mathrm{m}]$

h : 실의 높이$[\mathrm{m}]$, g : 중력가속도$(9.8[\mathrm{m/s^2}])$

22 특별피난계단의 계단실 및 부속실 제연설비

1 출입문의 틈새면적 계산

(1) 출입문의 틈새면적

$$A = \frac{L}{l} \times A_d$$

A : 출입문의 틈새[m^2], L : 출입문 틈새의 길이[m]

다만, L의 수치가 l의 수치 이하인 경우에는 l의 수치로 할 것

출입문	l	Ad
외여닫이문(실내 쪽으로 열리도록 설치하는 경우)	5.6	0.01
외여닫이문(실외 쪽으로 열리도록 설치하는 경우)	5.6	0.02
쌍여닫이문	9.2	0.03
승강기의 출입문	8.0	0.06

(2) 창문의 틈새면적

창문	틈새면적 [m^2]
여닫이식 창문(방수팩킹이 없는 경우)	$2.55 \times 10^{-4} \times$ 틈새의 길이 [m]
여닫이식 창문(방수팩킹이 있는 경우)	$3.61 \times 10^{-5} \times$ 틈새의 길이 [m]
미닫이식 창문	$1.00 \times 10^{-4} \times$ 틈새의 길이 [m]

2 누설틈새면적의 계산

(1) 직렬연결

누설틈새면적 $A_t = \left(\dfrac{1}{A_1^N} + \dfrac{1}{A_2^N} \right)^{-\frac{1}{N}}$

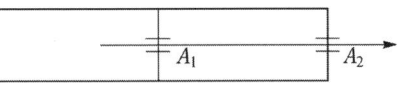

(여기서, N : 문의 경우 2, 창문의 경우 1.6)

(2) 병렬연결

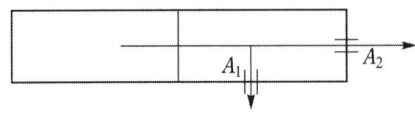

누설틈새면적 $A_t = A_1 + A_2$

(3) 누설량 계산

$$Q = 0.827 A_t P^{\frac{1}{N}} [\text{m}^3/\text{s}]$$

A_t : 누설틈새면적의 합계

P : 차압[Pa]

N : 문(2.0) 창문(1.6)

3 유입공기의 배출시 배출구의 면적계산

배출방식	배출구의 면적
수직풍도	(1) 자연 배출식 : $A_P = \dfrac{Q_N}{2}$ 수직풍도의 길이가 100[m]를 초과하는 경우에는 산출수치의 1.2배 이상으로 한다.
	(2) 기계 배출식 : $A_P = \dfrac{Q_N}{15}$
배 출 구	$A_0 = \dfrac{Q_N}{2.5}$

[비고] A_P : 수직풍도의 내부단면적[m^2]

$\quad\quad\quad Q_N$: 수직풍도가 담당하는 1개층의 제연구역의 출입문(옥내와 면하는 출입문을 말함) 1개의 면적 [m^2]과 방연풍속[m/s]을 곱한 값[m^3/s]

4 출입문 개방에 필요한 힘

(1) 출입문 개방에 필요한 힘

$F_t =$ 도어체크의 저항력 + 차압에 의해 방화문에 미치는 힘 $= F_{dc} + F_p$

(2) 차압에 의해 방화문에 미치는 힘

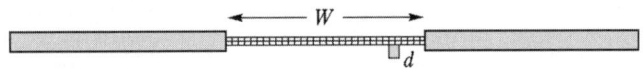

$$F_p = \frac{k_d \triangle PAW}{2(W-d)}[\text{N}]$$

N : 문(2.0) 창문(1.6), $\quad\quad$ W : 출입문의 폭

A : 출입문의 면적, $\quad\quad\quad$ d : 출입문손잡이와 벽과의 거리

k_d : 상수(보통 1을 적용), $\quad\quad$ $\triangle P$: 차압[Pa]

23 연결송수관설비

1 펌프의 토출량

구분	일반	계단식 아파트
해당 층에 설치된 방수구가 3개 이하	2,400[L/min] 이상	1,200[L/min] 이상
해당 층에 설치된 방수구가 4개	3,200[L/min] 이상	1,600[L/min] 이상
해당 층에 설치된 방수구가 5개 이상	4,000[L/min] 이상	2,000[L/min] 이상

2 펌프의 양정

$$H = h_1 + h_2 + h_3 + 35[\text{m}] - 소방차의\ 가압송수능력\ 이상$$

h_1 : 소방용 호스의 마찰손실수두[m]

h_2 : 배관의 마찰손실수두[m]

h_3 : 낙차의 환산수두[m]

24 연결살수설비

1 배관의 구경

하나의 배관에 부착하는 살수헤드의 개수	1개	2개	3개	4개 또는 5개	6개 이상 10개 이하
배관의 구경[mm]	32	40	50	65	80

2 헤드수량 산정(정방향 배치)

(1) 수량 산출

가로수량	$가로수량 = \dfrac{가로길이}{2 \times 수평거리 \times \cos 45°}$
세로수량	$세로수량 = \dfrac{세로길이}{2 \times 수평거리 \times \cos 45°}$
전체수량	가로수량 × 세로수량
방호면적	$S^2 = (2r\cos45°)^2$

(2) 수평거리

① 연결살수설비전용헤드 : 3.7[m] 이하
② 스프링클러헤드 : 2.3[m] 이하

3 설치장소의 최고주위도에 따른 표시온도

다만, 높이가 4[m] 이상인 공장 및 창고(랙크식창고를 포함한다)에 설치하는 스프링클러헤드는 그 설치장소의 평상시 최고 주위온도에 관계없이 표시온도 121[℃] 이상의 것으로 할 수 있다.

설치장소의 최고 주위온도	표 시 온 도
39[℃] 미만	79[℃] 미만
39[℃] 이상 64[℃] 미만	79[℃] 이상 121[℃] 미만
64[℃] 이상 106[℃] 미만	121[℃] 이상 162[℃] 미만
106[℃] 이상	162[℃] 이상

25 비상콘센트설비

1 전원회로의 구성

① 전원회로의 구성

구 분	전 압	용 량	플러그접속기
단상교류	220[V]	1.5[kVA] 이상	접지형 2극

② **전원회로는 각 층에 있어서 2이상**이 되도록 할 것.

③ **하나의 전용회로에 설치하는 비상콘센트는 10개 이하**로 할 것.

이 경우 전선의 용량은 각 비상콘센트(비상콘센트가 3개 이상인 경우에는 3개)의 공급용량을 합한 용량이상의 것으로 하여야 한다.

2 전류

$$\text{전류(전선의 용량) } I = \frac{P}{V} = \frac{1.5[\text{kVA}] \times \text{설치수량(3개이상은 3개)}}{220[\text{V}]}[\text{A}]$$

26 지하구의 화재안전기준

1 배관의 구경(연소방지 전용헤드 사용하는 경우)

하나의 배관에 부착하는 살수헤드의 개수	1개	2개	3개	4개 또는 5개	6개 이상
배관의 구경 [mm]	32	40	50	65	80

2 헤드수량 산출

(1) 헤드간의 간격

① 연소방지설비 전용헤드 : 2[m] 이하

② 스프링클러헤드 : 1.5[m] 이하

(2) 헤드수량 산출

가로수량	$\text{가로수량} = \dfrac{\text{하나의 살수구역의 길이[m]}}{2[m]\ (\text{스프링클러헤드의 경우 } 1.5[m])}$
세로수량	$\text{세로수량} = \dfrac{\text{지하구의 폭[m]}}{2[m]\ (\text{스프링클러헤드의 경우 } 1.5[m])}$
전체수량	가로수량 × 세로수량 × 살수구역의 수

3 살수구역의 수량

$$\text{살수구역의 수량} = \text{환기구·작업구 수} + \left(\dfrac{\text{환기구 사이의 간격[m]}}{700[m]} - 1\right)$$

소방대원이 출입이 가능한 환기구·작업구마다 지하구의 양쪽 방향으로 살수헤드를 설정하되, 한쪽 방향의 살수구역의 길이는 3[m] 이상. 다만, 환기구 사이의 간격이 700[m] 초과할 경우에는 700[m] 이내마다 살수구역을 설정하되, 지하구의 구조를 고려하여 방화벽을 설치한 경우에는 그러하지 아니하다.

27 도로터널 설비

1 화재안전기준, 도로터널

(1) 옥내소화전설비

구분	화재안전기준	도로터널
방수압력	0.17[MPa]~0.7[MPa]	0.35[MPa] 이상
방수량	130[L/min] 이상	190[L/min] 이상
방수시간	20분 이상	40분 이상
기준개수	2개	2개(편도 2차로 이상, 일방향 4차로 이상인 터널의 경우 3개)
수평거리	25[m] 이하	50[m] 이내의 간격으로 설치

(2) 옥외소화전설비

구 분	화재안전기준
방수압력	0.25[MPa]~0.7[MPa]
방 수 량	350[L/min] 이상
방수시간	20분 이상
기준개수	2개
수평거리	40[m] 이하

(3) 스프링클러설비

구분	화재안전기준
방수압력	0.1[MPa]~1.2[MPa]
방 수 량	80[L/min] 이상
방수시간	20분 이상
기준개수	10개, 20개, 30개
수평거리	1.7[m], 2.1[m], 2.3[m] 이하

(4) 물분무소화설비

구 분	화재안전기준	도로터널
방수압력	−	
방 수 량	10, 12, 20[L/min·m^2]	6[L/min·m^2]
방수시간	20분 이상	40분 이상

2 소화기의 수량

(1) 편도2차선 미만의 양방향 터널과 4차로 미만의 일방향 터널

$$수량 = \frac{터널\ 길이[m]}{50[m]}\ (소수점\ 이하\ 절상) \times 2$$

(2) 편도2차선 이상의 양방향 터널과 4차로 이상의 일방향 터널

$$수량 = [\ \frac{터널\ 길이[m]}{50[m]}\ (소수점\ 이하\ 절상) \times 2 + 1\ ] \times 2$$

3 옥내소화전설비

(1) 수원

$$Q = N \times 190[L/min] \times 40[min]\ 이상$$

N : 옥내소화전 설치 개수(일반 2개, 4차로 이상 3개)

(2) 토출량

$$Q = N \times 190[L/min]\ 이상\ (일반\ 2개,\ 4차로\ 이상\ 3개)$$

(3) 수량산출

편도 2차선 미만, 4차로 미만의 일방향 터널	$수량 = \dfrac{터널\ 길이[m]}{50[m]}$
편도 2차선 이상, 4차로 이상의 일방향 터널	$수량 = \dfrac{터널\ 길이[m]}{50[m]}$ 산출수량 $\times 2 + 1$

4 비상경보설비의 발신기 수량

(1) 편도2차선 미만의 양방향 터널과 4차로 미만의 일방향 터널

$$수량 = \frac{터널\ 길이[m]}{50[m]}\ (소수점\ 이하\ 절상)$$

(2) 편도2차선 이상의 양방향 터널과 4차로 이상의 일방향 터널

$$수량 = \frac{터널\ 길이[m]}{50[m]}\ (소수점\ 이하\ 절상) \times 2 + 1$$

5 물분무소화설비

수 원	토출량
바닥면적 $\times 6[L/min \cdot m^2] \times 40분[min]$ 바닥면적 = 도로 폭 $\times$ 방수길이 방수길이(3개 방수구역 $\times 25[m] = 75[m]$)	바닥면적 $\times 6[L/min \cdot m^2]$ 바닥면적 = 도로 폭 $\times$ 방수길이 방수길이(3개 방수구역 $\times 25[m] = 75[m]$)

6 **자동화재탐지설비 경계구역의 수**

$$= \frac{\text{터널 길이[m]}}{100[\text{m}]} \text{(소수점 이하 절상)}$$

7 **비상콘센트의 수량**

(1) 주행차로의 우측 측벽에 50[m] 이내의 간격으로 바닥으로부터 0.8[m] 이상 1.5[m] 이하의 높이에 설치할 것

(2) 수량

① 일방향 터널 $= \dfrac{\text{터널 길이[m]}}{50[\text{m}]}$ (소수점 이하 절상)

② 양방향 터널 $= \dfrac{\text{터널 길이[m]}}{50[\text{m}]}$ (소수점 이하 절상) × 2

8 **터널에 설치하여야 하는 소방시설의 종류**

소방시설의 종류	소방시설 적용기준
소화기구 중 소화기	터널
비상경보설비, 비상조명등, 비상콘센트설비, 무선통신보조설비	길이가 5백[m] 이상인 터널
옥내소화전설비, 자동화재탐지설비, 연결송수관설비	길이가 1천[m] 이상인 터널
제연설비, 물분무소화설비, 옥내소화전설비	행정안전부령으로 정하는 터널

28 고층건축물 설비

1 옥내소화전설비

(1) 30층 이상~49층 이하 : $Q = N$ (5개 이상 설치된 경우에는 5개) $\times 5.2[\text{m}^3]$

(2) 50층 이상 : $Q = N$ (5개 이상 설치된 경우에는 5개) $\times 7.8[\text{m}^3]$

2 스프링클러설비

(1) 30층 이상~49층 이하 : $Q = N$(개수) $\times 3.2[\text{m}^3]$

(2) 50층 이상 : $Q = N$(개수) $\times 4.8[\text{m}^3]$

    N : 개수(기준개수와 설치개수 중 작은 값)

3 휴대용비상조명등 수량

(1) 초고층 건축물에 설치된 피난안전구역 : 피난안전구역 위층의 재실자수의 10분의 1 이상

(2) 지하연계 복합건축물에 설치된 피난안전구역 : 피난안전구역이 설치된 층의 수용인원의 10분의 1 이상

29 기타설비

1 소방시설용 비상전원수전설비

(1) 고압 또는 특별고압 수전의 전기회로

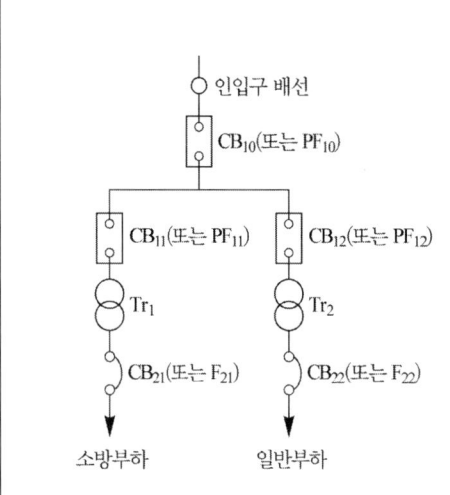

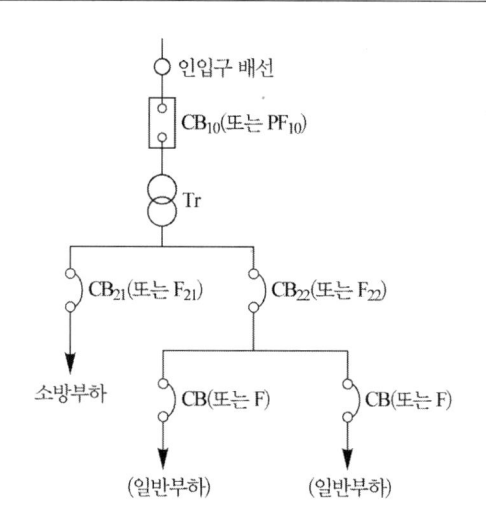

1. 전용의 전력용변압기에서 소방부하에 전원을 공급하는 경우 가. 일반회로의 과부하 또는 단락 사고 시에 CB_{10}(또는 PF_{10})이 CB_{12}(또는 PF_{12}) 및 CB_{22}(또는 F_{22})보다 먼저 차단되어서는 안 된다. 나. CB_{11}(또는 PF_{11})은 CB_{12}(또는 PF_{12})와 동등 이상의 차단용량일 것	2. 공용의 전력용변압기에서 소방부하에 전원을 공급하는 경우 가. 일반회로의 과부하 또는 단락 사고 시에 CB_{10}(또는 PF_{10})이 CB_{22}(또는 F_{22}) 및 CB(또는 F)보다 먼저 차단되어서는 안 된다. 나. CB_{21}(또는 PF_{21})은 CB_{22}(또는 F_{22})와 동등 이상의 차단용량일 것

약호	명칭	약호	명칭
CB	전력차단기	CB	전력차단기
PF	전력퓨즈(고압 또는 특별고압용)	PF	전력퓨즈(고압 또는 특별고압용)
F	퓨즈(저압용)	F	퓨즈(저압용)
Tr	전력용변압기	Tr	전력용변압기

(2) 저압수전의 전기회로

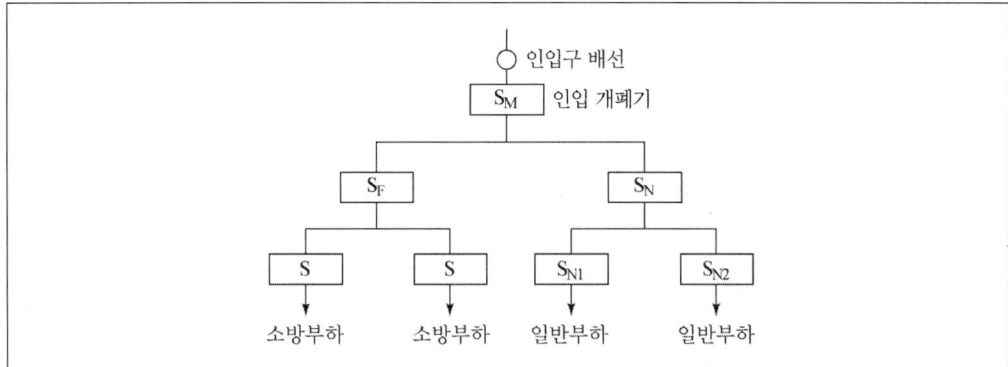

1. 일반회로의 과부하 또는 단락 사고 시 S_M이 S_N, S_{N1} 및 S_{N2}보다 먼저 차단되어서는 안 된다.
2. S_F는 S_N과 동등 이상의 차단용량일 것

약호	명칭
S	저압용개폐기 및 과전류차단기

2 고체에어로졸 소화설비

$$m = d \times V$$

여기서, m : 필수소화약제량(g)

d : 설계밀도(g/m^3) = 소화밀도(g/m^3) × 1.3(안전계수)

소화밀도 : 형식승인 받은 제조사의 설계 매뉴얼에 제시된 소화밀도

V : 방호체적(m^3)

3 전기저장시설 스프링클러설비

토출유량(L/min) : $Q = A \times 12.2[\text{L/min} \cdot \text{m}^2]$ 이상
수원(L) : $Q = A \times 12.2[\text{L/min} \cdot \text{m}^2] \times 30[\text{min}]$ 이상

여기서, A : 실의 바닥면적(m^2)(바닥면적이 230 m^2 이상인 경우에는 230 m^2)

4 발신기 세트와 수신기 결선도

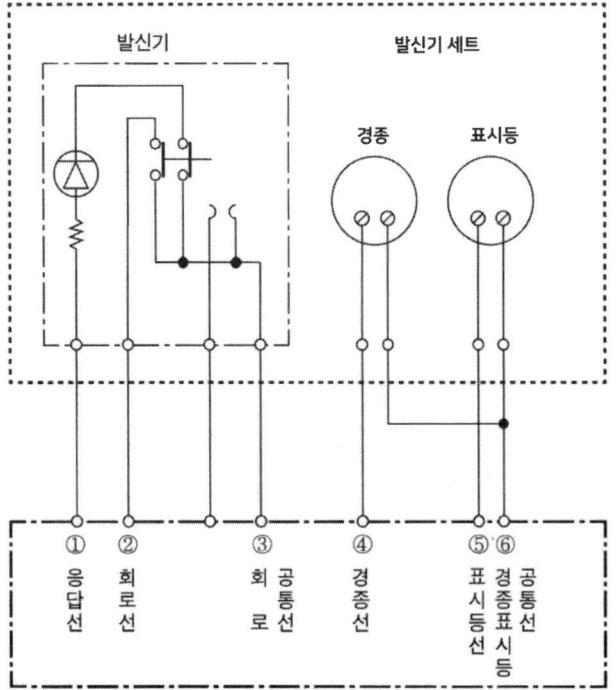

※ 응답선 = 발신기응답선, 회로선 = 지구선, 회로공통선 = 지구공통선

5 준비작동식 스프링클러설비

(1) 슈퍼비조리 판넬(SVP ; Supervisory panel) 결선도

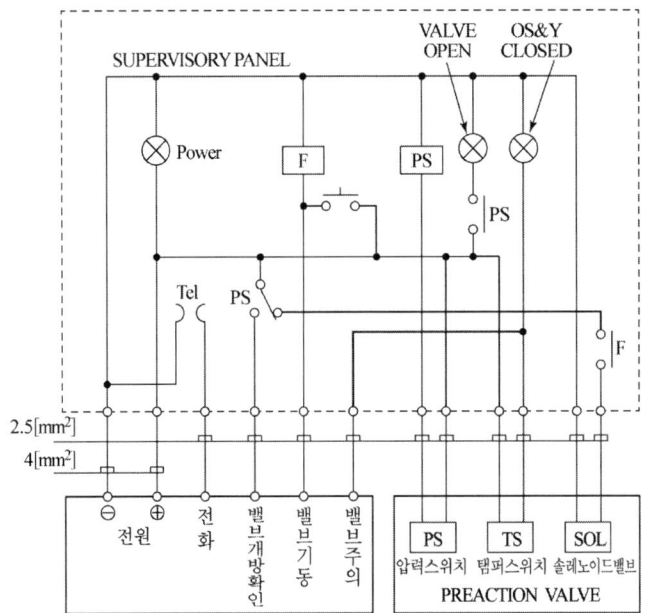

※ 밸브기동(SOL) = 솔레노이드 밸브, 밸브개방확인(PS) = 압력스위치,
　밸브주의(TS) = 탬퍼스위치

(2) 준비작동식 스프링클러설비의 간선내역

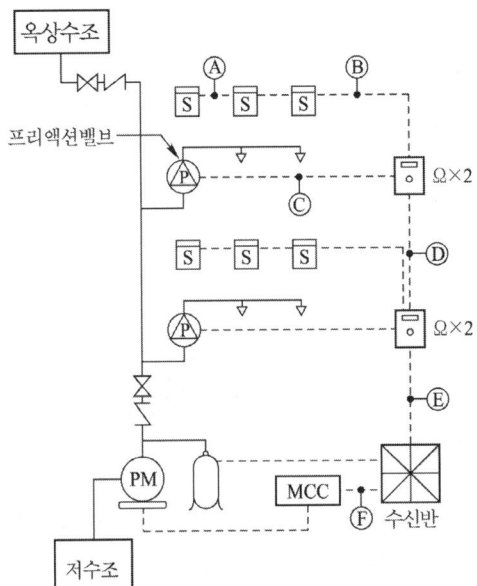

감지제어반(수신반)과 슈퍼비조리판넬(SVP) 사이 기본가닥수		
전원 −	/	1가닥
전원 +	/	1가닥
감지기 A	★	
감지기 B	★	
사이렌	★	준비작동식 밸브마다 추가
밸브기동(SOL)	★	
밸브주의(TS)	★	
밸브개방확인(PS)	★	
전화	/	1가닥

★ : 회로 및 기기 증가 시 마다 전선 1가닥 증가

※ 감지기 공통선은 전원 ⊖와 공통으로 사용하는 조건임

　감지기 공통선을 별도로 사용하는 조건의 경우에는 감지기 공통선을 1선 추가할 것

기호	구분	배선수	전선굵기	배선의 용도
Ⓐ	감지기 ↔ 감지기	4	1.5[mm²]	지구, 지구공통 각 2가닥
Ⓑ	감지기 ↔ SVP	8	1.5[mm²]	지구, 지구공통 각 4가닥
Ⓒ	프리액션밸브 ↔ SVP	4	2.5[mm²]	밸브기동1, 밸브개방확인1, 밸브주의1, 공통선1
Ⓓ	SVP ↔ SVP	9	2.5[mm²]	전원 ⊕, 전원 ⊖, 전화, 감지기 A, B, 밸브기동, 밸브개방확인, 밸브주의, 사이렌
Ⓔ	2 ZONE일 경우	15	2.5[mm²]	전원 ⊕, 전원 ⊖, 전화, (감지기 A, B, 밸브기동, 밸브개방확인, 밸브주의, 사이렌)×2
Ⓕ	MCC ↔ 수신반	2	2.5[mm²]	공통, ON, OFF, 운전표시등, 정지표시등

※ 밸브기동(SOL) = 솔레노이드 밸브, 운전표시등 = 기동표시등

　밸브개방확인(PS) = 압력스위치, 정지표시등 = 전원감시표시등

　밸브주의(TS) = 탬퍼스위치

6 이산화탄소소화설비(가스계 소화설비 공통)

(1) 수동조작함과 수신반 결선도

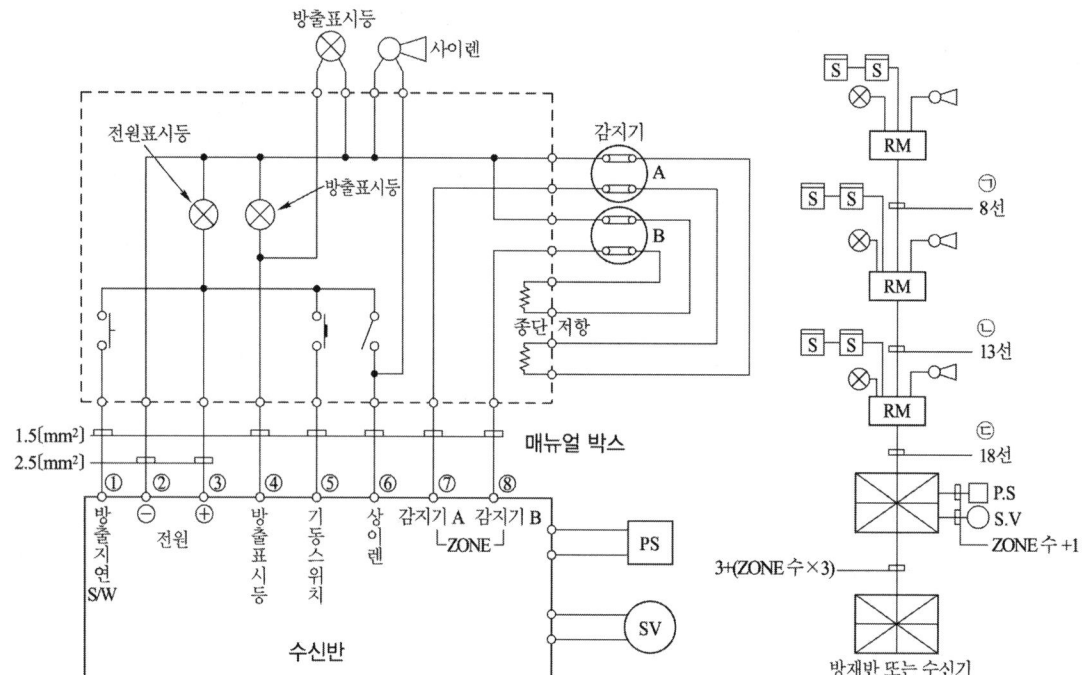

내 용	추 가	전선 가닥수		
		㉠	㉡	㉢
전원⊕, 전원⊖		2	2	2
방출지연 스위치(비상스위치)		1	1	1
감지기 A	*	1	2	3
감지기 B	*	1	2	3
기동 스위치(SV)	*	1	2	3
사 이 렌	*	1	2	3
방출표시등	*	1	2	3
합 계		8	13	18

* : 회로 및 기기 증가 시 마다 전선 1가닥 증가

(2) 간선계통도 및 설비별 위치

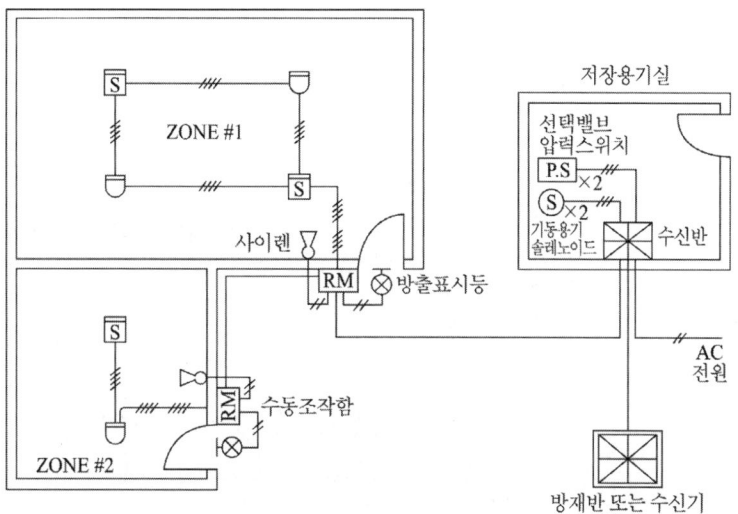

7 시퀀스 제어회로

(1) 직입기동회로 1

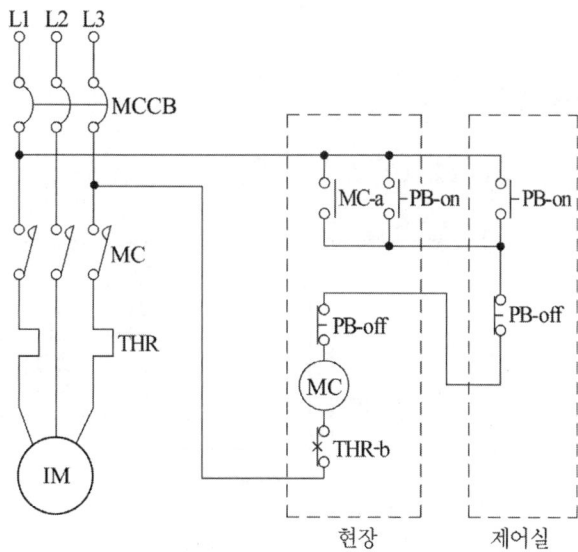

(2) 직입기동회로 2

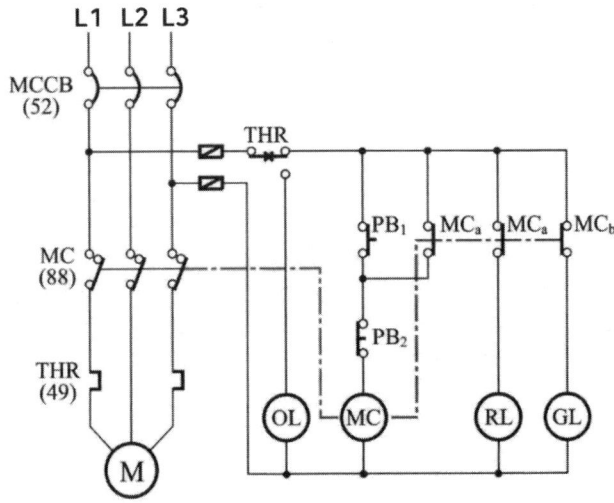

기호	명칭	역할
MCCB	배선용차단기	과부하 및 단락보호용(과부하 단락사고시 전원차단)
MC	전자접촉기	주전원 개폐용
THR	열동계전기	전동기 과부하 보호용
EOCR	전자식 과전류계전기	

(3) 3개소 기동운전회로

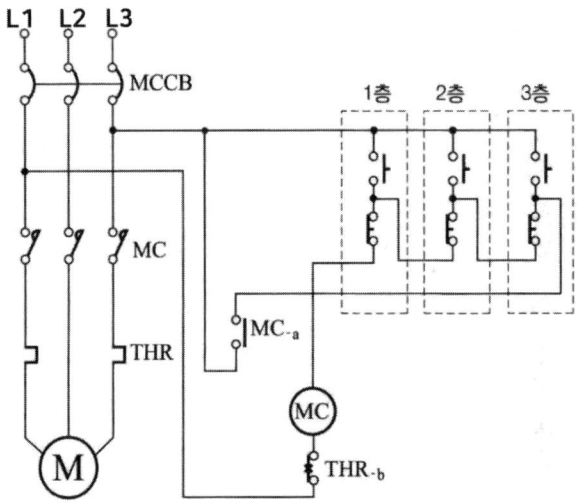

(4) 정·역전 운전회로

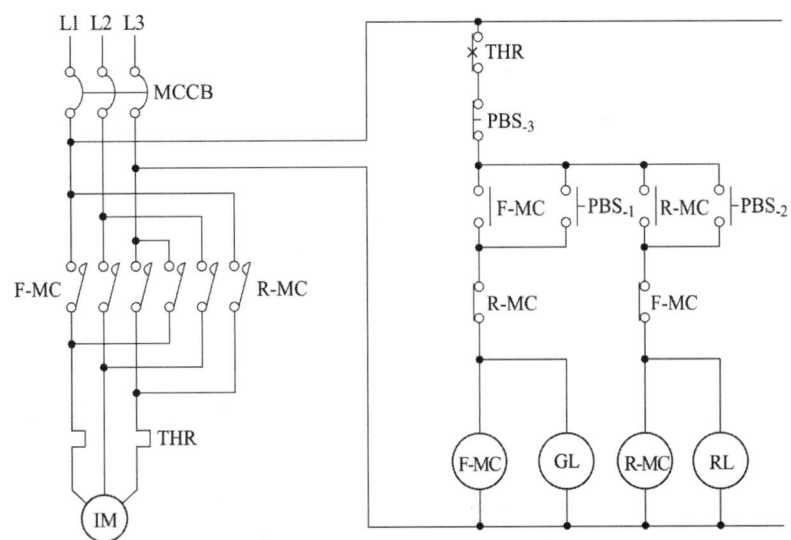

F−MC ; 정회전용 전자접촉기   R−MC : 역회전용 전자접촉기
GL : 정회전용 표시등   RL : 역회전용 표시등

(5) Y−△ 기동회로

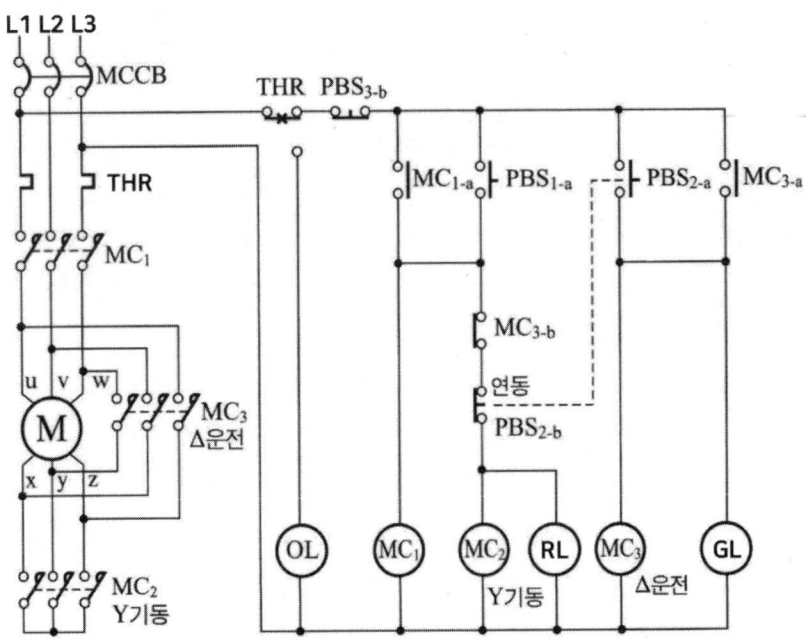

전자접촉기의 ON, OFF 상태

구분	MC$_1$	MC$_2$	MC$_3$
Y기동	ON	ON	OFF
△운전	ON	OFF	ON

30 소방시설의 설치 및 관리에 관한 법률 시행령

[별표 4] 〈개정 2024.5.7〉

특정소방대상물의 관계인이 특정소방대상물에 설치·관리해야 하는 소방시설의 종류
(제11조 관련)

① 소화설비

가. 화재안전기준에 따라 소화기구를 설치하여야 하는 특정소방대상물은 다음의 어느 하나와 같다.

1) 연면적 33 m² 이상인 것. 다만, 노유자시설의 경우에는 투척용 소화용구 등을 화재안전기준에 따라 산정된 소화기 수량의 2분의 1 이상으로 설치할 수 있다.

2) 1)에 해당하지 않는 시설로서 가스시설, 발전시설 중 전기저장시설 및 문화유산

3) 터널

4) 지하구

나. 자동소화장치를 설치해야 하는 특정소방대상물은 다음의 어느 하나에 해당하는 특정소방대상물 중 후드 및 덕트가 설치되어 있는 주방이 있는 특정소방대상물로 한다. 이 경우 해당 주방에 자동소화장치를 설치해야 한다.

1) 주거용 주방자동소화장치를 설치해야 하는 것: 아파트등 및 오피스텔의 모든 층

2) 상업용 주방자동소화장치를 설치해야 하는 것[시행일: 2023. 12. 1.]

　　가) 판매시설 중「유통산업발전법」제2조제3호에 해당하는 대규모점포에 입점해 있는 일반음식점

　　나)「식품위생법」제2조제12호에 따른 집단급식소

3) 캐비닛형 자동소화장치, 가스자동소화장치, 분말자동소화장치 또는 고체에어로졸자동소화장치를 설치해야 하는 것: 화재안전기준에서 정하는 장소

다. 옥내소화전설비를 설치해야 하는 특정소방대상물은 다음의 어느 하나에 해당하는 것으로 한다. 다만, 위험물 저장 및 처리 시설 중 가스시설, 지하구 및 업무시설 중 무인변전소(방재실 등에서 스프링클러설비 또는 물분무등소화설비를 원격으로 조정할 수 있는 무인변전소로 한정한다)는 제외한다.

1) 다음의 어느 하나에 해당하는 경우에는 모든 층

　　가) 연면적 3천 m² 이상인 것(지하가 중 터널은 제외한다)

　　나) 지하층·무창층(축사는 제외한다)으로서 바닥면적이 600 m² 이상인 층이 있는 것

　　다) 층수가 4층 이상인 것 중 바닥면적이 600 m² 이상인 층이 있는 것

2) 1)에 해당하지 않는 근린생활시설, 판매시설, 운수시설, 의료시설, 노유자 시설, 업무시설, 숙박시설, 위락시설, 공장, 창고시설, 항공기 및 자동차 관련 시설, 교정 및 군사시설 중 국방·군사시설, 방송통신시설, 발전시설, 장례시설 또는 복합건축물로서 다음의 어느 하나에 해당하는 경우에는 모든 층

　　가) 연면적 1천5백 m² 이상인 것

　　나) 지하층·무창층으로서 바닥면적이 300 m² 이상인 층이 있는 것

　　다) 층수가 4층 이상인 것 중 바닥면적이 300 m² 이상인 층이 있는 것

3) 건축물의 옥상에 설치된 차고·주차장으로서 사용되는 면적이 200 m² 이상인 경우 해당 부분

4) 지하가 중 터널로서 다음에 해당하는 터널

　　가) 길이가 1천 m 이상인 터널

　　나) 예상교통량, 경사도 등 터널의 특성을 고려하여 행정안전부령으로 정하는 터널

5) 1) 및 2)에 해당하지 않는 공장 또는 창고시설로서 「화재의 예방 및 안전관리에 관한 법률 시행령」 별표 2에서 정하는 수량의 750배 이상의 특수가연물을 저장·취급하는 것

라. 스프링클러설비를 설치해야 하는 특정소방대상물(위험물 저장 및 처리 시설 중 가스시설 및 지하구는 제외한다)은 다음의 어느 하나에 해당하는 것으로 한다.

> **19회 설계**
> 특정소방대상물의 규모, 용도 및 수용인원 등을 고려하여 갖추어야 하는 소방시설의 종류 중 문화 및 집회시설(동·식물원 제외), 종교시설(주요구조부가 목조인 것은 제외), 운동시설(물놀이형 시설제외)의 모든층에 설치하여야 하는 경우에 해당하는 스프링클러 설치대상 4가지를 쓰시오.(4점)

> **17회 설계**
> 특정소방대상물의 관계인이 특정소방대상물의 규모, 용도 및 수용인원 등을 고려하여 스프링클러설비를 설치하고자 한다. "지붕 또는 외벽이 불연재료가 아니거나 내화구조가 아닌 공장 또는 창고시설"로서 스프링클러설비 설치대상이 되는 경우 5가지를 쓰시오.(5점)

> **15회 설계**
> 화재예방, 소방시설설치·유지 및 안전관리에 관한 법률 시행령 별표5에 의거하여 문화 및 집회시설(동·식물원은 제외)의 전층에 스프링클러설비를 설치하여야 하는 특정소방대상물 4가지를 쓰시오.

1) 층수가 6층 이상인 특정소방대상물의 경우에는 모든 층. 다만, 다음의 어느 하나에 해당하는 경우는 제외한다.

　　가) 주택 관련 법령에 따라 기존의 아파트등을 리모델링하는 경우로서 건축물의 연면적 및 층의 높이가 변경되지 않는 경우. 이 경우 해당 아파트등의 사용검사 당시의 소방시

설의 설치에 관한 대통령령 또는 화재안전기준을 적용한다.

  나) 스프링클러설비가 없는 기존의 특정소방대상물을 용도변경하는 경우. 다만, 2)부터 6)까지 및 9)부터 12)까지의 규정에 해당하는 특정소방대상물로 용도변경하는 경우에는 해당 규정에 따라 스프링클러설비를 설치한다.

2) 기숙사(교육연구시설·수련시설 내에 있는 학생 수용을 위한 것을 말한다) 또는 복합건축물로서 연면적 5천 m^2 이상인 경우에는 모든 층

3) 문화 및 집회시설(동·식물원은 제외한다), 종교시설(주요구조부가 목조인 것은 제외한다), 운동시설(물놀이형 시설 및 바닥이 불연재료이고 관람석이 없는 운동시설은 제외한다)로서 다음의 어느 하나에 해당하는 경우에는 모든 층

  가) 수용인원이 100명 이상인 것

  나) 영화상영관의 용도로 쓰는 층의 바닥면적이 지하층 또는 무창층인 경우에는 500 m^2 이상, 그 밖의 층의 경우에는 1천 m^2 이상인 것

  다) 무대부가 지하층·무창층 또는 4층 이상의 층에 있는 경우에는 무대부의 면적이 300 m^2 이상인 것

  라) 무대부가 다) 외의 층에 있는 경우에는 무대부의 면적이 500 m^2 이상인 것

4) 판매시설, 운수시설 및 창고시설(물류터미널로 한정한다)로서 바닥면적의 합계가 5천 m^2 이상이거나 수용인원이 500명 이상인 경우에는 모든 층

5) 다음의 어느 하나에 해당하는 용도로 사용되는 시설의 바닥면적의 합계가 600 m^2 이상인 것은 모든 층

  가) 근린생활시설 중 조산원 및 산후조리원

  나) 의료시설 중 정신의료기관

  다) 의료시설 중 종합병원, 병원, 치과병원, 한방병원 및 요양병원

  라) 노유자 시설

  마) 숙박이 가능한 수련시설

  바) 숙박시설

6) 창고시설(물류터미널은 제외한다)로서 바닥면적 합계가 5천 m^2 이상인 경우에는 모든 층

7) 특정소방대상물의 지하층·무창층(축사는 제외한다) 또는 층수가 4층 이상인 층으로서 바닥면적이 1천 m^2 이상인 층이 있는 경우에는 해당 층

8) 랙식 창고(rack warehouse) : 랙(물건을 수납할 수 있는 선반이나 이와 비슷한 것을 말한다. 이하 같다)을 갖춘 것으로서 천장 또는 반자(반자가 없는 경우에는 지붕의 옥내에 면하는 부분을 말한다)의 높이가 10 m를 초과하고, 랙이 설치된 층의 바닥면적의 합계가 1천5백 m^2 이상인 경우에는 모든 층

9) 공장 또는 창고시설로서 다음의 어느 하나에 해당하는 시설

  가) 「화재의 예방 및 안전관리에 관한 법률 시행령」 별표 2에서 정하는 수량의 1천 배 이상

　　의 특수가연물을 저장·취급하는 시설

　　나)「원자력안전법 시행령」제2조제1호에 따른 중·저준위방사성폐기물(이하 "중·저준위
　　　　방사성폐기물"이라 한다)의 저장시설 중 소화수를 수집·처리하는 설비가 있는 저장시
　　　　설

10) 지붕 또는 외벽이 불연재료가 아니거나 내화구조가 아닌 공장 또는 창고시설로서 다음의
　　어느 하나에 해당하는 것

　　가) 창고시설(물류터미널로 한정한다) 중 4)에 해당하지 않는 것으로서 바닥면적의 합계
　　　　가 2천5백 m² 이상이거나 수용인원이 250명 이상인 경우에는 모든 층

　　나) 창고시설(물류터미널은 제외한다) 중 6)에 해당하지 않는 것으로서 바닥면적의 합계
　　　　가 2천5백 m² 이상인 경우에는 모든 층

　　다) 공장 또는 창고시설 중 7)에 해당하지 않는 것으로서 지하층·무창층 또는 층수가 4
　　　　층 이상인 것 중 바닥면적이 500 m² 이상인 경우에는 모든 층

　　라) 랙식 창고 중 8)에 해당하지 않는 것으로서 바닥면적의 합계가 750 m² 이상인 경우에
　　　　는 모든 층

　　마) 공장 또는 창고시설 중 9)가)에 해당하지 않는 것으로서「화재의 예방 및 안전관리에
　　　　관한 법률 시행령」별표 2에서 정하는 수량의 500배 이상의 특수가연물을 저장·취급
　　　　하는 시설

11) 교정 및 군사시설 중 다음의 어느 하나에 해당하는 경우에는 해당 장소

　　가) 보호감호소, 교도소, 구치소 및 그 지소, 보호관찰소, 갱생보호시설, 치료감호시설,
　　　　소년원 및 소년분류심사원의 수용거실

　　나)「출입국관리법」제52조제2항에 따른 보호시설(외국인보호소의 경우에는 보호대상
　　　　자의 생활공간으로 한정한다. 이하 같다)로 사용하는 부분. 다만, 보호시설이 임차건
　　　　물에 있는 경우는 제외한다.

　　다)「경찰관 직무집행법」제9조에 따른 유치장

12) 지하가(터널은 제외한다)로서 연면적 1천 m² 이상인 것

13) 발전시설 중 전기저장시설

14) 1)부터 13)까지의 특정소방대상물에 부속된 보일러실 또는 연결통로 등

**마. 간이스프링클러설비를 설치해야 하는 특정소방대상물은 다음의 어느 하나에 해당하는 것으로
한다.**

> **20회 설계**
> 화재예방, 소방시설설치·유지 및 안전관리에 관한 법령상 간이스프링클러설비를 설치해
> 야 하는 특정소방대상물을 쓰시오.(11점)

1) 공동주택 중 연립주택 및 다세대주택(연립주택 및 다세대주택에 설치하는 간이스프링클러설비는 화재안전기준에 따른 주택전용 간이스프링클러설비를 설치한다)

2) 근린생활시설 중 다음의 어느 하나에 해당하는 것

    가) 근린생활시설로 사용하는 부분의 바닥면적 합계가 1천 m^2 이상인 것은 모든 층

    나) 의원, 치과의원 및 한의원으로서 입원실이 있는 시설

    다) 조산원 및 산후조리원으로서 연면적 600 m^2 미만인 시설

3) 의료시설 중 다음의 어느 하나에 해당하는 시설

    가) 종합병원, 병원, 치과병원, 한방병원 및 요양병원(의료재활시설은 제외한다)으로 사용되는 바닥면적의 합계가 600 m^2 미만인 시설

    나) 정신의료기관 또는 의료재활시설로 사용되는 바닥면적의 합계가 300 m^2 이상 600 m^2 미만인 시설

    다) 정신의료기관 또는 의료재활시설로 사용되는 바닥면적의 합계가 300 m^2 미만이고, 창살(철재·플라스틱 또는 목재 등으로 사람의 탈출 등을 막기 위하여 설치한 것을 말하며, 화재 시 자동으로 열리는 구조로 되어 있는 창살은 제외한다)이 설치된 시설

4) 교육연구시설 내에 합숙소로서 연면적 100 m^2 이상인 경우에는 모든 층

5) 노유자 시설로서 다음의 어느 하나에 해당하는 시설

    가) 제7조제1항제7호 각 목에 따른 시설[같은 호 가목2) 및 같은 호 나목부터 바목까지의 시설 중 단독주택 또는 공동주택에 설치되는 시설은 제외하며, 이하 "노유자 생활시설"이라 한다]

    나) 가)에 해당하지 않는 노유자 시설로 해당 시설로 사용하는 바닥면적의 합계가 300 m^2 이상 600 m^2 미만인 시설

    다) 가)에 해당하지 않는 노유자 시설로 해당 시설로 사용하는 바닥면적의 합계가 300 m^2 미만이고, 창살(철재·플라스틱 또는 목재 등으로 사람의 탈출 등을 막기 위하여 설치한 것을 말하며, 화재 시 자동으로 열리는 구조로 되어 있는 창살은 제외한다)이 설치된 시설

6) 숙박시설로 사용되는 바닥면적의 합계가 300 m^2 이상 600 m^2 미만인 시설

7) 건물을 임차하여 「출입국관리법」 제52조제2항에 따른 보호시설로 사용하는 부분

8) 복합건축물(별표 2 제30호나목의 복합건축물만 해당한다)로서 연면적 1천 m^2 이상인 것은 모든 층

바. 물분무등소화설비를 설치해야 하는 특정소방대상물(위험물 저장 및 처리 시설 중 가스시설 및 지하구는 제외한다)은 다음의 어느 하나에 해당하는 것으로 한다.

1) 항공기 및 자동차 관련 시설 중 항공기 격납고

2) 차고, 주차용 건축물 또는 철골 조립식 주차시설. 이 경우 연면적 800 m^2 이상인 것만 해당한다.

3) 건축물의 내부에 설치된 차고·주차장으로서 차고 또는 주차의 용도로 사용되는 면적이 200 m² 이상인 경우 해당 부분(50세대 미만 연립주택 및 다세대주택은 제외한다)

4) 기계장치에 의한 주차시설을 이용하여 20대 이상의 차량을 주차할 수 있는 시설

5) 특정소방대상물에 설치된 전기실·발전실·변전실(가연성 절연유를 사용하지 않는 변압기·전류차단기 등의 전기기기와 가연성 피복을 사용하지 않은 전선 및 케이블만을 설치한 전기실·발전실 및 변전실은 제외한다)·축전지실·통신기기실 또는 전산실, 그 밖에 이와 비슷한 것으로서 바닥면적이 300 m² 이상인 것[하나의 방화구획 내에 둘 이상의 실(室)이 설치되어 있는 경우에는 이를 하나의 실로 보아 바닥면적을 산정한다]. 다만, 내화구조로 된 공정제어실 내에 설치된 주조정실로서 양압시설(외부 오염 공기 침투를 차단하고 내부의 나쁜 공기가 자연스럽게 외부로 흐를 수 있도록 한 시설을 말한다)이 설치되고 전기기기에 220볼트 이하인 저전압이 사용되며 종업원이 24시간 상주하는 곳은 제외한다.

6) 소화수를 수집·처리하는 설비가 설치되어 있지 않은 중·저준위방사성폐기물의 저장시설. 이 시설에는 이산화탄소소화설비, 할론소화설비 또는 할로겐화합물 및 불활성기체 소화설비를 설치해야 한다.

7) 지하가 중 예상 교통량, 경사도 등 터널의 특성을 고려하여 행정안전부령으로 정하는 터널. 이 시설에는 물분무소화설비를 설치해야 한다.

8) 국가유산 중 「문화유산의 보존 및 활용에 관한 법률」에 따른 지정문화유산(문화유산자료를 제외한다) 또는 「자연유산의 보존 및 활용에 관한 법률」에 따른 천연기념물등(자연유산자료를 제외한다)으로서 소방청장이 국가유산청장과 협의하여 정하는 것

사. 옥외소화전설비를 설치해야 하는 특정소방대상물(아파트등, 위험물 저장 및 처리 시설 중 가스시설, 지하구 및 지하가 중 터널은 제외한다)은 다음의 어느 하나에 해당하는 것으로 한다.

1) 지상 1층 및 2층의 바닥면적의 합계가 9천 m² 이상인 것. 이 경우 같은 구(區) 내의 둘 이상의 특정소방대상물이 행정안전부령으로 정하는 연소(延燒) 우려가 있는 구조인 경우에는 이를 하나의 특정소방대상물로 본다.

2) 문화유산 중 「문화유산의 보존 및 활용에 관한 법률」 제23조에 따라 보물 또는 국보로 지정된 목조건축물

3) 1)에 해당하지 않는 공장 또는 창고시설로서 「화재의 예방 및 안전관리에 관한 법률 시행령」 별표 2에서 정하는 수량의 750배 이상의 특수가연물을 저장·취급하는 것

2 경보설비

가. 단독경보형 감지기를 설치해야 하는 특정소방대상물은 다음의 어느 하나에 해당하는 것으로 한다. 이 경우 5)의 연립주택 및 다세대주택에 설치하는 단독경보형 감지기는 연동형으로 설치해야 한다.

화재예방, 소방시설설치·유지 및 안전관리에 관한 법률에 따른 특정소방대상물의 관계인이 특정소방대상물의 규모, 용도 및 수용인원 등을 고려하여 갖추어야 하는 소방시설의 종류에서 다음 물음에 답하시오.(10점)
1) 단독경보형 감지기를 설치하여야 하는 특정소방대상물(6점)
2) 시각경보기를 설치하여야 하는 특정소방대상물(4점)

1) 교육연구시설 내에 있는 기숙사 또는 합숙소로서 연면적 2천 m^2 미만인 것

2) 수련시설 내에 있는 기숙사 또는 합숙소로서 연면적 2천 m^2 미만인 것

3) 다목7)에 해당하지 않는 수련시설(숙박시설이 있는 것만 해당한다)

4) 연면적 400 m^2 미만의 유치원

5) 공동주택 중 연립주택 및 다세대주택

나. 비상경보설비를 설치해야 하는 특정소방대상물(모래·석재 등 불연재료 공장 및 창고시설, 위험물 저장 및 처리 시설 중 가스시설, 사람이 거주하지 않거나 벽이 없는 축사 등 동물 및 식물 관련 시설 및 지하구는 제외한다)은 다음의 어느 하나에 해당하는 것으로 한다.

1) 연면적 400 m^2 이상인 것은 모든 층

2) 지하층 또는 무창층의 바닥면적이 150 m^2(공연장의 경우 100 m^2) 이상인 것은 모든 층

3) 지하가 중 터널로서 길이가 500 m 이상인 것

4) 50명 이상의 근로자가 작업하는 옥내 작업장

다. 자동화재탐지설비를 설치해야 하는 특정소방대상물은 다음의 어느 하나에 해당하는 것으로 한다.

1) 공동주택 중 아파트등·기숙사 및 숙박시설의 경우에는 모든 층

2) 층수가 6층 이상인 건축물의 경우에는 모든 층

3) 근린생활시설(목욕장은 제외한다), 의료시설(정신의료기관 및 요양병원은 제외한다), 위락시설, 장례시설 및 복합건축물로서 연면적 600 m^2 이상인 경우에는 모든 층

4) 근린생활시설 중 목욕장, 문화 및 집회시설, 종교시설, 판매시설, 운수시설, 운동시설, 업무시설, 공장, 창고시설, 위험물 저장 및 처리 시설, 항공기 및 자동차 관련 시설, 교정 및 군사시설 중 국방·군사시설, 방송통신시설, 발전시설, 관광 휴게시설, 지하가(터널은 제외한다)로서 연면적 1천 m^2 이상인 경우에는 모든 층

5) 교육연구시설(교육시설 내에 있는 기숙사 및 합숙소를 포함한다), 수련시설(수련시설 내에 있는 기숙사 및 합숙소를 포함하며, 숙박시설이 있는 수련시설은 제외한다), 동물 및 식물 관련 시설(기둥과 지붕만으로 구성되어 외부와 기류가 통하는 장소는 제외한다), 자원순환 관련 시설, 교정 및 군사시설(국방·군사시설은 제외한다) 또는 묘지 관련 시설로서 연면적 2천 m^2 이상인 경우에는 모든 층

6) 노유자 생활시설의 경우에는 모든 층

7) 6)에 해당하지 않는 노유자 시설로서 연면적 400 m^2 이상인 노유자 시설 및 숙박시설이 있는 수련시설로서 수용인원 100명 이상인 경우에는 모든 층

8) 의료시설 중 정신의료기관 또는 요양병원으로서 다음의 어느 하나에 해당하는 시설

　가) 요양병원(의료재활시설은 제외한다)

　나) 정신의료기관 또는 의료재활시설로 사용되는 바닥면적의 합계가 300 m^2 이상인 시설

　다) 정신의료기관 또는 의료재활시설로 사용되는 바닥면적의 합계가 300 m^2 미만이고, 창살(철재·플라스틱 또는 목재 등으로 사람의 탈출 등을 막기 위하여 설치한 것을 말하며, 화재 시 자동으로 열리는 구조로 되어 있는 창살은 제외한다)이 설치된 시설

9) 판매시설 중 전통시장

10) 지하가 중 터널로서 길이가 1천 m 이상인 것

11) 지하구

12) 3)에 해당하지 않는 근린생활시설 중 조산원 및 산후조리원

13) 4)에 해당하지 않는 공장 및 창고시설로서 「화재의 예방 및 안전관리에 관한 법률 시행령」 별표 2에서 정하는 수량의 500배 이상의 특수가연물을 저장·취급하는 것

14) 4)에 해당하지 않는 발전시설 중 전기저장시설

라. 시각경보기를 설치해야 하는 특정소방대상물은 다목에 따라 자동화재탐지설비를 설치해야 하는 특정소방대상물 중 다음의 어느 하나에 해당하는 것으로 한다.

> **19회 점검**
>
> 화재예방, 소방시설설치 · 유지 및 안전관리에 관한 법률에 따른 특정소방대상물의 관계인이 특정소방대상물의 규모, 용도 및 수용인원 등을 고려하여 갖추어야 하는 소방시설의 종류에서 다음 물음에 답하시오.(10점)
> 1) 단독경보형 감지기를 설치하여야 하는 특정소방대상물(6점)
> 2) 시각경보기를 설치하여야 하는 특정소방대상물(4점)

1) 근린생활시설, 문화 및 집회시설, 종교시설, 판매시설, 운수시설, 의료시설, 노유자 시설

2) 운동시설, 업무시설, 숙박시설, 위락시설, 창고시설 중 물류터미널, 발전시설 및 장례시설

3) 교육연구시설 중 도서관, 방송통신시설 중 방송국

4) 지하가 중 지하상가

마. 화재알림설비를 설치해야 하는 특정소방대상물은 판매시설 중 전통시장으로 한다.

[시행일: 2023. 12. 1.]

바. 비상방송설비를 설치해야 하는 특정소방대상물(위험물 저장 및 처리 시설 중 가스시설, 사람이 거주하지 않거나 벽이 없는 축사 등 동물 및 식물 관련 시설, 지하가 중 터널 및 지하구는 제외한다)은 다음의 어느 하나에 해당하는 것으로 한다.

1) 연면적 3천5백 m^2 이상인 것은 모든 층

2) 층수가 11층 이상인 것은 모든 층

3) 지하층의 층수가 3층 이상인 것은 모든 층

사. 자동화재속보설비를 설치해야 하는 특정소방대상물은 다음의 어느 하나에 해당하는 것으로 한다. 다만, 방재실 등 화재 수신기가 설치된 장소에 24시간 화재를 감시할 수 있는 사람이 근무하고 있는 경우에는 자동화재속보설비를 설치하지 않을 수 있다.

1) 노유자 생활시설

2) 노유자 시설로서 바닥면적이 500 m^2 이상인 층이 있는 것

3) 수련시설(숙박시설이 있는 것만 해당한다)로서 바닥면적이 500 m^2 이상인 층이 있는 것

4) 문화유산 중「문화유산의 보존 및 활용에 관한 법률」제23조에 따라 보물 또는 국보로 지정된 목조건축물

5) 근린생활시설 중 다음의 어느 하나에 해당하는 시설

　가) 의원, 치과의원 및 한의원으로서 입원실이 있는 시설

　나) 조산원 및 산후조리원

6) 의료시설 중 다음의 어느 하나에 해당하는 것

　가) 종합병원, 병원, 치과병원, 한방병원 및 요양병원(의료재활시설은 제외한다)

　나) 정신병원 및 의료재활시설로 사용되는 바닥면적의 합계가 500 m^2 이상인 층이 있는 것

7) 판매시설 중 전통시장

아. 통합감시시설을 설치해야 하는 특정소방대상물은 지하구로 한다.

자. 누전경보기는 계약전류용량(같은 건축물에 계약 종류가 다른 전기가 공급되는 경우에는 그중 최대계약전류용량을 말한다)이 100암페어를 초과하는 특정소방대상물(내화구조가 아닌 건축물로서 벽·바닥 또는 반자의 전부나 일부를 불연재료 또는 준불연재료가 아닌 재료에 철망을 넣어 만든 것만 해당한다)에 설치해야 한다. 다만, 위험물 저장 및 처리 시설 중 가스시설, 지하가 중 터널 및 지하구의 경우에는 그렇지 않다.

차. 가스누설경보기를 설치해야 하는 특정소방대상물(가스시설이 설치된 경우만 해당한다)은 다음의 어느 하나에 해당하는 것으로 한다.

1) 문화 및 집회시설, 종교시설, 판매시설, 운수시설, 의료시설, 노유자 시설

2) 수련시설, 운동시설, 숙박시설, 창고시설 중 물류터미널, 장례시설

3 피난구조설비

가. 피난기구는 특정소방대상물의 모든 층에 화재안전기준에 적합한 것으로 설치해야 한다. 다만, 피난층, 지상 1층, 지상 2층(노유자 시설 중 피난층이 아닌 지상 1층과 피난층이 아닌 지상 2층은 제외한다), 층수가 11층 이상인 층과 위험물 저장 및 처리시설 중 가스시설, 지하가 중 터널 및 지하구의 경우에는 그렇지 않다.

나. 인명구조기구를 설치해야 하는 특정소방대상물은 다음의 어느 하나에 해당하는 것으로 한다.

1) 방열복 또는 방화복(안전모, 보호장갑 및 안전화를 포함한다), 인공소생기 및 공기호흡기를 설치해야 하는 특정소방대상물: 지하층을 포함하는 층수가 7층 이상인 것 중 관광호텔 용도로 사용하는 층

2) 방열복 또는 방화복(안전모, 보호장갑 및 안전화를 포함한다) 및 공기호흡기를 설치해야 하는 특정소방대상물: 지하층을 포함하는 층수가 5층 이상인 것 중 병원 용도로 사용하는 층

3) 공기호흡기를 설치해야 하는 특정소방대상물은 다음의 어느 하나에 해당하는 것으로 한다.

가) 수용인원 100명 이상인 문화 및 집회시설 중 영화상영관

나) 판매시설 중 대규모점포

다) 운수시설 중 지하역사

라) 지하가 중 지하상가

마) 제1호바목 및 화재안전기준에 따라 이산화탄소소화설비(호스릴이산화탄소소화설비는 제외한다)를 설치해야 하는 특정소방대상물

다. 유도등을 설치해야 하는 특정소방대상물은 다음의 어느 하나에 해당하는 것으로 한다.

1) 피난구유도등, 통로유도등 및 유도표지는 특정소방대상물에 설치한다. 다만, 다음의 어느 하나에 해당하는 경우는 제외한다.

가) 동물 및 식물 관련 시설 중 축사로서 가축을 직접 가두어 사육하는 부분

나) 지하가 중 터널

2) 객석유도등은 다음의 어느 하나에 해당하는 특정소방대상물에 설치한다.

가) 유흥주점영업시설(「식품위생법 시행령」 제21조제8호라목의 유흥주점영업 중 손님이 춤을 출 수 있는 무대가 설치된 카바레, 나이트클럽 또는 그 밖에 이와 비슷한 영업시설만 해당한다)

나) 문화 및 집회시설

다) 종교시설

라) 운동시설

3) 피난유도선은 화재안전기준에서 정하는 장소에 설치한다.

라. 비상조명등을 설치해야 하는 특정소방대상물(창고시설 중 창고 및 하역장, 위험물 저장 및 처리 시설 중 가스시설 및 사람이 거주하지 않거나 벽이 없는 축사 등 동물 및 식물 관련 시설은 제외한다)은 다음의 어느 하나에 해당하는 것으로 한다.

1) 지하층을 포함하는 층수가 5층 이상인 건축물로서 연면적 3천 m^2 이상인 경우에는 모든 층

2) 1)에 해당하지 않는 특정소방대상물로서 그 지하층 또는 무창층의 바닥면적이 450 m^2 이상인 경우에는 해당 층

3) 지하가 중 터널로서 그 길이가 500 m 이상인 것

마. 휴대용비상조명등을 설치해야 하는 특정소방대상물은 다음의 어느 하나에 해당하는 것으로 한다.

1) 숙박시설

2) 수용인원 100명 이상의 영화상영관, 판매시설 중 대규모점포, 철도 및 도시철도 시설 중 지하역사, 지하가 중 지하상가

4 소화용수설비

상수도소화용수설비를 설치해야 하는 특정소방대상물은 다음 각 목의 어느 하나에 해당하는 것으로 한다. 다만, 상수도소화용수설비를 설치해야 하는 특정소방대상물의 대지 경계선으로부터 180 m 이내에 지름 75 mm 이상인 상수도용 배수관이 설치되지 않은 지역의 경우에는 화재안전기준에 따른 소화수조 또는 저수조를 설치해야 한다.

가. 연면적 5천 m^2 이상인 것. 다만, 위험물 저장 및 처리 시설 중 가스시설, 지하가 중 터널 또는 지하구의 경우에는 제외한다.

나. 가스시설로서 지상에 노출된 탱크의 저장용량의 합계가 100톤 이상인 것

다. 자원순환 관련 시설 중 폐기물재활용시설 및 폐기물처분시설

5 소화활동설비

가. 제연설비를 설치해야 하는 특정소방대상물은 다음의 어느 하나에 해당하는 것으로 한다.

> **16회 점검**
> 특정소방대상물의 규모, 용도 및 수용인원 등을 고려하여 갖추어야 하는 소방시설의 종류 중 제연설비에 대하여 다음 물음에 답하시오.(6점)
> 1) 화재예방, 소방시설설치·유지 및 안전관리에 관한 법령에 따라 "제연설비를 설치하여야 하는 특정소방대상물"을 쓰시오.(6점)

1) 문화 및 집회시설, 종교시설, 운동시설 중 무대부의 바닥면적이 200 m² 이상인 경우에는 해당 무대부

2) 문화 및 집회시설 중 영화상영관으로서 수용인원 100명 이상인 경우에는 해당 영화상영관

3) 지하층이나 무창층에 설치된 근린생활시설, 판매시설, 운수시설, 숙박시설, 위락시설, 의료시설, 노유자 시설 또는 창고시설(물류터미널로 한정한다)로서 해당 용도로 사용되는 바닥면적의 합계가 1천 m² 이상인 경우 해당 부분

4) 운수시설 중 시외버스정류장, 철도 및 도시철도 시설, 공항시설 및 항만시설의 대기실 또는 휴게시설로서 지하층 또는 무창층의 바닥면적이 1천 m² 이상인 경우에는 모든 층

5) 지하가(터널은 제외한다)로서 연면적 1천 m² 이상인 것

6) 지하가 중 예상 교통량, 경사도 등 터널의 특성을 고려하여 행정안전부령으로 정하는 터널

7) 특정소방대상물(갓복도형 아파트등은 제외한다)에 부설된 특별피난계단, 비상용 승강기의 승강장 또는 피난용 승강기의 승강장

나. 연결송수관설비를 설치해야 하는 특정소방대상물(위험물 저장 및 처리 시설 중 가스시설 및 지하구는 제외한다)은 다음의 어느 하나에 해당하는 것으로 한다.

1) 층수가 5층 이상으로서 연면적 6천 m² 이상인 경우에는 모든 층

2) 1)에 해당하지 않는 특정소방대상물로서 지하층을 포함하는 층수가 7층 이상인 경우에는 모든 층

3) 1) 및 2)에 해당하지 않는 특정소방대상물로서 지하층의 층수가 3층 이상이고 지하층의 바닥면적의 합계가 1천 m² 이상인 경우에는 모든 층

4) 지하가 중 터널로서 길이가 1천 m 이상인 것

다. 연결살수설비를 설치해야 하는 특정소방대상물(지하구는 제외한다)은 다음의 어느 하나에 해당하는 것으로 한다.

1) 판매시설, 운수시설, 창고시설 중 물류터미널로서 해당 용도로 사용되는 부분의 바닥면적의 합계가 1천 m² 이상인 경우에는 해당 시설

2) 지하층(피난층으로 주된 출입구가 도로와 접한 경우는 제외한다)으로서 바닥면적의 합계가 150 m² 이상인 경우에는 지하층의 모든 층. 다만, 「주택법 시행령」 제46조제1항에 따른 국민주택규모 이하인 아파트등의 지하층(대피시설로 사용하는 것만 해당한다)과 교육연구시설 중 학교의 지하층의 경우에는 700 m² 이상인 것으로 한다.

3) 가스시설 중 지상에 노출된 탱크의 용량이 30톤 이상인 탱크시설

4) 1) 및 2)의 특정소방대상물에 부속된 연결통로

라. 비상콘센트설비를 설치해야 하는 특정소방대상물(위험물 저장 및 처리 시설 중 가스시설 및 지하구는 제외한다)은 다음의 어느 하나에 해당하는 것으로 한다.

1) 층수가 11층 이상인 특정소방대상물의 경우에는 11층 이상의 층

2) 지하층의 층수가 3층 이상이고 지하층의 바닥면적의 합계가 1천 m^2 이상인 것은 지하층의 모든 층

3) 지하가 중 터널로서 길이가 500 m 이상인 것

마. 무선통신보조설비를 설치해야 하는 특정소방대상물(위험물 저장 및 처리 시설 중 가스시설은 제외한다)은 다음의 어느 하나에 해당하는 것으로 한다.

> **22회 점검**
>
> 화재예방, 소방시설 설치유지 및 안전관리에 관한 법령에 따라 무선통신보조설비를 설치하여야하는 특정소방대상물(위험물 저장 및 처리시설 중 가스시설은 제외한다) 5가지를 쓰시오.(5점)

1) 지하가(터널은 제외한다)로서 연면적 1천 m^2 이상인 것

2) 지하층의 바닥면적의 합계가 3천 m^2 이상인 것 또는 지하층의 층수가 3층 이상이고 지하층의 바닥면적의 합계가 1천 m^2 이상인 것은 지하층의 모든 층

3) 지하가 중 터널로서 길이가 500 m 이상인 것

4) 지하구 중 공동구

5) 층수가 30층 이상인 것으로서 16층 이상 부분의 모든 층

바. 연소방지설비는 지하구(전력 또는 통신사업용인 것만 해당한다)에 설치하여야 한다.

[비고]

1. 별표 2 제1호부터 제27호까지 중 어느 하나에 해당하는 시설(이하 이 호에서 "근린생활시설등"이라 한다)의 소방시설 설치기준이 복합건축물의 소방시설 설치기준보다 강화된 경우 복합건축물 안에 있는 해당 근린생활시설등에 대해서는 그 근린생활시설등의 소방시설 설치기준을 적용한다.

2. 원자력발전소 중「원자력안전법」제2조에 따른 원자로 및 관계시설에 설치하는 소방시설에 대해서는「원자력안전법」제11조 및 제21조에 따른 허가기준에 따라 설치한다.

3. 특정소방대상물의 관계인은 제8조제1항에 따른 내진설계 대상 특정소방대상물 및 제9조에 따른 성능위주설계 대상 특정소방대상물에 설치·관리해야 하는 소방시설에 대해서는 법 제7조에 따른 소방시설의 내진설계기준 및 법 제8조에 따른 성능위주설계의 기준에 맞게 설치·관리해야 한다.

31 소방시설 도시기호

1 소방시설 도시기호

분류	명칭		도시기호	분류	명칭	도시기호
배관	일반배관		———	헤드류	스프링클러헤드폐쇄형 상향식(평면도)	
	옥내·외소화전		—— H		스프링클러헤드폐쇄형 하향식(평면도)	
	스프링클러		—— SP ——		스프링클러헤드개방형 상향식(평면도)	
	물분무		—— WS ——		스프링클러헤드개방형 하향식(평면도)	
	포소화		—— F ——		스프링클러헤드폐쇄형 상향식(계통도)	
	배수관		—— D ——		스프링클러헤드폐쇄형 하향식(입면도)	
	전선관	입상			스프링클러헤드폐쇄형 상·하향식(입면도)	
		입하			스프링클러헤드 상향형(입면도)	
		통과			스프링클러헤드 하향형(입면도)	
관이음쇠	후렌지				분말·탄산가스·할로겐헤드 **21회 설계**	
	유니온				연결살수헤드	
	플러그				물분무헤드(평면도)	
	90°엘보				물분무헤드(입면도)	
	45°엘보				드랜쳐헤드(평면도)	
	티				드랜쳐헤드(입면도)	
	크로스				포헤드(평면도) **21회 설계**	
	맹후렌지				포헤드(입면도)	
	캡				감지헤드(평면도)	

분 류	명 칭	도시기호	분 류	명 칭	도시기호
헤 드 류	감지헤드(입면도)			릴리프밸브 (이산화탄소용)	
	청정소화약제방출헤드 (평면도)			릴리프밸브 (일반)	
	청정소화약제방출헤드 (입면도)			동체크밸브	
밸 브 류	체크밸브			앵글밸브	
	가스체크밸브			FOOT밸브	
	게이트밸브(상시개방)			볼밸브	
	게이트밸브(상시폐쇄)			배수밸브	
	선택밸브			자동배수밸브	
	조작밸브(일반)			여과망	
	조작밸브(전자식)			자동밸브	
	조작밸브(가스식)			감압밸브	
	경보밸브(습식)			공기조절밸브	
	경보밸브(건식)		계기류	압력계	
	프리액션밸브			연성계	
	경보델류지밸브			유량계	
	프리액션밸브수동조작함	SVP		옥내소화전함	
	플렉시블조인트		소화전	옥내소화전 방수용기구병설 **23회 설계**	
	솔레노이드밸브	S		옥외소화전 **23회 설계**	
	모터밸브			포말소화전	

분류	명칭	도시기호	분류	명칭	도시기호
소화전	송수구 **23회 설계**		경보설비기기류	차동식스포트형감지기	
	방수구 **21회 설계**			보상식스포트형감지기	
스트레이너	Y형			정온식스포트형감지기	
	U형			연기감지기	S
저장탱크류	고가수조 (물올림장치)			감지선	
	압력챔버			공기관	
	포말원액탱크	(수직) (수평)		열전대	
레듀셔	편심레듀셔			열반도체	
	원심레듀셔			차동식분포형 감지기의검출기	
혼합장치류	프레셔 프로포셔너			발신기셋트 단독형	P B L
	라인프로포셔너			발신기셋트 옥내소화전내장형	P B L
	프레셔사이드 프로포셔너			경계구역번호	
	기 타	P		비상용누름버튼	F
펌프류	일반펌프			비상전화기	ET
	펌프모터(수평)	M		비상벨	B
	펌프모토(수직)	M		싸이렌	
저장용기류	분말약제 저장용기	P.D		모터싸이렌	M
	저장용기			전자싸이렌	S
				조작장치	EP
				증폭기	AMP

분류	명칭	도시기호	분류	명칭	도시기호
경보설비 기기류	기동누름버튼	Ⓔ	경보설비 기기류	종단저항	∩
	이온화식감지기 (스포트형) **21회 설계**	S I	제연설비	수동식제어	□
	광전식연기감지기 (아나로그)	S A		천장용배풍기	(천장용배풍기 기호)
	광전식연기감지기 (스포트형)	S P		벽부착용 배풍기	(벽부착용 배풍기 기호)
	감지기간선, HIV1.2mm×4(22C)	— F ⫻	배풍기	일반배풍기	(일반배풍기 기호)
	감지기간선, HIV1.2mm×8(22C)	— F ⫻⫻		관로배풍기	(관로배풍기 기호)
	유도등간선 HIV2.0mm×3(22C)	— EX —	댐퍼	화재댐퍼	(화재댐퍼 기호)
	경보부저	⒝Z		연기댐퍼	(연기댐퍼 기호)
	제어반	(제어반 기호)		화재/연기 댐퍼	(화재/연기 댐퍼 기호)
	표시반	(표시반 기호)	스위치류	압력스위치	Ⓟ S
	회로시험기	(회로시험기 기호)		탬퍼스위치	TS
	화재경보벨	Ⓑ	방연·방화문	연기감지기(전용)	S
	시각경보기(스트로브) **21회 설계**	(시각경보기 기호)		열감지기(전용)	(열감지기 기호)
	수신기	(수신기 기호)		자동폐쇄장치	Ⓔ R
	부수신기	(부수신기 기호)		연동제어기	(연동제어기 기호)
	중계기	(중계기 기호)		배연창기동 모터	Ⓜ
	표시등	(표시등 기호)		배연창수동조작함	(배연창수동조작함 기호)
	피난구유도등	(피난구유도등 기호)	피뢰침	피뢰부(평면도)	(피뢰부 평면도 기호)
	통로유도등	→		피뢰부(입면도)	(피뢰부 입면도 기호)
	표시판	(표시판 기호)		피뢰도선 및 지붕위 도체	———
	보조전원	TR			

분 류	명 칭	도시기호	분 류	명 칭	도시기호
제연 설비	접 지	 ⏚	기 타	비상콘센트	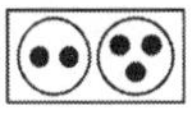 ⊡⊡
	접지저항 측정용단자	 ⊗		비상분전반	 �b◀▶
소 화 기 류	ABC소화기	 ⓢ		가스계소화설비의 수동조작함	RM
	자동확산 소화기	 ⓩ		전동기구동	M
	자동식소화기	 ◀소▶		엔진구동	E
	이산화탄소 소화기	 ⓒ		배관행거	 ⟩---⟨---⟩
	할로겐화합물 소화기	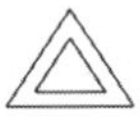 △		기압계	 ⫴
기 타	안테나	 ⋎		배기구	 —↑—
	스피커	 ⊘		바닥은폐선	– – – –
	연기 방연벽	 ▨		노출배선	 ——
	화재방화벽	 ——		소화가스 패키지	PAC
	화재 및 연기방벽	 ▨			

MEMO

소방시설관리사 2차

2편
소방시설의 설계 및 시공

01 소방기계 일반

01 창고에서 화재로 인하여 내부압력이 37[mmAq]가 되었다. 이때 벽면의 단위면적[m²]당 작용하는 힘은 몇 [N]인가?

[풀이&답] $37[\text{mmAq}] \times \dfrac{101325[\text{N/m}^2]}{10332[\text{mmAq}]} = 362.86[\text{N/m}^2]$

02 물류창고에서 화재로 인하여 내부 압력이 50[mmAq]가 되었다. 이 때 벽면의 단위 면적 [m²]당 작용하는 힘은 몇 [N]인가?

[풀이&답] $50[\text{mmAq}] \times \dfrac{101,325[\text{Pa}]}{10,332[\text{mmAq}]} = 490.35[\text{Pa}] = 490.35[\text{N/m}^2]$

03 30[mmAq]는 몇 파스칼인지 계산하시오.(단, 대기압은 101,325[N/m²], 중력가속도는 9.8 [m/s²] 이다.)

[풀이&답] $30[\text{mmAq}] \times \dfrac{101325[\text{N/m}^2]}{10332[\text{mmAq}]} = 294.21[\text{N/m}^2] = 294.21[\text{Pa}]$

04 대기압이 760[mmHg], 수은의 비중이 13.6일 때 240[mmHg]의 절대압력은 계기압력으로 환산하면 몇 [kPa]인지 계산하시오.

[풀이&답]
(1) 절대압력의 정리
  ① 절대압력＝대기압력 ＋ 계기압력(게이지압력)
  ② 절대압력＝대기압력 － 진공압력
(2) 계기압력의 계산
  ① 계기압력＝절대압력－대기압력＝240[mmHg]－760[mmHg]＝－520[mmHg]
  ② $-520[\text{mmHg}] \times \dfrac{101.325[\text{kPa}]}{760[\text{mmHg}]} = -69.33[\text{kPa}]$

05 동점성계수가 0.8 × 10⁻⁶ [m²/s]인 어느 유체가 내경 20[cm]인 배관 속을 평균유속 2 [m/s]로 흐를 때 이 유체의 레이놀즈수를 계산하시오.

[풀이&답] $R_e = \dfrac{DV}{\nu} = \dfrac{0.2[\text{m}] \times 2[\text{m/s}]}{0.8 \times 10^{-6}[\text{m}^2/\text{s}]} = 5 \times 10^5$

06 배관의 직경이 100[mm]인 관로에서 물의 평균 속도가 2[m/s]이다. 중량유량을 계산하시오.(단, 물의 비중량은 9,800[N/m³], 물의 밀도는 1,000[kg/m³])

풀이&답 중량유량 $G = \gamma A V = 9,800[\mathrm{N/m^3}] \times \dfrac{\pi}{4} \times (0.1[\mathrm{m}])^2 \times 2[\mathrm{m/s}] = 153.94[\mathrm{N/s}]$

07 단면적이 40[cm²]인 배관 속에 물이 흐르고 있다. 물의 질량 유속이 30[kg/s]일 때 배관 내에서 물의 평균유속[m/s]을 계산하시오.

풀이&답 유속 $V = \dfrac{m}{\rho A} = \dfrac{30[\mathrm{kg/s}]}{1,000[\mathrm{kg/m^3}] \times 40 \times 10^{-4}[\mathrm{m^2}]} = 7.5[\mathrm{m/s}]$

(물의 밀도 $\rho = 1,000[\mathrm{kg/m^3}]$)

08 비중량이 9.8[N/m³]인 유체가 지름 20[cm]인 관내를 62[N/s]로 흐르고 있다. 이때 평균 유속[m/s]을 계산하시오.

풀이&답 유속 $V = \dfrac{G}{\gamma A} = \dfrac{62[\mathrm{N/s}]}{9.8[\mathrm{N/m^3}] \times \dfrac{\pi}{4} \times (0.2\mathrm{m})^2} = 201.38[\mathrm{m/s}]$

09 아래와 같은 그림에서 고가수조의 수면이 소화전 방수구 중심으로부터 30[m] 위에 있다면 소화전이 개방되었을 때 물의 속도를 계산하시오.(단, 중력가속도 $g = 9.8[\mathrm{m/s^2}]$ 이다.)

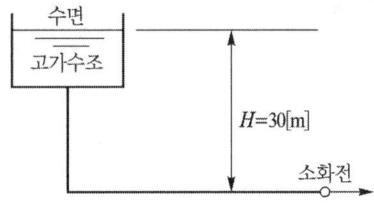

풀이&답 유속 $V = \sqrt{2gH} = \sqrt{2 \times 9.8[\mathrm{m/s^2}] \times 30[\mathrm{m}]} = 24.25[\mathrm{m/s}]$

10 원관 속에 정상류, 비압축성인 물의 흐름이 있다. 지름 500[mm]인 단면에서의 평균속도가 9[m/s]이면, 지름 300[mm]인 단면에서의 평균 속도[m/s]는 얼마인지 계산하시오.

풀이&답 (1) 연속의 법칙 $Q = A_1 V_1 = A_2 V_2$

(2) 지름 300[mm]인 단면에서의 평균 속도

$$V_2 = \frac{A_1}{A_2} \times V_1 = \frac{\dfrac{\pi}{4} \times (0.5[\mathrm{m}])^2}{\dfrac{\pi}{4} \times (0.3[\mathrm{m}])^2} \times 9[\mathrm{m/s}] = 25[\mathrm{m/s}]$$

11 그림을 참고하여 유량[m³/s]를 계산하시오.

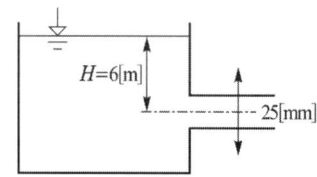

풀이&답 (1) 유속 $V = \sqrt{2gH} = \sqrt{2 \times 9.8[\text{m/s}^2] \times 6[\text{m}]} = 10.84[\text{m/s}]$

(2) 유량 $Q = AV = \dfrac{\pi}{4} \times D^2 \times V = \dfrac{\pi}{4} \times (0.025[\text{m}])^2 \times 10.84[\text{m/s}] = 0.0053 = 0.01[\text{m}^3/\text{s}]$

12 아래 그림과 같은 직육면체의 물탱크에서 배수밸브를 개방하는 경우 최저 유효수면까지 물이 배수되는 시간(s)을 계산하시오.

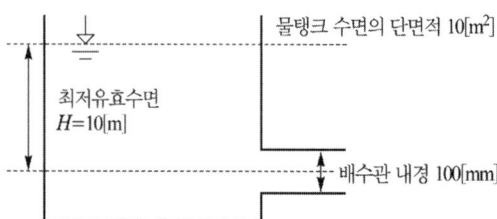

풀이&답 (1) 관계이론(NFPA 공식)

$$t = \frac{2A_1(\sqrt{H_1} - \sqrt{H_2})}{C_d A_2 \sqrt{2g}}$$

t : 물이 배수되는데 걸리는 시간[s]

A_1 : 수조의 액 표면적[m²], A_2 : 방출구의 단면적[m²], C_d : 유량계수

H_1 : 수조의 액 표면적에서 방출구까지의 위치수두[m]

H_2 : H_1에서 수조의 높이를 제외(수조 상부에서 수조 바닥까지 비우는 조건)한 위치수두[m]

(2) 배수되는 시간의 계산

$$t = \frac{2A_1(\sqrt{H_1} - \sqrt{H_2})}{C_d A_2 \sqrt{2g}} = \frac{2 \times 10 \times (\sqrt{10} - \sqrt{0})}{1 \times \dfrac{\pi}{4} \times 0.1^2 \times \sqrt{2 \times 9.8}} = 1818.91[\text{s}]$$

13 직육면체 구조의 옥상수조 가압방식의 옥내소화전 설비에서 수조의 바닥면적(저수면적) 50[m²], 저수면 높이 6[m]의 수조 바닥에 연결된 배관으로부터 수직으로 30[m] 하부에 위치한 내경 40[mm]의 옥내소화전 방수구를 통하여 소화수를 대기 중에 개방할 때 다음 사항을 산출하시오.

(1) 방수구에서 분출시의 최대 순간유속(m/s)

(2) 저장된 소화수를 수조 바닥까지 비우는데 걸리는 시간(초)을 계산하시오.(단, 소화수 조에 대한 추가 급수는 없으며, 전(全)배관 계통의 마찰 손실은 무시한다.)

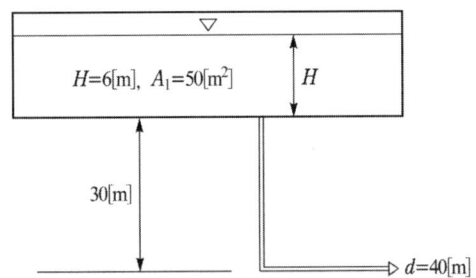

[풀이&답] (1) 최대 순간유속

$$V = \sqrt{2gH} = \sqrt{2 \times 9.8 \times (30[\text{m}] + 6[\text{m}])} = 26.56[\text{m/s}]$$

(2) 저장된 소화수를 수조 바닥까지 비우는데 걸리는 시간

① 관계이론(NFPA 공식)

$$t = \frac{2A_1(\sqrt{H_1} - \sqrt{H_2})}{C_d A_2 \sqrt{2g}}$$

t : 물이 배수되는데 걸리는 시간[s], A_1 : 수조의 액 표면적[m²]

A_2 : 방출구의 단면적[m²], C_d : 유량계수

H_1 : 수조의 액 표면적에서 방출구까지의 위치수두[m]

H_2 : H_1에서 수조의 높이를 제외(수조 상부에서 수조 바닥까지 비우는 조건)한 위치수두[m]

② 배수되는 시간의 계산

$$t = \frac{2A_1(\sqrt{H_1} - \sqrt{H_2})}{C_d A_2 \sqrt{2g}} = \frac{2 \times 50 \times (\sqrt{(30+6)} - \sqrt{30})}{1 \times \frac{\pi}{4} \times 0.04^2 \times \sqrt{2 \times 9.8}} = 9,396.72[\text{초}]$$

14 소화 배관내의 임의 지점을 통과하는 체적유량 또는 노즐로부터의 방출 유량을 계산하는 데 사용하는 식 $Q = 0.6597d^2\sqrt{P}$가 있다. 이 식의 유도과정을 기술하시오.

(단, Q : 유량 [ℓ/min], d : 지름[mm], P : 방사압력[kgf/cm²])

[풀이&답] 1. 관계이론

① 연속방정식 : $Q = AV$

여기서, Q : 유량[m³/s], A : 배관의 단면적[m²], V : 유속[m/s]

② 토리첼리 방정식 : $V = \sqrt{2gH}$

여기서, g : 중력가속도(9.8[m/s²]), H : 양정[m]

2. 공식의 유도과정

① $Q = AV = \frac{\pi}{4}d^2 \times \sqrt{2gH}$ 에서 $H = 10P$이므로

② $Q = AV = \frac{\pi}{4}d^2 \times \sqrt{2gH} = \frac{\pi}{4}d^2 \times \sqrt{2 \times 9.8 \times 10P}$에서

③ $Q = \frac{\pi}{4}d^2 \times \sqrt{2 \times 9.8 \times 10P} = 10.99557d^2\sqrt{P}$ 가 된다.

④ 여기에서 유량 $Q[\text{m}^3/\text{s}]$를 $Q[\text{ℓ/min}]$으로, 지름 $d[\text{m}]$를 $d[\text{mm}]$로 단위환산

⑤ $Q[\text{m}^3/\text{s}] = 10.99557 \times d[\text{m}^2]\sqrt{P[\text{kgf/cm}^2]}$ 에 ④의 조건을 대입하면

⑥ $Q[\text{ℓ/min}] \times \frac{1[\text{m}^3]}{1,000[\text{ℓ}]} \times \frac{1[\text{min}]}{60[\text{s}]} = 10.99557 \times \text{d}[\text{mm}]^2 \times \frac{1[\text{m}^2]}{(1,000)^2[\text{mm}^2]}\sqrt{P[\text{kgf/cm}^2]}$

⑦ $Q[\text{ℓ/min}] = 10.99557 \times \frac{1,000 \times 60}{(1,000)^2} \times \text{d}[\text{mm}]^2\sqrt{P[\text{kgf/cm}^2]}$

$= 0.6597342 \times d^2\sqrt{P} = 0.6597d^2\sqrt{P}$

3. 유도된 공식

$$Q = 0.6597d^2 \sqrt{P}$$

여기서, Q : 유량[ℓ/min], d : 직경[mm], P : 방사압력[kgf/cm²]

15 소화 배관내의 임의 지점을 통과하는 체적유량 또는 노즐로부터의 방출 유량을 계산하는 데 사용하는 식 $Q = 2.065D^2 \sqrt{P}$[L/min](D : 노즐의 구경[mm], P : 방수압력[MPa])이 있다. 이 식을 유도하시오.(단, 속도계수는 0.99이다.)

풀이&답

① $Q = CAV = C \times \dfrac{\pi}{4}D^2 \times \sqrt{2gH}$ 에서

$H = 10P[\text{kgf/cm}^2] = 100P[\text{MPa}]$ 이므로

② $Q = C \times \dfrac{\pi}{4}D^2 \times \sqrt{2 \times 9.8 \times 100P}$

③ $Q = C \times \dfrac{\pi}{4}D^2 \times 44.27 \sqrt{P}$ 가 된다.

④ 단위변환

변경 전	변경 후
유량 : $Q[\text{m}^3/\text{s}]$	유량 : $Q[\text{L/min}]$
지름 : $D[\text{m}]$	지름 : $D[\text{mm}]$

⑤ $Q = C \times \dfrac{\pi}{4}D^2 \times 44.27 \sqrt{P}$ 에 ④의 조건을 대입하면

⑥ $Q[\text{L/min}] \times \dfrac{1[\text{m}^3]}{1,000[\text{L}]} \times \dfrac{1[\text{min}]}{60[\text{s}]} = 0.99 \times \dfrac{\pi}{4} \times D^2[\text{mm}]^2 \times \left(\dfrac{1[\text{m}]}{10^3[\text{mm}]}\right)^2 \times 44.27 \sqrt{P}$

⑦ $Q[\text{L/min}] = 0.99 \times \dfrac{\pi}{4} \times D^2[\text{mm}]^2 \times \left(\dfrac{1[\text{m}]}{10^3[\text{mm}]}\right)^2 \times 44.27 \sqrt{P} \times 1,000 \times 60 = 2.065D^2 \sqrt{P}$

16 소화설비의 배관유속을 3[m/s]이하로 제한할 경우, 적합한 배관 관경 산정식은 $d = 84.13 \sqrt{Q}$ 로 성립된다. 이 식을 유도하시오.(d : 배관구경[mm], Q : 유량[m³/min], $\pi = 3.14$로 한다.)

풀이&답

(1) 변경 전의 단위

Q : 유량[m³/s], d : 배관구경[m]

(2) 변경 후의 단위

Q : 유량[m³/min], d : 배관구경[mm]

(3) 식의 유도

$Q = AV = \dfrac{\pi}{4}d^2 V$ 에서 $d = \sqrt{\dfrac{4Q}{\pi V}}$

$d[\text{mm}] \times \dfrac{\text{m}}{1000[\text{mm}]} = \sqrt{\dfrac{4 \times Q[\text{m}^3/\text{min}] \times \dfrac{[\text{min}]}{60[\text{s}]}}{\pi \times 3[\text{m/s}]}}$

$d[\text{mm}] = 1,000 \times \sqrt{\dfrac{4}{3.14 \times 3 \times 60}} \times \sqrt{Q[\text{m}^3/\text{min}]} = 84.13 \sqrt{Q[\text{m}^3/\text{min}]}$

단위변환 = 변경 후의 단위 × $\dfrac{\text{변경 전의 단위}}{\text{변경 후의 단위}}$

17 물이 흐르고 있는 관로에서 1지점의 게이지압력이 300[kPa]이고 질량유량이 15[kg/s]일 때 체적유량과 1지점과 2지점 사이의 손실수두[m]를 계산하시오.

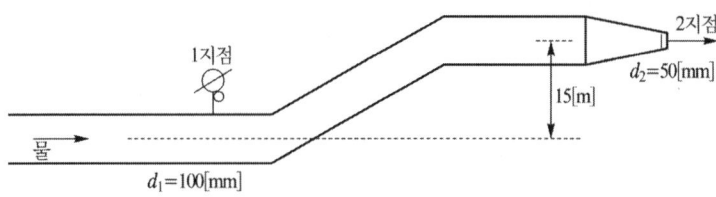

풀이&답 (1) 체적유량

$$Q = \frac{m}{\rho} = \frac{15\,[\text{kg/s}]}{1,000\,[\text{kg/m}^3]} = 0.015\,[\text{m}^3/\text{s}]$$

(2) 손실수두의 계산

① 호스에서의 유속 $V_1 = \dfrac{Q}{A_1} = \dfrac{0.015[\text{m}^3/\text{s}]}{\dfrac{\pi}{4} \times (0.1[\text{m}])^2} = 1.909 = 1.91[\text{m/s}]$

② 노즐에서의 유속 $V_2 = \dfrac{Q}{A_2} = \dfrac{0.015[\text{m}^3/\text{s}]}{\dfrac{\pi}{4} \times (0.05[\text{m}])^2} = 7.639 = 7.64[\text{m/s}]$

③ 손실수두의 계산

$$\frac{P_1}{\gamma} + \frac{V_1^2}{2g} + Z_1 = \frac{P_2}{\gamma} + \frac{V_2^2}{2g} + Z_2 + \triangle H \text{에서}$$

$$\frac{300[\text{kPa}]}{9.8[\text{kN/m}^3]} + \frac{(1.91[\text{m/s}])^2}{2 \times 9.8[\text{m/s}^2]} + 0[\text{m}] = \frac{0}{9.8[\text{kN/m}^3]} + \frac{(7.64[\text{m/s}])^2}{2 \times 9.8[\text{m/s}^2]} + 15[\text{m}] + \triangle H$$

$$\triangle H = 12.82[\text{m}]$$

18 관로를 흐르는 물의 속도가 2.5[m/s]이다. 속도수두[m]를 계산하시오.
(단, 중력가속도 $g = 9.8[\text{m/s}^2]$ 이다.)

풀이&답 속도수두 $H = \dfrac{V^2}{2g} = \dfrac{(2.5[\text{m/s}])^2}{2 \times 9.8[\text{m/s}^2]} = 0.3188 = 0.32[\text{m}]$

19 지름 $D_1 = 40[\text{cm}]$에서 $D_2 = 80[\text{cm}]$로 확대되는 수평관로 속을 물이 흐르고 있다. 단면 ①의 유속과 압력이 각각 $V_1 = 4[\text{m/s}]$, $P_1 = 98[\text{kPa}]$이라고 하면 단면 ②의 압력 P_2는 얼마인지 계산하시오.(단, 물은 이상유체로 가정하고 중력가속도 $g = 9.8[\text{m/s}^2]$ 이다.)

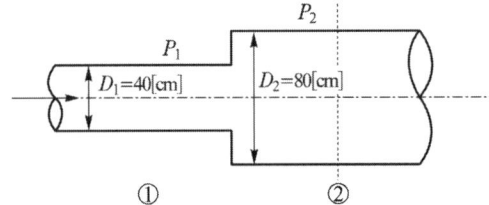

[풀이&답] (1) 유속의 계산

$$V_2 = \frac{A_1}{A_2} \times V_1 = \frac{\frac{\pi}{4} \times (0.4[\text{m}])^2}{\frac{\pi}{4} \times (0.8[\text{m}])^2} \times 4[\text{m/s}] = 1[\text{m/s}]$$

(2) 압력의 계산

① 베르누이방정식

$$\frac{P_1}{\gamma_1} + \frac{V_1^2}{2g} + Z_1 = \frac{P_2}{\gamma_2} + \frac{V_2^2}{2g} + Z_2$$

V_1, V_2 : 유속[m/s], P_1, P_2 : 압력[Pa] 또는 [N/m²]

Z_1, Z_2 : 위치수두[m], γ_1, γ_2 : 비중량[N/m³]

② 압력의 계산

$$\frac{98[\text{kN/m}^2]}{9.8[\text{kN/m}^3]} + \frac{(4[\text{m/s}])^2}{2 \times 9.8[\text{m/s}^2]} = \frac{P_2}{9.8[\text{kN/m}^3]} + \frac{(1[\text{m/s}])^2}{2 \times 9.8[\text{m/s}^2]} \text{ (위치수두는 0)}$$

$$P_2 = 105.5[\text{kPa}]$$

20 아래의 조건과 그림을 보고 다음 각 물음에 답하시오.

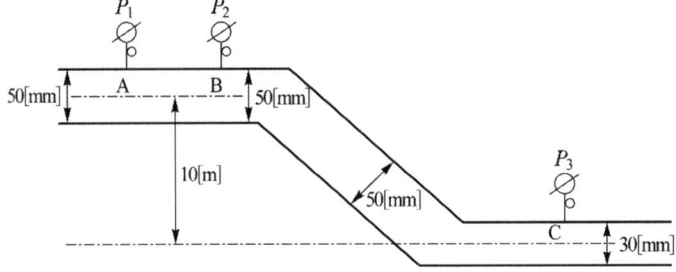

[조건]

① 배관 내 유량은 300[L/min]

② 압력 P_1 : 12.1[kPa], P_2 : 11.5[kPa], P_3 : 10.3[kPa]

③ 답안은 소수점 3자리에서 반올림하여 2자리까지 답한다.

④ 중력가속도는 9.8[m/s²]이다.

[물음]

(1) A 지점의 유속을 계산하시오.

(2) C 지점의 유속을 계산하시오.

(3) A 지점과 B 지점간의 마찰손실[m]을 구하시오.

(4) A 지점과 C 지점간의 마찰손실[m]을 구하시오.

풀이&답

(1) $V = \dfrac{Q}{A} = \dfrac{0.3[\text{m}^3]/60[\text{s}]}{\dfrac{\pi}{4} \times (0.05[\text{m}])^2} = 2.546 = 2.55[\text{m/s}]$

(2) $V = \dfrac{Q}{A} = \dfrac{0.3[\text{m}^3]/60[\text{s}]}{\dfrac{\pi}{4} \times (0.03[\text{m}])^2} = 7.073 = 7.07[\text{m/s}]$

(3) A 지점과 B 지점간의 마찰손실[m]을 구하시오.

$\dfrac{12.1\text{kN/m}^2}{9.8\text{kN/m}^3} + \dfrac{(2.55\text{m/s})^2}{2 \times 9.8\text{m/s}^2} + 10\text{m} = \dfrac{11.5\text{kN/m}^2}{9.8\text{kN/m}^3} + \dfrac{(2.55\text{m/s})^2}{2 \times 9.8\text{m/s}^2} + 10\text{m} + \triangle \text{H}$

$\triangle H = 0.061\text{m} = 0.06\text{m}$

(4) A 지점과 C 지점간의 마찰손실(m)을 구하시오.

$\dfrac{12.1\text{kN/m}^2}{9.8\text{kN/m}^3} + \dfrac{(2.55\text{m/s})^2}{2 \times 9.8\text{m/s}^2} + 10\text{m} = \dfrac{10.3\text{kN/m}^2}{9.8\text{kN/m}^3} + \dfrac{(7.07\text{m/s})^2}{2 \times 9.8\text{m/s}^2} + 0\text{m} + \triangle \text{H}$

$\triangle H = 7.965\text{m} = 7.97\text{m}$

21 어느 소화설비의 상류 측 배관 내경이 25[cm], 하류 측 배관 내경이 40[cm] 확대배관인 경우 상류 측 배관의 유속과 압력이 각각 1.5[m/s], 100[kPa](전압) 일 때, 하류 측 소화배관에서 소화수의 유속[m/s]과 압력[kPa]을 산출하시오.(단, 중력가속도는 9.8[m/s²], 물의 비중량은 9.8[kN/m³], 유체는 실제유체이다.)

풀이&답

1. 하류측 소화배관의 유속
   (1) 조건
   ① 상류측 배관 내경 $D_1 = 25[\text{cm}] = 0.25[\text{m}]$
   ② 하류측 배관 내경 $D_2 = 40[\text{cm}] = 0.4[\text{m}]$
   ③ 상류측 배관 유속 $V_1 = 1.5[\text{m/s}]$
   (2) 연속방정식 : $Q = A_1 V_1 = A_2 V_2$

   $$V_2 = \dfrac{A_1}{A_2} \times V_1 = \dfrac{\dfrac{\pi}{4} \times 0.25^2}{\dfrac{\pi}{4} \times 0.4^2} \times 1.5 = 0.5859 = 0.59[\text{m/s}]$$

2. 하류측 소화배관의 압력
   (1) 확대관에서의 압력손실수두

   $$\triangle H = \dfrac{(V_1 - V_2)^2}{2g} = \dfrac{(1.5 - 0.59)^2}{2 \times 9.8} = 0.04225[\text{m}]$$

   (2) 하류측 압력 = 상류측 압력 - 확대관 압력손실

   $$= 100[\text{kPa}] - 0.04225 \times \dfrac{101.325[\text{kPa}]}{10.332\text{mH}_2\text{O}} = 99.5856 = 99.59[\text{kPa}]$$

※ 정압이고, 이상유체인 경우에 해석

$\dfrac{P_1}{\gamma} + \dfrac{V_1^2}{2g} = \dfrac{P_2}{\gamma} + \dfrac{V_2^2}{2g}$ (위치수두는 동일하므로 $Z_1 = Z_2$)

$\dfrac{100[\text{kPa}]}{9.8[\text{kN/m}^3]} + \dfrac{(1.5[\text{m/s}])^2}{2 \times 9.8[\text{m/s}^2]} = \dfrac{P_2}{9.8[\text{kN/m}^3]} + \dfrac{(0.59[\text{m/s}])^2}{2 \times 9.8[\text{m/s}^2]}$

$P_2 = 100.95[\text{kPa}]$

22 아래 그림과 같이 상부가 개방된 고가수조에서 배관을 통하여 물을 방수할 때 ②지점에서의 방출압력은 몇 [kPa]인지 계산하시오.(단, 대기는 표준대기압 상태이고 배관 안지름은 100[mm], 배관의 길이는 250[m], 방출유량 3,000[L/min], 총 마찰손실수두는 7[m], 방출압력은 계기압력으로 산출한다.)

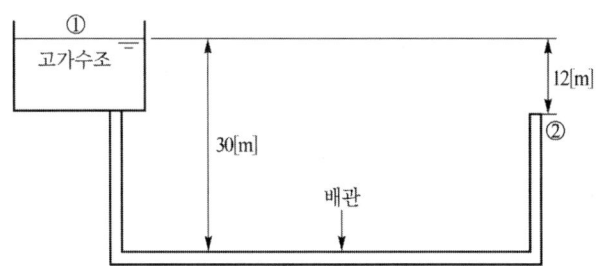

풀이&답 ① 유속의 계산

$$V_2 = \frac{Q}{A_2} = \frac{3,000[\text{L/min}]}{\frac{\pi}{4} \times (0.1[\text{m}])^2} = \frac{3[\text{m}^3]/60[\text{s}]}{\frac{\pi}{4} \times (0.1[\text{m}])^2} = 6.366 = 6.37[\text{m/s}]$$

② 압력의 계산

$$\frac{P_1}{\gamma} + \frac{V_1^2}{2g} + Z_1 = \frac{P_2}{\gamma} + \frac{V_2^2}{2g} + Z_2 + \triangle H$$

$$\frac{0}{9.8\text{kN/m}^3} + \frac{0^2}{2 \times 9.8\text{m/s}^2} + 30\text{m} = \frac{P_2}{9.8\text{kN/m}^3} + \frac{(6.37\text{m/s})^2}{2 \times 9.8\text{m/s}^2} + (30\text{m} - 12\text{m}) + 7\text{m}$$

$$P_2 = 28.71\text{kPa}$$

23 5[m]의 높이에 있는 물의 수압은 0.8[MPa]이고 10[m/s]의 속도로 흐르고 있다. 전수두 [m]를 계산하시오.(단, 중력가속도는 9.8[m/s²], 손실수두는 무시한다)

풀이&답
$$H = \frac{P}{\gamma} + \frac{V^2}{2g} + Z = \frac{0.8 \times 10^6 [\text{N/m}^2]}{9800 [\text{N/m}^3]} + \frac{(10[\text{m/s}])^2}{2 \times 9.8 [\text{m/s}^2]} + 5[\text{m}] = 91.73[\text{m}]$$

24 그림과 같이 내경이 각각 100[mm], 50[mm]인 두 배관이 수평으로 직결된 상태에서 화살표의 방향으로 정상류의 물이 흐르고 있다. 이 때 압력계 A, B에서의 지시수압은 각각 0.45[MPa] 및 0.4[MPa]이며, 내경 100[mm]의 배관에서 측정된 유속은 1[m/s]이다. A, B 간에 발생된 마찰손실 수두는 얼마인가?(단, 중력 가속도는 9.8[m/s²], 물의 열역학적 상태변화는 무시)

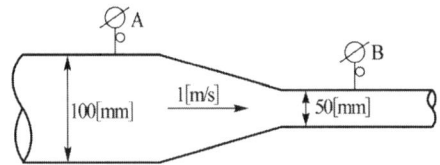

풀이&답　(1) 유량

$$Q = A_A V_A = \frac{\pi}{4} D^2 \times V = \frac{\pi}{4} \times (0.1[\text{m}])^2 \times 1[\text{m/s}] = 0.007854[\text{m}^3/\text{s}]$$

(2) B점에서의 유속

$$V_B = \frac{Q}{A_B} = \frac{0.007854[\text{m}^3/\text{s}]}{\dfrac{\pi}{4} \times (0.05[\text{m}])^2} = 4[\text{m/s}]$$

(3) 마찰손실수두 계산

$$\frac{P_A}{\gamma} + \frac{V_A^2}{2g} + Z_A = \frac{P_B}{\gamma} + \frac{V_B^2}{2g} + Z_B + H, \ Z_A = Z_B \ \text{이므로}$$

$$\frac{0.45 \times 10^6 [\text{N/m}^2]}{9800 [\text{N/m}^3]} + \frac{(1[\text{m/s}])^2}{2 \times 9.8 [\text{m/s}^2]} = \frac{0.4 \times 10^6 [\text{N/m}^3]}{9800 [\text{N/m}^3]} + \frac{(4[\text{m/s}])^2}{2 \times 9.8 [\text{m/s}^2]} + H$$

$$H = 4.34[\text{m}]$$

25　지름 30[cm]인 원형 관과 지름 45[cm]인 원형 관이 급격하게 면적이 확대되도록 직접 연결되어 있을 때 작은 관에서 큰 관 쪽으로 매초 230[L]의 물을 보내면 연결부의 손실수 두는 몇 [m]인가? (단, 면적이 A_1에서 A_2로 급격하게 확대될 때 작은 관을 기준으로 한 손실계수 $K = \left(1 - \dfrac{A_1}{A_2}\right)^2$ 이다.)

풀이&답　(1) 작은 관의 유속

$$V_1 = \frac{Q}{A_1} = \frac{230[\text{L/s}]}{\dfrac{\pi}{4} \times (0.3[\text{m}])^2} = \frac{0.23[\text{m}^3/\text{s}]}{\dfrac{\pi}{4} \times (0.3[\text{m}])^2} = 3.25[\text{m/s}]$$

(2) 손실계수의 계산

$$K = \left(1 - \frac{A_1}{A_2}\right)^2 = \left(1 - \frac{\dfrac{\pi}{4} \times (0.3[\text{m}])^2}{\dfrac{\pi}{4} \times (0.45[\text{m}])^2}\right)^2 = 0.3086 = 0.31$$

(3) 손실수두의 계산

$$H = K \times \frac{V_1^2}{2g} = 0.31 \times \frac{(3.25[\text{m/s}])^2}{2 \times 9.8[\text{m/s}^2]} = 0.167 = 0.17[\text{m}]$$

26　지름이 1.5[m]에서 3[m]로 변하는 돌연 확대하는 관에 6[m³/s]의 유량으로 물이 흐르고 있다. 이 때 수동력은 몇 [kW]인가?(단, 돌연확대에 의한 손실계수는 $K = 0.3$ 이다.)

풀이&답　(1) 유속

$$V_1 = \frac{Q}{A} = \frac{6}{\dfrac{\pi}{4} \times 1.5^2} = 3.395[\text{m/s}]$$

(2) 돌연확대 관에서의 손실수두

$$H = \frac{(V_1 - V_2)^2}{2g} = K \frac{V_1^2}{2g} = 0.3 \times \frac{(3.395[\text{m/s}])^2}{2 \times 9.8[\text{m/s}^2]} = 0.176[\text{m}]$$

(3) 수동력

$$P = 9.8QH = 9.8[\text{kN/m}^3] \times 6[\text{m}^3/\text{s}] \times 0.176[\text{m}] = 10.35[\text{kW}]$$

27 관경이 200[mm], 유량이 65[L/s], 배관 내 수류와 만나는 앵글밸브의 각도는 30°, 밸브 손실계수가 4.0일 때 밸브에서 발생되는 부차적 손실을 계산하시오.(단, 중력가속도는 9.8[m/s²] 이다)

풀이&답 (1) 유속

$$V = \frac{Q}{A} = \frac{Q}{\frac{\pi}{4} \times D^2} = \frac{0.065[\text{m}^3/\text{s}]}{\frac{\pi}{4} \times (0.2[\text{m}])^2} = 2.069 = 2.07[\text{m/s}]$$

(2) 부차적 손실

$$H = K\frac{V^2}{2g} = 4.0 \times \frac{(2.07[\text{m/s}])^2}{2 \times 9.8[\text{m/s}^2]} = 0.87[\text{m}]$$

28 소화설비의 내경이 50[cm], 길이가 1,000[m]인 배관이 소화용수가 80[L/s]로 공급되는 경우 발생되는 마찰손실수두와 상당구배를 계산하시오.(단, 마찰손실 계수는 $f = 0.03$, 관 벽의 마찰손실은 무시한다)

풀이&답 (1) 마찰손실수두
　　① 유속

$$V = \frac{Q}{A} = \frac{Q}{\frac{\pi}{4} \times D^2} = \frac{0.08[\text{m}^3/\text{s}]}{\frac{\pi}{4} \times (0.5[\text{m}])^2} = 0.407 = 0.41[\text{m/s}]$$

　　② 마찰손실수두

$$\triangle H = \frac{f\ell V^2}{2gD} = \frac{0.03 \times 1,000[\text{m}] \times (0.41[\text{m/s}])^2}{2 \times 9.8[\text{m/s}^2] \times 0.5[\text{m}]} = 0.51[\text{m}]$$

(2) 상당구배 $= \dfrac{\triangle H}{\ell} = \dfrac{0.51[\text{m}]}{1,000[\text{m}]} = 5.1 \times 10^{-4}$

 보충설명
상당구배란 마찰손실수두를 배관의 길이로 나눈 값을 말한다.

29 내경이 10[cm]인 배관 속을 0.08[m³/s]의 물이 흐르고 있다. 배관의 길이 50[m]에 대한 마찰손실수두를 계산하시오.(단, 동 점성계수는 12[cm²/s], 중력가속도는 9.8[m/s²]임)

풀이&답 (1) 유속의 계산

$$V = \frac{Q}{A} = \frac{Q}{\frac{\pi}{4} \times D^2} = \frac{0.08[\text{m}^3/\text{s}]}{\frac{\pi}{4} \times (0.1[\text{m}])^2} = 10.1859 = 10.19[\text{m/s}]$$

(2) 레이놀즈수의 계산

$$R_e = \frac{DV}{\nu} = \frac{10[\text{cm}] \times 10.19 \times 10^2 [\text{cm/s}]}{12[\text{cm}^2/\text{s}]} = 849.17$$

(3) 관 마찰계수

$$f = \frac{64}{R_e} = \frac{64}{849.17} = 0.0753 = 0.08$$

(4) 마찰손실수두

$$\triangle H = \frac{f \ell V^2}{2gD} = \frac{0.08 \times 50[\text{m}] \times (10.19[\text{m/s}])^2}{2 \times 9.8[\text{m/s}^2] \times 0.1[\text{m}]} = 211.91[\text{m}]$$

30 건식 스프링클러설비의 건식밸브 1차측 수압이 0.7[MPa]이고, 1차측 단면의 직경이 5[cm], 2차측의 단면적이 80[cm²] 일 때 밸브 2차측의 공기압이 얼마 이상이 되어야 밸브가 닫히는지 공기압력[MPa]을 계산하시오.

풀이&답 (1) 밸브 닫힘 조건

$$F_1 \leq F_2 \ , \ P_1 A_1 \leq P_2 A_2$$

(2) 2차측의 공기압력

$$P_2 \geq \frac{A_1}{A_2} \times P_1 = \frac{\frac{\pi}{4} \times (5[\text{cm}])^2}{80[\text{cm}^2]} \times 0.7 = 0.17 \text{MPa} \ \text{이상}$$

31 물이 흐르는 관로상에 피토관을 설치하고 수은이 든 U자관과 연결하였더니 전압과 정압 단자에서 수은의 높이차가 85[mm]이었다. 이 위치에서의 유속은 약 몇 [m/s]인가? (단, 수은의 비중은 13.60이다)

풀이&답 유속계산

$$V = \sqrt{2g\left(\frac{\gamma_1 - \gamma_2}{\gamma_2}\right)R} = \sqrt{2 \times 9.8 \times \left(\frac{13.6 - 1}{1}\right) \times 0.085} = 4.58[\text{m/s}]$$

32 옥내소화전설비의 소화전의 소방호스를 이용하여 화재를 진압하고자 할 때 사람이 받는 반발력을 계산하시오.

[조건] 1) 소방호스의 내경은 40[mm], 노즐의 내경 13[mm]
     2) 방수량 180[L/min]

풀이&답 (1) 호스의 유속

$$V_1 = \frac{0.18[\text{m}^3]/60[\text{s}]}{\frac{\pi}{4} \times (0.04[\text{m}])^2} = 2.39[\text{m/s}]$$

(2) 노즐의 유속

$$V_2 = \frac{0.18[\text{m}^3]/60[\text{s}]}{\frac{\pi}{4} \times (0.013[\text{m}])^2} = 22.6[\text{m/s}]$$

(3) 반발력
$$F = \rho Q(V_2 - V_1) = 1,000[\text{kg/m}^3] \times 0.18[\text{m}^3]/60[\text{s}] \times (22.6[\text{m/s}] - 2.39[\text{m/s}]) = 60.63[\text{N}]$$

33 65[mm]의 소방호스가 30[mm]의 직사형 노즐에 연결되어 있다. 유량이 700[L/min]일 경우 운동량 때문에 생기는 반발력[N]을 계산하시오.

풀이&답 (1) 소방호스의 유속
$$V_1 = \frac{Q}{A_1} = \frac{\frac{0.7[\text{m}^3]}{60[\text{s}]}}{\frac{\pi}{4} \times (0.065[\text{m}])^2} = 3.52[\text{m/s}]$$

(2) 노즐의 유속
$$V_2 = \frac{Q}{A_2} = \frac{\frac{0.7[\text{m}^3]}{60[\text{s}]}}{\frac{\pi}{4} \times (0.03[\text{m}])^2} = 16.5[\text{m/s}]$$

(3) 운동량 때문에 생기는 반발력
$$F = \rho Q(V_2 - V_1) = 1,000[\text{kg/m}^3] \times \frac{0.7[\text{m}^3]}{60[\text{s}]} \times (16.5 - 3.52)[\text{m/s}] = 151.43[\text{N}]$$

34 지름이 40[mm]인 소방호스에 구경이 13[mm]인 노즐팁이 부착되어 있고 130[L/min]의 물을 대기 중으로 방수할 경우 다음 물음에 답하시오. (단, 유동에는 마찰이 없는 것으로 한다.)
(1) 소방호스의 평균유속[m/s]을 구하시오.
(2) 소방호스에 연결된 노즐의 평균유속[m/s]을 구하시오.
(3) 노즐을 소방호스에 부착시키기 위한 플랜지 볼트에 작용하고 있는 힘[N]을 구하시오.

풀이&답 (1) 소방호스의 평균유속
$$V_1 = \frac{Q}{A_1} = \frac{\frac{0.13[\text{m}^3]}{60[\text{s}]}}{\frac{\pi}{4} \times (0.04[\text{m}])^2} = 1.72[\text{m/s}]$$

(2) 노즐의 평균유속
$$V_2 = \frac{Q}{A_2} = \frac{\frac{0.13[\text{m}^3]}{60[\text{s}]}}{\frac{\pi}{4} \times (0.013[\text{m}])^2} = 16.32[\text{m/s}]$$

(3) 플랜지 볼트에 작용하는 힘
① 소방호스의 단면적
$$A_1 = \frac{\pi}{4} \times (0.04[\text{m}])^2 = 0.00125[\text{m}^2]$$
② 노즐의 단면적
$$A_2 = \frac{\pi}{4} \times (0.013[\text{m}])^2 = 0.00013[\text{m}^2]$$

③ 플랜지 볼트에 작용하는 힘

$$F = \frac{\gamma Q^2 A_1}{2g} \left(\frac{A_1 - A_2}{A_1 A_2}\right)^2$$

$$= \frac{9,800[\text{N/m}^3] \times \left(\frac{0.13[\text{m}^3]}{60[\text{s}]}\right)^2 \times 0.00125[\text{m}^2]}{2 \times 9.8[\text{m/s}^2]} \left\{\frac{0.00125[\text{m}^2] - 0.00013[\text{m}^2]}{0.00125[\text{m}^2] \times 0.00013[\text{m}^2]}\right\}^2$$

$$= 139.38[\text{N}]$$

35 수원의 수위보다 1[m] 낮은 위치에 펌프가 설치되어 있다. 흡입관의 평균유속이 1[m/s]이고, 손실수두가 0.8[m]일 때 유효수두(NPSHav)는 몇 [m] 인지 구하시오. (단, 대기압은 98[kPa], 물의 온도는 20[℃]이고, 이때의 포화수증기압은 2,340[Pa], 비중량은 9,800 [N/m³] 이다.)

풀이&답

(1) $H_a = \frac{P}{\gamma} = \frac{98[\text{kPa}]}{9,800[\text{N/m}^3]} = \frac{98 \times 1,000[\text{N/m}^2]}{9,800[\text{N/m}^3]} = 10[\text{m}]$

(2) $H_h = 1[\text{m}]$

(3) $H_f = 0.8[\text{m}]$

(4) $H_v = \frac{P}{\gamma} = \frac{2,340[\text{Pa}]}{9,800[\text{N/m}^3]} = \frac{2,340[\text{N/m}^2]}{9,800[\text{N/m}^3]} = 0.24[\text{m}]$

(5) 유효수두
$$NPSH_{av} = H_a + H_h - H_f - H_v = 10[\text{m}] + 1[\text{m}] - 0.8[\text{m}] - 0.24[\text{m}] = 9.96[\text{m}]$$

36 흡입측 배관의 마찰손실수두가 2[m]라면 공동현상이 일어나지 않는 수원의 수면으로부터 소화펌프까지의 설치높이는 몇 [m] 이하로 하여야 하는지 계산하시오.(단, 펌프의 필요흡입양정은 7.5[m], 흡입관의 속도수두는 무시하고 대기압은 표준대기압을 적용하고 물의 온도는 20[℃], 포화수증기압은 2,340[Pa], 비중량은 9,800[N/m³])

풀이&답

(1) 대기압 환산수두
$$H_a = \frac{P}{\gamma} = \frac{101,325[\text{N/m}^2]}{9,800[\text{N/m}^3]} = 10.34[\text{m}]$$

(2) 포화수증기압 환산수두
$$H_v = \frac{P}{\gamma} = \frac{2,340[\text{N/m}^2]}{9,800[\text{N/m}^3]} = 0.24[\text{m}]$$

(3) 유효흡입양정
$$NPSH_{av} = H_a - H_h - H_f - H_v = 10.34[\text{m}] - H_h - 2[\text{m}] - 0.24[\text{m}] = 8.1[\text{m}] - H_h$$

(4) 수원의 수면으로부터 소화펌프까지의 설치높이
공동현상이 일어나지 않을 조건 : $NPSH_{av} \geq NPSH_{re}$

$8.1[\text{m}] - H_h \geq 7.5[\text{m}]$

$H_h \leq 8.1[\text{m}] - 7.5[\text{m}] \leq 0.6[\text{m}]$

∴ 0.6[m] 이하로 한다.

37 아래의 조건을 참고하여 유효흡입양정을 계산하고 공동현상 발생여부를 판단하시오.
(단, 중력가속도는 9.8[m/s²]을 적용한다.)

[조건]

① 펌프는 해발 1,000[m]에 설치

② 배관의 마찰손실수두 : 0.7[m]

③ 해발 0[m]에서의 대기압
  : 1.033 × 10⁵[Pa]

④ 해발 1,000[m]에서의 대기압
  : 0.901 × 10⁵[Pa]

⑤ 물의 증기압 : 2.334 × 10³[Pa]

⑥ 필요흡입양정 : 4.5[m]

풀이&답 (1) 유효흡입양정의 계산

$$NPSH_{av} = H_a - H_h - H_f - H_v$$

$$= \frac{0.901 \times 10^5 [\text{Pa}]}{1,000 [\text{kg/m}^3] \times 9.8 [\text{m/s}^2]} - 4[\text{m}] - 0.7[\text{m}] - \frac{2.334 \times 10^3 [\text{Pa}]}{1,000 [\text{kg/m}^3] \times 9.8 [\text{m/s}^2]}$$

$$= \frac{0.901 \times 10^5 [\text{N/m}^2]}{9,800 [\text{N/m}^3]} - 4[\text{m}] - 0.7[\text{m}] - \frac{2.334 \times 10^3 [\text{N/m}^2]}{9,800 [\text{N/m}^3]}$$

$$= 4.25[\text{m}]$$

(2) 공동현상 발생 여부

유효흡입양정(4.25[m])이 필요흡입양정(4.5[m])보다 작으므로 공동현상이 발생한다.

38 가스계 소화설비 배관의 최고 사용압력이 6[MPa], 인장강도가 380[MPa]의 압력배관용 탄소강관을 배관재료로 사용하였을 경우에 이 배관의 스케줄번호를 선정하시오.
(단, 안전율은 4, 스케줄 번호는 10, 20, 30, 40, 60, 80에서 선정한다)

풀이&답 (1) 재료의 허용응력 = $\frac{\text{인장강도}}{\text{안전율}} = \frac{380}{4} = 95[\text{MPa}]$

(2) 스케줄 번호 = $\frac{\text{내부작업응력}}{\text{재료의 허용응력}} \times 1,000 = \frac{6}{95} \times 1,000 = 63.15$

(3) 조건에서 80 선정

39 배관 내경이 65[mm]이고 배관길이가 10[m]인 배관에 물이 5[m/s]로 흐르고 있다. 관의 조도계수는 120이고 배관 끝에서의 압력이 0.35[MPa]일 때 배관입구의 압력[MPa]은 얼마인가?(단, 소수점 5자리에서 반올림하여 4자리까지 답한다.)

풀이&답 (1) 마찰손실 계산

① 유량

$$Q = AV = \frac{\pi}{4} \times 0.065^2 \times 5 = 0.01659 [\text{m}^3/\text{s}] \times 1000 \times 60 = 995.4 [\ell/\min]$$

② 배관의 마찰손실압력

$$\triangle P_m = 6.174 \times 10^4 \times \frac{Q^{1.85}}{C^{1.85} \times D^{4.87}} \times \ell [\text{MPa}]$$

$$= 6.174 \times 10^4 \times \frac{995.4^{1.85}}{120^{1.85} \times 65^{4.87}} \times 10 = 0.04587[\text{MPa}]$$

⑵ 배관입구압력 $= 0.35[\text{MPa}] + 0.04587[\text{MPa}] = 0.39587[\text{MPa}] = 0.3959[\text{MPa}]$

40 직경 40[mm], 배관의 길이가 50[m]인 배관에 소화수가 0.2[m/s]의 속도로 흐르고 있다. 다음 각 물음에 답하시오.(레이놀즈수는 1,200)

(1) 마찰손실수두를 계산하시오.(단, 소수점 3자리에서 반올림하여 2자리까지 답한다)

(2) 배관의 입구 압력이 0.8[MPa]일 때 배관의 출구 압력[MPa]은? (단, 소수점 4자리에서 반올림하여 3자리까지 답하고, 0.1[MPa]=10[m]의 관계에 있다고 가정한다)

풀이&답 ⑴ • 관 마찰계수

$$f = \frac{64}{R_e} = \frac{64}{1200} = 0.053 = 0.05$$

• 마찰손실수두

$$\triangle H = \frac{f\ell V^2}{2gD} = \frac{0.05 \times 50[\text{m}] \times (0.2[\text{m/s}])^2}{2 \times 9.8[\text{m/s}^2] \times 0.04[\text{m}]} = 0.127 = 0.13[\text{m}]$$

⑵ 배관의 출구 압력 $= 0.8[\text{MPa}] - 0.13[\text{m}] = 0.8[\text{MPa}] - 0.0013[\text{MPa}] = 0.7987 = 0.799[\text{MPa}]$

41 유량이 150[L/min]인 어느 수계소화설비 배관의 두 지점에서 압력계로 흐르는 물의 수압을 측정하였더니 수압차가 20[kPa]이었다. 유량을 300[L/min]로 증가시키면 두 지점의 수압차[kPa]는 얼마가 되겠는지 계산하시오.(단, 배관의 구경 및 조도계수는 일정하고 압력손실은 하젠-윌리암스의 식을 따른다.)

풀이&답 ⑴ 하젠 윌리암스의 식

$$\triangle P_m = 6.174 \times 10^4 \times \frac{Q^{1.85}}{C^{1.85} \times D^{4.87}} \times L[\text{MPa}]$$

여기서, C : 조도계수, Q : 유량[L/min], D : 관의 내경[mm], L : 배관의 길이[m]

⑵ 수압차의 계산

압력은 $Q^{1.85}$에 비례하므로 비례식을 적용한다.

$20[\text{kPa}] : 150[\text{L/min}]^{1.85} = \triangle P : 300[\text{L/min}]^{1.85}$

수압차 $\triangle P = \frac{300^{1.85}}{150^{1.85}} \times 20[\text{kPa}] = 72.1[\text{kPa}]$

42 스프링클러설비 급수배관의 압력과 유량을 측정해본 결과 0.4[MPa], 7.2[m³/min]이었다. 이 배관의 관경[mm]은 얼마인지 산출하시오. (단, 배관의 길이 1[m] 당 마찰손실압력은 측정압력과 동일하다고 가정한다.)

[조건] 하젠-윌리암스 공식을 적용하되, 계산의 편의상 공식은 아래와 같다.

$$\triangle P = \frac{6 \times Q^2 \times 10^4}{120^2 \times d^5}$$

$\triangle P$: 배관의 길이 1[m] 당 마찰손실압력[MPa]

Q : 배관 내의 유수량[L/min], d : 배관의 내경[mm]

풀이&답 (1) 유량 $Q = 7.2[\text{m}^3/\text{min}] = 7,200[\text{L/min}]$

(2) 배관의 구경

$$d = \left(\frac{6 \times Q^2 \times 10^4}{120^2 \times \triangle P}\right)^{\frac{1}{5}} = \left(\frac{6 \times (7200[\text{L/min}])^2 \times 10^4}{120^2 \times 0.4[\text{MPa}]}\right)^{\frac{1}{5}} = 55.78[\text{mm}]$$

43 방수총(유량 1,800[L/min])을 사용할 경우, AB 구간의 마찰손실을 구하시오.

(단, Hazen & Williams 공식은 $P = 6.17 \times 10^4 \times \dfrac{Q^{1.85}}{C^{1.85} \times D^{4.87}} \times L[\text{MPa}]$를 사용하고 C값은 100이며, 배관부속의 등가길이는 90° ELBOW의 경우 4[m], TEE의 경우 10.7[m], GATE VALVE의 경우 1.2[m]이고, 배관망은 차단된 곳이 전혀 없다. 소수점 4자리에서 반올림하여 3자리까지 답을 쓰시오.)

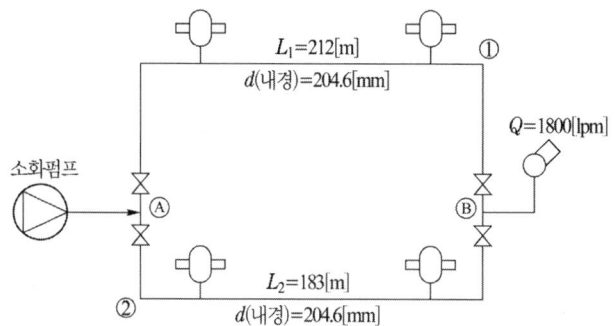

풀이&답 (1) 유량관계 $Q_1 + Q_2 = 1800[\text{L/min}]$

(2) 마찰손실압력 관계 : $\triangle P_1 = \triangle P_2$

$$6.17 \times 10^4 \times \frac{Q_1^{1.85}}{C^{1.85} \times D_1^{4.87}} \times L_1 = 6.17 \times 10^4 \times \frac{Q_2^{1.85}}{C^{1.85} \times D_2^{4.87}} \times L_2$$

C 및 D는 동일하므로

$Q_1^{1.85} \times L_1 = Q_2^{1.85} \times L_2$

$Q_1^{1.85} \times (212 + 1.2 + 4 + 10.7 + 10.7 + 4 + 1.2) = Q_2^{1.85} \times (183 + 1.2 + 4 + 10.7 + 10.7 + 4 + 1.2)$

$Q_1^{1.85} \times 243.8 = Q_2^{1.85} \times 214.8$

$Q_1^{1.85} = \dfrac{214.8}{243.8} \times Q_2^{1.85}$, $Q_1 = \left(\dfrac{214.8}{243.8}\right)^{\frac{1}{1.85}} \times Q_2 = 0.9338 Q_2$

(3) Q_2의 계산

$Q_1 + Q_2 = 1800[\text{L/min}]$에 $Q_1 = 0.9338 Q_2$를 대입하면

$0.9338 Q_2 + Q_2 = 1800$

$(0.9338 + 1) Q_2 = 1800$

$Q_2 = 930.8[\text{L/min}]$

(4) AB구간의 마찰손실 계산

$$P = 6.17 \times 10^4 \times \frac{Q_2^{1.85}}{C^{1.85} \times D_2^{4.87}} \times L_2 = 6.17 \times 10^4 \times \frac{930.8^{1.85}}{100^{1.85} \times 204.6^{4.87}} \times 214.8 [\text{m}]$$

$$= 0.005 [\text{MPa}]$$

44 그림은 어느 배관 평면도에서 화살표 방향으로 물이 흐르고 있다. 아래의 도면과 주어진 조건을 참조하여 Q_1, Q_2의 유량을 각각 계산하시오.

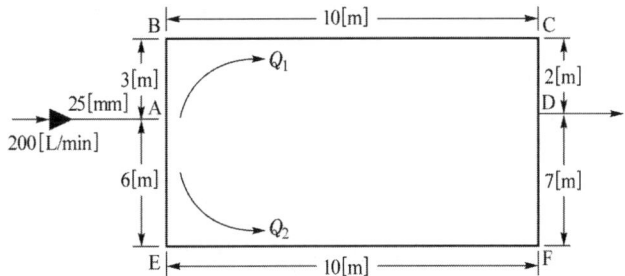

[조건]

(1) 하젠−윌리암스 공식은 다음과 같다.

$$\triangle P = 6.174 \times 10^4 \times \frac{Q^{1.85}}{C^{1.85} \times D^{4.87}}$$

$\triangle P$: 배관 1[m]당 마찰손실압력[MPa], Q : 배관 내 유수량[L/min]

C : 조도(Roughness), D : 배관 안지름[mm]

(2) 호칭 25[mm] 배관의 안지름은 27[mm]이다.

(3) 호칭 25[mm] 엘보(90°)의 등가길이는 0.9[m]이다.

(4) 배관은 아연도 강관이다.

(5) A 및 D점에 있는 티(Tee)의 마찰손실은 무시한다.

풀이&답

(1) ABCD의 압력손실

$$\triangle P_{ABCD} = 6.174 \times 10^4 \times \frac{Q_1^{1.85}}{120^{1.85} \times 27^{4.87}} \times (3 + 10 + 2 + 0.9 \times 2)$$

(2) AEFD의 압력손실

$$\triangle P_{AEFD} = 6.174 \times 10^4 \times \frac{Q_2^{1.85}}{120^{1.85} \times 27^{4.87}} \times (6 + 10 + 7 + 0.9 \times 2)$$

(3) $\triangle P_{ABCD} = \triangle P_{AEFD}$

$$16.8 \times Q_1^{1.85} = 24.8 \times Q_2^{1.85}$$

$$Q_1 = \left(\frac{24.8}{16.8}\right)^{\frac{1}{1.85}} \times Q_2 = 1.234 Q_2$$

(4) Q_1, Q_2의 유량

$$Q = Q_1 + Q_2 = 1.234 Q_2 + Q_2 = 2.234 Q_2 = 200 [\text{L/min}]$$

$$Q_2 = 89.525 = 89.53 [\text{L/min}]$$

$$Q_1 = 200 - 89.53 = 110.47 [\text{L/min}]$$

45 배관의 마찰계수가 0.016의 관내에 유체가 3[m/s]로 흐르고 있다. 관의 길이가 1,000 [m], 내경이 100[mm]일 때 다음의 각 물음에 답하시오.

(1) 배관의 마찰손실수두를 산출하시오.(단, 배관의 마찰은 Darcy-Weisbach 식을 적용, 중력가속도는 9.8[m/s^2])

(2) 배관의 조도계수 C값을 산출하시오.(단, 배관의 압력손실은 Hazen-Williams 식을 이용한다.)

풀이&답 (1) 마찰손실수두

$$\triangle H = \frac{flV^2}{2gD} = 0.016 \times \frac{1,000[\text{m}]}{0.1} \times \frac{(3[\text{m/s}])^2}{2 \times 9.8[\text{m/s}^2]} = 73.469 = 73.47[\text{m}]$$

(2) 조도계수의 계산

① 유량 $Q = AV = \dfrac{\pi}{4} \times (0.1[\text{m}])^2 \times 3[\text{m/s}]$

$$= 0.0235[\text{m}^3/\text{s}] \times \frac{1,000[\text{L}]}{1[\text{m}^3]} \times \frac{60s}{1[\text{min}]} = 1,410[\text{L/min}]$$

② 압력손실 $\triangle P_m = 73.47[\text{m}] \times \dfrac{0.101325[\text{MPa}]}{10.332[\text{m}]} = 0.72[\text{MPa}]$

③ 조도계수의 계산

$$\triangle P_m = 6.174 \times 10^4 \times \frac{Q^{1.85}}{C^{1.85} \times D^{4.87}} \times L \text{ 에서}$$

$$C = \left(\frac{6.174 \times 10^4 \times Q^{1.85} \times L}{\triangle P_m \times D^{4.87}} \right)^{\frac{1}{1.85}} = \left(\frac{6.174 \times 10^4 \times 1,410^{1.85} \times 1,000}{0.72 \times 100^{4.87}} \right)^{\frac{1}{1.85}} = 148.79$$

46 옥외소화전설비에서 사용하는 배관의 길이가 30[m]이고, 유량은 520[L/min]로 흐를 때 배관의 내경[mm]을 하젠-윌리엄스 식을 이용하여 계산하시오.(단, 관의 조도계수 값은 100, 마찰손실압력은 0.12[MPa]이다. 하젠-윌리엄스 식은 다음과 같다.

$$\Delta P = 6.053 \times 10^4 \times \frac{Q^{1.85}}{C^{1.85} \times D^{4.87}}$$

Q : 유량[L/min], D : 관의 내경[mm], ΔP : 관 길이 당 마찰손실압력[MPa/m]

C : 관의 조도계수이다.

풀이&답 (1) 조건정리

① 유량 $Q = 520[\text{L/min}]$

② 배관의 길이 $L = 30[\text{m}]$

③ 조도계수 $C = 100$

④ 마찰손실압력 $\Delta P = 0.12[\text{MPa}]$

(2) 내경의 산출

$\Delta P = 6.053 \times 10^4 \times \dfrac{Q^{1.85}}{C^{1.85} \times D^{4.87}}$ 에 조건을 대입하면

$$0.12 = 6.053 \times 10^4 \times \frac{520^{1.85}}{100^{1.85} \times D^{4.87}} \times 30$$

$$D = \left(\frac{6.053 \times 10^4 \times 520^{1.85} \times 30}{100^{1.85} \times 0.12} \right)^{\frac{1}{4.87}} = 55.76[\text{mm}]$$

47 Hazen-Williams 식으로 관로 상의 압력손실을 계산할 경우에 다음 항목의 오차범위[%] 를 각각 계산하시오.

(1) C-Factor 15[%]의 오차 경우

(2) 배관직경 5[%]의 오차 경우

풀이&답 (1) C-Factor 15[%]의 오차 경우

Hazen-Williams식 $\Delta P = 6.174 \times 10^4 \times \dfrac{Q^{1.85}}{C^{1.85} \times D^{4.87}}$

$\Delta P \alpha \dfrac{1}{C^{1.85}}$ 이므로

$\Delta P = \dfrac{1}{(1+0.15)^{1.85}} = 0.772, \quad 0.772 - 1 = -0.228 \times 100[\%] = -22.8[\%]$

$\Delta P = \dfrac{1}{(1-0.15)^{1.85}} = 1.351, \quad 1.351 - 1 = 0.351 \times 100[\%] = 35.1[\%]$

압력손실의 오차범위는 $-22.8 \sim +35.1[\%]$ 이다.

(2) 배관직경 5[%]의 오차 경우

$\Delta \alpha \dfrac{1}{D^{4.87}}$ 이므로

$\Delta P = \dfrac{1}{(1+0.05)^{4.87}} = 0.789, \quad 0.789 - 1 = -0.211 \times 100[\%] = -21.1[\%]$

$\Delta P = \dfrac{1}{(1-0.05)^{4.87}} = 1.284, \quad 1.284 - 1 = 0.284 \times 100[\%] = 28.4[\%]$

압력손실의 오차범위는 $-21.1 \sim +28.4[\%]$ 이다.

48 소화설비 배관 내에 피토관을 넣어 정체압(Stagnation Pressure) P_s와 정압 P_o를 측정하였더니 수은이 들어있는 피토관에 연결한 U자관에서 75[mm]의 액면차를 가졌을 경우 피토관 위치에서의 유속을 계산하시오. 또한 소화배관으로 사용하는 안지름이 75[mm]에서 100[mm]로 급격히 확대되는 배관 속을 소화수가 0.03[m³/s]의 유량이 흐를 때 급격한 확대에 의하여 발생하는 손실수두[m]를 계산하시오.(수은의 비중은 13.6이고 기타조건은 무시한다.)

풀이&답 (1) 유속의 계산

$V = \sqrt{2g \left(\dfrac{\gamma_1 - \gamma_2}{\gamma_2} \right) R} = \sqrt{2 \times 9.8[\text{m/s}^2] \times \left(\dfrac{13.6-1}{1} \right) \times 0.075[\text{m}]} = 4.3[\text{m/s}]$

(2) 손실수두

① 75[mm] 배관의 유속

$V_1 = \dfrac{Q}{A_1} = \dfrac{0.03[\text{m}^3/\text{s}]}{\dfrac{\pi}{4} \times (0.075[\text{m}])^2} = 6.79[\text{m/s}]$

② 100[mm] 배관의 유속

$V_2 = \dfrac{Q}{A_2} = \dfrac{0.03[\text{m}^3/\text{s}]}{\dfrac{\pi}{4} \times (0.1[\text{m}])^2} = 3.82[\text{m/s}]$

③ 급격한 확대에 의한 손실수두 계산

$$H = \frac{(V_1 - V_2)^2}{2g} = \frac{(6.79[\text{m/s}] - 3.82[\text{m/s}])^2}{2 \times 9.8[\text{m/s}^2]} = 0.45[\text{m}]$$

49 스프링클러설비 가압송수장치의 성능시험을 위하여 오리피스로 시험한 결과 그림과 같이 수은주의 높이차가 500[mm]로 측정되었다. 이 오리피스를 통과하는 유량[m³/s]은 얼마인가? (단, 수은의 비중은 13.6, 유량계수 $C = 0.97$, 중력가속도 $g = 9.8[\text{m/s}^2]$ 이다.)

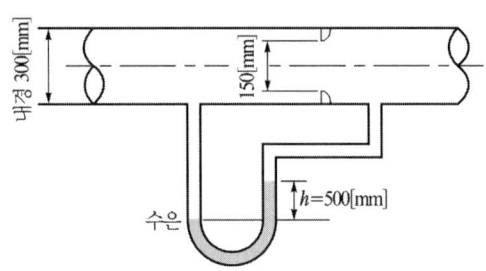

풀이&답 (1) $m = \left(\frac{A_2}{A_1}\right) = \left(\frac{D_2}{D_1}\right)^2 = \left(\frac{0.15}{0.3}\right)^2 = 0.25$

(2) $Q = \dfrac{0.97 \times \frac{\pi}{4} \times 0.15^2}{\sqrt{1 - 0.25^2}} \times \sqrt{\dfrac{2 \times 9.8 \times (13.6 - 1)}{1} \times 0.5} = 0.20[\text{m}^3]$

유량계산 $\quad Q = \dfrac{CA_2}{\sqrt{1 - m^2}} \times \sqrt{\dfrac{2g(\gamma_1 - \gamma_2)}{\gamma_2} R}$

Q : 유량[m³/s], $\quad C$: 오리피스계수, $\quad \gamma_1$: 수은의 비중량(13.6), $\quad \gamma_2$: 물의 비중량(1)

$m : \left(\dfrac{A_2}{A_1}\right)$

50 유량 $Q = 0.01539[\text{m}^3/\text{s}]$의 지름 $D = 30[\text{cm}]$ 주철관 속으로 비중 0.85, 점성계수 $\mu = 0.103[\text{N} \cdot \text{s/m}^2]$의 유체가 흐르고 있다. 길이 3,000[m]에 대한 손실수두[m]를 계산하시오. (단, 계산과정에서 소수점 발생 시 3자리에서 반올림하여 2자리까지 적용한다)

풀이&답 (1) 유속의 계산

$$V = \frac{Q}{A} = \frac{0.01539[\text{m}^3/\text{s}]}{\frac{\pi}{4} \times (0.3[\text{m}])^2} = 0.2177 = 0.22[\text{m/s}]$$

(2) 레이놀즈수 계산

$$R_e = \frac{DV\rho}{\mu} = \frac{0.3[\text{m}] \times 0.22[\text{m/s}] \times 0.85 \times 1,000[\text{N} \cdot \text{s}^2/\text{m}^4]}{0.103[\text{N} \cdot \text{s/m}^2]} = 544.66$$

(3) 관 마찰계수의 계산 $f = \dfrac{64}{R_e} = \dfrac{64}{544.66} = 0.1175 = 0.12$

(4) 손실수두 $\triangle H = \dfrac{f\ell V^2}{2gD} = \dfrac{0.12 \times 3,000[\text{m}] \times (0.22[\text{m/s}])^2}{2 \times 9.8[\text{m/s}^2] \times 0.3[\text{m}]} = 2.96[\text{m}]$

51 길이 20[m], 내경 80[mm]관에 물이 0.1[m³/s]로 흐를 때, Darcy–Weisbach의 식을 사용하여 계산한 압력손실이 1[MPa]이면 관 마찰계수는 얼마인가?(단, $g=9.8$[m/s²]로 하고, 답은 소수점 2자리까지 표시한다.)

풀이&답 (1) 조건 정리

① $\triangle H = 1[\text{MPa}] \times \dfrac{10.332[\text{mH}_2\text{O}]}{0.101325[\text{MPa}]} = 101.9689 = 101.97[\text{m}]$

② $L = 20[\text{m}]$

③ $D = 80[\text{mm}] = 0.08[\text{m}]$

④ $V = \dfrac{Q}{A} = \dfrac{0.1[\text{m}^3/\text{s}]}{\dfrac{\pi}{4} \times (0.08[\text{m}])^2} = 19.8943 = 19.89[\text{m/s}]$

(2) 관 마찰계수 계산

$$f = \frac{\triangle H \times 2gD}{\ell V^2} = \frac{101.97[\text{m}] \times 2 \times 9.8[\text{m/s}^2] \times 0.08[\text{m}]}{20[\text{m}] \times (19.89[\text{m/s}])^2} = 0.0202 = 0.02$$

52 소화용 펌프가 2[m³/min], 60[m]수두로 선정되어 1,770[rpm]으로 운전되고 있다. 공장 배치가 변경되어 수두가 100[m]로 요구되는 조건에서 기존펌프를 회전수만 변경시켜 같은 효율로 운전하고자 한다면 회전수를 몇 [rpm]으로 하면 되겠는가?

풀이&답 $\dfrac{H_2}{H_1} = \left(\dfrac{N_2}{N_1}\right)^2$ 의 관계에서

$$N_2 = \sqrt{\frac{H_2}{H_1} \times N_1^2} = \sqrt{\frac{100}{60} \times 1770^2} = 2,285.06[\text{rpm}]$$

N_1, N_2 : 회전수[rpm], D_1, D_2 : 직경[m]

53 소화펌프는 상사의 법칙에 의하면 펌프의 임펠러 회전속도에 따라 유량, 양정, 축동력이 변화한다. 어느 소화펌프의 전양정이 150[m]이고 토출량이 30[m³/min]으로 운전하다가 소화펌프의 회전수를 증가시켜 토출량이 40[m³/min] 으로 변화되었을 때의 전양정은 몇 [m]인지 계산하시오.

풀이&답 (1) 회전수의 계산

$$\frac{Q_2}{Q_1} = \left(\frac{N_2}{N_1}\right) = \frac{40}{30} = \frac{4}{3}$$

(2) 전양정의 계산

$$\frac{H_2}{H_1} = \left(\frac{N_2}{N_1}\right)^2 \text{에서} \quad H_2 = \left(\frac{N_2}{N_1}\right)^2 \times H_1 = \left(\frac{4}{3}\right)^2 \times 150 = 266.67[\text{m}]$$

54 소화펌프의 성능에서 임펠러 직경 150[mm], 회전수 1,800[rpm], 유량 4,000[ℓ/min], 양정 50[m]로 송수하고 있을 때, 펌프를 교환하여 임펠러 직경 200[mm], 회전수 1,200[rpm]으로 운전하면 유량[ℓ/min]과 양정[m]은 어떻게 되는지 각각 계산하시오.

풀이&답

(1) 유량의 계산

$$Q_2 = \left(\frac{N_2}{N_1}\right) \times \left(\frac{D_2}{D_1}\right)^3 \times Q_1 = \left(\frac{1200}{1800}\right) \times \left(\frac{200}{150}\right)^3 \times 4000 = 6,320.99[\ell/min]$$

(2) 양정의 계산

$$H_2 = \left(\frac{N_2}{N_1}\right)^2 \times \left(\frac{D_2}{D_1}\right)^2 \times H_1 = \left(\frac{1200}{1800}\right)^2 \times \left(\frac{200}{150}\right)^2 \times 50 = 39.51[m]$$

55 유량 110[m³/h], 양정이 70[m]가 되는 소방펌프를 설계하여, 제작한 후에 그 성능을 시험한 결과 양정이 60[m]이었으며, 회전수는 1,700[rpm]이었다. 최초 설계조건인 양정 70[m]을 얻기 위한 회전수를 계산하고, 펌프의 정격출력을 당초에 7.5[kW](축동력)를 선정하여 설계하였을 때 회전수를 변경하면 소요동력은 얼마로 되는지 계산하시오.

풀이&답

(1) 최초 설계조건인 양정 70[m]을 얻기 위한 조치

$$\frac{H_2}{H_1} = \left(\frac{N_2}{N_1}\right)^2 \left(\frac{D_2}{D_1}\right)^2 \text{에서 } D_1 = D_2 \text{이므로 } \frac{H_2}{H_1} = \left(\frac{N_2}{N_1}\right)^2 \text{의 관계를 갖는다.}$$

$$\frac{70[m]}{60[m]} = \left(\frac{N_2}{1,700[rpm]}\right)^2 \qquad N_2 = 1,836[rpm]$$

∴ 최초 설계조건인 양정 70[m]를 얻기 위해 회전수를 1,836[rpm]으로 높인다.

(2) 소요동력

$$\frac{P_2}{P_1} = \left(\frac{N_2}{N_1}\right)^3 \left(\frac{D_2}{D_1}\right)^5 \frac{E_1}{E_2} \text{에서 } D_1 = D_2, \ E_1 = E_2 \text{이므로}$$

$$\frac{P_2}{P_1} = \left(\frac{N_2}{N_1}\right)^3, \ \frac{P_2}{7.5[kW]} = \left(\frac{1,836[rpm]}{1,700[rpm]}\right)^3, \ P_2 = \left(\frac{1,836[rpm]}{1,700[rpm]}\right)^3 \times 7.5[kW] = 9.45[kW]$$

56 펌프의 설계사양에서는 유량 100[m³/h], 양정 80[m]를 원했다. 그러나 시운전했을 때 양정이 70[m]이였으며 회전수는 1650[rpm]이었다. 최초양정 80[m]를 얻기 위해 필요한 회전수를 계산하시오. 또한, 펌프의 축동력이 당초에는 15[PS]이었는데 회전수를 변경하면 얼마나 되는지 계산하시오.

풀이&답

(1) 적용이론 : 상사법칙

유 량	양 정	축동력
$\frac{Q_2}{Q_1} = \left(\frac{N_2}{N_1}\right)^1 \left(\frac{D_2}{D_1}\right)^3$	$\frac{H_2}{H_1} = \left(\frac{N_2}{N_1}\right)^2 \left(\frac{D_2}{D_1}\right)^2$	$\frac{P_2}{P_1} = \left(\frac{N_2}{N_1}\right)^3 \left(\frac{D_2}{D_1}\right)^5$

(2) 조건정리

① H_1 : 70[m] ② H_2 : 80[m]

③ N_1 : 1650[rpm] ④ P_1 : 15[PS]

(3) 회전수의 계산

$$\frac{H_2}{H_1} = \left(\frac{N_2}{N_1}\right)^2 \left(\frac{D_2}{D_1}\right)^2 \text{ 의 관계에서 } D_1 = D_2$$

$$\frac{H_2}{H_1} = \left(\frac{N_2}{N_1}\right)^2, \ \frac{80}{70} = \left(\frac{N_2}{1650}\right)^2, \ N_2 = 1764[\text{rpm}]$$

(4) 축동력의 계산

$$\frac{P_2}{P_1} = \left(\frac{N_2}{N_1}\right)^3 \left(\frac{D_2}{D_1}\right)^5 \text{ 의 관계에서 } D_1 = D_2$$

$$\frac{P_2}{P_1} = \left(\frac{N_2}{N_1}\right)^3 \text{ 에 조건을 대입하면, } \ \frac{P_2}{15} = \left(\frac{1764}{1650}\right)^3, \ P_2 = 18.33[\text{PS}]$$

57 전양정 100[m], 토출량 14[m³/min], 회전수 1750[rpm]인 펌프가 있다. 다음 각 물음에 답하시오.

(1) 편흡입 1단 펌프의 비속도
(2) 편흡입 2단 펌프의 비속도
(3) 양흡입 1단 펌프의 비속도

풀이&답 (1) 편흡입 1단의 경우

$$N_s = \frac{NQ^{\frac{1}{2}}}{H^{\frac{3}{4}}} = \frac{1750 \times 14^{\frac{1}{2}}}{100^{\frac{3}{4}}} = 207$$

(2) 편흡입 2단의 경우

$$N_s = \frac{NQ^{\frac{1}{2}}}{H^{\frac{3}{4}}} = \frac{1750 \times 14^{\frac{1}{2}}}{\left(\frac{100}{2}\right)^{\frac{3}{4}}} = 348.1$$

(3) 양흡입 1단의 경우

$$N_s = \frac{NQ^{\frac{1}{2}}}{H^{\frac{3}{4}}} = \frac{1750 \times \left(\frac{14}{2}\right)^{\frac{1}{2}}}{100^{\frac{3}{4}}} = 146$$

58 다음 조건을 기준으로 펌프의 단수를 구하시오.

① 펌프의 회전수 : 3,600[rpm]   ② 유량 : 1.228[m³/min]
③ 양정 : 128[m]   ④ 비교회전도 : 230

풀이&답 비속도 $N_s = \dfrac{NQ^{\frac{1}{2}}}{\left(\dfrac{H}{n}\right)^{\frac{3}{4}}}$ 에서 단수에 대하여 정리하면

$$\text{단수 } n = H \times \frac{1}{\left(\dfrac{NQ^{\frac{1}{2}}}{N_s}\right)^{\frac{4}{3}}} = 128 \times \frac{1}{\left(\dfrac{3600 \times 1.228^{\frac{1}{2}}}{230}\right)^{\frac{4}{3}}} = 2.85 = 3\text{단}$$

59 회전속도 3600[rpm], 전양정 120[m]에 대하여 1.2[m³/min]의 수량을 내는 펌프가 필요하다. 비속도가 $N_s = 190 \sim 300[\text{rpm} \cdot \text{m}^3/\text{min} \cdot \text{m}]$의 범위에 속하는 다단 펌프로서 위의 용량을 만족시키기 위해 몇 단의 펌프를 사용해야 하는지 단수를 선정하시오.

풀이&답

(1) 1단의 경우 $N_s = \dfrac{NQ^{\frac{1}{2}}}{H^{\frac{3}{4}}} = \dfrac{3600 \times 1.2^{\frac{1}{2}}}{120^{\frac{3}{4}}} = 108.77$

(2) 2단의 경우 $N_s = \dfrac{NQ^{\frac{1}{2}}}{H^{\frac{3}{4}}} = \dfrac{3600 \times 1.2^{\frac{1}{2}}}{(120/2)^{\frac{3}{4}}} = 182.93$

(3) 3단의 경우 $N_s = \dfrac{NQ^{\frac{1}{2}}}{H^{\frac{3}{4}}} = \dfrac{3600 \times 1.2^{\frac{1}{2}}}{(120/3)^{\frac{3}{4}}} = 247.94$

(4) 4단의 경우 $N_s = \dfrac{NQ^{\frac{1}{2}}}{H^{\frac{3}{4}}} = \dfrac{3600 \times 1.2^{\frac{1}{2}}}{(120/4)^{\frac{3}{4}}} = 307.65$

(5) 비속도의 범위 $N_s = 190 \sim 300$이므로 3단을 선정한다.

60 양정 200[m], 회전수 2500[rpm], 비교회전도 180인 4단 원심펌프의 유량[m³/min]을 계산하시오.

풀이&답

유량 $Q = \left(\dfrac{N_s \times (H/n)^{\frac{3}{4}}}{N} \right)^2 = \left(\dfrac{180 \times (200/4)^{\frac{3}{4}}}{2500} \right)^2 = 1.83[\text{m}^3/\text{min}]$

61 아래 그림을 보고 배관 ⓐ 및 배관 ⓑ부분의 유량과 유속을 계산하시오.
(단, Darcy-weisbach식을 사용하고 마찰손실계수는 0.0026으로 한다.)

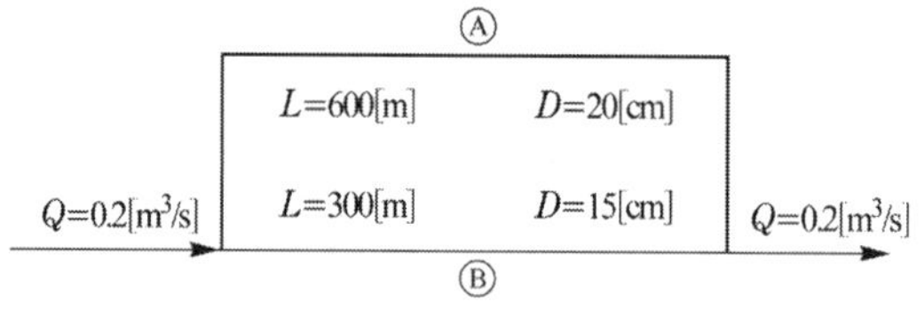

풀이&답

(1) 유속의 계산

① 배관 ⓐ의 마찰손실 $\triangle H_A$와 배관 ⓑ의 마찰손실 $\triangle H_B$는 같으므로

$$\triangle H_A = \triangle H_B$$

$$f \dfrac{\ell_A}{D_A} \times \dfrac{V_A^2}{2g} = f \dfrac{\ell_B}{D_B} \times \dfrac{V_B^2}{2g}$$

$$0.0026 \times \dfrac{600[\text{m}]}{0.2[\text{m}]} \times \dfrac{V_A^2}{2 \times 9.8[\text{m/s}^2]} = 0.0026 \times \dfrac{300[\text{m}]}{0.15[\text{m}]} \times \dfrac{V_B^2}{2 \times 9.8[\text{m/s}^2]}$$

$$V_A = 0.8165 V_B$$

② 유속계산

유량 $Q = Q_A + Q_B = A_A V_A + A_B V_B$

$$0.2[\text{m}^3/\text{s}] = \frac{\pi}{4} \times (0.2[\text{m}])^2 \times 0.8165\,V_B + \frac{\pi}{4} \times (0.15[\text{m}])^2 \times V_B$$

Ⓑ점의 유속 $V_B = 4.62[\text{m/s}]$

Ⓐ점의 유속 $V_A = 0.8165\,V_B = 0.8165 \times 4.62[\text{m/s}] = 3.77[\text{m/s}]$

(2) 유량의 계산

① Ⓐ점 유량 $Q_A = \frac{\pi}{4} \times (0.2[\text{m}])^2 \times 3.77[\text{m/s}] = 0.12[\text{m}^3/\text{s}]$

② Ⓑ점 유량 $Q_B = \frac{\pi}{4} \times (0.15[\text{m/s}])^2 \times 4.62[\text{m/s}] = 0.08[\text{m}^3/\text{s}]$

62 단수가 5인 수평회전축 소화펌프를 운전시키면서 흡입구로 들어가는 물의 수압을 측정하였더니 0.05[MPa]이고 토출측 수압이 1.05[MPa]인 펌프의 몸체 내에 있는 하나의 회전차의 가압송수능력은 얼마인가?

풀이&답 가압송수능력 $c = \dfrac{P_2 - P_1}{\varepsilon} = \dfrac{1.05 - 0.05}{5} = 0.2[\text{MPa}]$

63 압력이 1.38[MPa], 온도가 38[℃]인 공기의 밀도는 몇 [kg/m³]인지 계산하시오. (단, 일반기체상수는 8.314[kJ/kmol·K], 공기의 분자량은 28.97[kg/kmol])

풀이&답 밀도 $\rho = \dfrac{W}{V} = \dfrac{PM}{RT} = \dfrac{1.38 \times 10^6[\text{N/m}^2] \times 28.97[\text{kg/kmol}]}{8.314 \times 10^3[\text{N·m/kmol·K}] \times (273 + 38)[\text{K}]} = 15.46[\text{kg/m}^3]$

64 압력이 90[bar], 15[℃]의 이산화탄소 10[kg]을 넣을 수 있는 저장용기의 체적[m³]을 계산하시오.

[조건] ① 1[bar] = 10^5[Pa]

② 기체상수 $R = 188.89[\text{N·m/kg·K}]$

③ 소수점 3자리에서 반올림하여 2자리까지 답한다.

풀이&답 $V = \dfrac{GRT}{P} = \dfrac{10[\text{kg}] \times 188.89[\text{N·m/kg·K}] \times (273 + 15)[\text{K}]}{90 \times 10^5[\text{N/m}^2]} = 0.06[\text{m}^3]$

65 25[℃], 0.85[atm]에서 산소의 밀도[g/L]는 얼마인가?(단, 산소는 이상기체로 가정한다.)

풀이&답 (1) 산소의 분자량 $M = 16 \times 2 = 32[\text{g/mol}]$

(2) 절대온도 $T = 273 + ℃ = 273 + 25℃ = 298[\text{K}]$

(3) 밀도 $\rho = \dfrac{PM}{RT} = \dfrac{0.85[\text{atm}] \times 32[\text{g/mol}]}{0.082[\text{atm·L/mol·K}] \times 298[\text{K}]} = 1.11[\text{g/L}]$

66 내용적이 1[m³]인 어느 용기 내의 기체압력을 압력계로 측정해보니 0.2[MPa]이었다. 기체를 모두 내용적이 3[m³]인 용기로 옮겼다면 기체의 압력은 압력계로 얼마를 지시하겠는지 산출하시오.(단, 주위온도는 일정하고 대기압은 0.1 [MPa], 기체는 이상기체이다.)

풀이&답

(1) 보일의 법칙을 이용하여 계산

(2) $P_1 V_1 = P_2 V_2$, $P_2 = P_1 \times \dfrac{V_1}{V_2} = (0.2[\text{MPa}] + 0.1[\text{MPa}]) \times \dfrac{1\text{m}^3}{3\text{m}^3} = 0.1[\text{MPa}]$

압력계의 지시압력 : 절대압력 - 대기압력 = 0.1[MPa] - 0.1[MPa] = 0[MPa]

67 어떤 물질의 압력이 1[atm]일 때 부피가 400[L]이고 온도는 30[℃]이었다. 압력을 동일하게 유지하고 온도를 15[℃]로 변화시켰을 경우에 부피[L]를 구하고 처음에 비하여 부피가 몇 배로 되는지를 계산하시오.

풀이&답

(1) 부피의 계산

$\dfrac{V_1}{T_1} = \dfrac{V_2}{T_2}$ (샤를의 법칙을 적용)

$\dfrac{400[\text{L}]}{273 + 30} = \dfrac{V_2}{273 + 15}$, $V_2 = 380.198 = 380.2[\text{L}]$

(2) 부피가 몇 배 : $\dfrac{380.2}{400} = 0.95$배

68 20[℃]에서 5[L]의 용기에 할론 소화약제가 1.2[MPa](절대압력)로 충전되어 있다. 이것을 8[L]의 용기에 옮겨 담으려고 한다면 할론 소화약제의 압력(절대압력)은 얼마로 되겠는지 계산하시오.

풀이&답

(1) 보일의 법칙을 이용하여 계산

(2) $P_1 V_1 = P_2 V_2$, $P_2 = P_1 \times \dfrac{V_1}{V_2} = 1.2[\text{MPa}] \times \dfrac{5[\text{L}]}{8[\text{L}]} = 0.75[\text{MPa}]$

69 물분무소화설비에서 물을 방사 시에 20[℃]의 물 1[mol]이 화점에 분사되어 모두 수증기로 변했다면 그때의 수증기 부피와 팽창비를 아래 조건을 참고하여 계산하시오.

[조건] ① 수증기의 온도는 300[℃], 압력은 대기압

② 20[℃]에서 물 1[g] = 1[cc], 수증기 1[mol]은 22.4[L]

풀이&답

(1) 수증기의 부피

$\dfrac{V_1}{T_1} = \dfrac{V_2}{T_2}$, $V_2 = V_1 \times \dfrac{T_2}{T_1} = 22.4[\text{L}] \times \dfrac{(300 + 273)}{(20 + 273)} = 43.81[\text{L}]$

(2) 팽창비의 계산

① 물의 체적 $H_2O = 1 \times 2 + 16 = 18[\text{g}] = 18[\text{cc}]$

② 팽창비 $= \dfrac{43.81[\text{L}] \times 1,000[\text{cc}]}{18[\text{cc}]} = 2,433,89$

70

1분 동안 물 900[L]를 방사할 경우 끓는 온도까지 가열되는 동안 흡수하는 열의 양은 얼마인지 계산하시오.(단, 호스 내 물의 온도는 18[℃]이다.)

풀이&답

$Q = mC\triangle T = 900[\text{kg}] \times 1[\text{kcal/kg} \cdot ℃] \times (100-18)[℃] = 73,800[\text{kcal}]$

71

15[℃]의 물 1[kg]이 전부 증발하여 100[℃]의 수증기로 되는데 흡수되는 열량[kcal]은 얼마인가?(단, 물의 비열은 1이다)

풀이&답

열량 $Q = mC\triangle T + m\gamma$
$= 1[\text{kg}] \times 1[\text{kcal/kg} \cdot ℃] \times (100-15)[℃] + 1[\text{kg}] \times 539[\text{kcal/kg}] = 624[\text{kcal}]$

보충설명

① 증발잠열 : 539[kcal/kg]
② 융해잠열 : 80[kcal/kg]

72

20[℃]의 물 100[L]을 사용하여 거실의 화재를 진압하였다. 이 때, 물 100[L]이 모두 기화하였다면 기화하는데 필요한 열량[Mcal]은 얼마인지 계산하시오.

풀이&답

열량 $Q = $ 감열 + 잠열
$= mC\triangle T + m\gamma = 100[\text{kg}] \times 1[\text{kcal/kg} \cdot ℃] \times (100-20)[℃] + 100[\text{kg}] \times 539[\text{kcal/kg}]$
$= 61,900[\text{kcal}] = 61.9[\text{Mcal}]$
※ $1[\ell] = 1[\text{kg}]$

73

20[℃]의 물 40[kg]을 사용하여 거실의 화재를 진압하였다. 이 때, 물 40[kg]이 모두 기화하였다면 기화하는데 필요한 열량은 얼마인가?

풀이&답

열량 $Q = $ 감열 + 잠열
$= mC\triangle T + m\gamma = 40[\text{kg}] \times 1[\text{kcal/kg} \cdot ℃] \times (100-20)[℃] + 40[\text{kg}] \times 539[\text{kcal/kg}]$
$= 24,760[\text{kcal}]$

74

20[℃]의 물 50[g]을 100[℃]에서 증발시킬 때 소모되는 열량[kJ]을 계산하시오.
(단, 물의 비열은 4.186[kJ/kg · K], 기화열은 2,256[kJ/kg])

풀이&답

열량 $Q = mC\triangle t + m\gamma$
$Q = 0.05[\text{kg}] \times 4.186[\text{kJ/kg} \cdot \text{K}] \times [(273+100℃) - (273+20℃)][\text{K}] + 0.05[\text{kg}] \times 2256[\text{kJ/kg}]$
$= 129.54[\text{kJ}]$

75 압력수조(내용적이 16[m³]) 내에는 항상 10[m³]의 물이 0.6[MPa]의 압력으로 채워져 있었다. 화재발생으로 이 설비가 작동하여 화재가 진압되었다. 진압즉시 압력수조의 송수배관에 있는 개폐밸브를 잠근 다음 수조의 압력계를 확인해 보니 0.2[MPa]를 지시하였다. 이 수조에서 소모된 물의 양을 계산하시오.(단, 대기압력은 0.1[MPa], 압축공기 공급장치는 화재 시 가동하지 않았다.)

[풀이&답] (1) 조건정리
① P_1 =계기압력+대기압력=0.6[MPa] + 0.1[MPa]=0.7[MPa]
② P_2 =계기압력+대기압력=0.2[MPa] + 0.1[MPa]=0.3[MPa]
③ 공기의 체적 V_1 =내용적 - 물의 체적=16[m³] - 10[m³]=6[m³]
④ 물이 빠져나간 후의 체적 V_2
(2) 소모된 물의 양 계산
① V_2의 계산
$$V_2 = \frac{P_1}{P_2} \times V_1 = \frac{0.7[\text{MPa}]}{0.3[\text{MPa}]} \times 6[\text{m}^3] = 14[\text{m}^3]$$
② 수조에 남아 있는 물의 양=16[m³] - 14[m³]=2[m³]
③ 소모된 물의 양=10[m³] - 2[m³]=8[m³]

76 내용적이 30[m³]인 압력수조에 20[m³]의 물이 0.75[MPa]의 압력으로 유지되었으나 화재로 인하여 소화수가 방사되어 내부압력이 0.35[MPa]로 되었을 때 방사된 물의 양이 얼마인지 구하시오.(단, 대기압은 0.1[MPa], 물은 비압축성 유체로 추가공급은 없는 것으로 가정한다)

[풀이&답] (1) 조건정리
① 방사 전 절대압력 P_1 =대기압 + 게이지압 = 0.1 + 0.75 = 0.85[MPa]
② 방사 후 절대압력 P_2 =대기압 + 게이지압 = 0.1 + 0.35 = 0.45[MPa]
③ 방사전 공기의 체적 V_1 =내용적 - 물의 체적= 30[m³] - 20[m³] = 10[m³]
④ 방사후 공기의 체적 V_2
(2) 보일의 법칙을 이용하여 방사후 공기의 체적 V_2 계산
$$P_1 V_1 = P_2 V_2, \quad V_2 = \frac{P_1 V_1}{P_2} = \frac{0.85[\text{MPa}] \times 10[\text{m}^3]}{0.45[\text{MPa}]} = 18.89[\text{m}^3]$$
(3) 방사된 물의 양
① 수조에 남은 물의 양 = 수조의 내용적 − 방사 후 공기의 체적
$$= 30[\text{m}^3] - 18.89[\text{m}^3] = 11.11[\text{m}^3]$$
② 방사된 물의 양= 20[m³] − 11.11[m³] = 8.89[m³]

77 다음의 표는 소화배관에 사용되는 강관의 기호를 나타낸 것이다. 표의 빈칸에 그 명칭을 쓰시오.

기 호	명 칭	기 호	명 칭
SPP		SPPW	
SPPS		STS	
SPPH		STPW	

기호	명 칭	기호	명 칭
SPP	배관용 탄소강관	SPPW	수도용 아연도금강관
SPPS	압력배관용 탄소강관	STS	스테인레스 강관
SPPH	고압배관용 탄소강관	STPW	수도용 도장강관

78 270[kg]의 이산화탄소를 20[℃]의 표준대기압 상태에서 방호구역의 체적이 250[m³]인 공간에 방출되었을 때 다음 각 물음에 답하시오.

(1) 이산화탄소의 농도[%]

(2) 산소의 농도[%]

풀이&답 (1) 이산화탄소의 농도[%]

① 이산화탄소의 체적

$$V = \frac{WRT}{PM} = \frac{270[kg] \times 0.082[atm \cdot m^3/kmol \cdot K] \times (273+20)K}{1[atm] \times 44[kg/kmol]} = 147.43[m^3]$$

② 이산화탄소의 농도

$$CO_2[\%] = \frac{v}{V+v} \times 100 = \frac{147.43[m^3]}{250[m^3]+147.43[m^3]} \times 100 = 37.095 = 37.1[\%]$$

(2) 산소의 농도[%]

$$CO_2[\%] = \frac{21-O_2}{21} \times 100$$

$$37.1[\%] = \frac{21-O_2}{21} \times 100$$

$$O_2 = 21 - \frac{37.1 \times 21}{100} = 13.209 = 13.21[\%]$$

79 가로 20[m], 세로 15[m], 높이 5[m]인 전기실에 전역방출방식의 이산화탄소소화설비를 설치하려고 한다. 다음 조건을 참고하여 물음에 답하시오.

[조건]

① 대기온도 21[℃]

② CO₂ 방사 후 실내압력은 740[mmHg](절대압력)이고, 실내온도 12[℃]

③ 용기체적 68[L], 충전비 1.7

④ 기체상수 : $R = 0.082[m^3 \cdot atm/kmol \cdot K]$

(1) 방사 후 실내의 O₂의 농도가 13vol% 라면 실내의 이산화탄소 농도는 몇 vol%인가?

(2) 방사된 CO₂의 소비량은 몇 병인가?

풀이&답 (1) 이산화탄소의 농도

$$CO_2 \text{ 농도} = \frac{21-O_2}{21} \times 100 = \frac{21-13}{21} \times 100 = 38.095 = 38.1[\%]$$

(2) 방사된 CO₂의 소비량

① 방출된 CO₂ 가스량[m³]

방호구역의 체적 $V = 20 \times 15 \times 5 = 1,500[m^3]$

$$CO_2[\text{m}^3] = \frac{21 - O_2}{O_2} \times V = \frac{21 - 13}{13} \times 1,500 = 923.0769 = 923.08[\text{m}^3]$$

② CO_2의 양[kg]

이상기체상태방정식 $PV = \dfrac{W}{M}RT$ 에서

$$W = \frac{PVM}{RT} = \frac{1[\text{atm}] \times \dfrac{740[\text{mmHg}]}{760[\text{mmHg}]} \times 923.08[\text{m}^3] \times 44[\text{kg/kmol}]}{0.082[\text{atm} \cdot \text{m}^3/\text{kmol} \cdot \text{K}] \times (273 + 12)[\text{K}]}$$

$$= 1,692.198 = 1,692.2[\text{kg}]$$

③ 저장용기 1병당 충전량 $= \dfrac{\text{저장용기 내용적}}{\text{충전비}} = \dfrac{68[\text{L}]}{1.7} = 40[\text{kg}]$

④ 병수 $= \dfrac{1,692.2}{40} = 42.305 = 43$병

80 이산화탄소소화설비에 대한 다음 각 물음에 답하시오.

(1) 방호구역의 체적이 200[m^3]인 소방대상물에 이산화탄소 소화설비를 설치하였다. 이 설비에서 이산화탄소 85[kg]을 방사하였을 경우 이산화탄소의 농도[%]는 얼마인가?(단, 실내압력은 2[atm](절대압력), 실내온도는 25[℃]이다.)

(2) 소방설비 배관 방식 중 토너먼트 배관 방식을 일반적으로 적용하기 유리한 소화설비의 종류를 4가지 쓰시오.

풀이&답 (1) 이산화탄소의 농도

　　1) 조건정리

　　　　① 방호구역의 체적 $V = 200[\text{m}^3]$

　　　　② 절대압력 $P = 2[\text{atm}]$

　　　　③ 절대온도 $T = 273 + 25 = 298[\text{K}]$

　　　　④ 이산화탄소의 분자량 $M = 44[\text{kg/kmol}]$

　　　　⑤ 이산화탄소의 질량 $W = 85[\text{kg}]$

　　2) 이산화탄소의 체적

$$V = \frac{WRT}{PM} = \frac{85 \times 0.082 \times 298}{2 \times 44} = 23.60[\text{m}^3]$$

　　3) 이산화탄소의 농도

　　　　① $CO_2[\%] = \dfrac{\text{방출가스체적}[\text{m}^3]}{\text{방호구역 체적}[\text{m}^3] + \text{방출가스체적}[\text{m}^3]} \times 100$

　　　　② $CO_2[\%] = \dfrac{23.60}{200 + 23.60} \times 100 = 10.55[\%]$

(2) 토너먼트 배관 4가지

　　① 이산화탄소소화설비　　　　　　　　② 할론소화설비

　　③ 할로겐화합물 및 불활성기체 소화설비　　④ 분말소화설비

　　⑤ 압축공기포소화설비

81 체적이 500[m^3]인 방호구역에 전역방출방식으로 CO_2를 방사하였을 때 다음 조건을 참조하여 각 물음에 답하시오.

[조건]

① 실내온도는 15[℃], 대기 중 온도는 21[℃] 이다.

② CO_2 방사 후 실내의 O_2 농도는 13[%]이고, 대기 중의 O_2 농도는 21[%] 이다.

③ 실내 압력은 1215.9[hPa](절대압력)이고, 대기 중 압력은 101.325[kPa] 이다.

(1) 하나의 소방대상물에 2이상의 방호구역 또는 방호대상물에서 이산화탄소 저장용기를 공용하는 경우에는 선택밸브를 설치하여야 한다. 선택밸브 설치 시 유의사항 2가지를 쓰시오.

(2) 방사된 CO_2의 양은 몇 [kg]인가?

(3) 방호구역내의 CO_2 농도는 얼마인가?

풀이&답 (1) 선택밸브 설치기준

① 방호구역 또는 방호대상물마다 설치할 것

② 각 선택밸브에는 그 담당구역 또는 방호대상물을 표시할 것

(2) 방사된 CO_2의 양

① 압력단위 변환 $P = 1,215.9 \times 10^2[\text{Pa}] \times \dfrac{1[\text{atm}]}{101,325[\text{Pa}]} = 1.2[\text{atm}]$

② CO_2 분자량 $M = 44[\text{kg/kmol}]$

③ 절대온도 $T = 273 + 15 = 288[\text{K}]$

④ 가스의 체적 $V = \dfrac{21 - O_2}{O_2} \times$ 방호구역체적$[\text{m}^3] = \dfrac{21 - 13}{13} \times 500 = 307.692[\text{m}^3]$

⑤ 이상기체상태방정식 $PV = \dfrac{W}{M}RT$에서

$$W = \dfrac{PVM}{RT} = \dfrac{1.2[\text{atm}] \times 307.692[\text{m}^3] \times 44[\text{kg}]}{0.082[\text{atm} \cdot \text{m}^3/\text{kmol} \cdot \text{K}] \times 288[\text{K}]} = 687.929 = 687.93[\text{kg}]$$

(3) CO_2 농도

$$CO_2[\%] = \dfrac{21 - O_2}{21} \times 100 = \dfrac{21 - 13}{21} \times 100 = 38.095 = 38.1[\%]$$

82 25[℃]에서 내용적 68[L] 용기 내에 IG-541 소화가스 10[kg]을 충전한다면 이 용기에서의 가스(게이지)압력[MPa]은 얼마인가?(단, 질소 52[%], 아르곤 40[%], 이산화탄소 8[%]이고, 각 성분기체는 이상기체의 성질을 따른다고 가정하며, 절대 0도는 -273.16[℃] 이다.)

풀이&답 (1) 조건

① V : 68[L]

② W : 10[kg] = 10,000[g]

③ M : $28 \times 0.52 + 40 \times 0.4 + 44 \times 0.08 = 34.08[\text{g/mol}]$

④ R : 0.082[atm·L/mol·K]

⑤ T : 25 + 273.16 = 298.16[K]

(2) 압력의 계산

① $P = \dfrac{WRT}{VM} = \dfrac{10000 \times 0.082 \times 298.16}{68 \times 34.08} = 105.5[\text{atm}]$(절대압력)

② 게이지 압력 = 절대압력 - 대기압 = 105.5 - 1 = 104.5[atm]

③ $104.5[\text{atm}] \times \dfrac{0.101325[\text{MPa}]}{1[\text{atm}]} = 10.588 = 10.59[\text{MPa}]$

83 액화 이산화탄소가 20[℃]의 표준대기압 상태에서 방호구역체적 500[m³]인 공간에 방출되었을 때 이산화탄소의 농도와 체적 및 양[kg]을 구하시오.(단, 산소의 농도는 10[%]이다.)

풀이&답

(1) 이산화탄소의 농도 $= \dfrac{21-O_2}{21} \times 100 = \dfrac{21-10}{21} \times 100 = 52.38[\%]$

(2) 이산화탄소의 체적 $= \dfrac{21-O_2}{O_2} \times V = \dfrac{21-10}{10} \times 500[m^3] = 550[m^3]$

(3) 이산화탄소의 양

$PV = \dfrac{W}{M}RT$ 에서

$W = \dfrac{PVM}{RT} = \dfrac{1[atm] \times 550[m^3] \times 44[kg/kmol]}{0.082[atm \cdot m^3/kmol \cdot K] \times (273+20)[K]} = 1,007.242 = 1,007.24[kg]$

84 수격현상의 개념, 발생원인 및 방지대책에 대하여 설명하시오.

풀이&답

(1) 개념

배관 속을 흐르고 있는 액체의 속도를 급격하게 변화시켰을 때 액체에는 심한 압력변화가 생기는데 이 현상을 수격현상이라 한다.

(2) 발생원인

① 펌프에서 물을 압송하고 있을 때 정전 등으로 급히 펌프가 멈춘 경우

② 유량조절밸브를 급히 개폐한 경우

(3) 방지대책

① 관내의 유속을 작게 한다.

② 관의 직경을 크게 한다.

③ 펌프에 플라이휠(Fly wheel)을 설치한다.

④ 조압수조(Surge tank)를 배관의 선단에 설치한다.

⑤ 수격방지기(Water hammering cution : WHC)를 설치한다.

⑥ 밸브는 송출구 가까이에 설치하고 밸브를 적당히 제어한다.

85 맥동현상(서징)의 개념, 발생원인 및 방지대책에 대하여 설명하시오.

풀이&답

(1) 개념

펌프를 운전하였을 때에 주기적으로 운동·양정·토출량이 규칙 바르게 변하는 현상으로 서징현상이라고도 하며, 펌프 및 송풍기에서 발생한다.

(2) 발생원인

① 펌프의 양정유량(H-Q)곡선이 산고모양으로 곡선의 상승부에서 운전하는 경우

② 배관 중에 수조가 존재하는 경우 또는 공기고임 부분이 있는 경우

③ 유량조절밸브가 수조의 후단에 있을 때

(3) 방지대책

① 펌프의 양정유량(H-Q) 곡선이 우하향 특성을 가진 펌프를 선정한다.

② 유량조절 밸브는 펌프의 토출측 직후에 설치

③ 배관 도중에 불필요한 수조를 제거한다.

④ 배관 내 기체를 제거한다.

System에 미치는 영향
(1) 압력계의 눈금이 어떤 주기를 가지고 큰 진폭으로 흔들린다.
(2) 토출량은 일정한 주기를 가지고 변동한다.
(3) 흡입 및 토출배관에 주기적인 진동과 소음이 발생한다.

86 다음 그림과 같은 벤투리관을 설치하여 관로를 유동하는 물의 유속을 측정하고자 한다. 액주계에는 비중 13.6인 수은이 들어 있고 액주계에서 수은의 높이차가 500[mm]일 때 흐르는 물의 속도는 몇 [m/s]인가?(단, 피토정압관의 속도계수는 0.99이며, 직경 300[mm]관과 직경 150[mm]관의 위치수두는 동일하다. 또한 중력가속도는 9.81[m/s²]이다.)

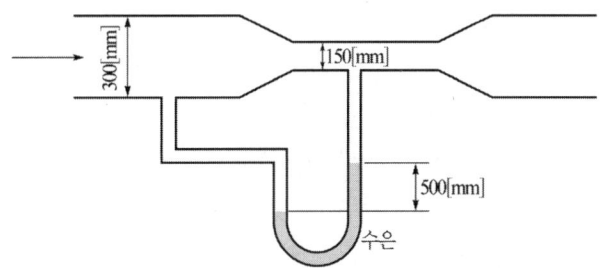

풀이&답 (1) 유속의 계산

$$V = C_v \sqrt{2g\left(\frac{\gamma_1 - \gamma_2}{\gamma_2}\right)R}$$

C_v : 속도계수, γ_1 : 수은의 비중량[kgf/m³]
γ_2 : 물의 비중량[kgf/m³], R : 마노미터의 높이차[m]

(2) 유속 $V = 0.99 \times \sqrt{2 \times 9.81[\text{m/s}^2] \times \left(\frac{13.6-1}{1}\right) \times 0.5[\text{m}]} = 11[\text{m/s}]$

 벤투리관일 경우(피토정압관이 아닌 경우)

유속 $V = C_v \times \dfrac{1}{\sqrt{1-\left(\dfrac{A_2}{A_1}\right)^2}} \times \sqrt{2g\left(\dfrac{\gamma_1 - \gamma_2}{\gamma_2}\right)R}$

$\quad = C_v \times \dfrac{1}{\sqrt{1-\left(\dfrac{D_2}{D_1}\right)^4}} \times \sqrt{2g\left(\dfrac{\gamma_1 - \gamma_2}{\gamma_2}\right)R}$

$\quad$ (왜냐하면, $\left(\dfrac{A_2}{A_1}\right)^2 = \left(\dfrac{\frac{\pi}{4} \times D_2^2}{\frac{\pi}{4} \times D_1^2}\right)^2 = \left(\dfrac{D_2}{D_1}\right)^4$)

$\quad = 0.99 \times \dfrac{1}{\sqrt{1-\left(\dfrac{0.15}{0.3}\right)^4}} \times \sqrt{2 \times 9.81 \times \left(\dfrac{13.6-1}{1}\right) \times 0.5}$

$\quad = 11.37[\text{m/s}]$

87 A의 유량이 50[L/s]이고, C관의 마찰손실은 2[m]이며, B의 유량이 19[L/s]일 때, C의 유량[L/min]과 직경[mm]을 구하시오.(단, 하젠-윌리암스의 식을 적용하고 C(조도계수)는 200이다.)

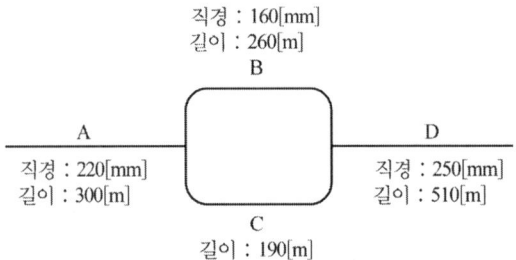

풀이&답

(1) C의 유량

C의 유량 = A의 유량 - B의 유량

$$= 50[\text{L/s}] - 19[\text{L/s}] = 31[\text{L/s}] = 31 \times 60[\text{L/min}] = 1{,}860[\text{L/min}]$$

(2) C의 직경

① $\triangle P_m = 6.174 \times 10^4 \times \dfrac{Q^{1.85}}{C^{1.85} \times D^{4.87}} \times L$

$\triangle P_m$: 압력손실[MPa], $\quad Q$: 배관의 유량[L/min]

L : 배관의 길이[m], $\quad C$: 조도계수

② C의 직경

$$D = \sqrt[4.87]{6.174 \times 10^4 \times \dfrac{Q^{1.85}}{C^{1.85} \times \triangle P_m} \times L}$$

$$= \sqrt[4.87]{6.174 \times 10^4 \times \dfrac{(1{,}860[\text{L/min}])^{1.85}}{200^{1.85} \times 2[\text{m}] \times \dfrac{0.101325[\text{MPa}]}{10.332[\text{m}]}} \times 190[\text{m}]}$$

$$= 147.95[\text{mm}]$$

88 소화펌프 시스템에서 기동용 수압개폐장치를 이용한 기동 및 정지 압력 을 설정하고자 한다. 다음과 같은 조건일 때 각 펌프별로 기동 및 정지 설정압력을 NFPA 20에서 제시된 기준에 의하여 결정하시오.

① 펌프사양 : 용량(1,000gpm), 정격압력(90psi), 체절압력(115psi)

② 흡입측 압력 : 최소(5psi), 최대(8psi) (단, 펌프는 충압펌프 1대, 주펌프 2대(연차기동) 설치기준임)

풀이&답

① 충압펌프 정지점 : 115 + 5 = 120[psi]

② 충압펌프 기동점 : 120 - 10 = 110[psi]

③ 주 펌프 기동점 : 110 - 5 = 105[psi]

④ 예비펌프 기동점 : 105 - 10 = 95[psi]

⑤ 소화펌프 정지점 : 수동정지

NFPA 20에서 제시된 기준
① 충압펌프 정지점은 펌프의 체절압력에 최소 급수정압을 더한 것과 같다.
② 충압펌프 기동점은 충압펌프의 정지점보다 적어도 10psi 이상 낮아야 한다.
③ 주펌프 기동점은 충압펌프의 기동점보다 적어도 5psi 이상 낮아야 한다.
④ 펌프가 추가될 경우에는 각 펌프당 10psi를 추가한다.
⑤ 최소 운전시간이 정해진 펌프의 경우는 해당압력에 도달한 후에도 계속하여 작동하여야 한다.
   최종압력은 설비의 허용압력을 초과하지 않도록 해야 한다.

89 아래의 조건을 활용하여 NFPA에서 규정하고 있는 압력설정방법에 따라서 스프링클러 설비의 충압펌프의 정지점, 충압펌프의 기동점, 주펌프의 기동점 및 예비펌프의 기동점을 설정하시오.

[조건]　① 주펌프의 체절압력 : 135[psi]
　　　　② 주펌프의 정격양정 : 120[psi]
　　　　③ 최대정수압력 : 10[psi]
　　　　④ 최소정수압력 : 5[psi]
　　　　⑤ 주펌프의 정격 토출량 : 2,400[L/min], 충압펌프의 정격 토출량 : 60[L/min]

풀이&답
(1) 충압펌프의 정지점 = 체절압력+최소 정수압 = 135[psi]+5[psi] = 140[psi]
(2) 충압펌프의 기동점 = 충압펌프의 정지점−10[psi] = 140[psi]−10[psi] = 130[psi]
(3) 주펌프의 기동점 = 충압펌프의 기동점−5[psi] = 130[psi]−5[psi] = 125[psi]
(4) 예비펌프의 기동점 = 주펌프의 기동점−10[psi] = 125[psi]−10[psi] = 115[psi]

90 아래 그림과 같은 이중 원형관의 수력반경을 계산하시오.

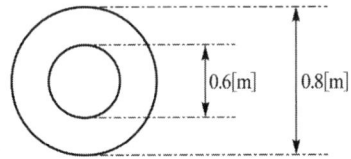

0.6[m]　0.8[m]

풀이&답 수력반경
$$R_h = \frac{A}{\ell} = \frac{1}{4}(D-d) = \frac{1}{4}(0.8[\text{m}]-0.6[\text{m}]) = 0.05[\text{m}]$$

91 배관의 길이 1,000[m], 배관의 내경 100[mm], 레이놀즈수 2,000, 유속 3[m/s]인 배관의 조도계수를 계산하시오. (단, 배관의 압력손실은 Darcy−weisbach식을 적용하고 조도계수는 Hazen−williams 식을 적용한다.)

풀이&답 (1) 배관의 압력손실

① 관 마찰계수 $f = \dfrac{64}{R_e} = \dfrac{64}{2,000} = 0.032$

② 압력손실 $\triangle H = \dfrac{f\ell V^2}{2gD} = \dfrac{0.032 \times 1,000[\text{m}] \times (3[\text{m/s}])^2}{2 \times 9.8[\text{m/s}^2] \times 0.1[\text{m}]} = 146.938 = 146.94[\text{m}]$

(2) 조도계수

① 유량 $Q = AV = \dfrac{\pi}{4} \times (0.1[\text{m}])^2 \times 3[\text{m/s}] = 0.02356[\text{m}^3/\text{s}] \times (1,000 \times 60) = 1,413.6[\text{L/min}]$

② 압력손실 단위변환

$146.94[\text{m}] \times \dfrac{0.101325[\text{MPa}]}{10.332[\text{m}]} = 1.441[\text{MPa}]$

③ 조도계수

$\Delta P = 6.174 \times 10^4 \times \dfrac{Q^{1.85}}{C^{1.85} \times D^{4.87}} \times L$ 에서 조도계수에 대하여 정리하면

$C^{1.85} = 6.174 \times 10^4 \times \dfrac{Q^{1.85}}{\Delta P \times D^{4.87}} \times L$

$C^{1.85} = 6.174 \times 10^4 \times \dfrac{(1,413.6[\text{L/min}])^{1.85}}{1.441 \times (100[\text{mm}])^{4.87}} \times 1,000[\text{m}] = 5,248.156$

$C = (5,248.156)^{\frac{1}{1.85}} = 102.52$

92 양흡입 원심펌프 및 배관의 규격이 다음과 같을 때 물음에 답하시오.

[조건]

① Q : 5.6[m³/min], H : 70[m], N : 1,750[rpm], 흡입높이 : 3.9[m]

② 흡입손실수두 : 0.91[m], 수온 : 20[℃](포화증기압 −0.0024[MPa])

③ 펌프흡입고도 : 0[m], 대기압 : 0.10344[MPa]

④ 흡입비속도 S : 1,300 이다.

⑤ Thoma의 계수는 0.04 이다.

⑥ 0.1[MPa] = 10[m]

(1) 비속도

(2) 유효흡입수두($NPSH_{av}$)

(3) 필요흡입수두($NPSH_{re}$)

(4) 공동현상(캐비테이션) 발생여부 판단

풀이&답 (1) 비속도

토출량이 5.6[m³/min]이므로 양흡입의 경우 2.8[m³/min]로 계산

비속도 $N_s = \dfrac{NQ^{\frac{1}{2}}}{(H)^{\frac{3}{4}}} = \dfrac{1,750 \times 2.8^{\frac{1}{2}}}{(70)^{\frac{3}{4}}} = 121[\text{m}^3/\text{min} \cdot \text{rpm/m}]$

(2) 유효흡입수두
   ① 조건
   $$H_a = 0.10344[\text{MPa}] = 10.344[\text{m}]$$
   $$H_h = 3.9[\text{m}]$$
   $$H_f = 0.91[\text{m}]$$
   $$H_v = 0.0024[\text{MPa}] = 0.24[\text{m}]$$
   ② 유효흡입수두
   $$NPSH_{av} = H_a - (H_h + H_f + H_v) = 10.344 - (3.9 + 0.91 + 0.24) = 5.294[\text{m}]$$
(3) 필요흡입수두
   $$NPSH_{re} = \sigma H = 0.04 \times 70 = 2.8[\text{m}]$$
   (σ : 토마계수, H : 전양정[m])
(4) 공동현상(캐비테이션) 발생여부 판단
   1) 캐비테이션 판단기준
      ① $NPSH_{av} > NPSH_{re}$: 발생하지 않는다.
      ② $NPSH_{av} = NPSH_{re}$: 발생한계
      ③ $NPSH_{av} < NPSH_{re}$: 발생한다.
      ④ $NPSH_{av} > NPSH_{re} \times 1.3$: 설계시 적용
   2) 발생여부 판단
      ① 이론상 적용 : $5.294(NPSH_{av}) > 2.8(NPSH_{re})$이 되어 Cavitation이 발생하지 않는다.
      ② 설계시 적용 : 유효흡입수두를 $2.8[\text{m}] \times 1.3 = 3.64[\text{m}]$ 이상으로 하여야 한다.
      ③ 발생여부 판단 : 캐비테이션은 발생하지 않는다.

93 다음은 배관 부속품 및 밸브의 종류를 나타낸 것이다. 조건에서 제시하는 명칭을 이용하여 괄호 안의 번호 ①~⑧에 알맞은 답을 답안지에 쓰시오.

> [조건] 배관 부속품 및 밸브의 종류
> 스트레이너, 엘보(Elbow), 리듀셔, 앵글밸브, 릴리프밸브, 개폐표시형 밸브, 플랜지 이음, 유량조절밸브, 앵글밸브

[물음]

물 음	명칭
관경이 서로 다른 배관과 배관을 접속하는데 사용하는 관 이음쇠	①
유체 속에 포함된 불순물을 제거하여 이물질이 유입하는 것을 방지	②
펌프 성능시험배관의 유량측정장치 후단에 설치하는 밸브	③
밸브의 개폐상태 여부를 쉽게 눈으로 판별하기 위한 밸브	④
펌프의 순환배관 상에 설치되는 밸브로 펌프의 체절압력미만에서 개방되는 밸브	⑤
배관 연결 부분에 가스킷(gasket)을 삽입하고 볼트로 체결하는 관이음 방법	⑥
배관 속을 흐르는 유체의 방향을 45도 또는 90도로 변경할 때 사용하는 배관 이음쇠	⑦
유체의 흐름방향을 직각으로 바꿀 경우에 사용하는 밸브	⑧

풀이&답
① 리듀셔
② 스트레이너
③ 유량조절밸브
④ 개폐표시형밸브
⑤ 릴리프밸브
⑥ 플랜지 이음
⑦ 엘보
⑧ 앵글밸브

94 내경이 150[mm]인 배관에 50톤(ton)의 물을 90분 동안 350[m] 떨어진 곳으로 송수할 때 다음 각 물음에 답하시오.(4점)

(1) 유속(m/s)을 계산하시오.(단, 소수점 4자리에서 반올림하여 3자리까지 답한다)(2점)

풀이&답
질량유량 $m = \dfrac{50 \times 10^3 [\text{kg}]}{1.5 [\text{h}] \times 3600 [\text{s/h}]} = 9.259259 = 9.259 [\text{kg/s}]$

유속 $V = \dfrac{m}{\rho A} = \dfrac{9.259 [\text{kg/s}]}{1000 [\text{kg/m}^3] \times \dfrac{\pi}{4} \times (0.15 [\text{m}])^2} = 0.52395 = 0.524 [\text{m/s}]$

(2) 필요한 압력(kPa)(단, 단위환산 시 표준대기압을 적용하며, 마찰손실계수는 0.030이다.)(2점)

풀이&답
$H = \dfrac{fl V^2}{2gD} = \dfrac{0.03 \times 350 [\text{m}] \times (0.524 [\text{m/s}])^2}{2 \times 9.8 [\text{m/s}^2] \times 0.15 [\text{m}]} = 0.98 [\text{m}]$

$0.98 [\text{m}] \times \dfrac{101.325 [\text{kPa}]}{10.332 [\text{m}]} = 9.61 [\text{kPa}]$

95 Hagen-Poiseulle 법칙과 Darcy-Weisbach 방정식을 이용하여 관 마찰계수 $f = \dfrac{64}{R_e}$ 임을 유도하시오.(단, R_e는 레이놀즈(Reynolds) 수이다.)

풀이&답
1. Hagen-Poiseuille 법칙

$$\triangle H = \dfrac{128 \mu \ell Q}{\gamma \pi D^4} \rightarrow ① \text{ 식}$$

여기서, μ : 점성계수[kg/m·s], ℓ : 길이[m], Q : 유량[m³/s],
γ : 비중량[N/m³], D : 지름(직경)[m]

2. Darcy-Weisbach 방정식

$$\triangle H = \dfrac{f\ell V^2}{2gD} \rightarrow ② \text{ 식}$$

여기서, f : 관 마찰계수, ℓ : 길이[m], V : 유속[m/s],
g : 중력가속도[9.8m/s²], D : 지름(직경)[m]

3. ①식 = ②식

$$\triangle H = \frac{128\mu\ell Q}{\gamma\pi D^4} = \frac{f\ell V^2}{2gD}$$

관 마찰계수 $f = \frac{128\mu\ell Q}{\gamma\pi D^4} \times \frac{2gD}{\ell V^2} \rightarrow$ ③식

비중량 $\gamma = \rho g$, 유량 $Q = AV = \frac{\pi}{4}D^2 \times V$ 이므로 ③식에 대입하면

$$f = \frac{128\mu\ell \times \frac{\pi}{4}D^2 V}{\rho g\pi D^4} \times \frac{2gD}{\ell V^2} = \frac{64\mu}{\rho DV} = \frac{64}{\frac{DV\rho}{\mu}} = \frac{64}{R_e}$$

보충설명

레이놀즈 수

$$R_e = \frac{DV\rho}{\mu} = \frac{DV}{\nu}$$

여기서, D : 지름(직경)[m], V : 유속[m/s], ρ : 밀도[kg/m³],
μ : 점성계수[kg/m·s], ν : 동점성계수[m²/s]

02 소방전기 일반

01 수위실에서 400[m] 떨어진 지하 1층, 지상 6층, 연면적 5,000[m²]의 공장에 자동화재탐지설비를 설치하였는데 경종, 표시등이 각 층에 2회로(전체 14회로)일 때 다음 물음에 답하시오.(단, 표시등 30[mA/개], 경종 50[mA/개]를 소모하고, 전선은 HFIX 2.5[mm²]를 사용한다.

(1) 표시등의 총 소모전류[A]는?

(2) 지상 1층에서 발화되었을 때 경종의 소모전류[A]는?

(3) 지상 1층에서 발화되었을 때 수위실과 공장 간의 전압강하는?

[풀이&답] (1) 30[mA] × 14 회로 = 420[mA] = 0.42[A]

(2) 50[mA] × 2회로 × 7개층 경보 = 700[mA] = 0.7[A] (일제경보방식이므로)

(3) 전압강하

$$e = \frac{35.6 \times 400 \times (0.42 + 0.7)}{1000 \times 2.5} = 6.379 = 6.38[\text{V}]$$

02 수신기와 지구경종과의 거리가 20[m]인 공장 건물에서 화재가 발생하여 지구경종 5개를 동시에 명동시킬 때 선로에서의 전압강하는 몇 [V]가 되는가? (단, 경종 1개의 전류용량은 50[mA]이며, 선로의 전선 굵기는 2.5[mm²] 이다)

[풀이&답] 전압강하 $e = \dfrac{35.6LI}{1,000A} = \dfrac{35.6 \times 20[\text{m}] \times (50 \times 10^{-3}[\text{A}] \times 5[\text{개}])}{1,000 \times 2.5} = 0.07[\text{V}]$

($1[\text{mA}] = 10^{-3}[\text{A}]$의 관계에 있다.)

03 아래의 조건을 활용하여 전선의 단면적을 선정하시오.(단, KS IEC 규격으로 답한다.)

[조건] ① 수신기 : P형 25회로, 24[V]

② 전압강하 : 20[%]

③ 수신기와 선로사이의 길이는 500[m]

④ 벨의 소요전류 : 0.06[A]

⑤ 표시등의 소요전류 : 0.05[A]

[풀이&답] (1) 부하전류 $I = (0.06 + 0.05) \times 25[\text{회로}] = 2.75[\text{A}]$

(2) 단면적 $A = \dfrac{35.6LI}{1000e} = \dfrac{35.6 \times 500[\text{m}] \times 2.75[\text{A}]}{1000 \times 24[\text{V}] \times 0.2} = 10.197 = 10.2[\text{mm}^2]$

(3) 공칭단면적으로 선정하여야 하므로 16[mm²]

보충설명

공칭단면적

0.75[mm²], 1.5[mm²], 2.5[mm²], 4[mm²], 6[mm²], 10[mm²], 16[mm²], 25[mm²], 35[mm²], 50[mm²], 70[mm²], 95[mm²], 120[mm²], …

04 직류 2선식의 전압 강하 계산식 $e = \dfrac{0.0356LI}{S}$[V]를 유도하시오.

(단, L[m] : 전선의 길이, I[A] : 소요전류, S[mm²] : 전선의 단면적)

풀이&답 (1) 관계이론

① 옴의 법칙

전압 $V = I \times R$[V],   저항 $R = \rho \times \dfrac{L}{S}$[Ω]

ρ : 고유저항[Ω·m], S : 단면적[m²], L : 길이[m]

② 표준연동선의 고유 저항값 $\rho = \dfrac{1}{58}$[Ω·mm²/m]

③ 표준연동선의 도전율 97[%]를 적용

$\rho = \dfrac{1}{58 \times 0.97} = 0.0178$[Ω·mm²/m]

(2) 전압강하식의 유도

① 전압강하 $e = 2 \times I \times R = 2 \times I \times \rho \times \dfrac{L}{S}$

② $e = 2 \times I \times 0.0178 \times \dfrac{L}{S} = \dfrac{0.0356LI}{S}$[V]

05 수신기에서 200[m] 떨어진 거리에 정격출력 20[W], 100[V]인 경종 6개를 설치하고자
한다. 전선의 굵기[mm²]를 얼마 이상으로 하여야 하는지 공칭단면적으로 답하시오.
(단, 배선방식은 단상 2선식, 전압강하는 2[%]를 적용)

풀이&답 $A = \dfrac{35.6LI}{1000e} = \dfrac{35.6 \times 200[\text{m}] \times (20[\text{W}] \times 6[\text{개}]/100[\text{V}])}{1000 \times 100[\text{V}] \times 0.02} = 4.27$[mm²]

공칭단면적 6[mm²] 선정

공칭단면적
0.75[mm²], 1.5[mm²], 2.5[mm²], 4[mm²], 6[mm²], 10[mm²], 16[mm²], 25[mm²], 35[mm²], 50[mm²],
70[mm²], 95[mm²], 120[mm²], …

06 수신기로부터 110[m]의 위치에 아래의 조건으로 사이렌이 접속된 경우 사이렌이 작동할
때 사이렌의 단자전압을 구하시오.(단, 전압변동에 의한 부하전류의 변동은 무시한다)

[조건] ① 수신기는 정전압 출력으로 24[V]로 한다.

② 전선은 2.5[mm²]의 HFIX 전선을 사용한다.

③ 사이렌의 정격출력은 48[W]로 한다.

④ 전선 HFIX 2.5[mm²]의 전기저항은 8.75[Ω/km]로 한다.

풀이&답 (1) 관계이론

① 전압강하 $e = \dfrac{35.6LI}{1000A}$

여기서, L : 전선의 길이[m], I : 부하의 최대 사용전류[A]

A : 전선의 단면적[mm²]

② 전압강하 $e = V_s - V_r = 2 \times IR$[V]

　여기서, V_s : 전원전압[V], V_r : 단자전압[V]

(2) 전압강하의 계산

　① 사이렌 정격전류 $I = \dfrac{P}{V} = \dfrac{48}{24} = 2$[A]

　② 선로저항 $R = 8.75 \times \dfrac{110[\text{m}]}{1,000[\text{m}]} = 0.9625[\Omega]$

　③ 선로의 전압강하 $e = 2IR = 2 \times 2.0 \times 0.9625 = 3.85$[V]

　④ 단자전압 $V_r = 24 - 3.85 = 20.15$[V]

보충설명

전압변동에 의한 부하전류의 변동을 고려하는 경우

① 선로저항 $R_1 = 8.75 \times \dfrac{110[\text{m}]}{1,000[\text{m}]} \times 2$가닥 $= 1.925 = 1.93[\Omega]$

② 사이렌의 저항 $R_2 = \dfrac{V^2}{P} = \dfrac{24^2}{48} = 12[\Omega]$

③ 사이렌의 단자전압

$$V_2 = \frac{R_2}{R_1 + R_2} \times V = \frac{12}{1.93 + 12} \times 24 = 20.674 = 20.68[\text{V}]$$

---

07 3상 3선식 380[V], 부하전력이 100[kW] 역률 85[%], 배선의 길이는 200[m]이며 전압강하를 8[V]까지 허용한다면 배선의 굵기를 계산하시오. (단, 계산과정 및 답안작성에서 소수발생시 소수점 3자리에서 반올림하여 2자리까지 적용할 것)

풀이&답

① 전류 $I = \dfrac{P}{\sqrt{3}\,V\cos\theta} = \dfrac{100 \times 10^3}{\sqrt{3} \times 380 \times 0.85} = 178.746 = 178.75$[A]

② $A = \dfrac{30.8LI}{1000e} = \dfrac{30.8 \times 200[\text{m}] \times 178.75[\text{A}]}{1000 \times 8[\text{V}]} = 137.64[\text{mm}^2]$

---

08 자동화재탐지설비의 발신기에서 표시등=40[mA/1개], 경종=50[mA/1개]로 1회로 당 90[mA]의 전류가 소모될 경우 지하 1층, 지상 5층의 각층별 2회로씩 총 12회로인 공장에서 P형 수신반 최말단 발신기까지 500[m] 떨어진 경우 다음 물음에 답하시오.

(1) 표시등 및 경종의 최대소요전류와 총전류는 얼마인가?

　① 표시등의 최대소요전류 :

　② 경종의 최대소요전류 :

　③ 총 소요전류 :

(2) 2.5[mm²]의 전선을 사용한 경우 최대전압강하는 얼마인지 계산하시오.

(3) (2)의 계산에 의한 경종의 동작여부는 어떻게 되는지 설명하시오.

풀이&답 (1) 표시등 및 경종의 최대소요전류와 총전류
    ① 표시등의 최대소요전류 : 40[mA] × 12[회로] = 480[mA] = 0.48[A]
    ② 경종의 최대소요전류 : 50[mA] × 2[회로] × 6[개층] = 600mA = 0.6[A]
    ③ 총 소요전류 : 0.48 + 0.6 = 1.08[A]
(2) 최대 전압강하의 계산
    ① 거리 $L = 500$[m]
    ② 총 소요전류 $I = 1.08$[A]
    ③ 전압강하

$$e = \frac{35.6LI}{1000A} = \frac{35.6 \times 500 \times 1.08}{1000 \times 2.5} = 7.6896 = 7.69\text{[V]}$$

(3) 경종의 작동여부
    ① 음향장치는 정격전압의 80[%] 전압에서 음향을 발할 수 있어야 하므로
      경종의 동작전압은 24[V] × 0.8 = 19.2[V] 이상이어야 한다.
    ② 최말단 경종에 걸리는 전압 : 24[V] − 7.69[V]=16.31[V]
    ③ 작동여부 판정 : 경종에 걸리는 전압이 19.2[V]보다 낮아 작동이 불가능하다.

09 수신기에서 소비전류가 200[mA]인 시각경보장치를 다음과 같은 거리로 배치할 때 다음 각 물음에 답하시오.(단, 수신기의 정격전압은 DC 24[V]이며 전선의 단면적은 2[mm²]이다. 접속저항등 기타 조건은 무시한다.)

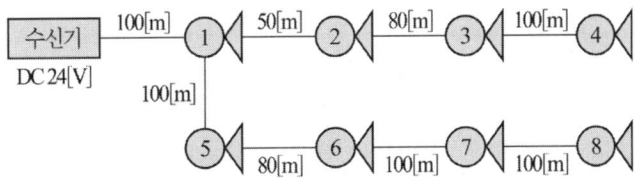

(1) 시각경보기 1~8에서의 전압강하를 계산하시오.(단, 소수점 셋째자리에서 반올림하여 둘째자리까지만 답하시오.)
(2) 시각경보기 1~8에서의 화재안전기준에서 허용하는 전압강하의 적합여부를 판단하시오.

풀이&답 (1) 전압강하의 계산

시각경보기	전압강하
시각경보기 1	$e = \dfrac{35.6LI}{1000A} = \dfrac{35.6 \times 100 \times (200 \times 10^{-3} \times 8)}{1000 \times 2} = 2.848 = 2.85\text{[V]}$
시각경보기 2	$e = \dfrac{35.6LI}{1000A} = \dfrac{35.6 \times 50 \times (200 \times 10^{-3} \times 3)}{1000 \times 2} = 0.534 = 0.53\text{[V]}$
시각경보기 3	$e = \dfrac{35.6LI}{1000A} = \dfrac{35.6 \times 80 \times (200 \times 10^{-3} \times 2)}{1000 \times 2} = 0.5693 = 0.57\text{[V]}$

시각경보기	전압강하
시각경보기 4	$e = \dfrac{35.6LI}{1000A} = \dfrac{35.6 \times 100 \times (200 \times 10^{-3} \times 1)}{1000 \times 2} = 0356 = 0.36[\text{V}]$
시각경보기 5	$e = \dfrac{35.6LI}{1000A} = \dfrac{35.6 \times 100 \times (200 \times 10^{-3} \times 4)}{1000 \times 2} = 1.424 = 1.42[\text{V}]$
시각경보기 6	$e = \dfrac{35.6LI}{1000A} = \dfrac{35.6 \times 80 \times (200 \times 10^{-3} \times 3)}{1000 \times 2} = 0.8544 = 0.85[\text{V}]$
시각경보기 7	$e = \dfrac{35.6LI}{1000A} = \dfrac{35.6 \times 100 \times (200 \times 10^{-3} \times 2)}{1000 \times 2} = 0.712 = 0.71[\text{V}]$
시각경보기 8	$e = \dfrac{35.6LI}{1000A} = \dfrac{35.6 \times 100 \times (200 \times 10^{-3} \times 1)}{1000 \times 2} = 0.356 = 0.36[\text{V}]$

(2) 화재안전기준에서 허용하는 전압강하의 적합여부

① 적합여부 판정기준 : 정격전압의 80[%] 이상을 유지해야 하므로
$24 \times 0.8 = 19.2[\text{V}]$ 이상이면 적합하다.

② 전압강하 적합여부의 판단

시각경보기	산정근거	적합여부 판단
시각경보기 1	$= 24 - 2.85 = 21.15[\text{V}]$	적합
시각경보기 2	$= 21.15 - 0.53 = 20.62[\text{V}]$	적합
시각경보기 3	$= 20.62 - 0.57 = 20.05[\text{V}]$	적합
시각경보기 4	$= 20.05 - 0.36 = 19.69[\text{V}]$	적합
시각경보기 5	$= 21.15 - 1.42 = 19.73[\text{V}]$	적합
시각경보기 6	$= 19.73 - 0.85 = 18.88[\text{V}]$	부적합
시각경보기 7	$= 18.88 - 0.71 = 18.17[\text{V}]$	부적합
시각경보기 8	$= 18.17 - 0.36 = 17.81[\text{V}]$	부적합

10 토출유량 0.025[m³/s], 흡입측 계기압력 −3[kPa], 이 보다 100[m] 위에 위치한 곳의 계기압력은 100[kPa], 배관에서 발생하는 마찰손실이 14[m]라 할 때 펌프가 물에 가해야 할 동력(수동력)[kW]을 계산하시오.(단, 흡입측 및 토출측의 관지름은 모두 100[mm], 물의 비중량은 9.8[kN/m³]이다.)

풀이&답

(1) 전양정의 계산

H = 진공계의 압력 + 압력계의 압력 + 높이차

$= \left(3[\text{kPa}] \times \dfrac{10.332[\text{m}]}{101.325[\text{kPa}]}\right) + \left(100[\text{kPa}] \times \dfrac{10.332[\text{m}]}{101.325[\text{kPa}]} + 14[\text{m}]\right) + 100[\text{m}]$

$= 124.502 = 124.5[\text{m}]$

(2) 수동력

$P = \gamma QH = 9.8[\text{kN/m}^3] \times 0.025[\text{m}^3/\text{s}] \times 124.5[\text{m}] = 30.5[\text{kW}]$

11 유량 2.4[m³/min], 배관길이 60[m], 관경 100[mm], 마찰손실계수(f) 0.03인 배관을 통하여 높이 10[m]까지 송수할 경우 필요한 이론 소요 동력[kW]을 계산하시오.
(단, 펌프효율 : 0.6, K값 : 1.1)

풀이&답 (1) 전양정의 계산
① 유속의 계산
$$V = \frac{Q}{A} = \frac{2.4[\text{m}^3]/60[\text{s}]}{\frac{\pi}{4} \times (0.1[\text{m}])^2} = 5.09[\text{m/s}]$$
② 손실수두
$$\triangle H = \frac{f\ell V^2}{2gD} = \frac{0.03 \times 60[\text{m}] \times 5.09^2}{2 \times 9.8[\text{m/s}^2] \times 0.1[\text{m}]} = 23.79[\text{m}]$$
③ 전양정
$$H = 10[\text{m}] + 23.79[\text{m}] = 33.79\text{m}$$
(2) 이론 소요 동력의 계산
$$P = \frac{9.8QH}{\eta} \times K = \frac{9.8[\text{kN/m}^3] \times 2.4[\text{m}^3]/60[\text{s}] \times 33.79[\text{m}]}{0.6} \times 1.1 = 24.28[\text{kW}] \text{ 이상}$$

12 운전 중인 펌프의 압력을 조사하였더니 토출측 압력계는 0.55[MPa], 흡입측의 진공계는 −0.1[MPa]이다. 압력계는 진공계보다 30[cm] 높은 곳에 설치되어 있다. 다음 물음에 답하시오.
(1) 펌프의 전양정
(2) 펌프의 토출량이 260[L/min]일 때 수동력[kW]
(3) 펌프의 기계효율이 70[%], 수력효율이 90[%], 체적효율이 95[%]일 때 축동력[kW]
(4) 전동기의 용량[kW] (단, 전달계수는 1.1 이다.)
(5) 내연기관 마력(PS)

풀이&답 (1) 펌프의 전양정
$$= 0.55\text{MPa} \times \frac{10.332\,\text{mH}_2\text{O}}{0.101325\text{MPa}} + 0.1\text{MPa} \times \frac{10.332\,\text{mH}_2\text{O}}{0.101325\text{MPa}} + 0.3[\text{m}] = 66.58[\text{m}]$$
(2) 수동력[kW] $= 9.8QH = 9.8[\text{kN/m}^3] \times 0.26[\text{m}^3]/60[\text{s}] \times 66.58[\text{m}] = 2.83[\text{kW}]$
(3) 축동력[kW]
① 전효율 $\eta = $ 기계효율 × 수력효율 × 체적효율 $= 0.7 \times 0.9 \times 0.95 = 0.6$
② 축동력 $= \frac{\text{수동력}}{\eta} = \frac{2.83}{0.6} = 4.72[\text{kW}]$
(4) 전동기 용량 = 축동력 × 전달계수 $= 4.72 \times 1.1 = 5.19[\text{kW}]$
(5) 내연기관 마력 : $\frac{\text{전동기 용량}}{0.735} = \frac{5.19}{0.735} = 7.06[\text{PS}]$

13 축동력이 250[PS], 회전수가 2,000[rpm], 직경이 100[mm]인 펌프가 전양정 100[m]에 대하여 0.2[m³/s]의 유량을 방출하고 있다. 이 펌프와 상사로서 직경이 200[mm], 회전수가 1,500[rpm]인 펌프의 축동력[PS]을 계산하시오.

풀이&답
$$P_2 = \left(\frac{N_2}{N_1}\right)^3 \left(\frac{D_2}{D_1}\right)^5 \times P_1 = \left(\frac{1500}{2000}\right)^3 \times \left(\frac{200}{100}\right)^5 \times 250 = 3,375[\text{PS}]$$

14 풍량이 5[m³/s]이고, 풍압이 35[mmHg]인 제연설비용 팬을 설치한 경우 이 팬을 운전하는 전동기의 소요용량은 몇 [kW]인가?(단, 팬의 효율은 70[%]이고, 전달계수는 1.20이다.)

풀이&답
(1) 조건정리
   ① 전압의 단위환산
     760[mmHg]=10,332[mH₂O]=10,332[mmH₂O]=10,332[mmAq]이므로
$$P_t = \frac{35}{760} \times 10{,}332 = 475.8157 = 475.82[\text{mmAq}]$$
   ② 풍량 $Q = 5[\text{m}^3/\text{s}]$
   ③ 효율 $\eta = 70[\%]$
   ④ 전달계수 $K = 1.2$
(2) 전동기 소요용량
$$P = \frac{475.82[\text{mmAq}] \times 5[\text{m}^3/\text{s}]}{102 \times 0.7} \times 1.2 = 39.9848 = 39.98[\text{kW}]$$

15 소방펌프의 양정 100[m], 토출량 2400[L/min], 회전수 1,500[rpm], 효율 60[%]이다. 이 경우 다음 물음에 답하시오.(단, 물의 비중량은 9,800[N/m³]이다.)

(1) 펌프의 회전수를 조절하여 토출량을 20[%] 증가시키려고 할 경우 이때 필요한 회전수는 얼마인가?

(2) 위의 (1)번과 같이 하였을 경우 펌프의 양정은 얼마로 되는가?

(3) 위와 같이 토출량을 20[%] 증가시킨 후에 모터를 120[kW]로 교체할 경우 이를 계속하여 사용할 수 있는지를 검증하시오.(단, 동력전달계수는 1.1로 한다.)

풀이&답
(1) 회전수 산정
$$\frac{Q_2}{Q_1} = \frac{N_2}{N_1} \text{ 에서 } N_2 = \frac{Q_2}{Q_1} \times N_1 = \frac{2400 \times 1.2}{2400} \times 1{,}500 = 1{,}800[\text{rpm}]$$
(2) 펌프의 양정
$$\frac{H_2}{H_1} = \left(\frac{N_2}{N_1}\right)^2 \text{ 에서 } H_2 = \left(\frac{N_2}{N_1}\right)^2 \times H_1 = \left(\frac{1{,}800}{1{,}500}\right)^2 \times 100 = 144[\text{m}]$$
(3) 모터를 교체 시 사용가능여부
   ① 변환 전 모터의 축동력
$$P_1 = \frac{9.8QH}{\eta} = \frac{9.8[\text{kN/m}^3] \times 2.4[\text{m}^3]/60[\text{s}] \times 100[\text{m}]}{0.6} = 65.33[\text{kW}]$$
   ② 변환 후 모터의 축동력
$$\frac{P_2}{P_1} = \left(\frac{N_2}{N_1}\right)^3 \text{ 에서 } P_2 = \left(\frac{N_2}{N_1}\right)^3 \times P_1 = \left(\frac{1{,}800}{1{,}500}\right)^3 \times 65.33 = 112.89[\text{kW}]$$
   ③ 사용여부 판단
     모터의 동력 = 축동력 × 전달계수 = 112.89×1.1 = 124.18[kW]가 됨으로 120[kW]의 모터는 사용할 수 없다.

16 2단 직결식 터보팬으로 송풍기의 전압 $P_t = 300[\text{mmAq}]$, 풍량 5[m³/min]을 내고 있다. 이 때 전압 공기동력[kW]와 전압효율[%]을 계산하시오.(단, 축동력은 0.5[kW]이다.)

풀이&답 (1) 전압 공기동력

$$P = \frac{P_t Q}{102} = \frac{300[\text{mmAq}] \times 5[\text{m}^3/60\text{s}]}{102} = 0.245 = 0.25[\text{kW}]$$

(2) 전압효율 $\eta = \frac{0.25}{0.5} = 0.5 = 50[\%]$

17 회전수가 1,570[rpm]일 때 송풍기의 전압 $P_t = 140[\text{mmAq}]$, 풍량 55[m³/min]을 내는 팬이 있다. 전압효율이 70[%]일 때 축동력은 몇 [PS]인가?

풀이&답

$$P = \frac{P_t Q}{75\eta} = \frac{140[\text{mmAq}] \times 55[\text{m}^3/60\text{s}]}{75 \times 0.7} = 2.44[\text{PS}]$$

18 15층 건축물의 지하 1층에 제연설비용 배풍기를 설치하였다. 이 배풍기의 풍량은 450 [m³/min]이고, 풍압은 25[mmAq]이었다. 이 때 배풍기의 동력은 몇 [kW]로 하여야 하는가?(단, 배풍기는 타워형으로 효율은 55[%]이고, 여유율은 10[%]이다.)

풀이&답 $P = \frac{P_t Q}{102\eta} = \frac{25[\text{mmAq}] \times 450[\text{m}^3/60\text{s}] \times (1+0.1)}{102 \times 0.55} = 3.68[\text{kW}]$

19 송풍기의 입구와 출구의 압력은 각각 −36[mmHg], 110[kPa]이고, 송출유량은 8[m³/min]일 때 공기동력[kW]을 계산하시오.(단, 흡입관과 송출관의 직경은 같다)

풀이&답 (1) 전압의 계산

$$P_t = 36[\text{mmHg}] \times \frac{10,332[\text{mmAq}]}{760[\text{mmHg}]} + 110[\text{kPa}] \times \frac{10,332[\text{mmAq}]}{101.325[\text{kPa}]} = 11,705.99[\text{mmAq}]$$

(2) 공기동력

$$P = \frac{P_t Q}{102} = \frac{11,705.99[\text{mmAq}] \times 8[\text{m}^3/60\text{s}]}{102} = 15.3[\text{kW}]$$

20 회전수가 1,500[rpm]일 때 송풍기의 전압이 4[kPa], 풍량 8[m³/min]을 내는 팬이 있다. 이 때 축동력이 0.6[kW]일 경우에 전압효율[%]을 계산하시오.

풀이&답 효율 $\eta = \frac{P_t Q}{102P} = \dfrac{4[\text{kPa}] \times \dfrac{10,332[\text{mmAq}]}{101.325[\text{kPa}]} \times 8[\text{m}^3/60\text{s}]}{102 \times 0.6[\text{kW}]} = 0.88861 \times 100 = 88.86[\%]$

21 그림과 같이 펌프가 설치되어 있다. 조건을 참고하여 다음 각 물음에 답하시오.(단, 계산 과정 및 최종답안 작성시 소수점 3자리에서 반올림하여 2자리까지 답한다.)

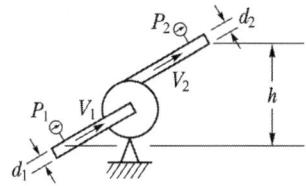

[조건]

① $P_1 = 200$[Pa], $P_2 = 3$[bar]

② 펌프의 토출유량 $Q = 0.2$[m³/s], 전달계수 1.1,
　수력효율 96[%], 체적효율 92[%], 기계효율은 85[%]

③ 배관의 내경 $d_1 = 150$[mm], $d_2 = 100$[mm]

④ $h = 3$[m], 중력가속도는 9.8[m/s²]

⑤ 단위환산 시에는 표준대기압을 적용하고 손실수두는 무시한다.

(1) 흡입측 및 토출측 배관의 유속(m/s)

(2) 펌프의 전양정(m)

(3) 펌프에 필요한 전동기의 용량(kW)

풀이&답 (1) 흡입측 및 토출측 배관의 유속[m/s]

　① 흡입측 배관의 유속 $V_1 = \dfrac{Q}{A_1} = \dfrac{4Q}{\pi d_1^2} = \dfrac{4 \times 0.2\,[\mathrm{m^3/s}]}{\pi \times (0.15\,[\mathrm{m}])^2} = 11.32\,[\mathrm{m/s}]$

　② 토출측 배관의 유속 $V_2 = \dfrac{Q}{A_2} = \dfrac{4Q}{\pi d_2^2} = \dfrac{4 \times 0.2\,[\mathrm{m^3/s}]}{\pi \times (0.1\,[\mathrm{m}])^2} = 25.46\,[\mathrm{m/s}]$

(2) 펌프의 전양정[m]

$$H = \frac{P_2 - P_1}{\gamma} + \frac{V_2^2 - V_1^2}{2g} + Z_2 - Z_1$$

$$= \frac{3\,[\mathrm{bar}] \times \dfrac{101.325\,[\mathrm{kN/m^2}]}{1.013\,[\mathrm{bar}]} - 200\,[\mathrm{Pa}] \times \dfrac{101.325\,[\mathrm{kN/m^2}]}{101325\,[\mathrm{Pa}]}}{9.8\,[\mathrm{kN/m^3}]}$$

$$+ \frac{(25.46\,[\mathrm{m/s}])^2 - (11.32\,[\mathrm{m/s}])^2}{2 \times 9.8\,[\mathrm{m/s^2}]} + 3\,[\mathrm{m}]$$

$$= 60.13\,[\mathrm{m}]$$

(3) 펌프에 필요한 전동기의 용량(kW)

전효율 η = 수력효율 × 체적효율 × 기계효율 = 0.96 × 0.92 × 0.85 = 0.75

토출유량 $Q = 0.2$[m³/s] = 12[m³/min]

전동기의 용량 $P = \dfrac{0.163QHK}{\eta} = \dfrac{0.163 \times 12\,[\mathrm{m^3/min}] \times 60.13\,[\mathrm{m}] \times 1.1}{0.75} = 172.50\,[\mathrm{kW}]$

22 다음의 조건을 활용하여 부하를 운전하기 위해 필요한 자가발전기의 최소 용량(kVA)을 계산하시오.

[조건] · 전동기 1 kW당 입력용량계수 : 1.45

· 전동기의 기동계수 : 2

· 발전기 허용전압강하 계수 : 1.13

· 부하용량 표는 다음과 같다.

구분	부하의 종류	용량
1	유도전동기	37 kW×1대
2	유도전동기	10 kW×5대
3	전동기 이외 부하의 입력용량	30 kVA

풀이&답

1. 조건정리

   전동기 이외 부하의 입력용량 합계 ΣP = 30 kVA

   전동기의 kW당 입력용량 계수 a=1.45

   전동기 부하용량 합계 ΣPm = 37 kW×1+10 kW×5=87 kW

   전동기 부하 중 기동용량이 가장 큰 전동기 부하용량 PL=37 kW

   전동기의 기동계수 c = 2

   발전기 허용전압강하 계수 k = 1.13

2. 발전기 최소용량

   $$GP \geq [\Sigma P + (\Sigma Pm - PL) \times a + (PL \times a \times c)] \times k$$

   $$GP \geq [30 + (87 - 37) \times 1.45 + (37 \times 1.45 \times 2)] \times 1.13 = 237.07 \text{ kVA}$$

발전기 용량 산정

$$GP \geq [\Sigma P + (\Sigma Pm - PL) \times a + (PL \times a \times c)] \times k$$

여기서, GP : 발전기 용량(kVA)

ΣP : 전동기 이외 부하의 입력용량 합계(kVA)

가. 입력용량(고조파 발생부하 제외)

$$P = \frac{부하용량(kW)}{부하 효율 \times 역률}$$

나. 고조파 발생부하의 입력용량 합계(kVA)

㉮ UPS의 입력용량

$$P = (\frac{UPS 출력(kVA)}{UPS 효율} \times \lambda) + 축전지 충전용량$$

(※ 축전지 충전용량은 UPS 용량의 6~10% 적용)

㉯ 입력용량(UPS 제외)

$$P = \left[\frac{부하용량(kW)}{효율 \times 역률} \right] \times \lambda$$

(※ λ(THD 가중치)는 KS C IEC 61000−3−6의 표 6을 참고한다. 다만, 고조파 저감장치를 설치할 경우에는 **가중치 1.25**를 적용할 수 있다.

ΣPm : 전동기 부하용량 합계(kW)

PL : 전동기 부하 중 기동용량이 가장 큰 전동기 부하용량(kW). 다만, 동시에 기동될 경우에는 이들을 더한 용량으로 한다.

a : 전동기의 kW당 입력용량 계수

(※ a의 추천값은 고효율 1.38, 표준형 1.45이다. 다만, 전동기 입력용량은 각 전동기별 효율, 역률을 적용하여 입력용량을 환산할 수 있다)

c : 전동기의 기동계수

㉮ 직입 기동 : 추천값 6(범위 5~7)
㉯ Y-△기동 : 추천값 2(범위 2~3)
㉰ VVVF(인버터) 기동 : 추천값 1.5(범위 1~1.5)
㉱ 리액터 기동방식의 추천 값

구 분	탭(Tap)		
	50%	65%	80%
기동계수(c)	3	3.9	4.8

k : 발전기 허용전압강하 계수는 표 4.1-1를 참조한다.
다만, 명확하지 않은 경우 1.07~1.13으로 할 수 있다.

표 4.1-1 발전기 허용전압강하 계수

구 분		발전기 정수 x_d''(%)					
		20	21	22	23	24	25
발전기 허용전압 강하율 (%)	15	1.13	1.19	1.25	1.30	1.36	1.42
	16	1.05	1.10	1.16	1.21	1.26	1.31
	17	0.98	1.03	1.07	1.12	1.17	1.22
	18	0.91	0.96	1.00	1.05	1.09	1.14
	19	0.85	0.90	0.94	0.98	1.02	1.07
	20	0.80	0.84	0.88	0.92	0.96	1.00

23 다음의 부하목록표와 조건을 활용하여 발전기에 연결된 전체 부하(부하합계)를 부담할 수 있는 자가발전기의 최소 용량(kVA)을 계산하시오.

[조건] • 조명용 분전반에 고조파 저감장치 설치(λ : 1.25 적용)
• 조명은 LED 램프 사용, 효율 85%, 역률 90%
• UPS(IGBT 소자 사용)의 THD는 10% 이하(λ : 1.25 적용), 효율 95%
• 전동기의 기동계수는 Y-△기동 : 추천값 2
• 비상용 승강기는 VVVF 기동 : 추천값 1.5
• 전동기는 고효율 전동기로 kW당 입력용량 계수는 1.38이다.
• 발전기 허용전압강하 계수 k : 1.13

[부하목록표]

부하명	용량 (kW)	대수	부하합계 (kW)		소방 및 비상부하(kW)		그 밖의 정전시 운전이 필요한 부하(kW)	
			전동기	전동기 이외	전동기	전동기 이외	전동기	전동기 이외
옥내소화전 주펌프	15	1	15	–	15	–	–	–
옥내소화전 보조펌프	3.7	1	3.7	–	3.7	–	–	–
스프링클러 주펌프	55	3	165	–	165		–	–
스프링클러 보조펌프	3.7	1	3.7	–	3.7	–	–	–
거실제연 급기팬	30	1	30	–	30	–	–	–
거실제연 배기팬	30	1	30	–	30	–	–	–
전실급기 제연팬	11	1	11	–	11	–	–	–
전실배기 제연팬	11	1	11	–	11	–	–	–
비상용 승강기	22	2	44	–	44	–	44	–
비상조명(LED)	265	–	–	265	–	265	–	265
급수 가압펌프	7.5	3	22.5	–	–	–	22.5	–
영구 배수펌프	15	12	180	–	–	–	180	–
배수펌프	3.7	5	18.5	–	–	–	18.5	–
승강기 피트 배수펌프	1.5	2	3	–	–	–	3	–
승객용 승강기	15	4	60	–	–	–	60	–
UPS	100	1	–	100	–	–	–	100
합계			597.4	365	313.4	265	328	365
			962.4		578.4		693	

풀이&답

① 고조파 발생부하의 입력용량 합계(kVA)

㉮ UPS의 입력용량

$$P = (\frac{\text{UPS 출력(kVA)}}{\text{UPS 효율}} \times \lambda) + \text{축전지 충전용량(UPS 용량의 6~10\% 적용)}$$

$$P = (\frac{100}{0.95} \times 1.25) + (100 \times 0.1) = 141.6 \text{ kVA}$$

㉯ LED 조명

$$P = \left[\frac{\text{부하용량(kW)}}{\text{효율} \times \text{역률}}\right] \times \lambda = \left[\frac{265}{0.9 \times 0.85}\right] \times 1.25 = 433 \text{ kVA}$$

㉰ 고조파 발생 부하 입력용량 합계 : $141.6 + 433 = 574.6$ kVA

② 발전기 용량의 산정

$\Sigma P = 574.6$ kVA

$a = 1.38$

$\Sigma Pm = 597.4$ kW

$PL = 165$ kW(스프링클러 주펌프 55 kW 3대 동시 기동)

$c = 2$(스프링클러 주펌프 Y−△기동)

$k = 1.13$

$GP \geq [\Sigma P + (\Sigma Pm - PL) \times a + (PL \times a \times c)] \times k$

$GP \geq [574.6 + (597.4 - 165) \times 1.38 + (165 \times 1.38 \times 2)] \times 1.13 = 1,838.2 \text{kVA}$

24 다음의 부하목록표와 조건을 활용하여 소방 및 비상부하와 그 밖의 정전시 운전이 필요한 부하 중 큰 용량에 따른 발전기 용량을 선정하려 한다. 이에 해당하는 자가발전기의 최소 용량(kVA)을 계산하시오.

[조건] • 조명용 분전반에 고조파 저감장치 설치(λ : 1.25 적용)

　　　• 조명은 LED 램프 사용, 효율 85%, 역률 90%

　　　• UPS(IGBT 소자 사용)의 THD는 10% 이하(λ : 1.25 적용), 효율 95%

　　　• 전동기의 기동계수는 Y−△ 기동 : 추천값 2

　　　• 비상용 승강기는 VVVF 기동 : 추천값 1.5

　　　• 전동기는 고효율 전동기로 kW당 입력용량 계수는 1.38이다.

　　　• 발전기 허용전압강하 계수 k : 1.13

[부하목록표]

부하명	용량 (kW)	대수	부하합계(kW)		소방 및 비상부하 (kW)		그 밖의 정전시 운전이 필요한 부하(kW)	
			전동기	전동기 이외	전동기	전동기 이외	전동기	전동기 이외
옥내소화전 주펌프	15	1	15	–	15	–	–	–
옥내소화전 보조펌프	3.7	1	3.7	–	3.7	–	–	–
스프링클러 주펌프	55	3	165	–	165	–	–	–
스프링클러 보조펌프	3.7	1	3.7	–	3.7	–	–	–
거실제연 급기팬	30	1	30	–	30	–	–	–
거실제연 배기팬	30	1	30	–	30	–	–	–
전실급기 제연팬	11	1	11	–	11	–	–	–
전실배기 제연팬	11	1	11	–	11	–	–	–
비상용 승강기	22	2	44	–	44	–	44	–
비상조명(LED)	265	–	–	265	–	265	–	265
급수 가압펌프	7.5	3	22.5	–	–	–	22.5	–
영구 배수펌프	15	12	180	–	–	–	180	–
배수펌프	3.7	5	18.5	–	–	–	18.5	–
승강기 피트 배수펌프	1.5	2	3	–	–	–	3	–
승객용 승강기	15	4	60	–	–	–	60	–
UPS	100	1	–	100	–	–	–	100
합계			597.4	365	313.4	265	328	365
			962.4		578.4		693	

(1) 소방 및 비상 부하

　① 고조파 발생부하의 입력용량 합계(kVA)

　　LED 조명 $P = \left[\dfrac{\text{부하용량(kW)}}{\text{효율} \times \text{역률}} \right] \times \lambda = \left[\dfrac{265}{0.9 \times 0.85} \right] \times 1.25 = 433$ kVA

　② 발전기 용량의 산정

　　$\Sigma P = 433$ kVA

　　$a = 1.38$(고효율 전동기)

$\Sigma Pm = 313.4 \text{ kW}$

$PL = 165 \text{ kW}$(스프링클러 주펌프 55 kW 3대 동시 기동)

$c = 2$(스프링클러 주펌프 Y$-\triangle$기동)

$k = 1.13$

$GP \geq [\Sigma P + (\Sigma Pm - PL) \times a + (PL \times a \times c)] \times k$

$GP \geq [433 + (313.4 - 165) \times 1.38 + (165 \times 1.38 \times 2)] \times 1.13 = 1,235.3 \text{ kVA}$

(2) 그 밖의 정전 시 운전이 필요한 용량

　① 고조파 발생부하의 입력용량 합계(kVA)

　　㉮ UPS의 입력용량

$$P = (\frac{\text{UPS 출력(kVA)}}{\text{UPS 효율}} \times \lambda) + \text{축전지 충전용량(UPS 용량의 6~10\% 적용)}$$

$$P = (\frac{100}{0.95} \times 1.25) + (100 \times 0.1) = 141.6 \text{ kVA}$$

　　㉯ LED 조명 $P = \left[\dfrac{\text{부하용량(kW)}}{\text{효율} \times \text{역률}}\right] \times \lambda = \left[\dfrac{265}{0.9 \times 0.85}\right] \times 1.25 = 433 \text{ kVA}$

　　㉰ 고조파 발생 부하 입력용량 합계 : $141.6 + 433 = 574.6 \text{kVA}$

　② 발전기 용량의 산정

$\Sigma P = 574.6 \text{ kVA}$

$a = 1.38$

$\Sigma Pm = 328 \text{kW}$

$PL = 22 \text{kW}$(비상용 승강기)

$c = 1.5$(비상용 승강기 VVVF 기동)

$k = 1.13$

$GP \geq [\Sigma P + (\Sigma Pm - PL) \times a + (PL \times a \times c)] \times k$

$GP \geq [574.6 + (328 - 22) \times 1.38 + (22 \times 1.38 \times 1.5)] \times 1.13 = 1,178 \text{kVA}$

(3) (1)과 (2)중 큰 값인 $1,235.3 \text{ kVA}$ 이상을 선정

25 다음의 각 물음에 답하시오.

(1) 아래의 그림에서 1)에 들어갈 설비의 이름을 쓰시오.

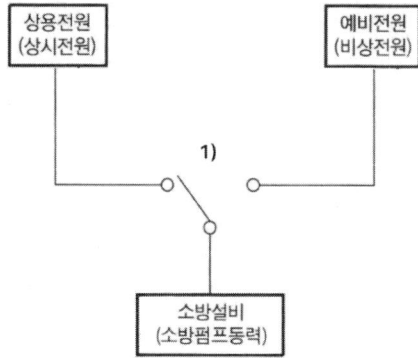

풀이&답 자동전환개폐기(또는 자동절환스위치, ATS ; Auto Transfer Switch)

(2) 소방부하와 비상부하에 대하여 설명하시오.

풀이&답 1) 소방부하 : 소방시설의 부하 및 건축법령 등에 의한 배연설비, 방화셔터, 비상용승강기, 항공장애

등의 방재시설이 있다.

2) 비상부하 : 소방시설 이외의 비상용 전력부하로, 생명유지 장치, 항온항습설비, 무정전전원설비, 냉동냉장설비, 배수설비, 승용승강기, 조명등, 전열, 환기, 위생, 냉난방설비 등이 있다.

26 무정전 전원공급 장치(UPS)에 대한 다음 각 물음에 답하시오.

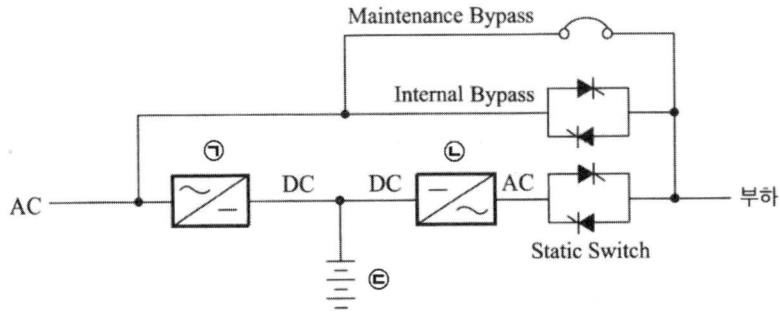

(1) UPS에 대하여 설명하시오.

풀이&답 무정전 전원공급장치(Uninterruptible Power Supply)로서 상용전원이 정전되더라도 항상 부하에 안정된 전력을 공급할 수 있는 무정전 교류 전원장치

(2) 상기 회로도에서 ㉠, ㉡, ㉢의 명칭과 역할을 간단히 설명하시오.

구분	명칭	역할
㉠		
㉡		
㉢		

풀이&답

구분	명칭	역할
㉠	정류장치(컨버터)	교류를 직류로 변환
㉡	역변환장치(인버터)	직류를 교류로 변환
㉢	축전지	상용전원 정전시 전원을 공급하기 위한 장치

UPS의 구성요소

구 성	설 명
정류장치(컨버터)	교류를 직류로 변환
역변환장치(인버터)	직류를 교류로 변환
CVCF	정전압 정주파수 장치(Constant Voltage Constant Frequency)로서 부하에 정전압 및 정주파수의 교류전력을 공급하는 장치
축전지	상용전원 정전시 전원을 공급하기 위한 장치
Static Switch(동기절환부)	인버터 이상시 Internal Bypass회로를 통해 상용전원을 부하에 공급
Maintenance Bypass	컨버터, 인버터 고장 또는 기기의 수리 시 상용전원을 부하에 공급

27 자가발전기로 사용되는 동기발전기의 병렬운전 조건 5가지를 쓰시오.

풀이&답
① 기전력의 크기가 같을 것
② 기전력의 위상이 같을 것
③ 기전력의 주파수가 같을 것
④ 기전력의 파형이 같을 것
⑤ 상회전방향이 같을 것

28 동력제어반(MCC)에서 옥내소화전 펌프모터에 전기를 공급하고자 하는 전동기 설비에 대한 다음 각 물음에 답하시오.(단, 전압은 3상 220[V]이고 모터의 용량은 22[KW], 역률은 80[%]라고 한다.)

(1) 모터의 전 부하전류는 몇 [A]인가?

(2) 모터의 역률을 95[%]로 개선하고자 할 때 필요한 전력용콘덴서의 용량은 몇 [kVA]인가?

풀이&답
(1) 전부하전류 계산

$$I = \frac{P}{\sqrt{3}\ V\cos\theta} = \frac{22 \times 10^3}{\sqrt{3} \times 220 \times 0.8} = 72.17[A]$$

(2) 전력용콘덴서 용량 계산

$$Q_c = 22\left(\frac{\sqrt{1-0.8^2}}{0.8} - \frac{\sqrt{1-0.95^2}}{0.95}\right) = 9.27[kVA]$$

29 동력제어반(MCC)에서 옥내소화전 펌프모터에 전기를 공급하는 전동기 설비에 대한 다음 각 물음에 답하시오.(단, 전압은 3상 220[V]이고 모터의 용량은 20[kW], 역률은 80[%]라고 한다.)

(1) 모터의 전부하전류는 몇 [A]인가?

(2) 모터의 역률을 95[%]로 개선하고자 할 때 필요한 전력용 콘덴서의 용량은 몇 [kVA]인가?

(3) 전동기가 주파수 50[Hz]에서 4극의 경우에 회전속도가 1,440[rpm]이었다. 이 때, 주파수를 60[Hz]로 올리면 회전속도[rpm]는 얼마인가? (단, 슬립은 일정하다.)

풀이&답
(1) 전 부하전류

$$I = \frac{P}{\sqrt{3}\ V\cos\theta} = \frac{20 \times 10^3}{\sqrt{3} \times 220 \times 0.8} = 65.607 = 65.61[A]$$

(2) 콘덴서의 용량

$$Q_c = P(\tan\theta_1 - \tan\theta_2) = 20 \times \left(\frac{\sqrt{1-0.8^2}}{0.8} - \frac{\sqrt{1-0.95^2}}{0.95}\right) = 8.44[kVA]$$

(3) 회전속도
① 50[Hz]일 때 동기속도

$$N_s = \frac{120f}{P} = \frac{120 \times 50}{4} = 1500[rpm]$$

② 슬립 $s = \dfrac{N_s - N}{N_s} \times 100 = \dfrac{1500 - 1440}{1500} \times 100 = 4[\%]$

③ 60[Hz]일 때 회전속도

$$N = (1 - s) \times N_s = (1 - 0.04) \times \dfrac{120 \times 60}{4} = 1728[\text{rpm}]$$

30 동력제어반(MCC)에서 옥내소화전 주 펌프용 전동기에 전기를 공급하는 전동기설비에 대한 다음 각 물음에 답하시오.

[조건]

① 3상 380[V], 전동기의 용량 20[kW]

② 개선전의 역률 60[%], 개선후의 역률 95[%]

③ 계산과정 및 답안을 작성 시에는 소수 3자리에서 반올림하여 2자리까지 답한다.

(1) 동력제어반과 주펌프용 전동기 사이의 동력선 가닥수

(2) 역률 개선 전 전동기의 무효전력[kVar]

(3) 역률 개선 후 전동기의 무효전력[kVar]

(4) 역률을 개선하기 위해 필요한 전력용 콘덴서의 용량[kVar]

(5) 역률 개선 전 전동기의 부하 전류[A]

(6) 역률 개선 후 전동기의 전부하 전류[A]

풀이&답

(1) 6가닥

(2) 역률 개선 전 전동기의 무효전력[kVar]

$$P_{r1} = P\tan\theta_1 = P \times \dfrac{\sin\theta_1}{\cos\theta_1} = 20 \times \dfrac{\sqrt{1 - 0.6^2}}{0.6} = 26.666 = 26.67[\text{kVar}]$$

(3) 역률 개선 후 전동기의 무효전력[kVar]

$$P_{r2} = P\tan\theta_2 = P \times \dfrac{\sin\theta_2}{\cos\theta_2} = 20 \times \dfrac{\sqrt{1 - 0.95^2}}{0.95} = 6.573 = 6.57[\text{kVar}]$$

(4) 역률을 개선하기 위해 필요한 전력용콘덴서의 용량[kVar]

$$Q_c = P_{r1} - P_{r2} = 26.67 - 6.57 = 20.1[\text{kVar}]$$

(5) 역률 개선 전 전동기의 부하 전류[A]

$$I = \dfrac{P}{\sqrt{3}\,V\cos\theta_1} = \dfrac{20 \times 10^3}{\sqrt{3} \times 380 \times 0.6} = 50.64[\text{A}]$$

(6) 역률 개선 후 전동기의 전부하 전류[A]

$$I = \dfrac{P}{\sqrt{3}\,V\cos\theta_2} = \dfrac{20 \times 10^3}{\sqrt{3} \times 380 \times 0.95} = 31.986 = 31.99[\text{A}]$$

31 다음의 각 물음에 답하시오.

(1) 소화전 가압 펌프 용도로 적용된 3상 유도전동기가 있다. 이 유도전동기 구동을 위한 3상 전원 주파수는 60[Hz], 전동기 정격용량은 55[kW], 정상 상태 슬립이 5[%], 극수가 4극일 경우, 정상상태 운전을 가정한 유도전동기의 동기속도[rpm] 및 회전속도[rpm]를 계산하시오.

(2) 지상 20[m] 되는 곳에 300[m³]의 저수조가 있다. 이곳에 10[kW]의 전동기를 사용하여 양수한다면 저수조에는 약 몇 분 후에 물이 가득 차는지 계산하시오. (단, 전동기 효율은 70[%]이고, 전달계수는 1.2이다)

풀이&답

(1) 동기속도 및 회전속도

① 동기속도 $N_s = \dfrac{120 \times 60}{4} = 1,800$[rpm]

② 회전속도 $N = (1-s)N_s = (1-0.05) \times 1,800 = 1,710$[rpm]

(2) 저수조에 물이 차는 시간

① 전동기 동력 $P = \dfrac{9.8QH}{\eta} \times K = \dfrac{9.8Q[\text{m}^3/\text{s}]H}{\eta} \times K$

② 시간계산

$t[\text{s}] = \dfrac{9.8Q[\text{m}^3]H}{\eta \times P} \times K = \dfrac{9.8[\text{kN/m}^3] \times 300[\text{m}^3] \times 20[\text{m}]}{0.7 \times 10[\text{kW}]} \times 1.2 = 10,080[\text{s}]$

$= 10,080 \div 60 = 168$[분]

32 매분 15[m³]의 물을 높이 18[m]인 물탱크에 양수하려고 한다. 주어진 조건을 이용하여 다음 각 물음에 답하시오.

[조건]

① 펌프와 전동기의 합성역률은 60[%] 이다.

② 전동기의 전부하 효율은 80[%] 이다.

③ 펌프의 전달계수는 1.15

(1) 필요한 전동기의 용량은 몇 [kW]인가?

(2) 부하용량은 몇 [kVA]인가?

(3) 전력공급은 단상변압기 2대를 사용하여 V 결선하여 공급한다면 변압기 1대의 용량은 몇 [kVA]인가?

풀이&답

(1) 전동기 용량

$P = \dfrac{9.8[\text{kN/m}^3] \times 15[\text{m}^3/60\text{s}] \times 18[\text{m}]}{0.8} \times 1.15 = 63.39[\text{kW}]$

(2) 부하용량 $P_a = \dfrac{P}{\cos\theta} = \dfrac{63.39}{0.6} = 105.65[\text{kVA}]$

(3) 변압기 1대 용량 $P_v = \dfrac{P_a}{\sqrt{3}} = \dfrac{105.65}{\sqrt{3}} = 60.99[\text{kVA}]$

33 P형 1급 수신기와 감지기와의 배선회로에서 종단저항은 10[kΩ], 릴레이저항은 550[Ω], 배선회로의 저항은 50[Ω]이며, 회로전압이 24[V]일 때 각 물음에 답하시오.

(1) 평상시 감시전류는 몇 [mA]인가?

(2) 감지기가 작동할 때의 전류는 몇 [mA]인가?

풀이&답

(1) 평상시 감시전류 $= \dfrac{\text{회로전압}}{\text{종단저항} + \text{릴레이저항} + \text{배선회로저항}}$

$$= \frac{24}{10 \times 10^3 + 550 + 50} \times 10^3 = 2.26[\text{mA}]$$

(2) 작동전류 $= \dfrac{\text{회로전압}}{\text{릴레이저항} + \text{배선회로저항}} = \dfrac{24}{550 + 50} \times 10^3 = 40[\text{mA}]$

34 P형 1급 수신기와 감지기와의 배선회로에서 감시전류는 2.5[mA], 작동전류는 55[mA], 배선회로의 저항은 40[Ω]이며, 전압이 24[V]일 때, 감지기회로의 도통시험을 위한 종단저항은 몇 [Ω]으로 하여야 하는가?(단, 소수점이하 절상한다)

풀이&답

(1) 릴레이 저항 계산

작동전류 $= \dfrac{\text{전압}}{\text{릴레이저항} + \text{배선저항}}$

$55 \times 10^{-3} = \dfrac{24}{\text{릴레이저항} + 40}$

릴레이 저항 $= \dfrac{24}{55 \times 10^{-3}} - 40 = 396.36[\Omega]$

(2) 종단저항 계산

감시전류 $= \dfrac{\text{전압}}{\text{릴레이저항} + \text{종단저항} + \text{배선저항}}$

$2.5 \times 10^{-3} = \dfrac{24}{396.36 + \text{종단저항} + 40}$

종단저항 $= \dfrac{24}{2.5 \times 10^{-3}} - (396.36 + 40) = 9,163.64 = 9,164[\Omega]$

35 폭이 15[m], 길이 20[m]인 방재센터의 조도를 400[lx]로 할 경우 전광속 4,900[lm]의 40[W] 2등용 형광등을 시설하려고 한다. 다음 각 물음에 답하시오.

[조건]

① 사용전압은 220[V]이고 40[W] 형광등 1등당 전류는 0.15[A]이다.

② 조명률은 50[%], 감광보상율은 1.3으로 한다.

③ 바닥으로부터 작업면(책상면)까지의 높이가 0.85[m], 층고는 3.8[m]이다.

④ 기타 조건은 무시한다.

(1) 방재센터의 실지수

(2) 필요한 형광등의 총수량

(3) 비상발전기에 연결되는 부하용량[VA]

(4) 분기회로 수

풀이&답

(1) 실지수 계산
$$K = \frac{XY}{H(X+Y)} = \frac{15 \times 20}{(3.8 - 0.85) \times (15 + 20)} = 2.9$$

(2) 형광등의 총수량

40[W] 2등용의 전광속이 4,900[lm]이므로 1등의 광속은 2,450[lm]이다.
$$N = \frac{EAD}{FU} = \frac{400 \times (15 \times 20) \times 1.3}{2450 \times 0.5} = 127.35 = 128 등$$

(3) 부하용량
$$P = VI = 220 \times 128개 \times 0.15 = 4,224[VA]$$

(4) 분기회로 수 산정
$$N = \frac{4224}{220 \times 16} = 1.2 = 2회로$$

※ 분기회로는 최소 16[A]를 적용한다.

---

36 아래 그림을 참고하여 법선조도, 수평면조도, 수직면조도를 계산하시오.
(단, 답안작성시 소수점 3자리에서 반올림하여 2자리까지만 답한다.)

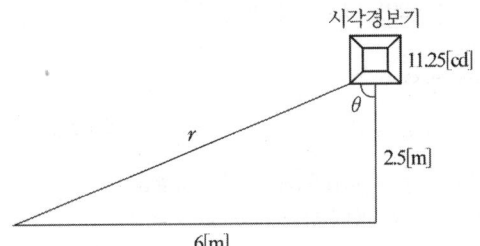

시각경보기

11.25[cd]

θ

r

2.5[m]

6[m]

풀이&답

(1) 법선조도
$$r = \sqrt{6^2 + 2.5^2} = 6.5[m], \quad E = \frac{I}{r^2} = \frac{11.25}{6.5^2} = 0.266 = 0.27[lx]$$

(2) 수평면 조도(벽면)
$$E = \frac{I}{r^2} \cos\theta = \frac{11.25}{6.5^2} \times \frac{2.5}{6.5} = 0.102 = 0.1[lx]$$

(3) 수직면 조도(바닥)
$$E = \frac{I}{r^2} \sin\theta = \frac{11.25}{6.5^2} \times \frac{6}{6.5} = 0.245 = 0.25[lx]$$

---

37 소화설비에 적용되는 권선형유도전동기가 3상 평형부하로서 다음과 같이 Y-Y결선 되어 있는 경우, 3상 권선형유도전동기의 피상전력[VA], 역률, 유효전력[W] 및 무효전력[var]을 계산하시오.(단, 상전압의 크기는 200[V], 유도전동기 한 상의 임피던스는 $Z = 8 + j6[\Omega]$이다)

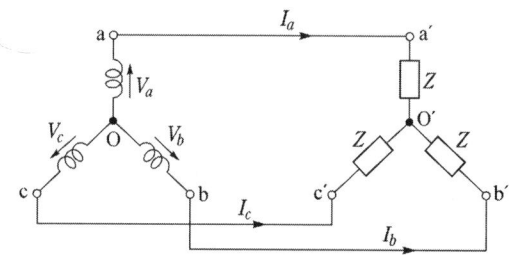

풀이&답 (1) 피상전력의 계산
　① 피상전력 산출공식

$$P_a = 3 \times V_P I_P = 3 \times I_P^2 Z = 3 \times \frac{V_P^2}{Z} = \sqrt{3}\, VI\,[\text{VA}]$$

　　V_P : 상전압[V], I_P : 상전류[A], Z : 임피던스[Ω]
　　V : 선간전압[V], I : 선전류[A]
　② 임피던스의 계산
　　$Z = 8 + j6\,[\Omega]$이므로 임피던스의 크기 $Z = \sqrt{8^2 + 6^2} = 10\,[\Omega]$
　③ 상전류 계산
　　상전류 $I_P = \dfrac{V_P}{Z} = \dfrac{200}{10} = 20\,[\text{A}]$
　④ 피상전력의 계산
　　$P_a = 3 \times I_P^2 Z = 3 \times 20^2 \times 10 = 12{,}000\,[\text{VA}]$

(2) 유효전력의 계산
　① 유효전력 산출 공식

$$P = 3 \times I_P^2 R = 3 \times \frac{V_P^2}{R} = P_a \times \cos\theta = \sqrt{3}\, VI\cos\theta\,[\text{W}]$$

　　V_P : 상전압[V], I_P : 상전류[A], R : 저항[Ω]
　　V : 선간전압[V], I : 선전류[A], $\cos\theta$: 역률
　② 상전류 계산 : 상전류 $I_P = \dfrac{V_P}{Z} = \dfrac{200}{10} = 20\,[\text{A}]$
　③ 유효전력의 계산 : $P = 3 \times I_P^2 R = 3 \times 20^2 \times 8 = 9{,}600\,[\text{W}]$

(3) 무효전력의 계산
　① 무효전력 산출 공식

$$P_r = 3 \times I_P^2 X = 3 \times \frac{V_P^2}{X} = P_a \times \sin\theta = \sqrt{3}\, VI\sin\theta\,[\text{Var}]$$

　　V_P : 상전압[V], I_P : 상전류[A], R : 저항[Ω]
　　V : 선간전압[V], I : 선전류[A], $\sin\theta$: 무효율
　② 상전류 $I_P = \dfrac{V_P}{Z} = \dfrac{200}{10} = 20\,[\text{A}]$
　③ 무효전력 $P_r = 3 \times I_P^2 X = 3 \times 20^2 \times 6 = 7{,}200\,[\text{Var}]$

(4) 역률 계산 $\cos\theta = \dfrac{P}{P_a} = \dfrac{9{,}600}{12{,}000} = 0.8$

(5) 무효율 계산 $\sin\theta = \dfrac{P_r}{P_a} = \dfrac{7{,}200}{12{,}000} = 0.6$

38 소방설비에서 그림과 같은 부하특성을 갖는 축전지를 사용할 때 보수율 $L=0.8$, 최저축전지 온도 5[℃], 허용최저전압 90[V], 1.06[V/셀]일 때, 축전지용량 C를 구하시오. (단, $K_1=1.17$, $K_2=0.93$ 이다.)

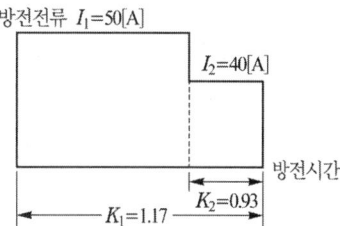

[풀이&답] (1) $C = \dfrac{1}{L}[K_1 I_1 + K_2(I_2 - I_1)] = \dfrac{1}{0.8}[1.17 \times 50 + 0.93 \times (40-50)] = 61.5$[Ah]

39 그림과 같은 부하특성일 때 소결식 알칼리축전지 용량 저하율 $L=0.8$, 최저 축전지 온도 5[℃], 허용최저전압 1.06[V/cell]일 때 축전지의 용량을 산출시오. (단, 여기서 용량환산시간 $K_1=1.45$, $K_2=0.69$, $K_3=0.25$ 이다.)

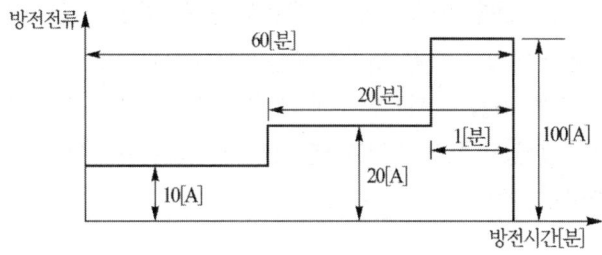

[풀이&답] (1) 축전지 용량 $C = \dfrac{1}{L}[K_1 I_1 + K_2(I_2 - I_1) + K_3(I_3 - I_2)]$

여기서, C : 축전지용량[Ah], L : 보수율(경년용량 저하율)
        K : 용량환산시간계수, I : 방전전류[A]

(2) 축전지용량 계산

$C = \dfrac{1}{L}[K_1 I_1 + K_2(I_2 - I_1) + K_3(I_3 - I_2)]$

$\quad = \dfrac{1}{0.8}[1.45 \times 10 + 0.69 \times (20-10) + 0.25 \times (100-20)] = 51.75$[Ah]

40 비상용전원설비를 축전지설비로 하고자 한다. 사용부하의 방전전류-시간특성곡선이 그림과 같을 때 다음 각 물음에 답하시오. (단, 용량환산시간 K값은 $K_1=0.85$(30분), $K_2=0.53$(10분), $K_3=0.70$(20분) 이다.)

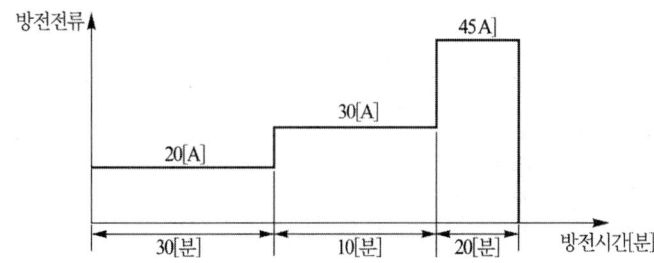

(1) 보수율의 의미를 설명하고 이 값은 보통 얼마로 하는지를 밝히시오.

(2) 축전지와 부하를 충전기에 병렬로 접속하여 사용하는 충전방식으로 축전지의 자기방전에 대한 충전과 상용부하에 대한 전원공급은 충전기가 부담하고 일시적인 대전류 부하는 축전지가 공급하는 충전방식은?

(3) 축전지의 용량은 몇 [Ah] 이상의 것을 택하여야 하는가?

풀이&답 (1) 보수율의 의미, 값

① 의미 : 말기수명에도 부하를 만족하는 용량결정을 위한 계수

② 값 : 0.8

(2) 충전방식 : 부동충전방식

(3) 축전지의 용량

$$C = \frac{1}{L}[K_1 I_1 + K_2 I_2 + K_3 I_3] = \frac{1}{0.8}[0.85 \times 20 + 0.53 \times 30 + 0.7 \times 45] = 80.5[\text{Ah}] \text{ 이상}$$

41 예비전원설비로 이용되는 축전지에 대한 다음 각 물음에 답하시오.

(1) 비상용 조명부하가 40[W] 120등, 60[W] 50등이 있다. 방전시간은 30분이며, 연축전지 HS형 54셀, 허용 최저전압 90[V], 최저 축전지온도 5[℃]일 때 축전지 용량을 구하시오. (단, 전압은 100[V]이고 연축전지의 용량환산 시간 K는 표와 같으며, 보수율은 0.8 이라고 한다)

표 : 연축전지의 용량 환산시간 K (상단은 900~2000[Ah], 하단은 900[Ah] 이하)

형식	온도[℃]	10분			30분		
		1.6[V]	1.7[V]	1.8[V]	1.6[V]	1.7[V]	1.8[V]
CS	25	0.9 0.8	1.15 1.06	1.6 1.42	1.41 1.34	1.6 1.55	2 1.88
	5	1.15 1.1	1.35 1.25	2 1.8	1.75 1.75	1.85 1.8	2.45 2.35
	−5	1.35 1.25	1.6 1.5	2.65 2.25	2.05 2.05	2.2 2.2	3.1 3
HS	25	0.58	0.7	0.93	1.03	1.14	1.38
	5	0.62	0.74	1.05	1.11	1.22	1.54
	−5	0.68	0.82	1.15	1.2	1.35	1.68

(2) 자기방전량 만을 항상 충전하는 부동충전방식을 무엇이라 하는가?

(3) 연축전지와 알칼리축전지의 공칭전압은 몇 [V/셀]인가?

풀이&답 (1) 축전지의 용량

① 셀당 허용최저전압 $= \dfrac{\text{허용최저전압}}{\text{셀수}} = \dfrac{90}{54} = 1.666 = 1.7[\text{V/셀}]$

② 방전시간 30분, 연축전지 HS형, 최저 축전지온도 5℃를 이용하여 도표에서 용량환산시간을 찾으면 1.22가 된다.

③ 방전전류 $I = \dfrac{P}{V} = \dfrac{(40 \times 120) + (60 \times 50)}{100} = 78[\text{A}]$

④ 축전지용량 $C = \dfrac{1}{L}KI = \dfrac{1}{0.8} \times 1.22 \times 78 = 118.95[\text{Ah}]$

(2) 충전방식 : 세류충전방식(트리클 충전)

(3) • 연축전지 : 2.0[V/셀]

　　• 알칼리축전지 : 1.2[V/셀]

42 비상용 조명 및 표시등의 총 6,000[W] 부하가 있는 소방시설에 비상전원으로 연축전지 설비를 설치하려고 한다. 방전시간은 30분, 축전지 셀은 HS형 54[cell], 허용최저전압 97[V], 축전지 최저온도는 5[℃]일 때 다음 각 물음에 답하시오. (단, 정격전압은 100[V], 보수율은 0.8이며, 용량환산 시간계수는 다음 표와 같다)

형식	온도 (℃)	10분			30분		
		1.6[V]	1.7[V]	1.8[V]	1.6[V]	1.7[V]	1.8[V]
HS	25	0.58	0.7	0.93	1.03	1.14	1.38
	5	0.62	0.74	1.05	1.11	1.22	1.54
	−5	0.68	0.82	1.15	1.2	1.35	1.68

(1) 셀(cell)당 허용최저전압(축전지 공칭전압)

(2) 축전지 용량

풀이&답

(1) 셀 당 허용최저전압(축전지 공칭전압)

$= \dfrac{\text{허용최저전압}}{\text{셀수}} = \dfrac{97}{54} = 1.79[\text{V/cell}]$

(2) 축전지 용량

① 용량환산 시간계수

방전시간은 30분, 축전지 셀은 HS형, 셀 당 허용최저전압 1.8[V], 축전지 최저온도는 5[℃]를 이용하여 표에서 찾으면 $K=1.54$

② 방전전류 $I = \dfrac{P}{V} = \dfrac{6,000}{100} = 60[\text{A}]$

③ 축전지의 용량 $C = \dfrac{1}{0.8} \times 1.54 \times 60 = 115.5[\text{Ah}]$

43 다음 조건과 같은 경우 자동화재탐지설비의 수신기에 내장되는 축전지 설비의 용량[Ah] 을 구하시오. (단, 건축물은 30층 미만으로 적용하며, 조건 이외의 기기에 대해서는 고려 하지 않으며, 다음 기기가 모두 작동되는 경우로 한다)

[조건]

① 수신기의 감시전류 300[mA], 경보전류 500[mA]로 한다.

② 감지기 수량 200개, 감지기 각각의 감시전류 10[mA], 경보전류 30[mA]로 한다.

③ 발신기 수량 30개, 발신기 각각의 감시전류 15[mA], 경보전류 35[mA]로 한다.

④ 경종 수량 30개, 경종 각각의 경보전류 40[mA]로 한다.

⑤ 기타조건은 무시한다.

풀이&답 (1) 감시전류
   ① 수신기 감시전류 : 300[mA]
   ② 감지기의 감시전류 : 200개 × 10[mA]=2,000[mA]
   ③ 발신기의 감시전류 : 30개 × 15[mA]=450[mA]
   ④ 감시전류의 합계 : 300+2,000+450=2,750[mA]=2.75A
(2) 경보전류
   ① 수신기 경보전류 : 500[mA]
   ② 감지기의 경보전류 : 200개 × 30[mA]=6,000[mA]
   ③ 발신기의 경보전류 : 30개 × 35[mA]=1,050[mA]
   ④ 경종의 경보전류 : 30개 × 40[mA]=1,200[mA]
   ⑤ 경보전류의 합계 : 500+6,000+1,050+1,200=8,750[mA]=8.75[A]
(3) 축전지의 용량
   ① 축전지는 60분 감시, 10분 이상 경보할 수 있는 용량이어야 한다.
   ② 축전지 용량

$$C= \frac{70[\min]}{60[\min/\mathrm{h}]} \times 2.75\mathrm{A} + \frac{10[\min]}{60[\min/h]} \times (8.75[\mathrm{A}]-2.75[\mathrm{A}]) = 4.208 = 4.21[\mathrm{Ah}]$$

44 아래의 조건을 참고하여 자동화재탐지설비 수신기의 부하특성이 다음과 같을 경우 수신기에 내장하는 축전지의 용량을 계산하시오.(단, 계산과정에서 소수점 발생 시 3자리에서 반올림하여 2자리까지 답한다)

[조건]

1) 수신기가 담당하는 부하전류는 다음과 같다.
   ① 평상 시 수신기의 감시전류 I_1 =2.5[A]
   ② 화재 시 수신기가 소비하는 전류의 합 I_2 =9.5[A]

2) 사용할 축전지의 사양과 환경조건
   ① 사용축전지 : HS형 연축전지
   ② 허용 최저전압 : 1.7[V]
   ③ 최저 전지온도 : 25[℃]
   ④ 보수율 : 0.8

3) 제조사에서 제공한 방전시간에 따른 용량환산시간계수는 다음과 같다.

방전시간[분]	10	20	30	40	50	60	70	80	90	100
용량환산 시간계수	0.6	0.8	1.0	1.2	1.4	1.6	1.8	1.9	2.0	2.1

(1) 30층 미만인 건축물의 경우 축전지의 최소용량

(2) 30층 이상인 건축물의 경우 축전지의 최소용량

풀이&답 (1) 30층 미만인 건축물의 경우 축전지의 용량
   ① 60분간 감시, 10분 이상 경보하여야 하므로 용량환산시간계수는 70분의 경우 K_1 =1.8, 10분의 경우 K_2 =0.6

② 축전지의 용량

$$C = \frac{1}{L}[K_1 I_1 + K_2 (I_2 - I_1)] = \frac{1}{0.8}[1.8 \times 2.5 + 0.6 \times (9.5 - 2.5)] = 10.875 = 10.88[\text{Ah}]$$

⑵ 30층 이상인 건축물의 경우 축전지의 용량

① 60분간 감시, 30분 이상 경보하여야 하므로 용량환산시간계수는 90분의 경우 $K_1 = 2.0$, 30분의 경우 $K_2 = 1.0$

② 축전지의 용량

$$C = \frac{1}{L}[K_1 I_1 + K_2 (I_2 - I_1)] = \frac{1}{0.8}[2.0 \times 2.5 + 1.0 \times (9.5 - 2.5)] = 15[\text{Ah}]$$

45 다음 축전지에 대한 물음에 답하시오.

(1) 부하의 허용 최저전압이 95[V], 축전지와 부하 간 접속선의 전압강하가 3[V] 일 때 직렬로 접속한 축전지의 개수가 50개라면 축전지 한 개의 허용 최저전압은 몇 [V]인가?

(2) 연축전지 정격용량은 250[Ah]이고 상시부하가 8[kW]이며 표준전압이 100[V]인 부동충전방식의 충전지가 2차 충전전류는 몇 [A]인가?

(3) 부동충전방식에 대한 회로(개략적인 그림)를 그리시오.

(4) 축전지의 과방전 및 방치상태, 가벼운 설페이션 현상 등이 생겼을 때 기능회복을 위하여 실시하는 충전방식은?

풀이&답

(1) 한 개의 허용최저전압 $V_a = \dfrac{95 + 3}{50} = 1.96$

(2) 2차 충전전류 $I_2 = \dfrac{250}{10} + \dfrac{8 \times 10^3}{100} = 105[\text{A}]$

(3) 부동충전방식 개략도

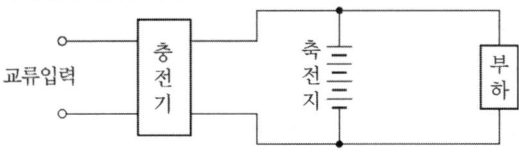

(4) 회복충전

부동충전방식
① 부하와 충전기를 병렬로 접속하여 충전하는 방식
② 축전지의 자기방전을 보충함과 동시에 상용부하에 대한 전력공급은 충전기가 부담하도록 하고, 충전기가 부담하기 어려운 일시적 대전류 부하는 축전지로 하여금 부담하게 하는 방식을 말한다.

46 예비전원설비에 대한 다음 각 물음에 답하시오.

(1) 그림의 충전방식은 어떤 충전방식
인지 그 명칭을 쓰고, 충전기와 축
전지의 기능을 설명하시오.

① 충전방식 :

② 충전기와 축전지의 기능 :

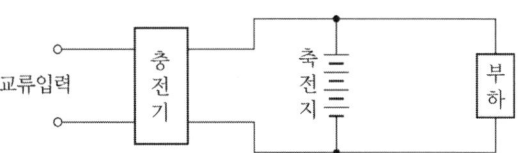

(2) 알칼리축전지의 정격용량은 200[Ah], 상시부하는 8[kW], 표준전압은 100[V]인 충전
기의 2차전류는 몇 [A]인가?

풀이&답 (1) ① 충전방식 : 부동충전방식

② • 충전기 : 전지의 자기방전 보충, 부하에 대한 전력공급

• 축전지 : 일시적인 대전류 부하 공급

(2) 2차 전류 $I_2 = \dfrac{200}{5} + \dfrac{8 \times 10^3}{100} = 120[A]$

47 할로겐화합물 및 불활성기체 소화설비가 설치되어 있는 건축물(30층 미만)에 설치되는 복
합형 수신기(소화설비의 감시제어반 겸용)의 비상전원용 연축전지의 용량을 선정하시오.

[조건]

① 평상시 동작기기의 소비전류는 1.5[A], 화재시 동작기기의 소비전류는 4.5[A], 축전
지의 안전율은 125[%] 적용하고 축전지의 용량은 정수로 선정한다.

② 부하의 특성곡선은 시간당 가중되는 부하이다.

풀이&답 ① 자동화재탐지설비 : 60분 감시, 10분 이상 경보하여야 한다.

② 소화설비는 20분 이상 기능을 유효하게 유지하여야 하므로 부하 특성곡선은 다음과 같다.

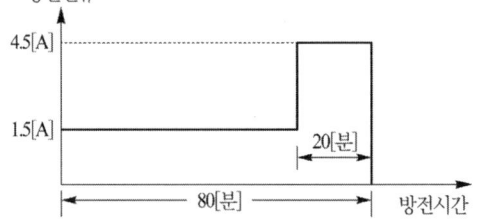

③ 축전지의 용량

$$C = \frac{1}{L}[K_1 I_1 + K_2(I_2 - I_1)] = 1.25 \times [\frac{80}{60} \times 1.5 + \frac{20}{60} \times (4.5 - 1.5)] = 3.75 \doteqdot 4[Ah]$$

48 자동화재탐지설비의 화재안전기준(NFSC 203)과 아래의 조건을 참고하여 다음 각 물음
에 답하시오.

[조건]

① 작동기기 및 수량은 다음과 같다.

기 기	수 량	개당 감시전류	개당 경보전류
화재수신기	1	0.12[A]	1.5[A]
광전식연기감지기	42	0.0005[A]	0.001[A]
이온화식연기감지기	16	0.0005[A]	0.001[A]
시각경보기	32	–	0.095[A]
사이렌	6	–	0.072[A]
릴레이	4	0.007[A]	–

② 보수율은 0.8을 적용한다.

③ 축전지실의 온도는 5[℃]이다.

④ 축전지는 연축전지 HS형 60셀(cell), 최저허용전압은 102[V]이다.

⑤ 용량환산시간계수는 다음과 같다.

형식	최저허용전압 [V/셀]	10분	20분	30분	60분	70분	90분	120분
HS	1.80	1.05	1.30	1.55	2.20	2.40	3.10	3.40
	1.70	0.75	1.00	1.24	1.90	2.20	2.70	3.05
	1.60	0.63	0.87	1.10	1.75	1.90	2.30	2.90

⑥ 최종답안은 소수점이 발생할 경우 소수점 둘째자리에서 반올림하시오.

(1) 30층 미만의 특정소방대상물인 경우 최저 축전지 용량[Ah]

(2) 30층 이상의 특정소방대상물인 경우 최저 축전지 용량[Ah]

(3) 지하 3층, 지상 35층인 특정소방대상물의 지상 1층에서 화재가 발생하였다면 경보를 발하여야 하는 층은 어디인지 모두 쓰시오.

(4) 음향장치의 구조 및 성능에 관한 기준 3가지를 쓰시오.

풀이&답　(1) 30층 미만의 특정소방대상물인 경우 축전지 용량

　　1) 감시전류

　　　　① 화재수신기 : 1개 × 0.12[A] = 0.12[A]

　　　　② 광전식연기감지기 : 42개 × 0.0005[A] = 0.021[A]

　　　　③ 이온화식 연기감지기 : 16개 × 0.0005[A] = 0.008[A]

　　　　④ 릴레이 : 4개 × 0.007[A] = 0.028[A]

　　　　⑤ 감시전류 합계 : 0.177[A]

　　2) 경보전류

　　　　① 화재수신기 : 1개 × 1.5[A] = 1.5[A]

　　　　② 광전식연기감지기 : 42개 × 0.001[A] = 0.042[A]

　　　　③ 이온화식 연기감지기 : 16개 × 0.001[A] = 0.016[A]

　　　　④ 시각경보기 : 32개 × 0.095[A] = 3.04[A]

　　　　⑤ 사이렌 : 6개 × 0.072[A] = 0.432[A]

　　　　⑥ 경보전류 합계 : 5.03[A]

　　3) 용량환산시간계수의 산정

　　　　① 60분간 감시상태를 유지하고 10분 이상 유효하게 경보를 발하여야 한다.

　　　　② 셀당 최저허용전압 $= \dfrac{102\text{V}}{60\text{셀}} = 1.7[\text{V/셀}]$

③ 70분의 경우 $K_1 = 2.20$, 10분의 경우 $K_2 = 0.75$

4) 축전지 용량

$$C = \frac{1}{L}[K_1 I_1 + K_2(I_2 - I_1)] = \frac{1}{0.8}[2.20 \times 0.177 + 0.75 \times (5.03 - 0.177)] = 5.04 = 5[\text{Ah}]$$

⑵ 30층 이상의 특정소방대상물인 경우 축전지 용량

1) 감시전류

   ① 화재수신기 : 1개 × 0.12[A] = 0.12[A]

   ② 광전식연기감지기 : 42개 × 0.0005[A] = 0.021[A]

   ③ 이온화식 연기감지기 : 16개 × 0.0005[A] = 0.008[A]

   ④ 릴레이 : 4개 × 0.007[A] = 0.028[A]

   ⑤ 감시전류 합계 : 0.177[A]

2) 경보전류

   ① 화재수신기 : 1개 × 1.5[A] = 1.5[A]

   ② 광전식연기감지기 : 42개 × 0.001[A] = 0.042[A]

   ③ 이온화식 연기감지기 : 16개 × 0.001[A] = 0.016[A]

   ④ 시각경보기 : 32개 × 0.095[A] = 3.04[A]

   ⑤ 사이렌 : 6개 × 0.072[A] = 0.432[A]

   ⑥ 경보전류 합계 : 5.03A

3) 용량환산시간계수의 산정

   ① 60분간 감시상태를 유지하고 30분 이상 유효하게 경보를 발하여야 한다.

   ② 셀당 최저허용전압 $= \dfrac{102[\text{V}]}{60\text{셀}} = 1.7[\text{V/셀}]$

   ③ 90분의 경우 $K_1 = 2.70$, 30분의 경우 $K_2 = 1.24$

4) 축전지 용량

$$C = \frac{1}{L}[K_1 I_1 + K_2(I_2 - I_1)] = \frac{1}{0.8}[2.70 \times 0.177 + 1.24 \times (5.03 - 0.177)] = 8.12 = 8[\text{Ah}]$$

⑶ 경보를 발하여야 하는 층

지하3층, 지하2층, 지하1층, 지상1층, 지상2층, 지상3층, 지상4층, 지상5층

⑷ 음향장치의 구조 및 성능에 관한 기준 3가지를 쓰시오.

   ① 정격전압의 80[%] 전압에서 음향을 발할 수 있는 것으로 할 것

   ② 음량은 부착된 음향장치 중심으로부터 1[m] 떨어진 위치에서 90[dB] 이상이 되는 것으로 할 것

   ③ 감지기 및 발신기의 작동과 연동하여 작동할 수 있는 것으로 할 것

경보를 발하여야 하는 층

화재 층	경보를 발하여야 하는 층
지상2층	지상2층, 지상3층, 지상4층, 지상5층, 지상6층
지상1층	지하3층, 지하2층, 지하1층, 지상1층, 지상2층, 지상3층, 지상4층, 지상5층
지하1층	지하3층, 지하2층, 지하1층, 지상1층
지하2층	지하3층, 지하2층, 지하1층
지하3층	지하3층, 지하2층, 지하1층

49 전동기 용량 $P = \dfrac{0.163QHK}{E}$ 임을 증명하시오.

(단, P : 전동기 용량[kW], Q : 토출량[m³/min], H : 전양정[m], E : 효율, K : 전달계수)

풀이&답

1. 수동력

$$P_w = \frac{W}{t} = \frac{F \times d}{t} = \frac{PA \times d}{t} = \frac{PA \times (V \times t)}{t} = PAV = PQ = \gamma QH$$

여기서, 일 $W =$ 힘$(F) \times$ 거리(d)

속도 $V = \dfrac{d(거리)}{t(시간)}$ [m/s], 거리 $d = V \times t$

토출량(유량) $Q = AV$ [m³/s]

압력 $P = \gamma H$, γ : 비중량 [kgf/m³]

2. 수동력의 단위 변환

1[kW] = 102 [kgf·m/s], 물의 비중량 1000[kgf/m³] 이므로

$$P_w = \frac{\gamma QH}{102} [\text{kW}] = \frac{1000[\text{kgf/m}^3] \times Q[\text{m}^3/\text{s}] \times H[\text{m}]}{102} = 9.8QH[\text{kW}]$$

여기서, 토출량 Q의 단위가 [m³/s]이므로 이것을 [m³/min]으로 변경하면

$$P_w = 9.8Q[\text{m}^3/\text{s}] \times \frac{1}{60} \times H[\text{m}] = 0.163QH[\text{kW}]$$

3. 축동력

$$P_s = \frac{P_w}{E} = \frac{0.163QH}{E}$$

4. 전동기용량 = 축동력 × 전달계수 = $\dfrac{0.163QHK}{E}$ [kW]

여기서, P : 전동기 용량[kW], Q : 토출량[m³/min], H : 전양정[m]

E : 효율, K : 전달계수

03 소화기구 및 자동소화장치

01 주요구조부가 내화구조이고, 벽 및 반자의 실내에 면하는 부분이 불연 재료로 된 지상5층 규모의 병원을 설계하려고 한다. 다음 각 물음에 답하시오.

(1) 이 병원의 연면적이 5,000[m²]이며, 각 층의 바닥면적이 1,000[m²]일 경우 능력단위 2단위의 분말소화기 몇 개가 필요한가?

(2) 병원의 지하실에 바닥면적이 50[m²]인 보일러실을 설치하는 경우에 필요한 분말소화기의 능력단위는?

풀이&답　(1) 분말소화기 수량

① 병원은 의료시설에 해당되므로 소화기구의 능력단위는 의료시설 용도의 바닥면적 50[m²]마다 능력단위 1단위 이상, 주요구조부가 내화구조이고, 벽 및 반자의 실내에 면하는 부분이 불연재료로 되어 있으므로 기준면적의 2배인 100[m²]를 적용한다.

② 능력단위 $= \dfrac{1,000[m^2]}{50[m^2] \times 2[배]} = 10[단위]$

③ 층별 수량 $= \dfrac{10단위}{2단위} = 5[개]$, 총수량은 $5[개] \times 5[개층] = 25[개]$

(2) 보일러실에 설치하는 분말소화기의 수량

① 보일러실에 추가하여야 하는 소화기구의 능력단위는 해당 용도의 바닥면적 25[m²]마다 능력단위 1단위 이상의 소화기가 필요하다.

② 능력단위 $= \dfrac{50}{25} = 2[단위]$

02 대형소화기에 대한 다음의 물음에 답하시오.

(1) 대형소화기의 능력단위

(2) 대형소화기의 보행거리

(3) 다음과 같은 대형소화기에 충전하는 소화약제의 양은 얼마인지 쓰시오.

　(단위도 정확히 명기할 것)

　① 물소화기　　　　　: (①) 이상

　② 이산화탄소소화기　: (②) 이상

　③ 강화액소화기　　　: (③) 이상

　④ 할로겐화물소화기　: (④) 이상

　⑤ 포소화기　　　　　: (⑤) 이상

　⑥ 분말소화기　　　　: (⑥) 이상

(4) 이산화탄소 또는 할로겐화합물을 방사하는 소화기구(자동확산소화기를 제외한다)를 적용할 수 없는 장소(단, 배기를 위한 유효한 개구부가 있는 경우는 제외한다.)를 쓰시오.

(5) 대형소화기의 용어정의

풀이&답

(1) 대형소화기의 능력단위
    ① A급화재 : 10단위 이상
    ② B급화재 : 20단위 이상
(2) 대형소화기의 보행거리 : 30[m] 이하
(3) 대형소화기에 충전하는 소화약제의 양
    ① 80[L]   ② 50[kg]   ③ 60[L]   ④ 30[kg]   ⑤ 20[L]   ⑥ 20[kg]
(4) 적용할 수 없는 장소
    지하층이나 무창층 또는 밀폐된 거실로서 그 바닥면적이 20[m^2] 미만의 장소
(5) 대형소화기의 용어정의
    화재 시 사람이 운반할 수 있도록 운반대와 바퀴가 설치되어 있고 능력단위가 A급 10단위 이상,
    B급 20단위 이상인 소화기를 말한다.

---

03 지하 1층의 용도가 판매 시설로서 본 용도로 사용하는 바닥 면적이 3,000[m^2]일 경우 이 장소에 수동식 분말소화기 1개의 소화 능력단위가 A급 화재 기준으로 3단위의 소화기로 설치할 경우 본 판매 장소에 필요한 소화 능력단위 수와 소형 분말 소화기의 수는 최소 몇 개가 필요한지 구하시오.(단, 설명되지 않은 기타 조건은 무시한다.)

(1) 필요한 소화 능력단위 수 :

(2) 필요한 수동식 분말 소화기의 수 :

(3) 다음은 소화기의 설치기준을 설명한 것이다. ( )안에 적합한 용어를 쓰시오.

> 특정소방대상물의 각 부분으로부터 1개의 소화기까지의 보행거리가 소형소화기
> 에 있어서는 (①)[m] 이내, 대형소화기에 있어서는 (②)[m] 이내로 배치하고,
> 특정소방대상물의 각 층이 (③) 이상의 거실로 구획된 경우에는 위의 규정 외에
> 바닥면적이 (④)[m^2] 이상으로 구획된 각 거실(아파트의 경우에는 각 세대를
> 말한다)에도 배치할 것

풀이&답

(1) 능력단위
    ① 판매시설은 해당 용도의 바닥면적 100[m^2] 마다 능력단위 1단위 이상
    ② 능력단위 $= \dfrac{3,000[\text{m}^2]}{100[\text{m}^2]} = 30[단위]$
(2) 소화기의 수
    ① 문제에서 3단위의 소화기를 설치한다 하였으므로
    ② 소화기의 수량 $= \dfrac{30}{3} = 10[개]$
(3) 적합한 용어
    ① 20   ② 30   ③ 2   ④ 33

---

04 바닥면적이 30[m] × 20[m]인 다음의 장소에 분말소화기를 설치할 경우 각각의 장소에 필요한 분말소화기의 소화능력단위를 구하시오.

(1) 위락시설

(2) 판매시설

(3) 공연장 (단, 건축물의 주요구조부가 내화구조이고, 벽 및 반자의 실내에 면하는 부분이 불연재료로 되어 있다.)

풀이&답

(1) 위락시설 : 바닥면적 30[m²]마다 1단위 이상 $= \dfrac{(30[m] \times 20[m])}{30[m^2]} = 20[단위]$

(2) 판매시설 : 바닥면적 100[m²]마다 1단위 이상 $= \dfrac{(30[m] \times 20[m])}{100[m^2]} = 6[단위]$

(3) 공연장 : 바닥면적 50[m²]마다 1단위 이상이고, 내화구조의 경우 바닥면적 100[m²]마다 1단위 이상

$= \dfrac{(30[m] \times 20[m])}{100[m^2]} = 6[단위]$

05 가스식, 분말식, 고체에어로졸식 자동소화장치의 감지부는 형식승인 된 유효 설치범위 내에 설치하여야 하며 설치장소의 평상시 최고주위온도에 따라 다음 표에 따른 표시온도의 것으로 설치할 것. 다음의 표를 완성하시오.

설치장소의 최고주위온도	표시온도

풀이&답

설치장소의 최고주위온도	표시온도
39[℃] 미만	79[℃] 미만
39[℃] 이상 64[℃] 미만	79[℃] 이상 121[℃] 미만
64[℃] 이상 106[℃] 미만	121[℃] 이상 162[℃] 미만
106[℃] 이상	162[℃] 이상

06 아래의 조건을 참고하여 소형 소화기의 설치수량 및 부속용도별로 추가하여야 하는 자동확산소화기의 수량을 구하시오.

(1) 소형소화기의 전체 설치수량

(2) 부속용도별로 추가하여야 하는 자동확산소화기의 전체 설치수량(최소수량)

[조건]

① 능력단위가 2단위인 소형소화기를 설치한다.

② 특정소방대상물의 각 층별 용도는 업무시설이다.

(1) 지하 1층은 주차장

(2) 지하 2층 : 주차장 400[m²], 변전실 150[m²], 보일러실 200[m²]이고 경유는

800[L]가 저장되어 있다.

   ⑶ 지상 1층 ~ 지상 9층은 사무실

   ⑷ 지상 10층 : 사무실, 구내식당 및 주방(40[m²])

③ 각 층의 바닥면적은 750[m²] 이다.

④ 건물의 주요구조부는 내화구조이며, 내장재는 불연재료이다.

⑤ 지하주차장에는 스프링클러가 설치되어 있으며, 모든 층에는 옥내소화전설비가 설치되어 있다.

⑥ 보행거리, 구획된 거실은 고려하지 않는다.

⑦ 고체에어로졸자동소화장치는 설치하지 않는다.

⑧ 층별 소요량 산정 시 부속용도의 면적은 바닥면적에 포함한다.

풀이&답

(1) 소형소화기의 전체 설치수량

  1) 지하2층 소형 소화기의 수량

    ① 기본 소요량

     업무시설로서 주요구조부가 내화구조, 불연재료로 되어 있으므로

$$능력단위 = \frac{750[\text{m}^2]}{100[\text{m}^2] \times 2[배]} = 3.75 = 4[단위]$$

     소형소화기의 층별 설치수량 : 4단위/2단위=2개

    ② 보일러실에 설치하여야 하는 수량

$$능력단위 = \frac{200[\text{m}^2]}{25[\text{m}^2]} = 8[단위]$$

     소형소화기의 설치수량 : 8단위/2단위=4개

    ③ 경유 800[L]

     위험물안전관리법시행령에 따른 지정수량의 1/5이상 지정수량 미만의 위험물을 저장 또는 취급하는 장소에는 능력단위 2단위 이상을 설치하여야 하므로

     소화기의 수량 : 2단위/2단위 = 1개

     ※ 경유는 지정수량이 1,000[L] 이다.

    ④ 변전실에 설치하여야 하는 소형 소화기의 수량

     해당 용도의 바닥면적 50[m²]마다 적응성이 있는 소화기 1개 이상을 설치하여야 하므로

$$소형소화기의 수량 = \frac{150[\text{m}^2]}{50[\text{m}^2]} = 3[개]$$

    ⑤ 소형소화기의 전체수량 = 2개 + 4개 + 1개 + 3개 = 10개

  2) 지하1층 소형 소화기의 수량

    업무시설로서 주요구조부가 내화구조, 불연재료로 되어 있으므로

$$능력단위 = \frac{750[\text{m}^2]}{100[\text{m}^2] \times 2[배]} = 3.75 = 4[단위]$$

    소형소화기의 층별 설치수량 : 4단위/2단위=2개

  3) 지상 1층~지상 9층

    업무시설로서 주요구조부가 내화구조, 불연재료로 되어 있으므로

$$능력단위 = \frac{750[\text{m}^2]}{100[\text{m}^2] \times 2[배]} = 3.75 = 4[단위]$$

    소형소화기의 층별 설치수량 : 4단위/2단위 = 2개 × 9층 = 18개

4) 지상 10층

① 기본 소요량

$$능력단위 = \frac{750\,[\text{m}^2]}{100\,[\text{m}^2] \times 2\,[\text{배}]} = 3.75 = 4\,[\text{단위}]$$

소형소화기의 층별 설치수량 : 4단위/2단위 = 2개

② 주방 : 해당 용도의 바닥면적 25[m²]마다 능력단위 1단위 이상의 소화기를 설치하여야 하

므로 능력단위 $= \dfrac{40\,[\text{m}^2]}{25\,[\text{m}^2]} = 1.6 = 2\,[\text{단위}]$

소형 소화기의 설치수량 : 2단위/2단위 = 1개

③ 지상 10층 소화기의 수량 : 2개 + 1개 = 3개

5) 소형 소화기의 전체 설치수량 = 10개 + 2개 + 18개 + 3개 = 33개

(2) 부속용도별로 추가하여야 하는 자동확산소화기의 설치수량

① 지하2층의 보일러실

보일러실에 스프링클러설비가 설치되어 있지 않으므로 바닥면적 10[m²]이하는 1개, 10[m²]

초과는 2개의 자동확산소화기를 설치하여야 한다.

보일러실의 바닥면적이 200[m²]이므로 자동확산소화기를 2개 설치한다.

② 10층 주방

해당 용도의 바닥면적이 40[m²]로서 10[m²]를 초과하므로 자동확산소화기를 2개 설치한다.

③ 자동확산소화기의 설치수량 = 2개 + 2개 = 4개

자동확산소화기의 설치를 제외할 수 있는 경우
스프링클러설비, 간이스프링클러설비, 물분무등소화설비 또는 상업용 주방자동소화장치가 설치
된 경우에는 자동확산소화기를 설치하지 아니할 수 있다.

07 아래의 조건과 소화기구 및 자동소화장치의 화재안전기술기준(NFTC 101)을 참고하여
다음 각 물음에 답하시오.

〈조건〉

• 지하 2층, 지상 5층인 특정소방대상물로서 층별 바닥면적은 1,500[m²]이다.

• 용도는 지하 1층 및 지하 2층은 주차장으로 사용하고, 지상 1층~지상 5층은 업무
시설로 사용한다.

• 주요구조부는 비내화구조, 내부마감은 준불연재료로 한다.

• 보일러실은 지하 2층에 위치하며, 면적은 100[m²]이다.

• 능력단위 3단위인 소형의 분말소화기를 설치한다.

• 소화기 수량산출 시 자동확산소화기는 제외하며, 구획된 실, 보행거리 등은 무시
한다.

• 모든 층에 옥내소화전설비, 스프링클러설비가 설치되어 있다.

• 보일러실의 경유는 소화기 수량산출 시 고려하지 않는다.

(1) 지하 2층에 필요한 소화기의 최소수량(3점)

풀이&답

1) 주차장

① 능력단위 : $\dfrac{1,500[\text{m}^2]}{100[\text{m}^2]} = 15$단위

② 수량 : 15단위/3단위 = 5개

2) 보일러실

① 능력단위 : $\dfrac{100[\text{m}^2]}{25[\text{m}^2]} = 4$단위

② 수량 : 4단위/3단위=1.33=2개

3) 소화기의 수량=5개+2개=7개

(2) 지하 1층에 필요한 소화기의 최소수량(2점)

풀이&답

① 능력단위 : $\dfrac{1,500[\text{m}^2]}{100[\text{m}^2]} = 15$단위

② 수량 : 15단위/3단위 = 5개

(3) 지상층에 필요한 소화기의 최소수량(2점)

풀이&답

1) 층별 수량

① 능력단위 : $\dfrac{1,500[\text{m}^2]}{100[\text{m}^2]} = 15$단위

② 수량 : 15단위/3단위 = 5개

2) 지상층의 수량 = 5개×5개층 = 25개

특정소방대상물별 소화기구의 능력단위기준

특정소방대상물	소화기구의 능력단위
1. 위락시설	해당 용도의 바닥면적 30[m²] 마다 능력단위 1단위 이상
2. 공연장 · 집회장 · 관람장 · 문화재 · 장례식장 및 의료시설	해당 용도의 바닥면적 50[m²] 마다 능력단위 1단위 이상
3. 근린생활시설 · 판매시설 · 운수시설 · 숙박시설 · 노유자시설 · 전시장 · 공동주택 · 업무시설 · 방송통신시설 · 공장 · 창고시설 · 항공기 및 자동차 관련 시설 및 관광휴게시설	해당 용도의 바닥면적 100[m²] 마다 능력단위 1단위 이상
4. 그 밖의 것	해당 용도의 바닥면적 200[m²] 마다 능력단위 1단위 이상

(주) 소화기구의 능력단위를 산출함에 있어서 건축물의 주요구조부가 내화구조이고, 벽 및 반자의 실내에 면하는 부분이 불연재료·준불연재료 또는 난연재료로 된 특정소방대상물에 있어서는 위 표의 기준면적의 2배를 해당 특정소방대상물의 기준면적으로 한다.

(소화기의 감소)

① 소형소화기를 설치하여야 할 특정소방대상물 또는 그 부분에 옥내소화전설비·스프링클러설비·물분무등소화설비·옥외소화전설비 또는 대형소화기를 설치한 경우에는 해당 설비의 유효범위의 부분에 대하여는 소형 소화기의 3분의 2(대형소화기를 둔 경우에는 2분의 1)를 감소할 수 있다. 다만, 층수가 11층 이상인 부분, 근린생활시설, 위락시설, 문화 및 집회시설, 운동시설, 판매시설, 운수시설, 숙박시설, 노유자시설, 의료시설, 업무시설(무인변전소를 제외한다), 방송통신시설, 교육연구시설, 항공기 및 자동차관련 시설, 관광 휴게시설은 그러하지 아니하다.

② 대형소화기를 설치하여야 할 특정소방대상물 또는 그 부분에 옥내소화전설비·스프링클러설비·물분무등소화설비 또는 옥외소화전설비를 설치한 경우에는 해당 설비의 유효범위안의 부분에 대하여는 대형소화기를 설치하지 아니할 수 있다.

04 옥내소화전설비

01 옥내소화전설비에서 수원의 수위가 펌프보다 높은 곳에 있는 정압흡입방식의 흡입측 및 토출측 배관도를 작성하시오.(충압펌프 및 압력챔버가 있는 경우이다)

풀이&답

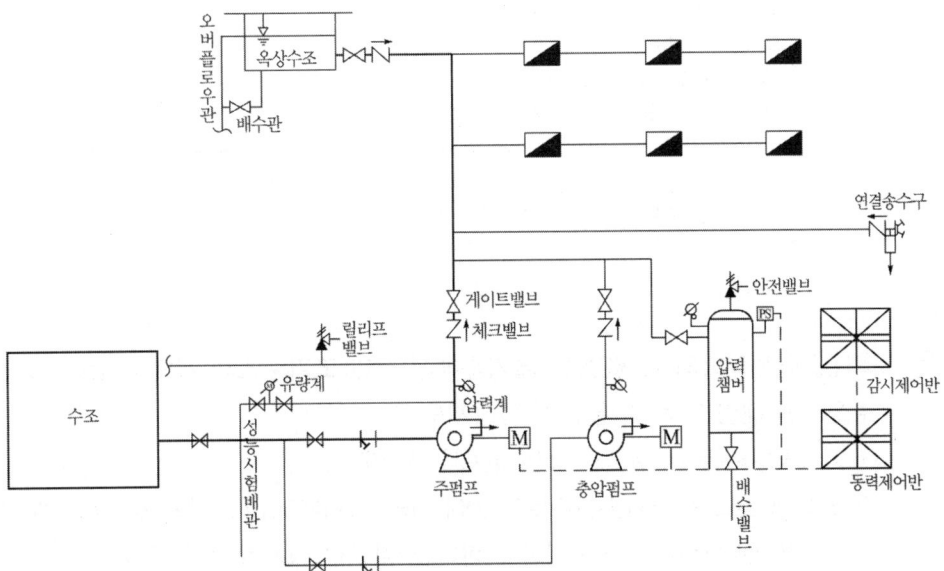

02 옥내소화전설비의 화재안전기술기준에서 정하고 있는 가압송수장치의 기동장치로는 기동용수압개폐장치 또는 이와 동등 이상의 성능이 있는 것을 설치하여야 하나, 학교·공장·창고시설(옥상수조를 설치한 대상은 제외한다)로서 동결의 우려가 있는 장소에 있어서는 기동스위치에 보호판을 부착하여 옥내소화전함 내에 설치할 수 있다. 이러한 경우에는 주펌프와 동등 이상의 성능이 있는 별도의 펌프로서 내연기관의 기동과 연동하여 작동되거나 비상전원을 연결한 펌프를 추가로 설치하여야 함에도 불구하고 설치하지 않을 수 있는 조건 5가지를 쓰시오.

풀이&답

① 지하층만 있는 건축물
② 고가수조를 가압송수장치로 설치한 경우
③ 수원이 건축물의 최상층에 설치된 방수구보다 높은 위치에 설치된 경우
④ 건축물의 높이가 지표면으로부터 10m 이하인 경우
⑤ 가압수조를 가압송수장치로 설치한 경우

옥내소화전설비의 화재안전기술기준

2.2.1.9 기동장치로는 기동용수압개폐장치 또는 이와 동등 이상의 성능이 있는 것을 설치할 것. 다만, 학교 · 공장 · 창고시설(제4조제2항에 따라 옥상수조를 설치한 대상은 제외한다)로서 동결의 우려가 있는 장소에 있어서는 기동스위치에 보호판을 부착하여 옥내소화전함 내에 설치할 수 있다.

2.2.1.10 2.2.1.9 단서의 경우에는 주펌프와 동등 이상의 성능이 있는 별도의 펌프로서 내연기관의 기동과 연동하여 작동되거나 비상전원을 연결한 펌프를 추가 설치할 것. 다만, 다음 각 목의 경우는 제외한다.
  (1) 지하층만 있는 건축물
  (2) 고가수조를 가압송수장치로 설치한 경우
  (3) 수원이 건축물의 최상층에 설치된 방수구보다 높은 위치에 설치된 경우
  (4) 건축물의 높이가 지표면으로부터 10[m] 이하인 경우
  (5) 가압수조를 가압송수장치로 설치한 경우

03 옥내소화전설비의 화재안전기술기준에서 정한 고가수조의 자연낙차를 이용한 가압송수장치에 대한 다음 각 물음에 답하시오.

(1) 자연낙차수두란 무엇을 의미하는지 쓰시오.

(2) 소방용 호스의 마찰손실수두가 100[m]당 13[m](15[m] 소방용 호스를 2개 사용), 배관의 마찰손실수두가 20[m]라고 한다면 필요한 낙차는 최소 몇 [m]인가?

풀이&답
(1) 자연낙차수두
    수조의 하단으로부터 최고층에 설치된 소화전 호스 접결구까지의 수직거리
(2) 필요한 낙차
   ① 호스의 마찰손실수두
   $$h_1 = \frac{13[m]}{100[m]} \times 15[m] \times 2 = 3.9[m]$$
   ② 필요한 낙차
   $$H = h_1 + h_2 + 17 = 3.9[m] + 20[m] + 17[m] = 40.9[m] \text{ 이상}$$

04 그림과 같이 각층의 평면구조가 모두 같은 지하 1층 지상 4층의 사무실(근린생활시설이 아님, 층고 : 4[m])용도의 건물이 있다. 이 건물의 전 층에 걸쳐 스프링클러설비(습식) 및 옥내소화전설비를 하나의 수조 및 소화펌프와 연결하여 적법하게 설치하고자 한다. 다음의 물음에 답하시오.(단, 펌프로부터 최고위 헤드까지의 수직높이는 18[m] 이다.)

(1) 옥내소화전의 설치개수는 최소한 몇 개가 되어야 하는가?

(2) 수조의 저수량은 몇 [m³]이상이어야 하는가? (단, 건물 전체로 산출하고, 옥상이 없는 건축물이다.)

(3) 펌프의 정격송출량은 몇 [L/min] 이상이어야 하는가?

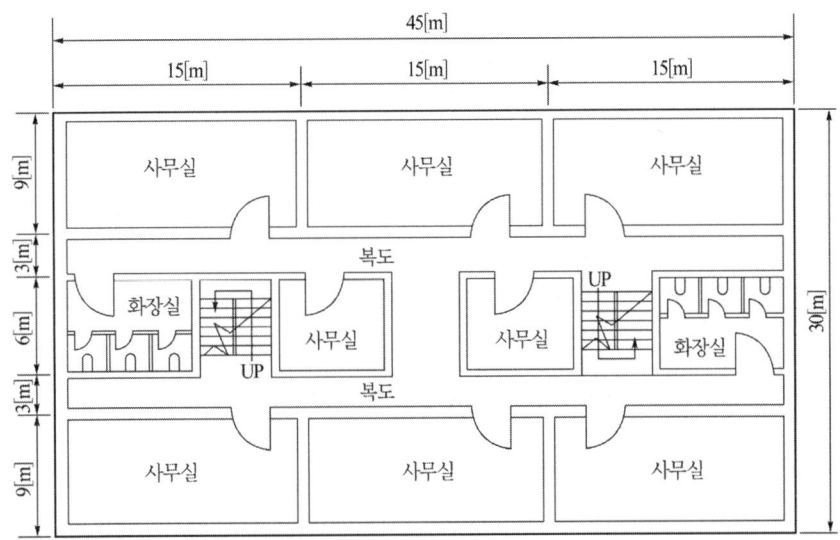

(4) 충압펌프를 소화펌프 옆에 설치할 경우에

　① 충압펌프의 정격 토출량 기준

　② 충압펌프의 정격 토출압력은 몇 [MPa]이상이어야 하는가?

(5) 주입상관의 안지름은 최소한 몇 [mm]가 되어야 하는가? 65[mm], 80[mm], 90[mm], 100[mm] 중에서 선택하시오.(단, 허용최대유속은 4[m/s] 이다.)

(6) 알람밸브의 설치 개수는 몇 개 이상이어야 하는가?

(7) 펌프의 소요양정이 60[m]이고 전동기직결 구동식이라면 전동기의 소요동력은 몇 [kW]인가?(단, 펌프의 효율은 0.6, 축동력 전달계수는 1.1이라 한다.)

(8) 옥내 소화전의 앵글밸브 인입 측 배관의 호칭구경은 얼마 이상이어야 하는지 답하시오.

풀이&답

(1) 옥내소화전 수량

　① 옥내소화전의 수평거리는 25[m] 이하

　② 가로수량 = $45\text{m}/(2 \times 25 \times \cos45°) = 1.27 = 2$개

　③ 세로수량 = $30\text{m}/(2 \times 25 \times \cos45°) = 0.848 = 1$개

　④ 층별수량 = 2개×1개 = 2개

　⑤ 지하1층, 지상4층에 설치하여야 하므로 2개 × 5개층 = 10개

(2) 수조의 저수량

　① 옥내소화전의 경우 $Q = 2 \times 2.6 = 5.2[\text{m}^3]$

　② 스프링클러설비의 경우 $Q = 10 \times 1.6 = 16[\text{m}^3]$

　　(10층 이하로서 헤드부착높이가 8[m] 미만이므로 기준개수는 10개를 적용한다.)

　　주의 : 근린생활시설의 경우에는 헤드 기준개수를 20개로 적용하여야 한다.

　③ 저수량은 $5.2[\text{m}^3] + 16[\text{m}^3] = 21.2[\text{m}^3]$

(3) 정격 송출량

　① 옥내소화전의 경우 $Q = 2 \times 130 = 260[\text{L/min}]$

　② 스프링클러설비의 경우 $Q = 10 \times 80 = 800[\text{L/min}]$

　③ 송출량은 $260 + 800 = 1,060[\text{L/min}]$

(4) 충압펌프

　① 정상적인 누설량보다 적어서는 아니 되며 소화설비가 자동적으로 작동할 수 있는 충분한 토출

량 유지하여야 한다.

② 충압펌프 정격토출압력 = 자연압 + 0.2[MPa]

= 18[m](0.18[MPa]) + 0.2[MPa] = 0.38[MPa]

(5) 주입상관의 안지름

$$D = \sqrt{\frac{4 \times 1.06/60}{\pi \times 4}} = 74.99[mm] = 80[mm]$$

(6) 알람밸브 수

알람밸브 설치개수 $= \frac{30 \times 45}{3,000} = 0.45$

∴ 충당 1개씩 5개 충이므로 5개

(7) 동력계산

$$P = \frac{9.8QH}{\eta} \times K = \frac{9.8[kN/m^3] \times 1.06[m^3/60s] \times 60[m]}{0.6} \times 1.1 = 19.04[kW] \text{ 이상}$$

(8) 배관의 호칭구경 : 40[mm] 이상

05 아래 조건을 참고하여 옥내소화전설비 토출측 주배관의 구경을 선정하시오.(단, 주배관의 구경은 호칭경으로 답한다)

[조건]

1) 토출측에서의 유량은 1,500[L/min], 유속은 화재안전기준에서 정한 최대치를 적용

2) 배관의 내경은 다음과 같다.

호칭경	내경(mm)	호칭경(mm)	내경(mm)	호칭경(mm)	내경(mm)
25[A]	25	65[A]	65	150[A]	150
32[A]	32	80[A]	80	200[A]	200
40[A]	40	100[A]	100	250[A]	250
50[A]	50	125[A]	125	300[A]	300

풀이&답 유량 $Q = AV = \frac{\pi}{4} \times D^2 \times V$ 에서

내경 $D = \sqrt{\frac{4Q}{\pi V}} = \sqrt{\frac{4 \times 1.5[m^3/60s]}{\pi \times 4[m/s]}} \times 1,000 = 89.206[mm]$

(화재안전기준상 유속은 4m/s이하로 하여야 하므로 4[m/s] 적용)

표에서 호칭경 100[A] 선정

06 옥내소화전설비에 관한 설계 시 다음 조건을 읽고 물음에 답하시오.

[조건]

① 지상 3층 규모의 근린생활시설, 각 층의 바닥면적 1,200[m²]

② 옥내소화전은 층당 4개씩 총 12개가 설치

③ 소화펌프에서 최상층 소화전 호스 접결구까지의 수직거리 15[m]

④ 소방호스 : 40[mm] × 15[m](고무내장)

⑤ 호스의 마찰손실수두 값(호스 100[m]당)

구분 유량 [ℓ/min]	호스의 호칭구경 [mm]					
	40 [mm]		50 [mm]		65 [mm]	
	마호스	고무내장호스	마호스	고무내장호스	마호스	고무내장호스
130	26[m]	12[m]	7[m]	3[m]	–	–
350	–	–	–	–	10[m]	4[m]

⑥ 배관 및 관 부속품의 마찰손실수두의 합계 30[m]

⑦ 배관내경

호칭구경	15A	20A	25A	32A	40A	50A	65A	80A	100A
내경[mm]	16.4	21.9	27.5	36.2	42.1	53.2	69	81	105.3

⑧ 펌프의 동력전달계수

동력 전달방식	전달계수
전동기	1.1
전동기 이외의 것	1.2

⑨ 펌프의 구경에 따른 효율(단, 펌프의 구경은 펌프 토출측 주배관의 구경과 동일하다)

펌프의 구경 [mm]	효율
40	0.45
50~65	0.55
80	0.60
100	0.65
125~150	0.70

(1) 소방펌프의 정격유량[L/min]

(2) 정격양정[m] (단, 흡입양정은 고려하지 않는다)

(3) 소방펌프의 토출측 주배관의 최소구경을 산정하시오.

(4) 소방펌프를 디젤엔진으로 구동시 엔진의 동력(PS)을 구하시오.

(5) 유량측정장치는 몇 [L/min]까지 측정 가능하여야 하는가?

(6) 옥상에 저장하여야 하는 수원[m³]의 양

풀이&답

(1) 소방펌프의 정격유량[L/min]

$Q = 2개 \times 130[L/min] = 260[L/min]$ 이상

(2) 정격양정[m]

① 소방호스 마찰손실 수두 $h_1 = \dfrac{12[m]}{100[m]} \times 15[m] = 1.8[m]$

② 관 부속품의 마찰손실수두 $h_2 = 30[m]$

③ 낙차환산 수두 $h_3 = 15[m]$

④ 정격양정 : $H = h_1 + h_2 + h_3 + 17 = 1.8[m] + 30[m] + 15[m] + 17[m] = 63.8[m]$ 이상

(3) 소방펌프의 토출측 주배관의 최소구경을 산정하시오.

$D = \sqrt{\dfrac{4Q}{\pi V}} = \sqrt{\dfrac{4 \times 0.26[m^3/60s]}{\pi \times 4[m/s]}} \times 1000 = 37.14[mm]$ 표에서 50[A]

(4) 소방펌프를 디젤엔진으로 구동시 엔진의 동력(PS)을 구하시오.

① 펌프의 효율 : 표에서 0.55

② 전달계수 : 표에서 전동기 이외의 것이므로 1.2

③ 엔진의 동력

$$P = \frac{9.8QH}{0.735\eta} \times K = \frac{9.8[\text{kN/m}^3] \times 0.26[\text{m}^3/60\text{s}] \times 63.8[\text{m}]}{0.735 \times 0.55} \times 1.2 = 8.04[\text{PS}] \text{ 이상}$$

(5) 유량측정장치는 몇 [L/min]까지 측정 가능하여야 하는가?

① 유량측정장치는 펌프의 정격 토출량의 175%이상 측정할 수 있어야 한다.

② 측정 가능유량 : 260[L/min] × 1.75 = 455[L/min] 이상

(6) 옥상에 저장하여야 하는 수원[m³]의 양

$$Q = 2개 \times 2.6[\text{m}^3] \times \frac{1}{3} = 1.73[\text{m}^3] \text{ 이상}$$

07 근린생활시설에 옥내소화전설비를 설치하고자 한다. 조건을 이용하여 다음 각 물음에 답하시오.

[조건]

1) 소화전은 각 층에 4개씩 설치

2) 배관 내 유속은 화재안전기술기준에서 정한 값으로 한다.

3) 배관의 내경에 따른 호칭경은 다음과 같다.

호칭구경	15A	20A	25A	32A	40A	50A	65A	80A	100A
내경[mm]	16.4	21.9	27.5	36.2	42.1	53.2	69	81	105.3

(1) 가압송수장치의 토출량 [m³/min]

(2) 토출측 주배관의 최소구경 (호칭경으로 답하시오)

(3) 펌프의 성능시험을 위한 유량측정장치의 최대측정유량 [L/min]

(4) 소방호스 및 배관의 마찰손실수두가 10[m], 실양정 25[m]일 때 정격 토출량의 150[%]로 운전 시의 최소양정[m]

(5) 체절압력(MPa) (단, 중력가속도는 9.8[m/s²])

(6) 성능시험배관의 유량계의 선단 및 후단에 설치하여야 하는 밸브

(7) 옥내소화전설비의 감시제어반의 기능 적합기준 6가지를 쓰시오.

풀이&답 (1) 가압송수장치의 토출량[m³/min]

= 2개 × 130 = 260[L/min] = 0.26[m³/min] 이상 (2개 이상은 2개)

(2) 토출측 주배관의 최소구경(호칭경으로 답하시오)

$$D = \sqrt{\frac{4Q}{\pi V}} = \sqrt{\frac{4 \times 0.26[\text{m}^3/60\text{s}]}{\pi \times 4[\text{m/s}]}} \times 1000 = 37.14[\text{mm}]$$

조건 3)에서 50[A]

(3) 펌프의 성능시험을 위한 유량측정장치의 최대측정유량[L/min]

① 정격토출량의 1.75배 이상을 측정할 수 있어야 하므로

② 최대측정유량 : 260[L/min] × 1.75 = 455[L/min]

(4) 소방호스 및 배관의 마찰손실수두가 10[m], 실양정 25[m]일 때 정격 토출량의 150[%]로 운전 시의 최소양정[m]

    ① 전양정 H=10[m] + 25[m] + 17[m] = 52[m]

    ② 정격 토출량의 150[%]로 운전 시 정격양정의 65[%] 이상이 되어야 하므로

        52[m] × 0.65 = 33.8[m]

(5) 체절압력[MPa] (단, 중력가속도는 9.8[m/s²])

    ① 체절압력은 정격양정의 140[%] 이하

    ② 체절압력 $= \gamma H = \rho g H = 1,000[\text{kg/m}^3] \times 9.8[\text{m/s}^2] \times 52[\text{m}] = 509,600[\text{kg/m} \cdot \text{s}^2]$

        $= 509,600[\text{N/m}^2] = 509,600[\text{Pa}] = 0.5096[\text{MPa}] \times 1.4 = 0.71344 = 0.71[\text{MPa}]$

(6) 성능시험배관의 유량계의 선단 및 후단에 설치하여야 하는 밸브

    선단 : 개폐밸브, 후단 : 유량조절밸브

(7) 옥내소화전설비의 감시제어반의 기능 적합기준 6가지

    ① 각 펌프의 작동여부를 확인할 수 있는 표시등 및 음향경보기능이 있어야 할 것

    ② 각 펌프를 자동 및 수동으로 작동시키거나 중단시킬 수 있어야 할 것

    ③ 비상전원을 설치한 경우에는 상용전원 및 비상전원의 공급여부를 확인할 수 있어야 할 것

    ④ 수조 또는 물올림탱크가 저수위로 될 때 표시등 및 음향으로 경보할 것

    ⑤ 다음의 각 확인회로마다 도통시험 및 작동시험을 할 수 있도록 할 것

        ㉮ 기동용수압개폐장치의 압력스위치회로

        ㉯ 수조 또는 물올림수조의 저수위감시회로

        ㉰ 2.3.10에 따른 개폐밸브의 폐쇄상태 확인회로

        ㉱ 그 밖의 이와 비슷한 회로

    ⑥ 예비전원이 확보되고 예비전원의 적합여부를 시험할 수 있어야 할 것

08 지상6층, 지하1층인 특정소방대상물에 옥내소화전설비를 설치하고자 하는 경우 조건을 참고하여 아래의 물음에 답하시오.

[조건]

    ① 옥내소화전은 지하1층에 2개, 지상1층~지상3층에는 각 4개, 지상5층~6층에는 각 3개, 옥상층에는 시험용 소화전 1개를 설치하였다.

    ② 급수펌프의 토출수두는 28[m]

    ③ 급수펌프의 흡입수두는 1.5[m]

    ④ 소방용 호스의 마찰손실 6.5[m], 관 부속품의 마찰손실은 8[m]

    ⑤ 직관의 마찰손실 6[m]

    ⑥ 전동기의 효율은 0.65, 전달계수는 1.1 이다.

(1) 전용수원의 양 [m³]은 얼마인가?(단, 전용수원은 15[%]의 여유를 준다.)

(2) 펌프의 토출량 [m³/min]은 얼마인가?(단, 토출량은 15[%]의 여유를 준다.)

(3) 펌프를 지하층에 설치할 경우 필요한 펌프의 양정[m]은?

(4) 전동기의 용량[kW]은?

풀이&답

(1) 전용수원의 양[m³]

    $Q = 2$개$\times 2.6[\text{m}^3] \times (1 + 0.15) = 5.98[\text{m}^3]$ 이상

(2) 펌프의 토출량[m³/min]

$Q = 2$개$\times 130[\text{L/min}] \times (1 + 0.15) = 299[\text{L/min}] = 0.299[\text{m}^3/\text{min}] = 0.3[\text{m}^3/\text{min}]$ 이상

(3) 펌프를 지하층에 설치할 경우 펌프의 양정[m]

$H = (1.5[\text{m}] + 28[\text{m}]) + 6.5[\text{m}] + (6[\text{m}] + 8[\text{m}]) + 17[\text{m}] = 67[\text{m}]$ 이상

(4) 전동기의 용량 [kW]

$$P = \frac{9.8QH}{\eta} \times K = \frac{9.8[\text{kN/m}^3] \times 0.3[\text{m}^3/60\text{s}] \times 67[\text{m}]}{0.65} \times 1.1 = 5.56[\text{kW}] \text{ 이상}$$

09 옥내소화전설비의 체크밸브와 펌프사이에 순환배관을 설치하려고 한다. 펌프의 체절운전 시 출력은 30[kW], 1[kW]에 해당하는 발열량은 860[kcal], 밸브 내부의 수온상승온도는 30[℃]일 때 순환배관에서 순환되는 유량을 계산하시오.

[풀이&답]
$$q = \frac{L_s \times C}{60 \times \triangle t} = \frac{30[\text{kW}] \times 860[\text{kcal/kW}]}{60 \times 30[\text{℃}]} = 14.33[\ell/\text{min}]$$

10 최상층의 옥내소화전 방수구까지의 수직높이가 85[m]인 24층 건축물의 1층에 설치된 소화펌프의 정격토출압력은 1.2[MPa]이고, 옥내소화전설비의 요구압력이 0.27[MPa]이며, 펌프의 설정압력(Setting)은 0.8[MPa]이다. 기타 마찰손실을 무시할 경우 다음 항목에 대하여 설명하시오.

(1) 펌프 사양(양정)의 적합성 여부

(2) 펌프의 자동기동 여부

[풀이&답]
(1) 펌프 사양(양정)의 적합성 여부

펌프의 양정 $H = h_1 + h_2 + h_3 + h_4$에서

$H = 85[\text{m}] + 0 + 0 + 0.27[\text{MPa}] = 0.85[\text{MPa}] + 0 + 0 + 0.27[\text{MPa}] = 1.12[\text{MPa}]$ 이상

즉, 본 설비의 정격토출압력은 1.12[MPa] 이상이어야 한다.

따라서, 1층에 설치된 소화펌프의 정격토출압력이 1.2[MPa]이므로 적합하다.

(2) 펌프의 자동기동 여부

펌프의 설정압력(Setting)은 낙차압력(85[m] = 0.85[MPa])이상이어야 자동으로 기동하는데, 이 설비는 0.8[MPa]로 설정되어 있어 낙차압력(0.85[MPa])에 미달되므로 자동기동이 불가능하다.

11 옥내소화전설비의 화재안전기준에 따라 6층 규모의 건축물에 옥내소화전을 설치하고자 한다. 다음 각 물음에 답하시오.

[조건]

① 최고위 옥내소화전 앵글밸브에서 옥상수조까지의 수직거리는 3[m]

② 펌프의 풋밸브로부터 최고위 옥내소화전 앵글밸브까지의 수직거리는 30[m]

③ 펌프의 풋밸브로부터 6층 옥내소화전함 호스접결구까지 배관 및 관부속품의 마찰손실수두는 실양정의 30[%]

④ 소방용 호스의 마찰손실수두는 10[m]

⑤ 최고위 말단 방수구에서의 토출압력은 0.2[MPa]

⑥ 옥내소화전은 각 층당 3개씩 설치

⑦ 펌프의 체적효율 0.95, 기계효율 0.9, 수력효율 0.8, 전달계수 1.2

(1) 펌프의 최소 유량[L/min]

(2) 수원의 최소 유효 저수량[m^3](옥상수원은 제외)

(3) 펌프의 전효율

(4) 펌프의 전양정[m]

(5) 펌프용 전동기 최소동력[kW]

(6) 노즐의 방수압력이 0.7[MPa] 초과 시 감압방법 4가지를 쓰시오.

풀이&답

(1) 펌프의 최소 토출량[L/min]
$$Q = 2개 \times 130[L/min] = 260[L/min] \ 이상$$

(2) 수원의 최소 유효 저수량[m^3]
$$Q = 2개 \times 2.6[m^3] = 5.2[m^3] \ 이상$$

(3) 펌프의 전효율
$$\eta = 수력효율 \times 체적효율 \times 기계효율 = 0.95 \times 0.9 \times 0.8 = 0.684 = 0.68$$

(4) 펌프의 전양정[m]
$$H = 30[m] \times 0.3 + 10[m] + 30[m] + 20[m] = 69[m] \ 이상$$

(5) 펌프용 전동기 최소동력[kW]
$$P = \frac{9.8QH}{\eta} \times K = \frac{9.8[kN/m^3] \times 0.26[m^3/60s] \times 69[m]}{0.68} \times 1.2 = 5.17[kW]$$

(6) 노즐의 방수압력이 0.7[MPa] 초과 시 감압방법 4가지
① 고가수조방식
② 구간별 전용배관방식
③ 중간펌프방식(부스터펌프방식, 가압펌프방식)
④ 감압밸브 방식
⑤ 감압용 오리피스 방식

12 아래의 조건을 참고하여 옥내소화전설비에 대한 다음 각 물음에 답하시오.(8점)

[조건]

① 옥내소화전설비는 연결송수관설비와 겸용이다.

② 소화전은 지하1층~지상 1층에 6개, 지상 2층~지상 5층에 5개, 지상 6층~15층에 4개가 설치되어 있다.

③ 층의 높이는 지하1층 5.0[m], 지상 1층~지상 15층 3.0[m]임

④ 실양정은 50[m], 배관의 마찰손실수두는 실양정의 20[%]를 적용

⑤ 관 부속품의 마찰손실수두는 배관의 마찰손실수두의 50[%]를 적용

⑥ 소방호스의 마찰손실수두는 호스 100[m]당 26[m]이며, 15[m] 호스 2개가 비치

⑦ 성능시험배관의 구경을 산정할 때 정격 토출량의 150[%]로 운전시 정격 토출압력의 65[%]를 적용하여 산정한다.

⑧ 유속은 화재안전기준에서 정하는 최대값을 적용한다.

⑨ 0.1[MPa]=10[m]의 관계에 있다.

⑩ 소화전의 방수압력은 화재안전기준에서 정하는 최소값을 적용한다.

(1) 소화펌프의 전양정(m)

풀이&답

① $h_1 = \dfrac{26\text{m}}{100\text{m}} \times 15\text{m} \times 2 = 7.8\text{m}$

② $h_2 = 50\text{m} \times 0.2 + 50\text{m} \times 0.2 \times 0.5 = 15\text{m}$

③ $h_3 = 50\text{m}$

④ $H = h_1 + h_2 + h_3 + 17\text{m} = 7.8\text{m} + 15\text{m} + 50\text{m} + 17\text{m} = 89.8\text{m}$

(2) 성능시험배관의 관경(mm)

풀이&답

① 정격 토출량 $Q = 2$개 $\times 130[\text{L/min}] = 260[\text{L/min}]$

② 정격 토출압력 $P = 89.8[\text{m}] \times \dfrac{0.1[\text{MPa}]}{10[\text{m}]} = 0.898[\text{MPa}]$

③ $1.5Q = 2.065D^2 \times \sqrt{0.65 \times P}$ 에서 $1.5 \times 260 = 2.065 \times D^2 \times \sqrt{0.65 \times 0.898}$

④ 관경 $D = 15.722 = 15.72[\text{mm}]$

(3) 유량측정장치의 유량측정범위(L/min)

풀이&답

$260[\text{L/min}] \times (1 \sim 1.75) = 260[\text{L/min}] \sim 455[\text{L/min}]$

(4) 토출측 주배관의 최소구경(mm)

풀이&답

$D = \sqrt{\dfrac{4Q}{\pi V}} = \sqrt{\dfrac{4 \times 0.26[\text{m}^3]/60[\text{s}]}{\pi \times 4[\text{m/s}]}} \times 1{,}000 = 37.14[\text{mm}]$,

연결송수관 설비와 겸용이므로 100[mm]

05 스프링클러설비

01 준비작동식밸브의 Interlocked system의 종류를 쓰고 설명하시오.

풀이&답

Interlocked system 종류	밸브 개방방법	장 점	단 점	비 고
Single-interlocked system	detection system	오작동으로 헤드 개방 시 감시 기능 가능	detection 고장시 시스템 작동불가	2차측 감시 기능 외 국내 system과 유사
Double-interlocked system	detection and sprinkler head	오동작 또는 오보로 인한 피해 최소화	시간 지연 발생하여 초기 대응부족	액셀레이터(accelerator) 필수
None-interlocked system	detection or sprinkler head	detection 고장시 헤드 감열에 의해 작동	오작동으로 헤드 개방 시 수손피해 발생	국내 system은 detection 고장시 시스템 작동불가

02 습식스프링클러설비에서 수원의 수위가 펌프보다 낮은 곳에 있는 부압흡입방식의 흡입 및 토출측 배관도를 작성하시오.(충압펌프 및 압력챔버가 있는 경우이다)

풀이&답

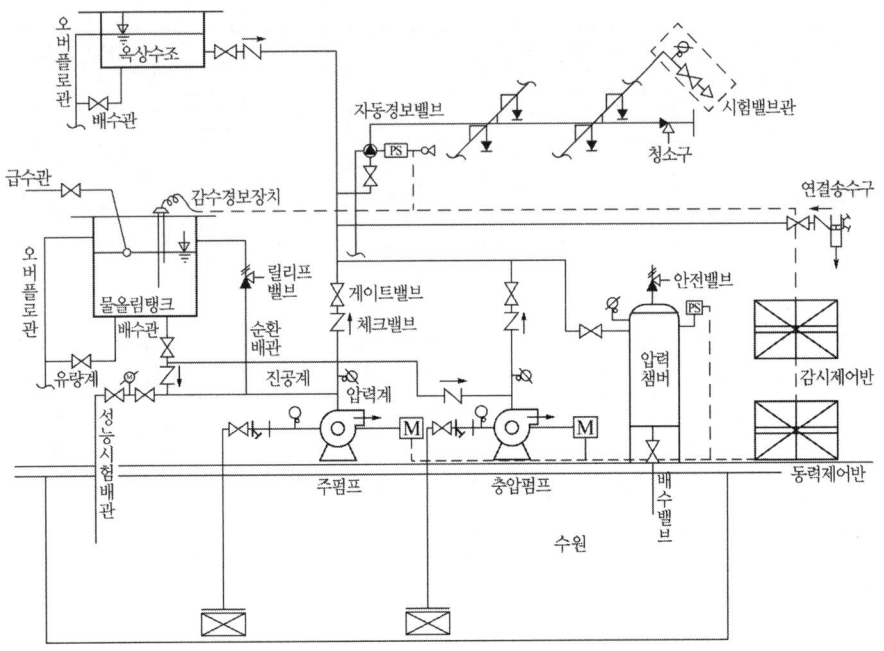

03 습식스프링클러설비에서 수원의 수위가 펌프보다 높은 곳에 있는 정압흡입방식의 펌프에서 흡입 및 토출측 배관도를 작성하시오.(충압펌프 및 압력챔버가 있는 경우이다)

[풀이&답]

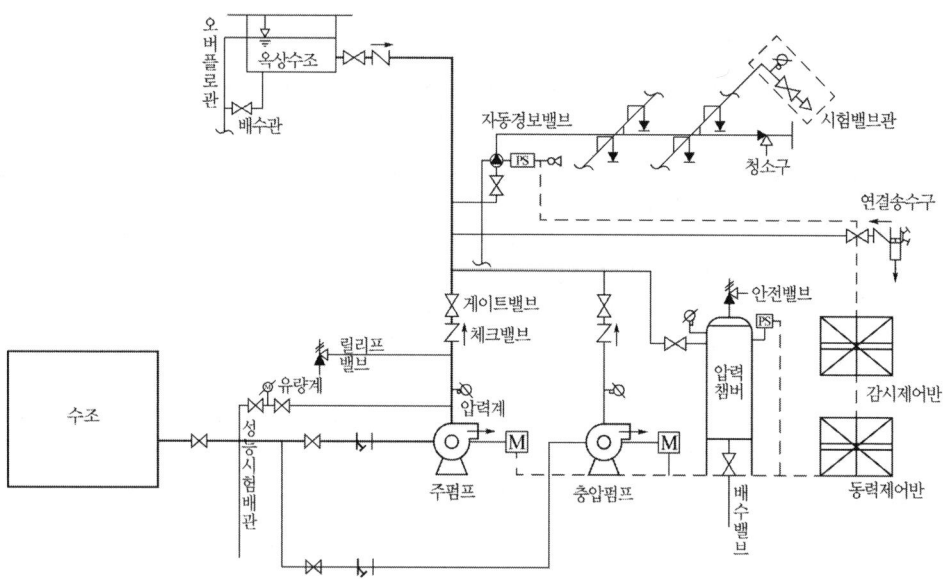

04 소화설비의 배관방식 중 루프형과 격자형 배관방식에 대하여 비교 설명하시오.

[풀이&답]

구 분		루프형 배관방식	격자형 배관방식
평면도			
가 지 배 관		가지배관에서 유수의 흐름이 분산되지 않으므로 유수량이 크고, 마찰손실이 크다.	가지배관에서 유수의 흐름이 분산되어 유수량이 적고, 마찰손실이 작다.
교 차 배 관		교차배관에서 유수의 흐름이 분산되어 유수량이 적고, 마찰손실이 작다.	교차배관에서 유수의 흐름이 분산되어 유수량이 적고, 마찰손실이 작다.
배 관 차단시		가지배관 차단시 소화수 공급이 중단된다.	가지배관 차단시 소화수 공급이 가능하다.
		교차배관 차단시 소화수 공급이 가능하다.	교차배관 차단시 소화수 공급이 가능하다.

05 소화설비의 배관방식 중 가지형과 토너먼트형 배관방식에 대하여 비교 설명하시오.

풀이&답

구 분	가지형	토너먼트형
평면도		
특 징	① 시공이 용이하며 편리하다. ② 수계소화설비에 주로 적용한다. ③ 헤드의 방수압력 및 방수량은 각 지점에서 불균일하다. ④ 배관 주위에 각종 살수 장애물이 있어도 배관설계가 가능하다.	① 배관주위에 각종 살수장애물이 있을 경우 균등배관설계가 어렵다. ② 분말소화약제 소화설비, 압축공기포소화설비에 주로 적용한다. ③ 시공시 다수의 티를 사용하여야 하므로 시공이 복잡하다. ④ 분사헤드에서의 방사압력 및 방사량이 일정하다.

06 스프링클러설비의 화재안전기술기준에 의거하여 "연소할 우려가 있는 개구부"에 스프링클러헤드를 설치하는 경우 스프링클러헤드의 설치기준과 스프링클러헤드의 설치를 제외할 수 있는 조건 기준을 쓰시오.

풀이&답

(1) 스프링클러헤드의 설치기준
연소할 우려가 있는 개구부에는 그 상하좌우에 2.5[m] 간격으로(개구부의 폭이 2.5[m] 이하인 경우에는 그 중앙에) 스프링클러헤드를 설치하되, 스프링클러헤드와 개구부의 내측 면으로부터 직선거리는 15[cm] 이하가 되도록 할 것. 이 경우 사람이 상시 출입하는 개구부로서 통행에 지장이 있는 때에는 개구부의 상부 또는 측면(개구부의 폭이 9[m] 이하인 경우에 한한다)에 설치하되, 헤드 상호간의 간격은 1.2[m] 이하로 설치해야 한다.

(2) 스프링클러헤드의 설치를 제외할 수 있는 조건 기준
연소할 우려가 있는 개구부에 드렌처설비를 설치한 경우에는 해당 개구부에 한하여 스프링클러헤드를 설치하지 아니할 수 있다.

07 어느 특정소방대상물에 아래 표와 같이 소화설비가 설치되어 있는 경우 수원의 양[m³]과 가압송수장치의 토출량[L/min]을 산출하시오. (단, 소화설비가 설치된 부분이 방화벽과 방화문으로 구획되어 있는 경우이다.)

방호구역	소화설비
A구역	옥내소화전설비(소화전 5개설치)
	스프링클러설비(헤드 30개설치)
B구역	옥외소화전설비(소화전 3개설치)
	물분무소화설비(차고, 주차장으로 바닥면적 50[m²])
C구역	포소화설비(포소화전 방식으로 호스접결구수는 5개이다.)

풀이&답 (1) 수원의 양

1) A 구역

① 옥내소화전설비 $Q = N \times 2.6[\text{m}^3] = 2 \times 2.6[\text{m}^3] = 5.2[\text{m}^3]$

② 스프링클러설비 $Q = N \times 1.6[\text{m}^3] = 30 \times 1.6[\text{m}^3] = 48[\text{m}^3]$

③ 수원의 양 : $5.2[\text{m}^3] + 48[\text{m}^3] = 53.2[\text{m}^3]$

2) B 구역

① 옥외소화전설비 $Q = N \times 7[\text{m}^3] = 2 \times 7[\text{m}^3] = 14[\text{m}^3]$

② 물분무소화설비 $Q = 50[\text{m}^2] \times 20[\text{L/min}] \times 20[\text{min}] = 20[\text{m}^3]$

③ 수원의 양 : $14[\text{m}^3] + 20[\text{m}^3] = 34[\text{m}^3]$

3) C 구역

포소화설비 $Q = N \times 6[\text{m}^3] = 5 \times 6[\text{m}^3] = 30[\text{m}^3]$

4) 수원의 양 : $53.2[\text{m}^3]$ 이상

(2) 토출량

① A 구역 $Q = 2 \times 130[\text{L/min}] + 30 \times 80[\text{L/min}] = 2,660[\text{L/min}]$

② B 구역 $Q = 2 \times 350[\text{L/min}] + 50[\text{m}^2] \times 20[\text{L/min} \cdot \text{m}^2] = 1,700[\text{L/min}]$

③ C 구역 $Q = 5 \times 300[\text{L/min}] = 1,500[\text{L/min}]$

④ 토출량은 최대값을 적용하므로 $2,660[\text{L/min}]$ 이상

---

08 아래 그림과 같이 양정 50[m] 성능을 갖는 펌프가 운전 중 노즐에서 방수압을 측정하여 보니 0.15[MPa]이었다. 만약 노즐의 방수압을 0.25[MPa]으로 증가하고자 할 때 조건을 참조하여 펌프가 요구하는 양정[m]은 얼마인가?

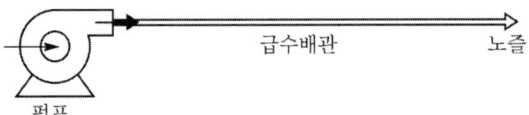

[조건]

① 배관의 마찰손실은 Hazen–Williams 공식을 이용한다.

② 노즐의 방출계수 $K = 100$으로 한다.

③ 펌프의 특성곡선은 토출유량과 무관하다.

④ 펌프와 노즐은 수평이다.

⑤ 0.1[MPa] = 10[m]의 관계에 있다.

풀이&답 (1) 방수압이 0.15[MPa]일 때 방수량

$Q = K\sqrt{10P} = 100\sqrt{10 \times 0.15} = 122.47[\text{L/min}]$

(2) 방수압이 0.25[MPa]일 때 방수량

$Q = K\sqrt{10P} = 100\sqrt{10 \times 0.25} = 158.11[\text{L/min}]$

(3) 방수압이 0.15[MPa]일 때 마찰손실압력

$\triangle P_1 = 50[\text{m}] - 0.15[\text{MPa}] = 0.5[\text{MPa}] - 0.15[\text{MPa}] = 0.35[\text{MPa}]$

(4) 방수압이 0.25[MPa]일 때 마찰손실압력

마찰손실압력은 $Q^{1.85}$(방수량의 1.85승)에 비례하므로

$\triangle P_1 : Q_1^{1.85} = \triangle P_2 : Q_2^{1.85}$

$0.35 : 122.47^{1.85} = \triangle P_2 : 158.11^{1.85}$

$$\triangle P_2 = 0.35 \times \frac{158.11^{1.85}}{122.47^{1.85}} = 0.5614[\text{MPa}] = 56.14[\text{m}]$$

(5) 펌프의 요구양정 = 마찰손실수두 + 노즐의 방사압력환산수두

$$= 56.14[\text{m}] + 0.25[\text{MPa}] = 56.14[\text{m}] + 25[\text{m}] = 81.14[\text{m}]$$

09 내화구조가 아닌 11층인 건축물 실내에 정방형으로 습식 스프링클러설비를 설치하고자 한다. 조건을 참조하여 다음 각 물음에 답하시오.

[조건]

① 실의 크기는 가로 18[m], 세로 18[m] 이다.

② 실내의 기둥 및 형광등, 공기유입, 유출기구 등은 무시한다.

(1) 헤드간의 설치간격[m]을 산출하시오.

(단, 소수점이하는 반올림하여 정수로 한다.)

(2) 설치하여야 하는 총 헤드의 수량 (단, (1)의 답안을 이용하여 산출한다)

(3) 펌프의 최소 토출량 [m³/min]

(4) 옥상수조를 포함하여 저장하여야 하는 최소 수원의 양 [m³]

(5) 소화펌프의 토출측 배관의 최소구경을 산출하여 선정하시오.(단, 유속은 화재안전기준에서 정한 최대의 값을 적용하고, 배관의 구경은 32[mm], 40[mm], 50[mm], 65[mm], 80[mm], 100[mm], 125[mm], 150[mm] 중에서 선택한다.)

(6) 하나의 헤드가 담당할 수 있는 방호면적(m²)

풀이&답 (1) 헤드간의 설치간격

① 수평거리 : 내화구조가 아닌 기타구조이므로 수평거리는 2.1[m] 이하

② 헤드간의 간격 : $S = 2r\cos45° = 2 \times 2.1 \times \cos45° = 2.969 = 3[\text{m}]$

(2) 총 헤드수량

① 가로수량 : 18 ÷ 3 = 6개

② 세로수량 : 18 ÷ 3 = 6개

③ 층당 설치수량 : 6개 × 6개 = 36개

④ 총 설치수량 : 36개 × 11층 = 396개

(3) 펌프의 최소 토출량

① 11층 이상인 건축물이므로 기준개수는 30개

② 토출량 $Q = 30 \times 80[\text{L/min}] = 2,400[\text{L/min}] = 2.4[\text{m}^3/\text{min}]$

(4) 옥상수조를 포함한 수원의 양

① 주수원의 양 $Q = 30 \times 1.6 = 48[\text{m}^3]$

② 옥상수조의 수원 $Q = 48[\text{m}^3] \times \frac{1}{3} = 16[\text{m}^3]$

③ 수원의 양 $Q = 48 + 16 = 64[\text{m}^3]$

(5) 토출측 배관의 최소구경

① 화재안전기준에서 정하는 배관의 유속은 가지배관의 경우 6[m/s] 이하, 기타의 경우에는 10[m/s] 이하

② 배관의 구경

$$D = \sqrt{\frac{4Q}{\pi V}} = \sqrt{\frac{4 \times 2,400[\ell/\text{min}]/(1,000 \times 60)}{\pi \times 10[\text{m/s}]}} = 0.07136[\text{m}] \times \frac{1,000[\text{mm}]}{1[\text{m}]} = 71.36[\text{mm}]$$

조건에서 80[mm] 선정

(6) 하나의 헤드가 담당할 수 있는 방호면적[m²]

방호면적 $S^2 = (2r\cos 45°)^2 = (2 \times 2.1 \times \cos 45°)^2 = 8.82[\text{m}^2]$

10 방수구역이 3개로 나눠진 특정소방대상물에 일제살수식 스프링클러설비를 설치하고자한다. 다음 각 물음에 답하시오.

방수구역1 헤드수량 25개	방수구역2 헤드수량 28개	방수구역3 헤드수량 30개

(1) 일제개방밸브의 최소수량

(2) 수원의 양 [m³]

(3) 가압송수장치의 송수량 [m³/min]

풀이&답

(1) 일제개방밸브의 최소수량 : 3개 (방수구역마다 설치)

(2) 수원의 양[m³] = 최대 방수구역에 설치된 헤드 수 × 1.6[m³]
= 30 × 1.6[m³] = 48[m³] 이상

(3) 가압송수장치의 송수량[m³/min]
= 최대 방수구역에 설치된 헤드 수 × 80[ℓ/min]
= 30 × 80[ℓ/min] = 2,400[ℓ/min] = 2.4[m³/min] 이상

11 아래의 조건을 참고하여 가압송수장치의 송수량[L/min], 수원의 양[m³]을 계산하시오.

[조건]

① 하나의 방수구역에 설치하는 헤드의 수량은 50개이다.

② 방출계수 $K = 80$

③ 헤드의 방수압력은 화재안전기준에서 정한 최소값을 적용한다.

풀이&답

(1) 송수량 $= N \times K\sqrt{10P} = 50$개 $\times 80 \times \sqrt{10 \times 0.1} = 4,000[\text{L/min}]$ 이상

(2) 수원 = 송수량 × 20분 이상 = 4,000[L/min] × 20분 이상 = 80,000[L] 이상 = 80[m³] 이상

12 아래의 조건을 이용하여 폐쇄형스프링클러설비를 사용하는 스프링클러설비의 송수구를 계산하시오.

[조건]

① 하나의 층 바닥면적은 18,000[m²] 이다.

② 송수구의 수량은 최소치로 답한다.

풀이&답 (1) 송수구의 수량 산출 공식 $= \dfrac{\text{층의 바닥면적}[\text{m}^2]}{3,000[\text{m}^2]}$ (5개 이상은 5개)

(2) 송수구의 수량 $= \dfrac{\text{층의 바닥면적}[\text{m}^2]}{3,000[\text{m}^2]} = \dfrac{18,000[\text{m}^2]}{3,000[\text{m}^2]} = 6$

　　5개 이상은 5개를 적용하여야 하므로 송수구의 수량은 5개

---

13 스프링클러설비에 대한 다음 각 물음에 답하시오.

(1) 운전 중인 펌프의 압력계를 측정한 결과 흡입측 진공계의 눈금이 150[mmHg], 송출측 압력계는 0.294[MPa]이었다. 펌프의 전양정(m)을 구하시오. (단, 토출측 압력계는 흡입측 진공계보다 50[cm] 높은 곳에 있고, 흡입측과 토출측의 직경은 동일하다.)

(2) 소화설비용 수평배관 내의 평균유속이 2.8[m/s], 45.1[kPa]의 전압력, 유량이 0.75 [m³/s]이고, 손실수두를 무시할 경우 필요한 소화수 펌프동력[kW]을 구하시오. (단, 펌프효율 및 동력전달계수는 무시)

풀이&답 (1) 전양정

① 진공계의 압력 $= 150[\text{mmHg}] \times \dfrac{10.332[\text{m}]}{760[\text{mmHg}]} = 2.039[\text{m}]$

② 압력계의 압력 $= 0.294[\text{MPa}] \times \dfrac{10.332[\text{m}]}{0.101325[\text{MPa}]} = 29.98[\text{m}]$

③ 진공계와 압력계의 높이차 : 50[cm] = 0.5[m]

④ 전양정 $H = 2.039[\text{m}] + 29.98[\text{m}] + 0.5[\text{m}] = 32.519 = 32.52[\text{m}]$ 이상

(2) 펌프동력

① 전양정 $H = 45.1[\text{kPa}] \times \dfrac{10.332[\text{m}]}{101.325[\text{kPa}]} = 4.598 = 4.6[\text{m}]$

② 펌프동력 $P = \dfrac{9.8QH}{\eta} \times K = 9.8[\text{kN/m}^3] \times 0.75[\text{m}^3\text{/s}] \times 4.6[\text{m}] = 33.81[\text{kW}]$ 이상

　　(펌프효율 및 동력전달계수는 무시하라 하였으므로 $\eta = K = 1$)

---

14 연소할 우려가 있는 개구부(통행에 지장이 없음)에 설치하여야 하는 스프링클러헤드의 수량을 산출하시오.

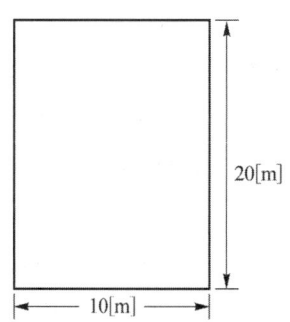

풀이&답 (1) 상하의 수량 $= \dfrac{10[\text{m}]}{2.5[\text{m}]} = 4[\text{개}] \times 2 = 8[\text{개}]$

(2) 좌우의 수량 $= \dfrac{20[\text{m}]}{2.5[\text{m}]} = 8[\text{개}] \times 2 = 16[\text{개}]$

(3) 헤드의 수량 $= 8[\text{개}] + 16[\text{개}] = 24[\text{개}]$

연소할 우려가 있는 개구부

상하좌우에 2.5[m] 간격으로(개구부의 폭이 2.5[m] 이하인 경우에는 그 중앙에) 스프링클러헤드를 설치하되, 스프링클러헤드와 개구부의 내측 면으로부터 직선거리는 15[cm] 이하가 되도록 할 것. 이 경우 사람이 상시 출입하는 개구부로서 통행에 지장이 있는 때에는 개구부의 상부 또는 측면(개구부의 폭이 9[m] 이하인 경우에 한한다)에 설치하되, 헤드 상호간의 간격은 1.2[m] 이하로 설치해야 한다.

15 특수가연물을 저장한 랙식 창고(가로 30[m], 세로 25[m], 층고 12[m])에 정방형으로 스프링클러헤드를 설치하고자 한다. 랙의 높이는 10[m]일 때 다음 각 물음에 답하시오.

(1) 라지드롭형 스프링클러헤드를 설치할 때 헤드의 최소수량은?

(2) 화재조기진압용 스프링클러헤드를 설치할 때 헤드의 최소수량은?

풀이&답

(1) 가로의 수량 : $\dfrac{30[m]}{2 \times 1.7[m] \times \cos 45°} = 12.48 = 13$개

세로의 수량 : $\dfrac{25[m]}{2 \times 1.7[m] \times \cos 45°} = 10.4 = 11$개

최소수량 : 13개 $\times$ 11개 $\times$ 4열 = 572개

(2) 헤드의 최소수량 : $\dfrac{30[m] \times 25[m]}{9.3[m^2]} = 80.64 = 81$개

(1) 창고시설의 화재안전성능기준(NFPC 609)는 랙식 창고의 경우에는 랙 높이 3[m] 이하마다 라지드롭형 스프링클러헤드를 설치하여야 하므로 4열 배치한다.

(2) 라지드롭형 스프링클러헤드를 사용하는 경우 수평거리
① 특수가연물을 저장 또는 취급하는 창고 : 1.7[m] 이하
② 그 외 창고 : 2.1[m] 이하
③ 내화구조된 창고 : 2.3[m] 이하

(3) 화재조기진압용 헤드하나의 방호면적 : 6.0[m²] 이상 9.3[m²] 이하

16 15층 건축물에 스프링클러설비가 설치되어 있다. 가압송수방식이 압력수조방식이고, 압력수조와 최상층, 최말단 헤드의 수직 높이는 70[m], 압력수조 내용적의 2/3가 물로 채워져 있다.(단, 압력수조의 내용적은 100[m³]이다.)

(1) 압력수조 내 유지시켜야 되는 공기의 최소 계기압력(MPa)은 얼마인가?
(단, 배관 마찰손실은 20[m], 대기압은 0.1[MPa]으로 한다.)

(2) 옥상수조에 필요한 수원의 양[m³]은 얼마인가?

풀이&답

(1) 공기의 최소 계기압력
① 필요한 압력 : $P = P_1 + P_2 + 0.1 = 70[m] + 20[m] + 0.1 = 0.7 + 0.2 + 0.1 = 1[MPa]$
② 압력수조 내 유지시켜야 하는 공기의 압력

$$P = (P + P_a) \times \dfrac{V}{V_0} - P_a = (1 + 0.1) \times \dfrac{100[m^3]}{100[m^3] \times \dfrac{1}{3}} - 0.1 = 3.2[MPa]$$

(2) 옥상수조에 필요한 수원의 양

$$Q = N \times 1.6[\text{m}^3] \times \frac{1}{3} = 30 \times 1.6[\text{m}^3] \times \frac{1}{3} = 16[\text{m}^3] \text{ 이상}$$

17 5층 건물에 스프링클러설비가 되어있다. 이 설비에 대한 급수는 압력수조방식이다. 압력수조(내용적 60[m³])와 최고위 스프링클러헤드까지의 수직높이 20[m]이고, 수조 내에는 내용적의 2/3만큼 물이 들어있다. 이 경우 수조 내에 에어컴프레셔가 유지시켜야 할 공기압력(계기압력)은 몇 [MPa]인가?(단, 배관 내의 마찰손실은 무시하며, 대기압은 0.1034 [MPa]이다. 10[m]=0.1[MPa]의 관계를 적용하고, 최종답안은 소수점 3자리에서 반올림하여 2자리까지 답한다)

풀이&답 (1) 압력수조에 필요한 압력

$$P = P_1 + P_2 + 0.1[\text{MPa}] = 20[\text{m}] + 0[\text{m}] + 0.1[\text{MPa}] = 0.2[\text{MPa}] + 0.1[\text{MPa}] = 0.3[\text{MPa}]$$

(2) 수조 내 유지시켜야 할 공기압력

$$P_0 = (0.3 + 0.1034) \times \frac{60}{60 \times \frac{1}{3}} - 0.1034 = 1.1068 = 1.11[\text{MPa}]$$

18 지하2층 지상12층 규모의 사무소 건물에 있어서 소방관련법령과 아래의 조건에 따라 스프링클러설비를 설계하려고 한다. 다음 각 물음에 답하시오.

[조건]
① 각층에 설치하는 폐쇄형 스프링클러헤드의 수량은 80개이다.
② 입상관의 내경은 150[mm]이고 높이는 40[m] 이다.
③ 풋밸브로부터 최상층 스프링클러헤드까지의 실고는 50[m]이다.
④ 입상관의 마찰손실수두를 제외한 펌프의 풋밸브로부터 최상층, 가장 먼 스프링클러헤드까지의 마찰 및 저항손실수두는 15[m]이다.
⑤ 펌프의 효율은 65[%] 이다.

(1) 펌프의 최소 토출량 [L/min]을 산정하시오.
(2) 수원의 최소 유효저수량[m³]을 산정하시오.
(3) 입상관에서의 마찰손실수두[m]를 계산하시오.
   (입상관은 직관으로 간주, Darcy-Weisbach의 식을 사용, 마찰손실계수는 0.02)
(4) 펌프의 최소양정[m]을 계산하시오.
(5) 펌프의 축동력[kW]을 계산하시오.

풀이&답 (1) 펌프의 최소 토출량

$$Q = N \times 80[\text{L/min}] = 30개 \times 80[\text{L/min}] = 2,400[\text{L/min}]$$

(2) 수원의 최소 유효저수량

$$Q = N \times 1.6[\text{m}^3] = 30개 \times 1.6[\text{m}^3] = 48[\text{m}^3]$$

(3) 입상관에서의 마찰손실수두

① 유속 $V = \dfrac{Q}{A} = \dfrac{2.4[\text{m}^3/60\text{s}]}{\dfrac{\pi}{4} \times (0.15[\text{m}])^2} = 2.26[\text{m/s}]$

② 마찰손실수두 $\triangle H = \dfrac{f\ell V^2}{2gD} = \dfrac{0.02 \times 40[\text{m}] \times (2.26[\text{m/s}])^2}{2 \times 9.8[\text{m/s}^2] \times 0.15[\text{m}]} = 1.389 = 1.39[\text{m}]$

(4) 펌프의 최소양정

$H = h_1 + h_2 + 10[\text{m}] = 50[\text{m}] + 15[\text{m}] + 1.39[\text{m}] + 10[\text{m}] = 76.39[\text{m}]$

(5) 펌프의 축동력

$P = \dfrac{9.8QH}{\eta} = \dfrac{9.8[\text{kN/m}^3] \times 2.4[\text{m}^3/60\text{s}] \times 76.39[\text{m}]}{0.65} = 46.07[\text{kW}]$ 이상

19 지하2층, 지상 12층인 사무소 건축물에 스프링클러설비를 설계하고자 한다. 조건을 이용하여 다음 각 물음에 답하시오.

[조건]

① 건축물은 내화구조, 기준층(지상1층~12층)의 평면도는 다음과 같다.

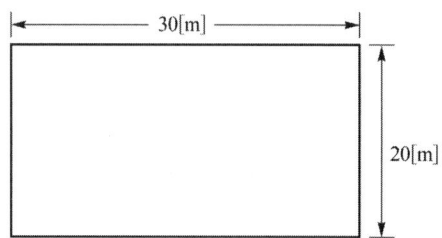

② 모든 규격치는 최소량을 적용한다.

③ 펌프의 풋밸브로부터 최상층 헤드까지의 실양정은 48[m]

④ 배관의 마찰손실과 관 부속품에 대한 마찰손실수두의 합은 12[m]

⑤ 펌프의 효율 65[%], 전달계수는 1.1

⑥ 연결송수관설비와 겸용하는 조건임.

(1) 지상층에 설치되는 스프링클러헤드의 수량은 몇 개인가?(단, 정방형으로 배치한다.)

(2) 소화수 공급 입상배관의 구경은 호칭경으로 몇 [mm]로 하여야 하는지 선정하시오.
　　(단, 배관 내 유속은 4[m/s] 이하가 되도록 한다)

(3) 펌프의 전양정[m]

(4) 펌프의 전동기 용량[kW]

(5) 지하 저수조에 저수하여야 하는 수원의 양 [m³]

풀이&답 (1) 지상층에 설치되는 스프링클러헤드의 수량

① 가로의 수량 $= \dfrac{30[\text{m}]}{2 \times 2.3[\text{m}] \times \cos 45°} = 9.22 = 10$개

② 세로의 수량 $= \dfrac{20[\text{m}]}{2 \times 2.3[\text{m}] \times \cos 45°} = 6.15 = 7$개

③ 층당 필요한 헤드의 수량 : 10개 × 7개 = 70개

④ 전체수량 : 70개×12개층＝840개
(2) 소화수 공급 입상배관의 구경
  ① 토출량 Q＝30개×80[L/min]＝2,400[L/min]
  ② 배관의 구경

$$D= \sqrt{\frac{4Q}{\pi V}} = \sqrt{\frac{4\times 2.4[\text{m}^3/60\text{s}]}{\pi \times 4[\text{m/s}]}} \times 1000 = 112.84[\text{mm}]$$

  ③ 호칭경은 125[mm] 선정
(3) 펌프의 전양정[m]
  H＝12[m]＋48[m]＋10[m]＝70[m]
(4) 펌프의 전동기 용량[kW]

$$P= \frac{9.8QH}{\eta} \times K = \frac{9.8[\text{kN/m}^3] \times 2.4[\text{m}^3/60\text{s}] \times 70[\text{m}]}{0.65} \times 1.1 = 46.44[\text{kW}]$$

(5) 지하 저수조에 저수하여야 하는 수원의 양[m³]
  Q＝30개×1.6[m³]＝48[m³]

20 전용수조의 경우 유효수량의 산정에 관한 사항이다. 다음 물음에 답하시오.

(1) 그림에서 Suction pit가 없는 경우에 풋밸브
는 수조로부터 몇 [mm] 이상 이격하여 설
치하여야 하는가? (그림에서 Ⓐ)

(2) 그림 Ⓑ 부분인 수조 저부면으로부터 풋밸
브 중심부까지의 얼마이상 격리하여야 하
는가?

(3) 유효수량 하부 면으로부터 풋밸브 중심부
까지의 길이는 얼마이상 격리시켜야 하는
가? (그림에서 Ⓒ)

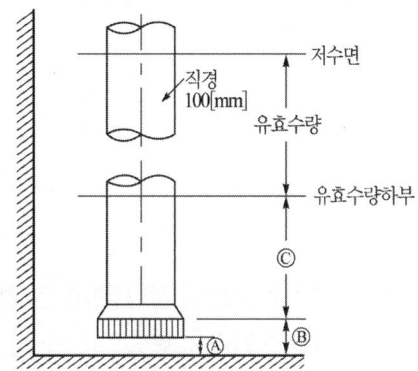

(4) 수평회전축 원심펌프를 소화용 펌프로 사용하는 소화설비에서 펌프의 흡입측 배관을
시설할 때 국내 화재안전기술기준상 규정된 설치기준 2가지를 설명 하시오. (단, 펌프
흡입측 수조의 수위는 펌프의 수위보다 낮다고 가정한다.)

[풀이&답]
(1) 50[mm] 이상
(2) 직경의 1배 이상이므로 1×100 ＝ 100[mm] 이상
(3) 직경의 1.65배 이상이므로 1.65×100 ＝ 165[mm] 이상
(4) 펌프흡입측 배관 기준
  ① 공기고임이 생기지 아니하는 구조로 하고 여과장치를 설치할 것
  ② 수조가 펌프보다 낮게 설치된 경우에는 각 펌프(충압펌프를 포함한다)마다 수조로부터 별도로
    설치할 것.

21 10층 백화점 건물에 습식 스프링클러설비를 설치하고자 한다. 조건과 그림을 참조하여
다음 각 물음에 답하시오.

[조건]

① 펌프에서 최고위 말단헤드까지의 배관 및 부속류의 총 마찰손실은 옥상수조의 자연 낙차압력의 40[%] 이다.

② 펌프의 연성계 눈금은 −0.05[MPa] 이다.

③ 펌프의 체적효율(η_v)=95[%], 기계효율(η_m)=90[%], 수력효율(η_h)=80[%] 이다.

④ 전동기 전달계수 K=1.2 이다.

⑤ 표준 대기압 상태

⑥ 펌프로부터 최고위 말단헤드까지의 높이는 최고위 말단 교차배관의 높이를 말한다.

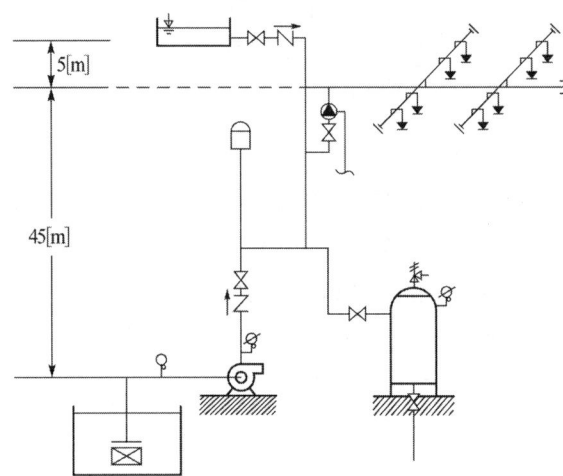

(1) 주펌프의 전양정[m]은 얼마인가? (단, 계산과정 중 소수점 이하는 반올림하시오.)

(2) 주펌프의 토출량[L/min]은 얼마인가? (단, 헤드의 기준개수는 최대기준개수를 적용한다.)

(3) 주펌프의 전효율은 몇 [%]인가?

(4) 주펌프의 수동력[kW], 축동력[kW], 전동력[kW]을 구하시오.

(5) 관 속의 유체온도 및 외부 온도의 변화에 따라 관이 팽창 또는 수축을 하므로 배관 도중에 신축이음을 사용한다. 신축이음의 종류 5가지를 쓰시오.

풀이&답 (1) 펌프의 양정

① 흡입양정 : $0.05[\text{MPa}] \times \dfrac{10.332[\text{m}]}{0.101325[\text{MPa}]} = 5.098[\text{m}] = 5[\text{m}]$

(표준대기압 상태이므로 0.101325[MPa]=10.332[m]를 적용함.)

② 토출양정 : 45[m]

③ 전양정 $H = (45[\text{m}] + 5[\text{m}]) \times 0.4 + (45[\text{m}] + 5[\text{m}]) + 10[\text{m}] = 80[\text{m}]$ 이상

보충설명

펌프에서 최고위 말단헤드까지의 배관 및 부속류의 총 마찰손실은 펌프의 자연낙차압력의 40[%]인 경우

전양정 $H = (45[\text{m}]) \times 0.4 + (45[\text{m}] + 5[\text{m}]) + 10[\text{m}] = 78[\text{m}]$ 이상

(2) 주펌프의 토출량

① 백화점은 판매시설에 해당하므로 기준개수 : 30개

② 토출량 $Q = N \times 80[\text{L/min}] = 30 \times 80[\text{L/min}] = 2400[\text{L/min}]$ 이상

(3) 주펌프의 전효율

전효율 η＝기계효율 × 체적효율 × 수력효율

$$\eta = 0.9 \times 0.95 \times 0.8 = 0.684 = 68.4[\%]$$

(4) 주펌프의 수동력, 축동력, 전동력

① 수동력 $P = 9.8QH = 9.8[\text{kN/m}^3] \times 2.4[\text{m}^3/60\text{s}] \times 80[\text{m}] = 31.36[\text{kW}]$ 이상

② 축동력 $P = \dfrac{9.8QH}{\eta} = \dfrac{9.8[\text{kN/m}^3] \times 2.4[\text{m}^3/60\text{s}] \times 80[\text{m}]}{0.684} = 45.85[\text{kW}]$ 이상

③ 전동력 $P = \dfrac{9.8QHK}{\eta} = \dfrac{9.8[\text{kN/m}^3] \times 2.4[\text{m}^3/60\text{s}] \times 80[\text{m}] \times 1.2}{0.684} = 55.02[\text{kW}]$ 이상

(5) 신축이음의 종류

① 루프형   ② 슬리브형   ③ 벨로우즈형   ④ 스위블형   ⑤ 볼조인트

22 18층의 복도식 아파트 1동에 아래와 같은 조건으로 습식 스프링클러소화설비를 설치하고자 한다. 아래의 문제에 답하시오.

[조건]

층별 방호면적은 990[m²], 실 양정이 65[m], 마찰손실수두 25[m], 헤드의 방사압력 0.1[MPa], 배관 내의 유속 2.0[m/s], 펌프의 효율 60[%], 전달계수 1.10이다.

(1) 본 소화설비의 주 펌프의 토출량을 구하시오. (단, 헤드 적용 수량은 최대 기준개수를 적용한다.)

(2) 전용 수원의 확보량[m³]을 구하시오.

(3) 소화펌프의 축동력[kW]을 구하시오.

(4) 다음 빈칸을 완성하시오.

헤드분류	RTI
fast (조기반응)	
special(특수반응)	
standard(표준반응)	

풀이&답

(1) 토출량

① 아파트의 경우 기준개수는 10개이다.

② $Q = 10$개 $\times 80[\text{L/min}] = 800[\text{L/min}]$ 이상

(2) 전용 수원의 확보량

$Q = 10$개 $\times 1.6[\text{m}^3] = 16[\text{m}^3]$ 이상

(3) 축동력

① 전양정의 계산

$$H = h_1 + h_2 + 10 = 65[\text{m}] + 25[\text{m}] + 10[\text{m}] = 100[\text{m}]$$

② 축동력

$$P = \frac{9.8QH}{\eta} = \frac{9.8[\text{kN/m}^3] \times 0.8[\text{m}^3/60\text{s}] \times 100[\text{m}]}{0.6} = 21.78[\text{kW}]$$

(4) 다음 표를 완성

헤드분류	RTI
fast (조기반응)	50이하
special(특수반응)	51초과 80이하
standard(표준반응)	80초과 350이하

23 연소할 우려가 있는 개구부에 드렌처설비를 설치한 경우 아래의 조건을 이용하여 다음 각 물음에 답하시오.

[조건]

　① 7층 규모의 판매시설임

　② 개구부의 길이는 지상 1층~3층은 각각 20[m], 지상 4층~5층은 각각 16[m], 지상 6층~7층은 각각 10[m] 이다.

(1) 이 건축물에 설치하여야 하는 드렌처헤드의 최소수량

(2) 제어밸브의 구성요소 3가지

(3) 제어밸브의 설치위치

(4) 가압송수장치의 방수량

(5) 수원의 양

풀이&답

(1) 이 건축물에 설치하여야 하는 드렌처헤드의 최소수량

　① 지상 1층~3층 $= \dfrac{20[\text{m}]}{2.5[\text{m}]} = 8개 \times 3개층 = 24개$

　② 지상 4층~5층 $= \dfrac{16[\text{m}]}{2.5[\text{m}]} = 6.4개 = 7개 \times 2개층 = 14개$

　③ 지상 6층~7층 $= \dfrac{10[\text{m}]}{2.5[\text{m}]} = 4개 \times 2개층 = 8개$

　④ 수량합계 $= 24개 + 14개 + 8개 = 46개$

(2) 제어밸브의 구성요소 3가지

　① 일제개방밸브　② 개폐표시형밸브　③ 수동조작부

(3) 제어밸브의 설치위치

　바닥면으로부터 0.8[m] 이상 1.5[m] 이하의 위치

(4) 가압송수장치의 방수량

　$= N($드렌처헤드가 가장 많이 설치된 제어밸브의 드렌처헤드 수량$) \times 80[\text{L/min}]$

　$= 8 \times 80[\text{L/min}] = 640[\text{L/min}]$ 이상

(5) 수원의 양

　$= N($드렌처헤드가 가장 많이 설치된 제어밸브의 드렌처헤드 수량$) \times 1.6[\text{m}^3]$

　$= 8 \times 1.6[\text{m}^3] = 12.8[\text{m}^3]$ 이상

24 스프링클러설비의 화재안전기준에 대한 다음의 각 물음에 답하시오.

(1) 연소할 우려가 있는 개구부의 정의

(2) 연소할 우려가 있는 개구부에 설치하는 드렌처설비의 기준

(3) 다음의 표를 완성하시오.

스프링클러헤드의 반사판 중심과 보의 수평거리	스프링클러헤드의 반사판 높이와 보의 하단 높이의 수직거리

(4) 드렌처헤드를 설치한 개구부의 길이가 25[m]일 경우 설치해야 할 헤드의 개수는 몇 개인가?

풀이&답

(1) 연소할 우려가 있는 개구부의 정의

각 방화구획을 관통하는 컨베이어·에스컬레이터 또는 이와 유사한 시설의 주위로서 방화구획을 할 수 없는 부분을 말한다.

(2) 연소할 우려가 있는 개구부에 설치하는 드렌처설비의 기준

① 드렌처헤드는 개구부 위 측에 2.5[m] 이내마다 1개를 설치할 것

② 제어밸브는 소방대상물 층마다에 바닥면으로부터 0.8[m] 이상 1.5[m] 이하의 위치에 설치할 것

③ 수원의 수량은 드렌처헤드가 가장 많이 설치된 제어밸브의 드렌처헤드의 설치개수에 1.6[m³] 를 곱하여 얻은 수치 이상이 되도록 할 것

④ 드렌처설비는 드렌처헤드가 가장 많이 설치된 제어밸브에 설치된 드렌처헤드를 동시에 사용하는 경우에 각각의 헤드선단에 방수압력이 0.1[MPa] 이상, 방수량이 80[L/min] 이상이 되도록 할 것

⑤ 수원에 연결하는 가압송수장치는 점검이 쉽고 화재 등의 재해로 인한 피해우려가 없는 장소에 설치할 것

(3) 다음의 표

스프링클러헤드의 반사판 중심과 보의 수평거리	스프링클러헤드의 반사판 높이와 보의 하단 높이의 수직거리
0.75[m] 미만	보의 하단보다 낮을 것
0.75[m] 이상 1[m] 미만	0.1[m] 미만일 것
1[m] 이상 1.5[m] 미만	0.15[m] 미만일 것
1.5[m] 이상	0.3[m] 미만일 것

(4) 수량 $= \dfrac{25[\text{m}]}{2.5[\text{m}]} = 10$개

25 다음은 어느 스프링클러설비의 배관 계통도이다. 이 도면과 주어진 조건을 참고하여 다음 각 물음에 답하시오.

[조건]

① 배관마찰손실압력은 하젠-윌리암의 공식을 따르되 계산의 편의상 다음 식과 같다고 가정한다.

$$\Delta P = 6 \times 10^4 \times \frac{Q^2}{C^2 \times D^5} \times L$$

ΔP : 배관마찰손실압력[MPa], $\quad Q$: 유량[L/min], $\quad C$: 조도

D : 내경[mm], $\quad L$: 배관길이[m]

② 배관의 호칭구경과 내경은 같다고 본다.

③ 관 부속품의 마찰손실은 무시한다.

④ 헤드는 개방형이며 조도 C는 120으로 한다.

⑤ 배관의 호칭구경은 15ø, 20ø, 25ø, 32ø, 40ø, 50ø, 65ø, 80ø, 100ø로 한다.

⑥ A헤드의 방수압은 0.1[MPa], 방수량은 80[L/min]으로 계산한다.

⑦ 방수량은 소수점 둘째자리에서 반올림하여 소수점 첫째자리까지 구할 것

⑧ 방수압은 소수점 셋째자리에서 반올림하여 소수점 둘째자리까지 구할 것

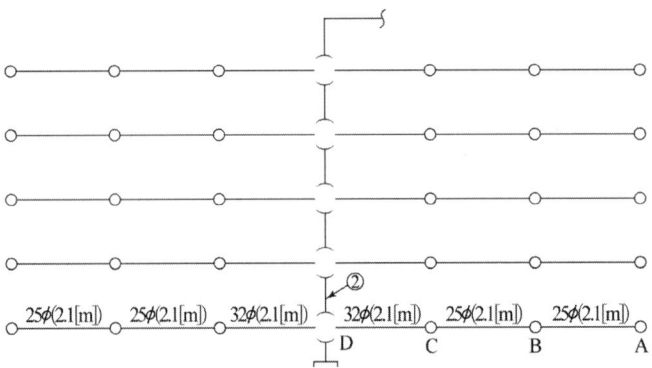

(1) A~B 사이의 마찰손실압[MPa]은?

(2) B 헤드에서의 방수량[L/min]은?

(3) B~C 사이의 마찰손실압[MPa]은?

(4) C 헤드에서의 방수량[L/min]은?

(5) D점에서의 방수압[MPa]은?

(6) ②지점의 방수량[L/min]은?

(7) ②지점의 배관최소구경을 선정하시오.(단, 화재안전기준에 의할 것)

풀이&답 ⑴ A~B 사이의 마찰손실압[MPa]

$$6 \times 10^4 \times \frac{80^2}{120^2 \times 25^5} \times 2.1 = 0.005 = 0.01[\text{MPa}]$$

⑵ B 헤드에서의 방수량[L/min]

① $K = \dfrac{80}{\sqrt{10 \times 0.1}} = 80$

② $P = 0.1 + 0.01 = 0.11[\text{MPa}]$

③ $Q = 80\sqrt{10 \times 0.11} = 83.904 = 83.9[\text{L/min}]$

⑶ B~C 사이의 마찰손실압[MPa]

$$6 \times 10^4 \times \frac{(80 + 83.9)^2}{120^2 \times 25^5} \times 2.1 = 0.024 = 0.02[\text{MPa}]$$

⑷ C 헤드에서의 방수량[L/min]

① $P = 0.1 + 0.01 + 0.02 = 0.13[\text{MPa}]$

② $Q = 80\sqrt{10 \times 0.13} = 91.21 = 91.2[\text{L/min}]$

(5) D점에서의 방수압[MPa]

① C∼D 사이의 마찰손실압

$$\Delta\text{P} = 6 \times 10^4 \times \frac{(80 + 83.9 + 91.2)^2}{120^2 \times 32^5} \times 2.1 = 0.016 = 0.02[\text{MPa}]$$

② D점에서의 방수압

$$P = 0.1 + 0.01 + 0.02 + 0.02 = 0.15[\text{MPa}]$$

(6) ②지점의 방수량[L/min]

$$Q = (80 + 83.9 + 91.2) \times 2 = 510.2[\text{L/min}]$$

(7) ②지점의 배관최소구경

$$D = \sqrt{\frac{4 \times 0.5102[\text{m}^3/60\text{s}]}{\pi \times 10[\text{m/s}]}} = 0.0329[\text{m}] = 32.9[\text{mm}]$$

조건 ⑤에서 40 ø 선정

26 가로 22[m], 세로 18[m]인 직사각형 형태의 실이 있다. 이 실의 내부에는 기둥이 없고 실내 상부는 반자로 고르게 마감되어 있다. 이 실내에 방호반경 2.3[m]로 스프링클러 헤드를 직사각형 형태로 설치하고자 할 때 다음의 물음에 답하시오.

(1) 다음의 빈칸에 적합한 숫자를 넣으시오.

세로열의 헤드수 〵 가로열의 헤드수					

(2) 설치할 수 있는 헤드의 최소 개수, 최대 개수를 산출하시오.

(3) 설치할 수 있는 방법을 쓰시오.

(4) 헤드 1개의 최소 방호면적, 최대 방호면적을 산출하시오.

풀이&답 (1) 다음의 빈칸에 적합한 숫자

① 수량산출

$\theta = 30°$일 때	가로개수 : $22[\text{m}] \div (2 \times 2.3 \times \cos30°) = 5.52 = 6$개 세로개수 : $18[\text{m}] \div (2 \times 2.3 \times \sin30°) = 7.8 = 8$개
$\theta = 45°$일 때	가로개수 : $22[\text{m}] \div (2 \times 2.3 \times \cos45°) = 6.76 = 7$개 세로개수 : $18[\text{m}] \div (2 \times 2.3 \times \sin45°) = 5.53 = 6$개
$\theta = 60°$일 때	가로개수 : $22[\text{m}] \div (2 \times 2.3 \times \cos60°) = 9.56 = 10$개 세로개수 : $18[\text{m}] \div (2 \times 2.3 \times \sin60°) = 4.5 = 5$개

② 헤드의 수량 : 가로변의 수량 6~10개, 세로변의 수량 5~8개이므로

가로열의 헤드수 세로열의 헤드수	6	7	8	9	10
5	30	35	40	45	50
6	36	42	48	54	60
7	42	49	56	63	70
8	48	56	64	72	80

(2) 설치할 수 있는 헤드의 최소 개수, 최대 개수

  ① 최소 개수($\theta = 45°$일 때) : 가로개수 × 세로개수 = $7 \times 6 = 42$개

  ② 최대 개수($\theta = 60°$일 때) : 가로개수 × 세로개수 = $10 \times 5 = 50$개

(3) 설치할 수 있는 방법

  ① 가로6개 × 세로7개   ② 가로6개 × 세로8개

  ③ 가로7개 × 세로6개   ④ 가로7개 × 세로7개

  ⑤ 가로8개 × 세로6개   ⑥ 가로9개 × 세로5개

  ⑦ 가로10개 × 세로5개

(4) 헤드 1개의 최소 방호면적, 최대 방호면적

  ① 최소 방호면적 = 총 방호면적 ÷ 최대헤드 설치수

              = $22[\mathrm{m}] \times 18[\mathrm{m}] \div 50$개 = $7.92[\mathrm{m}^2]$

  ② 최대 방호면적 = 총 방호면적 ÷ 최소헤드 설치수

              = $22[\mathrm{m}] \times 18[\mathrm{m}] \div 42$개 = $9.43[\mathrm{m}^2]$

27 특정소방대상물의 무대부(4층)에 스프링클러헤드를 설치하려고 한다. 무대부가 가로 20[m], 세로 16[m]일 때 다음 각 물음에 답하시오. (단, 헤드의 배치형태는 정방형이다.)

(1) 스프링클러헤드의 수평 헤드간격[m]을 구하시오.(소수점 2자리에서 반올림할 것)

(2) 적용 가능한 스프링클러헤드의 종류를 쓰시오.

(3) 스프링클러헤드의 설치개수를 구하시오.

  ① 가로 스프링클러헤드 설치개수

  ② 세로 스프링클러헤드 설치개수

풀이&답 (1) 헤드간격 $S = 2 \times 1.7 \times \cos 45° = 2.404 = 2.4[\mathrm{m}]$

(2) 적용 가능한 헤드의 종류 : 개방형 스프링클러헤드

(3) 헤드의 설치개수

  ① 가로개수 = $\dfrac{20}{2 \times 1.7 \times \cos 45°} = 8.32 = 9$개

  ② 세로개수 = $\dfrac{16}{2 \times 1.7 \times \cos 45°} = 6.66 = 7$개

소방시설 설치 및 관리에 관한 법률 시행령[별표4] 제1호 라목 3) 문화 및 집회시설

① 무대부가 지하층·무창층 또는 4층 이상의 층이 있는 경우에는 무대부의 면적이 300m² 이상 인 것

② 무대부가 ①외의 층에 있는 경우에는 무대부의 면적이 500m² 이상인 것

수평거리

설치장소	설치기준
무대부 · 특수가연물	수평거리 1.7[m] 이하
기타 구조(일반구조)	수평거리 2.1[m] 이하
내화구조	수평거리 2.3[m] 이하
랙식 창고	·특수가연물 저장 또는 취급 : 1.7[m] 이하 ·그 외 창고 : 2.1[m] 이하 ·내화구조로 된 창고 : 2.3[m] 이하
공동주택(아파트)의 거실	수평거리 2.6[m] 이하

28 지하 3층, 지상 10층의 의류저장창고에 창고시설의 화재안전기술기준을 적용하여 다음 조건에 따라 스프링클러설비를 설계하고자 할 때 다음을 구하시오.

[조건]

① 각 층에는 라지드롭형 스프링클러헤드를 설치, 라지드롭형 스프링클러헤드가 설치된 방호구역의 설치개수는 지하 3층~지하 1층은 각각 15개, 지상 1층~지상 10층은 각각 10개이다.

② 펌프 중심선으로부터 흡입측 배관의 말단까지 흡입 실양정은 4[m]이며, 자연낙차(토출 실양정)는 46[m] 이다.

③ 주입상관 내경은 200[mm]이고, 높이는 60[m] 이다.

④ 주입상관의 마찰손실수두를 제외한 토출측 배관의 총 마찰손실수두는 13[m]이며 흡입측 배관의 총 마찰손실수두는 2[m] 이다.

⑤ 펌프의 효율은 수력효율 80[%], 체적효율 90[%], 기계효율 95[%] 이다.

⑥ 설계기준온도는 25[℃]이며, 대기압은 100[kPa](10[m])이며 25[℃]에서의 포화증기압은 2[kPa] 이다.

⑦ 모든 규격치는 최소량을 적용한다.

⑧ 저장 대상인 의류는 특수가연물에 해당하지 않는다. 의류저장창고는 랙식 창고시설이 아님.

(1) 수원의 유효저수량[m³]

(2) 펌프의 토출량 [L/min]

(3) 주입상관에서의 마찰손실압력[kPa](단, 관 마찰계수는 0.03이다)

(4) 펌프의 전양정[m]

(5) 펌프의 효율[%]

(6) 펌프의 최소 축동력[kW]

(7) 수원의 수위가 펌프보다 낮을 때 펌프 유효흡입양정[m]을 계산하시오.

풀이&답

(1) 유효저수량

① 라지드롭형 스프링클러헤드의 설치개수가 가장 많은 방호구역의 설치개수(30개 이상 설치된 경우에는 30개)에 3.2 m³(랙식 창고의 경우에는 9.6 m³)를 곱한 양 이상

② 유효저수량 $Q = 15개 \times 3.2 m^3 = 48 m^3$

(2) 토출량

$Q = 15개 \times 160 \, L/min = 2,400 \, L/min$ 이상

(가압송수장치의 송수량은 0.1 MPa의 방수압력 기준으로 160 L/min 이상의 방수성능을 가진 기준 개수의 모든 헤드로부터 방수량을 충족시킬 수 있는 양 이상)

(3) 마찰손실압력

① 유속 $V = \dfrac{Q}{A} = \dfrac{2.4 \, m^3/60s}{\dfrac{\pi}{4} \times (0.2 \, m)^2} = 1.273 = 1.27 \, m/s$

② $\triangle H = \dfrac{f l V^2}{2gD} = \dfrac{0.03 \times 60 \, m \times (1.27 \, m/s)^2}{2 \times 9.8 \, m/s^2 \times 0.2 \, m} = 0.7406 \, m$

$= 0.7406 \, m \times \dfrac{100 \, kPa}{10 \, m} = 7.406 = 7.41 \, kPa$

(4) 전양정

① $h_1 = 4[m] + 46[m] = 50[m]$

② $h_2 = 13[m] + 2[m] + 0.74[m] = 15.74[m]$

③ 전양정 $H = h_1 + h_2 + 10 = 50[m] + 15.74[m] + 10[m] = 75.74[m]$ 이상

(5) 펌프의 효율

$\eta = 0.8 \times 0.9 \times 0.95 = 0.684 = 68.4[\%]$

(6) 최소 축동력

$P = \dfrac{0.163 QH}{\eta} = \dfrac{0.163 \times 2.4[m^3/min] \times 75.74[m]}{0.684} = 43.3179 = 43.32[kW]$ 이상

(7) 유효흡입양정

① $H_a = 100[kPa] = 100[kPa] \times \dfrac{10[m]}{100[kPa]} = 10[m]$

② $H_h = 4[m]$

③ $H_f = 2[m]$

④ $H_v = 2[kPa] = 2[kPa] \times \dfrac{10[m]}{100[kPa]} = 0.2[m]$

⑤ $NPSH_{av} = 10[m] - 4[m] - 2[m] - 0.2[m] = 3.8[m]$

29 지하3층, 지상 35층인 특정소방대상물에 스프링클러설비를 설치하고자 한다. 다음 조건을 참고하여 각각의 물음에 답하시오.

[조건]

① 표준 대기압은 10.332[m]이다.

② 답안작성 시 소수점 셋째자리에서 반올림하여 둘째자리까지 답한다.

③ 물의 비중량은 9.8[kN/m³] 이다.

(1) 그림과 같이 관로 상에 펌프가 설치되어 있다. 펌프의 전양정[m]을 계산하시오.

(단, $P_1 = 500$[Pa], $P_2 = 10$[bar], $d_1 = 10$[cm], $d_2 = 5$[cm], $h = 3$[m]이고, 펌프 흡입 측 및 토출측에서의 속도수두는 무시한다.)

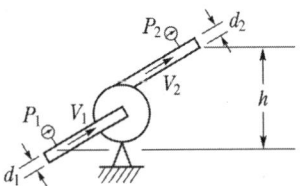

(2) 펌프의 최소 토출량[m³/min]은?

(3) 지하 저수조에 저수하여야 하는 최소 수원의 양[m³]은?

(4) 옥상에 저수하여야 하는 최소 수원의 양[m³]은?

(5) 펌프에 필요한 전동기의 출력[kW]은? (단, 펌프의 수력효율 96[%], 체적효율 92[%], 기계효율은 85[%]이고, 전달계수는 1.1 이다.)

풀이&답

(1) 펌프의 전양정

① 전양정 H = 진공계의 압력(P_1) + 압력계의 압력(P_2) + 높이차(h)

② $H = 500[\text{Pa}] \times \dfrac{10.332[\text{m}]}{101325[\text{Pa}]} + 10[\text{bar}] \times \dfrac{10.332[\text{m}]}{1.013[\text{bar}]} + 3[\text{m}] = 105.045 = 105.05[\text{m}]$

(2) 펌프의 최소 토출량

$Q = N \times 80[\text{L/min}] = 30\text{개} \times 80[\text{L/min}] = 2,400[\text{L/min}] = 2.4[\text{m}^3/\text{min}]$

(3) 지하 저수조에 저수하여야 하는 최소 수원의 양[m³]은?

$Q = N \times 3.2[\text{m}^3] = 30\text{개} \times 3.2[\text{m}^3] = 96[\text{m}^3]$

(4) 옥상에 저수하여야 하는 최소 수원의 양[m³]은?

$Q = N \times 3.2[\text{m}^3] \times \dfrac{1}{3} = 30\text{개} \times 3.2[\text{m}^3] \times \dfrac{1}{3} = 32[\text{m}^3]$

(5) 펌프에 필요한 전동기의 출력[kW]은?

① 전양정 $H = 105.05[\text{m}]$

② 토출량 $Q = 2.4[\text{m}^3/\text{min}] = 2.4[\text{m}^3/60\text{s}]$

③ 전효율 $\eta = 0.96 \times 0.92 \times 0.85 = 0.7507 = 0.75$

④ 전달계수 $K = 1.1$

⑤ 전동기의 출력 $P = \dfrac{9.8QH}{\eta} \times K = \dfrac{9.8[\text{kN/m}^3] \times 2.4[\text{m}^3/60\text{s}] \times 105.05[\text{m}]}{0.75} \times 1.1$

$= 60.396 = 60.4[\text{kW}]$ 이상

30 아래의 그림과 조건을 참고하여 폐쇄형헤드를 사용한 스프링클러설비에서 나타낸 스프링클러헤드 중 A지점에 설치된 헤드 1개만이 개방되었을 때 다음 각 물음에 답하시오.

[조건]

① 급수관 H점에서의 가압수 압력은 0.2[MPa]이다.

② 티(Tee) 및 엘보(Elbow)는 직경이 다른 티 및 엘보는 사용하지 않는다.

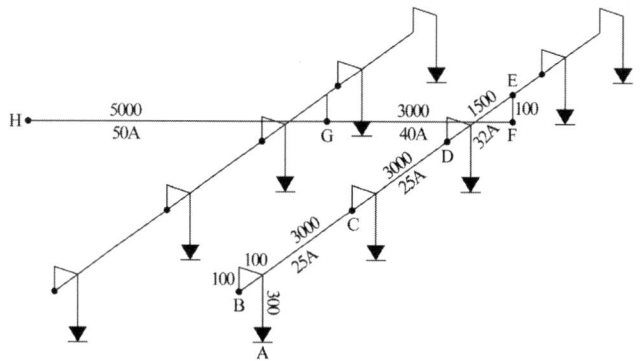

③ 스프링클러헤드는 15[A]용 헤드가 설치된 것으로 한다.

④ 직관 마찰 손실(100[m]당)은 다음의 표를 이용한다. [단위 : m]

유 량	25A	32A	40A	50A
80[L/min]	39.82	11.38	5.40	1.68

⑤ A점에서의 헤드 방수량은 80[L/min]로 계산한다.

⑥ 관이음쇠 및 마찰손실에 해당하는 직관길이[m]는 다음 표를 이용한다.

배관구경	25A	32A	40A	50A
엘보(90°)	0.9	1.2	1.5	2.1
리듀서	(25×15) 0.54	(32×25) 0.72	(40×32) 0.90	(50×40) 1.20
티(직류)	0.27	0.36	0.45	0.60
티(분류)	1.5	1.8	2.1	3.0

[물음]

(1) 아래의 표를 이용하여 배관의 마찰손실 수두의 합계를 계산하시오.(단, 소수점이 발생하는 경우 반올림하지 않는다.)

구간	구경	총 등가길이	배관의 마찰손실 수두
A~D	25A		
D~E	32A		
E~G	40A		
G~H	50A		

풀이&답 (1) 배관의 마찰손실 수두

구간	구경	총 등가길이	배관의 마찰손실 수두
A~D	25A	직관 : 0.3[m]+0.1+0.1[m]+3[m]+3[m]=6.5[m] 리듀서(25×15) : 0.54[m] 엘보(90°) : 3개×0.9 = 2.7[m] 티(직류) : 0.27[m] 계 : 10.01[m]	$10.01\text{m} \times \dfrac{39.82}{100} = 3.985982$

구간	구경	총 등가길이	배관의 마찰손실 수두
D~E	32A	직관 : 1.5[m] 리듀서(32×25) : 0.72[m] 티(직류) : 0.36[m] 계 : 2.58[m]	$2.58\text{m} \times \dfrac{11.38}{100} = 0.293604$
E~G	40A	직관 : 0.1[m]+3[m]=3.1[m] 리듀서(40×32) : 0.9[m] 티(분류) : 2.1[m] 엘보(90°) : 1.5[m] 계 : 7.6[m]	$7.6\text{m} \times \dfrac{5.4}{100} = 0.4104$
G~H	50A	직관 : 5[m] 리듀서(50×40) : 1.2[m] 티(직류) : 0.6[m] 계 : 6.8[m]	$6.8\text{m} \times \dfrac{1.68}{100} = 0.11424$

배관의 마찰손실 수두의 합계 : $3.985982 + 0.293604 + 0.4104 + 0.11424 = 4.804226$[m]

(2) 배관의 낙차(m)를 계산하시오.

[풀이&답]

0.1[m]$+0.1$[m]-0.3[m] $= -0.1$[m]

(3) A 지점에서의 헤드방사압력(MPa)(단, 소수점 4자리까지 구하시오.)

[풀이&답]

0.2[MPa]$+0.1$[m]-4.804226[m]

$= 0.2$[MPa]$+0.1$[m]$\times \dfrac{0.101325[\text{MPa}]}{10.332[\text{m}]} - 4.804226[\text{m}] \times \dfrac{0.101325[\text{MPa}]}{10.332[\text{m}]}$

$= 0.153866 = 0.1539$[MPa]

31 폐쇄형 헤드를 사용한 스프링클러설비의 말단배관 중 K점에 필요한 가압수의 수압을 주어진 조건을 이용하여 산정하시오.

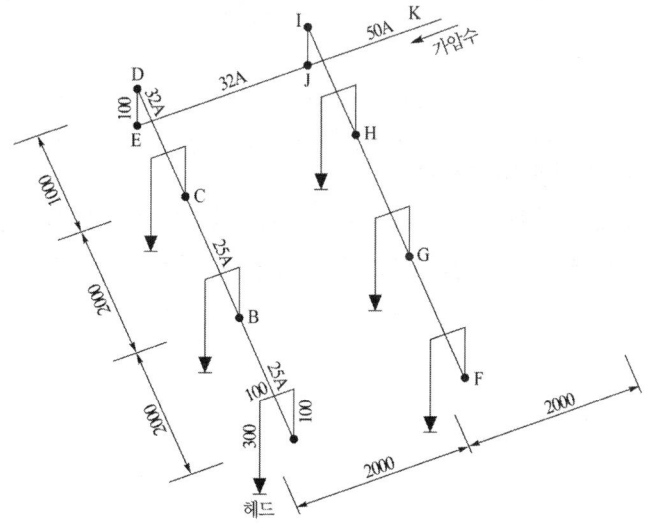

[조건]

① 직관 마찰손실수두(100당)

개 수	유 량	25A	32A	40A	50A
1	80[l/min]	39.82[m]	11.38[m]	5.40[m]	1.68[m]
2	160[l/min]	150.42[m]	42.84[m]	20.29[m]	6.32[m]
3	240[l/min]	307.77[m]	87.66[m]	41.51[m]	12.93[m]
4	320[l/min]	521.92[m]	148.66[m]	70.40[m]	21.93[m]
5	400[l/min]	789.04[m]	224.75[m]	106.31[m]	32.99[m]
6	480[l/min]	–	321.55[m]	152.26[m]	47.43[m]

② 관이음쇠 및 마찰손실에 해당하는 직관길이

구 분	25[A]	32[A]	40[A]	50[A]
엘보(90°)	0.9[m]	1.2[m]	1.5[m]	2.1[m]
리듀서	0.54[m]	0.72[m]	0.9[m]	1.2[m]
티(직류)	0.27[m]	0.36[m]	0.45[m]	0.6[m]
티(분류)	1.5[m]	1.8[m]	2.1[m]	3.0[m]

③ 관이음쇠 및 마찰손실에 해당하는 직관길이 산출시 호칭구경이 큰 쪽에 따른다.

④ 직류방향과 분류방향이 같은 크기의 분류량(구경)일 때 티는 직류로 계산한다.

⑤ 헤드나사는 PT 1/2(15A) 기준이다.

⑥ 모든 헤드의 방사량은 80[ℓ/min] 이다.

(1) 수압산정에 필요한 계산과정을 상세히 명시하여 다음 표에 작성하시오.

구간	호칭구경	직관 및 관 부속품의 등가길이	m 당 마찰손실	마찰손실수두
헤드~B	25A			
B~C	25A			
C~J	32A			
J~K	50A			
			합계	

(2) 위치수두[m]를 구하시오.

(3) 헤드방사압력 환산수두[m]는 NFSC에서 얼마이상이어야 하는가?

(4) 총 소요수두[m]와 K점에 필요한 방수압[kPa]을 구하시오.

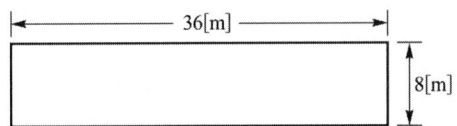

풀이&답　(1) 표를 완성

구간	호칭구경	직관 및 관부속품의 등가길이	m당 마찰손실	마찰손실수두
헤드~B	25A	① 직관:2[m]+0.1[m]+0.1[m]+0.3[m]=2.5[m] ② 관부속품 　엘보(90°)(25A) : 3개×0.9[m]=2.7[m] 　리듀서(25A) : 1개×0.54[m]=0.54[m] ③ 소계 : 5.74[m]	$\dfrac{39.82[\text{m}]}{100[\text{m}]}$	$5.74[\text{m}]\times\dfrac{39.82[\text{m}]}{100[\text{m}]}$ $=2.2856$ $=2.29[\text{m}]$
B~C	25A	① 직관 : 2[m] ② 관부속품 　티(직류)(25A) : 1개 × 0.27[m]=0.27[m] ③ 소계:2.27m	$\dfrac{150.42[\text{m}]}{100[\text{m}]}$	$2.27[\text{m}]\times\dfrac{150.42[\text{m}]}{100[\text{m}]}$ $=3.414$ $=3.41[\text{m}]$
C~J	32A	① 직관 : 2[m]+0.1[m]+1[m]=3.1[m] ② 관부속품 　엘보(90°)(32A) : 2개×1.2[m]=2.4[m] 　티(분류)(32A) : 1개×1.8[m]=1.8[m] 　리듀서(32A) : 1개×0.72[m]=0.72[m] ③소계 : 8.02[m]	$\dfrac{87.66[\text{m}]}{100[\text{m}]}$	$8.02[\text{m}]\times\dfrac{87.66[\text{m}]}{100[\text{m}]}$ $=7.030$ $=7.03[\text{m}]$
J~K	50A	① 직관 : 2[m] ② 관부속품 　티(분류)(50A) : 1개×3.0[m]=3.0[m] 　리듀서(50A) : 1개×1.2[m]=1.2[m] ③소계 : 6.2[m]	$\dfrac{47.43[\text{m}]}{100[\text{m}]}$	$6.2[\text{m}]\times\dfrac{47.43[\text{m}]}{100[\text{m}]}$ $=2.9406$ $=2.94[\text{m}]$
			합계	15.67[m]

(2) 위치수두 : 0.1[m]+0.1[m]-0.3[m]=-0.1[m]

(3) 헤드방사압력 환산수두 : 10[m] 이상(헤드에서 필요한 압력은 0.1[MPa] 이상)

(4) 총 소요수두와 K점에 필요한 방수압 :

　1) 총 소요수두

　　① $h_1=2.94+7.03+3.41+2.29=15.67[\text{m}]$

　　② $h_2=-0.1[\text{m}]$

　　③ $H=15.67-0.1+10=25.57[\text{m}]$

　2) K점에 필요한 방수압 $=25.57[\text{m}]\times\dfrac{100[\text{kPa}]}{10[\text{m}]}=255.7[\text{kPa}]$

　　(보충설명 : 10[m]=0.1[MPa]=100[kPa]의 관계를 이용한다.)

32 긴 변의 길이가 36[m], 폭이 8[m]인 차고에 측벽형 스프링클러헤드를 설치하는 경우 다음 각 물음에 답하시오.

(1) 측벽형스프링클러헤드의 정의

(2) 헤드의 설치수량 및 실제 배치도를 작성하시오.(단, 간격은 m로 작성하고 측벽형스프

링클러헤드는 ↧로 표기한다.)

풀이&답

(1) 측벽형스프링클러헤드의 정의

가압된 물이 분사될 때 헤드의 축심을 중심으로 한 반원상에 균일하게 분산시키는 헤드

(2) 헤드의 설치수량 및 실제 배치도를 작성하시오.

① 헤드의 설치수량 $= \dfrac{긴변의\ 길이}{3.6[m]} = \dfrac{36[m]}{3.6[m]} = 10개 \times 2 + 1 = 21개$

② 실제 배치도

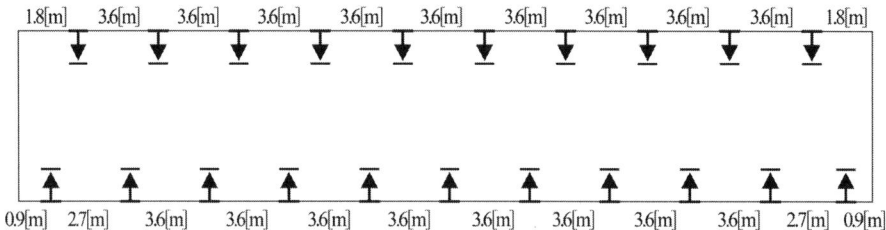

측벽형스프링클러헤드를 설치하는 경우 긴 변의 한쪽 벽에 일렬로 설치(폭이 4.5[m] 이상 9[m]
이하인 실에 있어서는 긴 변의 양쪽에 각각 일렬로 설치하되 마주보는 스프링클러헤드가 나란히
꼴이 되도록 설치)하고 3.6[m] 이내마다 설치할 것

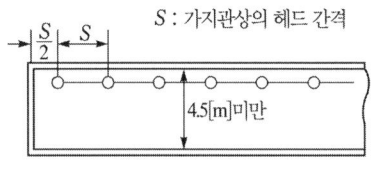

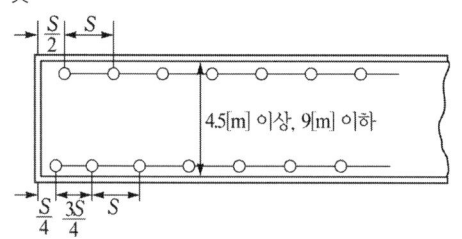

33 스프링클러설비 및 옥내소화전설비의 화재안전기술기준에 따라서 8개동(각 동이 주차
장으로 서로 연결된 구조임) 지하 2층, 지상 25층의 계단실형 아파트에 옥내 소화전과
스프링클러설비를 설치하고자 한다. 지상층의 층당 바닥면적은 450[m²]이고 옥내소화
전은 층당 2개씩 설치하고, 스프링클러설비의 헤드는 세대당 20개씩을 설치하였다. 지
하층은 바닥면적이 6,300[m²]이고 옥내소화전 9개와 준비작동식밸브 및 스프링클러헤
드는 층당 600개씩을 설치한 것으로 가정한다. 다음 각 물음에 답하시오.

(1) 소화펌프의 최소 토출량 [m³/min]

(2) 실양정은 70[m], 손실수두는 25[m], 전동기효율은 65[%], 전달계수는 1.1, 양정은 옥
내소화전을 기준으로 하되 안전율은 10[m]를 고려하여 적용한다. 전동기의 동력
[kW]을 구하시오.(단, 소수점 셋째자리에서 반올림하여 둘째자리까지 답한다.)

(3) 수원의 양[m³]을 계산하고 전량을 지하 저수조에 설치할 수 있는 방법 2가지를 화재
안전기준에 의거하여 쓰시오.
① 수원의 양
② 전량을 지하 저수조에 설치할 수 있는 방법 2가지

(4) 소화펌프의 토출측 주배관의 최소값을 구하시오.(단, 배관내 유속은 화재안전기술기
준에 의하여 계산하고 호칭경은 50[mm], 65[mm], 80[mm], 100[mm], 125[mm],
150 [mm] 중에서 선택하여 답한다.)

(5) 스프링클러설비의 배관으로 합성수지배관을 사용할 수 있는 조건을 화재안전기술기
준에 의거하여 3가지 쓰시오.

풀이&답
(1) 소화펌프의 토출량[m³/min]
$Q = 2개 \times 130[\text{L/min}] + 30개 \times 80[\text{L/min}] = 2,660[\text{L/min}] = 2.66[\text{m}^3/\text{min}]$ 이상

(2) 전동기의 동력[kW]
① 전양정 $H = 70[\text{m}] + 25[\text{m}] + 17[\text{m}] + 10[\text{m}] = 122[\text{m}]$
② 토출량 $Q = 2.66[\text{m}^3/\text{min}] = 2.66[\text{m}^3/60\text{s}]$
③ 전달계수 $K = 1.1$
④ 전동기 효율 $\eta = 0.65$
⑤ 전동기 동력 $P = \dfrac{9.8QH}{\eta} \times K = \dfrac{9.8[\text{kN/m}^3] \times 2.66[\text{m}^3/60\text{s}] \times 122[\text{m}]}{0.65} \times 1.1$
$= 89.700 = 89.7[\text{kW}]$ 이상

(3) 수원의 양[m³]을 계산, 전량을 지하 저수조에 설치할 수 있는 방법을 화재안전기술기준에 의거하여
쓰시오.
1) 수원의 양 $Q = 2개 \times 2.6[\text{m}^3] + 30개 \times 1.6[\text{m}^3] = 53.2[\text{m}^3]$ 이상
2) 전량을 지하 저수조에 설치할 수 있는 방법 2가지
① 주펌프와 동등 이상의 성능이 있는 별도의 펌프로서 내연기관의 기동과 연동하여 작동되거
나 비상전원을 설치한 경우
② 가압수조를 가압송수장치로 설치한 경우

(4) 소화펌프의 토출측 주배관의 최소값
① 옥내소화전설비와 스프링클러설비의 배관 유속을 모두 만족해야 하므로 옥내소화전설비의 배
관유속인 4[m/s]를 적용한다.
② 배관의 구경
$$D = \sqrt{\dfrac{4Q}{\pi V}} = \sqrt{\dfrac{4 \times 2.66[\text{m}^3/60\text{s}]}{\pi \times 4[\text{m/s}]}} \times 1000 = 118.792 = 118.79[\text{mm}]$$
③ 토출측 주배관의 최소값 : 문제의 조건에서 호칭경 125[mm]

(5) 합성수지배관을 사용할 수 있는 조건을 화재안전기술기준에 의거하여 3가지 쓰시오.
① 배관을 지하에 매설하는 경우
② 다른 부분과 내화구조로 구획된 덕트 또는 피트의 내부에 설치하는 경우
③ 천장(상층이 있는 경우에는 상층바닥의 하단을 포함한다. 이하 같다)과 반자를 불연재료 또는
준불연 재료로 설치하고 소화배관 내부에 항상 소화수가 채워진 상태로 설치하는 경우

보충설명
공동주택의 화재안전성능기준에 따라 아파트 등의 각 동이 주차장으로 서로 연결된 구조인 경우
해당 주차장 부분의 기준개수는 30개로 할 것

34 스프링클러설비의 스프링클러헤드에서 방사되는 최소 방수량[L/min]과 최대방수량[L/min]을 계산 하시오.(단, 스프링클러헤드의 방수압력은 화재안전기준에 따르며, 방출계수는 80을 적용하고 속도수두는 고려하지 않는다.)

풀이&답

① 스프링클러헤드의 방수압력 : 0.1~1.2[MPa]

② 최소 방수량 : $Q = K\sqrt{10P} = 80 \times \sqrt{10 \times 0.1} = 80[L/min]$

③ 최대 방수량 : $Q = K\sqrt{10P} = 80 \times \sqrt{10 \times 1.2} = 277.13[L/min]$

35 다음의 소화설비에 대한 화재안전기술기준상의 표준 방수량[L/min]을 쓰시오.
(단, 방수량은 최소값으로 한다)

구 분	표준 방수량[L/min]
옥내소화전설비	
옥외소화전설비	
스프링클러설비	
간이스프링클러설비	
드렌처설비	
연결송수관설비 펌프의 토출량 (계단식 아파트는 제외)	
포워터 스프링클러헤드설비	
호스릴포소화설비 또는 포소화전설비 (바닥면적이 200[m²] 초과)	

풀이&답

구 분	표준 방수량[L/min]
옥내소화전설비	130[L/min]
옥외소화전설비	350[L/min]
스프링클러설비	80[L/min]
간이스프링클러설비	50[L/min]
드렌처설비	80[L/min]
연결송수관설비 펌프의 토출량 (계단식 아파트는 제외)	2400[L/min]
포워터 스프링클러헤드설비	75[L/min]
호스릴포소화설비 또는 포소화전설비 (바닥면적이 200[m²] 초과)	300[L/min]

36 아래의 조건을 참고하여 개방형헤드를 사용하는 스프링클러설비의 가압송수장치의 송수량[L/min], 수원의 양[m³]을 계산하시오.

[조건]

① 하나의 방수구역에 설치하는 헤드의 수량은 40개이다.

② 방출계수 $K = 80$

③ 헤드의 방수압력은 화재안전기준에서 정한 최소값을 적용한다.

풀이&답 ① 송수량$= N \times K\sqrt{10P} = 40$개$\times 80 \times \sqrt{10 \times 0.1} = 3200$[L/min] 이상

② 수원$=$송수량 $\times 20$분 이상$= 3,200$[L/min]$\times 20$분 이상$= 64,000$[L]이상$= 64$[m³] 이상

37 아래의 조건을 참고하여 필요한 수원의 양[m³]을 계산하시오.

[조건]

① 개방형스프링클러헤드를 사용하며, 헤드의 구경은 15[mm]

② 헤드의 설계압력은 0.2[MPa]

③ 살수구역에 따른 헤드의 수량 : 제1구역 20개, 제2구역 30개, 제3구역 50개

④ 방출계수는 80

풀이&답 수원의 양 $Q = 50 \times 80 \times \sqrt{10 \times 0.2} \times 20$[min] $= 113,137.085$[L] $= 113.14$[m³]

38 5층 규모의 복합건축물(판매시설)에 옥내소화전설비와 습식스프링클러설비를 설치하고자 한다. 조건을 이용하여 다음 각 물음에 답하시오.

[조건]

① 스프링클러헤드는 층당 50개가 설치되어 있고, 옥내소화전은 층당 2개가 설치되어 있다.

② 옥내소화전설비와 스프링클러설비는 겸용으로 설치

③ 펌프의 중심으로부터 최상층 헤드까지의 높이는 45[m], 최상층 옥내소화전 방수구까지의 높이는 42[m]

④ 펌프 흡입측 진공계의 지시값은 325[mmHg]

⑤ 배관 및 관부속품(소방호스 포함)의 마찰손실은 흡입 및 토출 실양정의 32[%]

⑥ 펌프의 수력효율 90[%], 체적효율 80[%], 기계효율 95[%], 전달계수는 1.1

⑦ 최상층 헤드의 방사압력은 0.2[MPa]

⑧ 표준대기압은 10.332[m]로 적용하고 기타 주어지지 않은 조건은 화재안전기준을 준용한다.

(1) 펌프의 전양정 [m]

(2) 지하 저수조에 저장하여야 하는 수원의 양 [m³]

(3) 펌프의 축동력

풀이&답 (1) 펌프의 전양정[m]

1) 옥내소화전설비

① 흡입양정 $= \dfrac{325[\text{mmHg}]}{760[\text{mmHg}]} \times 10.332[\text{m}] = 4.42[\text{m}]$

② 토출양정 : 42[m]

③ 전양정 : $H = (4.42[\mathrm{m}] + 42[\mathrm{m}]) \times 0.32 + (4.42[\mathrm{m}] + 42[\mathrm{m}]) + 17[\mathrm{m}] = 78.27[\mathrm{m}]$이상

　2) 스프링클러설비

　　① 흡입양정 $= \dfrac{325[\mathrm{mmHg}]}{760[\mathrm{mmHg}]} \times 10.332[\mathrm{m}] = 4.42[\mathrm{m}]$

　　② 토출양정 : $45[\mathrm{m}]$

　　③ 전양정 : $H = (4.42[\mathrm{m}] + 45[\mathrm{m}]) \times 0.32 + (4.42[\mathrm{m}] + 45[\mathrm{m}]) + 20[\mathrm{m}] = 85.23[\mathrm{m}]$ 이상

　3) 전양정 : $85.23[\mathrm{m}]$ 이상 ($\because$ 두 가지 중 큰 값을 적용해야 한다.)

(2) 지하 저수조에 저장하여야 하는 수원의 양$[\mathrm{m}^3]$

　　Q＝옥내소화전설비＋스프링클러설비

　　$= 2$개$\times 2.6[\mathrm{m}^3] + 30$개$\times 1.6[\mathrm{m}^3] = 53.2[\mathrm{m}^3]$ 이상

(3) 펌프의 축동력

　① 펌프의 토출량

　　Q＝옥내소화전설비 ＋ 스프링클러설비

　　$= 2$개$\times 130[\mathrm{L/min}] + 30$개$\times 80[\mathrm{L/min}] = 2{,}660[\mathrm{L/min}]$ 이상

　② 펌프의 전효율

　　$\eta = 0.9 \times 0.8 \times 0.95 = 0.684$

　③ 축동력 $P = \dfrac{9.8QH}{\eta} = \dfrac{9.8[\mathrm{kN/m}^3] \times 2.66[\mathrm{m}^3/60\mathrm{s}] \times 85.23[\mathrm{m}]}{0.684} = 54.16[\mathrm{kW}]$ 이상

---

39 스프링클러설비에 사용되는 관의 내경이 25[mm]인 수평배관의 유량이 100[ℓ/min]이다. 이때 배관 내 압력[kPa]을 구하시오. (단, 중력가속도는 9.8[m/s²] 이다.)

[풀이&답]

(1) 유속 $V = \dfrac{0.1[\mathrm{m}^3/60\mathrm{s}]}{\dfrac{\pi}{4} \times (0.025[\mathrm{m}])^2} = 3.395[\mathrm{m/s}]$

(2) 속도수두 $H = \dfrac{V^2}{2g} = \dfrac{(3.395[\mathrm{m/s}])^2}{2 \times 9.8[\mathrm{m/s}^2]} = 0.588[\mathrm{m}]$

(3) 속도수두의 단위변환

　$0.588[\mathrm{m}] \times \dfrac{101.325[\mathrm{kPa}]}{10.332[\mathrm{m}]} = 5.766 = 5.77[\mathrm{kPa}]$

---

40 30층 복도형 아파트에 습식 스프링클러설비를 설치하려고 한다. 아래의 조건을 활용하여 다음 각 물음에 답하시오.

[조건]

　① 층당 10세대, 층별 방호면적 1,600[m²], 방수압 0.1[MPa]

　② 실 양정 70[m], 손실수두 20[m], 전달계수 1.15, 효율 50[%]

　③ 배관 내 유속 1.5[m/s]

　④ 각 세대에는 방 3개, 주방1개, 화장실 1개

(1) 소화펌프 토출량

(2) 물탱크에 저장해야 할 수원의 양

(3) 전동기의 동력

(4) 소화펌프 토출관의 구경

(5) 특정소방대상물의 취침 · 숙박 · 입원 등 이와 유사한 용도로 사용되는 거실에는 연기 감지기를 설치하여야 한다. 이에 해당하는 특정소방대상물 기준 5가지를 쓰시오.

(6) 알람밸브 숫자

풀이&답

(1) 소화펌프 토출량

$N \times 80[\text{L/min}] = 10$개 $\times 80[\text{L/min}] = 800[\text{L/min}]$ 이상

(2) 물탱크에 저장하여야 할 수원의 양

수원의 양 $= N \times 3.2[\text{m}^3] = 10 \times 3.2[\text{m}^3] = 32[\text{m}^3]$ 이상

(3) 전동기 동력

$$P = \frac{0.163QH}{\eta} \times K = \frac{0.163 \times 0.8 \times 100}{0.5} \times 1.15 = 30[\text{kW}] \text{ 이상}$$

(4) 소화펌프 토출관의 구경

$Q = \frac{\pi}{4}D^2 \times V$에서

$$D = \sqrt{\frac{4Q}{\pi V}} = \sqrt{\frac{4 \times 0.8\text{m}^3/60\text{s}}{\pi \times 1.5}} \times 1000 = 106.38[\text{mm}] \text{ 이상}$$

(5) 특정소방대상물의 취침 · 숙박 · 입원 등 이와 유사한 용도로 사용되는 거실

가. 공동주택 · 오피스텔 · 숙박시설 · 노유자시설 · 수련시설

나. 교육연구시설 중 합숙소

다. 의료시설, 근린생활시설 중 입원실이 있는 의원 · 조산원

라. 교정 및 군사시설

마. 근린생활시설 중 고시원

(6) 알람밸브 숫자

① $1,600[\text{m}^2]/3,000[\text{m}^2] = 0.53 = 1$개

② 1개 $\times$ 30층 $= 30$개

---

41 다음은 스프링클러설비의 배관 일부 상세도이다. 아래의 각 물음에 답하시오.

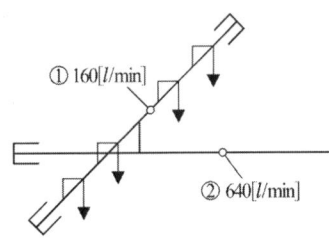

(1) ①부분에서 수리계산시 배관의 최소구경(mm)

(2) ②부분에서 수리계산시 배관의 최소구경(mm)

풀이&답

(1) ①부분에서 수리계산시 배관의 최소구경[mm]

$$D = \sqrt{\frac{4Q}{\pi V}} = \sqrt{\frac{4 \times 0.16[\text{m}^3/60\text{s}]}{\pi \times 6[\text{m/s}]}} \times 1,000 = 23.79[\text{mm}]$$

(2) ②부분에서 수리계산시 배관의 최소구경[mm]

$$D = \sqrt{\frac{4Q}{\pi V}} = \sqrt{\frac{4 \times 0.64[\text{m}^3/60\text{s}]}{\pi \times 10[\text{m/s}]}} \times 1,000 = 36.85[\text{mm}]$$

42 다음은 폐쇄형 스프링클러설비의 일부를 나타낸 것이다. 조건을 참고하여 물음에 답하시오.(10점)

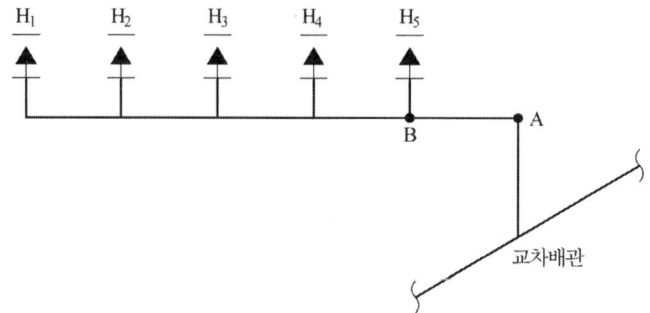

[조건]

① H_1~H_5 까지 각 헤드마다의 방수압력 차이는 0.02[MPa] 이다.

② A~B 구간의 마찰손실은 0.04[MPa] 이다.

③ H_1 헤드에서의 방수량 및 방수압력은 스프링클러설비의 화재안전기술기준(NFTC 103)에서 정하는 최소값으로 한다.

(1) A 지점에 필요한 최소압력은 몇 MPa인가?(2점)

풀이&답 P_A = 0.1[MPa]+(0.02[MPa]×4)+0.04 = 0.22[MPa]

(2) 각 헤드에서의 방수량(L/min) ①~⑤을 계산하시오.(단, 소수점 3자리에서 반올림하여 2자리까지 답한다.)(5점)

헤드	방수량(L/min)
H_1	①
H_2	②
H_3	③
H_4	④
H_5	⑤

풀이&답

헤드	방수량(L/min)
H_1	① 80L/min
H_2	② 방출계수 $K = \dfrac{Q}{\sqrt{10P}} = \dfrac{80[\text{L/min}]}{\sqrt{10 \times 0.1[\text{MPa}]}} = 80$ $Q = K\sqrt{10P} = 80 \times \sqrt{10 \times (0.1+0.02)} = 87.64[\text{L/min}]$
H_3	③ $Q = K\sqrt{10P} = 80 \times \sqrt{10 \times (0.1+0.02+0.02)} = 94.66[\text{L/min}]$
H_4	④ $Q = K\sqrt{10P} = 80 \times \sqrt{10 \times (0.1+0.02+0.02+0.02)} = 101.19[\text{L/min}]$
H_5	⑤ $Q = K\sqrt{10P} = 80 \times \sqrt{10 \times (0.1+0.02+0.02+0.02+0.02)} = 107.33[\text{L/min}]$

(3) A~B 구간에서의 유량(L/min)을 계산하시오.(1점)

풀이&답 $= 80 + 87.64 + 94.66 + 101.19 + 107.33 = 470.82[\text{L/min}]$

(4) A~B 구간에서의 최소 배관경(mm)을 계산하시오.(단, 수리계산에 따르며, 화재안전 기준에서 정하는 최대유속을 적용하고, 소수점 3자리에서 반올림하여 2자리까지 답한다.) (2점)

풀이&답 $D = \sqrt{\dfrac{4Q}{\pi V}} = \sqrt{\dfrac{4 \times 470.82[\text{L/min}]}{\pi \times 6[\text{m/s}]}} = \sqrt{\dfrac{4 \times 0.47082[\text{m}^3]/60[\text{s}]}{\pi \times 6[\text{m/s}]}}$

$= 0.0408066[\text{m}] = 40.8066 = 40.81[\text{mm}]$

보충설명

스프링클러설비의 화재안전기술기준
1. 가압송수장치의 정격토출압력은 하나의 헤드선단에 0.1 MPa 이상 1.2 MPa 이하의 방수압력이 될 수 있게 하는 크기일 것
2. 가압송수장치의 송수량은 0.1 MPa의 방수압력 기준으로 80 L/min 이상의 방수성능을 가진 기준개수의 모든 헤드로부터의 방수량을 충족시킬 수 있는 양 이상의 것으로 할 것. 이 경우 속도수두는 계산에 포함하지 않을 수 있다.
3. 배관의 구경은 수리계산에 따르는 경우 가지배관의 유속은 6 m/s, 그 밖의 배관의 유속은 10 m/s를 초과할 수 없다.

43 지하 2층, 지상 5층의 규모인 교육연구시설에 스프링클러설비를 설치하고자 한다. 조건을 참고하여 다음 각 물음에 답하시오.(12점)

[조건]

① 층별 층높이 및 바닥면적은 아래의 표와 같으며, 지상층은 모두 창문이 설치되어 있다.

구분	지하2층	지하1층	지상1층	지상2층	지상3층	지상4층	지상5층
층높이 (m)	5.5	4.5	4.5	4.5	4.0	4.0	4.0
반자높이 (m)	5.0	4.0	4.0	4.0	3.5	3.5	3.5
바닥면적 (m²)	2,000	2,000	1,500	1,500	1,500	1,200	600

② 지상 1층에 있는 회의실은 바닥으로부터 반자(헤드 부착면)까지의 높이가 8.5m임

③ 스프링클러헤드 설치 시 반자(헤드 부착면)높이는 조건 ①의 표에 따른다.

④ 배관 및 관 부속품의 마찰손실수두는 실양정의 30%를 적용한다.

⑤ 펌프의 효율은 60%, 전달계수는 1.1을 적용한다.

⑥ 헤드의 방사압은 화재안전기준에서 정하는 최댓값으로 한다.

⑦ 지하 2층에 물탱크실이 있으며, 물탱크실의 저수조는 바닥으로부터 3m 높이에 풋밸브(일반급수용)가 위치해 있으며, 이 높이까지 상시 물이 가득 차 있다. 저수조는 일반급수용과 소방용을 겸용으로 사용, 저수조의 내부크기는 가로 8m, 세로 5m, 높이 4m이다.

⑧ 기타 조건에 없는 사항은 소방관련법령과 스프링클러설비의 화재안전기술기준을 준용한다.

(1) 스프링클러설비를 설치하여야 하는 층과 그 이유가 되는 법령기준을 쓰시오.

　① 설치하여야 하는 층

　② 이유가 되는 법령기준

풀이&답 ① 지하 2층, 지하 1층, 지상 4층
② 지하층·무창층(축사는 제외한다) 또는 층수가 4층 이상인 층으로서 바닥면적이 1,000[m²] 이상인 층에는 스프링클러설비를 설치하여야 한다.

(2) 일반급수펌프의 흡수구와 소화펌프 흡수구 사이의 수직거리(m)를 계산하시오.

풀이&답 ① 수원의 저수량 $= 10개 \times 1.6[m^3] = 16[m^3]$

② 수직거리 $= \dfrac{16[m^3]}{8[m] \times 5[m]} = 0.4[m]$

(3) 소화펌프의 정격 토출량(m³/min)

풀이&답 $10개 \times 80 = 800[\ell/min] = 0.8[m^3/min]$

(4) 소화펌프의 전양정(m)

풀이&답 ① $h_1 = 23.9[m] \times 0.3 = 7.17[m]$

② $h_2 = (5.5[m] - 3[m] + 0.4[m]) + 4.5[m] \times 3개층 + 4[m] + 3.5[m] = 23.9[m]$

③ 전양정 $H = h_1 + h_2 + h_3 = 7.17[m] + 23.9[m] + 120[m] = 151.07[m]$

(5) 소화펌프의 전동기 용량(kW)

풀이&답 $P = \dfrac{0.163QHK}{\eta} = \dfrac{0.163 \times 0.8[m^3/min] \times 151.07[m] \times 1.1}{0.6} = 36.12[kW]$

44 부압식 스프링클러설비에 대한 다음 각 물음에 답하시오.(6점)

(1) 유수검지장치의 1차측과 2차측 배관내 물의 압력상태를 간략하게 쓰시오.(2점)

　① 1차측 상태 :

　② 2차측 상태 :

풀이&답 ① 1차측 상태 : 정압 상태 또는 가압수 상태
② 2차측 상태 : 부압 상태 또는 부압수 상태

(2) 유수검지장치의 종류와 헤드의 종류를 쓰시오.(단, 헤드는 상향형, 하향형, 폐쇄형, 개방형을 구분하여 쓰도록 한다)(2점)

풀이&답 유수검지장치의 종류 : 준비작동식 유수검지장치
헤드의 종류 : 하향형, 폐쇄형

(3) 스프링클러설비의 화재안전기술기준 용어의 정의에 따른 부압식 스프링클러설비의 동작원리를 쓰시오.(2점)

풀이&답 가압송수장치에서 준비작동식유수검지장치의 1차측까지는 항상 정압의 물이 가압되고, 2차측 폐쇄형 스프링클러헤드까지는 소화수가 부압으로 되어 있다가 화재 시 감지기의 작동에 의해 정압으로 변하여 유수가 발생하면 작동하는 스프링클러설비

06 간이스프링클러설비

01 간이스프링클러설비의 수원에 대한 다음 각 물음에 답하시오.

(1) 상수도직결형의 경우 수원

(2) 근린생활시설, 생활형숙박시설, 복합건축물의 경우 전용수조의 수원[m^3]

(3) (2)외의 장소의 경우 전용수조의 수원[m^3]

풀이&답
(1) 상수도직결형의 경우 수원 : 수돗물
(2) 근린생활시설, 생활형숙박시설, 복합건축물의 경우 전용수조의 수원
 수원 $Q = 5$개$\times 50[\text{L/min}] \times 20$분$= 5[\text{m}^3]$ 이상
(3) (2)외의 장소의 경우 전용수조의 수원
 수원 $Q = 2$개$\times 50[\text{L/min}] \times 10$분$= 1[\text{m}^3]$ 이상

02 다중이용업소에 설치하여야 하는 간이스프링클러설비에 대한 다음의 각 물음에 답하시오.

(1) 간이스프링클러설비(캐비닛형 간이스프링클러설비 포함)의 설치대상에 대하여 기술하시오.

(2) 바닥면적이 1,000[m^2]인 다중이용업소의 영업장(산후조리원)에 간이스프링클러설비를 설치할 경우 최소 수원의 양[m^3]과 간이형스프링클러헤드의 설치수량을 산정하시오.(단, 헤드배치는 정방형으로 한다.)

풀이&답
(1) 간이스프링클러설비의 설치대상
 ① 지하층에 설치된 영업장
  숙박을 제공하는 형태의 다중이용업소의 영업장 중 다음에 해당하는 영업장. 다만, 지상 1층에 있거나 지상과 직접 맞닿아 있는 층(영업장의 주된 출입구가 건축물 외부의 지면과 직접 연결된 경우를 포함한다)에 설치된 영업장은 제외한다.
  (1) 산후조리업의 영업장
  (2) 고시원업의 영업장
 ③ 밀폐구조의 영업장
 ④ 권총사격장의 영업장
(2) 수원의 양과 간이형스프링클러헤드의 설치수량
 ① 수원의 양 $= 5$개 $\times 50[\text{L/min}] \times 20$분 $= 5000[\text{L}] = 5[\text{m}^3]$ (근린생활시설에 해당하므로)
 ② 간이형스프링클러헤드의 설치수량
  • 헤드 1개당 방호면적
   간이헤드의 수평거리는 2.3[m] 이하이므로 헤드 1개당 방호면적은
   $S^2 = (2 \times 2.3 \times \cos 45°)^2 = 10.58[\text{m}^2]$
  • 설치수량 $= \dfrac{1,000[\text{m}^2]}{10.58[\text{m}^2]} = 94.52 = 95$개

03 지상5층 규모의 근린생활시설에 간이스프링클러설비를 설치하고자 한다. 아래의 조건을 참고하여 다음 각 물음에 답하시오.

[조건]

① 바닥면적은 지하1층 1,800[m²], 지상 1층 800[m²], 지상 2~3층은 각각 1,500[m²], 지상4층~5층은 각각 800[m²]

② 펌프실은 지하1층에 위치, 정압수조방식, 바닥으로부터 펌프 중심까지의 높이는 0.5[m], 전동기를 이용한 가압송수장치 적용

③ 층고는 지하 1층 4.5[m], 지상1층~5층은 3[m]

④ 헤드의 부착높이는 2.4[m]

⑤ 전동기의 효율은 65[%], 전달계수는 1.1 적용

⑥ 배관의 마찰손실수두는 10[m]

[물음]

(1) 전양정[m]

(2) 전동기의 방수량[m³/min]

(3) 수원의 양[m³]

(4) 최소 방호구역의 수

(5) 유수검지장치의 최소수량

(6) 유수검지장치의 설치위치

(7) 전동기의 최소용량[kW]

(8) 유수검지장치를 기계실(공조용 기계실 포함)안에 설치하는 경우에는 어떻게 하여야 하는지 그 기준을 쓰시오.

풀이&답

(1) 전양정[m] $H = h_1 + h_2 + 10$
$$= (4.5[\text{m}] - 0.5[\text{m}]) + 3[\text{m}] \times 4개층 + 2.4[\text{m}] + 10[\text{m}] + 10[\text{m}] = 38.4[\text{m}] \text{ 이상}$$

(2) 전동기의 방수량[m³/min] = 5개 × 50[L/min] = 250[L/min] = 0.25[m³/min] 이상

(3) 수원의 양[m³] = 0.25[m³/min] × 20분 이상 = 5[m³] 이상

(4) 최소 방호구역의 수

　① 지하1층 : 1,800[m²]/1,000[m²] = 1.8 = 2개

　② 지상1층 : 800[m²]/1,000[m²] = 0.8 = 1개

　③ 지상2~3층 : 1,500[m²]/1,000[m²] = 1.5 = 2개 × 2개층 = 4개

　④ 지상4~5층 : 800[m²]/1,000[m²] = 0.8 = 1개 × 2개층 = 2개

　⑤ 방호구역의 수량 : 2개+1개+4개+2개 = 9개

(5) 유수검지장치의 최소수량

　9개(방호구역에는 1개 이상의 유수검지장치를 설치)

(6) 유수검지장치의 설치위치

　실내에 설치하거나 보호용 철망 등으로 구획하여 바닥으로부터 0.8[m] 이상 1.5[m] 이하의 위치에 설치

(7) 전동기의 최소용량[kW]

$$P = \frac{9.8 \times 0.25[\text{m}^3/60\text{s}] \times 38.4[\text{m}]}{0.65} \times 1.1 = 2.65[\text{kW}]$$

(8) 유수검지장치를 기계실(공조용 기계실 포함)안에 설치하는 경우

　별도의 실 또는 보호용 철망을 설치하지 아니하고 기계실 출입문 상단에 "유수검지장치실"이라고 표시한 표지를 설치할 것

07 화재조기진압용 스프링클러설비

01 가로 20[m], 세로 15[m], 높이 13.5[m]인 랙(rack)식 창고에 적재높이 12.2[m]로 특수가연물을 저장한 경우 화재안전기준에 의거하여 화재조기진압용 스프링클러소화설비를 설치하려고 한다. 다음 조건을 참고하여 물음에 답하시오.

[조건]

⑴ 화재조기진압용 헤드는 정방형으로 배치한다.

⑵ K=360(하향식)

⑶ ESFR 헤드의 층고에 따른 최소방사압[MPa]은 다음의 표와 같다.

층고 [m]	저장높이	화재조기진압용 헤드				
		K=360 하향식	K=320 하향식	K=240 하향식	K=240 상향식	K=200 하향식
13.7	12.2	0.28	0.28	–	–	–
13.7	10.7	0.28	0.28	–	–	–
12.2	10.7	0.17	0.28	0.36	0.36	0.52
10.7	9.1	0.14	0.24	0.36	0.36	0.52
9.1	7.6	0.10	0.17	0.24	0.24	0.34

[물음]

(1) 펌프의 최소 토출량[m³/min] 및 최소 수원의 양[m³]을 계산하시오.

(2) 화재조기진압용 헤드의 최소 수량을 계산하시오.

　　(단, 소수점이하는 절상하여 정수로 답하시오.)

풀이&답 (1) 최소 토출량 및 수원의 양
　　① 헤드선단의 방사압력
　　　표에서 층고 13.7[m]와 저장높이 12.2[m] $K=360$ 하향식이 만나는 점에서 방사압력을 선정하면 $P=0.28$[MPa]이다.
　　② 펌프의 최소 토출량
　　　$Q=12 \times K\sqrt{10P}=12 \times 360 \times \sqrt{10 \times 0.28} \times 10^{-3}=7.2287=7.23$[m³/min]
　　③ 수원의 양
　　　$Q=12 \times 60 \times K\sqrt{10P}=12 \times 60 \times 360 \times \sqrt{10 \times 0.28} \times 10^{-3}=433.72$[m³]
　(2) 헤드의 최소 수량
　　① 헤드의 방호면적은 6.0[m²]이상 9.3[m²]이하
　　② 헤드의 수량
　　　$수량 = \dfrac{바닥면적}{방호면적} = \dfrac{20[m] \times 15[m]}{9.3[m^2]} = 32.25 = 33개$

02 화재조기진압용 스프링클러설비에 대한 다음 각 물음에 답하시오.

⑴ 층고 13[m], 바닥면적이 500[m²]인 랙(rack)식 창고에 화재조기진압용 스프링클러헤드를 설치할 경우에 설치할 수 있는 최소수량과 최대수량을 산출하시오.

(2) 화재조기진압용 스프링클러설비의 환기구 기준 2가지를 쓰시오.

풀이&답 (1) 헤드의 수량

① 최소수량 $= \dfrac{\text{바닥면적}}{9.3[\text{m}^2]} = \dfrac{500[\text{m}^2]}{9.3[\text{m}^2]} = 53.76 = 54$개

② 최대수량 $= \dfrac{\text{바닥면적}}{6.0[\text{m}^2]} = \dfrac{500[\text{m}^2]}{6.0[\text{m}^2]} = 83.33 = 84$개

(2) 화재조기진압용 스프링클러설비의 환기구 기준 2가지
　　① 공기의 유동으로 인하여 헤드의 작동온도에 영향을 주지 않는 구조일 것
　　② 화재감지기와 연동하여 동작하는 자동식 환기장치를 설치하지 아니할 것. 다만, 자동식환기장치를 설치할 경우에는 최소작동온도가 $180[℃]$ 이상일 것

03 화재조기진압용 스프링클러설비의 화재안전기술기준에 대한 다음 각 물음에 답하시오.(7점)

(1) 다음은 화재조기진압용 스프링클러헤드의 설치제외 기준을 나타낸 것이다. 번호에 알맞은 답을 쓰시오.(2점)

> 다음 각 호에 해당하는 물품의 경우에는 화재조기진압용 스프링클러를 설치하여서는 아니 된다. 다만, 물품에 대한 화재시험등 공인기관의 시험을 받은 것은 제외한다.
> 1. (①)
> 2. (②) 등 연소 시 화염의 속도가 빠르고 방사된 물이 하부까지 도달하지 못하는 것

풀이&답 ① 제4류 위험물
② 타이어, 두루마리 종이 및 섬유류, 섬유제품

(2) 괄호 안의 번호에 알맞은 답을 쓰시오.(5점)

> (저장물의 간격)
> 저장물품 사이의 간격은 모든 방향에서 (①)의 간격을 유지하여야 한다.
>
> (환기구)
> 화재조기진압용 스프링클러설비의 환기구는 다음 각 호에 적합하여야 한다.
> 1. (②)으로 인하여 (③)에 영향을 주지 않는 구조일 것
> 2. 화재감지기와 연동하여 동작하는 (④)를 설치하지 아니할 것. 다만, (④)를 설치할 경우에는 최소작동온도가 (⑤)일 것

풀이&답 ① 152[mm] 이상　　② 공기의 유동　　③ 헤드의 작동온도
④ 자동식 환기장치　　⑤ 180℃ 이상

08 물분무소화설비

01 바닥면적이 40[m²]인 주차장에 물분무소화설비를 설치하려고 한다. 다음의 물음에 답하시오.

(1) 펌프의 최소토출량[L/min]을 계산하시오.

(2) 수원의 최소 유효저수량 [m³]을 계산하시오.

(3) 물분무헤드의 표준방수량이 60[L/min]일 경우 헤드의 최소수량을 계산하시오.

풀이&답
(1) 펌프의 최소 토출량

$50[\text{m}^2] \times 20[\text{L/m}^2 \cdot \text{min}] = 1,000[\text{L/min}]$

(면적이 50[m²] 이하인 경우 최소 50[m²]를 적용한다)

(2) 수원의 최소유효저수량

$1,000[\text{L/min}] \times 20[\text{min}] = 20,000[\text{L}] = 20[\text{m}^3]$

(3) 헤드의 최소수량

$\dfrac{1,000[\text{L/min}]}{60[\text{L/min} \cdot \text{개}]} = 16.6 = 17$개

02 특수가연물을 저장. 취급하는 부분의 바닥 면적이 80[m²]인 경우 필요한 수원의 양[m³]은 얼마인가?

풀이&답 수원 = 바닥면적(최소 50[m²])[m²] × 10[L/min · m²] × 20분

$= 80[\text{m}^2] \times 10[\text{L/min} \cdot \text{m}^2] \times 20\text{분} = 16[\text{m}^3]$

03 면적이 650[m²]인 주차장에 물분무소화설비를 설치하고자 한다. 물분무 헤드 1개의 방수량이 80[L/min]이면 필요한 헤드의 수량은 몇 개인가?

풀이&답
① 토출량

$Q = 650[\text{m}^2] \times 20[\text{L/min} \cdot \text{m}^2] = 13,000[\text{L/min}]$

② 헤드의 수량 $= \dfrac{13,000[\text{L/min}]}{80[\text{L/min}]} = 162.5 = 163$개

04 주차장 면적이 200[m²]인 방호공간에 최대방수구역의 바닥면적을 100[m²]로 하여 물분무소화설비를 설치할 경우 다음 물음에 답하시오.(단, 효율은 65[%], 전양정 50[m], 전달계수=1로 한다.)

(1) 수원의 최소 확보량[m³]을 구하시오.

(2) 펌프를 구동하기 위한 전동기의 최소용량[kW]을 구하시오.

풀이&답
(1) 수원의 최소 확보량

수원 = 바닥면적(최소 50[m²])[m²] × 20[L/min · m²] × 20분

$= 100[\text{m}^2] \times 20[\text{L/min} \cdot \text{m}^2] \times 20\text{분} = 40[\text{m}^3]$

(2) 전동기의 최소용량

    ① 토출량 $Q = 100[\text{m}^2] \times 20[\text{L/min} \cdot \text{m}^2] = 2,000[\text{L/min}]$

    ② 전동기의 최소용량

$$P = \frac{9.8QH}{\eta} \times K = \frac{9.8[\text{kN/m}^3] \times 2[\text{m}^3/60\text{s}] \times 50[\text{m}]}{0.65} \times 1 = 25.13[\text{kW}]$$

05 주차용 건축물에 다음과 같이 방수구역을 나누어 물분무소화설비를 설치하고자 한다. 다음 각 물음에 답하시오.

A 구역	B 구역	C 구역
바닥면적 200[m²]	바닥면적 100[m²]	바닥면적 50[m²]

(1) 가압송수장치의 최소 토출량[m³/min]

(2) 수원의 최소 저수량[m³]

풀이&답 (1) 가압송수장치의 최소 토출량

    $Q = $ 최대 방수구역의 바닥면적 $\times 20[\text{L/min} \cdot \text{m}^2]$

      $= 200 \times 20[\text{L/min} \cdot \text{m}^2] = 4,000[\text{L/min}] = 4[\text{m}^3/\text{min}]$

  (2) 수원의 최소 저수량

    $Q = 4,000[\text{L/min}] \times 20[\text{min}] = 80,000[\text{L}] = 80[\text{m}^3]$

    ※ 최대 방수구역을 기준으로 한다.

06 아래의 그림은 어느 물분무 소화설비의 소화펌프 계통도를 나타내고 있다. 아래의 조건 및 그림을 보고 물음에 답하시오.

[조건]

⑴ 풋밸브 중심으로부터 펌프중심까지의 높이 는 4[m]이다.

⑵ 펌프에서 사용할 수 있는 최대 토출량은 114[m³/h]이다.

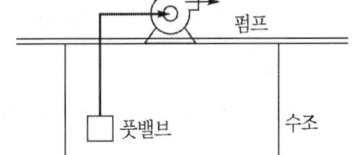

⑶ 대기압수두는 10.3[m]이다.

⑷ 조도계수는 100을 적용한다.

⑸ 25℃에서의 수증기압은 0.003[MPa]이다.

⑹ 기준온도는 25℃이며 물의 밀도는 1[g/cm³]으로 하며, 속도수두는 무시한다.

⑺ 풋밸브에서 펌프까지의 배관길이는 6[m]이고 배관내경은 150[mm]이다.

⑻ 0.1[MPa]=10[m]의 관계에 있다.

⑼ 하젠-윌리암스의 식은 다음과 같다.

$$P_m = 6.174 \times 10^4 \times \frac{Q^{1.85}}{C^{1.85} \times D^{4.87}} \times L[\text{MPa}]$$

[물음]

(1) 흡입배관에서의 마찰손실수두를 하젠-윌리암스 식을 이용하여 계산하시오.(단, 소수점 넷째자리에서 반올림하여 셋째자리까지 답하시오.)

(2) 유효흡입양정을 계산하시오.(소수점 셋째자리까지 답하시오.)

풀이&답

(1) 흡입배관의 마찰손실수두

  1) 조건정리

    ① 토출량 $Q = 114[\mathrm{m^3/h}] = 114 \times 1,000[\mathrm{L/60min}] = 1,900[\mathrm{L/min}]$

    ② 조도계수 $C = 100$

    ③ 배관의 길이 $L = 6[\mathrm{m}]$

    ④ 배관내경 $D = 150[\mathrm{mm}]$

  2) 압력손실

$$P_m = 6.174 \times 10^4 \times \frac{1,900^{1.85}}{100^{1.85} \times 150^{4.87}} \times 6 = 0.002171[\mathrm{MPa}]$$

  3) 마찰손실수두 $= 0.002171[\mathrm{MPa}] = 0.217[\mathrm{m}]$

(2) 유효흡입양정

  1) 조건정리

    ① 대기압수두 : $10.3[\mathrm{m}]$

    ② 포화수증기압 환산수두 : $0.003[\mathrm{MPa}] = 0.3[\mathrm{m}]$

    ③ 흡입수두 : $4[\mathrm{m}]$

    ④ 마찰손실수두 : $0.217[\mathrm{m}]$

  2) 유효흡입양정

$$NPSH_{av} = H_a - (H_h + H_f + H_v) = 10.3[\mathrm{m}] - 4[\mathrm{m}] - 0.217[\mathrm{m}] - 0.3[\mathrm{m}] = 5.783[\mathrm{m}]$$

07 절연유 봉입 변압기에 소화설비를 그림과 같이 적용하고자 한다. 바닥 부분을 제외한 변압기의 표면적을 100[m²]라고 할 때 헤드별 유량[L/min]과 저수량[m³]을 구하시오.

[조건]

① 물분무헤드는 8개가 설치되어 있다.

② 표준방사량은 1[m²]당 10[L/min]으로 한다.

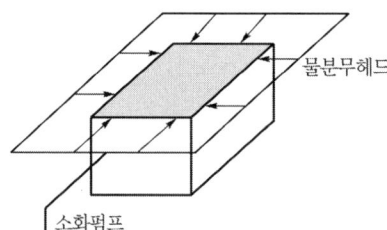

풀이&답

(1) 헤드별 유량

  ① 전체 유량 $Q = 100[\mathrm{m^2}] \times 10[\mathrm{L/min}] = 1,000[\mathrm{L/min}]$

  ② 물분무 헤드가 8개 설치되어 있으므로 헤드별 유량은

    $1,000[\mathrm{L/min}] \div 8개 = 125[\mathrm{L/min}]$

(2) 저수량

  $Q = 100[\mathrm{m^2}] \times 10[\mathrm{L/min \cdot m^2}] \times 20[\mathrm{min}] = 20[\mathrm{m^3}]$ 이상

09 미분무소화설비

01 다음 각 물음에 답하시오.

(1) 폐쇄형 미분무헤드 설치장소의 평상시 최고주위온도가 40[℃]인 경우에 표시온도는 몇 [℃]의 것을 사용하여야 하는가?

(2) 다음의 조건을 참고하여 미분무소화설비의 수원의 양 [m³]을 계산하시오.

> ① 방호구역 내 설치된 헤드의 수량 : 30개
> ② 설계유량 : 3.6[m³/h]
> ③ 설계방수시간 : 1시간[h]
> ④ 안전율은 화재안전기준에 따른 최소값으로 할 것
> ⑤ 배관의 총체적 : 0.5[m³]

풀이&답 (1) 표시온도

① $T_a = 0.9\,T_m - 27.3[℃]$

T_a : 최고주위온도, T_m : 헤드의 표시온도

② $40[℃] = 0.9\,T_m - 27.3[℃]$에서

$$T_m = \frac{40 + 27.3}{0.9} = 74.777 = 74.78[℃]$$

(2) 수원계산

① 관계이론

$$Q = N \times D \times T \times S + V$$

Q : 수원의 양[m³], N : 방호구역(방수구역)내 헤드의 개수
D : 설계유량[m³/min], T : 설계방수시간[min]
S : 안전율(1.2이상), V : 배관의 총체적[m³]

② 설계유량
$D = 3.6[m³/h] = 3.6[m³/60min] = 0.06[m³/min]$

③ 설계방수시간
$T = 1[시간] = 60[min]$

④ 안전율 $S = 1.2$(화재안전기준에서 최소 1.2 이상)

⑤ 수원
$Q = N \times D \times T \times S + V = 30 \times 0.06 \times 60 \times 1.2 + 0.5 = 130.1[m³]$

10 포소화설비

01 합성계면활성제 포 원액 1%형을 2.5[L] 취하여 포수용액을 만들고 발포기를 통해서 75[m³]의 팽창포를 얻었다. 이 때 수용액의 양[L] 및 팽창비를 구하시오.

(1) 포수용액의 양[L]

(2) 팽창비

풀이&답 (1) 포수용액의 양

① 포 원액의 양 = 포수용액 × 약제의 농도

② 포수용액 $= \dfrac{\text{포 원액의 양}}{\text{약제의 농도}} = \dfrac{2.5[L]}{0.01} = 250[L]$

(2) 팽창비 $= \dfrac{\text{최종 발생한 포 체적}}{\text{원래 포 수용액 체적}} = \dfrac{75[m^3]}{250[L]} = \dfrac{75 \times 1,000[L]}{250[L]} = 300$

02 합성계면활성제포 소화약제 1.5% 형을 650 : 1로 방출하였더니 포의 체적이 33[m³] 이었다. 다음의 물음에 답하시오.

(1) 팽창비의 정의

(2) 사용된 합성계면활성제포 1.5% 형의 사용량[L]은 얼마인가?

(3) 사용된 물의 양[m³]은 얼마인가?

(4) 같은 양의 합성계면활성제포 원액을 사용하여 팽창비가 280이 되게 포를 방출한다면 방출된 포의 체적[m³]은 얼마가 되겠는가?

풀이&답 (1) 팽창비의 정의

최종 발생한 포 체적을 원래 포 수용액 체적으로 나눈 값

(2) 사용량

① 팽창비 $= \dfrac{\text{최종 발생한 포 체적}}{\text{원래 포 수용액 체적}}$

포수용액 체적 $= \dfrac{\text{포체적}}{\text{팽창비}} = \dfrac{33,000[L]}{650} = 50.77[L]$

② 합성계면활성제포 1.5%형의 사용량 = 50.77[L] × 0.015 = 0.76[L]

(3) 사용된 물의 양 = 50.77[L] × 0.985 = 50.01[L] = 0.05001 = 0.05[m³]

(4) 방출된 포의 체적 = 팽창비 × 수용액 체적

$= 280 \times 50.77[L] = 14215.6[L] = 14.2156 = 14.22[m^3]$

보충설명 약제량 = 포수용액 × 약제농도 = 50.77[L] × 1.5% = 0.76[L]

사용된 물의 양 = 포수용액 − 약제량

= 포수용액 × (1 − 약제농도)

= 50.77[L] × (1 − 1.5%) = 50.77[L] × (1 − 0.015) = 50.01[L]

03 다음 그림은 주차장의 일부이다. 이곳에 포 소화설비를 설치할 경우 다음 물음에 답하시오.(단, 방호구역은 2개이며, 기타 조건은 무시한다.)

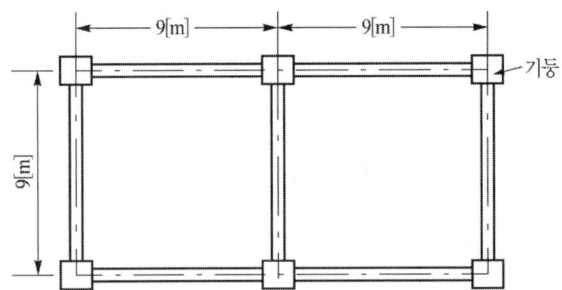

(1) 주차장에 설치할 수 있는 포 소화설비의 종류 3가지
(2) 상기 면적에 설치해야 할 포헤드의 수는 몇 개인가? (단, 헤드간 거리 산출시 소수점은 반올림하고, 정방형 배치방식으로 산출하시오.)
(3) 한 개의 방사 구역에 대한 분당 포 소화약제 수용액의 최저 방사량은 몇 [L/min]인가?
　　① 단백포 소화약제의 경우
　　② 합성계면활성제포 소화약제의 경우
　　③ 수성막포 소화약제의 경우

풀이&답 (1) 포 소화설비의 종류
　　① 포워터스프링클러설비
　　② 포헤드설비
　　③ 고정포방출설비
(2) 포헤드의 수
　　헤드간의 거리$(S) = 2r\cos45° = 2 \times 2.1[\text{m}] \times \cos45° = 2.97 = 3[\text{m}]$
　　가로열의 헤드 개수 $=$ 가로길이 $\div S = 9[\text{m}] \div 3[\text{m}] = 3$개
　　세로열의 헤드 개수 $=$ 세로길이 $\div S = 9[\text{m}] \div 3[\text{m}] = 3$개
　　포헤드의 수 $= 3$개 $\times 3$개 $\times 2$구역 $= 18$개
(3) 포 소화약제 수용액의 최저 방사량
　　① 단백포 소화약제 : $9[\text{m}] \times 9[\text{m}] \times 6.5[\text{L/min} \cdot \text{m}^2] = 526.5[\text{L/min}]$
　　② 합성계면활성제포 소화약제 : $9[\text{m}] \times 9[\text{m}] \times 8[\text{L/min} \cdot \text{m}^2] = 648[\text{L/min}]$
　　③ 수성막포 소화약제 : $9[\text{m}] \times 9[\text{m}] \times 3.7[\text{L/min} \cdot \text{m}^2] = 299.7[\text{L/min}]$

04 가로 20[m], 세로 36[m]인 주차장에 포워터스프링클러설비를 설치하려고 한다. 다음 각 물음에 답하시오.
(1) 포워터스프링클러헤드의 최소수량
(2) 가압송수장치의 토출량 [m³/min]
(3) 수원의 양 [m³]
(4) 방수구역의 수

풀이&답

(1) 포워터스프링클러헤드의 최소수량

$$= \frac{20[\text{m}] \times 10[\text{m}]}{8[\text{m}^2]} + \frac{20[\text{m}] \times 10[\text{m}]}{8[\text{m}^2]}$$

$$+ \frac{20[\text{m}] \times 10[\text{m}]}{8[\text{m}^2]} + \frac{20[\text{m}] \times 6[\text{m}]}{8[\text{m}^2]}$$

$$= 90개$$

(하나의 방수구역이 200[m²]를 초과할 수 없으므로)

| 방수구역1 (20[m]×10[m]) |
| 방수구역2 (20[m]×10[m]) |
| 방수구역3 (20[m]×10[m]) |
| 방수구역4 (20[m]×6[m]) |

(2) 가압송수장치의 토출량[m³/min]

① 포워터스프링클러헤드의 수량

$$N = \frac{200[\text{m}^2]}{8[\text{m}^2]} = 25개 \ (200[\text{m}^2] \ 이내 \ 설치된 \ 수량)$$

② 토출량

$$Q = N \times 75[\text{L/min}] = 25 \times 75[\text{L/min}] = 1,875[\text{L/min}] = 1.88[\text{m}^3/\text{min}]$$

(3) 수원의 양 [m³]

$$Q = N \times 75[\text{L/min}] \times 10[\text{min}] = 25 \times 75[\text{L/min}] \times 10[\text{min}]$$

$$= 18,750[\text{L}] = 18.75[\text{m}^3]$$

(4) 방수구역의 수 $= \dfrac{20[\text{m}] \times 36[\text{m}]}{200[\text{m}^2]} = 3.6 = 4개$

05 다음과 같은 평면도를 갖는 주차장에 포소화전설비를 설치하고자 한다. 조건을 참고하여 각 물음에 답하시오.(단, 주차장은 지하3층 규모로 각 층마다 바닥면적은 동일하다. 기계실은 지하 4층에 있다.)

| 가로 60[m]×세로 50[m] |

[조건]

① 펌프 중심으로부터 최상층 포소화전 방수구까지의 높이는 15[m], 펌프는 정압방식으로 펌프의 흡수구가 펌프중심보다 0.5[m] 높은 위치에 있다.

② 배관의 마찰손실수두는 10[m], 소방용호스의 마찰손실은 무시한다.

③ 펌프의 수력효율은 96[%], 체적효율 92[%], 기계효율 90[%], 펌프는 전동기 직결방식으로 전달계수는 1.1

④ 포소화전 방수구는 정방형으로 배치

⑤ 기타 주어지지 않는 조건은 화재안전기술기준을 준용한다.

⑥ 약제는 수성막포로 3[%]의 농도이다.

[물음]

(1) 포소화전 방수구의 최소수량

(2) 펌프의 최소 토출량[m³/min]

(3) 최소 수원의 양[m³]

(4) 최소 약제 저장량[m³]

(5) 전동기의 최소 축동력[kW]

풀이&답

(1) 포소화전 방수구의 최소수량

① 가로수량 $= \dfrac{60[\text{m}]}{2 \times 25[\text{m}] \times \cos 45°} = 1.69 = 2$

② 세로수량 $= \dfrac{50[\text{m}]}{2 \times 25[\text{m}] \times \cos 45°} = 1.41 = 2$

③ 층당 수량 = 가로수량 × 세로수량 = 2개 × 2개 = 4개

④ 전체수량 = 4개 × 3개층 = 12개

(2) 펌프의 최소 토출량 $[\text{m}^3/\text{min}]$

$Q = N \times 300[\text{L/min}] = 4 \times 300[\text{L/min}] = 1{,}200[\text{L/min}] = 1.2[\text{m}^3/\text{min}]$

(3) 최소 수원의 양 $[\text{m}^3]$

$Q = N \times 6[\text{m}^3] = 4 \times 6 = 24[\text{m}^3]$

(4) 최소 약제 저장량 $[\text{m}^3] = N \times 6{,}000 \times S = 4 \times 6{,}000 \times 0.03 = 720[\text{L}] = 0.72[\text{m}^3]$

(5) 전동기의 축동력 [kW]

① 전효율

$\eta = $ 수력효율 × 체적효율 × 기계효율 $= 0.96 \times 0.92 \times 0.9 = 0.79488 = 0.79$

② 전양정

$H = h_1 + h_2 + h_3 + h_4$

$H = 10[\text{m}] + (15[\text{m}] - 0.5[\text{m}]) + 35[\text{m}] + 0[\text{m}] = 59.5[\text{m}]$

③ 축동력 $P = \dfrac{9.8QH}{\eta} = \dfrac{9.8 \times 1.2[\text{m}^3/60\text{s}] \times 59.5[\text{m}]}{0.79} = 14.76[\text{kW}]$ 이상

---

06 주차장(층고 5[m])에 전역방출방식의 고발포용 고정포방출구를 설치하고자 한다. 아래의 조건을 참고하여 다음 각 물음에 답하시오.

[조건]

① 주차장은 가로 30[m], 세로 20[m]이고 방호대상물은 가로 10[m], 세로 10[m] 높이는 3[m]

② 합성계면활성제포 소화약제의 농도는 1.5[%], 팽창비는 400 이다.

③ 소방대상물별 팽창비에 따른 분당 포수용액 방출량

특정소방대상물	포의 팽창비	1[m³]에 대한 분당 포수용액 방출량
항공기격납고	팽창비 80 이상 250 미만의 것	2.00[L]
	팽창비 250 이상 500 미만의 것	0.50[L]
	팽창비 500 이상 1,000 미만의 것	0.29[L]
차고 또는 주차장	팽창비 80 이상 250 미만의 것	1.11[L]
	팽창비 250 이상 500 미만의 것	0.28[L]
	팽창비 500 이상 1,000 미만의 것	0.16[L]
특수가연물을 저장 또는 취급하는 소방 대상물	팽창비 80 이상 250 미만의 것	1.25[L]
	팽창비 250 이상 500 미만의 것	0.31[L]
	팽창비 500 이상 1,000 미만의 것	0.18[L]

(1) 관포체적[m³]을 계산하시오.

(2) 필요한 최소 포수용액의 양 [m³]을 산출하시오.

(3) 고정포방출구의 최소수량

풀이&답 (1) 관포체적

① 해당 바닥 면으로부터 방호대상물의 높이보다 0.5[m] 높은 위치까지의 체적

② 관포체적 $= 30[m] \times 20[m] \times (3[m] + 0.5[m]) = 2,100[m^3]$

(2) 포수용액의 양 $=$ 관포체적$[m^3] \times$ 포수용액 방출량$[L/m^3 \cdot min] \times 10[min]$

$\qquad\qquad\qquad = 2,100[m^3] \times 0.28[L/m^3 \cdot min] \times 10[min] = 5,880[L] = 5.88[m^3]$

(3) 고정포방출구의 수량

① 고정포방출구는 바닥면적 500[m²]마다 1개 이상

② $\dfrac{30[m] \times 20[m]}{500[m^2]} = 1.2 = 2$개

07 포소화설비에 대한 다음 각 물음에 답하시오.

(1) 포방출구에 따른 지붕의 구조와 포 주입방법에 대한 다음표의 빈칸을 완성하시오.

구분	지붕구조	포 주입방법
I 형		
II 형		
III형		
IV형		
특형		

(2) 바닥면적이 190[m²]인 차고에 옥내 포소화전이 3개소 설치되어 있다. 이 경우에 필요한 최소 포 소화약제량은 몇 [L]인지 구하시오.(단, 농도는 3[%]로 한다.)

(3) 고발포용 고정포 방출구에 있어서 방호구역 바닥 면적이 10[m²], 높이가 4[m]이면 관포체적[m³]은 얼마인지 구하시오.

풀이&답 (1) 다음표의 빈칸을 완성

구분	지붕구조	포 주입방법
I 형	고정지붕구조	상부포주입법
II 형	고정지붕구조 또는 부상덮개부착 고정지붕구조	상부포주입법
III형	고정지붕구조	저부포주입법
IV형	고정지붕구조	저부포주입법
특형	부상지붕구조	상부포주입법

(2) 포 소화약제량

① 관계이론

약제량 $Q = N \times S \times 6,000[L]$

N : 방수구 수(5개 이상은 5개), S : 포소화약제의 사용농도[%]

※ 바닥면적이 200[m²] 미만인 경우에는 산출량의 75[%]를 적용한다.

② 포 소화약제량

$$Q = 3 \times 0.03 \times 6,000[\text{L}] \times 0.75 = 405[\text{L}]$$

⑶ 관포체적

① 해당 바닥 면으로부터 방호대상물의 높이보다 0.5[m] 높은 위치까지의 체적

② 관포체적 $= 10[\text{m}^2] \times (4+0.5)[\text{m}] = 45[\text{m}^3]$

08 가로 30[m], 세로 20[m]인 자동차 차고에 포헤드설비를 설치하고자 할 때 다음 물음에 답하시오.

⑴ 감지방식은 스프링클러헤드를 사용한다.

⑵ 층고는 3[m]로 한다.

⑶ 포헤드에 대한 배관 구경은 다음 표와 같다.

설치 헤드 수	1	2	5	8	15	27	55	90	150
관경[mm]	25	35	40	50	65	80	100	125	150

[물음]

(1) 설치해야 할 감지용 스프링클러헤드는 어떤 종류를 사용하여야 하는가?

(2) 상기의 차고에 설치하는 자동밸브(일제개방밸브)는 최소 몇 개 이상이어야 하는가?

(3) 설치해야 할 포헤드는 최소 몇 개 이상이어야 하는가?

(4) 설치해야 할 감지용 스프링클러헤드는 최소 몇 개 이상이어야 하는가?

풀이&답 (1) 어떤 종류의 헤드
　　　폐쇄형 스프링클러헤드

(2) 자동밸브(일제개방밸브) 수량
　　① 일제개방밸브의 최대 방수구역의 크기는 200[m²] 이하
　　② 자동밸브의 수량 $= (30[\text{m}] \times 20[\text{m}]) \div 200[\text{m}^2] = 3$

(3) 포헤드의 수량
　　① 포헤드는 바닥면적 9[m²]마다 1개 이상
　　② 포헤드의 수량 $= 10[\text{m}] \times 20[\text{m}] \div 9[\text{m}^2] = 22.2 = 23$개
　　　∴ 23개 × 3구역 = 69개

(4) 감지용 스프링클러헤드의 수량
　　① 1개의 스프링클러헤드의 경계면적은 20[m²] 이하로 할 것
　　② 헤드의 수량 $= 10[\text{m}] \times 20[\text{m}] \div 20[\text{m}^2] = 10$개
　　　∴ 10개 × 3구역 = 30개

09 바닥면적이 175[m²]인 차고에 다음 그림과 같이 옥내 포 소화전이 설치되어 있다. 이 경우에 필요한 최소 포 소화약제량을 구하시오. (단, 포 소화약제 농도는 3[%]로 한다.)

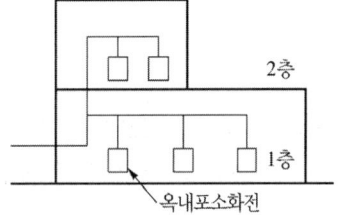

2층

1층

옥내포소화전

풀이&답 $Q = N \times S \times 6,000[\text{L}]$
　　　　$= 3 \times 0.03 \times 6,000 \times 0.75 = 405[\text{L}]$

포 소화약제량 $Q = N \times S \times 6,000$
Q : 약제량 [L]
N : 호스접결구 수 (가장 많은 층을 기준으로 하고, 5개 이상은 5개)
S : 포 소화약제 사용농도(단, 바닥 면적이 200[m²] 미만일 경우 산출양의 75%로 함)

10 국소방출방식의 고발포용 고정포방출구를 설치하는 경우 수원의 양[m³]은?(단, 특수가연물을 저장·취급, 방호면적은 100[m²]임)

풀이&답 수원[L]=방호면적[m²] × 방출량[L/min/m²] × 10[min]
= 100[m²]×3[L/min/m²]×10[min]=3,000[L]=3[m³]

11 방호구역의 면적이 300[m²]인 특수가연물을 저장하는 창고에 압축공기포소화설비를 설치하는 경우 필요한 최소 수원의 양[L]은?

풀이&답 수원[L]=방호구역의 면적[m²] ×2.3[L/min·m²] × 10분[min] 이상
= 300[m²]×2.3[L/min·m²]×10분[min] 이상=6,900[L]

12 방호구역의 면적이 500[m²]인 탄화수소류를 저장하는 창고에 압축공기포소화설비를 설치하는 경우 필요한 최소 수원의 양[L]은?

풀이&답 수원[L]=방호구역의 면적[m²] ×1.63[L/min·m²] × 10분[min] 이상
= 500[m²]×1.63[L/min·m²]×10분[min] 이상=8,150[L]

13 유류탱크주위에 압축공기포소화설비를 설치하는 경우 분사헤드의 수량은 최소 몇 개를 설치하여야 하는가?(단, 유류탱크의 바닥면적은 300[m²]임)

풀이&답 수량= $\dfrac{\text{바닥면적}[m^2]}{13.9[m^2]} = \dfrac{300[m^2]}{13.9[m^2]} = 21.58 = 22$개

14 특수가연물저장소에 압축공기포소화설비를 설치하는 경우 분사헤드의 수량은 최소 몇 개를 설치하여야 하는가?(단, 특수가연물저장소의 바닥면적은 1,000[m²]임)

풀이&답 수량= $\dfrac{\text{바닥면적}[m^2]}{9.3[m^2]} = \dfrac{1,000[m^2]}{9.3[m^2]} = 107.52 = 108$개

15 다음 그림은 어느 작은 주차장에 설치하고자 하는 포소화설비의 평면도이다. 그림을 이용하여 물음에 답하시오.(단, 사용하는 포원액은 단백포로서 3[%]이다.)

[조건]

① 사용하는 포원액은 단백포로서 3[%] 용이다.

② 혼합방식은 다이어프램식 원액탱크를 사용하는 프레셔 프로포셔너 방식

③ 수용액의 방사량은 6.5[L/min · m²]이고 시간은 10[min] 이다.

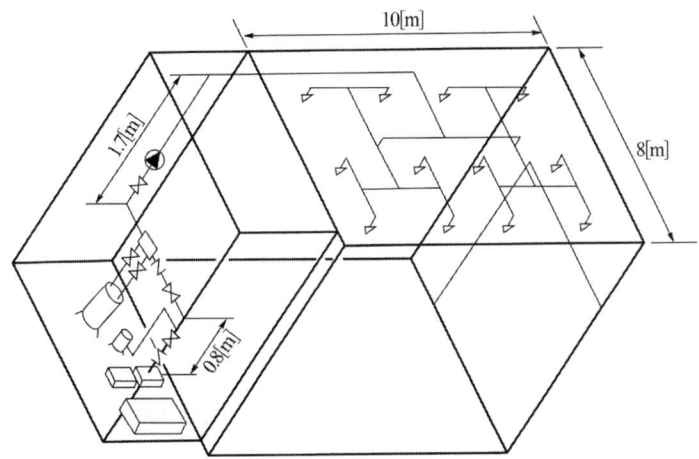

[물음]

(1) 포원액의 최소 소요량은 얼마인가?

(2) 펌프의 최소 소요동력, 최소 소요양정, 최소 소요 토출량을 계산하시오.(단, 각 포헤드 에서 방사압력은 0.25[MPa], 펌프 토출구로부터 포헤드까지 마찰 손실압은 0.14 [MPa]이고, 포 수용액의 비중은 물의 비중과 같다고 가정하며, 펌프의 효율은 0.6, 축 동력 전달계수는 1.1이다.)

(3) 배관에 표시된 리듀서로는 편심 리듀서를 사용하는 것이 가장 합리적이다. 그 이유는 무엇인가?

풀이&답

(1) 최소소요량

$$Q = A \times Q_1 \times T \times S = (10[m] \times 8[m]) \times 6.5[L/min \cdot m^2] \times 10[min] \times 0.03 = 156[L]$$

(2) 최소 소요동력, 최소 소요양정, 최소 소요 토출량

① 최소 소요양정

H＝낙차 + 마찰손실환산수두 + 방사압력 환산수두

$$= (0.8 + 1.7)[m] + 0.14[MPa] + 0.25[MPa]$$

$$= (0.8 + 1.7)[m] + 14[m] + 25[m] = 41.5[m]$$

② 최소 소요 토출량

$$Q = A \times Q_1 = (10[m] \times 8[m]) \times 6.5[L/min \cdot m^2] = 520[L/min]$$

③ 최소 소요동력

$$P = \frac{9.8QH}{\eta} \times K = \frac{9.8[kN/m^3] \times 0.52[m^3/60s] \times 41.5[m]}{0.6} \times 1.1 = 6.46[kW]$$

(3) 편심 리듀서 사용 이유

배관 상부 공기고임에 의한 공동현상을 방지하기 위해

16 1개층의 바닥면적이 200[m²]인 주차장에 포소화전설비를 설치하고자 한다. 주차장의 어느 층에 있어서도 그 층에 설치된 포소화전 방수구를 동시에 사용할 경우 각 이동식 포노즐 선단의 포수용액 방사압력[MPa], 방사량[L/min] 및 방사거리[m]는 얼마이어야 하는지 각각 쓰시오.

풀이&답
(1) 방사압력[MPa] : 0.35[MPa] 이상
(2) 방사량[L/min] : 230[L/min] 이상
(3) 방사거리[m] : 수평거리 15[m] 이상

보충설명 특정소방대상물의 어느 층에 있어서도 그 층에 설치된 호스릴포방수구 또는포소화전방수구(호스릴포방수구 또는 포소화전방수구가 5개 이상 설치된 경우에는 5개)를 동시에 사용할 경우 각 이동식 포노즐 선단의 포수용액 방사압력이 0.35[MPa] 이상이고 300[L/min] 이상(1개층의 바닥면적이 200[m²] 이하인 경우에는 230[L/min] 이상)의 포수용액을 수평거리 15[m] 이상으로 방사할 수 있도록 할 것

17 특수가연물을 저장하는 창고(가로 20[m], 세로 10[m])에 포소화설비를 설치하고자 한다. 조건을 참고하여 다음 각 물음에 답하시오.

[조건]
① 포 원액은 3[%] 수성막포를 사용, 포헤드를 설치한다.
② 펌프의 전양정 40[m]
③ 펌프의 효율 70[%], 전달계수 1.1
④ 기타 주어지지 않는 조건은 화재안전기준을 준용한다.

[물음]
(1) 정방형으로 헤드를 배치하는 경우 포헤드의 수량
(2) 수원의 최소 저수량[m³] (단, 포원액의 양은 제외한다.)
(3) 최소 포원액의 양[m³]
(4) 펌프의 최소 토출량[m³/min]
(5) 펌프의 최소 소요동력[kW]

풀이&답
(1) 정방형으로 헤드를 배치하는 경우 포헤드의 수량

$$① \ 가로의 \ 수량 = \frac{20[m]}{2 \times 2.1[m] \times \cos 45°} = 6.73 = 7개$$

$$② \ 세로의 \ 수량 = \frac{10[m]}{2 \times 2.1[m] \times \cos 45°} = 3.37 = 4개$$

③ 수량 : 7개 × 4개 = 28개

(2) 수원의 저수량[m³]

① 포수용액의 양 $= A Q_1 T = (20[m] \times 10[m]) \times 6.5[L/min \cdot m^2] \times 10[min] = 13,000[L] = 13[m^3]$

② 수원의 저수량 = 포수용액 × (1 − 약제농도) = $13[m^3] \times (1 - 0.03) = 12.61[m^3]$
    (조건에서 포원액의 양은 제외하여야 하므로)

(3) 최소 포원액의 양[m³] $= A Q_1 TS = (20[m] \times 10[m]) \times 6.5[L/min \cdot m^2] \times 10[min] \times 0.03$
$$= 390[L] = 0.39[m^3]$$

(4) 펌프의 최소 토출량$[m^3/min] = AQ_2 = (20[m] \times 10[m]) \times 6.5[L/min \cdot m^2]$
$$= 1,300[L/min] = 1.3[m^3/min]$$

(5) 펌프의 최소 소요동력$[kW]$

$$P = \frac{9.8QHK}{\eta} = \frac{9.8 \times 1.3[m^3/60s] \times 40[m] \times 1.1}{0.7} = 13.35[kW] \text{ 이상}$$

18 특수가연물이 저장된 창고에 국소방출방식으로 고정포방출구를 설치하였을 경우 필요한 수원의 최소 저수량$[m^3]$ 및 포소화약제의 최소 저장량$[L]$을 계산하시오. (단, 소화약제는 단백포 3%형을 사용한다.)

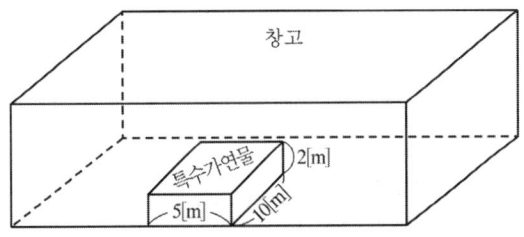

풀이&답 (1) 수원의 저수량 = 방호면적 × 표준방사량 × 방사시간
$$= (5[m] + 6[m] + 6[m]) \times (10[m] + 6[m]) \times 3[L/m^2 \cdot min] \times 10[min]$$
$$= 8,160[L] = 8.16[m^3]$$

(2) 포소화약제의 저장량 = 방호면적 × 표준방사량 × 방사시간 × 사용농도
$$= (5[m] + 6[m] + 6[m]) \times (10[m] + 6[m]) \times 3[L/m^2 \cdot min] \times 10[min] \times 0.03$$
$$= 244.8[L]$$

국소방출방식(고발포용 포방출구의 설치)
① 방호면적 : 당해 방호대상물의 높이의 3배(1[m] 미만의 경우에는 1[m])의 거리를 수평으로 연장한 선으로 둘러쌓인 부분의 면적
② 표준방사량

방호대상물	방호면적 1[m²]에 대한 1분당 방출량
특수가연물	3 [L]
기타의 것	2 [L]

③ 방사시간 : 10분
④ 방호면적의 계산

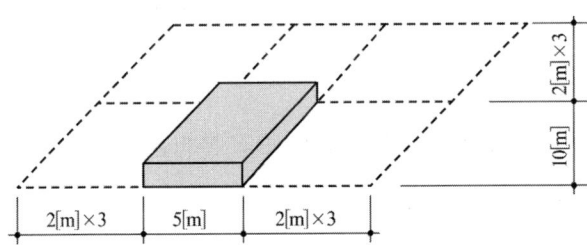

방호면적 : (6[m]+5[m]+6[m]) × (10[m]+6[m])

19 특수가연물을 저장하는 창고(가로 20[m], 세로 10[m])에 포소화설비를 설치하고자 한다. 조건을 참고하여 다음 각 물음에 답하시오.(10점)

[조건]

① 포 원액은 3[%] 수성막포를 사용, 포워터 스프링클러헤드를 설치한다.

② 펌프의 전양정 40[m]

③ 펌프의 효율 65[%], 전달계수 1.1

④ 헤드의 수량산출 시 방호면적과 수평거리를 고려하여 큰값으로 결정한다.

⑤ 기타 주어지지 않는 조건은 화재안전기준을 준용한다.

(1) 정방형으로 헤드를 배치하는 경우 포워터 스프링클러헤드의 수량

풀이&답

① 가로의 수량 $= \dfrac{20[\text{m}]}{2 \times 2.1[\text{m}] \times \cos 45°} = 6.73 = 7$개

② 세로의 수량 $= \dfrac{10[\text{m}]}{2 \times 2.1[\text{m}] \times \cos 45°} = 3.37 = 4$개

③ 수량 : 7개 × 4개 = 28개

(2) 수원의 최소 저수량(m³)(단, 포수용액의 양에서 포원액의 양은 제외한다.)

풀이&답

① 포수용액의 양 = 28개 × 75[L/min] × 10[min] = 21,000[L] = 21[m³]

② 수원의 저수량은 화재안전기준에 따라 포수용액 이상으로 하여야 하나 조건에서 포원액의 양은 제외하여야 하므로

수원 = 포수용액 × (1−약제농도) = 21[m³] × (1 − 0.03) = 20.37[m³]

(3) 최소 포원액의 양(m³)

풀이&답

포수용액 × 약제농도 = 21[m³] × 0.03 = 0.63[m³]

(4) 펌프의 최소 토출량(m³/min)

풀이&답

= 28개 × 75[L/min] = 2,100[L/min] = 2.1[m³/min]

(5) 펌프의 최소 소요동력(kW)

풀이&답

$P = \dfrac{0.163\,QHK}{\eta} = \dfrac{0.163 \times 2.1[\text{m}^3/\text{min}] \times 40[\text{m}] \times 1.1}{0.65} = 23.17[\text{kW}]$

20 포소화설비의 화재안전기술기준(NFTC 105) 제9조(혼합장치)에 따른 혼합방식 5가지를 쓰시오.(5점)

풀이&답

1. 펌프 프로포셔너방식
2. 프레셔 프로포셔너방식
3. 라인 프로포셔너방식
4. 프레셔사이드 프로포셔너방식
5. 압축공기포 믹싱챔버방식

11 이산화탄소소화설비

01 이산화탄소소화설비에 대한 다음 각 물음에 답하시오.

(1) 전기실의 체적이 1,000[m³]인 방호구역에 CO_2 소화설비에서 CO_2를 방출 시 설계농도를 50[%]로 한다면 CO_2 저장량과 CO_2 용기 수는 최소 얼마이겠는가? (단, 용기 충전량은 45[kg]이며, 개구부에 자동폐쇄장치를 하였다.)

① CO_2 저장량 [kg]

② CO_2 용기 수[개]

(2) 표면화재에 대비하여 전역방출방식의 이산화탄소 소화설비를 설치하고자 한다. 약제의 저장량이 90[kg]이고 노즐이 4개 설치되어 있다면, 다음 물음에 답하시오.

① 노즐 1개가 방출해야 하는 분당 약제량은 몇 [kg]인지 쓰시오.

② 헤드의 방사율이 1.25[kg/mm²·min] 이라고 하면 노즐의 직경은 몇 [mm] 이상이어야 하는지 계산하시오.

풀이&답 (1) 저장량 및 용기수량

① CO_2 저장량[kg]

개구부에 자동폐쇄장치를 하였으므로 개구부 가산량은 고려하지 않는다.

$W = V \times K_1 + A \times K_2 = 1,000[\text{m}^3] \times 1.3[\text{kg/m}^3] = 1,300[\text{kg}]$

② CO_2 용기 수(개) $= \dfrac{1,300[\text{kg}]}{45[\text{kg}]} = 28.89 = 29$개

(2) 분당 약제량 및 노즐의 직경

① 분당 약제량 $= \dfrac{90[\text{kg}]}{4\text{개}} = 22.5[\text{kg}]$

② 노즐의 직경

• 단면적 $= \dfrac{22.5[\text{kg/min}]}{1.25[\text{kg/mm}^2 \cdot \text{min}]} = 18[\text{mm}^2]$

• 노즐의 직경 $D = \sqrt{\dfrac{4A}{\pi}} = \sqrt{\dfrac{4 \times 18[\text{mm}^2]}{\pi}} = 4.79[\text{mm}]$

02 실의 크기가 5[m]×5[m]×9[m]인 전자제품 창고에 고정식의 고압식 이산화탄소소화설비를 전역방출방식으로 설치하고자 한다. 개구부(2[m]×1[m])는 화재와 동시에 닫히는 구조이다.

[물음]

(1) 요구되는 CO_2 소요량은 얼마인가?

(2) 배관 내 최소유량은 얼마인가?(단, 소수점이하는 절상하시오.)

(3) 배관 내 최소유량이 흐를 경우 방출시간은 얼마인가?(단, 소수점이하는 절상하시오.)

풀이&답 (1) 요구되는 CO_2 소요량

① 실의 체적 : 5[m]×5[m]×9[m] = 225[m³]

② 방호구역의 체적 1㎥에 대한 소화약제의 양 → 전자제품창고이므로 $2[kg/m^3]$

③ CO_2 소요량 = 실의 체적$\times 2[kg/m^2] = 225[m^3] \times 2[kg/m^3] = 450[kg]$

(2) 배관 내 최소유량

① 방출시간 : 종이, 목재, 석탄, 섬유류, 합성수지류 등 심부화재 방호대상물의 경우에는 7분. 이 경우 설계농도가 2분 이내에 30[%]에 도달해야 한다.

② 설계농도가 2분 이내에 30[%]에 도달할 경우 필요한 소화약제의 양
= 실의 체적$\times 0.673[kg/m^3] = 225[m^3] \times 0.673[kg/m^3] = 151.425[kg]$

③ 최소유량 계산

450[kg]이 7분 이내에 방출되어야 하므로

$$유량 = \frac{450[kg]}{7분} = 64.3[kg/min] = 65[kg/min]$$

151.425kg이 2분 이내에 방출되어야 하므로

$$유량 = \frac{151.425[kg]}{2[min]} = 76[kg/min]$$

∴ 두 가지의 조건을 만족해야 하므로 최소유량은 76[kg/min] 이다.

(3) 배관 내 최소유량이 흐를 경우 방출시간

$$= \frac{CO_2저장량}{최소유량} = \frac{450[kg]}{76[kg/min]} = 6[min]$$

보충설명

심부화재시 2분이내 30% 농도 도달

① 심부화재시 온도 10℃, 이산화탄소의 분자량 : 44

② 비체적 $S = K_1 + K_2 \times t$

③ $K_1 = \dfrac{22.4}{분자량} = \dfrac{22.4}{44} = 0.509$

④ $S = K_1 + \dfrac{K_1}{273} \times t = 0.509 + \dfrac{0.509}{273} \times 10 = 0.5276 = 0.53m^3/kg$

⑤ 2분 이내 30% 농도에 도달하기 위해 필요한 약제량(자유유출 시)

$$x = 2.303 \times log_{10}\frac{100}{100-C} \times \frac{1}{S} = 2.303 \times log_{10}\frac{100}{100-30} \times \frac{1}{0.53} = 0.673\,kg/m^3$$

03 아래와 같은 위험물탱크에 국소방출방식으로 화재안전기술기준(NFTC)에 따라서 이 산화탄소소화설비를 설치하려고 한다. 다음 물음에 답하시오.(단, 고압식으로 설치한다.)

16회 설계

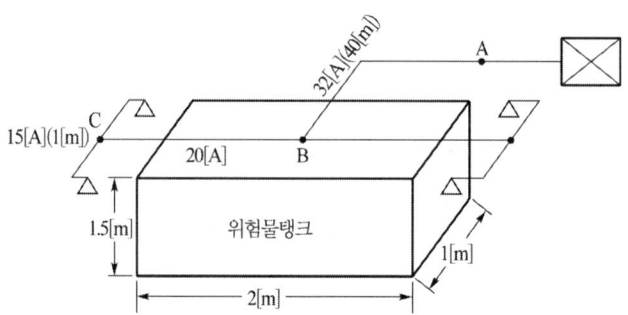

(1) 방호공간의 체적[m³] (단, 소수점 셋째자리에서 반올림하여 답한다.)

(2) 소화약제 저장량[kg]

(3) 한 개의 분사헤드에 대한 방사량[kg/s]

풀이&답

(1) 방호공간의 체적 $= (0.6[m] + 2[m] + 0.6[m]) \times (0.6[m] + 1[m] + 0.6[m]) \times (1.5[m] + 0.6[m])$
$$= 3.2[m] \times 2.2[m] \times 2.1[m] = 14.78[m^3]$$

(2) 소화약제 저장량

① $A = (0.6 + 2 + 0.6) \times (1.5 + 0.6) \times 2면 + (0.6 + 1 + 0.6) \times (1.5 + 0.6) \times 2면 = 22.68[m^2]$

② $a = 0$

③ 약제량 $W = V \times \left(8 - 6\dfrac{a}{A}\right) \times 1.4 = 14.78[m^3] \times \left(8 - 6 \times \dfrac{0[m^2]}{22.68[m^2]}\right) \times 1.4$
$$= 14.78[m^3] \times (8 - 0) \times 1.4 = 14.78[m^3] \times 8[kg/m^3] \times 1.4$$
$$= 165.54[kg] \text{ 이상}$$

(3) 한 개의 분사헤드에 대한 방사량 $= \dfrac{165.54[kg]}{30[s] \times 4개} = 1.38[kg/s]$

국소방출방식(용적식의 경우)의 약제량 산출

구분	약제량	비고
저압식	$W = V \times Q \times 1.1$	$Q = 8 - 6\dfrac{a}{A}$
고압식	$W = V \times Q \times 1.4$	

W : 약제저장량[kg]
Q : 방호공간 $1[m^3]$에 대한 소화약제의 양[kg/m³]
V : 방호공간의 체적[m³]
A : 방호공간의 벽면적의 합계[m²]
a : 방호대상물 주위에 설치된 벽 면적의 합계[m²]

※ **방호공간** : (방호대상물의 각 부분으로부터 0.6m의 거리에 따라 둘러싸인 공간)

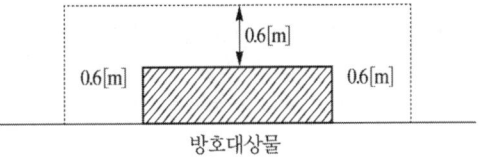

방호대상물

04 특정소방대상물의 각 부분으로부터 다음 소방시설과의 최대 수평거리[m]를 쓰시오.

구분	최대 수평거리
이산화탄소소화설비 호스릴방식의 호스접결구	
옥내소화전설비의 방수구	
포소화설비의 포소화전방수구	
호스릴 분말소화설비의 호스 접결구	
호스릴 미분무소화설비의 호스 접결구	
할론 소화설비 호스릴방식의 호스 접결구	
옥외소화전설비의 방수구	
포소화설비의 호스릴포방수구	

구　　분	최대 수평거리
이산화탄소소화설비 호스릴방식의 호스접결구	15[m]
옥내소화전설비의 방수구	25[m]
포소화설비의 포소화전방수구	25[m]
호스릴 분말소화설비의 호스 접결구	15[m]
호스릴 미분무소화설비의 호스 접결구	25[m]
할론 소화설비 호스릴방식의 호스 접결구	20[m]
옥외소화전설비의 방수구	40[m]
포소화설비의 호스릴포방수구	15[m]

05 방호대상물 규격이 가로 3[m], 세로 7[m], 높이 2[m]인 특수가연물 제1종이 있다. 화재 시 비산할 우려가 있어 밀폐된 용기에 저장하였다. 이산화탄소소화설비를 국소방출방식(용적식)으로 설계할 때, 고압식과 저압식의 경우 각각의 약제 최소 저장량은 몇 [kg]인지 구하시오. (단, 소방대상물 주위 4면에 가로 3.2[m], 세로 7.2[m], 높이 2.6[m]의 고정벽을 설치하였다.)

(1) 고압식의 약제 저장량

(2) 저압식의 약제 저장량

(1) 고압식의 약제 저장량

① 방호공간 체적 : $V = 3.2[\text{m}] \times 7.2[\text{m}] \times 2.6[\text{m}] = 59.904[\text{m}^3]$

방호공간(방호대상물 각 부분으로부터 0.6[m]의 거리에 따라 둘러싸인 공간)
① 벽이 없는 경우
　바닥을 제외한 방호대상물 각 부분으로 0.6[m]를 연장하여 체적을 계산
② 벽이 있는 경우
　벽(또는 기둥 등)에 의해 연장할 수 없는 경우에는 연장 가능한 부분까지만 체적을 계산

② 방호공간의 벽 면적
$A = 3.2[\text{m}] \times 2.6[\text{m}] \times 2면 + 7.2[\text{m}] \times 2.6[\text{m}] \times 2면 = 54.08[\text{m}^2]$

방호공간의 벽면적(바닥과 천장을 제외한 4면을 계산)
① 벽이 없는 경우
　바닥과 천장을 제외한 방호대상물 각 부분으로 0.6[m]를 연장하여 면적을 계산
② 벽이 있는 경우
　벽(또는 기둥 등)에 의해 연장할 수 없는 경우에는 연장 가능한 부분까지만 면적을 계산

③ 방호대상물 주위에 설치된 벽면적 합계
$a = 3.2[\text{m}] \times 2.6[\text{m}] \times 2면 + 7.2[\text{m}] \times 2.6[\text{m}] \times 2면 = 54.08[\text{m}^2]$

④ 약제 저장량
$$W = V \times \left(8 - 6\frac{a}{A}\right) \times 1.4 = 59.904[\text{m}^3] \times \left(8 - 6 \times \frac{54.08}{54.08}\right) \times 1.4 = 167.73[\text{kg}]$$

(2) 저압식의 약제 저장량

$$W = V \times \left(8 - 6\frac{a}{A}\right) \times 1.1 = 59.904[\text{m}^3] \times \left(8 - 6 \times \frac{54.08}{54.08}\right) \times 1.1 = 131.79[\text{kg}]$$

06 사무실 건물의 지하층에 있는 발전기실에 화재안전기준과 다음 조건에 따라 전역방출방식으로 이산화탄소소화설비를 설치하려고 한다. 다음 각 물음에 답하시오.

[조건]

① 발전기실은 표면화재로 가정한다.

② 소화설비는 고압식으로 하며, 저장용기 1병당 충전량은 45[kg] 이다.

③ 발전기실의 크기는 가로 7[m], 세로 10[m], 높이 5[m] 이다.

④ 발전기실의 개구부 크기는 1.8[m]×3[m] 2개소이며, 자동폐쇄장치가 설치되어 있다.

⑤ 발전기실의 허용인장강도는 4.8[kPa] 이다.

[물음]

(1) 저장용기 병수

(2) 저장용기개방밸브 직후의 유량[kg/s]

(3) 선택밸브 이후의 유량[kg/s]

(4) 음향경보장치는 약제 방사 개시 후 얼마동안 경보를 계속하여야 하는가?

(5) 기동용 가스용기 개방방식 3가지

(6) 과압배출구를 설치할 경우에 배출구의 면적[cm²]은?

(7) 과압배출구 설계시 주의사항 4가지

풀이&답

(1) 저장용기 수

① 약제량 $W = (7 \times 10 \times 5)[\text{m}^3] \times 0.8[\text{kg/m}^3] = 280[\text{kg}]$

② 용기수량 $N = \dfrac{280[\text{kg}]}{45[\text{kg/병}]} = 6.2 = 7병$

(2) 저장용기개방밸브 직후 유량

유량 $= \dfrac{45[\text{kg}]}{60[\text{s}]} = 0.75[\text{kg/s}]$

(3) 선택밸브 이후 유량

유량 $= \dfrac{7병 \times 45[\text{kg}]}{60[\text{s}]} = 5.25[\text{kg/s}]$ (1분 이내 방사하여야 하므로)

(4) 1분 이상

(5) 개방방식 3가지

① 가스압력식 ② 전기식 ③ 기계식

(6) 과압배출구의 면적계산

① 약제의 유량

$Q = \dfrac{45[\text{kg}] \times 7병}{1[\text{min}]} = 315[\text{kg/min}]$

② 과압배출구의 면적

$A = \dfrac{239Q}{\sqrt{P}} = \dfrac{239 \times 315}{\sqrt{4.8}} = 34,362.7439[\text{mm}^2]$

$$= 34,362.7439 [\text{mm}^2] \times \frac{1[\text{cm}^2]}{10^2[\text{mm}^2]} = 343.627 = 343.63[\text{cm}^2]$$

(7) 과압 배출구 설계 시 주의사항

① 과압 발생 시 신속하게 개방되어야 한다.

② 소화약제 대신 공기가 배출되도록 가급적 높은 곳에 설치되어야 한다.

③ 방호구역의 허용압력이하에서 개방되어야 한다.

④ 약제방사 노즐에서 가급적 먼 곳에 설치하여야 한다.

07 아래의 조건을 참고하여 이산화탄소소화설비의 전역방출방식에 적용하여야 하는 과압 배출구의 면적을 계산하시오.(단, 계산과정 및 최종답안은 소수점 3자리에서 반올림하여 2자리까지 적용한다)

[조건]

① 전자제품창고(바닥면적 160[m²], 높이 5[m], 개구부는 없음)

② 경량구조물(Light building)임

③ 이산화탄소의 저장용기는 병당 45[kg] 이다.

풀이&답

1. 유량계산

(1) 7분이내 방사되는 유량

① 약제량 $W = V \times K_1 + A \times K_2$
$$= (160[\text{m}^2] \times 5[\text{m}]) \times 2.0[\text{kg/m}^3] + 0[\text{m}^2] \times 10[\text{kg/m}^2] = 1,600[\text{kg}]$$
(전자제품창고이므로 2.0[kg/m³])

② 저장되는 용기수 : $\dfrac{1,600[\text{kg}]}{45[\text{kg/병}]} = 35.5555 = 35.56 = 36$병

③ 유량 : $\dfrac{36\text{병} \times 45[\text{kg/병}]}{7[\text{min}]} = 231.428 = 231.43[\text{kg/min}]$

(2) 2분이내 30[%] 농도에 도달되는 유량

① 약제량 $W = V[\text{m}^3] \times 0.673[\text{kg/m}^3] = (160[\text{m}^2] \times 5[\text{m}]) \times 0.673[\text{kg/m}^3] = 538.4[\text{kg}]$

② 유량 : $\dfrac{538.4[\text{kg}]}{2[\text{min}]} = 269.2[\text{kg/min}]$

(3) 유량은 두 값을 모두 만족하여야 하므로 269.2[kg/min]

2. 과압배출구의 면적

(1) 실구조의 허용인장강도 : 1.2[kPa](경량구조물이므로)

(2) 과압배출구의 면적
$$X = \frac{239Q}{\sqrt{P}} = \frac{239 \times 269.2[\text{kg/min}]}{\sqrt{1.2}} = 58,733.02[\text{mm}^2]$$

보충설명

이산화탄소의 과압배출구 면적

$$X = \frac{239Q}{\sqrt{P}} [\text{mm}^2]$$

Q : 유량[kg/min]

P : 실구조의 허용 인장강도[kPa](경량구조 : 1.2, 일반구조 : 2.4, 아치구조 : 4.8)

08 체적이 300[m³]인 방호구역에 전역방출방식으로 이산화탄소를 방사하였다. 다음의 물음에 답하시오.

[조건]

① 실내의 온도는 50[℃]이며, 산소의 농도를 14[%]로 하려고 한다.

② 내부의 압력은 1.2 [atm] (절대압력) 이다.

[물음]

(1) 방출된 이산화탄소의 양은 몇 [m³]인가?

(2) 이 때 방사된 이산화탄소의 양은 몇 [kg]인가?

풀이&답 (1) 방출된 이산화탄소의 양[m³]

$$CO_2[m^3] = \frac{21 - O_2}{O_2} \times 방호구역의 체적 = \frac{21 - 14}{14} \times 300[m^3] = 150[m^3]$$

(2) 방사된 이산화탄소의 양[kg]

$$PV = \frac{W}{M}RT \ 에서$$

$$W = \frac{PVM}{RT} = \frac{1.2[atm] \times 150[m^3] \times 44[kg/kmol]}{0.082[atm \cdot m^3/kmol \cdot K] \times (50 + 273)[K]} = 299.03[kg]$$

09 가로 10[m], 세로 15[m], 높이 4[m]인 전기실에 화재안전기준과 다음 조건에 따라 전역방출방식의 이산화탄소 소화설비를 설치하려고 한다. 조건을 참조 하여 각 물음에 답하시오.

[조건]

① 대기압은 760[mmHg]이고, CO_2 방출 후 방호구역 내 압력은 770[mmHg](절대압력)이며 기준온도는 20[℃] 이다.

② CO_2의 분자량은 44이고 기체상수 $R = 0.082[atm \cdot m^3/kmol \cdot K]$ 이다.

③ 개구부는 자동폐쇄장치가 설치되어 있다.

[물음]

(1) 이산화탄소 소화약제를 방사 후 방호구역 내 산소농도가 14%이었다. 방호구역 내 이산화탄소 농도[%]를 구하시오.

(2) 방사된 이산화탄소의 양[kg]은 얼마인가?

(3) 약제용기는 내용적 68[L]에 1.7의 충전비로 약제가 충전된 것으로 하면 소요약제용기 수는 몇 병인가?

풀이&답 (1) 이산화탄소 농도

$$CO_2[\%] = \frac{21 - 14}{21} \times 100 = 33.33[\%]$$

(2) 이산화탄소의 양

① 방호구역의 체적 : $V = 10[m] \times 15[m] \times 4[m] = 600[m^3]$

② 이산화탄소의 체적

$$CO_2[m^3] = \frac{21 - O_2}{O_2} \times V = \frac{21 - 14}{14} \times 600 = 300[m^3]$$

③ 이산화탄소의 양

$$W = \frac{PVM}{RT} = \frac{1[\text{atm}] \times \dfrac{770[\text{mmHg}]}{760[\text{mmHg}]} \times 300[\text{m}^3] \times 44[\text{kg/kmol}]}{0.082[\text{atm} \cdot \text{m}^3/\text{kmol} \cdot \text{K}] \times (20+273)[\text{K}]} = 556.63[\text{kg}]$$

(3) 용기수량

① 병당 충전량 $= \dfrac{68[\text{L}]}{1.7} = 40[\text{kg}]$

② 용기수량 $= \dfrac{556.63[\text{kg}]}{40[\text{kg}]} = 13.92 = 14$병

10 일반적인 사무실용도로 사용하는 건축물에 이산화탄소 소화설비를 고압식으로 설치하였다. 조건을 참조하여 각 물음에 답하시오.

[조건]

① 약제 방출방식은 전역방출방식이다.

② 사무실은 가로 8[m], 세로 5[m], 높이는 4[m] 이다.

③ 방호구역 1[m³]에 대한 약제량은 0.8[kg]으로 한다.

④ 방호구역에는 가로 1.8[m], 세로 3[m]의 개구부가 2개소 있으며 자동폐쇄장치가 설치되지 않았다.

⑤ 개구부 1[m²]에 대한 약제 가산량은 5[kg]으로 한다.

⑥ 용기 1본에 대한 약제량은 45[kg]으로 한다.

[물음]

(1) 필요한 가스용기의 수는 몇 병인가?

(2) 선택밸브 직후의 유량은 몇 [kg/s]인가?

(3) 약제저장용기의 내압시험압력 [MPa]은 얼마인가?

(4) 배관 상 설치된 안전장치의 작동압력 범위는 얼마인가?

(5) 헤드의 방사압력 [MPa]은 얼마인가?

풀이&답 (1) 가스용기의 수

① 약제량

$W = V \times K_1 + A \times K_2$

$= (8[\text{m}] \times 5[\text{m}] \times 4[\text{m}]) \times 0.8[\text{kg/m}^3] = 128[\text{kg}] = 135[\text{kg}]$

(산출한 약제량이 최저 한도량 미만인 경우에는 최저 한도량을 적용함)

$= 135[\text{kg}] + (1.8[\text{m}] \times 3[\text{m}]) \times 2$개소 $\times 5[\text{kg/m}^2] = 189[\text{kg}]$

② 수량 $= \dfrac{189[\text{kg}]}{45[\text{kg}]} = 4.2 = 5$병

(2) 선택밸브 직후 유량 $= \dfrac{45[\text{kg}] \times 5\text{병}}{60[\text{s}]} = 3.75[\text{kg/s}]$

(3) 내압시험압력 : 25[MPa] 이상

(4) 안전장치의 작동압력 범위 : 배관의 최소사용설계압력과 최대허용압력 사이의 압력

(5) 헤드의 방사압력 : 2.1[MPa] 이상

11 보일러실·변전실·발전실 및 축전지실에 아래와 같은 조건으로 전역방출방식의 고압식 이산화탄소소화설비를 설치하였을 경우 다음의 물음에 답하시오.

[조건]

① 이산화탄소 소화약제 저장용기는 내용적 68[L], 충전량 45[kg]의 것을 사용한다.

② 소화약제 저장량은 표면화재 방호대상물에 준해서 계산한다.

③ 개구부의 상태에 따라 개구부 면적 1[m²]당 가산하는 소화약제의 양은 5[kg]으로 한다.

④ 각 실에 설치된 분사헤드의 방사율은 1개당 1.16[kg/mm²·분]으로 하며, 방출시간은 1분을 기준으로 한다.

⑤ 방호구역별 조건은 다음의 표와 같다.

| 방호구역 | 크기(m) | | 개구부의 크기[m²] | 개구부 상태 | 분사헤드의 설치 수(개) |
	면적	높이			
보일러실	17×18	5	6.3	자동폐쇄불가	45
변전실	10×18	6	4.2	자동폐쇄가능	35
발전실	5×8	4	4.2	자동폐쇄불가	7
축전지실	5×3	4	2.1	자동폐쇄가능	2

[물음]

(1) 방호구역별로 필요한 소화약제의 양 [kg]을 구하시오.

(2) 각 실에 필요한 소화약제의 용기 수(병)를 구하시오.

(3) 용기저장소에 저장하여야 할 소화약제의 용기 수(병)를 구하시오.

(4) 각 실별로 설치된 분사헤드의 분출구 면적 [mm²]은 얼마이어야 하는가? (단, 모든 실은 표면화재 방호대상물로 본다.)

풀이&답 (1) 방호구역별로 필요한 소화약제의 양[kg]

① 보일러실

방호구역의 체적 : $17[m] \times 18[m] \times 5[m] = 1,530[m^3]$

$1,530[m^3] \times 0.75[kg/m^3] = 1147.5[kg]$

$6.3[m^2] \times 5[kg/m^2] = 31.5[kg]$

∴ $1,147.5[kg] + 31.5[kg] = 1,179[kg]$

② 변전실

방호구역의 체적 : $10[m] \times 18[m] \times 6[m] = 1,080[m^3]$

$1,080[m^3] \times 0.8[kg/m^3] = 864[kg]$

$0[m^2] \times 5[kg/m^2] = 0[kg]$

∴ $864[kg] + 0[kg] = 864[kg]$

③ 발전실

방호구역의 체적 : $5[m] \times 8[m] \times 4[m] = 160[m^3]$

$160[m^3] \times 0.8[kg/m^3] = 128[kg]$ → 최저한도량 135[kg]

$4.2[m^2] \times 5[kg/m^2] = 21[kg]$

∴ $135[kg] + 21[kg] = 156[kg]$

④ 축전지실

방호구역의 체적 : $5[m] \times 3[m] \times 4[m] = 60[m^3]$

$$60[\text{m}^3] \times 0.9[\text{kg/m}^3] = 54[\text{kg}]$$
$$0[\text{m}^2] \times 5[\text{kg/m}^2] = 0[\text{kg}]$$
$$\therefore \ 54[\text{kg}] + 0[\text{kg}] = 54[\text{kg}]$$

(2) 각 실에 필요한 소화약제의 용기 수

① 보일러실 : 1179[kg] ÷ 45[kg] = 26.2 = 27병

② 변전실 : 864[kg] ÷ 45[kg] = 19.2 = 20병

③ 발전실 : 156[kg] ÷ 45[kg] = 3.47 = 4병

④ 축전지실 : 54[kg] ÷ 45[kg] = 1.2 = 2병

(3) 용기저장소에 저장하여야 할 소화약제의 용기 수 : 27병

(4) 각 실별로 설치된 분사헤드의 분출구 면적[mm^2]

① 보일러실 : $\dfrac{27병 \times 45[\text{kg}]}{1.16[\text{kg/mm}^2 \cdot 분 \cdot 개] \times 1분 \times 45개} = 23.28[\text{mm}^2]$

② 변 전 실 : $\dfrac{20병 \times 45[\text{kg}]}{1.16[\text{kg/mm}^2 \cdot 분 \cdot 개] \times 1분 \times 35개} = 22.17[\text{mm}^2]$

③ 발 전 실 : $\dfrac{4병 \times 45[\text{kg}]}{1.16[\text{kg/mm}^2 \cdot 분 \cdot 개] \times 1분 \times 7개} = 22.17[\text{mm}^2]$

④ 축전지실 : $\dfrac{2병 \times 45[\text{kg}]}{1.16[\text{kg/mm}^2 \cdot 분 \cdot 개] \times 1분 \times 2개} = 38.79[\text{mm}^2]$

12 업무시설의 지하층 전기설비 등에 다음과 같이 이산화탄소소화설비를 설치하고자 한다. 주어진 조건에 적합하게 답하시오.

[조건]

① 설비는 전역방출방식으로 하며 설치장소는 전기설비실, 케이블실, 서고, 모피창고임.

② 전기설비 실과 모피창고에는 가로 1[m] × 세로 2[m]의 자동폐쇄장치가 설치되지 않은 개구부가 각각 1개씩 설치됨

③ 저장용기의 내용적은 68[L]이며, 충전비는 1.511로 동일 충전비를 갖는다.

④ 전기설비 실과 케이블 실은 동시 방호구역으로 설계한다.

⑤ 소화약제 방출시간은 모두 7분으로 한다.

⑥ 각 실에 설치할 노즐의 방사량은 각 노즐 1개당 10[kg/분]으로 한다.

⑦ 각 실의 평면도는 다음과 같다. (각 실의 층고는 모두 3[m] 이다.)

	모피창고 (10[m]×3[m])
전기설비실 (8[m]×6[m])	
	서고 (10[m]×7[m])
케이블실 (2[m]×6[m])	

저장용기실
(2[m]×3[m])

[물음]

(1) 모피창고의 소요 약제량[kg]을 구하시오.

(2) 저장용기 1병에 충전되는 약제량[kg]을 구하시오.

(3) 저장용기 실에 설치할 저장용기의 수는 몇 병인지 구하시오.

(4) 설치하여야 할 선택밸브의 수는 몇 개인지 구하시오.

(5) 모피창고에 설치할 헤드 수는 모두 몇 개인지 구하시오. (단, 실제 방출병수로 계산)

(6) 서고의 선택밸브 주배관의 유량은 몇 [kg/분]인지 구하시오. (단, 실제 방출병수로 계산)

풀이&답

(1) 모피창고의 실제 소요 약제량

$$W = 10[m] \times 3[m] \times 3[m] \times 2.7[kg/m^3] + 1[m] \times 2[m] \times 10[kg/m^2] = 263[kg] \text{ 이상}$$

(2) 저장용기 1병에 충전되는 약제량 $= \dfrac{68\ell}{1.511} = 45[kg]$

(3) 저장용기실에 설치하여야 하는 용기의 수량

1) 모피창고

① 약제량

$$W = 10[m] \times 3[m] \times 3[m] \times 2.7[kg/m^3] + 1[m] \times 2[m] \times 10[kg/m^2] = 263[kg]$$

② 병수 $= \dfrac{263[kg]}{45[kg]} = 5.84 = 6$병

2) 전기설비 실

① 약제량

$$W = 8[m] \times 6[m] \times 3[m] \times 1.3[kg/m^3] + 1[m] \times 2[m] \times 10[kg/m^2] = 207.2[kg]$$

② 병수 $= \dfrac{207.2[kg]}{45[kg]} = 4.6 = 5$병

3) 케이블 실

① 약제량 $W = 2[m] \times 6[m] \times 3[m] \times 1.3[kg/m^3] = 46.8[kg]$

② 병수 $= \dfrac{46.8[kg]}{45[kg]} = 1.04 = 2$병

4) 서고

① 약제량 $W = 10[m] \times 7[m] \times 3[m] \times 2.0[kg/m^3] = 420[kg]$

② 병수 $= \dfrac{420[kg]}{45[kg]} = 9.33 = 10$병

5) 저장용기 실에 설치하여야 하는 용기의 수량

가장 많이 설치된 서고를 기준으로 하므로 10병

(4) 선택밸브의 수량

① 선택밸브는 방호구역 또는 방호대상물마다 설치하여야 할 것

② 전기설비 실과 케이블 실은 동시방호구역으로 설계한다 하였으므로 선택밸브는 3개

(5) 모피창고에 설치할 헤드수량

① 분당 약제 방출량 $= \dfrac{45[kg] \times 6병}{7분} = 38.57[kg/분]$

② 헤드수량 $= \dfrac{38.57[kg/분]}{10[kg/분]} = 3.86 = 4$개

(6) 서고 주배관의 유량 $= \dfrac{45[kg] \times 10병}{7분} = 64.29[kg/분]$

13 바닥면적 300[m²], 높이 2.5[m]인 전자제품창고에 이산화탄소 소화설비를 전역방출방식으로 설치하려고 한다. 다음과 같은 조건에서 각 물음에 답하시오.

[조건]

① 약제의 방출계수(Flooding Factor)는 화재안전기술기준에 따른다.

② 개구부는 약제방출 전 자동 폐쇄된다.

③ 약제는 내용적 68[L] 저장용기에 충전비 1.6으로 저장한다.

④ 비체적 계산은 1기압, 20℃를 기준으로 한다.

⑤ 약제는 자유유출(Free Efflux) 상태로 외부로 유출된다.

⑥ 기체 1몰(mole)의 체적은 22.4[m³]이다.

[물음]

(1) 약제의 저장 용기수를 구하시오.

(2) 약제 방출 후 전자제품창고의 이산화탄소 가스농도를 계산하시오.

(3) 이산화탄소소화설비의 화재안전기술기준에서 정하고 있는 설계농도가 65[%]인 방호대상물의 종류를 쓰시오.

풀이&답 (1) 약제의 저장 용기 수

① 약제 저장량 $V \times K_1 = 300[\text{m}^2] \times 2.5[\text{m}] \times 2.0[\text{kg/m}^3] = 1{,}500[\text{kg}]$

② 병당 약제 저장량 $= \dfrac{68[\text{L}]}{1.6} = 42.5[\text{kg}]$

③ 저장 용기 수 $= \dfrac{1{,}500[\text{kg}]}{42.5[\text{kg}]} = 35.29 = 36$병

(2) 약제 방출 후 전자제품창고의 이산화탄소 가스농도

① 비체적의 계산

$$S = K_1 + K_2 t = \frac{22.4}{분자량} + \frac{22.4}{분자량} \times \frac{1}{273} \times t$$

$$= \frac{22.4}{44} + \frac{22.4}{44} \times \frac{1}{273} \times 20 = 0.546[\text{m}^3/\text{kg}]$$

[별해] 비체적의 계산

$$S = \frac{RT}{PM} = \frac{0.082[\text{atm} \cdot \text{m}^3/\text{kmol} \cdot \text{K}] \times (273+20)[\text{K}]}{1[\text{atm}] \times 44[\text{kg/kmol}]} = 0.546[\text{m}^3/\text{kg}]$$

② 방출되는 약제량 $x = 36$병 $\times 42.5[\text{kg}] = 1{,}530[\text{kg}]$

③ 가스농도의 계산

$$x = 2.303 \log_{10}\left(\frac{100}{100-C}\right) \times \frac{1}{S} \times V[\text{kg}]$$

$$1{,}530[\text{kg}] = 2.303 \log_{10}\left(\frac{100}{100-C}\right) \times \frac{1}{0.546[\text{m}^3/\text{kg}]} \times (300[\text{m}^2] \times 2.5[\text{m}])[\text{kg}]$$

$$\log_{10}\left(\frac{100}{100-C}\right) = \frac{1{,}530[\text{kg}] \times 0.546[\text{m}^3/\text{kg}]}{2.303 \times 750[\text{m}^3]} = 0.4836 = \log_{10}10^{0.4836}$$

$$\frac{100}{100-C} = 10^{0.4836}$$

$$C = 100 - \frac{100}{10^{0.4836}} = 67.16[\%]$$

(3) 설계농도가 65[%]인 방호대상물의 종류
   서고, 전자제품창고, 박물관, 목재가공품창고

14 전기실에 이산화탄소소화약제가 전역방출방식으로 방출될 경우 아래의 조건을 참고하여 자유유출 상태에서의 이산화탄소의 농도를 계산하시오.(단, 최종답안은 소수점 4자리에서 반올림하여 3자리까지 답한다)

[조건]

① 전기실의 체적은 300[m³], 실내온도 및 기압이 각각 30[℃], 1기압 상태

② 270[kg]의 이산화탄소 소화약제가 방출되었다.

③ 개구부는 소화약제 방출 전 자동폐쇄 되었다.

④ 계산과정에서 소수점 발생시 4자리에서 반올림하여 3자리까지 적용한다.

풀이&답 ① 비체적 계산

$$K_1 = \frac{22.4}{분자량} = \frac{22.4}{44} = 0.509$$

$$S = K_1 + K_2 t = 0.509 + \frac{0.509}{273} \times 30 = 0.5649 = 0.565$$

② 설계농도의 계산

$$x = 2.303 \log_{10} \frac{100}{100 - C} \times \frac{1}{S} \times V$$

$$270[\text{kg}] = 2.303 \log_{10} \frac{100}{100 - C} \times \frac{1}{0.565} \times 300[\text{m}^3]$$

설계농도 $C = 39.8547 = 39.855[\%]$

15 특정소방대상물의 방호구역(20[m] × 10[m] × 5[m])에 전역방출방식의 이산화탄소소화설비를 설치하고자 한다. 아래의 조건을 활용하여 필요한 소화약제의 양을 계산하시오.

[조건]

① 이산화탄소의 비체적 : 0.5[m³/kg]

② 이산화탄소의 소화약제의 순도 : 99.5[%], 설계농도 : 34[%]

풀이&답 ① 순도 100[%]일 때 약제량
   이산화탄소의 농도

$$C = \frac{방출가스의\ 체적[\text{m}^3]}{방호구역의\ 체적[\text{m}^3] + 방출가스의\ 체적[\text{m}^3]} \times 100[\%]$$

$$C = \frac{약제량[\text{kg}] \times 비체적[\text{m}^3/\text{kg}]}{방호구역의\ 체적[\text{m}^3] + 약제량 \times 비체적[\text{m}^3/\text{kg}]} \times 100[\%]$$

$$0.34 = \frac{약제량[\text{kg}] \times 0.5[\text{m}^3/\text{kg}]}{(20\text{m} \times 10\text{m} \times 5\text{m}) + 약제량 \times 0.5[\text{m}^3/\text{kg}]}$$

$$0.34 \times [(20\text{m} \times 10\text{m} \times 5\text{m}) + 약제량 \times 0.5[\text{m}^3/\text{kg}]] = 약제량[\text{kg}] \times 0.5[\text{m}^3/\text{kg}]$$

$$340\text{m}^3 + 0.34 \times 0.5[\text{m}^3/\text{kg}] \times 약제량 = 0.5[\text{m}^3/\text{kg}] \times 약제량$$

$$(0.5 - 0.17)[\text{m}^3/\text{kg}] \times 약제량 = 340\text{m}^3$$

$$약제량 = \frac{340}{0.33} = 1,030.30[\text{kg}]$$

② 순도가 99.5[%]이므로 약제량 $= \dfrac{1,030.30[\text{kg}]}{99.5[\%]} = \dfrac{1,030.30[\text{kg}]}{0.995} = 1,035.48[\text{kg}]$

16 다음 조건을 기준으로 이산화탄소소화설비에 대한 물음에 답하시오.

[조건]

① 소방대상물의 천장까지의 높이는 3[m]이고 방호구역의 크기와 용도는 다음과 같다.

통신기기실 가로 12[m]×세로 10[m] 자동폐쇄장치 설치	전자제품 창고 가로 20[m]×세로 10[m] 개구부 2[m]×2[m]
위험물 저장창고 가로 32[m]×세로 10[m] 자동폐쇄장치 설치	

② 소화약제는 고압저장방식으로 하고 충전량은 45[kg] 이다.

③ 통신기기실과 전자제품창고는 전역방출방식으로 설치하고 위험물 저장창고에는 국소방출방식을 적용한다.

④ 개구부 가산량은 10[kg/m²], 헤드의 방사율은 1.3[kg/mm²·분·개] 이다.

⑤ 사용하는 CO_2는 순도 99.5[%] 이다.

⑥ 위험물저장창고에는 가로, 세로가 각각 5[m], 높이가 2[m]인 개방된 용기에 제4류 위험물을 저장한다.

⑦ 주어진 조건 외는 소방관련법규 및 화재안전기준에 따른다.

[물음]

⑴ 각 방호구역에 대한 약제저장량은 몇 [kg] 이상인가?

　① 통신기기실

　② 전자제품창고

　③ 위험물저장창고

⑵ 각 방호구역별 약제저장용기는 몇 병인가?

　① 통신기기실

　② 전자제품창고

　③ 위험물저장창고

⑶ 통신기기실 헤드의 방사압력은 몇 [MPa] 이상이어야 하는가?

⑷ 통신기기실에서 약제방사시간은 몇 분 이내로 하는가?

⑸ 전자제품창고의 헤드수를 14개로 할 때 헤드의 분구면적[mm²]을 구하시오.

⑹ 전자제품창고 소화약제 저장용기의 내압시험압력은 얼마인가?

⑺ 전자제품 창고에 저장된 약제가 모두 분사되었을 때 CO_2의 체적은 몇 [m³]이 되는 가?(단, 온도는 25℃이다.)

⑻ 소화설비용으로 강관을 사용할 때의 배관기준을 쓰시오.

풀이&답

⑴ 방호구역에 대한 약제저장량

① 통신기기실

$W=(12[m] \times 10[m] \times 3[m]) \times 1.3[kg/m^3]=468[kg]$

CO_2의 순도가 99.5[%]이므로 저장량은 468[kg]/0.995=470.35[kg] 이상

② 전자제품창고

$W=(20[m] \times 10[m] \times 3[m]) \times 2.0[kg/m^3] + (2[m] \times 2[m]) \times 10[kg/m^2]=1240[kg]$

CO_2의 순도가 99.5[%]이므로 저장량은 1,240[kg]/0.995=1246.23[kg] 이상

③ 위험물저장창고

개방된 용기에 저장하므로 면적식을 적용

$W=$방호대상물의 표면적 $\times 13[kg/m^2] \times$ 할증계수

$=(5[m] \times 5[m]) \times 13[kg/m^2] \times 1.4=455[kg]$

CO_2의 순도가 99.5[%]이므로 저장량은 455[kg]/0.995=457.29[kg] 이상

⑵ 방호구역별 약제저장용기

① 통신기기실$=\dfrac{470.35[kg]}{45[kg]}=10.45=11$병

② 전자제품창고$=\dfrac{1246.23[kg]}{45[kg]}=27.69=28$병

③ 위험물저장창고$=\dfrac{457.29[kg]}{45[kg]}=10.16=11$병

⑶ 헤드의 방사압력 : 2.1[MPa] 이상

⑷ 약제방사시간 : 7분 이내

⑸ 헤드의 분구면적$[mm^2]=\dfrac{28병 \times 45[kg/병]}{1.3[kg/mm^2 \cdot min \cdot 개] \times 7[min] \times 14개}=9.89[mm^2]$

⑹ 저장용기의 내압시험압력 : 25[MPa] 이상

⑺ CO_2의 체적

$V=\dfrac{WRT}{PM}=\dfrac{28 \times 45[kg] \times 0.082[atm \cdot m^3/kmol \cdot K] \times (273+25)[K]}{1[atm] \times 44[kg/kmol]}$

$=699.76 \times 0.995=696.26[m^3]$

⑻ CO_2 소화설비의 강관 배관기준

강관을 사용하는 경우의 배관은 압력배관용 탄소강관(KS D 3562) 중 스케줄 80(저압식은 스케줄 40) 이상의 것 또는 이와 동등 이상의 강도를 가진 것으로 아연도금 등으로 방식처리된 것을 사용할 것. 다만, 배관의 호칭이 20[mm] 이하인 경우에는 스케줄 40 이상인 것을 사용할 수 있다.

17 아래의 조건을 활용하여 이산화탄소의 농도를 계산하시오.

[조건]

① 방호구역의 체적 500[m³]

② 방사한 약제량 100[kg]

③ 실내온도 25[℃], 실내기압은 1.2[atm](절대압력)

풀이&답

(1) 이산화탄소의 체적

① 이산화탄소의 분자량 44[kg]

② 이산화탄소의 체적

$$V = \frac{WRT}{PM} = \frac{100[\text{kg}] \times 0.082[\text{atm} \cdot \text{m}^3/\text{kmol} \cdot \text{K}] \times (273+25)[\text{K}]}{1.2[\text{atm}] \times 44[\text{kg/kmol}]} = 46.28[\text{m}^3]$$

(2) 이산화탄소의 농도

$$C = \frac{\text{방출가스의 체적}[\text{m}^3]}{\text{방호구역의 체적}[\text{m}^3] + \text{방출가스의 체적}[\text{m}^3]} \times 100[\%]$$

$$C = \frac{46.28[\text{m}^3]}{500[\text{m}^3] + 46.28[\text{m}^3]} \times 100 = 8.47[\%]$$

18 이산화탄소의 압력-온도 상태도(Pressure-Temperature Diagram)와 관련 조건을 참고하여 다음 각 물음에 답하시오. (6점)

[조건]

① 삼중점 : 온도 -56.3[℃], 압력 5.11[atm]

② 승화점 : -78.5[℃], 압력 1[atm]

③ 임계점 : 31.3[℃], 압력 72.9[atm]

(1) 조건을 이용하여 압력-온도 상태도를 작도하시오.(3점)

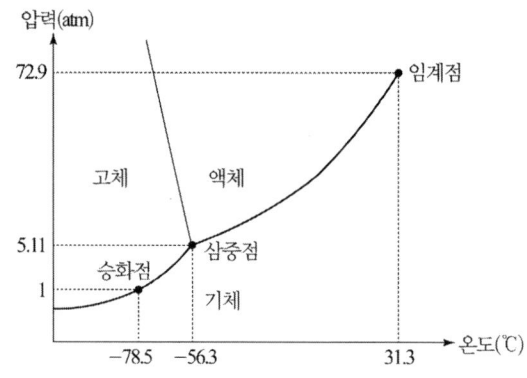

(2) 삼중점, 임계점, 승화점에 대하여 설명하시오.(3점)

풀이&답

① 삼중점 : 고체, 액체, 기체의 3상이 평형을 이루어 공존하는 점을 말한다.

② 임계점 : 액체와 기체의 상태가 같아지기 시작하는 점을 말한다.

③ 승화점 : 고체가 바로 기체가 되는 점을 말한다.

19 가로 2[m], 세로 1[m], 높이 1.5[m]인 위험물탱크에 국소방출방식의 고압식 이산화탄소 소화설비를 설치하고자 한다. 다음 물음에 답하시오. (단, 저장용기는 68L/45kg을 사용하며, 방호대상물과 동일한 크기의 벽체가 설치되어 있다고 가정한다.) (10점)

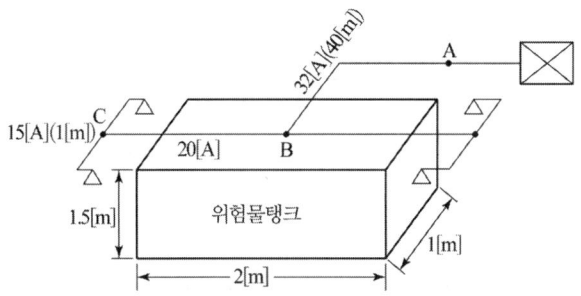

(1) 방호공간의 체적(m^3)을 구하시오. (2점)

풀이&답 방호공간의 체적

$$V = 2[m] \times 1[m] \times (1.5[m] + 0.6[m]) = 4.2[m^3]$$

(2) 방호공간 벽면적의 합계(m^2)을 구하시오. (2점)

풀이&답 방호공간 벽면적의 합계

$$A = 2[m] \times (1.5[m] + 0.6[m]) \times 2면 + 1[m] \times (1[m] + 0.6[m]) \times 2면 = 12.6[m^2]$$

(3) 방호대상물 주위에 설치된 벽면적의 합계(m^2)를 구하시오. (2점)

풀이&답 $a = 2[m] \times 1.5[m] \times 2면 + 1[m] \times 1.5[m] \times 2면 = 9[m^2]$

(4) 이산화탄소 소화설비의 최소 약제량을 구하시오. (2점)

풀이&답 최소 약제량

$$W = 방호공간의\ 체적[m^3] \times \left[8 - 6 \times \frac{a}{A}\right] \times 1.4 = 4.2[m^3] \times \left[8 - 6 \times \frac{9}{12.6}\right] \times 1.4 = 21.84[kg]$$

(5) 하나의 분사헤드에 대한 방사량(kg/s)을 구하시오.(2점)

풀이&답 방사량 : $\dfrac{21.84[kg]}{4개 \times 30[s]} = 0.182 = 0.18[kg/s]$

20 다음은 이산화탄소화설비의 분사헤드 설치제외장소를 나타낸 것이다. 괄호 안의 번호에 알맞은 답을 쓰시오.(4점)

---

1. (①) 등 사람이 상시 근무하는 장소
2. (②) 등 자기연소성물질을 저장 · 취급하는 장소
3. (③) 등 활성금속물질을 저장 · 취급하는 장소
4. 전시장 등의 관람을 위하여 다수인이 출입 · 통행하는 (④) 등

풀이&답 ① 방재실 · 제어실
② 니트로셀룰로스 · 셀룰로이드제품
③ 나트륨 · 칼륨 · 칼슘
④ 통로 및 전시실

12 할론 소화설비

01 가로 30[m], 세로 20[m], 높이 6[m]이고 출입구가 상호 반대방향으로 2개인 어느 전기실에 고압용기식의 할론 1301 설비를 전역방출방식으로 설치하고자 한다. 사용할 약제용기는 내용적 70리터에 1.4의 충전비로 약제가 충전된 것을 사용하며, 약제 저장용기의 밸브개방방식은 가스압력식이다. 다음의 각 물음에 답하시오.

(1) 화재안전기준에 따른 최소 약제 산출기준량은 체적 1[m³]당 몇 [kg]인지 구하시오.

(2) 이 전기실에 필요한 최소 소요 약세량은 몇 [kg]인지 구하시오. (단, 약제 방출 시 모든 개구부는 자동폐쇄장치가 되어 있다.)

(3) 소요약제 용기는 몇 병인지 구하시오.

(4) 문 (2)의 산출기준량에 따라 산출된 약제량을 방사할 때 실내의 하론 농도가 5%가 된다고 하면 문 (3)의 모든 용기로부터 방사된 약제는 실내에 몇 %의 농도를 보여 줄 것인지 구하시오.

(5) 방출표시등은 몇 개가 필요한지 구하시오.

(6) 이 설비에 설치될 압력스위치는 최소 몇 개가 필요한지 구하시오.

풀이&답
(1) 최소 약제 산출기준량 : 0.32[kg/m³]
(2) 최소 소요 약제량 : $W = 30[m] \times 20[m] \times 6[m] \times 0.32[kg/m^3] = 1152[kg]$
(3) 소요약제 병수

  ① 병당 충전량 $= \dfrac{70[L]}{1.4[L/kg]} = 50[kg]$

  ② 소요약제 병수 $= \dfrac{1152[kg]}{50[kg]} = 23.04 = 24$병

(4) 하론농도

  $1152[kg] : 5[\%] = 24$병 $\times 50[kg] : C[\%]$

  $C[\%] = 5[\%] \times \dfrac{24$병$\times 50[kg]}{1152[kg]} = 5.21[\%]$

(5) 방출표시등 : 2개(출입구마다 설치하여야 한다)
(6) 압력스위치 : 1개(방호구역마다 설치한다)

02 소방대상물의 전기실에 할론1301 소화설비를 설치하려 한다. 조건을 참조하여 약제저장실에 저장하여야 할 용기수를 계산하시오.

[조건]
① 전기실은 가로 15[m] × 세로 20[m] × 높이 5[m] 이다.
② 저장용기의 충전비는 1.36 내용적은 68[L] 이다.
③ 자동폐쇄장치가 설치되어 있다.

풀이&답

(1) 약제량 계산

$$W = 15[\text{m}] \times 20[\text{m}] \times 5[\text{m}] \times 0.32[\text{kg/m}^3] = 480[\text{kg}]$$

(2) 병당 충전량 $= \dfrac{68[\text{L}]}{1.36[\text{L/kg}]} = 50[\text{kg}]$

(3) 용기의 수량 $= \dfrac{480[\text{kg}]}{50[\text{kg}]} = 9.6 = 10$병

03 가로 3[m], 세로 3[m], 높이 4[m]인 도장부스(Booth)가 있다. 도장부스에 할론 1301 소화 설비를 국소방출방식으로 설치하려고 한다. 이 설비에 필요한 할론 1301의 약제 소요량 [kg]을 산출하시오. (단, 방호공간 1[m³]당 약제량 [kg] 계산시 $X=4$, $Y=3$으로 하고, 위험물별 계수는 적용하지 않는다.)

풀이&답

(1) 방호공간의 벽면적

$$A = (3[\text{m}] + 0.6[\text{m}] \times 2) \times (4[\text{m}] + 0.6[\text{m}]) \times 2\text{면} + (3[\text{m}] + 0.6[\text{m}] \times 2) \times (4[\text{m}] + 0.6[\text{m}]) \times 2\text{면}$$
$$= 77.28[\text{m}^2]$$

(2) 방호공간의 체적

$$V = (3[\text{m}] + 0.6[\text{m}] \times 2) \times (3[\text{m}] + 0.6[\text{m}] \times 2) \times (4[\text{m}] + 0.6[\text{m}]) = 81.144[\text{m}^3]$$

(3) $a = 0$(방호대상물의 주위에 설치된 벽이 없으므로)

(4) $Q = X - Y\dfrac{a}{A} = 4 - 3 \times \dfrac{0}{77.28} = 4$

(5) 약제량 계산

$$W = V \times Q \times 1.25 = 81.144[\text{m}^3] \times 4[\text{kg/m}^3] \times 1.25 = 405.72[\text{kg}] \text{ 이상}$$

04 HALON 1301 소화설비를 설계하고자 한다. 소요 약제량 450[kg], 약제방출 노즐이 12개, 노즐에서의 방출압력이 1.8[MPa]일 때 다음 각 물음에 답하시오.(단, 노즐의 방출량은 1.25[kg/s·cm²] 이다.)

(1) 노즐 1개당 약제 방출량[kg/s]은 얼마인가?

(2) 방출노즐의 등가 분구면적[cm²]은 얼마인가?

풀이&답

(1) 노즐 1개당 약제 방출량 $= \dfrac{450[\text{kg}]}{12\text{개} \times 10[\text{s}]} = 3.75[\text{kg/s}]$

(2) 방출노즐의 등가 분구면적 $A = \dfrac{3.75[\text{kg/s}]}{1.25[\text{kg/s} \cdot \text{cm}^2]} = 3[\text{cm}^2]$

05 아래의 도면과 같은 방호대상물에 할 론 1301 소화설비를 설계하려 한다. 조 건을 참조하여 각 실에서의 선택밸브 직후의 유량[kg/s]을 산출하시오.

[조건]

① 건물의 층고(높이)는 5[m] 이다.

A실 (6[m]×5[m])	B실 (10[m]×5[m])
C실 (6[m]×6[m])	D실 (12[m]×7[m])

② 약제 방출방식은 전역방출 방식이다.

③ 개구부는 자동폐쇄 장치가 설치되어 있다.

④ 약제저장용기는 50[kg/병]이다.

⑤ A, C실의 기본 약제량은 0.33[kg/m³], B, D실의 기본 약제량은 0.52[kg/m³]

풀이&답

(1) A실

① 약제량 $W = 6[m] \times 5[m] \times 5[m] \times 0.33[kg/m3] = 49.5[kg]$

② 소요병수 $= \dfrac{49.5[kg]}{50[kg]} = 0.99 = 1$병

③ 선택밸브 직후 유량 $= \dfrac{1병 \times 50[kg]}{10[s]} = 5[kg/s]$(방사시간이 10초이므로)

(2) B실

① 약제량 $W = 10[m] \times 5[m] \times 5[m] \times 0.52[kg/m^3] = 130[kg]$

② 소요병수 $= \dfrac{130[kg]}{50[kg]} = 2.6 = 3$병

③ 선택밸브 직후 유량 $= \dfrac{3병 \times 50[kg]}{10[s]} = 15[kg/s]$(방사시간이 10초이므로)

(3) C실

① 약제량 $W = 6[m] \times 6[m] \times 5[m] \times 0.33[kg/m^3] = 59.4[kg]$

② 소요병수 $= \dfrac{59.4[kg]}{50[kg]} = 1.188 = 2$병

③ 선택밸브 직후 유량 $= \dfrac{2병 \times 50[kg]}{10[s]} = 10[kg/s]$(방사시간이 10초이므로)

(4) D실

① 약제량 $W = 12[m] \times 7[m] \times 5[m] \times 0.52[kg/m^3] = 218.4[kg]$

② 소요병수 $= \dfrac{218.4[kg]}{50[kg]} = 4.368 = 5$병

③ 선택밸브 직후 유량 $= \dfrac{5병 \times 50[kg]}{10[s]} = 25[kg/s]$(방사시간이 10초이므로)

06 특정소방대상물의 지하층에 있는 전기실에 전역방출방식의 할론 1301설비를 설치하고 자 한다. 화재안전기준과 아래의 조건을 참고하여 다음 각 물음에 답하시오.

[조건]

① 약제저장용기의 밸브개방방식은 가스압력식이다.

② 소화설비는 고압식으로 한다.

③ 전기실의 크기 : 가로 10[m] × 세로 9[m] × 높이 3[m]

④ 전기실 개구부의 크기는 가로 1[m] × 세로 1[m](자동폐쇄장치는 설치되지 않음)

⑤ 저장용기 1병당 충전량은 45[kg]

[물음]

(1) 이 설비에 필요한 최소 소요 약제량(kg)

(2) 전기실에 필요한 소요약제의 병 수(병)

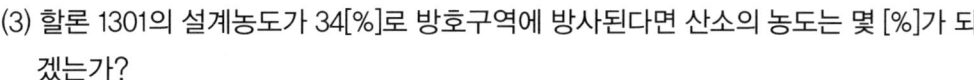

(3) 할론 1301의 설계농도가 34[%]로 방호구역에 방사된다면 산소의 농도는 몇 [%]가 되겠는가?

풀이&답 (1) 이 설비에 필요한 최소 소요 약제량[kg]

$$W = (10[m] \times 9[m] \times 3[m]) \times 0.32[kg/m^3] + (1[m] \times 1[m]) \times 2.4[kg/m^2] = 88.8[kg]$$

(2) 전기실에 필요한 소요약제의 병 수(병) $= \dfrac{88.8[kg]}{45[kg/병]} = 1.97 = 2$병

(3) 산소의 농도

① 설계농도 $C[\%] = \dfrac{21 - O_2}{21} \times 100$ (O_2 : 산소농도[%])

② 산소의 농도 계산

$$34[\%] = \dfrac{21 - O_2}{21} \times 100, \quad O_2 = 21 - \dfrac{34 \times 21}{100} = 13.86[\%]$$

07 컴퓨터실에 할론1301 전역방출방식의 소화설비를 설치하고자 한다. 다음 사항에 대하여 답하시오. (단, 실의 면적 10[m] × 80[m]=800[m²], 실내 층의 높이 3[m], 실의 체적 2,400[m³], 개구부 면적(자동폐쇄장치 없음) 3[m²], 주요구조부는 내화구조)

[물음]

(1) 컴퓨터실에 필요한 최저 소요 가스량

(2) 할론1301 저장용기 수(50[kg] 기준)

(3) 차동식 스포트형 2종과 광전식 스포트형 2종의 복합형 감지기 설치시 감지기의 수

(4) 최소감지기 회로 수

풀이&답 (1) 컴퓨터실에 필요한 최저 소요 가스량

$$2,400[m^3] \times 0.32[kg/m^3] + 3[m^2] \times 2.4[kg/m^2] = 775.2[kg]$$

(2) 할론1301 저장용기 수 $= \dfrac{775.2[kg]}{50[kg/병]} = 15.5 = 16$병

(3) 열연기 복합형 감지기 설치개수

① 열연기 복합형 감지기는 열감지기를 기준으로 하여 감지기 수량을 계산

② 차동식스포트형 2종, 부착높이 4[m] 미만, 내화구조인 경우 : 70[m²] 적용

$$= \dfrac{800[m^2]}{70[m^2]} = 11.43 = 12개$$

(4) 최소 감지기회로 수

복합형이므로 교차회로방식을 적용하지 않는다.

따라서, 1회로

13 할로겐화합물 및 불활성기체 소화설비

01 불활성기체 소화약제인 이너젠(Inergen) 소화설비 설계 시 다음과 같은 조건일 경우 배관의 두께를 산출하시오.(단, 반올림하여 소수점 둘째 자리까지 나타내시오.)

[조건]

(1) 최대허용압력은 13,000[kPa] 이다.

(2) 배관의 바깥지름은 76[mm] 이다.

(3) 인장강도는 350,000[kPa], 항복점은 210,000[kPa] 이다.

(4) 이음방식은 전기저항 용접이음 방식이다.

[풀이&답]

(1) 배관의 두께 산출 공식

배관의 두께 $t = \dfrac{PD}{2SE} + A[mm]$

여기에서, P : 최대허용압력[kPa]

D : 배관의 바깥지름[mm]

SE : 최대허용응력[kPa]

(배관재질인장강도의 1/4값과 항복점의 2/3중 적은 값 ×배관이음효율×1.2)

A : 나사이음·홈이음 등의 허용값[mm]

(2) 배관의 두께 계산

① 최대허용응력 계산

$350,000 \times \dfrac{1}{4} = 87,500[kPa]$과 $210,000 \times \dfrac{2}{3} = 140,000[kPa]$ 중 적은 값인 $87,500[kPa]$

최대허용응력 $SE = 87,500 \times 1.2 \times 0.85 = 89,250[kPa]$

② 나사이음·홈이음 등의 허용값[mm]

용접이음이므로 $A = 0$

(3) 배관의 두께

$t = \dfrac{PD}{2SE} + A = \dfrac{13,000 \times 76}{2 \times 89,250} + 0 = 5.54[mm]$

02 할로겐화합물 및 불활성기체 소화설비를 설치하고자 한다. 조건을 참고하여 다음 각 물음에 답하시오.

[조건]

① 배관의 인장강도는 450[MPa], 항복점은 250[MPa]

② 방출헤드에 접속되는 배관의 구경은 65[mm]

③ 이음매 없는 배관방식으로 나사이음, 홈이음 등의 허용값은 무시한다.

④ 배관의 두께 계산 시 방출헤드 설치부는 제외한다.

⑤ 방출헤드 1개의 유량은 44.1[kg/s]

⑥ 배관의 바깥지름은 114.3[mm], 두께는 6.0[mm]

⑦ 노즐의 방출률은 14.7[kg/s · cm²]

[물음]

(1) 방출헤드의 오리피스 구경을 선정하시오.(단, 오리피스의 구경은 10mm, 15mm, 20mm, 25mm, 30mm, 35mm, 40mm)

(2) 배관의 최대 허용압력(MPa)

풀이&답 (1) 방출헤드의 오리피스 구경

① 단면적 $A = \dfrac{44.1[\text{kg/s}]}{14.7[\text{kg/s} \cdot \text{cm}^2]} = 3[\text{cm}^2]$

② 오리피스의 구경

$A = \dfrac{\pi D^2}{4}$ 에서 $D = \sqrt{\dfrac{4A}{\pi}} = \sqrt{\dfrac{4 \times 3[\text{cm}^2]}{\pi}} = 1.9544[\text{cm}^2] = 19.54[\text{mm}]$

20[mm] 선정

(2) 배관의 최대 허용압력[MPa]

① 배관 재질 인장강도의 1/4값 = 450[MPa] × 1/4=112.5[MPa]

② 항복점의 2/3값 = 250[MPa] × 2/3=166.67[MPa]

③ 최대허용응력(SE) : 배관 재질 인장강도의 1/4값과 항복점의 2/3중 적은값 × 배관이음효율
×1.2=112.5[MPa]×1.0×1.2=135[MPa]

④ 최대 허용압력

배관의 두께 $t = \dfrac{PD}{2SE} + A$

$P = \dfrac{2SE \times t}{D} - A = \dfrac{2 \times 135[\text{MPa}] \times 6[\text{mm}]}{114.3[\text{mm}]} - 0 = 14.17[\text{MPa}]$

03 전기실의 크기가 가로 35[m], 세로 30[m], 높이 7[m]인 방호공간에 할로겐화합물 및 불활성기체 소화설비를 아래 조건에 따라 설치할 경우 다음 문제의 답을 기술하시오.

[조건]

① HCFC Blend A의 설계농도는 8.5[%]임

② HCFC Blend A 용기는 68[L]용 50[kg]임

③ IG-541 용기는 80[L]용 12[m³]로 적용

④ IG-541의 설계농도는 37%로 한다.

⑤ HCFC Blend A의 $K_1 = 0.2413$, $K_2 = 0.00088$ 이다.

⑥ 방사시 온도는 상온(20[℃])을 기준으로 한다.

⑦ 기타 조건은 무시한다.

[물음]

(1) HCFC Blend A의 약제량[kg]과 최소 약제 저장용기 수는 몇 병인가?

(2) IG-541의 최소 약제용기 수는 몇 병인가?

풀이&답 (1) HCFC Blend A의 약제량[kg]과 최소 약제 저장용기 수

① 약제량[kg]

방호구역의 체적(V) = 35 × 30 × 7 = 7,350[m³]

선형상수(S) = $K_1 + K_2 t = 0.2413 + 0.00088 \times 20 = 0.2589[\text{m}^3/\text{kg}]$

$$\text{약제량}(W) = \frac{V}{S} \times \left(\frac{C}{100-C} \right) = \frac{7350}{0.2589} \times \left(\frac{8.5}{100-8.5} \right) = 2,637.3\,[\text{kg}]$$

② 최소 약제 저장용기수 $= \dfrac{2,637.3\,[\text{kg}]}{50\,[\text{kg/개}]} = 52.75 = 53\,[\text{병}]$

(2) IG−541의 최소 약제용기 수

① 약제량 $= 2.303 \times \log_{10}\!\left(\dfrac{100}{100-C} \right) \times \dfrac{V_s}{S} \times V$ 에서,

　　문제의 조건이 상온(20[℃])을 기준으로 하므로 $S = V_s$ 이다.

　　$= 2.303 \times \log_{10}\!\left(\dfrac{100}{100-37} \right) \times 7,350 = 3,396.6\,[\text{m}^3]$

② 최소약제 용기수 $= \dfrac{3396.6\,[\text{m}^3]}{12\,[\text{m}^3/\text{병}]} = 283.05 = 284\,\text{병}$

04 경유를 연료로 하는 바닥면적 100[m²]이고 높이 3.5[m]의 발전기실에 할로겐화합물 및 불활성기체 소화설비를 설치하려고 한다. 다음 조건을 이용하여 물음에 알맞은 답을 기술하시오.

[조건]

① HCFC Blend A의 A급 소화농도는 7.2[%], B급 소화농도는 10[%]로 한다.

② IG−541의 A급 및 B급 소화농도는 32[%]로 한다.

③ 방사시의 온도는 20[℃]를 기준으로 한다.

④ 선형상수는 다음과 같다.

소화약제	분자량	K1	K2
HCFC Blend A	92.9	0.2413	0.00088
IG−541	28	0.65779	0.00239

⑤ HCFC Blend A의 용기는 68[L]용 50[kg]으로 하며, IG−541 용기는 80[L]용 12.4[m³]로 적용한다.

[물음]

(1) 발전기에 필요한 HCFC Blend A의 최소 용기 수

(2) IG−541의 최소 용기 수

(3) 할로겐화합물 및 불활성기체 소화약제의 구비조건 5가지

풀이&답 (1) 발전기에 필요한 HCFC Blend A의 최소 용기 수

① 발전기실 체적 $V = 100\,[\text{m}^2] \times 3.5\,[\text{m}] = 350\,[\text{m}^3]$

② 소화약제별 선형상수[m³/kg]

　$S = K_1 + K_2 \times t = 0.2413 + 0.00088 \times 20 = 0.2589$

③ 설계농도 $C = 10\,[\%] \times 1.3 = 13\,[\%]$(유류화재로 적용한다.)

④ 약제량[kg]

　$$W = \frac{V}{S} \times \left(\frac{C}{100-C} \right) = \frac{350}{0.2589} \times \left(\frac{13}{100-13} \right) = 202.004\,[\text{kg}]$$

⑤ 최소 용기수 $= \dfrac{202.004}{50} = 4.04 = 5\,\text{병}$

    (2) IG-541의 최소 용기 수
        ① 발전기실 체적[m^3]
$$V = 100[\text{m}^2] \times 3.5[\text{m}] = 350[\text{m}^3]$$
        ② 소화약제별 선형상수[m^3/kg]
$$S = K_1 + K_2 \times t = 0.65779 + 0.00239 \times 20 = 0.70559$$
        ③ 설계농도
$$C = 32[\%] \times 1.3 = 41.6[\%] (\text{경유를 연료로 사용하므로 유류화재로 적용한다.})$$
        ④ 20℃일 때 비체적
$$V_s = K_1 + K_2 \times t = 0.65779 + 0.00239 \times 20 = 0.70559$$
        ⑤ 약제량[m^3]
$$X = 2.303 \times \log_{10}\left(\frac{100}{100-C}\right) \times \frac{V_s}{S} \times V$$
$$= 2.303 \times \log_{10}\left(\frac{100}{100-41.6}\right) \times \frac{0.70559}{0.70559} \times 350 = 188.2829 = 188.28[\text{m}^3]$$
        ⑥ 최소 용기수 $= \dfrac{188.28}{12.4} = 15.18 = 16$병

(3) 할로겐화합물 및 불활성기체 소화약제의 구비조건 5가지
        ① ODP가 0일 것   ② 소화능력이 우수할 것
        ③ 독성이 낮을 것   ④ GWP가 낮을 것
        ⑤ 적정한 가격일 것   ⑥ 장기간 입수 가능할 것

05 경유를 연료로 사용하는 발전기실에 할로겐화합물 및 불활성기체 소화설비를 설치하고 자 한다. 조건을 이용하여 다음 각 물음에 답하시오.

[조건]

① 실의 규모는 7[m] × 9[m] × 6[m]

② 방호구역의 예상온도는 20~25[℃]

③ IG-541의 소화농도는 A급 화재 29.25[%], B급 화재 31.25[%]

④ IG-541의 저장용기는 내용적 80[L], 저장량 12.5[m^3]

⑤ $K_1 = 0.65799$, $K_2 = 0.00239$

⑥ 기타 주어지지 않은 조건은 화재안전기준을 준용한다.

[물음]

(1) 소화약제별 선형상수(단, 반올림하지 말고 다 적으시오.)

(2) 저장용기의 최소수량(병)

풀이&답 (1) 소화약제별 선형상수
$$S = K_1 + K_2 t = 0.65799 + 0.00239 \times 20 = 0.70579[\text{m}^3/\text{kg}]$$
(2) 저장용기의 최소수량(병)
        ① 설계농도 $C = 31.25 \times 1.3 = 40.625[\%]$
          (경유를 연료로 사용하므로 유류화재로 적용)
        ② 20[℃]에서 소화약제의 비체적
$$V_s = K_1 + K_2 t = 0.65799 + 0.00239 \times 20 = 0.70579[\text{m}^3/\text{kg}]$$

③ 약제량

$$X = 2.303 \left(\frac{V_s}{S} \right) \times \log_{10} \left(\frac{100}{100 - C} \right) \times V$$

$$= 2.303 \left(\frac{0.70579}{0.70579} \right) \times \log_{10} \left(\frac{100}{100 - 40.625} \right) \times (7[\text{m}] \times 9[\text{m}] \times 6[\text{m}])$$

$$= 197.085 = 197.09 [\text{m}^3]$$

④ 병수 $= \dfrac{197.09[\text{m}^3]}{12.5[\text{m}^3]} = 15.76 = 16$병

06 체적 800[m³]인 전기실에 전역방출방식의 HFC-227ea 할로겐화합물 및 불활성기체 소화설비를 설치할 경우 아래의 조건을 참고하여 다음의 각 물음에 답하시오.

[조건]

① 기체 1[mol]의 체적은 22.4[L]로 가정한다.

② 방호구역의 예상온도는 10~15[℃] 이다.

③ 원자량은 H : 1, C : 12, N : 14, O : 16, F : 19, Cl : 35.5, I : 127, Ar : 40을 적용한다.

④ 선형상수 K_1, K_2를 산출하는 과정에서 소수점이 발생할 경우에는 소수점 다섯째자리에서 반올림하여 넷째자리까지 적용한다.

⑤ 설계농도는 화재안전기준에서 정한 수치를 따르며, 기타 조건은 무시한다.

[물음]

(1) 소화약제의 선형상수를 계산하시오.(단, 소수점 넷째자리까지 답하시오.)

(2) 소화약제의 무게[kg]를 계산하시오.

[풀이&답] (1) 선형상수의 계산

① HFC-227ea의 분자량 계산

HFC-227ea의 분자식 CF_3CHFCF_3이므로 $12 \times 3 + 1 \times 1 + 19 \times 7 = 170$

② $K_1 = \dfrac{22.4}{분자량} = \dfrac{22.4}{170} = 0.13176 = 0.1318$

③ $K_2 = \dfrac{K_1}{273} = \dfrac{0.1318}{273} = 0.000482 = 0.0005$

④ 선형상수 $S = K_1 + K_2 \times t = 0.1318 + 0.0005 \times 10 = 0.1368$

(2) 소화약제의 무게

① HFC-227ea의 설계농도 : 10.5[%]

② 소화약제의 무게

$$W = \frac{V}{S} \times \left[\frac{C}{100 - C} \right] = \frac{800}{0.1368} \times \frac{10.5}{100 - 10.5} = 686.07[\text{kg}] \text{ 이상}$$

07 전산실에 할로겐화합물 소화약제를 설치하고자 한다. 아래의 조건을 참고하여 다음 각 물음에 답하시오.

[조건]

① 전산실의 크기는 가로 20[m], 세로 50[m], 높이 4[m]

② 주요구조부는 내화구조(실의 허용 인장강도 0.0048[MPa]), 과압배출구가 1개소 설치

③ 적용 소화약제 : HFC-125

④ A, C급의 소화농도는 6.75[%], B급은 9.0[%]

⑤ 실린더의 용적 67.5[L], 병당 충전량은 50[kg]

⑥ 전산실의 예상온도는 18∼30[℃]

⑦ $K_1 = 0.1825$, $K_2 = 0.0007$

⑧ 과압배출구의 면적을 구하는 식은 다음과 같다.

$$A = \frac{100 \times Q}{\sqrt{P}} [cm^2], \quad Q : 유량[kg/s], \quad P : 실의 허용인장강도[kPa]$$

[물음]

(1) 약제 저장량[kg]

(2) 저장용기의 최소 수량[병]

(3) 열·연기 복합형(차동식 스포트형 2종, 광전식스포트형 2종) 감지기를 설치하는 경우 감지기의 최소수량[개]

(4) 전산실에 필요한 감지기의 최소 회로 수(회로)

(5) 과압배출구의 최소면적[m²]

풀이&답

(1) 약제 저장량(kg)

① 설계농도 : 전산실은 A급 화재이므로 소화농도에 안전계수 1.2를 적용

$C = 6.75[\%] \times 1.2 = 8.1[\%]$

② 소화약제별 선형상수 $S = K_1 + K_2 \times t = 0.1825 + 0.0007 \times 18 = 0.1951 [m^3/kg]$

③ 실의 체적 $V = 20[m] \times 50[m] \times 4[m] = 4,000[m^3]$

④ 약제 저장량

$$W = \frac{V}{S} \times \left[\frac{C}{(100-C)} \right] = \frac{4,000[m^3]}{0.1951} \times \frac{8.1}{(100-8.1)} = 1,807.06[kg]$$

(2) 저장용기의 최소 수량 $= \frac{저장량}{병당 충전량} = \frac{1,807.06[kg]}{50[kg/병]} = 36.14 = 37병$

(3) 감지기의 최소 수량

① 전산실의 높이가 4[m]이므로 감지기의 부착높이를 4[m]로 해석, 열·연기 복합형 감지기의 경우 거실의 감지기 수량은 열감지기를 기준으로 한다.

② 감지기의 수량 $= \frac{실의 \ 면적[m^2]}{35m^2} = \frac{20[m] \times 50[m]}{35[m^2]} = 28.57 = 29개$

(4) 전산실에 필요한 감지기의 최소 회로 수

1회로(복합형 감지기는 교차회로방식을 적용하지 않으므로)

(5) 과압배출구의 면적[mm²]

① 최소설계농도의 95% 이상에 해당하는 약제량

$$W = \frac{V}{S} \times \frac{C \times 0.95}{(100 - C \times 0.95)} = \frac{4,000[m^3]}{0.1951[m^3/kg]} \times \frac{8.1 \times 0.95}{(100 - 8.1 \times 0.95)} = 1,709.17[kg]$$

② 유량

$$Q = \frac{1,709.17[kg]}{10[s]} = 170.917 = 170.92[kg/s]$$

③ 실의 허용인장강도

$P = 0.0048[\text{MPa}] = 0.0048 \times 10^3[\text{kPa}] = 4.8[\text{kPa}]$

④ 과압배출구의 면적

$A = \dfrac{100 \times Q}{\sqrt{P}} = \dfrac{100 \times 170.92}{\sqrt{4.8}} = 7{,}801.39[\text{cm}^2] \times \dfrac{1[\text{m}^2]}{10^4[\text{cm}^2]} = 0.78[\text{m}^2]$

약제 저장량 산출

$W = \dfrac{V}{S} \times \left[\dfrac{C}{(100-C)} \right]$

W : 소화약제의 무게[kg], V : 방호구역의 체적[m³]

S : 소화약제별 선형상수$(K_1 + K_2 \times t)$[m³/kg]

C : 체적에 따른 소화약제의 설계농도[%], l : 방호구역의 최소예상온도[℃]

---

08 가로 15[m], 세로 14[m], 높이 3.5[m]인 전산실에 할로겐화합물 및 불활성기체 소화약제 중 HFC-23과 IG-541을 설계 시 다음 조건을 보고 물음에 답하시오.

[조건]

① HFC-23의 소화농도는 A·C급 화재는 38[%], B급 화재는 35[%]로 한다.

② HFC-23 저장용기는 68리터이며 충전밀도는 720.8[kg/m³]로 한다.

③ IG-541 소화농도는 33[%]로 한다.

④ IG-541 저장용기는 80리터, 충전압력은 19,996[kPa](게이지압) 이다.

⑤ 선형상수를 이용하도록 하며 방사 시 기준온도는 30[℃]로 한다.

소화약제	K_1	K_2
HFC-23	0.3164	0.0012
IG-541	0.65799	0.00239

[물음]

(1) HFC-23의 저장량은 최소 몇 [kg]인가?

(2) HFC-23의 용기 수는 최소 몇 [병]인가?

(3) HFC-23 배관 구경 산정 기준이 되는 약제량 방사 시 유량은 몇 [kg/s]인가?

(4) IG-541의 저장량은 최소 몇 [m³]인가?

(5) IG-541의 용기 수는 최소 몇 병인가?

(6) IG-541 배관구경 산정기준이 되는 약제량 방사 시 유량은 몇 [m³/s]인가?

풀이&답 (1) HFC-23의 저장량

① 방호구역의 체적

$V = 15[\text{m}] \times 14[\text{m}] \times 3.5[\text{m}] = 735[\text{m}^3]$

② 선형상수

$S = K_1 + K_2 \times t = 0.3164 + 0.0012 \times 30 = 0.3524[\text{m}^3/\text{kg}]$

③ 소화약제의 설계농도

$C = $ 소화농도 $\times$ 안전계수 $= 38[\%] \times 1.2 = 45.6[\%]$

④ 약제 저장량

$$W = \frac{V}{S} \times \left[\frac{C}{(100-C)} \right] = \frac{735[\text{m}^3]}{0.3524[\text{m}^3/\text{kg}]} \times \left[\frac{45.6}{100-45.6} \right] = 1748.31[\text{kg}]$$

⑵ HFC-23의 용기 수

① 1병당 저장용기 충전량 = 저장용기 내용적 × 충전밀도

$$= 68[\text{L}] \times 720.8[\text{kg/m}^3] = 68[\text{L}] \times \frac{720.8[\text{kg}]}{1000[\text{L}]} = 49.01[\text{kg}]$$

② 용기수량 $= \dfrac{1748.31[\text{kg}]}{49.01[\text{kg/병}]} = 35.67 = 36$병

⑶ 약제량 방사시 유량

① 배관의 구경은 해당 방호구역에 할로겐화합물 소화약제는 10초 이내, 불활성기체 소화약제는 A·C급 화재 2분 이내, B급 화재 1분 이내에 방호구역의 각 부분에 최소설계농도의 95% 이상 해당하는 약제량이 방출되도록 하여야 한다.

② 설계농도의 95[%]에 해당하는 약제량

$$W = \frac{V}{S} \times \left[\frac{C}{(100-C)} \right] = \frac{735[\text{m}^3]}{0.3524[\text{m}^3/\text{kg}]} \times \left[\frac{45.6 \times 0.95}{100 - 45.6 \times 0.95} \right] = 1594.079 = 1594.08[\text{kg}]$$

③ 배관의 유량 $= \dfrac{1594.08[\text{kg}]}{10[\text{s}]} = 159.408 = 159.41[\text{kg/s}]$

⑷ IG-541의 저장량

① 20[℃]에서 비체적(V_s) $= K_1 + K_2 \times t$

$$= 0.65799 + 0.00239 \times 20 = 0.70579[\text{m}^3/\text{kg}]$$

② 선형상수 $S = K_1 + K_2 \times t = 0.65799 + 0.00239 \times 30 = 0.72969[\text{m}^3/\text{kg}]$

③ 체적에 따른 소화약제의 설계농도(C)

$(C) =$ 소화농도 × 안전계수 $= 33[\%] \times 1.2 = 39.6[\%]$

④ 저장량

$$X = 2.303 \times \left(\frac{V_S}{S} \right) \times \log_{10} \left[\frac{100}{(100-C)} \right] \times V$$

$$= 2.303 \times \left(\frac{0.70579}{0.72969} \right) \times \log_{10} \left[\frac{100}{(100-39.6)} \right] \times 735[\text{m}^3] = 358.5[\text{m}^3]$$

⑸ IG-541의 용기 수

① 1병당 저장용기 충전량

조건에서 충전압력을 게이지압으로 하였으므로 보일의 법칙을 적용한다.

$P_1 V_1 = P_2 V_2$

$(101.325[\text{kPa}] + 19,996[\text{kPa}]) \times 0.08[\text{m}^3] = 101.325[\text{kPa}] \times V_2$

$$V_2 = \frac{(101.325[\text{kPa}] + 19,996[\text{kPa}])}{101.325[\text{kPa}]} \times 0.08[\text{m}^3] = 15.87[\text{m}^3/\text{병}]$$

② 소요병수 $= \dfrac{358.5[\text{m}^3]}{15.87[\text{m}^3/\text{병}]} = 22.59 = 23[\text{병}]$

⑹ 약제량 방시 시 유량

① 최소설계농도의 95[%]에 해당하는 약제량

$$= 2.303 \times \left(\frac{0.70579}{0.72969} \right) \times \log_{10} \left[\frac{100}{(100 - 39.6 \times 0.95)} \right] \times 735[\text{m}^3] = 335.56[\text{m}^3]$$

② 배관의 유량 $= \dfrac{335.56[\text{m}^3]}{120[\text{s}]} = 2.796 = 2.8[\text{m}^3/\text{s}]$

※ 전산실은 A 또는 C급 화재에 해당하므로 안전계수는 1.2를 적용하고, IG-541의 약제량 방사시 유량은 산출할 때에는 2분(120초)을 적용하여야 한다.

09 전기실의 크기가 가로 35[m], 세로 30[m], 높이 7[m]인 방호공간에 불활성기체 소화약제인 IG-541소화설비를 설계하려고 한다. 아래의 조건을 참조하여 다음의 각 물음에 답하시오.

[조건]

① 최대허용압력은 12,000[kPa] 이다.

② 배관의 바깥지름은 80[mm] 이다.

③ 배관재질의 인장강도는 300,000[kPa], 항복점은 180,000[kPa] 이다.

④ 전기저항용접배관으로 배관이음효율은 0.85를 적용한다.

⑤ 나사이음, 홈이음 등의 허용 값은 무시한다.

⑥ 표준상태에서 기체 1[kmol]의 체적은 22.4[m³] 이다.

⑦ IG-541의 설계농도는 화재안전기준에서 정한 수치를 적용한다.

⑧ IG-541이 설치되는 구획의 허용인장강도는 4.8[kPa] 이다.

⑨ 유량산출 시에는 소화약제 저장량 산출 값의 95[%]가 기준방사시간 내에 방사되는 것으로 한다.

⑩ 방호구역의 예상온도는 15~20[℃] 이다.

⑪ 소화약제별 선형상수 산출과정에서 K_1, K_2의 값은 소수점 다섯째자리에서 반올림하여 넷째자리까지 적용한다.

[물음]

(1) 조건을 이용하여 배관의 두께를 산출하시오.
    (단, 반올림하여 소수점 둘째자리까지 나타내시오.)

(2) 선형상수를 산출하시오.
    (단, 소수점 다섯째자리에서 반올림하여 넷째자리까지 답하시오.)

(3) IG-541 소화약제의 최소 저장량[m³]

(4) 과압배출구의 면적[m²]
    (단, 면적 산출 공식은 $A[\mathrm{cm}^2] = \dfrac{42.9 \times \mathrm{Q}\,[\mathrm{m}^3/\mathrm{min}]}{\sqrt{P[\mathrm{kgf/m}^2]}}$)

풀이&답 (1) 배관의 두께 계산
    ① 최대허용응력 계산
        $300,000 \times \dfrac{1}{4} = 75,000[\mathrm{kPa}]$과 $180,000 \times \dfrac{2}{3} = 120,000[\mathrm{kPa}]$ 중 작은 값인 $75,000[\mathrm{kPa}]$
        최대허용응력 $SE = 75,000 \times 1.2 \times 0.85 = 76,500[\mathrm{kPa}]$
    ② 나사이음·홈이음 등의 허용값[mm]
        조건에서 무시한다 하였으므로 $A = 0$
    ③ 배관의 두께 $t = \dfrac{PD}{2SE} + A = \dfrac{12,000 \times 80}{2 \times 76,500} + 0 = 6.27[\mathrm{mm}]$

(2) 선형상수 산출
    1) 분자량의 산출
        ① IG-541의 구성성분은 N_2 : 52[%], Ar : 40[%], CO_2 : 8[%] 이다.
        ② 분자량 $= 14 \times 2 \times 0.52 + 40 \times 0.4 + 44 \times 0.08 = 34.08$

2) 선형상수

① $K_1 = \dfrac{22.4}{분자량} = \dfrac{22.4}{34.08} = 0.65727 = 0.6573$

② $K_2 = \dfrac{K_1}{273} = \dfrac{0.6573}{273} = 0.00240 = 0.0024$

③ $S = K_1 + K_2 \times t = 0.6573 + 0.0024 \times 15 = 0.6933$

(3) 소화약제 최소 저장량

① 방호구역 체적 $V = 35 \times 30 \times 7 = 7{,}350[\text{m}^3]$

② 설계농도 $C = 43[\%]$ (NFTC 107A)

③ 20[℃]에서의 비체적

$V_s = K_1 + K_2 \times t = 0.6573 + 0.0024 \times 20 = 0.7053$

④ 약제 저장량

$$X = 2.303\left(\dfrac{V_S}{S}\right) \times \log_{10}\left[\dfrac{100}{(100-C)}\right] \times V$$

$$= 2.303\left(\dfrac{0.7053}{0.6933}\right) \times \log_{10}\left[\dfrac{100}{(100-43)}\right] \times 7350 = 4203.842 = 4203.84[\text{m}^3]$$

(4) 과압배출구의 면적 계산

① 유량 $Q = \dfrac{4203.84 \times 0.95}{2[\min]} = 1996.824 = 1996.82[\text{m}^3/\min]$ (A·C급 화재이므로 2분을 적용)

② 실구조의 허용인장강도

$$P = 4.8[\text{kPa}] = 4.8[\text{kPa}] \times \dfrac{10{,}332[\text{kgf/m}^2]}{101.325[\text{kPa}]} = 489.4507 = 489.45[\text{kgf/m}^2]$$

③ 과압배출구의 면적

$$A = \dfrac{42.9Q}{\sqrt{P}} = \dfrac{42.9 \times 1996.82}{\sqrt{489.45}} = 3872.06[\text{cm}^2]$$

$$= 3872.06[\text{cm}^2] \times \dfrac{1[\text{m}^2]}{10^4[\text{cm}^2]} = 0.3872 = 0.39[\text{m}^2]$$

10 할로겐화합물 및 불활성기체 소화설비의 화재안전기술기준(NFTC 107A)에 대한 다음의 각 물음에 답하시오.

(1) 할로겐화합물 및 불활성기체 소화설비의 분사헤드 설치기준

　　1) 분사헤드 설치높이 기준

　　2) 분사헤드에 하여야 하는 조치사항 및 표시사항 기준

　　3) 분사헤드 오리피스 면적기준

(2) 선택밸브 설치기준

(3) 할로겐화합물 및 불활성기체 소화설비의 비상전원을 자가발전설비 또는 축전지설비 (제어반에 내장하는 경우를 포함한다)로 하는 경우에 설치기준 5가지를 쓰시오.

(4) 할로겐화합물 및 불활성기체 소화설비에 사용하는 Sch 40의 압력배관을 사용하여 용접이음방법(전기저항 용접배관 방식)으로 공사하고자 한다. KS D 3562(SPPS 40)의 인장강도는370,000[kPa] 이며, 항복점은 210,000[kPa]이고 배관의 규격은 아래의 표와 같을 경우에 50[mm] 배관에 대한 최대허용압력을 구하시오.(단, 최종 답안은 소수점 셋째자리에서 반올림 한다.)

호칭경	25[A]	32[A]	40[A]	50[A]	65[A]	100[A]	125[A]	150[A]	200[A]
외경[mm]	34.0	42.7	48.6	60.5	76.3	114.3	139.8	165.2	216.3
두께[mm]	3.4	3.6	3.7	3.9	5.2	6.0	6.6	7.1	8.2
내경[mm]	27.2	35.5	41.2	52.7	65.9	102.3	126.6	151	199.9

풀이&답

(1) 할로겐화합물 및 불활성기체 소화설비의 분사헤드 설치기준

  1) 분사헤드 설치높이 기준

    분사헤드의 설치 높이는 방호구역의 바닥으로부터 최소 0.2[m] 이상 최대 3.7[m] 이하로 하여야 하며, 천장높이가 3.7[m]를 초과할 경우에는 추가로 다른 열의 분사헤드를 설치할 것. 다만, 분사헤드의 성능인정 범위 내에서 설치하는 경우에는 그러하지 아니하다.

  2) 분사헤드에 하여야 하는 조치사항 및 표시사항 기준

    분사헤드에는 부식방지조치를 하여야 하며 오리피스의 크기, 제조일자, 제조업체가 표시 되도록 할 것

  3) 분사헤드 오리피스 면적기준

    분사헤드의 오리피스의 면적은 분사헤드가 연결되는 배관구경면적의 70% 를 초과하여서는 아니 된다.

(2) 선택밸브 설치기준

  하나의 특정소방대상물 또는 그 부분에 2 이상의 방호구역이 있어 소화약제의 저장용기를 공용하는 경우에 있어서 방호구역마다 선택밸브를 설치하고 선택밸브에는 각각의 방호구역을 표시하여야 한다.

(3) 비상전원 설치 기준 5가지

  ① 점검에 편리하고 화재 및 침수 등의 재해로 인한 피해를 받을 우려가 없는 곳에 설치할 것

  ② 할로겐화합물 및 불활성기체 소화설비를 유효하게 20분 이상 작동할 수 있어야 할 것

  ③ 상용전원으로부터 전력의 공급이 중단된 때에는 자동으로 비상전원으로부터 전력을 공급받을 수 있도록 할 것

  ④ 비상전원의 설치장소는 다른 장소와 방화구획 할 것. 이 경우 그 장소에는 비상전원의 공급에 필요한 기구나 설비외의 것(열병합발전설비에 필요한 기구나 설비는 제외한다)을 두어서는 아니 된다.

  ⑤ 비상전원을 실내에 설치하는 때에는 그 실내에 비상조명등을 설치할 것

(4) 최대허용압력

  ① 최대허용응력 계산

    $370,000 \times \dfrac{1}{4} = 92,500[kPa]$ 과 $210,000 \times \dfrac{2}{3} = 140,000[kPa]$ 중

    적은 값인 92,500[kPa]을 적용

    최대허용응력 $SE = 92,500 \times 1.2 \times 0.85 = 94,350[kPa]$

  ② 나사이음·홈이음 등의 허용값[mm] : 용접이음이므로 $A = 0$

  ③ 배관의 두께 및 외경

    표에서 호칭경 50[mm] 배관의 경우 외경은 60.5[mm], 두께는 3.9[mm]

  ④ 배관의 최대허용압력 계산

    배관의 두께 $t = \dfrac{PD}{2SE} + A[mm]$ 에서 최대허용압력에 대해 정리하면

    $$P = 2SE \times \frac{(t-A)}{D} = 2 \times 94,350 \times \frac{(3.9-0)}{60.5} = 12,164.132 = 12,164.13[kPa]$$

11 할로겐화합물 소화약제 약제량 산출식을 유도하시오.

[풀이&답]

1. 할로겐 화합물은 부촉매 소화효과를 가지므로 무유출로 계산

2. 약제방사 후 약제의 농도 $C[\%]$

   (1) 농도 $C[\%] = \dfrac{약제부피}{전체부피} = \dfrac{v}{V+v} \times 100[\%]$

   (2) 약제의 비체적 (S) = 약제의 체적(v)/약제의 무게(W) $\left[\dfrac{m^3}{kg}\right]$

   (3) 약제의 체적 $v[m^3]$ 계산

   ① $C(V+v) = v \times 100$

   ② $CV = v(100-C)$

   ③ $v = \dfrac{C}{100-C} \cdot V$

   (4) 약제의 무게 $W[kg]$ 계산

   $S = \dfrac{v}{W}$ 이므로 $v = SW$

   $SW = \dfrac{C}{100-C} \cdot V$

   $W = \dfrac{V}{S} \cdot \dfrac{C}{100-C}$

   ① V : 방호구역의 체적$[m^3]$

   ② S : 소화약제별 선형상수$[m^3/kg]$ $(S = K_1 + K_2 t)$

   ③ C : 체적에 따른 소화약제의 설계농도$[\%]$

   ④ t : 방호구역의 최소예상온도$[℃]$

12 불활성기체 소화약제의 약제량 산출식을 유도하시오.

[풀이&답]

1. 개요

   (1) 불활성기체 소화약제는 상온에서 기체 상태로 저장하므로 계산결과가 부피$[m^3]$로 나와야 한다.

   (2) 불활성기체 소화약제는 주된 소화효과가 질식작용이며, 방사시 방출압력이 높으므로 자유 유출식으로 구하여야 한다.

   (3) 자유유출 실험식

   자유유출에 따른 농도 변화량(실험식)

   ① $e^x = \dfrac{100}{100-C}$

   ② x : 방호구역 체적당 약제량$[m^3/m^3]$

   ③ C : 체적에 따른 소화약제의 설계농도$[\%]$

2. 약제량 계산식의 유도

   (1) 방호구역 $1[m^3]$ 당 약제량을 $x[m^3/m^3]$ 라 하면

   $e^x = \dfrac{100}{100-C}$

(2) 양변에 $\log_{10}$을 하면 $\log_{10}e^x = \log_{10}\dfrac{100}{100-\text{C}}$

$$x = \frac{1}{\log_{10}e}\log_{10}\frac{100}{100-\text{C}}, \quad 여기에서 \ \frac{1}{\log_{10}e} = 2.303$$

$$x = 2.303\log_{10}\frac{100}{100-\text{C}}\,[\text{m}^3/\text{m}^3]$$

(3) 이상기체 상태방정식에서 부피는 온도에 비례해서 증가하므로 20[℃](약제의 보관온도)로 환산한 약제의 체적을 구하기 위해서 20[℃]의 비체적 V_s를 곱한 뒤에 방호구역의 최소예상온도에서의 비체적(S)으로 나눈다.

(4) 방호구역 1[m³]당 소화 약제량

$$x = 2.303 \times \left(\frac{V_s}{S}\right) \times \log_{10}\left(\frac{100}{100-\text{C}}\right)[\text{m}^3/\text{m}^3]$$

---

13 할로겐화합물 및 불활성기체 소화설비의 배관으로 압력배관용 탄소강관(SPPS 420)을 사용할 때 조건을 이용하여 최대허용압력[MPa]을 산출하시오.

[조건]

① 배관의 최대허용응력(SE)은 화재안전기준을 따른다.

② 적용되는 배관의 바깥지름은 114.3[mm], 두께는 6.0[mm]이다.

③ 압력배관용 탄소강관의 인장강도는 420[MPa], 항복점은 250[MPa]

④ 용접이음에 따른 허용값[mm]은 무시하며, 배관이음효율은 화재안전기준을 따른다.

풀이&답

(1) 배관의 최대허용응력 계산

$420 \times \dfrac{1}{4} = 105[\text{MPa}]$과 $250 \times \dfrac{2}{3} = 166.67[\text{MPa}]$ 중 적은 값인 $105[\text{MPa}]$

최대허용응력 $\text{SE} = 105 \times 1.2 \times 0.85 = 107.1\text{MPa}$

(2) 최대허용압력의 계산

배관의 두께 $t = \dfrac{PD}{2SE} + A$에서 최대허용압력에 대하여 정리하면

$$P = \frac{(t-A)\times 2 \times SE}{D} = \frac{(6.0[\text{mm}]-0)\times 2 \times 107.1[\text{MPa}]}{114.3[\text{mm}]} = 11.24[\text{MPa}]$$

배관의 두께 산출 공식

배관의 두께 $t = \dfrac{PD}{2SE} + A\,[\text{mm}]$

여기에서, P : 최대허용압력[kPa]

D : 배관의 바깥지름[mm]

SE : 최대허용응력[kPa]

(배관재질인장강도의 1/4값과 항복점의 2/3중 적은 값 × 배관이음효율 × 1.2)

A : 나사이음·홈이음 등의 허용값[mm]

14 할로겐화합물 소화약제 중 FK-5-1-12를 설치하고자 한다. 아래의 조건을 참고하여 다음 각 물음에 답하시오.(6점)

[조건]

① 설계농도는 화재안전기술기준(NFTC 107A)에서 정하는 최대허용설계농도를 적용한다.

② 방호구역의 크기는 8m×10m×5m

③ 저장용기는 80L

④ 최대충전밀도는 다음과 같으며 큰값을 적용한다.

항목 　　　　　　소화약제	FK-5-1-12	
최대충전밀도 (kg/m^3)	1,185.4	1,441.7

⑤ 방호구역의 최소예상온도는 21℃, K_1=0.0664, K_2=0.0002741

(1) 소화 약제량(kg)(3점)

풀이&답

① 비체적 $S = K_1 + K_2 \times t = 0.0664 + 0.0002741 \times 21 = 0.0721 [m^3/kg]$

② 약제량 $W = \dfrac{V}{S} \times \dfrac{C}{100-C} = \dfrac{8[m] \times 10[m] \times 5[m]}{0.0721[m^3/kg]} \times \dfrac{10}{100-10} = 616.43[kg]$

(2) 필요한 약제병수(3점)

풀이&답

① 병당 충전량 $80[L] \times 1,441.7[kg/m^3] = 0.08[m^3] \times 1,441.7[kg/m^3] = 115.336 = 115.34[kg]$

② 병수 $= \dfrac{616.43[kg]}{115.34[kg]} = 5.34 = 6$병

14 분말소화설비

01 분말소화설비의 작동순서를 설명하시오.

풀이&답

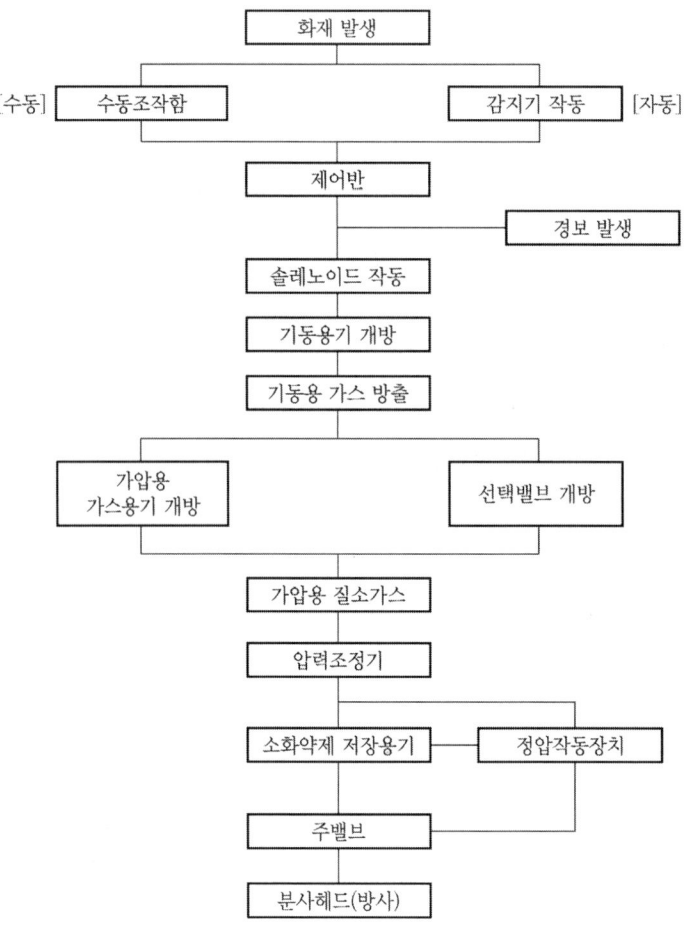

02 전기실에 제1종 분말소화약제를 사용한 분말소화설비를 전역방출방식의 가압식으로 설치하려고 한다. 다음 조건을 참조하여 각 물음에 답하시오.

[조건]

① 소방대상물의 크기는 가로 11[m], 세로 9[m], 높이 4.5[m]인 내화구조로 되어 있다.

② 소방대상물의 중앙에 가로 1[m], 세로 1[m] 기둥이 있고, 기둥을 중심으로 가로, 세로 보가 교차되어 있으며 보는 천장으로부터 0.6[m], 너비 0.4[m]의 크기이고, 보와 기둥은 내열성 재료이다.

③ 전기실에는 0.7[m]×1.0[m], 1.2[m]×0.8[m]인 개구부가 각각 1개씩 설치되어 있으며, 1.2[m]×0.8[m]인 개구부에는 자동폐쇄장치가 설치되어 있다.

④ 방호공간에 내화구조 또는 내열성 밀폐재료가 설치된 경우에는 방호공간에서 제외할 수 있다.

⑤ 방사 헤드의 방출율은 7.82[kg/mm² · min · 개] 이다.

⑥ 약제 저장용기 1개의 내용적은 50[l]이다.

⑦ 방사 헤드 1개의 오리피스(방출구) 면적은 0.45[cm²] 이다.

⑧ 소화약제 산정 기준 및 기타 필요한 사항은 화재안전기준에 준한다.

[물음]

(1) 저장에 필요한 제1종 분말 소화약제의 최소 양[kg]

(2) 저장에 필요한 약제 저장용기의 수[병]

(3) 설치에 필요한 방사 헤드의 최소 개수[개](단, 소화약제의 양은 문항 (2)에서 구한 저장용기 수의 소화약제 양으로 한다.)

(4) 설치에 필요한 전체 방사 헤드의 오리피스 면적[mm²]

(5) 방사 헤드 1개의 방사량[kg/min]

(6) 문항 (2)에서 산출한 저장용기 수의 소화약제가 방출되어 모두 열분해 시(1차 열분해) 발생한 CO_2의 양은 몇 [kg]이며, 이 때 CO_2의 부피는 몇 [m³]인가?(단, 방호 구역 내의 압력은 120[kPa], 주위온도는 500[℃]이고, 제 1종 분말소화약제 주성분에 대한 각 원소의 원자량은 다음과 같으며, 이상기체상태 방정식을 따른다고 한다.)

원소기호	Na	H	C	O
원자량	23	1	12	16

풀이&답 (1) 분말 소화약제의 최소 양

    1) 방호구역의 체적계산

        ① 방호대상물의 체적=11[m]×9[m]×4.5[m]=445.5[m³]

        ② 기둥의 체적=1[m]×1[m]×4.5[m]=4.5[m³]

        ③ 보의 체적

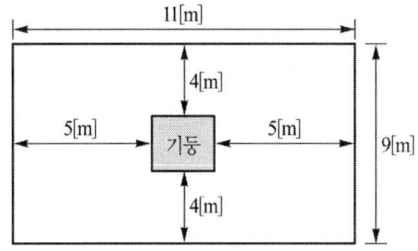

        가로 보의 체적=0.4[m]×0.6[m]×5[m]×2개소=2.4[m³]

        세로 보의 체적=0.4[m]×0.6[m]×4[m]×2개소=1.92[m³]

        ④ 방호구역의 체적 =방호대상물체적 – 기둥의 체적-보의 체적

                =445.5[m³]-4.5[m³]-(2.4[m³]+1.92[m³])=436.68[m³]

    2) 소화약제의 양 $W = V × K_1 + A × K_2$

             =436.68[m³]×0.6[kg/m³]+0.7[m]×1[m]×4.5[kg/m²]

             =265.158=265.16[kg]

(2) 약제의 병수

  1) 저장용기 1병당 저장량 $= \dfrac{50[\ell]}{0.8[\ell/kg]} = 62.5[kg]$

  2) 약제의 병수 $= \dfrac{265.16[kg]}{62.5[kg]} = 4.24 = 5$병

(3) 설치에 필요한 방사헤드의 최소 개수

  1) 조건정리

    ① 오리피스 면적 $= 0.45[cm^2] = 45[mm^2]$

    ② 방출율 $= 7.82[kg/mm^2 \cdot min \cdot 개] = 7.82[kg/mm^2 \cdot 60s \cdot 개]$

    ③ 방사시간 $= 30[s]$

  2) 헤드 수 $= \dfrac{저장량[kg]}{방출율[kg/mm^2 \cdot s \cdot 개] \times 면적[mm^2] \times 방사시간[s]}$

    $= \dfrac{5병 \times 62.5[kg]}{7.82[kg/mm^2 \cdot 60s \cdot 개] \times 45[mm^2] \times 30[s]} = 1.78 = 2$개

(4) 설치에 필요한 전체 방사헤드의 오리피스 면적

  $= 2개 \times 0.45[cm^2] = 0.9[cm^2] = 90[mm^2]$

(5) 방사 헤드 1개의 방사량 $= \dfrac{5병 \times 62.5[kg]}{2개 \times 30[s]} = 5.21[kg/s] \times 60 = 312.6[kg/min]$

(6) CO_2의 양 및 부피

  1) CO_2의 양

    ① 열분해 반응식 : $2NaHCO_3 \rightarrow Na_2CO_3 + CO_2 + H_2O$

    ② $2NaHCO_3$의 분자량 $= 2 \times (23+1+12+16 \times 3) = 168[kg]$

    ③ CO_2의 분자량 $= 12+16 \times 2 = 44[kg]$

    ④ CO_2의 양

      $168[kg]$이 열분해하여 CO_2 44kg이 발생하므로 비례식을 이용하여 산출한다.

      $168[kg] : 44[kg] = 5병 \times 62.5[kg] : CO_2$

      CO_2의 양 $= \dfrac{44 \times 5 \times 62.5}{168} = 81.84[kg]$

  2) CO_2의 부피

    $V = \dfrac{WRT}{PM} = \dfrac{81.84[kg] \times 0.082[atm \cdot m^3/kmol \cdot K] \times (273+500)[K]}{120[kPa] \times \dfrac{1[atm]}{101.325[kPa]} \times 44[kg/kmol]} = 99.55[m^3]$

03 방호대상물($20[m] \times 10[m] \times 4[m]$)에 전역 방출방식으로 제3종 분말소화설비를 설치하려 한다. 방호구역 내 불연성 콘크리트의 용적은 $20[m^3]$이며, 개구부는 $3[m] \times 2[m]$ 2개소가 설치되어 있으며, 자동폐쇄장치는 설치되어 있다.

다음 각 물음에 답하시오.

(1) 약제 저장량은 최소 몇 [kg]인가?

(2) 약제 방출방식을 가압식으로 질소를 사용할 때 가압식가스용기에 저장하여야 할 최소 저장량을 구하시오.(단, 배관의 청소에 필요한 가스의 양은 무시한다.)

  ① 질소가스 가스량[m³]

  ② CO_2가스 저장량[kg]

(3) 분말소화약제 저장용기의 내용적[L]은 최소 얼마인가?

(4) 제3종 분말소화약제의 소화작용 5가지

풀이&답 (1) 약제 저장량의 계산

$$W = (20 \times 10 \times 4 - 20)[\text{m}^3] \times 0.36[\text{kg/m}^3] = 280.8[\text{kg}]$$

(2) 가압식가스용기에 저장하여야 할 최소 저장량

① 질소가스 가스량 : $280.8[\text{kg}] \times 40[\text{L/kg}] = 11,232[\text{L}] = 11.23[\text{m}^3]$

② CO_2가스 저장량 : $280.8[\text{kg}] \times 20[\text{g/kg}] = 5,616[\text{g}] = 5.62[\text{kg}]$

(3) 저장용기의 내용적

내용적 $= 280.8[\text{kg}] \times 1.0[\text{L/kg}] = 280.8[\text{L}]$

(4) 소화작용

① 질식작용

② 냉각작용

③ 부촉매작용

④ 방진작용

⑤ 탄화탈수작용

04 전기실에 전역방출방식으로 제1종 분말을 이용한 분말소화설비를 설치하고자 한다. 조건을 이용하여 다음 각 물음에 답하시오.

[조건]

① 가압식으로 한다.

② 분사헤드는 정방형으로 배치, 배관은 토너먼트 방식

③ 개구부가 없는 조건

④ 분사헤드 1개당 방출률은 0.5[kg/초]

⑤ 전기실의 크기는 가로 20[m], 세로 10[m], 높이 5[m]

[물음]

(1) 소화약제량[kg]

(2) 가압용가스로 질소를 사용하는 경우 가압용가스의 양[L]을 계산하시오.(단, 35[℃]에서 1기압의 압력상태로 환산한 값을 구할 것)

(3) 분사헤드의 최소수량[개]

(4) 가지배관의 배관을 토너먼트방식으로 하여야 하는 설비 4가지를 쓰시오.(단, 분말소화설비는 제외한다)

풀이&답 (1) 약제량 $= 20[\text{m}] \times 10[\text{m}] \times 5[\text{m}] \times 0.6[\text{kg/m}^3] = 600[\text{kg}]$

(2) 가압용 가스의 양[L] $= 600[\text{kg}] \times 40[\text{L/kg}] = 24,000[\text{L}]$

(3) 분사헤드의 최소수량(개) $= \dfrac{600[\text{kg}]}{0.5[\text{kg/s}] \times 30[\text{s}]} = 40$개

(4) 토너먼트 배관방식

① 할론 소화설비

② 이산화탄소소화설비

③ 할로겐화합물 및 불활성기체 소화설비

④ 압축공기포소화설비

05 분말소화설비에 대한 아래 표의 빈칸에 알맞은 답을 쓰시오.(4점)

소화약제 주성분		기　타		
제1종	①	안전밸브 작동압력	가압식	⑤
제2종	②		축압식	⑥
제3종	③	저장용기 충전비	⑦	
제4종	④	가압용 가스용기를 3병 이상 설치한 경우의 용기에 전자개방밸브 부착개수	⑧	

풀이&답

소화약제 주성분		기타		
제1종	탄산수소나트륨 또는 중탄산나트륨	안전밸브 작동압력	가압식	최고사용압력의 1.8배 이하
제2종	탄산수소칼륨 또는 중탄산칼륨		축압식	내압시험압력의 0.8배 이하
제3종	인산암모늄 또는 제1인산암모늄	저장용기 충전비	0.8 이상	
제4종	탄산수소칼륨+요소 또는 중탄산칼륨+요소	가압용 가스용기를 3병 이상 설치한 경우의 용기에 전자개방밸브 부착갯수	2개 이상	

15 옥외소화전설비

01 옥외소화전설비가 3개소 설치되어 있고 사용펌프의 전동기 용량 31.4[kW], 효율 60[%], 펌프 전달계수 $K = 1.1$일 때 펌프의 총 양정[m]은 얼마인지 구하시오. (단, 펌프의 방수량은 화재안전기준상의 최소량을 적용한다)

풀이&답

(1) 펌프의 방수량

$$Q = N \times 350[\text{L/min}] = 2 \times 350[\text{L/min}] = 700[\text{L/min}] \text{ 이상}$$

(2) 펌프의 총양정

전동기 용량 $P = \dfrac{9.8QH}{\eta} \times K$에서

총양정 $H = \dfrac{P\eta}{9.8QK} = \dfrac{31.4[\text{kW}] \times 0.6}{9.8[\text{kN/m}^3] \times 0.7[\text{m}^3/60\text{s}] \times 1.1} = 149.801 = 149.8[\text{m}] \text{ 이상}$

02 어떤 특정소방대상물에 옥외소화전 5개를 설치하려고 한다. 다음 각 물음에 답하시오.

[조건]

① 옥상이 없는 건축물이다.

② 펌프에서 첫째 옥외소화전까지의 직관길이는 150[m], 관의 내경은 100[mm] 이다.

③ 펌프의 양정 H : 50[m], 효율 : 65[%], 동력전달계수는 무시한다.

④ 모든 규격치는 최소량을 적용한다.

[물음]

(1) 수원의 최소 유효저수량[m³]은 얼마인가?

(2) 펌프의 최소 유량[m³/min]은 얼마인가?

(3) 직관부분에서 마찰손실수두[m]는 얼마인가?

　　(Darcy-Weisbach 식을 사용하고 마찰손실계수는 0.02이다.)

(4) 펌프의 최소동력은 몇 [kW]인가?

풀이&답

(1) 수원의 최소 유효저수량

$$Q = N \times 7[\text{m}^3] = 2 \times 7[\text{m}^3] = 14[\text{m}^3]$$

(N : 옥외소화전 설치개수로 2개 이상은 2개)

(2) 펌프의 최소유량

$$Q = N \times 350[\text{L/min}] = 2 \times 350[\text{L/min}] = 700[\text{L/min}] = 0.7[\text{m}^3/\text{min}]$$

(N : 옥외소화전 설치개수로 2개 이상은 2개)

(3) 마찰손실수두

① 유속 $V = \dfrac{Q}{A} = \dfrac{0.7[\text{m}^3/60\text{s}]}{\dfrac{\pi}{4} \times 0.1^2} = 1.4854[\text{m/s}]$

② 마찰손실수두 계산 $\Delta H = f\dfrac{\ell}{D} \times \dfrac{V^2}{2g} = 0.02 \times \dfrac{150}{0.1} \times \dfrac{1.4854^2}{2 \times 9.8} = 3.38[\text{m}]$

(4) 펌프의 최소동력

$$P=\frac{9.8QH}{\eta}\times K=\frac{9.8[\text{kN/m}^3]\times 0.7[\text{m}^3/60\text{s}]\times 50[\text{m}]}{0.65}=8.79[\text{kW}]$$

03 옥외소화전설비에서 펌프의 소요양정이 45[m]이고 말단 방수노즐의 방수압력이 0.15 [MPa] 이었다. 화재안전기준에 맞추어 펌프를 교체하고자 하는 경우에 펌프의 소요양정은 몇 m로 하면 되겠는가?(단, 옥외소화전은 1개를 기준으로 하고 펌프의 토출압력과 방수압력과의 차이는 마찰손실에 기인한다고 가정하며, 방수구 방출계수는 222, 배관의 마찰손실압력은 하젠-윌리암스의 식을 석용한다. 또한, 0.1[MPa]=10[m]의 관계에 있다.)

풀이&답 ① 방수압력이 0.15[MPa]인 경우 방수량

$$Q_1=K\sqrt{10P_1}=222\times\sqrt{10\times 0.15}=271.89[\text{L/min}]$$

② 옥외소화전설비의 규정방수압력이 0.25[MPa]인 경우 방수량

$$Q_2=K\sqrt{10P_2}=222\times\sqrt{10\times 0.25}=351.01[\text{L/min}]$$

③ 방수압력이 0.15[MPa]일 때 마찰손실압력

$$\triangle P_m=45[\text{m}]-0.15[\text{MPa}]=0.45[\text{MPa}]-0.15[\text{MPa}]=0.3[\text{MPa}]$$

④ 마찰손실압력은 유량의 1.85승에 비례

$$0.3[\text{MPa}]:(271.89[\text{L/min}])^{1.85}=\triangle P_m:(351.01[\text{L/min}])^{1.85}$$

$$\triangle P_m=\frac{351.01^{1.85}}{271.89^{1.85}}\times 0.3=0.4812[\text{MPa}]$$

⑤ 펌프의 소요양정 $H=0.4812[\text{MPa}]+0.25[\text{MPa}]=0.7312[\text{MPa}]=73.12[\text{m}]$

04 가로 130[m], 세로 120[m]인 특정소방대상물에 옥외소화전설비를 설치하고자 한다. 다음 각 물음에 답하시오.(5점)

(1) 옥외소화전의 최소 수량

풀이&답 $$\frac{130[\text{m}]\times 2+120[\text{m}]\times 2}{80[\text{m}]}=6.25=7개$$

(2) 펌프의 최소 토출량(m³/min)

풀이&답 토출량$=2\times 350[\text{L/min}]=700[\text{L/min}]=0.7[\text{m}^3/\text{min}]$

(3) 수원의 최소 유효 저수량(m³)

풀이&답 유효 저수량$=2\times 7[\text{m}^3]=14[\text{m}^3]$

(4) 소화전함의 최소수량과 그 근거가 되는 기준을 쓰시오.

풀이&답 ① 최소수량 : 7개
② 근거가 되는 기준 : 옥외소화전이 10개 이하 설치된 때에는 옥외소화전마다 5[m] 이내의 장소에 1개 이상의 소화전함을 설치하여야 한다.

16 비상경보설비 및 단독경보형감지기

01 소방시설 설치 및 관리에 관한 법률과 화재안전기준(NFSC)을 적용하여 단독경보형감지기를 설치 및 시공하고자 한다. 다음 각 물음에 답하시오.

[물음]

(1) 5층의 공동주택에 단독경보형 감지기를 설치하고자 한다. 각 층에는 아래 표와 같이 구획된 3개의 실이 있으며 계단(외기가 상통하는 계단이 아님)은 1개소가 설치되어 있다. 이 공동주택에 필요한 감지기의 최소수량은 몇 개인가?

실	A실	B실	C실
바닥면적[m²]	28	150	350

(2) 단독경보형감지기 설치기준 4가지를 쓰시오.

풀이&답

(1) 단독경보형감지기의 수량
   1) 계단실에 필요한 감지기의 수량 : 1개
   2) 각 층에 필요한 감지기의 수량

   ① A실 : $\dfrac{28[\mathrm{m^2}]}{150[\mathrm{m^2}]} = 0.186 = 1$개

   ② B실 : $\dfrac{150[\mathrm{m^2}]}{150[\mathrm{m^2}]} = 1$개

   ③ C실 : $\dfrac{350[\mathrm{m^2}]}{150[\mathrm{m^2}]} = 2.33 = 3$개

   ④ 각 층에 필요한 수량 : 1개 + 1개 + 3개 = 5개
   3) 감지기의 전체수량 : 1개 + 층당 5개 × 5층 = 26개

(2) 단독경보형감지기 설치기준 4가지
   ① 각 실(이웃하는 실내의 바닥면적이 각각 30[m²] 미만이고 벽체의 상부의 전부 또는 일부가 개방되어 이웃하는 실내와 공기가 상호 유통되는 경우에는 이를 1개의 실로 본다)마다 설치하되, 바닥면적이 150[m²]를 초과하는 경우에는 150[m²]마다 1개 이상 설치할 것
   ② 최상층의 계단실의 천장(외기가 상통하는 계단실의 경우를 제외한다)에 설치할 것
   ③ 건전지를 주전원으로 사용하는 단독경보형감지기는 정상적인 작동상태를 유지할 수 있도록 건전지를 교환할 것
   ④ 상용전원을 주전원으로 사용하는 단독경보형감지기의 2차전지는 법 제40조에 따라 제품검사에 합격한 것을 사용할 것

암기법 실/계/건/상   [키워드] 실/계단실/건전지/상용전원

02 아래와 같은 평면도에서 단독경보형감지기의 최소 설치개수는? (단, A실과 B실 사이는 벽체 상부의 전부가 개방되어 있으며, 나머지 벽체는 전부 폐쇄되어 있음)

A실 (바닥면적 20[m²])	B실 (바닥면적 30[m²])	C실 (바닥면적 30[m²])	D실 (바닥면적 30[m²])
E실 (바닥면적 160[m²])			

풀이&답

① A~D실 : 바닥면적 150[m²] 이하이므로 각 실별 1개씩 4개
② E실 : 바닥면적이 150[m²]를 초과하므로 160[m²]/150[m²]=1.07≒2개
③ 총수량 : 4개 + 2개 = 6개

17 자동화재탐지설비 및 시각경보장치

01 아래와 같은 건축물에 대한 최소 경계구역의 수를 설정하고, 그림에 도시하시오.

① 30[m] / 40[m]

② 80[m] / 12[m]

③ 12[m] / 70[m] / 12[m] / 12[m] / 80[m] / 12[m]

④ 12[m] / 80[m] / 12[m] / 100[m]

풀이&답

① 경계구역의 수 : 1개

면적 계산 : $\frac{1}{2}\times30[\text{m}]\times40[\text{m}]=600[\text{m}^2]$

한 변의 길이 : $\sqrt{(30[\text{m}])^2+(40[\text{m}])^2}=50[\text{m}]$
이므로 경계구역의 수 1개

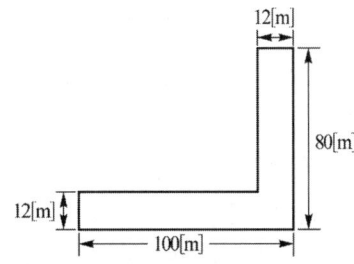

② 경계구역의 수 : 2개

80[m]	
480	480

12[m]

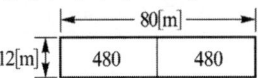

③ 경계구역의 수 : 3개

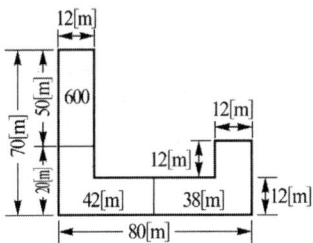

④ 경계구역의 수 : 4개

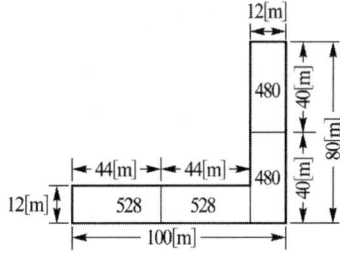

02 다음은 공장용도의 건축물 외형도이다. 다음 각 물음에 답하시오.

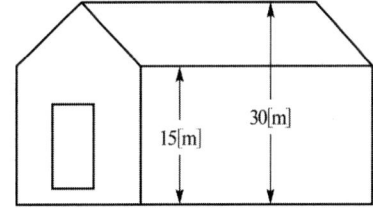

15[m] 30[m]

(1) 감지기의 설치높이를 계산하시오.

(2) 감지기의 설치여부와 그 이유를 설명하시오.(일반적인 경우로 답하시오.)

풀이&답 (1) 감지기의 설치높이를 계산하시오.

$$= \frac{최대높이[m] + 최소높이[m]}{2} = \frac{15[m] + 30[m]}{2} = 22.5[m]$$

(2) 감지기의 설치여부와 그 이유를 설명하시오.

① 설치여부 : 설치하지 않는다.

② 천장 또는 반자의 높이가 20[m] 이상인 장소에 해당하므로 감지기 설치제외

03 지상 6층, 지하4층인 건물에 광전식 스포트형 감지기(제2종)를 설치할 경우에 다음 각 물음에 답하시오.(단, 층고는 3[m] 이다.)

(1) 층별 복도의 보행거리가 54[m]일 때 복도에 설치하여야 하는 감지기의 총수량은 최소 몇 개인가?

(2) 각 층의 바닥면적이 450[m²]일 때 이 건물에 설치되는 최소수량은 몇 개인가? (단, 복도 및 계단에 설치하는 감지기는 제외한다.)

(3) 계단에 연기감지기를 설치할 경우 설치개수는 몇 개인가?

풀이&답 (1) 복도설치 감지기 수량

① 복도 연기감지기 수량 산정 기준

설치장소	복도, 통로		계단, 경사로	
종 별	1, 2종	3종	1, 2종	3종
거 리	보행거리 30[m]	보행거리 20[m]	수직거리 15[m]	수직거리 10[m]

② 층별 수량 : $\frac{54}{30} = 1.8 = 2$개

③ 총 수량 : 2개 × 10개층 = 20개

(2) 층에 설치되는 감지기 수량

① 층별 감지기 수량 산정 기준

부착높이	감지기의 종류	
	1종 및 2종	3종
4[m] 미만	150	50
4[m] 이상 20[m] 미만	75	–

② 층당 필요한 감지기 수량 $= \frac{450}{150} = 3$(층고가 4[m] 미만이므로 150[m²]를 적용)

③ 건물에 설치되는 최소수량 = 3개 × 10층 = 30개

(3) 계단 연기감지기 수량

① 수직거리 15[m] 마다 1개 이상 설치하여야 하므로

② 지상층 감지기 수량 $= \frac{6층 \times 3m}{15} = 1.2 = 2$개

③ 지하층 감지기 수량 $= \frac{4층 \times 3m}{15} = 0.8 = 1$개

④ 전체수량 = 2 + 1 = 3개

04 주요구조부가 내화구조이고 다음 그림과 같은 크기의 실이 있는 건축물에 자동화재탐지설비를 설치하려고 할 때, 아래의 그림과 조건을 참조하여 다음의 각 물음에 답하시오.

[조건]

① 차동식스포트형 감지기(2종)를 설치한다.

② 감지기의 부착높이는 4.5[m] 이다.

③ 각 실에는 별도의 화장실이 없는 것으로 가정한다.

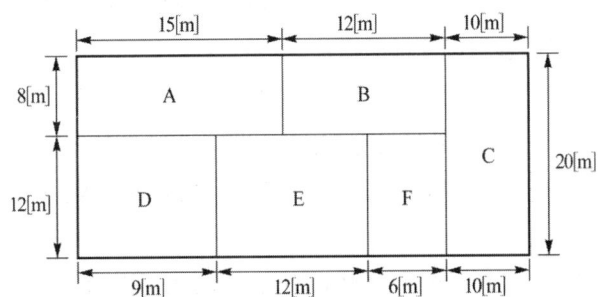

(1) 경계구역의 수와 실별 감지기의 수량을 산출하시오.

(2) 자동화재탐지설비의 경계구역의 경계선은 일반적으로 무엇으로 분리하는지 3가지를 쓰시오.

(3) 정온식감지선형 감지기는 외피에 다음의 구분에 의한 공칭작동온도의 색상을 표시하여야 한다. 색상에 따른 적당한 공칭작동온도를 쓰시오.

색　　상	공칭작동온도

풀이&답　(1) 경계구역수와 실별 필요한 감지기의 수량

　1) 경계구역 수 산출

　　① 바닥면적 합계 : $(12[m]+8[m]) \times (9[m]+12[m]+6[m]+10[m])=740[m^2]$

　　② 경계구역 수 : $\dfrac{740}{600}=1.23=2$회로

　2) 실별 감지기 수량 산출

　　① A실 : $\dfrac{15 \times 8}{35}=3.43=4$개　　② B실 : $\dfrac{12 \times 8}{35}=2.74=3$개

　　③ C실 : $\dfrac{10 \times 20}{35}=5.71=6$개　　④ D실 : $\dfrac{12 \times 9}{35}=3.08=4$개

　　⑤ E실 : $\dfrac{12 \times 12}{35}=4.11=5$개　　⑥ F실 : $\dfrac{12 \times 6}{35}=2.05=3$개

　(2) 경계구역의 경계선

　　① 복도

　　② 통로

　　③ 방화벽

(3) 정온식감지선형감지기의 공칭작동온도 색상

색 상	공칭작동온도
백색	80[℃] 이하
청색	80[℃] 이상 ~ 120[℃] 이하
적색	120[℃] 이상

05 아래 그림과 같은 내화구조의 건축물에 자동화재탐지설비를 설치하고자 할 때 조건을 참조하여 다음 각 물음에 답하시오.

[조건]

① 각 층의 반자는 고려하지 않는다.

② 각 층에는 차동식 스포트형 2종 감지기를, 계단에는 광전식 스포트형(2종) 감지기를 설치한다.

③ 각 층의 층고는 2F~6F은 3.5[m]이고 B2, B1, 1F는 4.5[m] 이다.

④ 각 층에 복도는 없는 것으로 가정한다.

⑤ 지상 6층을 제외한 각 층에는 50[m²]의 화장실이 설치되어 있다.

⑥ 계단실을 제외한 각 층의 면적은 다음과 같다.

지상 6층	150 [m²]
지하 2층 ~ 지상 5층	750 [m²]

⑦ 기타조건은 무시한다.

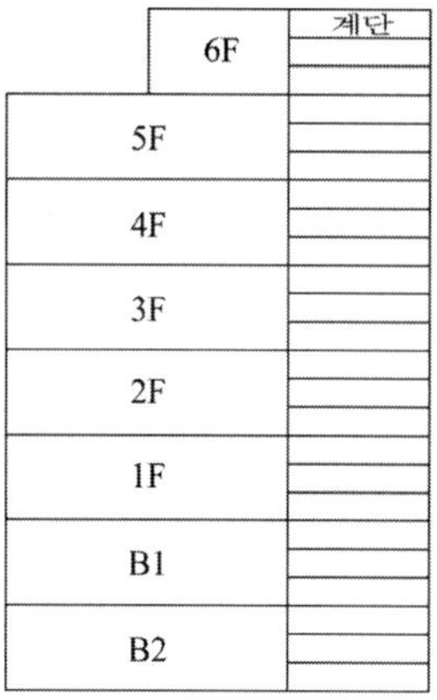

[물음]

(1) 층별로 설치해야 할 차동식 스포트형 2종 감지기의 수량을 산출하시오.

층수	산출과정	전체수량
B2		
B1		
1F		
2F		

층수	산출과정	전체수량
3F		
4F		
5F		
6F		
수량합계		

(2) 계단에 연기감지기 설치시 설치수량

(3) 경계구역의 수를 산출하시오.

풀이&답 (1) 감지기 수량

층수	산출과정	전체수량
B2	① 거실 : $\dfrac{750\text{m}^2-50\text{m}^2}{35\text{m}^2}=20$ ② 화장실 : $\dfrac{50\text{m}^2}{35\text{m}^2}=1.43=2$	22
B1	① 거실 : $\dfrac{750\text{m}^2-50\text{m}^2}{35\text{m}^2}=20$ ② 화장실 : $\dfrac{50\text{m}^2}{35\text{m}^2}=1.43=2$	22
1F	① 거실 : $\dfrac{750\text{m}^2-50\text{m}^2}{35\text{m}^2}=20$ ② 화장실 : $\dfrac{50\text{m}^2}{35\text{m}^2}=1.43=2$	22
2F	① 거실 : $\dfrac{750\text{m}^2-50\text{m}^2}{70\text{m}^2}=10$ ② 화장실 : $\dfrac{50\text{m}^2}{70\text{m}^2}=0.71=1$	11
3F	① 거실 : $\dfrac{750\text{m}^2-50\text{m}^2}{70\text{m}^2}=10$ ② 화장실 : $\dfrac{50\text{m}^2}{70\text{m}^2}=0.71=1$	11
4F	① 거실 : $\dfrac{750\text{m}^2-50\text{m}^2}{70\text{m}^2}=10$ ② 화장실 : $\dfrac{50\text{m}^2}{70\text{m}^2}=0.71=1$	11
5F	① 거실 : $\dfrac{750\text{m}^2-50\text{m}^2}{70\text{m}^2}=10$ ② 화장실 : $\dfrac{50\text{m}^2}{70\text{m}^2}=0.71=1$	11
6F	① 거실 : $\dfrac{150\text{m}^2}{70\text{m}^2}=2.14=3$	3
수량합계	$22+22+22+11+11+11+11+3=113$	113

(2) 연기감지기 설치 수량

① 지상층 : $\dfrac{4.5[\text{m}]+3.5[\text{m}]\times 5\text{층}}{15[\text{m}]}=1.4=2$

② 지하층 : $\dfrac{4.5[\text{m}]\times 2\text{층}}{15[\text{m}]}=0.6=1$

③ 설치수량 : $2+1=3$개

(3) 경계구역 수

① 수평적 구역 수

층 수	경계구역
6층	$\dfrac{150\text{m}^2}{600\text{m}^2}=0.25=1$, 1구역 × 1개층 = 1경계구역
지하 2층~5층	$\dfrac{750\text{m}^2}{600\text{m}^2}=1.25=2$, 2구역 × 7개층 = 14경계구역
합계	15경계구역

② 수직적 구역 수

층 수	경계구역
지상층	$\dfrac{4.5[\text{m}]+3.5[\text{m}]\times 5층}{45[\text{m}]}=0.49=1$, 1경계구역
지하층	$\dfrac{4.5[\text{m}]\times 2층}{45[\text{m}]}=0.6=1$, 1경계구역
합계	2경계구역

③ 전체 경계구역 수 : 15구역 + 2구역 = 17구역

06 지하5층, 지상 20층인 특정소방대상물(각 층의 층고는 3[m])에 직통계단 2개소와 파이프덕트 1개소가 설치되어 있다면 수직적 경계구역은 최소 몇 개로 선정하여야 하는가?

풀이&답

(1) 파이프 덕트는 1개 구역

(2) 지상층 계단의 경계구역 $=\dfrac{20층\times 3[\text{m}]}{45[\text{m}]}=1.33=2개$, 2개 × 2개소 = 4개

(3) 지하층 계단의 경계구역 $=\dfrac{5층\times 3[\text{m}]}{45[\text{m}]}=0.33=1개$, 1개 × 2개소 = 2개

(4) 전체 경계구역의 수 = 1개 + 4개 + 2개 = 7개

07 아래의 조건을 참고하여 최소 경계구역의 수를 산정하시오.

[조건]

① 지하 3층, 지상 8층의 특정소방대상물이며 층고는 3[m]

② 층별 바닥면적은 580[m²]

③ 계단 1개소와 엘리베이터 1개소

풀이&답

(1) 수평적 경계구역

  ① 하나의 경계구역은 600[m²] 이하

  ② 층별 경계구역 : 580[m²] / 600[m²] = 0.97 = 1개

  ③ 11개층 × 1개 = 11개

(2) 수직적 경계구역

  ① 지상층 계단의 경계구역 $=\dfrac{8층\times 3[\text{m}]}{45[\text{m}]}=0.53=1개$

  ② 지하층 계단의 경계구역 $=\dfrac{3층\times 3[\text{m}]}{45[\text{m}]}=0.2=1개$

  ③ 엘리베이터 1개

(3) 전체 경계구역의 수 = 11개 + 1개 + 1개 + 1개 = 14개

08 지상 25층(층별 바닥면적 500[m²]), 지하1층(주차장으로서 바닥면적 2,500[m²]) 규모의 계단실형 아파트에 아래의 조건을 참고하여 필요한 최소 경계구역의 수를 산출하시오.

[조건]

① 지상층에는 습식스프링클러설비가 설치되어 있으며 층당 4세대, 세대당 10개의 헤드가 설치

② 층별 높이 3[m], 계단1개소, 엘리베이터 1개소, 주차장에는 준비작동식스프링클러설비가 설치되어 있다.

③ 기타 주어지지 않은 조건은 무시한다.

풀이&답 (1) 수평적 경계구역의 수

　　① 하나의 경계구역은 $600[m^2]$ 이하

　　② 층별 경계구역 : $500[m^2]/600[m^2] = 0.83 = 1$개

　　③ 25개층 × 1개 = 25개

　　④ 지하층 주차장 : $2,500[m^2]/3,000[m^2] = 0.83 = 1$개

　　　　(스프링클러설비의 방호구역과 동일하게 할 수 있으므로)

(2) 수직적 경계구역

　　① 계단의 경계구역 $= \dfrac{26층 \times 3[m]}{45[m]} = 1.73 = 2$개

　　② 엘리베이터 1개

(3) 경계구역의 수 = 25개+1개+2개+1개 = 29개

09 아래의 조건을 참고하여 다음 각 물음에 답하시오.

[조건]

① 감지부의 부착높이 7.5[m], 열반도체식 차동식분포형 감지기(1종)를 사용

② 주요구조부는 내화구조임

③ 각 실의 바닥면적은 다음과 같다.

A실 $600[m^2]$	B실 $500[m^2]$	C실 $60[m^2]$

[물음]

(1) 이 대상물에 필요한 감지부의 최소수량

(2) 이 대상물에 필요한 검출기의 최소수량

풀이&답 (1) 이 대상물에 필요한 감지부의 최소수량

　　① 부착높이가 8[m] 미만, 주요구조부가 내화구조이므로 감지부는 $65[m^2]$마다 1개 이상

　　② A실 감지부의 수량 : $600[m^2]/65[m^2]=9.23=10$개

　　③ B실 감지부의 수량 : $500[m^2]/65[m^2]=7.69=8$개

　　④ C실 감지부의 수량 : $60[m^2]/65[m^2]=0.92=1$개

　　⑤ 감지부의 수량 : 10개 + 8개 + 1개 = 19개

(2) 이 대상물에 필요한 검출기의 최소수량

　　① 하나의 검출기에 접속하는 감지부는 2개 이상 15개 이하

　　② 최소수량 : 19개 / 15개=1.26=2개

보통설명

바닥면적이 다음 표에 따른 면적(단위 [m²]) 2배 이하인 경우에는 2개(부착높이가 8[m] 미만이고, 바닥면적이 다음 표에 따른 면적 이하인 경우에는 1개) 이상으로 하여야 한다.

부착높이 및 특정소방대상물의 구분		감지기의 종류	
		1종	2종
8[m] 미만	주요구조부가 내화구조로 된 특정소방대상물 또는 그 부분	65	36
	기타 구조의 특정소방대상물 또는 그 부분	40	23
8[m] 이상	주요구조부가 내화구조로 된 특정소방대상물 또는 그 부분	50	36
	기타 구조의 특정소방대상물 또는 그 부분	30	23

10 아래와 같은 조건을 갖는 특정소방대상물에 열전대식 차동식분포형 감지기를 설치하고자 한다. 이 대상물에 필요한 열전대부의 최소 수량과 검출부의 최소 수량을 계산하시오.

[조건]

① 감지부의 부착높이 8m

② 주요구조부는 내화구조임

③ 각 실 감지구역의 바닥면적은 다음과 같다.

A실 400[m²]	B실 350[m²]	C실 66[m²]

풀이&답 (1) 이 대상물에 필요한 감지부의 최소수량

① 감지구역의 바닥면적 22[m²]마다 1개 이상

② A실 열전대부의 수량 = 400[m²] / 22[m²] = 18.18 = 19개

③ B실 열전대부의 수량 = 350[m²] / 22[m²] = 15.91 = 16개

④ C실 열전대부의 수량 = 66[m²]/22[m²] = 3개

바닥면적이 88[m²] 이하인 경우에는 최소 4개를 적용해야 하므로 4개

⑤ 열전대부의 수량 = 19개 + 16개 + 4개 = 39개

(2) 이 대상물에 필요한 검출부의 최소수량

① 하나의 검출부에 접속하는 열전대부는 20개 이하

② 최소수량 = 39개 / 20개 = 1.95 = 2개

11 송배선방식과 교차회로방식에 대한 다음의 각 물음에 답하시오.

(1) 송배선방식의 정의, 계통도 및 적용설비 2가지

(2) 교차회로방식의 정의, 계통도 및 적용설비 5가지

풀이&답 (1) 송배선방식

1) 정의

수신기에서 2차측 외부배선의 도통시험을 용이하게 하기 위하여 배선의 중간에서 분기하지 않은 배선방식

2) 계통도

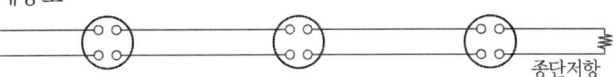

　　　　　　　　　　　　　　　　　　　　　　종단저항

3) 적용설비

　　① 자동화재탐지설비　　② 제연설비

(2) 교차회로방식

1) 정의

　　하나의 담당구역 내에 2이상의 화재감지기 회로를 설치하고 인접한 2 이상의 화재감지기가
　　동시에 감지되는 때에 설비가 작동하는 배선방식

2) 계통도

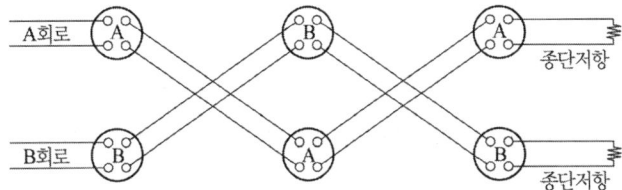

3) 적용설비

　　① 할론소화설비　　　　　　　② 준비작동식 스프링클러설비, 일제살수식 스프링클러설비
　　③ 분말 소화설비　　　　　　　④ 할로겐화합물 및 불활성기체 소화설비
　　⑤ 이산화탄소소화설비　　　　⑥ 미분무소화설비

12 다음은 상별 전선의 색상을 나타낸 것이다. (　) 안에 알맞은 내용을 쓰시오.

상 (문자)	색상
L1	(①)
L2	(②)
L3	(③)
N	(④)
보호도체	녹색－노란색

풀이&답　① 갈색　② 검은색　③ 회색　④ 파란색

13 중계기에 대한 다음 각 물음에 답하시오.

(1) 중계기의 통신표시등과 전원표시등이 정상이라면 평상시 점등상태는 어떻게 되는지
쓰시오.

　① 통신표시등

　② 전원표시등

풀이&답　① 통신표시등 : 점멸상태
　　　　② 전원표시등 : 점등상태

(2) 중계기의 입력단자와 출력단자의 평상시 또는 설비작동 시 전압이 예시와 같을 때 알맞은 답을 답안지에 쓰시오.

[예시]   DC 0V, DC 24V, DC 4~5V

구분	작동설비	평상시 전압	작동시 전압
입력측	화재감지기	①	③
출력측	지구경종	②	④

풀이&답 ① DC 24V   ② DC 0V   ③ DC 4~5V   ④ DC 24V

(3) 중계기의 주소입력스위치(DIP 스위치)를 위로 올리면 ON상태, 아래로 내리면 OFF상태가 될 때 아래의 그림처럼 주소입력스위치가 설정되어 있다면 중계기의 번호는 몇 번이겠는지 답하시오.

풀이&답 2+4+16 = 22번

보충설명

딥 스위치 번호에 따른 중계기의 번호

딥스위치 번호	1	2	3	4	5	6	7	8
중계기 번호	1	2	4	8	16	32	64	128

(4) (3)번 중계기의 그림과 아래의 예시를 참고하여 중계기의 입력단자에 연결되는 것과 출력단자에 연결되는 것을 구분하여 답안지에 쓰시오.

[예시] 감지기, 사이렌, 발신기, 탬퍼스위치,   지구경종, 시각경보기, 압력스위치, 유도등

① 입력단자 연결 :

② 출력단자 연결 :

풀이&답 ① 입력단자 연결 : 감지기, 발신기, 탬퍼스위치, 압력스위치
② 출력단자 연결 : 사이렌, 지구경종, 시각경보기, 유도등

14 건축물 실내 천장면에 설치된 불꽃감지기의 부착높이가 8.66[m], 불꽃 감지기의 공칭감
시거리 10[m], 공칭시야각은 60°이다. 불꽃감지기가 바닥 면까지 원뿔형의 형태로 감지
할 경우 다음 각 물음에 답하시오.

(1) 감지기 1개가 감지하는 바닥면의 원 면적[m²]은?

(2) 설계적용 시 불꽃감지기의 1개당 실제 감지면적을 바닥면의 원에 내접한 사각형으로
    적용할 경우 정사각형의 면적[m²]은?

풀이&답   (1) 바닥면의 원 면적
① 공칭감시거리 및 공칭시야각 개략도
② 원의 반지름 계산

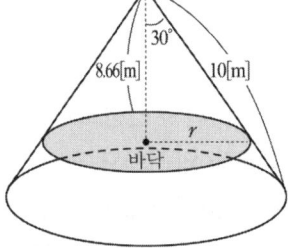

$$\tan 30° = \frac{r}{8.66}$$

따라서 $r = 8.66 \times \tan 30° = 4.999 = 5[m]$
③ 바닥면의 원 면적
$$S = \pi r^2 = \pi \times 5^2 = 78.54[m^2]$$

(2) 정사각형의 면적
① 내접하는 사각형의 대각선의 길이
= 원의 반지름 × 2배 = 5[m] × 2 = 10[m]
② 정사각형 한 변의 길이
= 10[m] × sin45° = 10[m] × cos45° = 7.071[m]
③ 정사각형의 면적
= 7.071[m] × 7.071[m] = 50[m²]

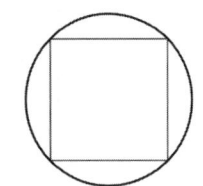

15 공칭시야각 90°, 공칭감시거리가 20[m]인 불꽃감지기를 다음 조건과 같은 실내의 천장
면에서 바닥면을 향해 균등하게 배치하여 화재를 감시하고자 한다. 불꽃감지기 1개가 방
호하는 감지면적을 계산하여 최소 설치수량을 계산하시오.(단, 기타 조건은 무시한다)

[조건]

① 바닥면적 392[m²](가로 14[m] × 세로 28[m])

② 천장높이 5[m]

풀이&답   (1) 감지기 1개가 방호하는 감지면적
① 반지름 r
$r = 5[m] \times \tan 45° = 5[m]$
② 원형 단면적
$$S = \pi r^2 = \pi \times (5[m])^2 = 78.54[m^2]$$
③ 감지면적은 원에 내접하는 정사각형의 면적과 동일하므로
$$S = (2r \times \cos 45°)^2 = (2 \times 5[m] \times \cos 45°)^2 = 50[m^2]$$

(2) 감지기의 최소 설치수량 = 바닥면적 / 감지면적
= 392[m²] / 50[m²] = 7.84 = 8개

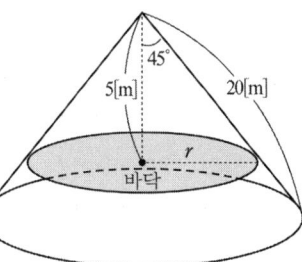

18 누전경보기

01 3상 용량 80[kVA], 전압 380[V]인 소방설비에 누전경보기를 설치하고자 한다. 설치에 적합한 누전경보기의 급수를 선정하시오. (단, 역률은 0.9이다.)

풀이&답
① 정격전류 $I = \dfrac{P}{\sqrt{3}\,V} = \dfrac{80 \times 10^3}{\sqrt{3} \times 380} = 121.547 = 121.55[\text{A}]$

② 정격전류가 60[A]를 초과하므로 1급 누전경보기를 선정

02 아래의 누전경보기 회로도를 참고하여 3상 영상변류기의 검출원리에 대한 다음의 각 물음에 답하시오.

(1) 정상상태에서 아래의 전류를 구하시오.

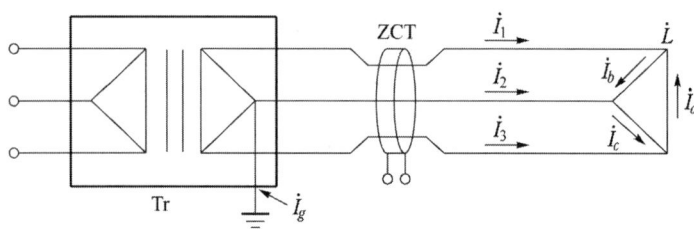

① $\dot{I}_1$ ② $\dot{I}_2$

③ $\dot{I}_3$ ④ $\dot{I}_1 + \dot{I}_2 + \dot{I}_3$

(2) 누전상태에서 아래의 전류를 구하시오.

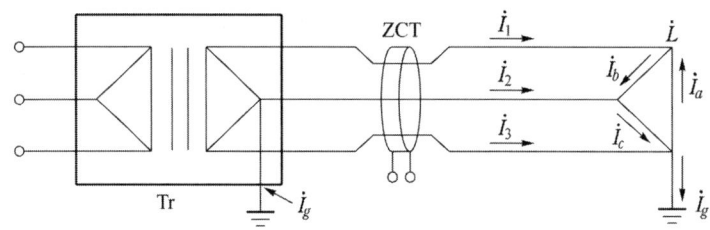

① $\dot{I}_1$ ② $\dot{I}_2$

③ $\dot{I}_3$ ④ $\dot{I}_1 + \dot{I}_2 + \dot{I}_3$

풀이&답
(1) 정상상태에서의 전류
① $\dot{I}_1 = \dot{I}_b - \dot{I}_a$ ② $\dot{I}_2 = \dot{I}_c - \dot{I}_b$
③ $\dot{I}_3 = \dot{I}_a - \dot{I}_c$ ④ $\dot{I}_1 + \dot{I}_2 + \dot{I}_3 = 0$

(2) 누전상태에서의 전류
① $\dot{I}_1 = \dot{I}_b - \dot{I}_a$ ② $\dot{I}_2 = \dot{I}_c - \dot{I}_b$
③ $\dot{I}_3 = \dot{I}_a - \dot{I}_c + \dot{I}_g$ ④ $\dot{I}_1 + \dot{I}_2 + \dot{I}_3 = \dot{I}_g$

19 피난기구 및 인명구조기구

01 숙박시설에 피난기구를 설치하려고 한다. 조건을 참고하여 다음 각 물음에 답하시오.

[조건]

① 층수는 10층, 층당 바닥면적은 1,800[m²] 이다.

② 층당 객실이 10개가 설치되어 있다.

③ 기타 조건은 무시한다.

[물음]

(1) 이 숙박시설에 설치할 수 있는 피난기구의 종류를 9가지 쓰시오.

(2) 숙박시설의 객실에 간이 완강기는 최소 몇 개를 설치하여야 하는가?

(3) 피난기구의 총수량(숙박시설에 설치하는 간이 완강기의 수량은 제외)

풀이&답 (1) 피난기구의 종류

    ① 피난사다리   ② 구조대   ③ 완강기

    ④ 피난교   ⑤ 간이완강기   ⑥ 피난용트랩

    ⑦ 다수인피난장비   ⑧ 승강식피난기   ⑨ 미끄럼대

(2) 간이완강기의 수량

    ① 피난기구 외에 숙박시설(휴양콘도미니엄을 제외한다)의 경우에는 추가로 객실마다 완강기 또는 둘 이상의 간이완강기를 설치할 것

    ② 간이완강기의 적응성은 숙박시설의 3층 이상에 있는 객실에 추가로 설치하는 경우에 한한다.

    ③ 간이완강기의 수량 : 간이완강기는 3층부터 10층까지 8개층, 층당 객실이 10개가 설치되어 있으므로 수량은 10개 × 2개 × 8개층 = 160개

(3) 피난기구의 총수량

    ① 층별 설치수량 $= \dfrac{\text{바닥면적}[\text{m}^2]}{500[\text{m}^2/\text{개}]} = \dfrac{1800}{500} = 3.6 = 4$개

    ② 총수량 : 3층부터 10층까지 피난기구를 설치하여야 하므로

        총수량은 4개 × 8개층 = 32개

02 층별 바닥면적이 1,000[m²], 지하1층, 지상 5층 규모인 노유자 시설에 피난기구는 최소 몇 개 이상을 설치하여야 하는가?(단, 피난기구의 감소 및 면제기준은 고려하지 않는다. 지상 1층 및 지상 2층은 피난층에 해당한다.)

풀이&답 노유자시설에 설치하여야 하는 피난기구의 수량

① 노유자시설에는 바닥면적 500[m²]마다 피난기구를 1개 이상 설치하여야 한다.

② 층별 필요한 피난기구의 수량 $= \dfrac{1,000[\text{m}^2]}{500[\text{m}^2]} = 2$개

③ 설치하여야 하는 피난기구의 수량

    지상1층, 지상2층은 피난층에 해당하므로 피난기구를 설치하지 않고 지상3층, 지상4층, 지상5층에 설치하여야 한다.

    = 2개×3개층 = 6개

03 아래의 조건을 참고하여 피난기구의 최소수량을 산출하시오.

[조건]

① 의료시설로서 지하3층, 지상 15층 규모

② 각 층당 바닥면적은 1,500[m²]

③ 모든 층의 주요구조부는 내화구조, 특별피난계단이 2개소 설치

풀이&답 ① 층별 피난기구의 수량 $= \dfrac{1,500[\text{m}^2]}{500[\text{m}^2]} = 3$개

② 주요구조부가 내화구조, 직통계단인 특별피난계단이 2개소 설치되어 있으므로 피난기구의 수량을 2분의 1로 감소

③ 감소기준을 적용한 층별 피난기구의 수량 $= 3$개 $\times \dfrac{1}{2} = 1.5 = 2$개

④ 피난기구의 최소수량 : 지상 1층 및 2층, 지상 11층 이상은 피난기구의 설치가 제외되므로 지상3층~10층에 설치한다.

2개 × 8개층=16개

04 복합용도의 10층에 설치기준을 만족하는 건널 복도가 2개 설치되어 있다면 피난기구는 최소 몇 개를 설치하여야 하는가?(단, 10층의 바닥면적은 16,000[m²] 이다.)

풀이&답 ① 복합용도의 층은 800[m²]마다 1개 이상을 설치하여야 하므로 층에 설치하여야 하는 피난기구의 수량 $\dfrac{16,000[\text{m}^2]}{800[\text{m}^2]} = 20$개

② 감소수량 = 건널 복도의 수 × 2 = 2 × 2 = 4개

③ 설치수량 = 20개 − 4개 = 16개

05 화재안전기준상 각 층의 바닥면적이 3,000[m²]인 판매시설에서 층마다 설치하여야 하는 피난기구의 최소개수는?

풀이&답 판매시설이므로 피난기구의 수량 = 3,000[m²] / 800[m²] = 3.75 = 4개

06 특정소방대상물에 피난기구를 설치하고자 할 때 아래의 조건을 참고하여 다음 각 물음에 답하시오.

[조건]

① 구조 및 층수 : 주요구조부는 내화구조, 지하 3층 지상 15층, 특별피난계단이 2개소 설치

② 지하1층의 용도는 판매시설로서 바닥면적은 3,000[m²]

③ 지하2층~지하3층은 주차장으로 바닥면적은 층당 3,500[m²]

④ 지상1층~2층은 판매시설로서 바닥면적은 층당 3,000[m²]

⑤ 지상3층~5층은 업무시설로서 바닥면적은 층당 3,000[m²]

⑥ 지상6층~7층은 운동시설로서 바닥면적은 층당 3,000[m²]

⑦ 지상8층 ~ 지상15층은 업무시설로서 바닥면적은 층당 3,000[m²]

(1) 지상 7층에 적용 가능한 피난기구의 종류를 모두 쓰시오.

[풀이&답] ① 피난사다리　② 구조대　③ 완강기　④ 피난교
⑤ 다수인피난장비　⑥ 승강식피난기

(2) 노유자시설의 3층에 적용 가능한 피난기구의 종류를 모두 쓰시오.

[풀이&답] ① 미끄럼대　② 구조대　③ 피난교　④ 다수인피난장비　⑤ 승강식피난기

(3) 설치하여야 하는 피난기구의 최소수량을 계산하시오.

[풀이&답] ⑴ 지상3층~5층
　　① 업무시설이므로 바닥면적 1,000[m²]마다 1개 이상

　　　수량 : $\dfrac{3,000[m^2]}{1,000[m^2]}=3$개, 2분의 1로 감소할 수 있으므로 수량 : 3개 $\times \dfrac{1}{2}=1.5=2$개

　　② 지상3층~5층의 수량 : 2개 × 3개층 = 6개
⑵ 지상6층~7층
　　① 운동시설이므로 바닥면적 800[m²]마다 1개 이상

　　　수량 : $\dfrac{3,000[m^2]}{800[m^2]}=3.75=4$개, 2분의 1로 감소할 수 있으므로 수량 : 4개 $\times \dfrac{1}{2}=2$개

　　② 지상6층~7층의 수량 : 2개 × 2개층=4개
⑶ 지상8층~10층
　　① 업무시설이므로 바닥면적 1,000[m²]마다 1개 이상

　　　수량 : $\dfrac{3,000[m^2]}{1,000[m^2]}=3$개, 2분의 1로 감소할 수 있으므로 수량 : 3개 $\times \dfrac{1}{2}=1.5=2$개

　　② 지상8층~10층의 수량 : 2개 × 3개층=6개
⑷ 피난기구의 최소수량
　　6개 + 4개 + 6개=16개

(4) 층에 피난기구의 설치를 면제할 수 있는 조건 5가지를 모두 쓰시오.

[풀이&답] ① 주요구조부가 내화구조로 되어 있어야 할 것
② 실내의 면하는 부분의 마감이 불연재료·준불연재료 또는 난연재료로 되어 있고 방화구획이 「건축법 시행령」 제46조의 규정에 적합하게 구획되어 있어야 할 것
③ 거실의 각 부분으로부터 직접 복도로 쉽게 통할 수 있어야 할 것
④ 복도에 2 이상의 특별피난계단 또는 피난계단이 「건축법 시행령」 제35조에 적합하게 설치되어 있어야 할 것
⑤ 복도의 어느 부분에서도 2 이상의 방향으로 각각 다른 계단에 도달할 수 있어야 할 것

(5) 피난기구를 설치하여야 할 특정소방대상물 중 일정기준에 적합한 노대가 설치된 거실의 바닥면적은 피난기구의 설치개수 산정을 위한 바닥면적에서 이를 제외한다. 이에 해당하는 기준 3가지를 쓰시오.

[풀이&답] ① 노대를 포함한 특정소방대상물의 주요구조부가 내화구조일 것
② 노대가 거실의 외기에 면하는 부분에 피난 상 유효하게 설치되어 있어야 할 것
③ 노대가 소방사다리차가 쉽게 통행할 수 있는 도로 또는 공지에 면하여 설치되어 있거나, 또는 거실부분과 방화 구획되어 있거나 또는 노대에 지상으로 통하는 계단 그 밖의 피난기구가 설치되어 있어야 할 것

1. 피난기구의 수량계산

층마다 설치하되, 숙박시설·노유자시설 및 의료시설로 사용되는 층에 있어서는 그 층의 바닥면적 500[m²]마다. 위락시설·문화집회 및 운동시설·판매시설로 사용되는 층 또는 복합용도의 층(하나의 층이 영 별표 2 제1호 내지 제4호 또는 제8호 내지 제18호 중 2 이상의 용도로 사용되는 층을 말한다)에 있어서는 그 층의 바닥면적 800[m²]마다. 계단실형 아파트에 있어서는 각 세대마다. 그 밖의 용도의 층에 있어서는 그 층의 바닥면적 1,000[m²]마다 1개 이상 설치할 것

2. 피난기구를 설치하여야 할 특정소방대상물중 다음 각 호의 기준에 적합한 층에는 피난기구의 2분의 1을 감소할 수 있다. 이 경우 설치하여야 할 피난기구의 수에 있어서 소수점 이하의 수는 1로 한다.

① 주요구조부가 내화구조로 되어 있을 것
② 직통계단인 피난계단 또는 특별피난계단이 2 이상 설치되어 있을 것

3. 피난기구를 설치하여야 할 특정소방대상물 중 다음의 기준에 적합한 노대가 설치된 거실의 바닥면적은 피난기구의 설치개수 산정을 위한 바닥면적에서 이를 제외한다.

① 노대를 포함한 특정소방대상물의 주요구조부가 내화구조일 것
② 노대가 거실의 외기에 면하는 부분에 피난 상 유효하게 설치되어 있어야 할 것
③ 노대가 소방사다리차가 쉽게 통행할 수 있는 도로 또는 공지에 면하여 설치되어 있거나. 또는 거실부분과 방화 구획되어 있거나 또는 노대에 지상으로 통하는 계단 그 밖의 피난기구가 설치되어 있어야 할 것

---

07 인명구조기구의 화재안전기준에 대한 다음 각 물음에 답하시오.

(1) 지하층을 포함하는 층수가 10인 관광호텔에 설치하여야 하는 인명구조기구의 종류를 쓰시오.

(2) 판매시설 중 대규모 점포의 층수가 5층인 경우 설치하여야 하는 인명구조기구의 종류와 최소 설치수량을 쓰시오.

풀이&답 (1) 인명구조기구의 종류
① 방열복 또는 방화복(안전모, 보호장갑 및 안전화 포함)
② 공기호흡기
③ 인공소생기
(2) 인명구조기구의 종류와 최소 설치수량
① 인명구조기구의 종류 : 공기호흡기
② 설치수량 : 층마다 2개 이상을 설치하여야 하므로 5층 × 2개=10개

---

08 피난기구의 화재안전기술기준에 따른 다음 각 물음에 답하시오.(13점)

(1) 피난기구의 화재안전기술기준에 따른 설치장소별 피난기구의 적응성에 대한 표의 일부를 나타낸 것이다. 번호에 알맞은 답을 쓰시오.(4점)

층별 설치장소별 구분	3층	4층 이상 10층 이하
노유자시설	①	②
의료시설	③	④

풀이&답

① 미끄럼대, 구조대, 피난교, 다수인피난장비, 승강식피난기
② 구조대, 피난교, 다수인피난장비, 승강식피난기
③ 미끄럼대, 구조대, 피난교, 피난용트랩, 다수인피난장비, 승강식피난기
④ 구조대, 피난교, 피난용트랩, 다수인피난장비, 승강식피난기

(2) 다음은 피난 또는 소화활동상 유효한 개구부에 대한 기준을 나타낸 것이다. 괄호안의 번호에 알맞은 답을 쓰시오. (5점)

> 가로 (①)이상, 세로 (②) 이상인 것을 말한다. 이 경우 개구부 하단이 바닥에서 (③)이면 발판 등을 설치하여야 하고, (④)은 쉽게 파괴할 수 있는 (⑤)를 비치하여야 한다.

풀이&답

① 0.5[m]　② 1[m]　③ 1.2[m]　④ 밀폐된 창문　⑤ 파괴장치

(3) 괄호안의 번호에 알맞은 답을 쓰시오.(4점)

> 피난기구를 설치하는 개구부는 서로 동일직선상이 아닌 위치에 설치할 것.
> 다만, (①)·(②)·(③)·(④)에 설치되는 피난기구(다수인 피난장비는 제외한다)
> 기타 피난상 지장이 없는 것에 있어서는 그러하지 아니하다.

풀이&답

① 피난교　② 피난용트랩　③ 간이완강기　④ 아파트

20 유도등 및 유도표지

01 유도등에 대한 다음 각 물음에 답하시오.

(1) 길이가 30[m]인 통로에 전압이 220[V]이고 소비전력이 25[W]인 객석유도등을 설치하려고 한다. 유도등의 수량과 전류는 어떻게 되는가? (단, 역률은 100[%]로 가정한다.)

(2) 유도등의 비상전원 용량을 60분 이상으로 하여야 하는 특정소방대상물

풀이&답

(1) 유도등의 수량과 전류

　1) 유도등 수량

　　① 설치개수 $= \dfrac{\text{객석의 통로의 직선부분의 길이}}{4} - 1$

　　② 설치개수 $= \dfrac{30}{4} - 1 = 6.5 = 7$개

　2) 전류 $I = \dfrac{P}{V\cos\theta} = \dfrac{25 \times 7}{220 \times 1} = 0.8$[A]

(2) 유도등의 비상전원 용량을 60분 이상으로 하여야 하는 특정소방대상물

　① 지하층을 제외한 층수가 11층 이상의 층

　② 지하층 또는 무창층으로서 용도가 도매시장·소매시장·여객자동차터미널·지하역사 또는 지하상가

02 객석의 거리 20[m], 복도통로의 거리가 30[m], 거실통로의 거리가 30[m]인 곳에 유도등을 설치하려고 한다. 이 때 필요한 객석유도등, 복도통로유도등, 거실통로유도등의 수량은 몇 개인가? 또한 보행거리가 35[m]일 때 유도표지는 몇 개를 설치하여야 하는가? (단, 구부러진 모퉁이는 고려하지 않는다.)

풀이&답

① 객석유도등의 수량 $= \dfrac{20[\text{m}]}{4[\text{m}]} - 1 = 4$개

② 복도통로유도등의 수량 $= \dfrac{30[\text{m}]}{20[\text{m}]} - 1 = 0.5 = 1$개

③ 거실통로유도등의 수량 $= \dfrac{30[\text{m}]}{20[\text{m}]} - 1 = 0.5 = 1$개

④ 유도표지의 수량 $= \dfrac{35[\text{m}]}{15[\text{m}]} - 1 = 1.33 = 2$개

21 비상조명등 설비

01 비상조명등에 대한 다음 각 물음에 답하시오.

(1) 교류 220[V]를 사용하는 선로에 비상조명등용 부하 14,500[VA]가 걸려 있다. 이 선로의 이론적인 분기회로는 최소 몇 회로로 하여야 하는지 구하시오. (단, 15[A] 분기회로를 사용한다고 한다.)

(2) 특정소방대상물의 그 부분에서 피난층에 이르는 부분의 비상조명등을 60분 이상 작동시킬 수 있는 용량 이상으로 하여야 하는 특정소방대상물 기준 2가지를 쓰시오.

풀이&답 (1) 분기회로 수의 계산
  ① 분기회로 수는 15[A]분기회로를 사용한다고 하였으므로
  ② 분기회로 수 $N = \dfrac{P}{V \times I} = \dfrac{14,500[\text{VA}]}{15[\text{A}] \times 220[\text{V}]} = 4.39 = 5$회로

(2) 60분 이상 작동시킬 수 있는 용량 이상으로 하여야 하는 특정소방대상물
  ① 지하층을 제외한 층수가 11층 이상의 층
  ② 지하층 또는 무창층으로서 용도가 도매시장·소매시장·여객자동차터미널·지하역사 또는 지하상가

02 사용전압 220[V], 비상조명등 20[kW], 유도등 10[kW] 부하를 사용할 때 축전지 용량 [Ah]을 계산하시오.(단, 보수율 0.8, 용량환산시간계수는 0.6이다.)

풀이&답 (1) 방전전류
$$I = \frac{P}{V} = \frac{20 \times 10^3 + 10 \times 10^3}{220} = 136.36[\text{A}]$$
(2) 축전지의 용량
$$C = \frac{1}{L}KI = \frac{1}{0.8} \times 0.6 \times 136.36 = 102.27[\text{Ah}]$$

22 소화수조 및 저수조

01 연면적 90,000[m²] 지하 2층, 지상 12층 오피스 건물의 물탱크를 지하 2층에 설치할 때 소화설비 및 용수설비 소요 수원의 합계는? (건물 구조상 옥탑 물탱크는 설치 불가, 전층 S/P 설비가 설치되고 옥내소화전은 층별 10개씩 설치)

풀이&답 (1) 소화설비의 소요수원
　　① 옥내소화전설비의 소요수원 = 2개 × 2.6[m³] = 5.2[m³]
　　② 스프링클러설비의 소요수원 = 30개 × 1.6[m³] = 48[m³]
　　③ 소화설비의 소요수원의 합계 = 5.2[m³] + 48[m³] = 53.2[m³]
(2) 소화용수설비의 소요수원
　　$\dfrac{연면적}{기준면적} = \dfrac{90,000}{12,500} = 7.2 = 8$, 소요수원 = 8 × 20[m³] = 160[m³]
(3) 소요수원의 합계 = 53.2[m³] + 160[m³] = 213.2[m³] 이상

02 1, 2층 바닥면적의 합계가 26,000[m²]인 창고시설의 소화수조 저수량 및 흡수관 투입구의 개수를 산출하시오.

풀이&답 ① 소화수조의 저수량
　　$\dfrac{연면적}{기준면적} = \dfrac{26000}{5000} = 5.2 = 6$
　　소화용 수조용량[m³] = 6 × 20[m³] = 120[m³] 이상
② 흡수관 투입구의 개수 : 2개 이상
　　(소요수량이 80[m³]미만 : 1개 이상, 80[m³]이상 : 2개 이상)

>
> **창고시설의 소화수조 또는 저수조의 저수량 :**
> $\dfrac{\text{특정소방대상물의 연면적[m²]}}{5000[m²]}$ (소수점 이하의 수는 1로 본다)×20[m³] 이상

03 상수도 시설이 없는 지역에 단층으로 155×155[m] 규모로 다수의 불특정인이 이용하는 시설을 건립하고자 할 때 아래 사항에 답하시오.
(1) 옥외소화전 개수 및 옥외소화전의 수원량을 구하시오.
(2) 소화수조(저수조)의 용량, 흡수관 투입구 수, 채수구 수를 구하시오.
(3) 소화수조가 옥상 또는 옥탑의 부분에 설치된 경우에는 지상에 설치된 채수구에서의 압력이 얼마 이상이 되도록 하여야 하는가?

풀이&답 (1) 옥외소화전 개수 및 옥외소화전의 수원량
　　① 옥외소화전 개수
　　　옥외소화전의 개수 = $\dfrac{155[m] × 4면}{80[m]} = 7.75 = 8개$
　　② 옥외소화전의 수원량
　　　옥외소화전의 수원량 = 2[개] × 7[m³] = 14[m³] 이상

(2) 소화수조(저수조)의 용량, 흡수관 투입구 수, 채수구 수

   ① 소화수조(저수조)의 용량 $\dfrac{155[\text{m}] \times 155[\text{m}]}{7,500[\text{m}^2]} = 3.2 = 4$

     소화수조(저수조)의 용량 $= N \times 20[\text{m}^3] = 4 \times 20[\text{m}^3] = 80[\text{m}^3]$ 이상

   ② 흡수관 투입구 수 : 2개 이상(소요수량이 $80[\text{m}^3]$ 이므로)

   ③ 채수구 수 : 2개

(3) 지상에 설치된 채수구에서의 압력 : 0.15[MPa] 이상

---

04 소화용수설비에 대한 다음 각 물음에 답하시오.

[조건]

① 지하2층, 지상 3층의 특정소방대상물로서 연면적은 35,000[m²]

② 각층의 바닥면적은 다음과 같다.

층수	지하2층	지하1층	지상1층	지상2층	지상3층
바닥면적	3,000[m²]	3,000[m²]	14,000[m²]	14,000[m²]	1,000[m²]

[물음]

(1) 소화수조의 저수량 [m³]

(2) 저수조에 설치하여야 하는 흡수관 투입구의 수 및 채수구의 수

(3) 저수조에 설치하여야 하는 가압송수장치의 송수량 [L/min]

풀이&답 (1) 소화수조의 저수량[m³]

   ① 지상 1층, 2층 바닥면적의 합계 : 14,000+14,000=28,000[m²]이므로 기준면적은 7,500[m²]

   ② 저수량 : 35,000[m²] / 7,500[m²]=4.67=5 × 20[m³]=100[m³]

(2) 저수조에 설치하여야 하는 흡수관 투입구의 수 및 채수구의 수

   ① 흡수관 투입구의 수 : 2개 이상

   ② 채수구의 수 : 3개

(3) 저수조에 설치하여야 하는 가압송수장치의 송수량[L/min] : 3,300[L/min] 이상

보충설명

1) 흡수관 투입구의 수

   ① 80[m³] 미만 : 1개 이상

   ② 80[m³] 이상 : 2개 이상

2) 채수구의 수

   ① 40[m³] 미만 : 1개

   ② 40~100[m³] 미만 : 2개

   ③ 100[m³] 이상 : 3개

3) 송수량

   ① 40[m³] 미만 : 1100[L/min] 이상

   ② 40~100[m³] 미만 : 2200[L/min] 이상

   ③ 100[m³] 이상 : 3300[L/min] 이상

23 제연설비

01 I실과 II실에 각각 8,000[m³/hr]의 배출량을 필요로 하는 공동제연방식의 경우에 다음 각 물음에 답하시오.(단, I실과 II실은 벽으로 구획되어 있다.)

(1) 최소 배출량 [m³/min]

(2) 최소 축동력[kW]은? (단, 효율 50[%], 전압 100[mmAq])

풀이&답 (1) 최소배출량

① 각 실별 시간당 배출량이 8,000[m³/hr] 이므로 배출량은 16,000[m³/hr]

② 분당 배출량으로 변환하면 16,000[m³/60min]=266.67[m³/min]

(2) 축동력

$$P = \frac{P_t Q}{102\eta} \times K = \frac{100[\text{mmAq}] \times 16,000[\text{m}^3/3,600\text{s}]}{102 \times 0.5} = 8.71[\text{kW}]$$

02 바닥면적이 750[m²]인 거실에 다음과 같이 제연설비를 설치하려 할 때, 배기팬 구동에 필요한 전동기 용량[kW]은? (단, 계산결과 값은 소수점 넷째자리에서 반올림함)

• 예상제연구역은 직경 45[m]이고, 제연경계벽의 수직거리는 3.2[m]이다.

• 직관덕트의 길이는 180[m], 직관덕트의 손실저항은 0.2[mmAq/m]이며, 기타 부속류 저항의 합계는 직관덕트 손실합계의 55[%]로 하고, 전동기의 효율은 60[%], 전달계수 K값은 1.1로 한다.

풀이&답 ① 풍량 : 바닥면적 400[m²]이상, 직경 40[m] 초과, 수직거리 3[m] 초과이므로 65,000[m³/h]

② 전압 $P_t = 180[\text{m}] \times 0.2[\text{mmAq/m}] + 180[\text{m}] \times 0.2[\text{mmAq/m}] \times 0.55 = 55.8[\text{mmAq}]$

③ 전동기 용량

$$P = \frac{P_t Q}{102\eta} \times K = \frac{55.8[\text{mmAq}] \times 65,000[\text{m}^3/3600\text{s}]}{102 \times 0.6} \times 1.1 = 18.109[\text{kW}]$$

03 거실에 제연설비를 다음과 같이 설치하고자 한다. 조건을 참고하여 각 물음에 답하시오.

[조건]

① 바닥면적은 850[m²]인 거실로서 예상제연구역은 직경 50[m]이고, 제연경계벽의 수직거리는 2.8[m]이다.

② 덕트의 길이는 170[m], 덕트저항은 0.25[mmAq/m], 그릴저항은 4[mmAq], 기타 부속류의 저항은 덕트저항의 60[%]로 한다.

③ 효율은 60[%]이고 전달계수는 1.1로 한다.

[물음]

(1) 배출량(풍량)[m³/min]

(2) 저항[mmAq]

(3) 전동기의 최소동력[kW]

풀이&답

(1) 배출량(풍량)

① 바닥면적이 400[m²]이상, 거실의 직경이 40[m]를 초과하고 수직거리가 2.5[m] 초과 3[m]
   이하이므로 배출량은 55,000[m³/hr] 이다.

② 55,000[m³/hr] = 55,000[m³/60min] = 916.67[m³/min] 이상

(2) 저항 = 170[m] × 0.25[mmAq/m] + 4[mmAq] + (170[m] × 0.25[mmAq/m])×0.6
   = 72[mmAq]

(3) 전동기의 최소동력

$$P = \frac{P_t\,Q}{102\eta} \times K = \frac{72[\text{mmAq}] \times 55,000[\text{m}^3/3,600\text{s}]}{102 \times 0.6} \times 1.1 = 19.77[\text{kW}]$$

04 다음 조건과 같은 거실에 제연설비를 설치하고자 한다. 제연에 필요한 배기 Fan 구동에
필요한 전동기 용량[kW]을 선정하시오.

[조건]

① 바닥면적 850[m²]인 거실로서 예상제연구역은 직경 50[m]이다.

② 경계벽의 수직거리는 2.7[m]로 한다.

③ 닥트 길이는 165[m], 닥트 저항은 0.2[mmAq/m]로 한다.

④ 배기구 저항 7.5[mmAq], 그릴저항 3[mmAq], 부속류 저항은 닥트저항의 55[%]

⑤ 효율은 50%, 전달계수는 1.1로 한다.

풀이&답

(1) 풍량 : 400[m²] 이상, 수직거리가 3[m]이하이므로 배출량은 55,000[m³/hr]

(2) 전압 : 165[m]×0.2[mmAq/m]+7.5[mmAq]+3[mmAq]+165[m]×0.2[mmAq/m]×0.55
   = 61.65[mmAq]

(3) 전동기 용량

$$P = \frac{P_t\,Q}{102\eta} \times K = \frac{61.65[\text{mmAq}] \times 55,000[\text{m}^3/3,600\text{s}]}{102 \times 0.5} \times 1.1 = 20.3149 = 20.31[\text{kW}]$$

05 그림은 어느 판매장의 무창층에 대한 제연설비 중 연기 배출풍도와 배출 팬을 나타내고
있는 평면도이다. 주어진 조건을 이용하여 풍도에 설치되어야 할 제어댐퍼를 가장 적합
한 지점에 표기한 다음 물음에 답하시오. (단, 제어댐퍼의 표기는 ○의 모양으로 할 것.)

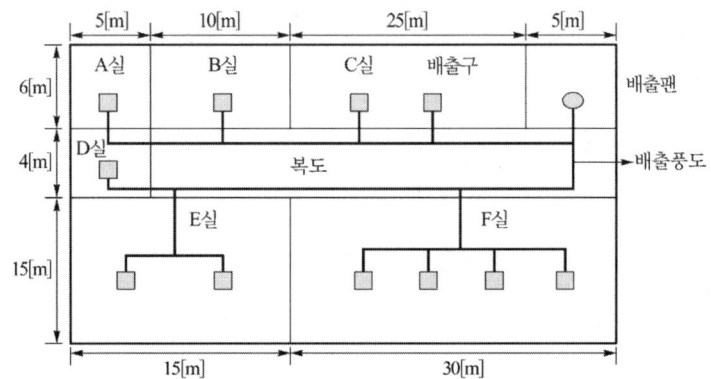

[조건]

① 건물의 주요 구조부는 모두 내화구조이다.

② 각 실은 불연성 구조물로 구획되어 있다.

③ 복도의 내부 면은 모두 불연재이고, 복도 내에 가연물을 두는 일은 없다.

④ 각 실에 대한 연기배출 방식에서 공동배출구역 방식은 없다.

⑤ 이 판매장에는 음식점은 없다.

[물음]

(1) 제어댐퍼를 설치하시오.

(2) 각실(A, B, C, D, E, F)의 최소 소요배출량은 얼마인가?

(3) 배출 FAN의 소요 최소 배출용량은 얼마인가?

(4) C실에 화재가 발생했을 경우 제어댐퍼의 작동상황(개폐여부)이 어떻게 되어야 하는
지 설명하시오.

풀이&답

(1) 제어댐퍼 설치

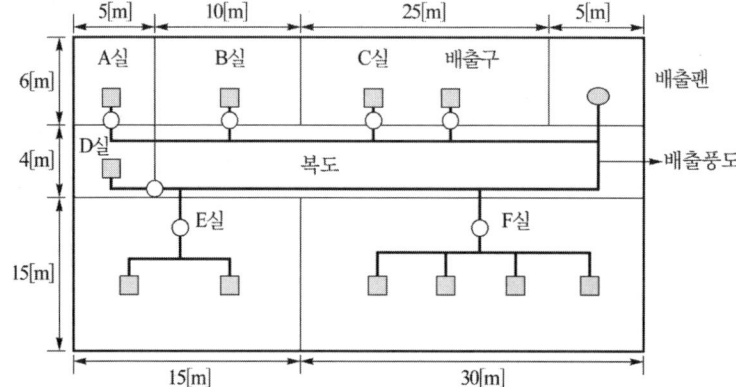

(2) 각 실의 최소 소요배출량

① A실 : 6[m]×5[m]×1[m³/min]=30[m³/min]×60=1,800[m³/hr]
최소 5,000[m³/hr]

② B실 : 6[m]×10[m]×1[m³/min]=60[m³/min]×60=3,600[m³/hr]
최소 5,000[m³/hr]

③ C실 : 25[m]×6[m]×1[m³/min]=150[m³/min]×60=9,000[m³/hr]

④ D실 : 4[m]×5[m]×1[m³/min]=20[m³/min]×60=1,200[m³/hr]
최소 5,000[m³/hr]

⑤ E실 : 15m×15m×1[m³/min]=225[m³/min]×60=13,500[m³/hr]

⑥ F실 : 바닥면적 30[m]×15[m]=450[m²]

대각선의 길이 : $\sqrt{30^2+15^2}=33.54$[m]

바닥면적이 400[m²]이상, 직경이 40[m] 원내이므로

배출량은 40,000[m³/hr]

(3) 배출팬의 용량

40,000[m³/hr](공동배출구역 방식이 아니므로 최대값을 적용)

(4) 제어댐퍼의 작동상황

C실에서 화재발생시 C실의 배출 제어댐퍼만 개방되고 그 외의 모든 제어댐퍼는 폐쇄

06 다음은 자연제연방식에 대한 내용이다. 주어진 조건을 참고하여 다음 각 물음에 답하시오.

[조건]

① 화재실의 온도는 707[℃]이고, 외부온도는 27[℃]이다.

② 연기층과 공기층의 높이차는 3[m]이다.

③ 공기의 평균분자량은 28, 연기의 평균분자량은 29라고 가정한다.

④ 화재실 및 실외의 기압은 1로 한다.

⑤ 중력가속도는 9.81[m/s²]이다.

[물음]

(1) 연기의 유출속도[m/s]

(2) 외부풍속[m/s]

(3) 자연제연방식을 변경하여 화재실 상부에 배출기를 설치하여 연기를 배출하는 형식으로 한다면 그 방식은?

(4) 일반적으로 가장 많이 이용하고 있는 제연방식 3가지

(5) 화재실의 바닥면적이 300[m²]이고 팬의 효율은 60[%], 전압 70[mmHg], 전달계수를 1.1로 할 경우 설비의 풍량을 송풍할 수 있는 배출기의 최소동력[kW]은?

풀이&답

(1) 연기의 유출 속도

① 연기의 밀도

$$\rho_2 = \frac{PM}{RT} = \frac{1 \times 29}{0.082 \times (273 + 707)} = 0.361$$

② 공기의 밀도

$$\rho_1 = \frac{PM}{RT} = \frac{1 \times 28}{0.082 \times (273 + 27)} = 1.138$$

③ 연기의 유출속도

$$V_s = \sqrt{2g \frac{\gamma_1 - \gamma_2}{\gamma_2} \times h} = \sqrt{2g \frac{\rho_1 - \rho_2}{\rho_2} \times h} = \sqrt{2 \times 9.81 \times \frac{1.138 - 0.361}{0.361} \times 3[\text{m}]}$$
$$= 11.255 = 11.26[\text{m/s}]$$

(2) 외부 풍속

$$V_s = \sqrt{2g \frac{\gamma_1 - \gamma_2}{\gamma_1} \times h} = \sqrt{2g \frac{\rho_1 - \rho_2}{\rho_1} \times h} = \sqrt{2 \times 9.81 \times \frac{1.138 - 0.361}{1.138} \times 3[\text{m}]}$$
$$= 6.341 = 6.34[\text{m/s}]$$

(3) 방식 : 제3종 기계제연방식

(4) 제연방식 3가지

① 자연제연방식   ② 기계제연방식   ③ 스모크타워제연방식

(5) 동력계산

① 배출량

$$Q = 300[\text{m}^2] \times 1[\text{m}^3/\text{min}] = 300[\text{m}^3/\text{min}] \times \frac{1[\text{min}]}{60[\text{s}]} = 5[\text{m}^3/\text{s}]$$

② 전압

$$P_t = 70[\text{mmHg}] \times \frac{10,332[\text{mmAq}]}{760[\text{mmHg}]} = 951.6315[\text{mmAq}]$$

③ 동력

$$P = \frac{P_t Q}{102\eta} \times K = \frac{951.6315[\text{mmAq}] \times 5[\text{m}^3/\text{s}]}{102 \times 0.6} \times 1.1 = 85.52[\text{kW}]$$

07 제연설비에 관한 도면의 일부이다. 조건을 참조하여 다음 각 물음에 답하시오.

[조건]

① 제연구역의 바닥면적은 300[m²]이다.

② 전압 20[mmHg]이고, 효율이 60[%] 이다.

③ 전압력손실과 배연량 누설을 고려한 여유율을
  10[%] 증가시킨 것으로 가정한다.

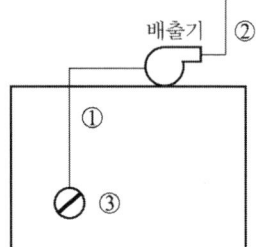

[물음]

(1) 도면의 제연설비 방식은?

(2) 기호 ①의 풍속[m/s]은?

(3) 기호 ③에 MD라고 표시되어 있다면 무엇을 의미하는가?

(4) 공기유입구의 크기[m²]는?

(5) 제연설비의 풍량을 송풍할 수 있는 배출기의 동력[kW]을 구하시오.

(6) 제연구역의 구획은 (①)·(②) 및 (③)으로 할 것. 또한 제연경계는 제연경계의
  폭이 (④)[m] 이상이고, 수직거리는 (⑤)m 이내이어야 한다. ( ) 안에 알맞은 용어를
  쓰시오.

(7) 상기 도면에 표시된 ③번 부분의 댐퍼(damper)에 아래와 같은 표시가 있을 경우 각각
  의 이름을 쓰시오.

  ① MD

  ② SD

  ③ VD

  ④ FD

풀이&답

(1) 제3종 기계제연방식

(2) ①의 풍속
  ① 배출기의 흡입측이므로 15[m/s] 이하
  ② 15[m/s] 이하

(3) 모터댐퍼(전동댐퍼)

(4) 공기유입구의 크기[m²]
  ① 배출량 : 300[m²]×1[m³/min·m²]=300[m³/min]
  ② 공기유입구의 크기 : 300[m³/min]×35[cm²/(m³/min)]=10,500[cm²]=1.05[m²] 이상

(5) 배연기의 동력
  ① $P_t = \dfrac{20[\text{mmHg}]}{760[\text{mmHg}]} \times 10{,}332[\text{mmAq}] = 271.89[\text{mmAq}]$

  ② $P = \dfrac{P_t Q}{102\eta} = \dfrac{271.89[\text{mmAq}] \times 300[\text{m}^3/60\text{s}]}{102 \times 0.6} \times (1+0.1) = 24.434 = 24.43[\text{kW}]$ 이상

(6) ( ) 안에 알맞은 용어
  ① 보   ② 제연경계벽(이하 "제연경계"라 한다)
  ③ 벽(화재 시 자동으로 구획되는 가동벽·방화셔터·방화문을 포함한다. 이하 같다.)
  ④ 0.6   ⑤ 2

제연구역의 구획은 보·제연경계벽(이하 "제연경계"라 한다) 및 벽(화재 시 자동으로 구획되는 가동벽·방화셔터·방화문을 포함한다. 이하 같다)으로 하되, 다음의 기준에 적합해야 한다.
1. 재질은 내화재료, 불연재료 또는 제연경계벽으로 성능을 인정받은 것으로서 화재시 쉽게 변형·파괴되지 아니하고 연기가 누설되지 않는 기밀성 있는 재료로 할 것
2. 제연경계는 제연경계의 폭이 0.6[m] 이상이고, 수직거리는 2[m] 이내이어야 한다. 다만, 구조상 불가피한 경우는 2[m]를 초과할 수 있다.
3. 제연경계벽은 배연 시 기류에 따라 그 하단이 쉽게 흔들리지 아니하여야 하며, 또한 가동식의 경우에는 급속히 하강하여 인명에 위해를 주지 않는 구조일 것

(7) 각각의 이름
① MD : 모터댐퍼(motor damper)
② SD : 방연댐퍼(smoke damper)
③ VD : 풍량조절댐퍼(volume damper)
④ FD : 방화댐퍼(fire damper)

08 다음 제연설비의 조건을 참조하여 각 물음에 답하시오.

[조건]
① 소방시설 설치 및 관리에 관한 법률과 제연설비의 화재안전기술기준(NFTC 501)에 따른 제연 설비 설치한다.
② 배출기 Main Duct(흡입측 및 배출측 포함)의 폭은 1,000[mm]
③ 제연구역의 설계 풍량은 43,200[m³/hr]
④ 배출기는 원심식 터보형 송풍기를 사용
⑤ 기타 조건은 무시

[물음]
(1) Main Duct의 배출측 최소 높이[m]
(2) Main Duct의 흡입측 최소 높이[m]
(3) 시공 후 배출기의 풍량을 측정한 결과 36,000[m³/hr](회전수 650rpm, 축동력 7.5[kW])이었다. 최초 설계 풍량 43,200[m³/hr]를 충족시키려면 배출기의 회전 수[rpm]는 얼마로 해야 하는지 산출하시오.
(4) 배출 풍량이 36,000[m³/hr] 일 때 전압은 50[mmH₂O]였다. 설계풍량 43,200[m³/hr]를 충족시키려면 전압은 몇 [mmH₂O]이어야 하는지 산출하시오.
(5) 배출기의 회전수를 높여 설계풍량을 충족시키려면 (3)항에서의 배출기의 축동력은 몇 [kW]로 변경하여야 하는지 쓰시오.

풀이&답 ⑴ 배출측 최소높이
① 풍량 $Q=43,200[\text{m}^3/\text{hr}]=43,200[\text{m}^3/3600\text{s}]=12[\text{m}^3/\text{s}]$
② 풍도의 단면적 $A=\dfrac{Q}{V}=\dfrac{12[\text{m}^3/\text{s}]}{20[\text{m/s}]}=0.6[\text{m}^2]$
③ 배출측 최소높이 $=\dfrac{0.6[\text{m}^2]}{1000[\text{mm}]}=\dfrac{0.6[\text{m}^2]}{1[\text{m}]}=0.6[\text{m}]$

(2) 흡입측 최소높이

① 풍량 $Q = 43,200[\text{m}^3/\text{hr}] = 43,200[\text{m}^3/3600\text{s}] = 12[\text{m}^3/\text{s}]$

② 풍도의 단면적 $A = \dfrac{Q}{V} = \dfrac{12[\text{m}^3/\text{s}]}{15[\text{m/s}]} = 0.8[\text{m}^2]$

③ 배출측 최소높이 $= \dfrac{0.8[\text{m}^2]}{1000[\text{mm}]} = \dfrac{0.8[\text{m}^2]}{1[\text{m}]} = 0.8[\text{m}]$

(3) 회전수

$$\frac{Q_2}{Q_1} = \frac{N_2}{N_1}, \quad \frac{43200}{36000} = \frac{N_2}{650}, \quad N_2 = 780[\text{rpm}]$$

(4) 전압

$$\frac{H_2}{H_1} = \left(\frac{N_2}{N_1}\right)^2, \ H_2 = \left(\frac{N_2}{N_1}\right)^2 \times H_1 = \left(\frac{780}{650}\right)^2 \times 50 = 72[\text{mmH}_2\text{O}]$$

(5) 축동력

$$\frac{P_2}{P_1} = \left(\frac{N_2}{N_1}\right)^3, \ P_2 = \left(\frac{N_2}{N_1}\right)^3 \times P_1 = \left(\frac{780}{650}\right)^3 \times 7.5 = 12.96[\text{kW}]$$

09 대형마트의 지하 2층(무창층)에 거실제연 전용설비를 설계하고자 한다. 다음의 물음에 답하시오.

[조건]

① 가로 80[m], 세로 50[m], 층고는 10[m]

② 제연팬의 배출공기 온도 : 130[℃], 외기온도 : 15[℃]

③ 동력 여유율 15[%], 전동기 역률 0.9, 팬의 효율 50[%]

④ 덕트의 전체 마찰손실 120[mmAq], 20[℃] 표준공기의 비중량은 11.79[N/m³]

⑤ 제연구역의 구획은 제연경계로 구획되어 있다.

[물음]

(1) 제연구역의 최소 수량

(2) 최소 배출량[m³/min]

(3) 제연팬의 최소 전동기 동력[kW]

(4) 제연팬의 최소 전동기 용량[kVA]

풀이&답

(1) 제연구역의 수

① 하나의 제연구역의 바닥면적은 1,000[m²]이내

② 제연구역의 수량 $= \dfrac{80[\text{m}] \times 50[\text{m}]}{1,000[\text{m}^2]} = 4$개

(2) 최소 배출량

① 배출량의 결정 : 제연구역이 직경 40[m]원을 초과하고 수직거리가 3[m]를 초과하므로 배출량은 65,000[m³/hr] 이상

② 단위 환산 $= 65,000[\text{m}^3/\text{hr}] = 65,000[\text{m}^3/60\text{min}] = 1,083.33[\text{m}^3/\text{min}]$

(3) 제연팬의 최소 전동기 동력

$$P = \frac{P_t Q}{102\eta} \times K = \frac{120[\text{mmAq}] \times 65{,}000[\text{m}^3/3{,}600\text{s}]}{102 \times 0.5} \times 1.15 = 48.856 = 48.86[\text{kW}]$$

(4) 최소 전동기의 용량

$$P_a = \frac{P}{\cos\theta} = \frac{48.86}{0.9} = 54.29[\text{kVA}]$$

10 아래의 그림과 조건을 참조하여 거실 제연설비에 대한 각 물음에 답하시오.

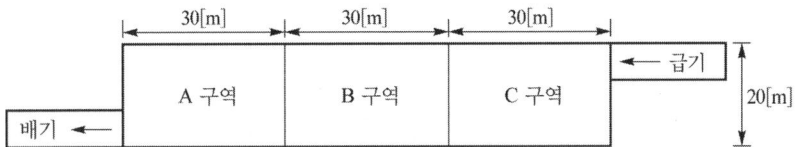

[조건]

① 제연방식은 인접구역 상호제연방식으로 한다.

② 제연경계의 폭은 0.6[m] 이다.

③ 급기덕트의 풍속은 15[m/s], 배기덕트의 풍속은 20[m/s] 이다.

④ 제연 Fan의 정압은 40[mmAq]로 한다.

⑤ 제연구획은 제연경계로 되어 있으며 천장 높이는 2.5[m] 이다.

⑥ 기타 조건은 화재안전기준에 따른다.

[물음]

(1) 예상제연구역의 배출기의 최소 배출량[m³/h]

(2) 제연팬 전동기의 최소동력[kW]을 구하시오. (단, 전동기 효율 55[%], 여유율은 10[%])

(3) 표의 번호에 알맞은 답을 쓰시오.(단, 풍량, 덕트의 단면적 및 덕트의 크기는 소수점 이하 첫째 자리에서 반올림하여 정수로 나타내시오. 덕트의 크기는 각형 덕트로 하고 높이는 400[mm] 이다.)

덕트의 구분		최소풍량 [m³/h]	덕트 단면적 [mm²]	덕트 크기 (가로[mm] × 높이[mm])
배기덕트	A			
	B	①	②	③
	C			
급기덕트	A			
	B	④	⑤	⑥
	C			

(4) 급기구(가로mm×세로mm)와 배기구(가로mm×세로mm)의 크기를 산출하시오.

  [조건] 급기구(유입구)와 배기구(배출구)의 크기(정사각형)는 구역당 배기구(배출구) 4개소, 급기구(유입구)는 3개소로 하고 급기구 및 배기구의 크기는 급기량·배

출량[m³/min]당 35[cm²] 이상으로 한다. 또한, 급기구와 배기구는 정사각형으로 하며, 답안작성 시 소수점 이하 첫째 자리에서 반올림하여 정수로 나타낸다.

(5) 배기댐퍼와 급기댐퍼의 작동상태를 표시하시오.

(댐퍼 작동상태 ○ : open, ● : close)

구분	배 기			급 기		
	A구역	B구역	C구역	A구역	B구역	C구역
A구역 화재시						
B구역 화재시						
C구역 화재시						

풀이&답

(1) 배출량
  ① A구역, B구역, C구역 각각의 바닥면적이 30[m] × 20[m] = 600[m²]
  ② 수직거리 : 층고-제연경계의 폭 = 2.5[m]-0.6[m]=1.9[m]
  ③ 바닥면적이 400[m²]이상, 직경이 40[m] 원내, 수직거리가 2[m]이내 이므로
    A구역=B구역=C구역=40,000[m³/h]
  ④ 제연경계로 구획되어 있으므로 40,000[m³/h]

(2) 전동기의 최소 동력
  ① 정압 $P_t = 40$[mmAq]

  ② 동력 $P = \dfrac{P_t Q}{102\eta} \times K = \dfrac{40[\text{mmAq}] \times 40,000[\text{m}^3/3,600\text{s}]}{102 \times 0.55} \times 1.1 = 8.71$[kW]

(3) 다음의 표 완성

덕트의 구분		최소풍량 [m³/h]	덕트 단면적 [mm²]	덕트 크기 (가로[mm] × 높이[mm])
배기 덕트	A	① 40,000	② $A = \dfrac{Q}{V}$ $A = \dfrac{40,000[\text{m}^3/3,600\text{s}]}{20[\text{m/s}]}$ $= 0.5555555[\text{m}^2]$ $= 555,555.5[\text{mm}^2]$ $= 555,556[\text{mm}^2]$	③ 가로$= \dfrac{덕트\ 단면적}{덕트\ 높이}$ $= \dfrac{555,556[\text{mm}^2]}{400[\text{mm}]}$ $= 1,388.89$ $= 1,389[\text{mm}]$ 가로 1,389[mm]×높이 400[mm]
	B			
	C			
급기 덕트	A	④ 20,000	⑤ $A = \dfrac{Q}{V}$ $A = \dfrac{20,000[\text{m}^3/3,600\text{s}]}{15[\text{m/s}]}$ $= 0.3703703[\text{m}^2]$ $= 370,370.3[\text{mm}^2]$ $= 370,370[\text{mm}^2]$	⑥ 가로$= \dfrac{덕트\ 단면적}{덕트\ 높이}$ $= \dfrac{370,370[\text{mm}^2]}{400[\text{mm}]}$ $= 925.925$ $= 926[\text{mm}]$ 가로 926[mm]×높이 400[mm]
	B			
	C			

(4) 급기구(가로mm×세로mm)와 배기구(가로mm×세로mm)의 크기
  1) 급기구의 크기
    ① 급기구 1개의 단면적
      $A = \dfrac{20,000[\text{m}^3/60\text{min}]}{3개} \times 35[\text{cm}^2/(\text{m}^3/\text{min})] = 3,888.888889[\text{cm}^2]$
    ② 급기구 한 변의 크기 $= \sqrt{3,888.888889[\text{cm}^2]} = 62.3609$[cm]
      $= 623.61[\text{mm}] = 624[\text{mm}]$ (조건에서 정사각형이라 하였으므로)

③ 급기구의 크기 : 가로 624[mm] × 세로 624[mm]

2) 배기구의 크기

① 배기구 1개의 단면적

$$A = \frac{40,000[\text{m}^3/60\text{min}]}{4\text{개}} \times 35[\text{cm}^2/(\text{m}^3/\text{min})] = 5,833.333333[\text{cm}^2]$$

② 배기구 한 변의 크기 $= \sqrt{5,833.333333[\text{cm}^2]} = 76.37626158[\text{cm}]$
$$= 763.7626158[\text{mm}] = 764[\text{mm}]$$
(조건에서 정사각형이라 하였으므로)

③ 배기구의 크기 : 가로 764[mm] × 세로 764[mm]

(5) 작동상태 표시

구분	배 기			급 기		
	A구역	B구역	C구역	A구역	B구역	C구역
A구역 화재시	○	●	●	●	○	○
B구역 화재시	●	○	●	○	●	○
C구역 화재시	●	●	○	○	○	●

11 20[m] × 18[m]인 예상 제연구역이 경유거실인 경우에 제연설비의 화재안전기술기준 (NFTC 501)을 참조하여 다음 물음에 답하시오.

(1) 송풍기의 최소 배출량[m³/min]은?

(2) 송풍기의 효율은 60[%]이고 전압은 45[mmAq]인 다익 송풍기를 사용한다면 전동기의 용량[kW]은? (단, 전달계수는 1.1이다.)

(3) 배출기 흡입측 풍도의 높이를 500[mm]로 하면 풍도의 최소 폭[m]은?

(4) 배출구의 최소수량은 몇 개인가? (단, 정방형 배치로 한다.)

(5) 배출기의 배출측 풍도를 원형으로 할 때 풍도의 최소 직경[mm]은?

(6) (5)에서 산출한 결과를 토대로 하면 풍도 강판의 두께는 몇 [mm] 이상이어야 하는가?

(7) 제연구역에 설치하는 공기 유입구의 수량은 최소 몇 개 이상이어야 하는가?(단, 급기 그릴의 공기속도는 5[m/s], 공기유입구의 개당 크기 60[cm] × 60[cm] 이며, 소수점 이하 절상하여 정수로 답한다.)

풀이&답 (1) 최소 배출량

① 바닥면적이 400[m²]미만이므로 바닥면적[m²]×1[m³/min·m²]

② 배출량 $Q = (20[\text{m}] \times 18[\text{m}]) \times \dfrac{1[\text{m}^3/\text{min}]}{[\text{m}^2]} = 360[\text{m}^3/\text{min}]$

(2) 전동기의 용량

$$P = \frac{P_t\,Q}{102\eta} \times K = \frac{45[\text{mmAq}] \times 360[\text{m}^3/60\text{s}]}{102 \times 0.6} \times 1.1 = 4.8529 = 4.85[\text{kW}]\ \text{이상}$$

(3) 흡입측 풍도의 최소 폭

① 흡입측의 풍속 : 15[m/s]

② 풍도의 단면적 $A = \dfrac{Q}{V} = \dfrac{360[\text{m}^3/60\text{s}]}{15[\text{m/s}]} = 0.4[\text{m}^2]$

③ 풍도의 폭 $= \dfrac{0.4[\text{m}^2]}{500[\text{mm}]} = \dfrac{0.4[\text{m}^2]}{0.5[\text{m}]} = 0.8[\text{m}]$

(4) 배출구의 수량

예상제연구역의 각 부분으로부터 하나의 배출구까지 수평거리는 10m 이내

① 가로의 수량 $= \dfrac{20\text{m}}{2 \times 10 \times \cos 45°} = 1.414 = 2$

② 세로의 수량 $= \dfrac{18\text{m}}{2 \times 10 \times \cos 45°} = 1.272 = 2$

③ 최소수량 $=$ 가로 $\times$ 세로 $=$ 2개 $\times$ 2개 $=$ 4개

(5) 원형으로 하는 경우 풍도의 최소 직경

① 배출측 풍속 : 20[m/s]

② $A = \dfrac{Q}{V} = \dfrac{360\,[\text{m}^3/60\text{s}]}{20\,[\text{m/s}]} = 0.3\,[\text{m}^2]$

③ $A = \dfrac{\pi}{4} D^2$ 에서 직경 $D = \sqrt{\dfrac{4A}{\pi}} = \sqrt{\dfrac{4 \times 0.3\,[\text{m}^2]}{\pi}} \times 1000 = 618.0387 = 618.04\,[\text{mm}]$

(6) 풍도 강판의 두께

풍도 직경의 크기가 450[mm] 초과 750[mm] 이하에 해당하므로

풍도단면의 긴변 또는 직경의 크기	450[mm] 이하	450[mm]초과 750[mm]이하	750[mm]초과 1,500[mm]이하	1,500[mm]초과 2,250[mm]이하	2,250[mm] 초과
강판두께	0.5[mm]	0.6[mm]	0.8[mm]	1.0[mm]	1.2[mm]

풍도 강판의 두께는 0.6[mm] 이상

(7) 공기유입구의 수량

① 공기유입구의 크기는 $1\,[\text{m}^3/\text{min}] \times 35\,[\text{cm}^2/(\text{m}^3/\text{min})]$ 이므로
$360\,[\text{m}^3/\text{min}] \times 35\,[\text{cm}^2/(\text{m}^3/\text{min})] = 12{,}600\,[\text{cm}^2]$

② 공기유입구의 수량 $= \dfrac{12{,}600\,[\text{cm}^2]}{60\,[\text{cm}] \times 60\,[\text{cm}]} = 3.5 = 4$개

12 실의 크기가 20[m]×15[m]×5[m]인 공간에서 대형화재가 발생하여 t[초] 시간 후에 청결층 높이가 1.8[m]로 되었을 때 조건을 이용하여 다음 각 물음에 답하시오.

[조건]

① 연기발생량 Q[m³/s]의 산출은 다음과 같다.

$$Q = \frac{A(h-y)}{t}$$

A : 화재실의 면적 [m²], y : 청결층의 높이 [m]

t : 청결층의 높이에 도달하는데 걸린 시간 [s]

② 청결층의 높이에 도달하는데 걸리는 시간은 Hinkley 식을 적용한다.(단, 중력가속도 g는 9.81[m/s²], P는 화염의 둘레[m]로서 대형화재인 경우 12[m], 중형화재의 경우 6[m], 소형화재의 경우 4[m]를 적용한다)

③ 연기생성률 M [kg/s]에 관련된 식은 다음과 같다.

$$M = 0.188 \times P \times y^{\frac{3}{2}}$$

여기서, P : 화염의 둘레 [m]

y : 청결층의 높이 [m]

[물음]

(1) 청결층 높이 1.8[m]에 도달하는데 걸리는 시간[s]을 산출하시오.

(2) 연기생성률[kg/s]을 산출하시오.

(3) 상부의 배출구로부터 몇 [m³/min]의 연기를 배출하여야 청결층의 높이가 유지되겠는가?

풀이&답

(1) 청결층 높이 1.8[m]에 도달하는데 걸리는 시간[s]을 산출

$$t = \frac{20A}{P\sqrt{g}}\left(\frac{1}{\sqrt{y}} - \frac{1}{\sqrt{h}}\right)$$

$$t = \frac{20 \times 20[\text{m}] \times 15[\text{m}]}{12\text{m} \times \sqrt{9.81[\text{m/s}^2]}}\left(\frac{1}{\sqrt{1.8\text{m}}} - \frac{1}{\sqrt{5\text{m}}}\right) = 47.59[\text{s}]$$

(2) 연기생성률[kg/s]을 산출

$$M = 0.188 \times P \times y^{\frac{3}{2}} = 0.188 \times 12 \times 1.8^{\frac{3}{2}} = 5.448 = 5.45[\text{kg/s}]$$

(3) 배출량[m³/min]의 계산

$$Q = \frac{A(h-y)}{t} = \frac{20[\text{m}] \times 15[\text{m}] \times (5[\text{m}] - 1.8[\text{m}])}{47.59[\text{s}]}$$

$$= 20.172[\text{m}^3/\text{s}] \times 60 = 1{,}210.32[\text{m}^3/\text{min}]$$

13 초등학교 교실의 면적이 100[m²]이고, 높이가 6[m]인 곳에서 바닥에서 3[m]×3[m] 크기의 화재가 발생하였다고 가정할 경우, 바닥으로부터 각각 3[m], 2[m], 1.5[m] 높이까지 연기가 도달하는 시간을 Hinkley공식을 사용하여 구하시오.(단, 연기 화염의 온도는 400[℃]로서 연기의 밀도는 0.40[kg/m³]이고, 실내의 환기설비는 작동하지 않는다. 기타 조건은 무시한다.)

$$\text{Hinkley공식} \quad t = \frac{20A}{P\sqrt{g}}\left(\frac{1}{\sqrt{y}} - \frac{1}{\sqrt{h}}\right)$$

풀이&답

(1) 조건 정리

① 불의 둘레 P = 3[m] × 4면 = 12[m]

② 실의 바닥면적 A = 100[m²]

③ 높이 h = 6[m]

(2) 바닥으로부터 3[m] 높이까지 연기가 도달하는 시간

$$t = \frac{20 \times 100[\text{m}^2]}{12\text{m} \times \sqrt{9.8[\text{m/s}^2]}}\left(\frac{1}{\sqrt{3[\text{m}]}} - \frac{1}{\sqrt{6[\text{m}]}}\right) = 9[\text{s}]$$

(3) 바닥으로부터 2m 높이까지 연기가 도달하는 시간

$$t = \frac{20 \times 100[\text{m}^2]}{12\text{m} \times \sqrt{9.8[\text{m/s}^2]}}\left(\frac{1}{\sqrt{2[\text{m}]}} - \frac{1}{\sqrt{6[\text{m}]}}\right) = 15.9[\text{s}]$$

(4) 바닥으로부터 1.5m 높이까지 연기가 도달하는 시간

$$t = \frac{20 \times 100[\text{m}^2]}{12\text{m} \times \sqrt{9.8[\text{m/s}^2]}}\left(\frac{1}{\sqrt{1.5[\text{m}]}} - \frac{1}{\sqrt{6[\text{m}]}}\right) = 21.7[\text{s}]$$

14 바닥면적이 400[m²]인 어느 실에 둘레가 12[m]인 석유통을 놓고 불을 질렀더니 t초 뒤에 청결층 y[m]의 값이 2[m]가 되었다면 이 청결층을 계속 유지하기 위해서 필요한 연기의 배출량[m³/min]은 얼마인지 계산하시오.(단, 청결층에 도달하는 시간은 Hinkley식을 이용하고 연기배출량은 아래의 식을 이용한다. 층고 $h = 3$[m] 이다.)

$$Q = \frac{A(h-y)}{t}$$

Q : 배출량[m³/s], A : 실의 바닥면[m²], t : 청결층에 도달하는데 걸린 시간[s]

h : 층고[m], y : 청결층의 깊이[m]

풀이&답 (1) 청결층의 값 2[m]가 될 때까지의 경과시간

$$t = \frac{20A}{P\sqrt{g}}\left(\frac{1}{\sqrt{y}} - \frac{1}{\sqrt{h}}\right) = \frac{20 \times 400[\text{m}^2]}{12[\text{m}]\sqrt{9.8[\text{m/s}^2]}}\left(\frac{1}{\sqrt{2[\text{m}]}} - \frac{1}{\sqrt{3[\text{m}]}}\right) = 27.6[\text{s}]$$

(2) 연기의 배출량

$$Q = \frac{A(h-y)}{t} = \frac{400[\text{m}^2] \times (3[\text{m}] - 2[\text{m}])}{27.6\text{s}} = 14.5[\text{m}^3/\text{s}] \times 60 = 870[\text{m}^3/\text{min}]$$

15 제연설비의 화재안전기술기준(NFTC 501)에서 제연경계의 수직거리가 2[m] 이하일 경우 최소 배출풍량이 40,000[m³/hr] 이상으로 규정된 이유를 Hinkley 공식을 이용하여 설명하시오. (단, 실의 높이(h) : 3[m], 중력가속도(g) : 9.8[m/s²], 화염의 둘레길이 : 12[m])

풀이&답 (1) Hinkley 공식

$$t = \frac{20A}{P\sqrt{g}}\left(\frac{1}{\sqrt{y}} - \frac{1}{\sqrt{h}}\right)$$

① t : 청결층 깊이 y가 될 때까지의 시간[s]

② A : 실의 바닥면적[m²]

③ P : 불의 둘레[m](대형화재 12[m], 중형화재 6[m], 소형화재 4[m])

④ y : 청결층 깊이[m]

⑤ h : 실의 높이[m]

(2) Hinkley 공식을 y에 대한 식으로 변환

$$\frac{1}{\sqrt{y}} = \left(\frac{P\sqrt{g}}{20A}\right)t + \frac{1}{\sqrt{h}}$$

(3) 양변을 미분하여 dy의 식으로 정리

$$-\frac{1}{2}y^{-\frac{3}{2}}dy = \frac{P\sqrt{g}}{20A}dt, \quad dy = \frac{P\sqrt{g}}{20A} \times (-2y^{\frac{3}{2}})dt$$

(4) 배출량에 대한 식으로 정리

$$A\frac{dy}{dt} = \frac{dV}{dt} = -\frac{P\sqrt{g}}{10}y^{\frac{3}{2}}$$

(5) 배출량 산출

$$A\frac{dy}{dt} = \frac{dV}{dt} = -\frac{12\sqrt{9.8}}{10} \times 2^{\frac{3}{2}} = 10.62[\text{m}^3/\text{s}]$$

(6) 단위 환산 : $10.62[\text{m}^3/\text{s}] \times \frac{3,600[\text{s}]}{1[\text{hr}]} = 38,232[\text{m}^3/\text{hr}] = 40,000[\text{m}^3/\text{hr}]$ 으로 결정한다.

16 아래의 도면과 같이 거실제연설비를 설치하려고 한다. 조건과 도면을 참조하여 다음 각
물음에 답하시오.(4점)

[조건]

① 송풍기의 전압은 100[mmAq], 효율은 65[%], 전달계수는 1.1이다.

② A구역과 B구역은 벽으로 구획되어 있다.

③ A, B 구역의 배출량은 각각 9,000[m³/h]

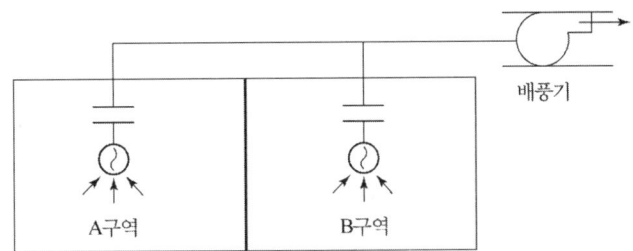

(1) 배풍기에서 필요한 풍량(m³/min)을 계산하시오.

풀이&답 풍량 = $9,000[\text{m}^3/\text{h}]+9,000[\text{m}^3/\text{h}] = 18,000[\text{m}^3/\text{h}] = 300[\text{m}^3/\text{min}]$

(2) 축동력(kW)을 계산하시오.(단, 소수점 3자리에서 반올림하여 2자리까지 답한다.)

풀이&답 $P = \dfrac{P_t Q}{102\eta} = \dfrac{100[\text{mmAq}] \times 18,000[\text{m}^3]/3,600[\text{s}]}{102 \times 0.65} = 7.54[\text{kW}]$

17 발연량 $K[\text{kg/s}] = 0.188 P y^{\frac{3}{2}}$ 임을 유도하고 아래의 조건을 이용하여 발연량[kg/s]을 계
산하시오.

[조건]

◦ 연기의 밀도 $\rho = 0.6[\text{kg/m}^3]$이고, 300℃ 기준이다.

◦ 중력가속도 $g = 9.8 [\text{m/S}^2]$

◦ 화염의 둘레는 대형화재를 기준으로 하고, 층의 높이는 4.5[m], 연기층의 높이는 1[m]
이다.

◦ 최종답은 소수점 3자리에서 반올림하여 2자리까지 답한다.

풀이&답 1. 공식유도

1) Hinkley 공식 이용

$$t = \frac{20A}{P\sqrt{g}}\left(\frac{1}{\sqrt{y}} - \frac{1}{\sqrt{h}}\right)$$

① t : 청결층 깊이 y가 될 때까지의 시간[s]
② A : 실의 바닥면적[m²]
③ P : 불(화염)의 둘레[m](대형화재 12[m], 중형화재 6[m], 소형화재 4[m])
④ y : 청결층 깊이[m]
⑤ h : 실의 높이[m]

2) Hinkley 공식을 y에 대한 식으로 변환

$$\frac{1}{\sqrt{y}} = \left(\frac{P\sqrt{g}}{20A}\right)t + \frac{1}{\sqrt{h}}, \quad \frac{1}{\sqrt{y}} = y^{-\frac{1}{2}} \text{ 이므로}$$

3) 양변을 미분하여 dy의 식으로 정리

$$-\frac{1}{2}y^{-\frac{3}{2}}dy = \frac{P\sqrt{g}}{20A}dt, \quad dy = \frac{P\sqrt{g}}{20A} \times \frac{1}{\left(-\frac{1}{2}y^{-\frac{3}{2}}\right)}dt$$

$$\frac{dy}{dt} = \frac{P\sqrt{g}}{20A} \times \left(-2y^{\frac{3}{2}}\right), \quad \frac{dy}{dt} = -\frac{P\sqrt{g}}{10A} \times y^{\frac{3}{2}}$$

$$A\frac{dy}{dt} = Q = -\frac{P\sqrt{g}}{10} \times y^{\frac{3}{2}} [\text{m}^3/\text{s}]$$

4) 발연량

$$K [\text{kg/s}] = Q[\text{m}^3/\text{s}] \times \rho[\text{kg/m}^3]$$

$$= -\frac{P\sqrt{9.8 [\text{m/s}^2]}}{10} \times y^{\frac{3}{2}} \times 0.6 [\text{kg/m}^3]$$

$$= -0.188 P y^{\frac{3}{2}} \rightarrow = 0.188 P y^{\frac{3}{2}} \text{ (여기에서 "−"는 흡입의 의미이다.)}$$

2. 발연량 계산

$$K = 0.188 P y^{\frac{3}{2}} = 0.188 \times 12 [\text{m}] \times (4.5 [\text{m}] - 1 [\text{m}])^{\frac{3}{2}} = 14.772 = 14.77 [\text{kg/s}]$$

24 특별피난계단의 계단실 및 부속실 제연설비

01 그림은 특정소방대상물의 평면도로서 A, B, C, D, E, F는 출입문이며, 각 실은 출입문 이외의 틈새가 없다고 한다. 출입문이 닫혀진 상태에서 계단실과 부속실을 동시에 급기 가압하고자 한다. 거실과 부속실 사이에 의해 공기가 유통될 수 있는 틈새의 면적[m²]을 계산하시오. (단, 출입문 A, B, C, D, E, F의 틈새면적은 각각 0.02[m²]이다.) (소수점 5자리까지 계산하시오.)

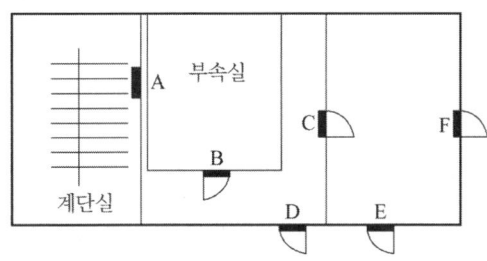

풀이&답

① $A_{EF} = 0.02 + 0.02 = 0.04[\text{m}^2]$

② $A_{CEF} = \left(\dfrac{1}{0.02^2} + \dfrac{1}{0.04^2}\right)^{-\frac{1}{2}} = 0.01788[\text{m}^2]$

③ $A_{C-F} = 0.02 + 0.01788 = 0.03788[\text{m}^2]$

④ $A_{B-F} = \left(\dfrac{1}{0.02^2} + \dfrac{1}{0.03788^2}\right)^{-\frac{1}{2}} = 0.0177[\text{m}^2]$

보충설명 계단실과 부속실을 동시에 급기 가압하는 조건이므로 출입문 A는 고려하지 않는다.

02 다음 그림은 어느 실들의 평면도이다. 이 실들 중 A실을 급기 가압하고자 한다. 주어진 조건을 이용하여 A실에 유입시켜야 할 풍량은 몇 [m³/s]가 되는지 산출하시오. (단, 누설 틈새면적의 계산과정에서 소수점이 발생할 경우 소수점 6자리에서 반올림하여 5자리까지만 적용하고, 풍량은 3자리에서 반올림하여 2자리까지 답한다.)

[조건]

① 실 외부 대기의 기압은 절대압력으로 101,300[Pa]로서 일정하다.

② A실에 유지하고자 하는 기압은 절대압력으로 101,400[Pa]이다.

③ 각 실의 문(Door)들의 틈새면적은 0.01[m²]이다.

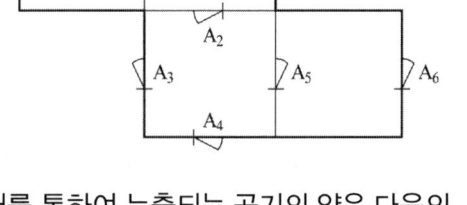

④ 어느 실을 급기 가압할 때 그 실의 문의 틈새를 통하여 누출되는 공기의 양은 다음의 식을 따른다.

$$Q = 0.827 A P^{\frac{1}{2}}$$

Q : 누출되는 공기의 양 [m³/s], A : 문의 전체 유효등가누설면적[m²]

P : 문을 경계로 한 실내·외의 기압차[Pa]

풀이&답

(1) 누설틈새 면적

① $A_5 \sim A_6$ 계산(A_5, A_6이 직렬연결) $= \left(\dfrac{1}{0.01^2} + \dfrac{1}{0.01^2} \right)^{-\frac{1}{2}} = 0.00707 [\text{m}^2]$

② $A_3 \sim A_6$ 계산(A_3, A_4, $A_5 \sim A_6$이 병렬연결)

$= 0.01 + 0.01 + 0.00707 = 0.02707 [\text{m}^2]$

③ $A_1 \sim A_6$ 계산(A_1, A_2, $A_3 \sim A_6$이 직렬연결)

$= \left(\dfrac{1}{0.01^2} + \dfrac{1}{0.01^2} + \dfrac{1}{0.02707^2} \right)^{-\frac{1}{2}} = 0.006841 = 0.00684 [\text{m}^2]$

(2) 풍량계산

① 차압 $P = 101,400 - 101,300 = 100 [\text{Pa}]$

② 풍량 $Q = 0.827 A P^{\frac{1}{2}} = 0.827 \times 0.00684 \times 100^{\frac{1}{2}} = 0.0565 = 0.06 [\text{m}^3/\text{s}]$

03 특별피난계단의 계단실 및 부속실 제연설비의 화재안전기술기준을 참조하여 다음의 각 물음에 답하시오.

(1) 특별피난계단의 계단실 및 제연설비의 방호 공간으로 구성되어 있는 아래 그림과 같은 장소에 전실제연설비를 설치하고자 한다. 아래의 물음에 답하시오.(단, 스프링클러헤드는 설치되지 않았다고 가정한다.)

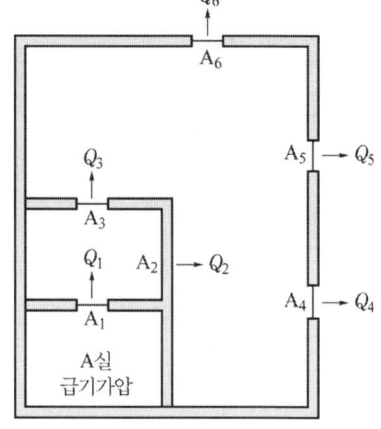

1) 쌍여닫이문으로 출입문 틈새의 길이가 10m인 경우

가. 각 출입문의 누설면적[m²]

나. 전체 유효누설면적[m²]

다. 차압을 유지하기 위한 누설량[m³/min]

2) 외여닫이문으로 출입문 틈새의 길이가 5[m]인 경우(문의 열리는 방향은 실외측으로 한다.)

가. 각 출입문의 누설면적 [m²]

나. 전체 유효누설면적 [m²]

다. 차압을 유지하기 위한 누설량 [m³/min]

(2) 특별피난계단의 부속실에 제연설비가 작동되었을 경우 출입문 개방에 필요한 힘[N]을 아래의 조건을 이용하여 산출하고, 화재안전기술기준에 적합여부를 판단하시오.

[조건] ① 출입문 규격 : 폭 0.9[m], 높이 2.1[m]

② 제연구역과 옥내 사이에 유지하는 차압 : 50[Pa]

③ 문의 끝부분에서 문의 손잡이까지의 거리 : 80[mm]

④ 자동폐쇄장치(Door closer)의 저항 : 30[N]

풀이&답

(1) 아래의 물음에 답하시오.

1) 쌍여닫이문으로 출입문 틈새의 길이가 10m인 경우

가. 각 출입문의 누설면적[m²]

$$A = \frac{L}{\ell} \times A_d = \frac{10}{9.2} \times 0.03 = 0.03261 [\text{m}^2]$$

나. 전체 유효누설면적[m²]

(1) $A_1 = 0.03261 [\text{m}^2]$

(2) $A_{2+3} = A_2 + A_3 = 0.03261 + 0.03261 = 0.06522 [\text{m}^2]$

(3) $A_{4+5+6} = A_4 + A_5 + A_6 = 0.03261 + 0.03261 + 0.03261 = 0.09783 [\text{m}^2]$

(4) 전체 유효누설 면적

$$A_t = \left(\frac{1}{A_1^{\,2}} + \frac{1}{A_{2+3}^{\,2}} + \frac{1}{A_{4+5+6}^{\,2}} \right)^{-\frac{1}{2}}$$

$$= \left(\frac{1}{0.03261^2} + \frac{1}{0.06522^2} + \frac{1}{0.09783^2} \right)^{-\frac{1}{2}} = 0.02795 [\text{m}^2]$$

다. 차압을 유지하기 위한 누설량[m³/min]

$$Q = 0.827 A_t P^{\frac{1}{2}} = 0.827 \times 0.02795 \times 40^{\frac{1}{2}} = 0.14618 [\text{m}^3/\text{s}] \times \frac{60[\text{s}]}{1[\text{min}]}$$

$$= 8.7708 = 8.77 [\text{m}^3/\text{min}]$$

2) 외여닫이문으로 출입문 틈새의 길이가 5m인 경우(문의 열리는 방향은 실외측으로 한다.)

가. 각 출입문의 누설면적[m²]

$$A = \frac{L}{\ell} \times A_d = \frac{5.6}{5.6} \times 0.02 = 0.02 [\text{m}^2]$$

(출입문 틈새의 길이가 5.6[m] 미만의 경우에는 5.6[m]로 한다.)

나. 전체 유효누설면적[m²]

(1) $A_1 = 0.02 [\text{m}^2]$

(2) $A_{2+3} = A_2 + A_3 = 0.02 + 0.02 = 0.04 [\text{m}^2]$

(3) $A_{4+5+6} = A_4 + A_5 + A_6 = 0.02 + 0.02 + 0.02 = 0.06 [\text{m}^2]$

(4) 전체 유효누설 면적

$$A_t = \left(\frac{1}{A_1^{\,2}} + \frac{1}{A_{2+3}^{\,2}} + \frac{1}{A_{4+5+6}^{\,2}} \right)^{-\frac{1}{2}} = \left(\frac{1}{0.02^2} + \frac{1}{0.04^2} + \frac{1}{0.06^2} \right)^{-\frac{1}{2}} = 0.01714 [\text{m}^2]$$

다. 차압을 유지하기 위한 누설량[m³/min]

$$Q = 0.827 A_t P^{\frac{1}{2}} = 0.827 \times 0.01714 \times 40^{\frac{1}{2}} = 0.08964 [\text{m}^3/\text{s}] \times \frac{60[\text{s}]}{1[\text{min}]}$$

$$= 5.37895 = 5.38 [\text{m}^3/\text{min}]$$

(2) 출입문 개방에 필요한 힘(N)과 적합여부 판단

1) 관계이론(출입문 개방에 필요한 힘)

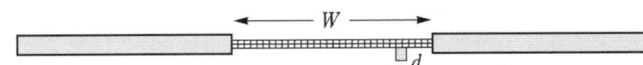

$$F_1 = F_{dc} + \frac{PAW}{2(W-d)}\,[\text{N}]$$

W : 출입문의 폭[m],　　A : 출입문의 면적[m²]
d : 출입문손잡이와 벽과의 거리[m],　　F_{dc} : 자동폐쇄장치의 폐쇄력[N]

2) 출입문 개방에 필요한 힘 계산

$$F_1 = F_{dc} + \frac{PAW}{2(W-d)} = 30[\text{N}] + \frac{50[\text{Pa}] \times 0.9[\text{m}] \times 2.1[\text{m}] \times 0.9[\text{m}]}{2(0.9[\text{m}] - 0.08[\text{m}])} = 81.86[\text{N}]$$

3) 적합여부 판단

　　출입문 개방시 필요한 힘은 110[N] 이하이어야 하므로 적합하다.

04 지하층의 층수가 3층, 지상 30층인 특정소방대상물에 특별피난계단 및 비상용승강기의 승강장을 설치하였다. 조건을 참고하여 다음 각 물음에 답하시오.

[조건]

① 계단실과 부속실을 동시에 제연하는 경우이다.

② 외기 취입구는 지상 1층에 설치하였다.

③ 이 건축물에는 스프링클러설비가 설치되어 있다.

④ 지하층의 층고는 층당 4.5[m], 지상층은 층당 4.0[m] 이다.

⑤ 방화문의 규격은 가로 0.9[m], 세로 2.0[m] 이다.

[물음]

(1) 자연배출방식으로 하는 경우 수직풍도의 내부단면적[m²]은 최소 얼마이상이어야 하는가?

(2) 송풍기를 이용하여 기계배출방식으로 하는 경우 수직풍도의 내부단면적은 최소 얼마 이상이어야 하는가?(단, 풍속은 15[m/s] 이다.)

(3) 계단실과 부속실을 동시에 제연하는 경우 계단실에 설치하여야 하는 급기구의 최소 수량은?

(4) 기계 배출식에 따라 배출하는 경우 배출용 송풍기의 풍량[m³/min]은 얼마로 하여야 하는가?(단, 풍량의 여유는 0.1[m³/min]을 적용한다.)

(5) 특별피난계단의 계단실 및 부속실 제연설비의 화재안전성능기준(NFPC 501A)상 배출댐퍼 및 개폐기의 직근 또는 제연구역에는 장치의 작동을 위하여 전용의 수동기동장치를 설치해야 한다. 이에 해당하는 기준 4가지를 쓰시오.

(6) 방연풍속에 대한 다음의 표를 완성하시오.

제연구역		방연풍속

(7) 제연구역과 옥내와의 사이에 유지하여야 하는 최소차압은?

풀이&답

(1) 수직풍도의 내부단면적

　① Q_N＝수직풍도가 담당하는 1개층의 제연구역의 출입문(옥내와 면하는 출입문을 말한다) 1개
　　의 면적[m²]과 방연풍속[m/s]을 곱한 값
　　＝(0.9[m] × 2.0[m]) × 0.5[m/s] = 0.9[m³/s]

　② 수직풍도의 길이 = 3개층 × 4.5[m] + 30개층 × 4.0[m] = 133.5[m]

　③ 수직풍도의 내부단면적
　　수직풍도의 길이가 100[m]를 초과하므로 산출수치의 1.2배 이상의 수치로 하여야 한다.

$$A_p = \frac{Q_N}{2} = \frac{0.9[\text{m}^3/\text{s}]}{2} = 0.45 \times 1.2 = 0.54[\text{m}^2] \text{ 이상}$$

(2) 기계배출방식으로 하는 경우 수직풍도의 내부단면적

　① 풍속 V＝15[m/s]

　② 수직풍도의 내부 단면적

$$A_p = \frac{Q_N}{15} = \frac{0.9[\text{m}] \times 2[\text{m}] \times 0.5[\text{m/s}]}{15[\text{m/s}]} = 0.06[\text{m}^2]$$

(3) 급기구의 최소수량은?

　① 계단실과 부속실을 동시에 제연하거나 또는 계단실만을 제연하는 경우 급기구는 계단실 매
　　3개층 이하의 높이마다 설치할 것

　② 지하층 : 3층 / 3개층 = 1개

　③ 지상층 : 30층 / 3개층 = 10개

　④ 최소수량 : 1개 + 10개 = 11개

(4) 배출용 송풍기의 풍량

　① 배출용송풍기 풍량은 Q_N에 여유량을 더한 값으로 하여야 한다.

　② $Q_N = AV = 0.9[\text{m}] \times 2[\text{m}] \times 0.5[\text{m/s}] = 0.9[\text{m}^3/\text{s}] \times 60 = 54[\text{m}^3/\text{min}]$

　③ 여유량이 0.1[m³/min] 이므로 풍량은 54 + 0.1 = 54.1[m³/min]

(5) 수동기동장치 기준 4가지

　① 전 층의 제연구역에 설치된 급기댐퍼의 개방

　② 당해층의 배출댐퍼 또는 개폐기의 개방

　③ 급기송풍기 및 유입공기의 배출용 송풍기의 작동

　④ 개방·고정된 모든 출입문(제연구역과 옥내사이의 출입문에 한한다)의 개폐장치의 작동

(6) 방연풍속에 대한 다음의 표를 완성하시오.

제연구역		방연풍속
계단실 및 그 부속실을 동시에 제연하는 것 또는 계단실만 단독으로 제연하는 것		0.5[m/s] 이상
부속실만 단독으로 제연하는 것	부속실이 면하는 옥내가 거실인 경우	0.7[m/s] 이상
	부속실이 면하는 옥내가 복도로서 그 구조가 방화구조(내화시간이 30분 이상인 구조를 포함한다)인 것	0.5[m/s] 이상

(7) 제연구역과 옥내와의 사이에 유지하여야 하는 최소차압은?
　12.5[Pa] 이상

차압기준

① 옥내에 스프링클러설비가 없는 경우 : 40[Pa] 이상

② 옥내에 스프링클러설비가 설치된 경우 : 12.5[Pa] 이상

05 아래의 조건을 이용하여 부속실제연설비에 적용하는 급기송풍기용 전동기의 용량을 계산하시오.

[조건]

① 전압 30[mmAq]

② 효율 60[%], 전달계수 1.1

③ 보충량 12,000[m³/hr], 출입문등의 누설량 10[m³/min]

④ 기타 주어지지 않은 조건은 화재안전기준을 준용한다.

풀이&답

(1) 급기량 = 누설량 + 보충량 = 10[m³/min] + 12,000[m³/hr]

= 10[m³/min] + 12,000[m³/60min] = 210[m³/min]

(2) 송풍기의 송풍량 = 급기량 × 1.15배 이상 = 210[m³/min] × 1.15 = 241.5[m³/min]

(3) 전동기의 용량

$$P = \frac{P_t Q}{102\eta} K = \frac{30 \times 241.5 [\text{m}^3/60\text{s}]}{102 \times 0.6} \times 1.1 = 2.1703 = 2.17[\text{kW}]$$

06 다음 각 물음에 답하시오.

(1) 아래 그림과 조건을 참고하여 다음 각 물음에 답하시오.

[조건]

① A_1은 출입문으로서 누설틈새면적은 0.02[m²]이다.

② A_2는 창문으로서 누설틈새면적은 0.005[m²]이다.

③ 급기량 $Q = 0.1$ [m³/s] 이다.

④ 기타 조건은 무시한다.

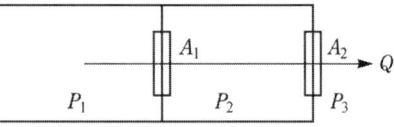

[물음]

1) 차압 $P_1 - P_2$를 계산하시오.

2) 차압 $P_2 - P_3$를 계산하시오.

3) 차압 $P_1 - P_3$를 계산하시오.

(2) 대형 화학공장에 설치된 소화설비 배관중 배관 내경이 400[mm]에서 200[mm]로 급격히 축소되는 부분이 존재하고 있다. 조건을 참고하여 다음 각 물음에 답하시오.

[조건]

① 소화수의 유량은 6[m³/min]이다.

② 축소계수(Contraction Coefficient, C_c)는 0.64를 적용한다.

③ 중력가속도는 9.8[m/s²] 이다.

④ 전달계수는 1.1, 효율은 0.75를 적용한다.

⑤ 물의 비중량은 9.8[kN/m³] 이다.

[물음]

1) 손실수두[m]를 계산하시오.(단, 소수점 3자리에서 반올림하여 2자리로 답한다.)

2) 손실동력(kW)을 계산하시오.

풀이&답 (1) 아래 그림과 조건을 참조
1) 차압 $P_1 - P_2$
① $0.827 A_1 (P_1 - P_2)^{\frac{1}{2}} = 0.827 \times 0.02 \times (P_1 - P_2)^{\frac{1}{2}} = 0.1 [\text{m}^3/\text{s}]$
② $P_1 - P_2 = \left(\dfrac{0.1}{0.827 \times 0.02} \right)^2 = 36.553 = 36.55 [\text{Pa}]$

2) 차압 $P_2 - P_3$
① $0.827 A_2 (P_2 - P_3)^{\frac{1}{1.6}} = 0.827 \times 0.005 \times (P_2 - P_3)^{\frac{1}{1.6}} = 0.1 [\text{m}^3/\text{s}]$
② $P_2 - P_3 = \left(\dfrac{0.1}{0.827 \times 0.005} \right)^{1.6} = 163.5457 = 163.55 [\text{Pa}]$

3) 차압 $P_1 - P_3$
① $P_1 - P_2 = 36.55 [\text{Pa}]$
② $P_2 - P_3 = 163.55 [\text{Pa}]$
③ ① + ② $= P_1 - P_2 + P_2 - P_3 = P_1 - P_3 = 36.55 + 163.55 = 200.1 [\text{Pa}]$

(2) 손실수두 및 손실동력의 계산
1) 손실수두의 계산
① 손실계수 $K = \left(\dfrac{1}{C_c} - 1 \right)^2 = \left(\dfrac{1}{0.64} - 1 \right)^2 = 0.3164$
② 200[mm]에서의 유속
$$V_2 = \frac{Q}{A_2} = \frac{6 [\text{m}^3/60\text{s}]}{\dfrac{\pi}{4} \times (0.2 [\text{m}])^2} = 3.18 [\text{m/s}]$$
③ 손실수두 $H = K \dfrac{V_2^2}{2g} = 0.3164 \times \dfrac{3.18^2}{2 \times 9.8} = 0.163 = 0.16 [\text{m}]$

2) 손실동력
$$P = \frac{9.8 QH}{\eta} \times K = \frac{9.8 [\text{kN/m}^3] \times 6 [\text{m}^3/60\text{s}] \times 0.16 [\text{m}]}{0.75} \times 1.1 = 0.23 [\text{kW}]$$

07 그림에서 ㉮실을 급기 가압하여 압력차를 50Pa이 유지되도록 하고자 한다. 조건을 이용하여 급기량[m³/min]을 산출하시오.(단, 유효등가누설면적(A)은 소수점 7자리에서 반올림하여 소수점 6자리까지만 적용한다.)

[조건]

① 급기량 $Q = 0.827 \times A \times \sqrt{P} [\text{m}^3/\text{s}]$를 이용한다.

A : 유효등가 누설면적[m²]

P : 압력차[Pa]

② 그림에서 A₁, A₂, A₃, A₄는 닫힌 출입문으로 누설틈새면적은 모두 0.01[m²]

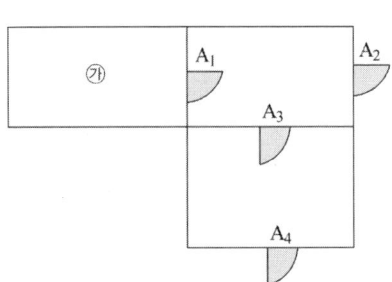

풀이&답 (1) 유효등가 누설면적의 계산
① A₃과 A₄는 직렬연결

$$A_{34} = \left(\frac{1}{0.01^2} + \frac{1}{0.01^2} \right)^{-\frac{1}{2}} = 0.007071 \, [\text{m}^2]$$

② A_2와 A_{34}는 병렬연결

$A_{234} = 0.01 + 0.007071 = 0.017071 \, [\text{m}^2]$

③ A_1과 A_{234}는 직렬연결

$$A_{1234} = \left(\frac{1}{0.01^2} + \frac{1}{0.017071^2} \right)^{-\frac{1}{2}} = 0.0086285 = 0.008629 \, [\text{m}^2]$$

(2) 급기량의 계산

$$Q = 0.827 \times A \times \sqrt{P} = 0.827 \times 0.008629 \times \sqrt{50} = 0.0504 \, [\text{m}^3/\text{s}] \times 60 = 3.02 \, [\text{m}^3/\text{min}]$$

---

08 창문의 틈새의 길이를 10m로 가정하였을 때 아래의 물음에 해당하는 창문의 틈새면적 [m²]을 계산하시오.

(1) 여닫이식 창문(창틀에 방수팩킹이 있는 경우)

(2) 여닫이식 창문(창틀에 방수팩킹이 없는 경우)

(3) 미닫이식 창문

[풀이&답]

(1) 여닫이식 창문(창틀에 방수팩킹이 있는 경우)

틈새면적 = $3.61 \times 10^{-5} \times$ 틈새의 길이 = $3.61 \times 10^{-5} \times 10[\text{m}] = 3.61 \times 10^{-4} \, [\text{m}^2]$

(2) 여닫이식 창문(창틀에 방수팩킹이 없는 경우)

틈새면적 = $2.55 \times 10^{-4} \times$ 틈새의 길이 = $2.55 \times 10^{-4} \times 10[\text{m}] = 2.55 \times 10^{-3} \, [\text{m}^2]$

(3) 미닫이식 창문

틈새면적 = $1.00 \times 10^{-4} \times$ 틈새의 길이 = $1.00 \times 10^{-4} \times 10[\text{m}] = 1.00 \times 10^{-3} \, [\text{m}^2]$

---

09 다음 각 물음에 답하시오.

(1) 흡입덕트와 토출덕트로 연결되어 있는 송풍계통에서 아래의 조건을 이용하여 송풍기 의 전압, 동압 및 정압을 각각 계산하시오.

[조건]
- 흡입구의 정압 : −150[Pa], 흡입구의 동압 : 50[Pa]
- 토출구의 정압 : 200[Pa], 토출구의 동압 : 100[Pa]

[풀이&답]

① 송풍기의 정압 = 토출구 정압 − 흡입구 정압 = 200[Pa] − (−150) = 350[Pa]

② 송풍기의 동압 = 토출구 동압 − 흡입구 동압 = 100[Pa] − 50[Pa] = 50[Pa]

③ 송풍기의 전압 = 송풍기의 정압 + 송풍기의 동압 = 350[Pa] + 50[Pa] = 400[Pa]

(2) 소방시설 자체점검사항 등에 관한 고시 [특별피난계단 및 부속실 제연설비 성능시험 조사표]를 참고하여 아래의 물음에 답하시오.

① 다음 ( )안에 들어갈 내용을 답안지에 쓰시오.

풍량 측정점은 (㉠), (㉡), (㉢) 등을 고려하여 송풍기의 흡입측 또는 토출측 덕트에서 정상류가 형성되는 위치를 선정한다. 일반적으로 엘보 등 방향전환 지점 기준 하류쪽은 덕트직경(장방형 덕트의 경우 상당지름)의 (㉣) 이상 상류쪽은 (㉤)이상 지점에서 측정하여야 하며, 직관길이가 미달하는 경우 최적위치를 선정하여 측정하고 측정기록지에 기록한다.

[풀이&답] ㉠ 덕트 내의 풍속, ㉡ 시공상태, ㉢ 현장 여건, ㉣ 7.5배, ㉤ 2.5배

② 아래의 조건을 이용하여 피토관 측정시 풍속과 풍량을 계산하시오.

[조건] • 동압은 200[Pa]

• 덕트는 장방형 덕트로 길이는 1100[mm], 높이는 700[mm]

• 계산과정에서 소수점 발생시 3자리에서 반올림하여 2자로 계산한다.

[풀이&답] • 풍속계산 [m/s] : $V = 1.29 \sqrt{P_v} = 1.29 \sqrt{200} = 18.24$ [m/s]

• 풍량계산 [m³/h]

덕트의 단면적 $A = 1.1$[m] $\times 0.7$[m] $= 0.77$[m²]

풍량계산 $Q = 3{,}600\,VA = 3{,}600 \times 18.24$[m/s] $\times 0.77$[m²] $= 50{,}561.28$[m³/h]

특별피난계단 및 부속실 제연설비 성능시험조사표

1. 일반사항

　– 풍량 측정점은 덕트 내의 풍속, 시공상태, 현장 여건 등을 고려하여 송풍기의 흡입측 또는 토출측 덕트에서 정상류가 형성되는 위치를 선정한다. 일반적으로 엘보 등 방향전환 지점 기준 하류쪽은 덕트직경(장방형 덕트의 경우 상당지름)의 7.5배 이상 상류쪽은 2.5배 이상 지점에서 측정하여야 하며, 직관길이가 미달하는 경우 최적위치를 선정하여 측정하고 측정기록지에 기록한다.

　– 피토관 측정시 풍속은 아래공식으로 계산한다.

　　$V = 1.29 \sqrt{P_v}$ (V : 풍속[m/s], P_v : 동압[Pa])

　– 풍량 계산은 아래공식으로 계산한다.

　　$Q = 3{,}600\,VA$ (Q : 풍량[m³/h], V : 평균풍속[m/s], A : 덕트의 단면적)

2. 송풍기 풍량 측정위치는 측정자가 쉽게 접근할 수 있고 안전하게 측정할 수 있도록 조치하여야 한다.

3. 동일면적 분할법 사례

원형덕트 또는 송풍기 흡입구 피토관 이송 측정점 (동일면적 분할법)	장방형 덕트 피토관 이송 측정점 (동일면적 분할법)
직경 1 2 3 4 5 5 4 3 2 1	L a/2 a a a a/2 b/2 b H b b b/2

원형덕트 또는 송풍기 흡입구 피토관 이송 측정점 (동일면적 분할법)	장방형 덕트 피토관 이송 측정점 (동일면적 분할법)
• 300[mm] 이상인 경우 총 20개 지점 측정 • 측정점 위치	• 최소 16점이며 64점 이상을 넘지 않 도록 한다. • 64점 이하 측정시 a, b의 간격은 150 [mm] 이하일 것 • L=1,100일 경우 1,100 / 150=7.33, 측정점은 8개소 a=1,100/8=137.5[mm]

측정점1	측정점2	측정점3	측정점4	측정점5
0.0257D	0.0817D	0.1465D	0.2262D	0.3419D

주) D : 원형 덕트의 직경

10 다음은 특별피난계단의 계단실 및 부속실 제연설비의 화재안전성능기준(NFPC 501A)에서 정하고 있는 기준의 일부를 나타낸 것이다. 괄호 안의 번호에 알맞은 답을 쓰시오.(5점)

① 제연구역과 옥내와의 사이에 유지하여야 하는 최소차압은 (①)(옥내에 스프링클러설비가 설치된 경우에는 (②)) 이상으로 하여야 한다.

② 제연설비가 가동되었을 경우 출입문의 개방에 필요한 힘은 (③)로 하여야 한다.

③ 출입문이 일시적으로 개방되는 경우 개방되지 아니하는 제연구역과 옥내와의 차압은 기준에 따른 차압의 (④) 이상이어야 한다.

④ 계단실과 부속실을 동시에 제연 하는 경우 부속실의 기압은 계단실과 같게 하거나 계단실의 기압보다 낮게 할 경우에는 부속실과 계단실의 압력차이는 (⑤)가 되도록 하여야 한다.

[풀이&답] ① 40 파스칼 ② 12.5 파스칼 ③ 110 뉴턴 이하 ④ 70 퍼센트 ⑤ 5 파스칼 이하

11 특별피난계단의 계단실 및 부속실 제연설비에 대한 다음 각 물음에 답하시오.(7점)

(1) 옥내의 압력이 755mmHg일 때 화재 시 부속실에 유지하여야 하는 최소압력(kPa)을 계산하시오.(단, 단위 환산시에는 표준대기압을 적용한다.)(4점)

① 옥내에 스프링클러설비가 설치된 경우

② 옥내에 스프링클러설비가 설치되지 않은 경우

[풀이&답] ① 옥내에 스프링클러설비가 설치된 경우

$$755[mmHg] + 12.5[Pa] = \frac{755[mmHg]}{760[mmHg]} \times 101,325[Pa] + 12.5[Pa]$$
$$= 100,670.8882[Pa] = 100.67[kPa]$$

② 옥내에 스프링클러설비가 설치되지 않은 경우

$$755[mmHg] + 40[Pa] = \frac{755[mmHg]}{760[mmHg]} \times 101,325[Pa] + 40[Pa]$$
$$= 100,698.3882[Pa] = 100.7[kPa]$$

(2) 부속실 단독으로 제연하는 방식으로 부속실이 면하는 옥내가 복도로서 그 구조는 방화구조이다. 또한, 이 제연구역에는 옥내와 면하는 출입문이 2개 있으며 각각 출입문의 크기는 가로 1,000[mm], 세로 2,000[mm] 이다, 아래의 구분에 따른 유입공기의 배출에 따른 각각의 최소면적을 계산하시오.(6점)

① 자연배출식의 경우 수직풍도의 내부단면적(m²)

풀이&답　$A_P = \dfrac{Q_N}{2} = \dfrac{1{,}000[\text{mm}] \times 2{,}000[\text{mm}] \times 0.5[\text{m/s}]}{2} = \dfrac{1[\text{m}] \times 2[\text{m}] \times 0.5[\text{m/s}]}{2} = 0.5[\text{m}^2]$

② 송풍기를 이용한 기계배출식의 경우 수직풍도의 내부단면적(m²)

풀이&답　$A_P = \dfrac{Q_N}{15} = \dfrac{1{,}000[\text{mm}] \times 2{,}000[\text{mm}] \times 0.5[\text{m/s}]}{15} = \dfrac{1[\text{m}] \times 2[\text{m}] \times 0.5[\text{m/s}]}{15} = 0.0666 = 0.07[\text{m}^2]$

③ 배출구에 따른 배출방식인 경우 개폐기의 개구면적(m²)

풀이&답　$A_P = \dfrac{Q_N}{2.5} = \dfrac{1{,}000[\text{mm}] \times 2{,}000[\text{mm}] \times 0.5[\text{m/s}]}{2.5} = \dfrac{1[\text{m}] \times 2[\text{m}] \times 0.5[\text{m/s}]}{2.5} = 0.4[\text{m}^2]$

① Q_N : 수직풍도가 담당하는 1개층의 제연구역의 출입문(옥내와 면하는 출입문)1개의 면적(m²)과 방연풍속(m/s)을 곱한 값(m³/s)
② 방연풍속

재연구역		방연풍속
계단실 및 그 부속실을 동시에 제연하는 것 또는 계단실만 단독으로 제연하는 것		0.5[m/s] 이상
부속실만 단독으로 제연하는 것	부속실이 면하는 옥내가 거실인 경우	0.7[m/s] 이상
	부속실이 면하는 옥내가 복도로서 그 구조가 방화구조(내화시간이 30분 이상인 구조를 포함)인 것	0.5[m/s] 이상

25 연결살수설비

01 연결살수설비를 전용헤드로 건축물의 실내에 설치할 경우 헤드간의 거리는 얼마인가? (단, 헤드의 설치는 정방형으로 한다.)

풀이&답 $S = 2r\cos 45 = 2 \times 3.7 \times \cos 45 = 5.23[m]$

02 연결살수설비를 스프링클러헤드로 건축물의 실내에 설치할 경우 헤드간의 거리는 얼마인가? (단, 헤드의 설치는 정방형으로 한다.)

풀이&답 $S = 2r\cos 45 = 2 \times 2.3 \times \cos 45 = 3.25[m]$

03 창고시설 중 물류터미널(면적 1,500[m²], 층고 5[m])에 연결살수설비를 설치하고자 한다. 스프링클러헤드를 정방형으로 설치하고자 할 때 다음 각 물음에 답하시오.
(1) 최고 주위온도가 40[℃]일 때 표시온도 얼마의 헤드를 사용하여야 하는가?
(2) 가로의 길이가 50[m], 세로의 길이가 30[m]일 때 헤드의 최소 수량을 계산하시오.

풀이&답 (1) 최고 주위온도가 40[℃]일 때 표시온도 : 표시온도 121[℃] 이상

보충설명 높이가 4[m] 이상인 공장 및 창고(랙크식 창고를 포함)에 설치하는 스프링클러헤드는 그 설치장소의 평상시 최고 주위온도에 관계없이 표시온도 121[℃] 이상의 것으로 할 수 있다.

(2) 가로의 길이가 50[m], 세로의 길이가 30[m]일 때 헤드의 최소 수량
① 가로수량 : $\dfrac{50[m]}{2 \times 2.3[m] \times \cos 45°} = 15.37 = 16$개
② 세로수량 : $\dfrac{30[m]}{2 \times 2.3[m] \times \cos 45°} = 9.22 = 10$개
③ 최소수량 : 16개 × 10개 = 160개

26 비상콘센트설비

01 비상콘센트설비에 대한 다음 각 물음에 답하시오.

(1) 비상 콘센트(단상)에 3[kW]용 송풍기를 연결하여 운전하면 몇[A]의 전류가 흐르는 가?(단, 송풍기의 역률은 65[%]이다.)

(2) 전원으로부터 각층의 비상콘센트에 분기되는 경우에는 보호함 안에 무엇을 설치하여 야 하는가?

(3) 비상콘센트의 배치는 바닥면적이 1,000[m²] 미만인 층에 있어서는 계단의 출입구(계 단의 부속실을 포함하여 계단이 2이상 있는 경우에는 그 중 1개의 계단을 말한다)로 부터 5[m] 이내에, 바닥면적 1,000[m²] 이상인 층에 있어서는 각 계단의 출입구 또는 계단부속실의 출입구(계단의 부속실을 포함하여 계단이 세 개 이상 있는 층의 경우에 는 그 중 두 개의 계단을 말한다)로부터 5[m] 이내에 설치하되, 그 비상 콘센트로부터 그 층의 각 부분까지의 거리가 기준을 초과하는 경우에는 그 기준 이하가 되도록 비 상콘센트를 추가하여야 하는데 그 기준 2가지를 쓰시오.

(4) 비상콘센트설비의 플러그접속기는 어떤 것을 사용하여야 하는가?

풀이&답 (1) 전류계산

$$I = \frac{P}{V\cos\theta} = \frac{3 \times 10^3}{220 \times 0.65} = 20.98[\text{A}]$$

(2) 보호함 안에 설치 : 분기배선용 차단기

(3) 추가 설치기준
① 지하상가 또는 지하층의 바닥면적의 합계가 3,000[m²]이상인 것은 수평거리 25[m]
② ①목에 해당하지 아니하는 것은 수평거리 50[m]

(4) 플러그접속기 기준
접지형2극 플러그접속기(KS C 8305)

02 다음의 각 물음에 답하시오.

(1) 길이 15[m], 폭 20[m]인 방재센터의 조명률은 50[%], 40[W] 2등용 형광등의 전 광속 4,800[lm]이라고 하면, 형광등 몇 등(등기구 수량이 아님)이 있어야 400[lx] 조도가 될 수 있겠는가?(단, 층고 3.6[m] 이며, 조명 유지율은 80[%]이다.)

(2) 20[W] 대형피난구유도등 30개가 AC 220[V]에서 점등되었다면 소모되는 전류는 몇 [A]인가?(단, 유도등의 역률은 60[%]이다.)

(3) 지상 25층 아파트에서 비상콘센트를 설치하여야 할 층에 층당 1개씩 설치한다고 할 때, 다음 각 물음에 답하시오.
1) 비상콘센트는 몇 개가 필요한가?(단, 지하층은 고려하지 않는다.)
2) 하나의 전용회로의 전선용량은 어떻게 결정하는지 그 기준을 쓰시오.

(4) 비상콘센트가 설치된 건물에서 사용전압은 단상교류 220[V]이다. 간선에 흐르는 최소 허용전류를 계산하시오. (단, 지하층을 제외한 20층 건축물로 가정하고, 역률은 90[%]이다. 또한, 허용전류 계산 시 정격전류가 50[A]이하인 경우에는 1.25배, 정격전류가 50[A]초과인 경우에는 1.1배를 적용한다.)

풀이&답

(1) 등수의 계산
① 관계이론

$$FUN = EAD$$

F : 1등 당 광속[lm], $\quad U$: 조명률[%], $\quad N$: 등수

D : 감광보상률$(= \dfrac{1}{M(유지율)})$, $\quad E$: 조도[lx], $\quad A$: 단면적[m^2]

② 등수의 계산

$$N = \frac{DEA}{FU} = \frac{\frac{1}{0.8} \times 400[\text{lx}] \times (15[\text{m}] \times 20[\text{m}])}{2,400[\text{lm}] \times 0.5} = 125등$$

(2등용의 전광속이 4800[lm]이므로 1등 당 광속은 2,400[lm]이 된다.)

(2) 소비전류

$$I = \frac{P}{V\cos\theta} = \frac{20[\text{W}] \times 30개}{220[\text{V}] \times 0.6} = 4.545 = 4.55[\text{A}]$$

(3) 지상 25층 아파트 비상콘센트 설치
① 비상콘센트수량 : 11층 이상의 층에 설치하여야 하므로 15개
② 하나의 전용회로의 전선용량 : 각 비상콘센트의 공급용량을 합한 용량(비상콘센트가 3개 이상인 경우는 3개)이상의 것으로 한다.

(4) 최소 허용전류
① 전류 $I = \dfrac{P}{V} = \dfrac{3개 \times (1.5 \times 10^3[\text{VA}])}{220[\text{V}]} = 20.45[\text{A}]$
② 허용전류 : 정격전류가 50[A]이하이므로 허용전류는 1.25배를 적용한다.
$$I_a = 1.25 \times I_M = 1.25 \times 20.45 = 25.56[\text{A}]$$

03 비상콘센트설비의 화재안전기술기준에 대한 다음 각 물음에 답하시오.

(1) 비상전원에 대한 물음에 답하시오.

① 비상전원을 설치하여야 하는 특정소방대상물을 쓰시오.

풀이&답

지하층을 제외한 층수가 7층 이상으로서 연면적이 2,000[m^2] 이상이거나 지하층의 바닥면적의 합계가 3,000[m^2] 이상

② 비상전원의 종류를 쓰시오.

풀이&답

자가발전설비, 비상전원수전설비, 축전지설비 또는 전기저장장치(외부 전기에너지를 저장해 두었다가 필요한 때 전기를 공급하는 장치)

③ 비상전원을 설치하지 않을 수 있는 기준을 쓰시오.

풀이&답

둘 이상의 변전소에서 전력을 동시에 공급받을 수 있거나 하나의 변전소로부터 전력의 공급이 중단되는 때에는 자동으로 다른 변전소로부터 전력을 공급받은 수 있도록 상용전원을 설치한 경우

(2) 비상콘센트용의 풀박스 등은 어떻게 설치해야 하는지 그 기준을 쓰시오.

풀이&답 방청도장을 한 것으로서, 두께 1.6[mm] 이상의 철판으로 할 것

(3) 비상콘센트설비의 배선은 전기사업법에서 정하는 것 외에 어떤 기준에 의거하여 설치해야 하는지 그 기준을 쓰시오.

풀이&답
1. 전원회로의 배선은 내화배선으로, 그 밖의 배선은 내화배선 또는 내열배선으로 할 것
2. 제1호에 따른 내화배선 및 내열배선에 사용하는 전선 및 설치방법은 옥내소화전설비의 화재안전기술기준 2.7.2의 표 2.7.2 기준에 따를 것

04 아래의 조건과 비상콘센트설비의 화재안전기준에 의거하여 비상콘센트를 설치하고자 한다. 다음 각 물음에 답하시오.

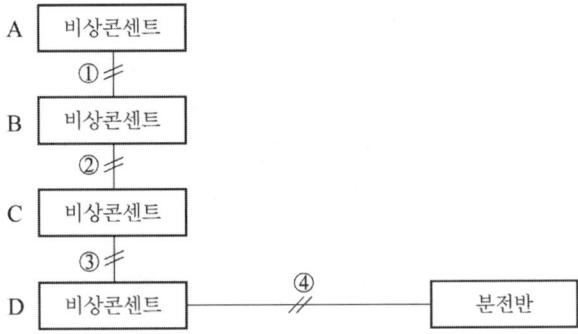

(1) "①"부분의 전선의 굵기를 선정하시오.

(2) "②"부분의 전선의 굵기를 선정하시오.

(3) "③"부분의 전선의 굵기를 선정하시오.

(4) "④"부분의 전선의 굵기를 선정하시오.

[조건]

1) 배선의 길이는 ① : 3m, ② : 3m, ③ : 3m, ④ : 50m

2) 비상콘센트 A, B, C, D의 부하는 각각 2kVA으로 단상 220V 2가닥(접지선 제외)의 절연전선(HFIX)을 사용한다.

3) 전압강하는 5[%]를 적용하고 전선의 최소 굵기는 HFIX 2.5[mm²]로 한다.

4) HFIX 전선의 허용전류표는 다음과 같다.

전선굵기[mm²]	2.5	4	6	10	16	25	35	50	70
허용전류(A)	26	35	45	61	81	106	131	158	200

5) 전선의 굵기 선정시 전압강하와 허용전류를 고려하여 선정하고 허용전류는 전동기 정격전류가 50[A] 이하인 경우 1.25배 50[A] 초과인 경우에는 1.1배를 적용하는 것으로 한다.

풀이&답 (1) "①"부분의 전선의 굵기를 선정하시오.

① 전류 $I = \dfrac{P}{V} = \dfrac{2[\text{kVA}]}{220[\text{V}]} = \dfrac{2 \times 10^3[\text{VA}]}{220[\text{V}]} = 9.09[\text{A}]$

② 전압강하 고려 :

단면적 $A = \dfrac{35.6LI}{1,000e} = \dfrac{35.6 \times 3[\text{m}] \times 9.09[\text{A}]}{1,000 \times 220[\text{V}] \times 0.05} = 0.08[\text{mm}^2] \rightarrow 2.5[\text{mm}^2]$ (조건 3)에 의거)

③ 허용전류 고려 :

전동기 전류가 50[A]이하이므로 전동기 정격전류의 1.25배를 적용한다.

$I_0 = 1.25 \times I_M = 1.25 \times 9.09 = 11.36[\text{A}]$, 조건4) 표에서 26[A]에 해당하는 $2.5[\text{mm}^2]$

④ 두 가지를 만족해야 하므로 $2.5[\text{mm}^2]$ 선정

(2) "②"부분의 전선의 굵기를 선정하시오.

① 전류 $I = \dfrac{P}{V} = \dfrac{2[\text{kVA}] \times 2}{220[\text{V}]} = \dfrac{2 \times 10^3[\text{VA}] \times 2}{220[\text{V}]} = 18.18[\text{A}]$

② 전압강하 고려 :

단면적 $A = \dfrac{35.6LI}{1,000e} = \dfrac{35.6 \times 3[\text{m}] \times 18.18[\text{A}]}{1,000 \times 220[\text{V}] \times 0.05} = 0.18[\text{mm}^2] \rightarrow 2.5[\text{mm}^2]$ (조건 3)에 의거)

③ 허용전류 고려 :

전동기 전류가 50[A]이하이므로 전동기 정격전류의 1.25배를 적용한다.

$I_0 = 1.25 \times I_M = 1.25 \times 18.18 = 22.73[\text{A}]$, 조건4) 표에서 26[A]에 해당하는 $2.5[\text{mm}^2]$

④ 두 가지를 만족해야 하므로 $2.5[\text{mm}^2]$ 선정

(3) "③"부분의 전선의 굵기를 선정하시오.

① 전류 $I = \dfrac{P}{V} = \dfrac{2[\text{kVA}] \times 3}{220[\text{V}]} = \dfrac{2 \times 10^3[\text{VA}] \times 3}{220[\text{V}]} = 27.27[\text{A}]$

② 전압강하 고려 :

단면적 $A = \dfrac{35.6LI}{1,000e} = \dfrac{35.6 \times 3[\text{m}] \times 27.27[\text{A}]}{1,000 \times 220[\text{V}] \times 0.05} = 0.26[\text{mm}^2] \rightarrow 2.5[\text{mm}^2]$ (조건 3)에 의거)

③ 허용전류 고려 :

전동기 전류가 50[A]이하이므로 전동기 정격전류의 1.25배를 적용한다.

$I_0 = 1.25 \times I_M = 1.25 \times 27.27 = 34.08[\text{A}]$, 조건4) 표에서 35[A]에 해당하는 $4[\text{mm}^2]$ 선정

④ 두 가지를 만족해야 하므로 $4[\text{mm}^2]$ 선정

(4) "④"부분의 전선의 굵기를 선정하시오.

① 전류 $I = \dfrac{P}{V} = \dfrac{2[\text{kVA}] \times 3}{220[\text{V}]} = \dfrac{2 \times 10^3[\text{VA}] \times 3}{220[\text{V}]} = 27.27[\text{A}]$

② 전압강하 고려 :

단면적 $A = \dfrac{35.6LI}{1,000e} = \dfrac{35.6 \times 50[\text{m}] \times 27.27[\text{A}]}{1,000 \times 220[\text{V}] \times 0.05} = 4.41[\text{mm}^2] \rightarrow 6[\text{mm}^2]$

③ 허용전류 고려 :

전동기 전류가 50[A]이하이므로 전동기 정격전류의 1.25배를 적용한다.

$I_0 = 1.25 \times I_M = 1.25 \times 27.27 = 34.08[\text{A}]$, 조건4) 표에서 35[A]에 해당하는 $4[\text{mm}^2]$

④ 두 가지를 만족해야 하므로 $6[\text{mm}^2]$ 선정

27 지하구의 화재안전기준

01 지하구의 연소방지설비에 대한 다음 각 물음에 답하시오.

> [조건]
> ① 길이가 1,000 [m]인 지하구에 연소방지설비전용헤드를 설치한다.
> ② 지하구의 폭은 2.5 [m], 높이는 2 [m]
> ③ 소방대원의 출입이 가능한 환기구는 지하구의 입구로부터 100 [m]인 지점과 지하구의 출구로부터 100 [m]인 지점에 위치하며, 환기구 사이의 간격은 800 [m]이다.

(1) 살수구역의 최소 수량

풀이&답 환기구 2개소

환기구 사이 살수구역 $= \dfrac{800m}{700m} - 1 = 0.143 = 1$개소

살수구역의 수량 : 2개소 + 1개소 = 3개소

(2) 살수구역에 필요한 헤드의 최소수량

풀이&답
1) 환기구 2개소
   연소방지설비 전용헤드의 경우 방수헤드간의 수평거리는 2m 이하
   살수구역당 수량

   폭 : $\dfrac{2.5m}{2m} = 1.25 = 2$개

   살수구역 : $\dfrac{3m}{2m} = 1.5 = 2$개, 2개 × 2개 = 4개

   환기구 2개소 헤드의 최소수량 : 4개 × 양쪽방향 × 2개소 = 16개
2) 환기구 사이의 헤드 수량
   살수구역당 수량

   폭 : $\dfrac{2.5m}{2m} = 1.25 = 2$개

   살수구역 : $\dfrac{3m}{2m} = 1.5 = 2$개, 2개 × 2개 = 4개

   헤드의 최소수량 : 4개 × 양쪽방향 = 8개
3) 헤드의 설치수량 : 16개 + 8개 = 24개

(3) 송수구로부터 급수되는 급수배관의 최소구경(mm)

풀이&답 80 [mm]

28 도로터널 설비

01 길이가 3,000[m]인 도로터널(예상 교통량, 경사도 등 터널의 특성을 고려하여 행정안전 부령이 정하는 터널임)이 있다. 다음 각 물음에 답하시오.

(1) 아래의 조건을 참조하여 펌프의 최소 토출량[m³/min] 및 수원의 최소 저수량[m³]을 계산하시오.

[조건] ① 도로 폭은 6[m]이다.

② 2차로 일방향 터널이다.

③ 물분무설비 하나의 방수구역의 길이는 30[m] 이다.

(2) 이 터널에 설치하여야 하는 소방시설의 종류를 모두 쓰시오.

(3) 물분무소화설비 설치기준 3가지를 쓰시오.

(4) 제연설비의 기동방법(자동 또는 수동)기준 3가지를 쓰시오.

(5) 제연설비의 비상전원 기준

풀이&답

(1) 펌프의 최소 토출량 및 수원의 최소 저수량

① 펌프의 토출량

토출량 = 면적 × 6[L/min/m²]

= (3개 방수구역 × 방수구역의 길이 × 도로 폭) × 6[L/min/m²]

= 3개 × 30[m] × 6[m] × 6[L/min/m²] = 3240[L/min] = 3.24[m³/min]

② 수원 = 3.24[m³/min] × 40[min] = 129.6[m³]

(2) 이 터널에 설치하여야 하는 소방시설의 종류

소화기구 중 소화기, 옥내소화전설비, 물분무소화설비, 비상경보설비, 자동화재탐지설비, 비상 조명등, 제연설비, 연결송수관설비, 비상콘센트설비, 무선통신보조설비

(3) 물분무소화설비 설치기준 3가지

① 물분무 헤드는 도로면에 1[m²]당 6[L/min] 이상의 수량을 균일하게 방수할 수 있도록 할 것

② 물분무설비의 하나의 방수구역은 25[m] 이상으로 하며, 3개 방수구역을 동시에 40분 이상 방수할 수 있는 수량을 확보 할 것

③ 물분무설비의 비상전원은 40분 이상 기능을 유지할 수 있도록 할 것

(4) 제연설비의 기동방법(자동 또는 수동) 기준 3가지를 쓰시오.

① 화재감지기가 동작되는 경우

② 발신기의 스위치 조작 또는 자동소화설비의 기동장치를 동작시키는 경우

③ 화재수신기 또는 감시제어반의 수동조작스위치를 동작시키는 경우

(5) 제연설비의 비상전원 기준

비상전원은 60분 이상 작동할 수 있도록 하여야 한다.

02 다음 각 물음에 답하시오.

(1) 아래의 조건을 참고하여 도로터널의 설비에 대한 다음 각 물음에 답하시오.

[조건] ① 도로터널의 길이는 1,000m

② 4차로의 일방향 터널임

    1) 안전성을 고려한 비상경보설비 발신기의 최소수량

    2) 자동화재탐지설비의 최소 경계구역의 수

    3) 비상콘센트설비의 최소 수량

(2) 제연설비의 설치기준 4가지를 쓰시오.

(3) 비상조명등의 설치기준 3가지를 쓰시오.

풀이&답 (1) 아래의 조건을 참고하여 도로터널의 설비에 대한 다음 각 물음에 답하시오.

  1) 안전성을 고려한 비상경보설비 발신기의 최소수량

    ① 주행차로 한쪽 측벽에 50[m] 이내 간격으로 설치, 편도 2차선 이상의 양방향 터널이나 4차로 이상의 일방향 터널의 경우에는 양쪽의 측벽에 각각 50[m]이내의 간격으로 엇갈리게 설치

    ② 발신기의 수량 = $\dfrac{1,000[m]}{50[m]} = 20$개 $\times 2 + 1 = 41$개

  2) 자동화재탐지설비의 최소 경계구역의 수

    ① 하나의 경계구역의 길이는 100[m] 이하

    ② 경계구역의 수 = $\dfrac{1,000[m]}{100[m]} = 10$개

  3) 비상콘센트설비의 최소 수량

    ① 주행차로의 우측 측벽에 50[m] 이내의 간격으로 바닥으로부터 0.8[m] 이상 1.5[m] 이하의 높이에 설치할 것

    ② 비상콘센트 수량 = $\dfrac{1,000[m]}{50[m]} = 20$개

(2) 제연설비의 설치기준 4가지를 쓰시오.

  ① 종류환기방식의 경우 제트팬의 소손을 고려하여 예비용 제트팬을 설치하도록 할 것

  ② 횡류환기방식(또는 반 횡류환기방식) 및 대배기구 방식의 배연용 팬은 덕트의 길이에 따라서 노출온도가 달라질 수 있으므로 수치해석 등을 통해서 내열온도 등을 검토한 후에 적용하도록 할 것

  ③ 대배기구의 개폐용 전동모터는 정전 등 전원이 차단되는 경우에도 조작상태를 유지할 수 있도록 할 것

  ④ 화재에 노출이 우려되는 제연설비와 전원공급선 및 제트팬 사이의 전원공급장치 등은 250[℃]의 온도에서 60분 이상 운전상태를 유지할 수 있도록 할 것

(3) 비상조명등의 설치기준 3가지를 쓰시오.

  ① 상시 조명이 소등된 상태에서 비상조명등이 점등되는 경우 터널안의 차도 및 보도의 바닥면의 조도는 10[lx] 이상, 그 외 모든 지점의 조도는 1[lx] 이상이 될 수 있도록 설치할 것

  ② 비상조명등은 상용전원이 차단되는 경우 자동으로 비상전원으로 60분 이상 점등되도록 설치할 것

  ③ 비상조명등에 내장된 예비전원이나 축전지설비는 상용전원의 공급에 의하여 상시 충전상태를 유지할 수 있도록 설치할 것

29 고층건축물 설비

01 30층인 아파트에 습식스프링클러설비와 옥내소화전설비를 화재안전기술기준에 준하여 설치하려고 한다. 다음 조건을 참조하여 각 물음에 답하시오.

[조건]

① 각 층당 방호구역의 면적은 3,000[m²]이다.

② 최상부 말단의 헤드의 방수압력은 0.1[MPa]이다.

③ 최상부 옥내소화전 방수구의 방수압력은 0.17[MPa]이다.

④ 펌프의 효율은 60[%], 전달계수는 1.1을 적용한다.

⑤ 층고는 3[m], 펌프의 흡입측 수두는 10[m]를 적용한다.

⑥ 바닥에서 반자까지의 높이는 2.5[m], 방수구는 바닥에서 1.5[m] 높이에 설치되어 있다.

⑦ 최상층 스프링클러헤드까지의 배관 및 관부속품의 마찰손실수두는 10[m]를 적용한다.

⑧ 최상층 옥내소화전까지의 배관 및 관부속품의 마찰손실수두는 8[m]를 적용한다.

⑨ 옥내소화전 호스 및 노즐의 마찰손실수두는 4[m]를 적용한다.

⑩ 세대별 스프링클러헤드의 설치수량은 20개, 옥내소화전은 층당 4개가 설치되어 있다.

[물음]

(1) 수조의 최소 저수량은 얼마[m³]인가?

   1) 옥내소화전

   2) 스프링클러설비

(2) 펌프의 최소 토출량[m³/min]은 얼마인가?

   1) 옥내소화전

   2) 스프링클러설비

(3) 펌프의 전양정은 얼마 이상이어야 하는가?

   1) 옥내소화전

   2) 스프링클러설비

(4) 전동기의 소요동력[kW]은 최소 얼마 이상이어야 하는가?

   1) 옥내소화전

   2) 스프링클러설비

(5) 입상관의 안지름은 최소 몇 [mm]가 되어야 하는지 계산하시오. (단, 허용최대속도는 옥내소화전은 4[m/s], 스프링클러설비는 10[m/s]를 적용한다.)

(6) 옥상에 저장하여야 하는 수원의 양[m³]은 최소 얼마인가?

(7) 이 아파트에 알람밸브를 몇 개 이상을 설치하여야 하는가?

풀이&답 (1) 수조의 최소 저수량

   1) 옥내소화전

① 층당 설치수량이 4개이고, 30층 이상이므로

② 수원 $Q = N \times 5.2[\text{m}^3] = 4 \times 5.2[\text{m}^3] = 20.8[\text{m}^3]$이상

  2) 스프링클러설비

① 세대 별 설치수량이 20개이므로 기준개수인 10개를 적용한다.

② 수원 $Q = N \times 3.2[\text{m}^3] = 10 \times 3.2[\text{m}^3] = 32[\text{m}^3]$이상

(2) 펌프의 토출량[㎥/min]

  1) 옥내소화전

$Q = N \times 130[\text{L/min}] = 4 \times 130[\text{L/min}] = 520[\text{L/min}] = 0.52[\text{m}^3/\text{min}]$이상

  2) 스프링클러설비

$Q = N \times 80[\text{L/min}] = 10 \times 80[\text{L/min}] = 800[\text{L/min}] = 0.8[\text{m}^3/\text{min}]$이상

(3) 펌프의 전양정

  1) 옥내소화전

① $h_1 = 10[\text{m}] + 29\text{층} \times 3[\text{m}] + 1.5[\text{m}] = 98.5[\text{m}]$

② $h_2 = 8[\text{m}]$

③ $h_3 = 4[\text{m}]$

④ 전양정 $H = h_1 + h_2 + h_3 + 17 = 98.5[\text{m}] + 8[\text{m}] + 4[\text{m}] + 17[\text{m}] = 127.5[\text{m}]$이상

  2) 스프링클러설비

① $h_1 = 10[\text{m}] + 29\text{층} \times 3[\text{m}] + 2.5[\text{m}] = 99.5[\text{m}]$

② $h_2 = 10[\text{m}]$

③ 전양정 $H = h_1 + h_2 + 10 = 99.5[\text{m}] + 10[\text{m}] + 10[\text{m}] = 119.5[\text{m}]$이상

(4) 전동기의 소요동력[kW]

  1) 옥내소화전

$$P = \frac{9.8QH}{\eta} \times K = \frac{9.8[\text{kN/m}^3] \times 0.52[\text{m}^3/60\text{s}] \times 127.5[\text{m}]}{0.6} \times 1.1 = 19.85[\text{kW}]$$

  2) 스프링클러설비

$$P = \frac{9.8QH}{\eta} \times K = \frac{9.8[\text{kN/m}^3] \times 0.8[\text{m}^3/60\text{s}] \times 119.5[\text{m}]}{0.6} \times 1.1 = 28.63[\text{kW}]$$

(5) 입상관의 안지름

① 옥내소화전설비

$$D = \sqrt{\frac{4Q}{\pi V}} = \sqrt{\frac{4 \times 0.52[\text{m}^3/60\text{s}]}{\pi \times 4[\text{m/s}]}} \times 1000 = 52.52[\text{mm}]$$

② 스프링클러설비

$$D = \sqrt{\frac{4Q}{\pi V}} = \sqrt{\frac{4 \times 0.8[\text{m}^3/60\text{s}]}{\pi \times 10[\text{m/s}]}} \times 1000 = 41.2[\text{mm}]$$

(6) 옥상에 저장하여야 하는 수원의 양[m³]

① 옥내소화전 $Q = N \times 5.2[\text{m}^3] \times \dfrac{1}{3} = 4 \times 5.2[\text{m}^3] \times \dfrac{1}{3} = 6.93[\text{m}^3]$이상

② 스프링클러설비 $Q = N \times 3.2[\text{m}^3] \times \dfrac{1}{3} = 10 \times 3.2[\text{m}^3] \times \dfrac{1}{3} = 10.67[\text{m}^3]$이상

(7) 알람밸브 수량

① 층당 알람밸브의 수량 $= \dfrac{\text{방호구역}}{3,000[\text{m}^2]} = \dfrac{3,000[\text{m}^2]}{3,000[\text{m}^2]} = 1\text{개}$

② 층수가 30층이므로 수량은 30개

02 지하 6층, 지상 120층인 초고층 건축물에 대한 아래의 조건을 참조하여 다음 각 물음에 답하시오.

[조건]

① 건축물의 주 용도는 판매시설, 업무시설, 숙박시설, 교육연구시설, 문화 및 집회시설임.

② 지하층은 층당 바닥면적 15,000[m²], 지상층은 층당 바닥면적 6,500[m²]임.

③ 옥내소화전설비의 방수구는 지하층은 층당 15개, 지상층은 층당 8개가 설치되어 있다.

④ 지하층의 층고는 5.5[m], 지상층의 층고는 층당 4[m]

⑤ 지하저수조는 정압방식이며, 전동기를 이용한 가압송수장치를 사용한다.

⑥ 최상층 방수구의 높이는 바닥으로부터 1.5[m], 스프링클러헤드의 부착높이는 3.4[m]

⑦ 펌프실은 지하 5층에 있으며 바닥으로부터 펌프 중심까지의 높이는 0.8[m], 흡입측의 수두는 무시한다.

⑧ 펌프 흡입측 및 토출측의 배관 및 관 부속품의 마찰손실은 30[m] 적용

⑨ 소방호스의 마찰손실은 8[m] 적용

⑩ 격자형 배관 방식을 채택

⑪ 기타 주어지지 않은 조건은 화재안전기준을 준용한다.

(1) 옥내소화전설비에 필요한 최소 수원의 양[m³]

［풀이&답］ 수원 Q=5개 × 7.8[m³] = 39[m³] 이상

(2) 스프링클러설비에 필요한 최소 수원의 양[m³]

［풀이&답］ 수원 Q=30개 × 4.8[m³] =144[m³] 이상

(3) 옥내소화전설비 및 스프링클러설비에 필요한 전동기의 용량을 계산하시오.(단, 전동기의 효율은 65[%], 전달계수는 1.1)

［풀이&답］
1) 옥내소화전설비
　　① 토출량 : 5개 × 130[L/min]=650[L/min]
　　② 전양정의 계산
　　　　H=8[m]+30[m]+[(5.5−0.8)[m]+5.5[m]×4개층+4[m]×119층+1.5[m]]+17[m]
　　　　=559.2[m]
　　③ 전동기의 용량
　　　　$P=\dfrac{9.8QHK}{\eta}=\dfrac{9.8 \times 0.65[\text{m}^3/60\text{s}] \times 559.2[\text{m}] \times 1.1}{0.65}=100.4696=100.47[\text{kW}]$ 이상
2) 스프링클러설비
　　① 토출량 : 30개 × 80[L/min] = 2,400[L/min]
　　② 전양정의 계산
　　　　H=30[m]+[(5.5−0.8)[m]+5.5[m]×4개층+4[m]×119층+3.4[m]]+10[m]
　　　　=546.1[m]
　　③ 전동기의 용량
　　　　$P=\dfrac{9.8QHK}{\eta}=\dfrac{9.8 \times 2.4[\text{m}^3/60\text{s}] \times 546.1[\text{m}] \times 1.1}{0.65}=362.27[\text{kW}]$ 이상

(4) 유수검지장치의 최소 수량

풀이&답

1) 지하층에 필요한 유수검지장치
   ① 층당 필요한 수량 = 15,000[m²]/3,700[m²]=4.05=5개
   ② 지하층에 필요한 수량 : 5개 × 6개층 = 30개
   ③ 50층 이상인 건축물의 경우 수직배관이 2개 이상 설치, 수직배관마다 유수검지장치를 설치하여야 하므로 30개 × 2=60개

2) 지상층에 필요한 유수검지장치
   ① 층당 필요한 수량 = 6,500[m²] / 3,700[m²]=1.76=2개
   ② 지상층에 필요한 수량 : 2개 × 120개층 = 240개
   ③ 50층 이상인 건축물의 경우 수직배관이 2개 이상 설치, 수직배관마다 유수검지장치를 설치하여야 하므로 240개 × 2 = 480개

3) 유수검지장치의 전체수량
   지하층 + 지상층 = 60개 + 480개 = 540개

(5) 지상 1층에서 발화하였을 때 경보를 발하여야 하는 층을 구체적으로 쓰시오.

풀이&답

지하6층, 지하5층, 지하4층, 지하3층, 지하2층, 지하1층, 지상1층, 지상2층, 지상3층, 지상4층, 지상5층

(6) 자동화재탐지설비의 감지기는 어떤 것으로 설치하여야 하는지 그 기준을 쓰시오.

풀이&답

아날로그방식의 감지기로서 감지기의 작동 및 설치지점을 수신기에서 확인할 수 있는 것

(7) 이 건축물에 설치하여야 하는 통신·신호배선의 종류 3가지를 쓰시오.

풀이&답

① 수신기와 수신기 사이의 통신배선
② 수신기와 중계기 사이의 신호배선
③ 수신기와 감지기 사이의 신호배선

(8) 피난안전구역의 최소수량은 몇 개인가?

풀이&답

120층 / 30층 = 4개

03 지하 3층, 지상 40층인 고층건축물에 소방시설을 설치하고자 한다. 고층건축물의 화재안전기준, 소방시설 설치 및 관리에 관한 법률과 아래 조건을 참고하여 다음 각 물음에 답하시오.

[조건]

① 바닥면적이 지하 3층 2,000[m²], 지하2층 1,000[m²], 지하1층 1,000[m²]이다.
② 옥내소화전이 지하3층에는 10개, 지하1층~2층은 5개, 지상1층~지상40층은 각 5개씩 설치
③ 지하1층~3층에는 준비작동식스프링클러설비를 지상층에는 습식스프링클러설비를 설치
④ 옥내소화전설비용 펌프 효율은 60[%], 스프링클러설비용 펌프의 효율은 65[%]
⑤ 전동기의 동력전달계수는 1.1을 적용한다.

⑥ 스프링클러설비 및 옥내소화전설비의 관 부속 및 배관의 마찰손실은 실양정의 30[%]를 적용하고, 소방호스의 마찰손실은 10[m]를 적용한다.

⑦ 펌프실은 지하3층에 위치, 정압방식으로 펌프의 흡수구는 펌프 중심으로부터 1[m] 높은 위치에 있으며 바닥으로부터 펌프 중심까지는 0.8[m], 최상층 스프링클러헤드의 부착높이는 2.8[m], 최상층 옥내소화전설비의 방수구는 1.5[m] 높이에 설치

⑧ 지하1층~지하3층까지의 층고는 5.5[m], 지상1층~지상40층까지의 층고는 3.5[m]

⑨ 최상층 말단헤드의 방수압은 0.15[MPa], 최상층 옥내소화전 말단 방수구의 방수압은 0.2[MPa]을 적용

(1) 옥내소화전설비의 지하 저수조에 저수하여야 하는 최소 수원의 양 [m³]

(2) 스프링클러설비 옥상수조를 포함하여 저수하여야 하는 최소 수원의 양 [m³]

(3) 펌프의 전양정을 계산하시오.

   1) 옥내소화전설비

   2) 스프링클러설비

(4) 펌프의 최소 토출량[m³/min]을 계산하시오.

   1) 옥내소화전설비

   2) 스프링클러설비

(5) 옥내소화전설비와 스프링클러설비의 전동기 최소 용량[kW]을 계산하시오. (단, 물의 비중량은 9.8[kN/m³])

(6) 지상 1층에서 화재가 발생하는 경우에 경보를 발하여야 하는 층을 모두 쓰시오.

(7) 무선통신보조설비는 어느 층에 설치하여야 하는지 층수를 쓰시오.

(8) 비상콘센트설비를 설치하여야 하는 층과 비상콘센트설비를 설치하여야 하는 특정소방대상물 기준 3가지를 모두 쓰시오.

풀이&답

(1) 옥내소화전설비의 지하 저수조 최소 수원의 양[m³]

   수원 = 5개 × 5.2[m³] = 26[m³]

(2) 스프링클러설비 옥상수조를 포함 최소 수원의 양[m³]

   수원 = 30개 × 3.2[m³]+30개 × 3.2[m³] × ⅓ = 128[m³]

(3) 펌프의 전양정을 계산하시오.

   1) 옥내소화전설비

     ① 실양정 = 흡입양정+토출양정

        = (−1[m])+(5.5[m]−0.8[m])+5.5[m]×2개층+(39층×3.5[m]+1.5[m])

        = 152.7[m]

     ② 관 부속 및 배관의 마찰손실 = 실양정 × 0.3 = 152.7[m]×0.3 = 45.81[m]

     ③ 전양정 H=152.7[m]+45.81[m]+10[m]+20[m] = 228.51[m] 이상

   2) 스프링클러설비

     ① 실양정 = 흡입양정+토출양정

        = (−1[m])+(5.5[m]−0.8[m])+5.5[m]×2개층+(39층×3.5[m]+2.8[m])

        = 154[m]

     ② 관 부속 및 배관의 마찰손실 = 실양정×0.3 = 154[m]×0.3 = 46.2[m]

소방시설의 설계 및 시공

③ 전양정 $H = 154[\text{m}] + 46.2[\text{m}] + 15[\text{m}] = 215.2[\text{m}]$ 이상

(4) 펌프의 최소 토출량[m³/min]을 계산하시오.

  1) 옥내소화전설비

    $Q = 5$개 $\times 130 = 650[\text{L/min}] = 0.65[\text{m}^3/\text{min}]$

  2) 스프링클러설비

    $Q = 30$개 $\times 80 = 2,400[\text{L/min}] = 2.4[\text{m}^3/\text{min}]$

(5) 전동기 최소 용량[kW]

  ① 옥내소화전설비

$$P = \frac{\gamma QHK}{\eta} = \frac{9.8[\text{kN/m}^3] \times 0.65[\text{m}^3/60\text{s}] \times 228.51[\text{m}]}{0.6} \times 1.1 = 44.48[\text{kW}]$$

  ② 스프링클러설비

$$P = \frac{\gamma QHK}{\eta} = \frac{9.8[\text{kN/m}^3] \times 2.4[\text{m}^3/60\text{s}] \times 215.2[\text{m}]}{0.65} \times 1.1 = 142.76[\text{kW}]$$

(6) 지상 1층에서 화재가 발생하는 경우에 경보를 발하여야 하는 층

  지하1층, 지하2층, 지하3층, 지상1층, 지상2층, 지상3층, 지상4층, 지하5층

(7) 무선통신보조설비는 어느 층에 설치

  지하1층~지하3층, 지상16층~지상40층

(8) 비상콘센트설비

  1) 설치하여야 하는 층

    지하1층~지하3층, 지상11층~지상40층

  2) 비상콘센트설비를 설치하여야 하는 특정소방대상물 기준

    ① 층수가 11층 이상인 특정소방대상물의 경우에는 11층 이상의 층

    ② 지하층의 층수가 3개층 이상이고 지하층의 바닥면적의 합계가 1천[m²] 이상인 것은 지하층의 모든 층

    ③ 지하가 중 터널로서 길이가 5백[m] 이상인 것

무선통신보조설비 설치 특정소방대상물

① 지하가(터널은 제외한다)로서 연면적 1천 [m²] 이상인 것

② 지하층의 바닥면적의 합계가 3천 [m²] 이상인 것 또는 지하층의 층수가 3층 이상이고 지하층의 바닥면적의 합계가 1천 [m²]이상인 것은 지하층의 모든 층

③ 지하가 중 터널로서 길이가 5백 [m] 이상인 것

④ 「국토의 계획 및 이용에 관한 법률」 제2조제9호에 따른 공동구

⑤ 층수가 30층 이상인 것으로서 16층 이상 부분의 모든 층

30 기타설비

01 도면은 준비작동식 스프링클러소화설비에 사용되는 Supervisory panel에서 수신기까지의 내부결선도이다. 결선도를 완성시키고 ① ~ ⑨에 이용되는 전선의 용도에 관한 명칭을 쓰시오.

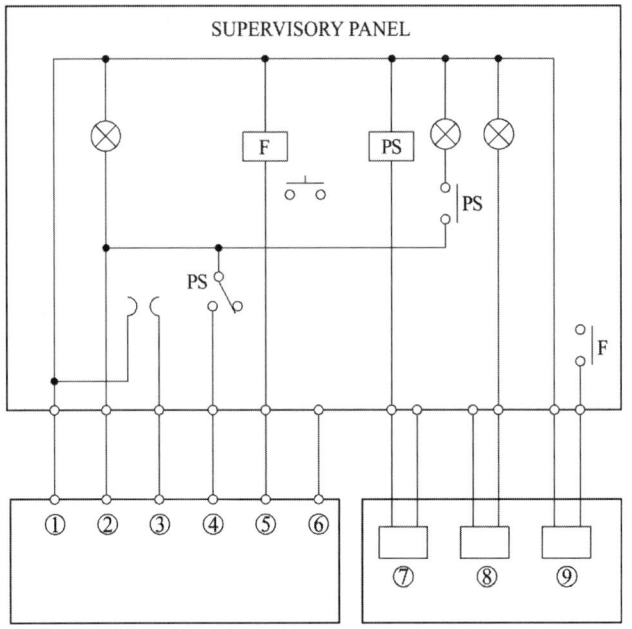

풀이&답

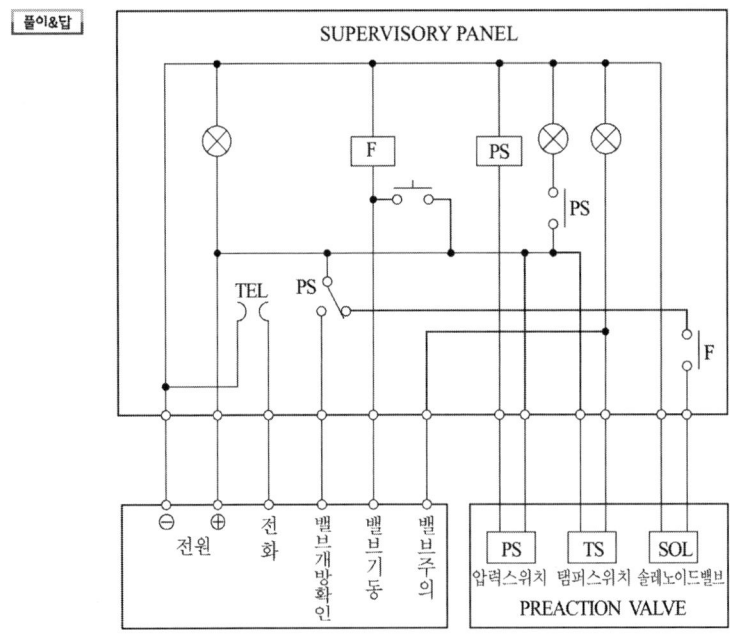

02 아래의 그림은 이산화탄소 소화설비의 간선계통도이다. 다음 각 물음에 답하시오.
(단, 감지기공통선과 전원공통선은 각각 분리해서 사용하는 조건이다.)

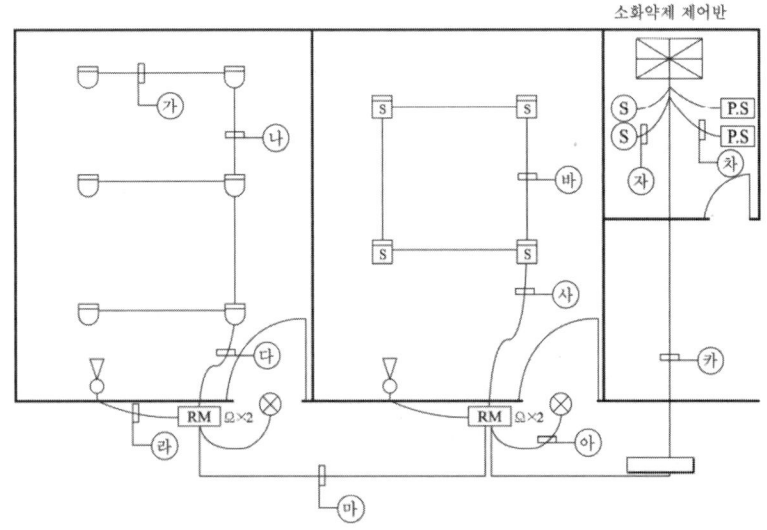

(1) "㉮"~"㉺"까지의 배선 가닥수를 쓰시오.

㉮	㉯	㉰	㉱	㉲	㉳	㉴	㉵	㉶	㉷	㉸

(2) "㉲"의 배선별 용도를 쓰시오.(단, 해당 배선 가닥수까지만 기록)

번호	배선의 용도	번호	배선의 용도
1		6	
2		7	
3		8	
4		9	
5		10	

(3) "㉸"의 배선 중 "㉲"의 배선과 병렬로 접속하지 않고 추가해야 하는 배선의 명칭은?

번호	배선의 용도
1	
2	
3	
4	
5	

풀이&답 (1)

㉮	㉯	㉰	㉱	㉲	㉳	㉴	㉵	㉶	㉷	㉸
4	8	8	2	9	4	8	2	2	2	14

(2)

번호	배선의 용도	번호	배선의 용도
1	전원 +	6	감지기 A
2	전원 −	7	감지기 B
3	기동스위치(솔레노이드밸브)	8	방출지연스위치
4	방출표시등	9	감지기공통
5	사이렌	10	

(3)

번호	배선의 용도
1	기동스위치
2	방출표시등
3	사이렌
4	감지기 A
5	감지기 B

주요간선 내역

번호	㉲	㉸
1	전원 +	전원 +
2	전원 −	전원 −
3	방출지연스위치	방출지연스위치
4	감지기 공통	감지기 공통
5	기동스위치	기동스위치 2선
6	방출표시등	방출표시등 2선
7	사이렌	사이렌 2선
8	감지기 A	감지기 A 2선
9	감지기 B	감지기 B 2선
간선수	9선	14선

03 다음은 이산화탄소소화설비 계통도의 일부분이다. ①∼⑪까지의 최소 가닥수를 산정하고 배선용도를 쓰시오.

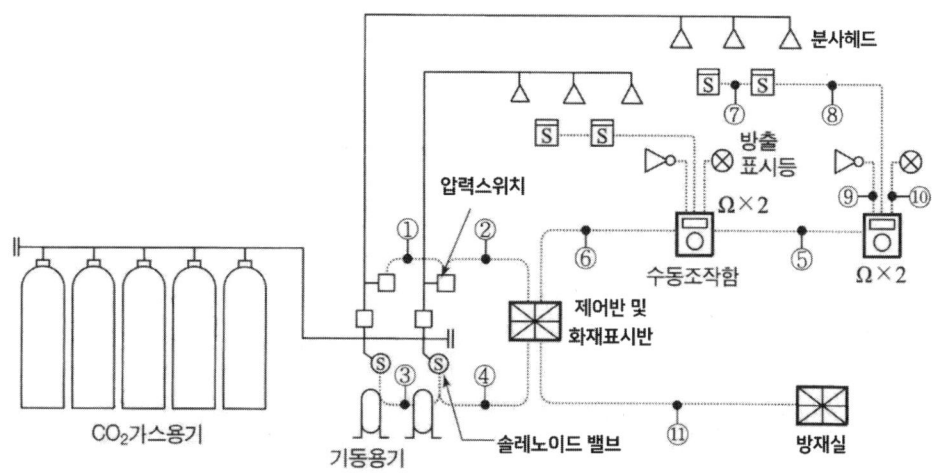

구분	가닥수	배선용도
①		
②		
③		
④		
⑤		
⑥		
⑦		
⑧		
⑨		
⑩		
⑪		

풀이&답

구분	가닥수	배선용도
①	2	압력스위치 2
②	3	압력스위치 2, 공통1
③	2	솔레노이드밸브기동2
④	3	솔레노이드밸브기동2, 공통1
⑤	8	전원(-), 전원(+), 방출지연스위치, 감지기A, 감지기B, 기동스위치, 사이렌, 방출표시등
⑥	13	전원(-), 전원(+), 방출지연스위치, (감지기A, 감지기B, 기동스위치, 사이렌, 방출표시등)×2
⑦	4	지구선2, 지구공통선2
⑧	8	지구선4, 지구공통선4
⑨	2	사이렌2
⑩	2	방출표시등2
⑪	9	공통, 화재표시등, 전원표시등, (감지기A, 감지기B, 방출표시등)×2

04 급수용 유도전동기의 운전을 현장인 전동기 앞에서도 할 수 있고, 멀리 떨어진 제어실에서도 할 수 있는 시퀀스 회로를 구성하시오. 단, 사용기구는 누름버튼스위치 ON용(PB-on) 2개, 누름버튼스위치 OFF용(PB-off) 2개, 전자접촉기의 코일, 그 보조 a접점 1개를 사용한다.

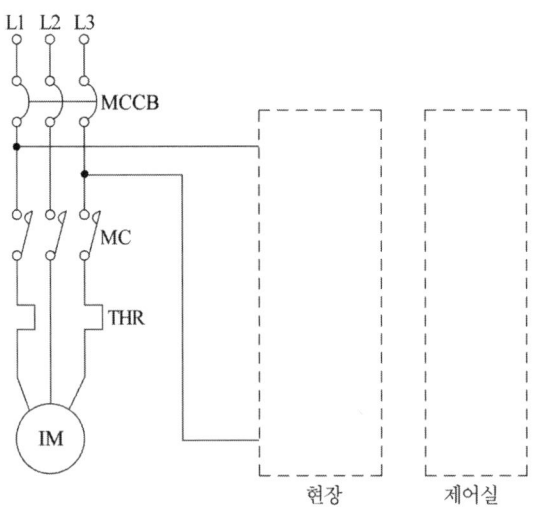

풀이&답

05 도면은 농형 3상 유도전동기의 정·역전 정지제어의 미완성 회로이다. 동작조건과 도면을 이용하여 다음 각 물음에 답하시오.

(1) 배선용 차단기 MCCB의 주된 역할을 설명하시오.

(2) 정·역전이 가능하도록 미완성 회로를 완성하시오.

[동작조건]

• F-MC는 정전용 전자접촉기, R-MC는 역전용 전자접촉기이다.

• GL 램프는 정전용 표시램프, RL 램프는 역전용 표시램프이다.

• PBS-1은 a접점으로 정전용 누름버튼스위치, PBS-2는 a접점으로 역전용 누름버튼스위치, PBS-3은 b접점으로 정지용 누름버튼스위치이다.

• PBS-1을 ON하면 F-MC가 여자되어 전동기 IM이 정회전하며, GL이 점등된다. PBS-1에서 손을 떼어도 회로는 자기유지되어 전동기는 계속 정회전하며, GL은 계속 점등된다. PBS-2를 ON하여도 전동기는 계속 정회전하며, GL은 계속 점등되게 된다.

• 역회전을 시키기 위하여 PBS-3을 OFF하여 전동기를 정지시킨 다음 PBS-2를 ON하여야 한다. PBS-3을 OFF하고, PBS-2를 ON하면 전동기는 역회전하며, RL 램프가 점등하게 된다. 이 때에도 누름버튼스위치에서 손을 떼어도 회로는 자기유지되어 계속 역회전하며, RL 램프도 계속 점등된다.

• 정회전시에는 역회전이 되지 않도록 되어 있고, 반대로 역회전 시에도 정회전이 되지 않아야 한다.

• 전동기가 과부하되어 과전류가 흐를 때 THR이 동작되어 회로를 차단시키며, 전동기를 멈추게 된다.

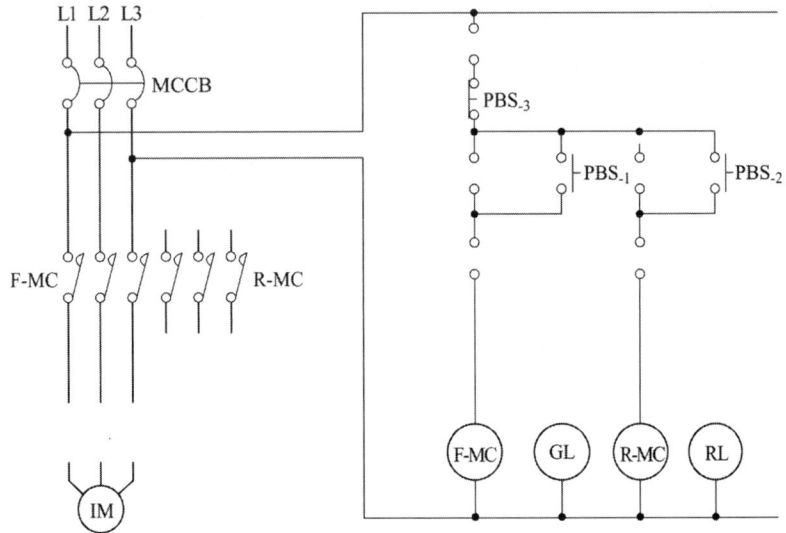

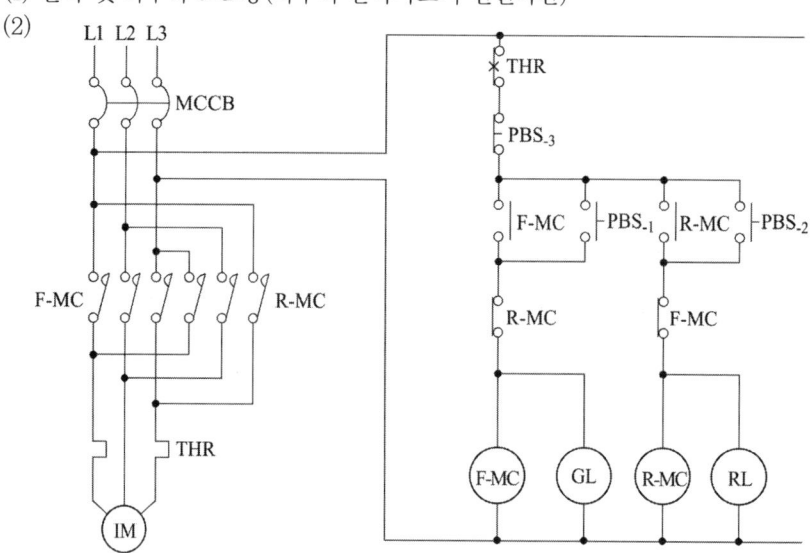

풀이&답   (1) 단락 및 과부하 보호용(과부하 단락사고시 전원차단)

(2)

06   다음은 3입력 인터록 유접점 회로를 나타낸 것이다. 논리식을 참고하여 각 물음에 답하시오.

> [논리식]
> $$X_A = A \cdot \overline{X_B} \cdot \overline{X_C} \qquad X_B = B \cdot \overline{X_A} \cdot \overline{X_C} \qquad X_C = C \cdot \overline{X_A} \cdot \overline{X_B}$$

(1) 논리식을 참고하여 유접점회로를 그리시오.

(2) 논리식을 참고하여 무접점회로를 그리시오.

  (단, AND(⊐D—), NOT(—▷o—) 심벌로만 그린다.)

(3) 타임차트를 완성하시오.

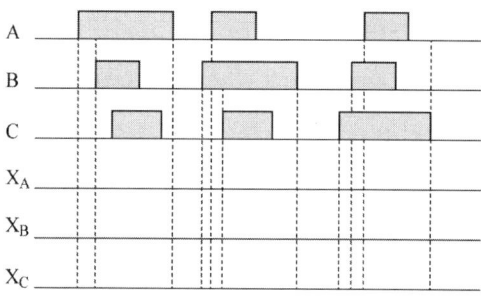

풀이&답

(1)

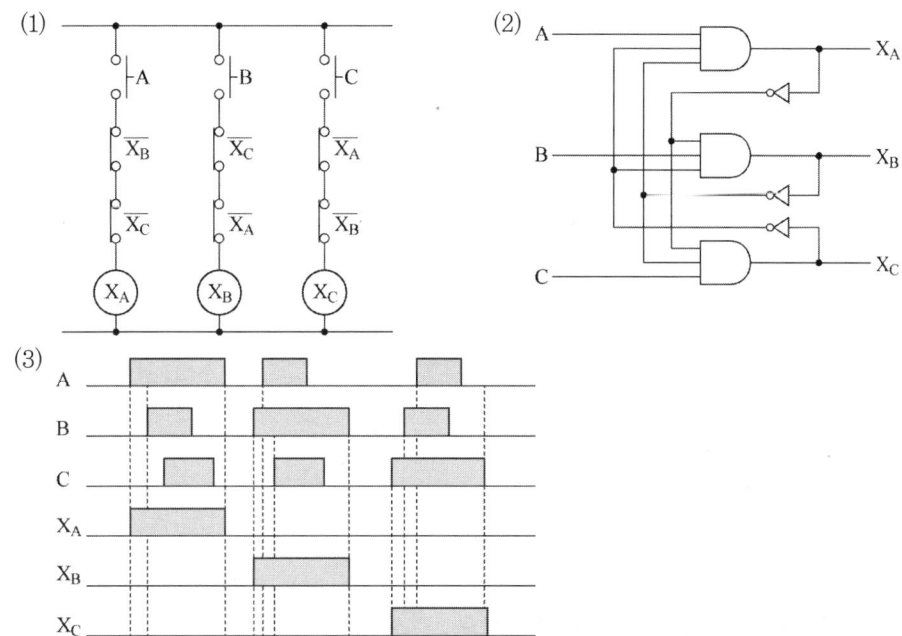

작동설명

먼저 푸시버튼 A를 누르고 있는 상태에서 릴레이 X_A가 작동, 먼저 푸시버튼 B를 누르고 있는 상태에서 릴레이 X_B가 작동, 먼저 푸시버튼 C를 누르고 있는 상태에서 릴레이 X_C가 작동한다. 하나의 릴레이가 먼저 작동 중에 다른 푸시버튼을 누르더라도 인터록 접점에 의해 다른 릴레이는 작동하지 않는다.

07 아래의 타임차트와 조건을 참고하여 다음 각 물음에 답하시오.

[조건]

① A, B, C, D는 푸시버튼스위치이다.

② L_1, L_2, L_3는 출력을 나타내는 표시등(pilot lamp)이다.

③ 푸시버튼스위치 A를 누르면 릴레이 X_1이 동작, 손을 떼어도 자기유지되며, 램프 L_1이 점등된다.

④ 푸시버튼스위치 B를 누르면 릴레이 X_2가 동작, 손을 떼어도 자기유지되며, 램프 L_2가 점등된다.

⑤ 푸시버튼스위치 C를 누르면 릴레이 X_3가 동작, 손을 떼어도 자기유지되며, 램프 L_3가 점등된다.

⑥ 푸시버튼스위치 C를 누르면 동작중이던 릴레이 X_1, X_2, X_3는 소자되고 표시등 L_1, L_2, L_3이 소등된다.

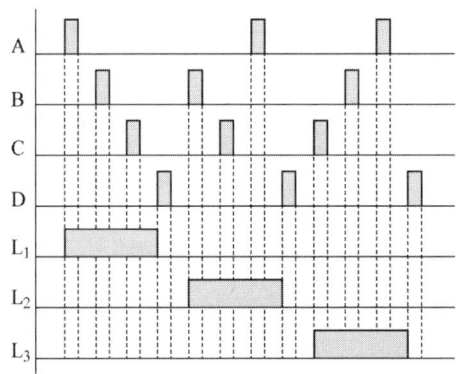

(1) L₁, L₂, L₃의 논리식을 쓰시오.

    ① L₁

    ② L₂

    ③ L₃

(2) 유접점 회로를 답안지에 그리시오.

풀이&답
  (1) ① $L_1 = (A + X_1) \cdot \overline{D} \cdot \overline{X_2} \cdot \overline{X_3}$

      ② $L_2 = (B + X_2) \cdot \overline{D} \cdot \overline{X_1} \cdot \overline{X_3}$

      ③ $L_3 = (C + X_3) \cdot \overline{D} \cdot \overline{X_1} \cdot \overline{X_2}$

  (2) 유접점회로

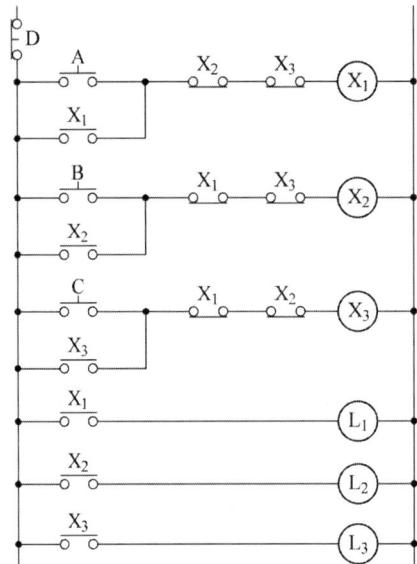

08 아래의 타임차트와 조건을 참고하여 다음 각 물음에 답하시오.

[조건]

• 본 회로는 인터록회로이다.
• A, B, C는 푸시버튼스위치이다.
• 푸시버튼스위치 A를 누르면 릴레이 X_A가 여자
• 푸시버튼스위치 B를 누르면 릴레이 X_B가 동작
• 푸시버튼스위치 C를 누르면 릴레이 X_C가 동작

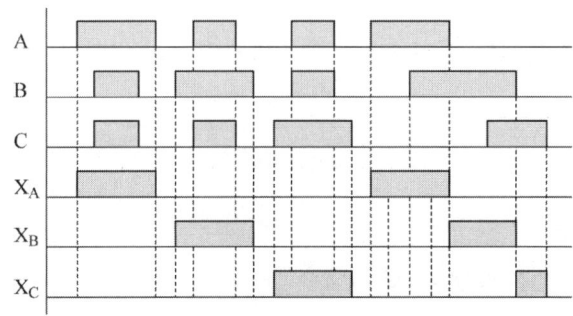

(1) 논리식을 쓰시오.

　① X_A

　② X_B

　③ X_C

(2) 유접점회로를 그리시오.

(3) 무접점회로를 그리시오.(3입력 AND회로와 NOT회로를 이용)

풀이&답 　(1) 논리식

　　① $X_A = A \cdot \overline{X_B} \cdot \overline{X_C}$

　　② $X_B = B \cdot \overline{X_A} \cdot \overline{X_C}$

　　③ $X_C = C \cdot \overline{X_A} \cdot \overline{X_B}$

(2)

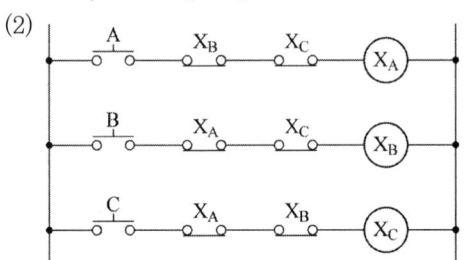

(3)

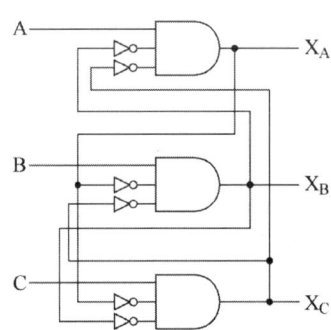

09 설계도면상에 아래와 같이 표시되어 있다. 이것이 의미하는 바를 쓰시오.

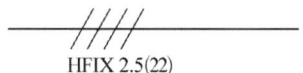

HFIX 2.5(22)

(1) 배선공사명

(2) 사용전선, 전선의 굵기 및 가닥수

(3) 사용전선관

풀이&답 (1) 천장은폐배선
(2) 450/750 V 저독성 난연 가교 폴리올레핀 절연전선 2.5 mm² 4가닥
(3) 후강전선관 22 mm

소방시설관리사 2차

3편
최종 마무리

문제 01 (1) 다음 각 물음에 답하시오.

1) 건축물의 화재안전성능보강 방법 등에 관한 기준에 따른 다음의 용어 정의를 쓰시오.

필로티건축물	①
차양식 캔틸레버	②

풀이&답

① 1층의 전부 또는 일부를 필로티 구조로 설치하여 주차장으로 쓰는 건축물
② 필로티 주차장에서 발생한 화재가 외벽을 통해 수직으로 확산되는 것을 방지하고자 필로티 기둥 최상단에 설치되는 돌출식 캔틸레버 구조체

2) 물이 흐르고 있는 관로에서 1지점의 게이지압력이 3[atm]이고 질량유량이 20[kg/s]일 때 다음 각 물음에 답하시오.(단, 단위환산 시에는 표준대기압을 적용하고 최종 답은 소수점 3자리에서 반올림하여 2자리까지 답한다.)

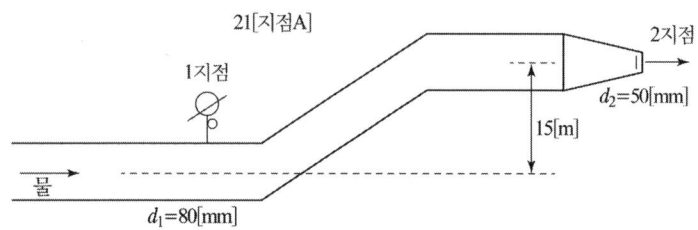

① 체적유량 [m³/min]

풀이&답

$$Q = \frac{m}{\rho} = \frac{20[\text{kg/s}]}{1,000[\text{kg/m}^3]} = 0.02[\text{m}^3/\text{s}] = 1.2[\text{m}^3/\text{min}]$$

② 1지점과 2지점 사이의 손실수두[kPa]를 계산하시오.(5점)

풀이&답

㉠ 호스에서의 유속 $V_1 = \dfrac{Q}{A_1} = \dfrac{0.02[\text{m}^3/\text{s}]}{\dfrac{\pi}{4} \times (0.08[\text{m}])^2} = 3.9788 = 3.98[\text{m/s}]$

㉡ 노즐에서의 유속 $V_2 = \dfrac{Q}{A_2} = \dfrac{0.02[\text{m}^3/\text{s}]}{\dfrac{\pi}{4} \times (0.05[\text{m}])^2} = 10.1859 = 10.19[\text{m/s}]$

㉢ 압력 $P_1 = 3[\text{atm}] \times \dfrac{101.325[\text{kPa}]}{1[\text{atm}]} = 303.975 = 303.98[\text{kPa}]$

㉣ 손실수두의 계산

$\dfrac{P_1}{\gamma} + \dfrac{V_1^2}{2g} + Z_1 = \dfrac{P_2}{\gamma} + \dfrac{V_2^2}{2g} + Z_2 + \triangle H$ 에서

$\dfrac{303.98[\text{kPa}]}{9.8[\text{kN/m}^3]} + \dfrac{(3.98[\text{m/s}])^2}{2 \times 9.8[\text{m/s}^2]} + 0[\text{m}]$

$\qquad = \dfrac{0}{9.8[\text{kN/m}^3]} + \dfrac{(10.19[\text{m/s}])^2}{2 \times 9.8[\text{m/s}^2]} + 15[\text{m}] + \triangle H$

$\triangle H = 11.53[\text{m}] \times \dfrac{101.325[\text{kPa}]}{10.332[\text{m}]} = 113.07[\text{kPa}]$

3) 다음은 종합방재실에 설치하여야 하는 설비의 일부를 나타낸 것이다. 문제의 번호에 알맞은 답을 답안지에 쓰시오. (4점)

> 가. ①
> 나. ②
> 다. ③
> 라. 전력 공급 상황 확인 시스템
> 마. 공기조화 · 냉난방 · 소방 · 승강기 설비의 감시 및 제어시스템
> 바. 자료 저장 시스템
> 사. 지진계 및 풍향 · 풍속계(초고층 건축물에 한정한다)
> 아. ④
> 자. 피난안전구역, 피난용 승강기 승강장 및 테러 등의 감시와 방범 · 보안을 위한 폐쇄회로텔레비전(CCTV)

풀이&답
① 조명설비(예비전원을 포함한다) 및 급수 · 배수설비
② 상용전원(常用電源)과 예비전원의 공급을 자동 또는 수동으로 전환하는 설비
③ 급기(給氣) · 배기(排氣) 설비 및 냉방 · 난방 설비
④ 소화 장비 보관함 및 무정전(無停電) 전원공급장치

4) 아래의 조건을 참고하여 선큰의 최소면적을 계산하시오. (6점)

> [조건]
> 가. 문화 및 집회시설 중 공연장의 면적은 2,000[m²], 집회장의 면적 800[m²], 관람장의 면적은 3,000[m²] 이다.
> 나. 판매시설 중 소매시장은 6,000[m²]
> 다. 그 밖의 용도는 4,000[m²]

풀이&답
문화 및 집회시설 : (2,000[m²]+800[m²]+3,000[m²]) × 7[%]=406[m²]
① 판매시설 중 소매시장 : 6,000[m²] × 7[%] =420[m²]
② 그 밖의 용도 : 4,000[m²] × 3[%]=120[m²]
③ 선큰의 최소면적 : 406[m²]+420[m²]+120[m²]=946[m²]

5) 종합방재실의 구조 및 면적기준을 모두 쓰시오. (5점)

풀이&답
① 다른 부분과 방화구획(防火區劃)으로 설치할 것. 다만, 다른 제어실 등의 감시를 위하여 두께 7밀리미터 이상의 망입(網入)유리(두께 16.3밀리미터 이상의 접합유리 또는 두께 28밀리미터 이상의 복층유리를 포함한다)로 된 4제곱미터 미만의 붙박이창을 설치할 수 있다.
② 제2항에 따른 인력의 대기 및 휴식 등을 위하여 종합방재실과 방화구획된 부속실(附屬室)을 설치할 것
③ 면적은 20제곱미터 이상으로 할 것
④ 재난 및 안전관리, 방범 및 보안, 테러 예방을 위하여 필요한 시설 · 장비의 설치와 근무 인력의 재난 및 안전관리 활동, 재난 발생 시 소방대원의 지휘 활동에 지장이 없도록 설치할 것
⑤ 출입문에는 출입 제한 및 통제 장치를 갖출 것

6) 선큰에 갖추어야 하는 설비기준 2가지를 쓰시오. (4점)

풀이&답 ① 빗물에 의한 침수 방지를 위하여 차수판(遮水板), 집수정(集水井), 역류방지기를 설치할 것
② 선큰과 거실이 접하는 부분에 제연설비[드렌처(수막)설비 또는 공기조화설비와 별도로 운용하는 제연설비를 말한다]를 설치할 것. 다만, 선큰과 거실이 접하는 부분에 설치된 공기조화설비가 「화재예방, 소방시설 설치ㆍ유지 및 안전관리에 관한 법률」 제9조제1항에 따른 화재안전기준에 맞게 설치되어 있고, 화재발생 시 제연설비 기능으로 자동 전환되는 경우에는 제연설비를 설치하지 않을 수 있다.

(2) 다음은 옥내소화전설비의 화재안전기술기준에서 전동기 또는 내연기관에 따른 펌프를 이용하는 가압송수장치의 기준의 일부를 나타낸 것이다. 괄호 안의 번호에 알맞은 답을 답안지에 쓰시오. (4점)

> 기동용수압개폐장치를 기동장치로 사용할 경우에는 다음 각 목의 기준에 따른 (②)를 설치할 것. 다만, (①)하고 다음 가목의 성능을 갖춘 경우에는 (②)를 별도로 설치하지 아니할 수 있다.
> 가. 펌프의 토출압력은 그 설비의 (③)과 같게 할 것
> 나. 펌프의 정격토출량은 (④)할 수 있도록 충분한 토출량을 유지할 것

풀이&답 ① 옥내소화전이 각층에 1개씩 설치된 경우로서 소화용 급수펌프로도 상시 충압이 가능
② 충압펌프
③ 최고위 호스접결구의 자연압보다 적어도 0.2[MPa]이 더 크도록 하거나 가압송수장치의 정격토출압력
④ 정상적인 누설량보다 적어서는 아니 되며, 옥내소화전설비가 자동적으로 작동

(3) 스프링클러설비의 화재안전성능기준 중 조기반응형 스프링클러헤드에 대한 다음 각 물음에 답하시오. (5점)

1) 정의를 쓰시오. (1점)

풀이&답 표준형스프링클러헤드 보다 기류온도 및 기류속도에 조기에 반응하는 것을 말한다.

2) 조기반응형 스프링클러헤드를 설치하는 경우에는 ( )를 설치할 것. 괄호 안에 해당하는 것을 쓰시오. (1점)

풀이&답 습식유수검지장치

3) 조기반응형 스프링클러헤드를 설치하여야 하는 장소 3가지 기준을 쓰시오. (3점)

풀이&답 1. 공동주택ㆍ노유자시설의 거실
2. 오피스텔ㆍ숙박시설의 침실
3. 병원ㆍ의원의 입원실

(4) 미분무소화설비의 화재안전기술기준에 대한 다음 각 물음에 답하시오. (4점)

1) 미분무의 용어 정의를 쓰시오. (1점)

풀이&답 물만을 사용하여 소화하는 방식으로 최소설계압력에서 헤드로부터 방출되는 물입자 중 99[%]의

누적체적분포가 $400[\mu m]$ 이하로 분무되고 A, B, C급 화재에 적응성을 갖는 것을 말한다.

2) 다음의 용어 정의를 쓰시오. (3점)

1. 저압 미분무 소화설비

풀이&답 최고사용압력이 1.2[MPa] 이하인 미분무소화설비를 말한다.

2. 중압 미분무 소화설비

풀이&답 사용압력이 1.2[MPa]을 초과하고 3.5[MPa] 이하인 미분무소화설비를 말한다.

3. 고압 미분무 소화설비

풀이&답 최저사용압력이 3.5[MPa]을 초과하는 미분무소화설비를 말한다.

문제 02 다음 각 물음에 답하시오. (30점)

(1) 특별피난계단의 계단실 및 부속실제연설비의 화재안전성능기준(NFPC 501A)에 따라 화재실(거실)에서 발생한 연기가 특별피난계단 부속실로 유입되는 것을 방지하기 위하여 부속실에 50[N/m²]의 압력을 가하려고 한다. 아래의 조건을 참고하여 다음 각 물음에 답하시오. (12점)

[조건]
- 출입문의 크기는 2.1 m×1.0 m
- 문손잡이의 위치 : 긴변 모서리로부터 10 cm
- 문의 마찰력은 5N
- 제연설비가 가동되었을 경우 출입문 개방에 필요한 힘은 최댓값을 적용한다.
- 계산 과정 및 최종답안 작성시에는 소수점 3자리에서 반올림하여 2자리까지 답한다.

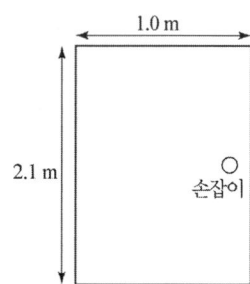

[물음]
1) 국내 화재안전성능기준을 적용하여 거실과 부속실 사이에 설치되는 출입문의 자동폐쇄장치가 허용하는 힘(N)의 크기를 계산하시오. (4점)
2) 동일한 조건에서 자동폐쇄장치의 폐쇄력이 45N인 제품을 사용할 경우 부속실에 가할 수 있는 압력의 한계값을 계산하시오. (3점)
3) 제연구역에 대한 급기기준 5가지를 쓰시오. (5점)

풀이&답 1) 출입문의 자동폐쇄장치가 허용하는 힘(N)의 크기
출입문 개방에 필요한 힘 $F_t = F_1 + F_2 + F_3$

$$110\,N = \frac{50\,Pa \times 2.1\,m \times 1.0\,m \times 1.0\,m}{2(1.0\,m - 0.1\,m)} + F_2 + 5N$$

$$F_2 = 46.67N$$

$$F_t = F_1 + F_2 + F_3$$

F_1 : 차압에 의한 힘[N]

$$F_1 = \frac{\triangle P \times A \times W}{2(W-d)}$$

F_2 : 폐쇄장치의 폐쇄력[N]

F_3 : 문의 마찰력[N]

제연설비가 가동되었을 경우 출입문의 개방에 필요한 힘은 110 N 이하로 하여야 한다.

풀이&답 2) 압력의 한계값

$$110\,\mathrm{N} = \frac{\triangle P \times 2.1\,\mathrm{m} \times 1.0\,\mathrm{m} \times 1.0\,\mathrm{m}}{2(1.0\,\mathrm{m} - 0.1\,\mathrm{m})} + 45\,\mathrm{N} + 5\,\mathrm{N},\quad \triangle P = 51.43[\mathrm{N/m^2}]$$

풀이&답 3) 급기기준

① 부속실만을 제연하는 경우 동일 수직선상의 모든 부속실은 하나의 전용 수직풍도를 통해 동시에 급기할 것.

② 계단실 및 부속실을 동시에 제연하는 경우 계단실에 대하여는 그 부속실의 수직풍도를 통해 급기할 수 있다.

③ 계단실만을 제연하는 경우에는 전용 수직풍도를 설치하거나 계단실에 급기풍도 또는 급기 송풍기를 직접 연결하여 급기하는 방식으로 할 것

④ 하나의 수직풍도마다 전용의 송풍기로 급기할 것

⑤ 비상용승강기 또는 피난용승강기의 승강장만을 제연하는 경우에는 해당승강기의 승강로를 급기풍도로 사용할 수 있다.

(2) 다음은 스포트형 열감지기의 특성을 나타낸 것이다. 다음 각 물음에 답하시오. (5점)

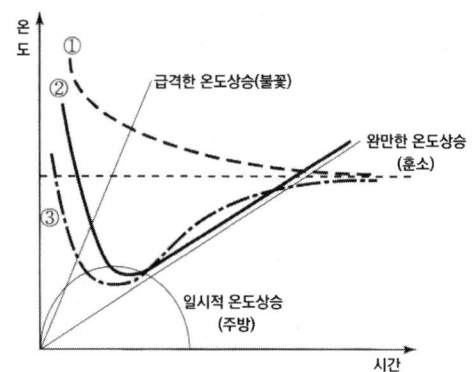

1) 그림에서 ①, ②, ③에 해당하는 감지기를 쓰시오.

풀이&답 ① : 정온식, ② : 차동식, ③ : 보상식

2) 동작 빠르기를 동작이 빠른 순서부터 느린 순서대로 해당 번호를 쓰시오.

풀이&답 ③, ②, ①

3) 완만한 온도상승(훈소화재)에 적응성이 없는 감지기의 해당 번호를 쓰시오.

[풀이&답] ②

4) 일시적 온도상승 즉, 비화재보가 발생하지 않는 감지기의 번호를 쓰시오.

[풀이&답] ①

구분	차동식	정온식	보상식
동작 빠르기	2	3	1
훈소화재	비적응성	적응성	적응성
비화재보	발생	미발생	발생
시간지연	미발생	발생	미발생

(3) 다음의 조건을 활용하여 부하를 운전하기 위해 필요한 자가발전기의 최소 용량 (kVA)을 계산하시오. (5점)

[조건]
전동기 1 kW당 입력용량계수 : 1.45
전동기의 기동계수 : 2
발전기 허용전압강하 계수 : 1.13
부하용량 표는 다음과 같다.

구분	부하의 종류	용량
1	유도전동기	37kW×1대
2	유도전동기	10kW×5대
3	전동기 이외 부하의 입력용량	30kVA

[풀이&답] 1. 조건정리
전동기 이외 부하의 입력용량 합계 $\Sigma P = 30\text{kVA}$
전동기의 kW당 입력용량 계수 $a = 1.45$
전동기 부하용량 합계 $\Sigma Pm = 37\text{kW} \times 1 + 10\text{kW} \times 5 = 87\text{kW}$
전동기 부하 중 기동용량이 가장 큰 전동기 부하용량 $PL = 37\text{kW}$
전동기의 기동계수 $c = 2$
발전기 허용전압강하 계수 $k = 1.13$
2. 발전기 최소용량
$GP \geq [\Sigma P + (\Sigma Pm - PL) \times a + (PL \times a \times c)] \times k$
$GP \geq [30 + (87 - 37) \times 1.45 + (37 \times 1.45 \times 2)] \times 1.13 = 237.07 \text{ kVA}$

발전기 용량 산정

$$GP \geq [\Sigma P + (\Sigma Pm - PL) \times a + (PL \times a \times c)] \times k$$

여기서, GP : 발전기 용량(kVA)

ΣP : 전동기 이외 부하의 입력용량 합계(kVA)

가. 입력용량(고조파 발생부하 제외)

$$P = \frac{\text{부하용량}(kW)}{\text{부하 효율} \times \text{역률}}$$

나. 고조파 발생부하의 입력용량 합계(kVA)

㉮ UPS의 입력용량

$$P = (\frac{\text{UPS 출력}(kVA)}{\text{UPS 효율}} \times \lambda) + \text{축전지 충전용량}$$

(※ 축전지 충전용량은 UPS 용량의 6~10% 적용)

㉯ 입력용량(UPS 제외)

$$P = \left[\frac{\text{부하용량}(kW)}{\text{효율} \times \text{역률}} \right] \times \lambda$$

(※ λ(THD 가중치)는 KS C IEC 61000-3-6의 표 6을 참고한다. 다만, 고조파 저감장치를 설치할 경우에는 **가중치 1.25**를 적용할 수 있다.

ΣPm : 전동기 부하용량 합계(kW)

PL : 전동기 부하 중 기동용량이 가장 큰 전동기 부하용량(kW), 다만, 동시에 기동될 경우에는 이들을 더한 용량으로 한다.

a : 전동기의 kW당 입력용량 계수

(※ a의 추천값은 고효율 1.38, 표준형 1.45이다. 다만, 전동기 입력용량은 각 전동기별 효율, 역률을 적용하여 입력용량을 환산할 수 있다)

c : 전동기의 기동계수

㉮ 직입 기동 : 추천값 6(범위 5~7)

㉯ Y-△ 기동 : 추천값 2(범위 2~3)

㉰ VVVF(인버터) 기동 : 추천값 1.5(범위 1~1.5)

㉱ 리액터 기동방식의 추천 값

구 분	탭(Tap)		
	50%	65%	80%
기동계수(c)	3	3.9	4.8

k : 발전기 허용전압강하 계수는 표 4.1-1를 참조한다.
다만, **명확하지 않은 경우 1.07~1.13**으로 할 수 있다.

표 4.1-1 발전기 허용전압강하 계수

구 분		발전기 정수 x_d''(%)					
		20	21	22	23	24	25
발전기 허용전압 강하율 (%)	15	1.13	1.19	1.25	1.30	1.36	1.42
	16	1.05	1.10	1.16	1.21	1.26	1.31
	17	0.98	1.03	1.07	1.12	1.17	1.22
	18	0.91	0.96	1.00	1.05	1.09	1.14
	19	0.85	0.90	0.94	0.98	1.02	1.07
	20	0.80	0.84	0.88	0.92	0.96	1.00

(4) 다음은 성능인증의 대상이 되는 소방용품의 품목에 관한 고시에 따른 성능인증의 대상
이 되는 소방용품의 품목을 나타낸 것이다. 괄호 안의 번호에 알맞은 답을 쓰시오. (8점)

1. 분기배관	2. 포소화약제혼합장치
3. 가스계소화설비 설계프로그램	4. 시각경보장치
5. (①)	6. 자동폐쇄장치
7. 가압수조식가압송수장치	8. 피난유도선
9. 방염제품	10. 다수인피난장비
11. 캐비닛형 간이스프링클러설비	12. 승강식피난기
13. 미분무헤드	14. 방열복
15. 상업용주방자동소화장치	16. 압축공기포헤드
17. 압축공기포혼합장치	18. 플랩댐퍼
19. 비상문자동개폐장치	20. (②)
21. (③)	22. 소방전원공급장치
23. 호스릴이산화탄소소화장치	24. (④)
25. 흔들림 방지 버팀대	26. 소방용 수격흡수기
27. 소방용 행가	28. 간이형수신기
29. (⑤)	30. (⑥)
31. (⑦)	32. 배출댐퍼
33. (⑧)	

풀이&답
① 자동차압급기댐퍼   ② 가스계소화설비용 수동식 기동장치
③ 휴대용비상조명등   ④ 과압배출구
⑤ 방화포   ⑥ 간이소화장치
⑦ 유량측정장치   ⑧ 송수구

문제 03 다음 각 물음에 답하시오. (40점)

(1) 아래의 조건을 참고하여 다음 각 물음에 답하시오. (8점)

[조건]
① 감지부의 부착높이 7.5[m], 열반도체식 차동식분포형 감지기(1종)를 사용
② 주요구조부는 내화구조임
③ 각 실의 바닥면적은 다음과 같다.

A실	B실	C실
600[m^2]	500[m^2]	60[m^2]

[물음]

1) 이 대상물에 필요한 감지부의 최소수량 (6점)

2) 이 대상물에 필요한 검출기의 최소수량 (2점)

풀이&답
1) 이 대상물에 필요한 감지부의 최소수량
① 부착높이가 8[m] 미만, 주요구조부가 내화구조이므로 감지부는 65[m^2]마다 1개 이상
② A실 감지부의 수량 : 600[m^2]/65[m^2]=9.23=10개
③ B실 감지부의 수량 : 500[m^2]/65[m^2]=7.69=8개

④ C실 감지부의 수량 : 60[m²]/65[m²]=0.92=1개
⑤ 감지부의 수량 : 10개+8개+1개=19개
2) 이 대상물에 필요한 검출기의 최소수량
① 하나의 검출기에 접속하는 감지부는 2개 이상 15개 이하
② 최소수량 : 19개/15개=1.26=2개

(2) 아래와 같은 조건을 갖는 특정소방대상물에 열전대식 차동식분포형 감지기를 설치하고자 한다. 이 대상물에 필요한 열전대부의 최소 수량과 검출부의 최소 수량을 계산하시오. (7점)

[조건]
① 감지부의 부착높이 8[m]
② 주요구조부는 내화구조임
③ 각 실 감지구역의 바닥면적은 다음과 같다.

A실 400[m²]	B실 350[m²]	C실 66[m²]

[물음]
1) 이 대상물에 필요한 감지부의 최소수량 (5점)
2) 이 대상물에 필요한 검출부의 최소수량 (2점)

풀이&답 1) 이 대상물에 필요한 감지부의 최소수량
① 감지구역의 바닥면적 22[m²]마다 1개 이상
② A실 열전대부의 수량 =400[m²]/22[m²]=18.18=19개
③ B실 열전대부의 수량 =350[m²]/22[m²]=15.91=16개
④ C실 열전대부의 수량 =66[m²]/22[m²]=3개
   바닥면적이 88[m²] 이하인 경우에는 최소 4개를 적용해야 하므로 4개
⑤ 열전대부의 수량 =19개+16개+4개=39개
2) 이 대상물에 필요한 검출부의 최소수량
① 하나의 검출부에 접속하는 열전대부는 20개 이하
② 최소수량 : 39개/20개=1.95=2개

(3) 이산화탄소소화설비의 화재안전기술기준에서 정한 이산화탄소소화설비의 배관 설치기준 4가지를 쓰시오. (4점)

풀이&답 1. 배관은 전용으로 할 것
2. 강관을 사용하는 경우의 배관은 압력배관용탄소강관(KS D 3562)중 스케줄 80(저압식은 스케줄 40) 이상의 것 또는 이와 동등 이상의 강도를 가진 것으로 아연도금 등으로 방식처리된 것을 사용할 것. 다만, 배관의 호칭구경이 20[mm] 이하인 경우에는 스케줄 40 이상인 것을 사용할 수 있다.
3. 동관을 사용하는 경우의 배관은 이음이 없는 동 및 동합금관(KS D 5301)으로서 고압식은 16.5 [MPa] 이상, 저압식은 3.75[MPa] 이상의 압력에 견딜 수 있는 것을 사용할 것
4. 고압식의 1차측(개폐밸브 또는 선택밸브 이전) 배관부속의 최소사용설계압력은 9.5 MPa로 하고, 고압식의 2차측과 저압식의 배관부속의 최소사용설계압력은 4.5 MPa로 할 것

(4) 그림과 같이 펌프가 설치되어 있다. 조건을 참고하여 다음 각 물음에 답하시오.(단, 계산과정 및 최종답안 작성시 소수점 3자리에서 반올림하여 2자리까지 답한다.) (8점)

[조건]
① $P_1 = 200\text{Pa}$, $P_2 = 3\text{bar}$
② 펌프의 토출유량 $Q = 0.2[\text{m}^3/\text{s}]$, 전달계수 1.1, 수력효율 96[%], 체적효율 92[%], 기계효율은 85[%]
③ 배관의 내경 $d_1 = 150[\text{mm}]$, $d_2 = 100[\text{mm}]$
④ $h = 3\text{m}$, 중력가속도는 $9.8[\text{m}/\text{s}^2]$
⑤ 단위환산 시에는 표준대기압을 적용하고 손실수두는 무시한다.

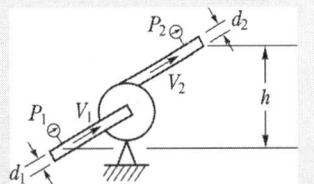

1) 흡입측 및 토출측 배관의 유속[m/s]

풀이&답
① 흡입측 배관의 유속
$$V_1 = \frac{Q}{A_1} = \frac{4Q}{\pi d_1^2} = \frac{4 \times 0.2[\text{m}^3/\text{s}]}{\pi \times (0.15[\text{m}])^2} = 11.32[\text{m}/\text{s}]$$
② 토출측 배관의 유속
$$V_2 = \frac{Q}{A_2} = \frac{4Q}{\pi d_2^2} = \frac{4 \times 0.2[\text{m}^3/\text{s}]}{\pi \times (0.1[\text{m}])^2} = 25.46[\text{m}/\text{s}]$$

2) 펌프의 전양정[m]

풀이&답
$$H = \frac{P_2 - P_1}{\gamma} + \frac{V_2^2 - V_1^2}{2g} + Z_2 - Z_1$$

$$= \frac{3[\text{bar}] \times \dfrac{101.325[\text{kN}/\text{m}^2]}{1.013[\text{bar}]} - 200[\text{Pa}] \times \dfrac{101.325[\text{kN}/\text{m}^2]}{101325[\text{Pa}]}}{9.8[\text{kN}/\text{m}^3]}$$

$$+ \frac{(25.46[\text{m}/\text{s}])^2 - (11.32[\text{m}/\text{s}])^2}{2 \times 9.8[\text{m}/\text{s}^2]} + 3[\text{m}]$$

$$= 60.13[\text{m}]$$

3) 펌프에 필요한 전동기의 용량(kW)

풀이&답
전효율 $\eta = $ 수력효율 $\times$ 체적효율 $\times$ 기계효율 $= 0.96 \times 0.92 \times 0.85 = 0.75$
토출유량 $Q = 0.2[\text{m}^3/\text{s}] = 12[\text{m}^3/\text{min}]$

전동기의 용량 $P = \dfrac{0.163QHK}{\eta} = \dfrac{0.163 \times 12[\text{m}^3/\text{min}] \times 60.13[\text{m}] \times 1.1}{0.75} = 172.50[\text{kW}]$

(5) 자동화재탐지설비 및 시각경보장치의 화재안전기술기준에 따른 체육관, 항공기 격납고, 높은 천장의 창고·공장, 관람석 상부 등 감지기 부착높이가 8[m] 이상의 장소에 설치가능한 감지기의 종류 4가지를 쓰시오. (2점)

풀이&답
① 차동식분포형   ② 광전식분리형
③ 광전아날로그식분리형   ④ 불꽃감지기

(6) 자동화재탐지설비 및 시각경보장치의 화재안전기술기준에 따른 연기감지기를 설치할 수 없는 경우에 차동식분포형 감지기 1·2종 모두 적응성이 있는 환경상태 5가지를 쓰시오. (5점)

[풀이&답]
① 먼지 또는 미분 등이 다량으로 체류하는 장소
② 부식성가스가 발생할 우려가 있는 장소
③ 배기가스가 다량으로 체류하는 장소
④ 연기가 다량으로 유입할 우려가 있는 장소
⑤ 물방울이 발생하는 장소

(7) 소방시설의 설치 및 관리에 관한 법률 시행령 [별표4] 특정소방대상물의 관계인이 특정소방대상물에 설치 관리해야 하는 소방시설의 종류 기준 중 인명구조기구를 설치하여야 하는 특정소방대상물 기준을 아래의 물음에 맞게 답안지에 쓰시오. (6점)

특정소방대상물	인명구조기구의 종류

[풀이&답]

특정소방대상물	인명구조기구의 종류
지하층을 포함하는 층수가 7층 이상인 것 중 관광호텔 용도로 사용하는 층	방열복 또는 방화복(안전모, 보호장갑 및 안전화를 포함한다), 인공소생기 및 공기호흡기
지하층을 포함하는 층수가 5층 이상인 것 중 병원 용도로 사용하는 층	방열복 또는 방화복(안전모, 보호장갑 및 안전화를 포함한다) 및 공기호흡기
가) 수용인원 100명 이상인 문화 및 집회시설 중 영화상영관 나) 판매시설 중 대규모점포 다) 운수시설 중 지하역사 라) 지하가 중 지하상가 마) 제1호바목 및 화재안전기준에 따라 이산화탄소소화설비(호스릴이산화탄소소화설비는 제외한다)를 설치해야 하는 특정소방대상물	공기호흡기

소방시설법 시행령 별표4 제3호나목
나. 인명구조기구를 설치하여야 하는 특정소방대상물은 다음의 어느 하나와 같다.
1) 방열복 또는 방화복(안전모, 보호장갑 및 안전화를 포함한다), 인공소생기 및 공기호흡기를 설치하여야 하는 특정소방대상물: 지하층을 포함하는 층수가 7층 이상인 것 중 관광호텔 용도로 사용하는 층
2) 방열복 또는 방화복(안전모, 보호장갑 및 안전화를 포함한다) 및 공기호흡기를 설치하여야 하는 특정소방대상물: 지하층을 포함하는 층수가 5층 이상인 것 중 병원 용도로 사용하는 층
3) 공기호흡기를 설치하여야 하는 특정소방대상물은 다음의 어느 하나와 같다.
  가) 수용인원 100명 이상인 문화 및 집회시설 중 영화상영관
  나) 판매시설 중 대규모점포
  다) 운수시설 중 지하역사
  라) 지하가 중 지하상가
  마) 제1호바목 및 화재안전기준에 따라 이산화탄소소화설비(호스릴이산화탄소소화설비는 제외한다)를 설치해야 하는 특정소방대상물

문제 04 다음 물음에 답하시오. (40점)

(1) 창고시설의 화재안전성능기준(NFPC 609)에 대한 다음 각 물음에 답하시오.(12점)

1) 다음의 용어 정의를 쓰시오. (2점)

라지드롭형(large-drop type) 스프링클러헤드	①
송기공간	②

풀이&답 ① 동일 조건의 수압력에서 큰 물방울을 방출하여 화염의 전파속도가 빠르고 발열량이 큰 저장창고 등에서 발생하는 대형화재를 진압할 수 있는 헤드

② 랙을 일렬로 나란하게 맞대어 설치하는 경우 랙 사이에 형성되는 공간(사람이나 장비가 이동하는 통로는 제외한다.)

2) 괄호 안의 번호에 알맞은 답을 쓰시오. (3점)

> 창고시설에 설치하는 스프링클러설비는 (㉠)를 습식으로 설치할 것. 다만, 다음 각 목의 어느 하나에 해당하는 경우에는 건식스프링클러설비로 설치할 수 있다.
> 가. (㉡)
> 나. (㉢)

풀이&답 ㉠ 라지드롭형 스프링클러헤드
㉡ 냉동창고 또는 영하의 온도로 저장하는 냉장창고
㉢ 창고시설 내에 상시 근무자가 없어 난방을 하지 않는 창고시설

3) 랙식 창고(가로 200m, 세로 150m, 층고 20m, 랙의 높이는 15m, 비내화구조)에 라지드롭형 스프링클러헤드를 설치하고자 한다. 다음 물음에 답하시오.(7점)

① 방호구역의 최소수량과 방호구역별 라지드롭형 스프링클러헤드의 최소수량을 산출하시오.(단, 방호구역(가로 100m, 세로 30m)은 균등하게 배분하는 조건, 헤드는 정방형으로 배치한다.) (2점)

② 가압송수장치를 설치할 경우 필요한 최소 방수압력(MPa) 및 방수량(m^3/min)은? (2점)

③ 필요한 수원의 최소 저수량(m^3)은? (1점)

④ 소화수조 또는 저수조의 최소 저수량(m^3)을 산출하시오. (2점)

풀이&답 ① 방호구역 및 방호구역별 라지드롭형 스프링클러헤드의 최소수량

(1) 방호구역의 수량 : $\dfrac{200\,m \times 150\,m}{3,000\,m^2} = 10$개

(2) 라지드롭형 스프링클러헤드의 최소수량

가로수량 : $\dfrac{100\,m}{2 \times 2.1\,m \times \cos 45°} = 33.67 = 34$개

세로수량 : $\dfrac{30\,m}{2 \times 2.1\,m \times \cos 45°} = 10.1 = 11$개

최소수량 : 34개×11개×5열=1,870개(랙의 높이가 15m 이므로 5열 배치)

② 방수압력 및 방수량
  (1) 방수압력 : 0.1 MPa
  (2) 방수량 : 30개×160L/min = 4,800L/min = 4.8m³/min

랙식 창고의 경우에는 라지드롭형 스프링클러헤드를 랙 높이 3미터 이하마다 설치할 것. 이 경우 수평거리 15센티미터 이상의 송기공간이 있는 랙식 창고에는 랙 높이 3미터 이하마다 설치하는 스프링클러헤드를 송기공간에 설치할 수 있다.

③ 필요한 수원의 최소 저수량(m³)
  최소 저수량 $Q = 30 \times 9.6\,\text{m}^3 = 288\,\text{m}^3$

라지드롭형 스프링클러헤드의 설치개수가 가장 많은 방호구역의 설치개수(30개 이상 설치된 경우에는 30개)에 3.2(랙식 창고의 경우에는 9.6)세제곱미터를 곱한 양 이상이 되도록 할 것

④ 랙식 창고에 필요한 소화수조 또는 저수조의 최소 저수량(m³)을 산출하시오.
$$\frac{200\,\text{m} \times 150\,\text{m}}{5,000\,\text{m}^2} = 6, \ \text{최소 저수량} \ Q = 6 \times 20\,\text{m}^3 = 120\,\text{m}^3$$

소화수조 또는 저수조의 저수량은 특정소방대상물의 연면적을 5,000제곱미터로 나누어 얻은 수(소수점 이하의 수는 1로 본다)에 20제곱미터를 곱한 양 이상이 되도록 해야 한다.

(2) 다음 특정소방대상물에 소방안전관리보조자를 선임하고자 한다. 다음 각 물음에 답하시오. (4점)
① 1,300세대인 아파트의 최소 선임인원 수

풀이&답   인원수 $= \dfrac{1300}{300} = 4.33 = 4$명

② 연면적 200,000[m²]인 공장의 최소 선임인원 수

풀이&답   인원수 $= \dfrac{200,000}{15,000} = 13.33 = 13$명

(3) 제연설비의 화재안전기술기준에서 정한 제연방식 기준을 모두 쓰시오. (6점)

풀이&답 ① 예상제연구역에 대하여는 화재 시 연기배출(이하 "배출"이라 한다)과 동시에 공기유입이 될 수 있게 하고, 배출구역이 거실일 경우에는 통로에 동시에 공기가 유입될 수 있도록 하여야 한다.
② 제1항에도 불구하고 통로와 인접하고 있는 거실의 바닥면적이 50[m²] 미만으로 구획(제연경계에 따른 구획은 제외한다. 다만, 거실과 통로와의 구획은 그러하지 아니하다)되고 그 거실에 통로가 인접하여 있는 경우에는 화재 시 그 거실에서 직접 배출하지 아니하고 인접한 통로의 배출로 갈음할 수 있다. 다만, 그 거실이 다른 거실의 피난을 위한 경유거실인 경우에는 그 거실에서 직접 배출하여야 한다.
③ 통로의 주요 구조부가 내화구조이며 마감이 불연재료 또는 난연재료로 처리되고 가연성 내용물이 없는 경우에 그 통로는 예상제연구역으로 간주하지 아니할 수 있다. 다만, 화재발생시 연기의 유입이 우려되는 통로는 그러하지 아니하다.

(4) 해당 방호구역(아세틸렌을 저장)에 전역방출방식으로 이산화탄소소화설비를 설치하고자 한다. 다음 각 물음에 답하시오. (18점)

[조건]
① 방호구역은 2구역으로 하며 1구역은 가로 30[m], 세로 20[m], 높이는 5[m], 2구역은 가로 20[m], 세로 10[m], 높이는 5[m] 이다.
② 2개의 방호구역 모두 자동폐쇄장치를 설치하지 않았으며 개구부의 면적은 이산화탄소소화설비의 화재안전기준에서 규정한 최대값을 적용한다.
③ 방호구역에는 아세틸렌을 취급한다.
④ 충전비가 1.511, 저장용기의 내용적은 68[L] 이다.
⑤ 설계농도에 따른 보정계수는 아래의 표와 같다.(보정계수는 줄 간격 당 0.2, 설계농도는 줄 간격 당 2[%]를 나타낸다.)

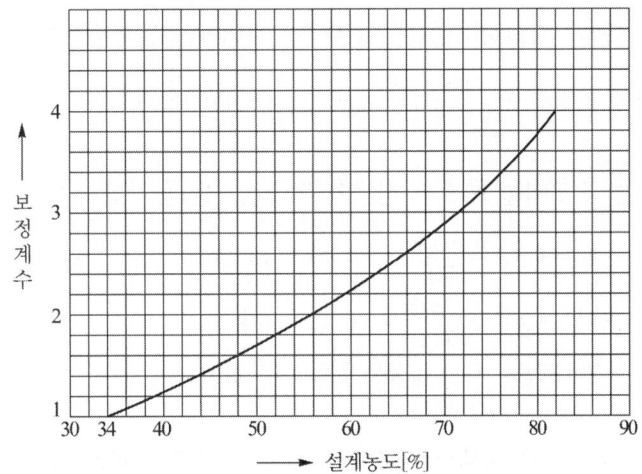

[물음]
① 방호구역 내 개구부의 최대면적 (4점)

1) 방호구역 1의 개구부 면적 (2점)

풀이&답
① 방호대상물 전체둘레의 면적(방호구역의 벽, 바닥 및 천장 또는 지붕면적의 합계)
$= 30[m] \times 5[m] \times 2 + 20[m] \times 5[m] \times 2 + 30[m] \times 20[m] \times 2 = 1,700[m^2]$
② 개구부의 면적 = 방호대상물 전체둘레의 면적 × 3[%] 이하
$= 1700[m^2] \times 3[\%] = 51[m^2]$

2) 방호구역 2의 개구부 면적 (2점)

풀이&답
① 방호대상물 전체둘레의 면적(방호구역의 벽, 바닥 및 천장 또는 지붕면적의 합계)
$= 20[m] \times 5[m] \times 2 + 10[m] \times 5[m] \times 2 + 20[m] \times 10[m] \times 2 = 700[m^2]$
② 개구부의 면적 = 방호대상물 전체둘레의 면적 × 3% 이하
$= 700[m^2] \times 3\% = 21[m^2]$

② 방호구역 1의 최소 소화약제 산출 저장량[kg] (2점)

풀이&답
① 방호구역의 체적 $V = 30[m] \times 20[m] \times 5[m] = 3,000[m^3]$
② 보정계수 : 조건 ⑥에 따라 아세틸렌은 설계농도 66[%]이므로 표에서 2.6
③ 최소 약제량
$W = (V[m^3] \times K[kg/m^3]($최저한도의 양 미만은 최저한도의 양$) \times$보정계수$+ A[m^2] \times 5[kg/m^2])$
$= 3,000[m^3] \times 0.75[kg/m^3] \times 2.6 + 51[m^2] \times 5[kg/m^2] = 6,105[kg]$

③ 방호구역 2의 최소 소화약제 산출 저장량[kg] (2점)

풀이&답
① 방호구역의 체적 $V = 20[m] \times 10[m] \times 5[m] = 1,000[m^3]$
② 보정계수 : 조건⑥에 따라 아세틸렌은 설계농도 66[%]이므로 표에서 2.6
③ 최소 약제량
$W = (V[m^3] \times K[kg/m^3]($최저한도의 양 미만은 최저한도의 양$) \times$보정계수$+ A[m^2] \times 5[kg/m^2])$
$= 1,000[m^3] \times 0.8[kg/m^3] \times 2.6 + 21[m^2] \times 5[kg/m^2] = 2,185kg$

④ 1병당 저장량[kg] (단, 소수점 2자리에서 반올림한다) (1점)

풀이&답
1병당 저장량$= \dfrac{\text{내용적(L)}}{\text{충전비(L/kg)}} = \dfrac{68L}{1.511} = 45.003 = 45kg$

⑤ 방호구역별 최소 저장용기 수(병), 저장용기실의 최소 저장용기 수(병) (4점)

풀이&답
① 방호구역 1 : $\dfrac{6,105kg}{45kg} = 135.666 = 136$병

② 방호구역 2 : $\dfrac{2,185kg}{45kg} = 48.555 = 49$병

③ 저장용기실의 최소 저장용기 수 : 136병

⑥ 가연성 액체 또는 가연성 가스의 소화에 필요한 설계농도를 나타낸 표이다. 표의 번호에 알맞은 답을 쓰시오. (5점)

방호대상물	설계농도(%)
(①)	(②)
(③)	(④)
(⑤)	(⑥)
산화에틸렌(Ethylene Oxide)	53
(⑦)	49
에탄(Ethane)	(⑧)
(석탄가스, 천연가스(Coal, Natural gas))	37
사이크로 프로판(Cyclo Propane)	37
(⑨)	36
프로판(Propane)	(⑩)
부탄(Butane)	34
메탄(Methane)	34

풀이&답
① 수소(Hydrogen)　② 75　③ 아세틸렌(Acetylene)　④ 66
⑤ 일산화탄소(Carbon Monoxide)　⑥ 64　⑦ 에틸렌(Ethylene)
⑧ 40　⑨ 이소부탄(Iso Butane)　⑩ 36

문제 05 다음 각 물음에 답하시오. (30점)

(1) 가로 30[m], 세로 20[m], 층고 12[m]인 랙(rack)식 창고에 저장높이 10[m]로 특수가연물을 저장한 경우 화재안전기술기준에 따라 화재조기진압용 스프링클러소화설비를 설치하려고 한다. 다음 조건을 참고하여 물음에 답하시오. (15점)

[조건]
1. 화재조기진압용 헤드는 정방형으로 배치한다.
2. K=320(하향식)
3. 화재조기진압용 스프링클러헤드의 최소방사압[MPa]은 화재조기진압용 스프링클러설비의 화재안전기술기준에 따른다.
4. 헤드의 수량산출시 화재안전기술기준에서 정한 헤드 하나의 방호면적을 이용하여 산출한다.

[물음]
① 펌프의 최소 토출량[m³/min] 및 최소 수원의 양[m³]을 계산하시오.(4점)

풀이&답

1. 최소 토출량
   ① 헤드선단의 방사압력 $P = 0.28$[MPa]
   ② 펌프의 최소 토출량
   $$Q = 12 \times K\sqrt{10P} = 12 \times 320 \times \sqrt{10 \times 0.28} \times 10^{-3}$$
   $$= 6,425[\text{L/min}] = 6.425[\text{m}^3/\text{min}] = 6.43[\text{m}^3/\text{min}]$$
2. 최소 수원의 양
   $$Q = 12 \times K\sqrt{10P} \times 60 = 12 \times 320 \times \sqrt{10 \times 0.28} \times 60 \times 10^{-3} = 385.53[\text{m}^3]$$

보충설명

최소방사압
층고 12.2[m]와 저장높이 10.7[m] $K = 320$ 하향식이 만나는 점에서 방사압력을 선정하면 $P = 0.28$[MPa] 이다.

층고 [m]	저장높이	화재조기진압용 헤드				
		$K=360$ 하향식	$K=320$ 하향식	$K=240$ 하향식	$K=240$ 상향식	$K=200$ 하향식
13.7	12.2	0.28	0.28	–	–	–
13.7	10.7	0.28	0.28	–	–	–
12.2	10.7	0.17	0.28	0.36	0.36	0.52
10.7	9.1	0.14	0.24	0.36	0.36	0.52
9.1	7.6	0.10	0.17	0.24	0.24	0.34

② 화재조기진압용 헤드의 최소 수량과 최대수량을 계산하시오.(단, 소수점이하는 절상하여 정수로 답하시오.) (2점)

풀이&답

1. 최소수량 : $\dfrac{30[\text{m}] \times 20[\text{m}]}{9.3[\text{m}^2]} = 64.52 = 65$개

2. 최대수량 : $\dfrac{30[\text{m}] \times 20[\text{m}]}{6.0[\text{m}^2]} = 100$개

③ 화재안전기술기준 상 저장물의 간격 기준을 쓰시오. (1점)

풀이&답 저장물품 사이의 간격은 모든 방향에서 152[mm] 이상의 간격을 유지하여야 한다.

④ 화재조기진압용 스프링클러헤드의 정의를 쓰시오. (1점)

풀이&답 특정 높은 장소의 화재위험에 대하여 조기에 진화할 수 있도록 설계된 스프링클러헤드

⑤ 화재조기진압용 스프링클러헤드의 화재안전기술기준에서 설치장소의 구조 기준 중 보와 관련된 기준을 쓰시오. (2점)

풀이&답 보로 사용되는 목재·콘크리트 및 철재사이의 간격이 0.9[m] 이상 2.3[m] 이하일 것. 다만, 보의 간격이 2.3m 이상인 경우에는 화재조기진압용 스프링클러헤드의 동작을 원활히 하기 위하여 보로 구획된 부분의 천장 및 반자의 넓이가 28[m²]를 초과하지 아니할 것

⑥ 화재조기진압용 스프링클러설비의 환기구 적합기준 2가지를 쓰시오. (2점)

풀이&답
1. 공기의 유동으로 인하여 헤드의 작동온도에 영향을 주지 않는 구조일 것
2. 화재감지기와 연동하여 동작하는 자동식 환기장치를 설치하지 아니할 것. 다만, 자동식 환기장치를 설치할 경우에는 최소작동온도가 180[℃] 이상일 것

⑦ 감시제어반은 다음 각 목의 확인회로마다 도통시험 및 작동시험을 할 수 있도록 하여야 한다. 문제의 번호에 알맞은 답을 답안지에 쓰시오. (3점)

가.
나.
다.
라. 2.5.15에 따른 개폐밸브의 폐쇄상태 확인회로
마. 그 밖의 이와 비슷한 회로

풀이&답
가. 기동용수압개폐장치의 압력스위치회로
나. 수조 또는 물올림수조의 저수위감시회로
다. 유수검지장치 또는 압력스위치회로

(2) 지상 25층(층별 바닥면적 500[m²]), 지하1층(주차장으로서 바닥면적 2,500[m²]) 규모의 계단실형 아파트에 아래의 조건을 참고하여 필요한 최소 경계구역의 수를 산출하시오. (5점)

[조건]
① 지상층에는 습식스프링클러설비가 설치되어 있으며 층당 4세대, 세대당 10개의 헤드가 설치

② 층별 높이 3[m], 계단1개소, 엘리베이터 1개소, 주차장에는 준비작동식스프링 클러설비가 설치되어 있다.
③ 기타 주어지지 않은 조건은 무시한다.

풀이&답 1) 수평적 경계구역의 수
　① 하나의 경계구역은 600[m²] 이하
　② 층별 경계구역 : 500[m²]/600[m²]=0.83=1개
　③ 25개층×1개=25개
　④ 지하층 주차장 : 2,500[m²]/3,000[m²]=0.83=1개
　　(스프링클러설비의 방호구역과 동일하게 할 수 있으므로)
2) 수직적 경계구역
　① 계단의 경계구역 $= \dfrac{26층 \times 3[m]}{45[m]} = 1.73 = 2개$
　② 엘리베이터 1개
3) 경계구역의 수 = 25개+1개+2개+1개 = 29개

(3) 포소화설비의 화재안전기술기준에 대한 다음 각 물음에 답하시오. (10점)
① 압축공기포소화설비의 정의를 쓰시오. (1점)

풀이&답 압축공기 또는 압축질소를 일정비율로 포수용액에 강제 주입 혼합하는 방식을 말한다.

② 특정소방대상물에 따라 적응하는 포소화설비의 기준을 나타낸 것이다. 괄호 안의 번호에 알맞은 답안을 답안지에 쓰시오. (3점)

> (①), (②), (③), (④), (⑤) : 바닥면적의 합계가 (⑥) 미만의 장소에는 고정식 압축공기포소화설비를 설치할 수 있다.

풀이&답 ① 발전기실　　② 엔진펌프실　　③ 변압기
④ 전기케이블실　　⑤ 유압설비　　⑥ 300[m²]

③ 방호구역의 면적이 300[m²]인 특수가연물을 저장하는 창고에 압축공기포소화설비를 설치하는 경우 필요한 최소 수원의 양[L]은? (2점)

풀이&답 수원 = 방호구역의 면적[m²] × 2.3[L/min·m²] × 10분[min] 이상
　　= 300[m²]×2.3[L/min·m²]×10분[min] 이상 = 6,900[L]

④ 방호구역의 면적이 500[m²]인 탄화수소류를 저장하는 창고에 압축공기포소화설비를 설치하는 경우 필요한 최소 수원의 양[L]은? (2점)

풀이&답 수원 = 방호구역의 면적[m²]×1.63[L/min·m²]×10분[min] 이상
　　= 500[m²]×1.63[L/min·m²]×10분[min] 이상 = 8,150[L]

⑤ 유류탱크주위에 압축공기포소화설비를 설치하는 경우 분사헤드의 수량은 최소 몇 개를 설치하여야 하는가?(단, 유류탱크의 바닥면적은 300[m²]임) (1점)

$$\text{풀이\&답} \quad 수량 = \frac{바닥면적[m^2]}{13.9[m^2]} = \frac{300[m^2]}{13.9[m^2]} = 21.58 = 22개$$

⑥ 압축공기포소화설비의 배관 기준을 쓰시오. (1점)

풀이&답 압축공기포소화설비의 배관은 토너먼트방식으로 하여야 하고 소화약제가 균일하게 방출되는 등 거리 배관구조로 설치하여야 한다.

문제 06 다음 각 물음에 답하시오. (30점)

(1) 아래 그림과 조건을 보고 물음에 답하시오. (10점)

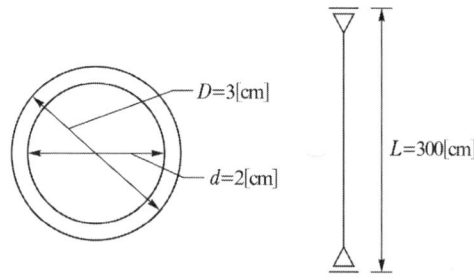

[조건]

1. 버팀대의 길이 L은 3[m]
2. 계산과정에서 소수점 발생시 3자리에서 반올림하여 2자리까지 계산한다.

[물음]

1) 단면적 계산 (2점)
2) 버팀대 단면 2차 모멘트 (2점)
3) 최소회전반경 (2점)
4) 세장비 (2점)
5) 적합여부를 판단하시오. (2점)

풀이&답 1) 단면적 $A = \frac{\pi}{4}(D^2 - d^2) = \frac{\pi}{4}(3^2 - 2^2) = 3.93[cm^2]$

2) 버팀대 단면 2차 모멘트 $I = \frac{\pi}{64}(D^4 - d^4) = \frac{\pi}{64}(3^4 - 2^4) = 3.19$

3) 최소회전반경 $r = \sqrt{\frac{I}{A}} = \sqrt{\frac{3.19}{3.93[cm^2]}} = 0.9[cm]$

4) 세장비 $\frac{L}{r} = \frac{300[cm]}{0.9[cm]} = 333.33$

5) 적합여부 판단
   버팀대의 세장비(L/r)는 300을 초과해서는 아니되므로 부적합하다.

(2) 소방시설 설치 및 관리에 관한 법률 시행령 [별표5]의 일부를 나타낸 것이다. 괄호 안의 번호에 들어갈 내용을 답안지에 쓰시오. (5점)

설치가 면제되는 소방시설	설치면제 기준
옥내소화전	소방본부장 또는 소방서장이 옥내소화전의 설치가 곤란하다고 인정하는 경우로서 (①) 또는 (②)를 화재안전기준에 적합하게 설치한 경우에는 그 설비의 유효범위에서 설치가 면제된다.
연결살수설비	가. 연결살수설비를 설치해야 하는 특정소방대상물에 송수구를 부설한 (③), (④), (⑤) 또는 (⑥)를 화재안전기준에 적합하게 설치한 경우에는 그 설비의 유효범위에서 설치가 면제된다. 나. 가스 관계 법령에 따라 설치되는 물분무장치 등에 소방대가 사용할 수 있는 연결송수구가 설치되거나 물분무장치 등에 6시간 이상 공급할 수 있는 수원(水源)이 확보된 경우에는 설치가 면제된다.
간이스프링클러설비	간이스프링클러설비를 설치해야 하는 특정소방대상물에 (⑦)를 화재안전기준에 적합하게 설치한 경우에는 그 설비의 유효범위에서 설치가 면제된다.
연결송수관설비	연결송수관설비를 설치해야 하는 소방대상물에 옥외에 (⑧) 및 옥내에 (⑨)가 부설된 옥내소화전설비, 스프링클러설비, 간이스프링클러설비 또는 연결살수설비를 화재안전기준에 적합하게 설치한 경우에는 그 설비의 유효범위에서 설치가 면제된다. 다만, 지표면에서 최상층 방수구의 높이가 70m 이상인 경우에는 설치하여야 한다.
연소방지설비	연소방지설비를 설치해야 하는 특정소방대상물에 (⑩)를 화재안전기준에 적합하게 설치한 경우에는 그 설비의 유효범위에서 설치가 면제된다.

풀이&답
① 호스릴 방식의 미분무소화설비
② 옥외소화전설비
③ 스프링클러설비
④ 간이스프링클러설비
⑤ 물분무소화설비
⑥ 미분무소화설비
⑦ 스프링클러설비, 물분무소화설비 또는 미분무소화설비
⑧ 연결송수구
⑨ 방수구
⑩ 스프링클러설비, 물분무소화설비 또는 미분무소화설비

(3) 가로 130[m], 세로 120[m]인 특정소방대상물에 옥외소화전설비를 설치하고자 한다. 다음 각 물음에 답하시오. (5점)
① 옥외소화전의 최소 수량

풀이&답
$$\frac{130[m] \times 2 + 120[m] \times 2}{80[m]} = 6.25 = 7개$$

② 펌프의 최소 토출량(m³/min)

풀이&답

토출량 = 2×350[L/min] = 700[L/min] = 0.7[m³/min]

③ 수원의 최소 유효 저수량(m³)

풀이&답

유효 저수량 = 2×7[m³] = 14[m³]

④ 소화전함의 최소수량과 그 근거가 되는 기준을 쓰시오.

풀이&답

㉠ 최소수량 : 7개

㉡ 근거가 되는 기준 : 옥외소화전이 10개 이하 설치된 때에는 옥외소화전마다 5[m] 이내의 장소에 1개 이상의 소화전함을 설치하여야 한다.

보충설명

소방시설의 내진설비 성능시험조사표 상 흔들림 방지 버팀대의 점검항목

① 흔들림 방지 버팀대는 내력발휘가 가능토록 견고히 설치되었는지 여부 및 횡방향 및 종방향의 수평지진하중에 견디는지 여부

② 버팀대는 지진하중에 의한 수직방향 움직임을 방지토록 설치여부

③ 배관설비에 의해 추가된 지진하중을 견딜수 있는지 여부

④ 버팀대의 세장비가 300을 초과하는지 여부

⑤ 4방향 버팀대의 종방향, 횡방향 버팀대 역할 가능여부

⑥ 횡·종방향 흔들림 방지 버팀대의 성능인정기준 적정여부

---

(4) 아래 그림과 같이 방전 전류가 시간과 함께 감소하는 패턴의 축전지 용량을 계산하시오. (10점)

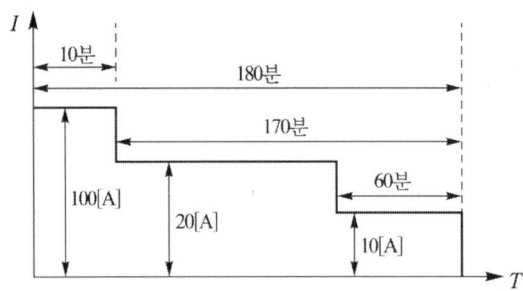

이 때 용량환산시간계수 K는 아래 표와 같으며 보수율은 0.8을 적용한다.

시간	10분	20분	30분	60분	100분	110분	120분	170분	180분	200분
용량환산 시간계수 (K)	1.30	1.45	1.75	2.55	3.45	3.65	3.85	4.85	5.05	5.30

[물음]

1) C_1[Ah] (3점)

2) C_2[Ah] (3점)

3) C_3[Ah] (3점)

4) 축전지 용량[Ah]을 결정하시오. (1점)

1) $C_1 = \dfrac{1}{L} K_1 I_1 = \dfrac{1}{0.8} \times 1.30 \times 100 = 162.5[\text{Ah}]$

2) $C_2 = \dfrac{1}{L}[K_1 I_1 + K_2(I_2 - I_1)] = \dfrac{1}{0.8}[3.85 \times 100 + 3.65(20 - 100)] = 116.25[\text{Ah}]$

3) $C_3 = \dfrac{1}{L}[K_1 I_1 + K_2(I_2 - I_1) + K_3(I_3 - I_2)]$

$\quad = \dfrac{1}{0.8}[5.05 \times 100 + 4.85(20 - 100) + 2.55(10 - 20)] = 114.375 = 114.38[\text{Ah}]$

4) 큰 값을 결정하여야 하므로 162.5[Ah]

(1) 시간에 따라서 감소되는 부하

① C_1 용량

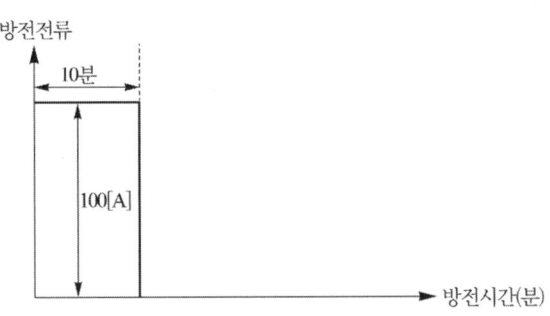

표에서 용량환산시간계수는 10분일 때 K_1=1.30, 방전전류는 I_1=100A이므로 대입하면

시간	10분	20분	30분	60분	100분	110분	120분	170분	180분	200분
용량환산 시간 K	1.30	1.45	1.75	2.55	3.45	3.65	3.85	4.85	5.05	5.30

$C_1 = \dfrac{1}{L} K_1 I_1 = \dfrac{1}{0.8} \times 1.30 \times 100 = 162.5[\text{Ah}]$

② C_2 용량

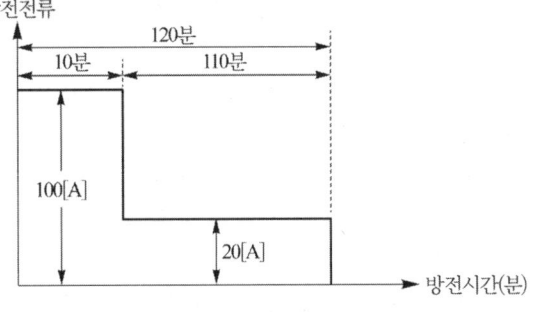

표에서 용량환산시간계수는 120분일 때 K_1=3.85, 110분일 때 K_2=3.65

시간	10분	20분	30분	60분	100분	**110분**	**120분**	170분	180분	200분
용량환산 시간 K	1.30	1.45	1.75	2.55	3.45	**3.65**	**3.85**	4.85	5.05	5.30

방전전류는 I_1=100[A], I_2=20[A]이므로 대입하면

$$C_2 = \frac{1}{L}[K_1 I_1 + K_2(I_2 - I_1)] = \frac{1}{0.8}[3.85 \times 100 + 3.65(20 - 100)] = 116.25[\text{Ah}]$$

③ C_3 용량

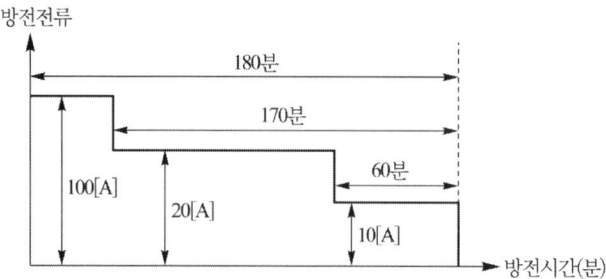

표에서 용량환산시간계수는 180분일 때 K_1 =5.05, 170분일 때 K_2 =4.85, 60분일 때 K_3 =2.55.

시간	10분	20분	30분	**60분**	100분	110분	120분	**170분**	**180분**	200분
용량환산시간 K	1.30	1.45	1.75	**2.55**	3.45	3.65	3.85	**4.85**	**5.05**	5.30

방전전류는 I_1 =100[A], I_2 =20[A], I_3 =10[A]이므로 대입하면

$$C_3 = \frac{1}{L}[K_1 I_1 + K_2(I_2 - I_1) + K_3(I_3 - I_2)]$$

$$= \frac{1}{0.8}[5.05 \times 100 + 4.85(20 - 100) + 2.55(10 - 20)] = 114.375 = 114.38[\text{Ah}]$$

문제 07 특정소방대상물에 피난기구 및 인명구조기구를 설치하고자 할 때 아래의 조건을 참고하여 다음 각 물음에 답하시오. (40점)

[조건]
① 구조 및 층수 : 주요구조부는 내화구조, 지하 3층 지상 15층, 특별피난계단이 2개소 설치
② 지하1층의 용도는 판매시설(대규모점포임)로서 바닥면적은 3,000[m²]
③ 지하2층 ~ 지하3층은 주차장으로 바닥면적은 층당 3,500[m²]
④ 지상1층 ~ 2층(피난층이 아님)은 노유자시설로서 바닥면적은 층당 3,000[m²]
⑤ 지상3층 ~ 5층은 판매시설(대규모점포임)로서 바닥면적은 층당 3,000[m²]
⑥ 지상6층 ~ 7층은 운동시설로서 바닥면적은 층당 3,000[m²]
⑦ 지상8층 ~ 지상15층은 숙박시설로서 바닥면적은 층당 3,000[m²]
⑧ 지상8층에는 건널 복도(내화구조, 건널 복도 양단의 출입구에 자동폐쇄장치를 한 60분+ 방화문 또는 60분 방화문이 설치, 피난·통행의 전용 용도임)가 1개소 설치

(1) 피난기구의 화재안전기술기준에 대한 다음 각 물음에 답하시오. (9점)

① 피난기구는 어떻게 부착하여야 하는지 그 기준을 쓰시오. (2점)

풀이&답 특정소방대상물의 기둥·바닥·보 기타 구조상 견고한 부분에 볼트조임·매입·용접 기타의 방법으로 견고하게 부착할 것

② 피난기구를 설치하는 개구부는 서로 동일직선상이 아닌 위치에 있어야 하나 동일직선상에 설치할 수 있다. 이에 해당하는 기준을 쓰시오. (2점)

풀이&답 피난교·피난용트랩·간이완강기·아파트에 설치되는 피난기구(다수인 피난장비는 제외한다) 기타 피난상 지장이 없는 것

③ 피난기구의 설치기준 중 완강기에 대한 기준 2가지를 쓰시오. (3점)

풀이&답 1. 완강기는 강하 시 로프가 소방대상물과 접촉하여 손상되지 아니하도록 할 것
2. 완강기로프의 길이는 부착위치에서 지면 기타 피난상 유효한 착지 면까지의 길이로 할 것

④ 피난 또는 소화활동상 유효한 개구부를 설명하시오. (2점)

풀이&답 가로 0.5[m] 이상 세로 1[m] 이상인 것을 말한다. 이 경우 개구부 하단이 바닥에서 1.2[m] 이상이면 발판 등을 설치하여야 하고, 밀폐된 창문은 쉽게 파괴할 수 있는 파괴장치를 비치하여야 한다.

(2) 설치하여야 하는 피난기구의 최소수량을 계산하시오. (11점)

풀이&답 1. 지상1층~2층
　① 노유자시설, 피난층이 아니므로 바닥면적 500[m²]마다 1개이상
　　수량 : $\dfrac{3,000[\text{m}^2]}{500[\text{m}^2]}=6$개, 2분의 1로 감소할 수 있으므로 수량 : 6개$\times\dfrac{1}{2}=3$개
　② 지상1층~2층의 수량 : 3개 × 2개층=6개
2. 지상3층~5층
　① 판매시설이므로 바닥면적 1,000[m²]마다 1개 이상
　　수량 : $\dfrac{3,000[\text{m}^2]}{800[\text{m}^2]}=3.75=4$개, 2분의 1로 감소할 수 있으므로 수량 : 4개$\times\dfrac{1}{2}=2$개
　② 지상3층~5층의 수량 : 2개×3개층=6개
3. 지상6층~7층
　① 운동시설이므로 바닥면적 800[m²]마다 1개 이상
　　수량 : $\dfrac{3,000[\text{m}^2]}{800[\text{m}^2]}=3.75=4$개, 2분의 1로 감소할 수 있으므로 수량 : 4개$\times\dfrac{1}{2}=2$개
　② 지상6층~7층의 수량 : 2개×2개층=4개
4. 지상8층
　① 숙박시설이므로 바닥면적 500[m²]마다 1개이상
　　수량 : $\dfrac{3,000[\text{m}^2]}{500[\text{m}^2]}=6$개, 2분의 1로 감소할 수 있으므로 수량 : 6개$\times\dfrac{1}{2}=3$개
　② 건널 복도가 설치되어 있으므로 3-2=1개

5. 지상9층~10층

① 숙박시설이므로 바닥면적 1,000[m²]마다 1개 이상

수량 : $\dfrac{3,000[\text{m}^2]}{500[\text{m}^2]}=6$개, 2분의 1로 감소할 수 있으므로 수량 : 6개 $\times \dfrac{1}{2}=3$개

② 지상9층~10층의 수량 : 3개 × 2개층=6개

6. 피난기구의 최소수량

6개 + 6개 + 4개 + 1개 + 6개 = 23개

(3) 상기 조건을 참고하여 인명구조기구를 비치하여야 하는 층, 최소수량 및 인명구조기구의 종류를 쓰시오. (3점)

[풀이&답]
① 층 : 지하1층, 지상3층, 지상4층, 지상5층
② 수량 : 층마다 2개 이상이므로 2개 × 4개층 = 8개
③ 종류 : 공기호흡기

(4) 지상5층에 노대가 설치되어 있어 노대가 설치된 거실의 바닥면적은 피난기구 설치개수 산정을 위한 바닥면적에서 제외하였다. 이에 해당하는 기준 3가지를 쓰시오.

(3점)

[풀이&답]
1. 노대를 포함한 특정소방대상물의 주요구조부가 내화구조일 것
2. 노대가 거실의 외기에 면하는 부분에 피난 상 유효하게 설치되어 있어야 할 것
3. 노대가 소방사다리차가 쉽게 통행할 수 있는 도로 또는 공지에 면하여 설치되어 있거나, 또는 거실부분과 방화 구획되어 있거나 또는 노대에 지상으로 통하는 계단 그 밖의 피난기구가 설치되어 있어야 할 것

(5) 피난기구의 화재안전기술기준에서 규정하고 있는 기준 중 설치제외에 대한 아래의 물음에 대한 답을 적으시오. (8점)
① 아파트인 경우 설치제외 기준 (2점)

[풀이&답]
갓복도식 아파트 또는 「건축법 시행령」제46조제5항에 해당하는 구조 또는 시설을 설치하여 인접(수평 또는 수직) 세대로 피난할 수 있는 아파트

② 학교(강의실 용도로 사용되는 층)인 경우 설치제외 기준 (2점)

[풀이&답]
주요구조부가 내화구조로서 거실의 각 부분으로 직접 복도로 피난할 수 있는 학교(강의실 용도로 사용되는 층에 한한다)

③ 무인공장 또는 자동창고인 경우 설치제외 기준 (2점)

[풀이&답]
무인공장 또는 자동창고로서 사람의 출입이 금지된 장소(관리를 위하여 일시적으로 출입하는 장소를 포함한다)

④ 건축물의 옥상부분인 경우 설치제외 기준 (2점)

[풀이&답]
건축물의 옥상부분으로서 거실에 해당하지 아니하고 「건축법 시행령」제119조제1항제9호에 해당하여 층수로 산정된 층으로 사람이 근무하거나 거주하지 아니하는 장소

(7) 다음은 특정소방대상물의 설치장소별 피난기구의 적응성에 대한 표이다. 표에서 1), 2)에 해당하는 내용을 쓰시오. (6점)

층별 설치장소별 구분	1층	2층	3층	4층 이상 10층 이하
1. 노유자시설	· 미끄럼대 · 구조대 · 피난교 · 다수인피난장비 · 승강식 피난기	· 미끄럼대 · 구조대 · 피난교 · 다수인피난장비 · 승강식 피난기	· 미끄럼대 · 구조대 · 피난교 · 다수인피난장비 · 승강식 피난기	· 구조대[1] · 피난교 · 다수인피난장비 · 승강식 피난기
2. 의료시설·근린생활시설 중 입원실이 있는 의원·접골원·조산원			· 미끄럼대 · 구조대 · 피난교 · 피난용트랩 · 다수인피난장비 · 승강식 피난기	· 구조대 · 피난교 · 피난용트랩 · 다수인피난장비 · 승강식 피난기
3. 「다중이용업소의 안전관리에 관한 특별법 시행령」 제2조에 따른 다중이용업소로서 영업장의 위치가 4층 이하인 다중이용업소		· 미끄럼대 · 피난사다리 · 구조대 · 완강기 · 다수인피난장비 · 승강식 피난기	· 미끄럼대 · 피난사다리 · 구조대 · 완강기 · 다수인피난장비 · 승강식 피난기	· 미끄럼대 · 피난사다리 · 구조대 · 완강기 · 다수인피난장비 · 승강식 피난기
4. 그 밖의 것			· 미끄럼대 · 피난사다리 · 구조대 · 완강기 · 피난교 · 피난용 트랩 · 간이완강기[2] · 공기안전매트 · 다수인피난장비 · 승강식 피난기	· 피난사다리 · 구조대 · 완강기 · 피난교 · 간이완강기[2] · 공기안전매트 · 다수인피난장비 · 승강식 피난기

풀이&답

1) 구조대의 적응성은 장애인 관련 시설로서 주된 사용자 중 스스로 피난이 불가한 자가 있는 경우 2.1.2.4에 따라 추가로 설치하는 경우에 한한다.
2) 간이완강기의 적응성은 2.1.2.2에 따라 숙박시설의 3층 이상에 있는 객실에 추가로 설치하는 경우에 한한다.

[별표 1] 소방대상물의 설치장소별 피난기구의 적응성(제4조제1항 관련)

층별 설치장소별 구분	1층	2층	3층	4층 이상 10층 이하
1. 노유자시설	· 미끄럼대 · 구조대 · 피난교 · 다수인피난장비 · 승강식 피난기	· 미끄럼대 · 구조대 · 피난교 · 다수인피난장비 · 승강식 피난기	· 미끄럼대 · 구조대 · 피난교 · 다수인피난장비 · 승강식 피난기	· 구조대[1] · 피난교 · 다수인피난장비 · 승강식 피난기
2. 의료시설·근린생활시설 중 입원실이 있는 의원·접골원·조산원			· 미끄럼대 · 구조대 · 피난교 · 피난용트랩 · 다수인피난장비 · 승강식 피난기	· 구조대 · 피난교 · 피난용트랩 · 다수인피난장비 · 승강식 피난기
3. 「다중이용업소의 안전관리에 관한 특별법 시행령」 제2조에 따른 다중이용업소로서 영업장의 위치가 4층 이하인 다중이용업소		· 미끄럼대 · 피난사다리 · 구조대 · 완강기 · 다수인피난장비 · 승강식 피난기	· 미끄럼대 · 피난사다리 · 구조대 · 완강기 · 다수인피난장비 · 승강식 피난기	· 미끄럼대 · 피난사다리 · 구조대 · 완강기 · 다수인피난장비 · 승강식 피난기
4. 그 밖의 것			· 미끄럼대 · 피난사다리 · 구조대 · 완강기 · 피난교 · 피난용 트랩 · 간이완강기[2] · 공기안전매트 · 다수인피난장비 · 승강식 피난기	· 피난사다리 · 구조대 · 완강기 · 피난교 · 간이완강기[2] · 공기안전매트 · 다수인피난장비 · 승강식 피난기

[비고] 1) 구조대의 적응성은 장애인 관련 시설로서 사용자 중 스스로 피난이 불가한 자가 있는 경우 2.1.2.4에 따라 추가로 설치하는 경우에 한한다.
2) 간이완강기의 적응성은 2.1.2.2에 따라 숙박시설의 3층 이상에 있는 객실에 추가로 설치하는 경우에 한한다.

문제 08 건축물의 피난·방화구조 등의 기준에 관한 규칙에 대한 다음 각 물음에 답하시오. (30점)

(1) 같은 건축물 안에 공동주택·의료시설·아동관련시설 또는 노인복지시설 중 하나 이상과 위락시설·위험물저장 및 처리시설·공장 또는 자동차정비공장 중 하나 이상을 함께 설치하고자 하는 경우에 적합한 기준 5가지를 쓰시오. (5점)

풀이&답 1. 공동주택등의 출입구와 위락시설등의 출입구는 서로 그 보행거리가 30미터 이상이 되도록 설치할 것
2. 공동주택등(당해 공동주택등에 출입하는 통로를 포함한다)과 위락시설등(당해 위락시설등에 출입하는 통로를 포함한다)은 내화구조로 된 바닥 및 벽으로 구획하여 서로 차단할 것

3. 공동주택등과 위락시설등은 서로 이웃하지 아니하도록 배치할 것
4. 건축물의 주요 구조부를 내화구조로 할 것
5. 거실의 벽 및 반자가 실내에 면하는 부분(반자돌림대·창대 그 밖에 이와 유사한 것을 제외한다. 이하 이 조에서 같다)의 마감은 불연재료·준불연재료 또는 난연재료로 하고, 그 거실로부터 지상으로 통하는 주된 복도·계단 그밖에 통로의 벽 및 반자가 실내에 면하는 부분의 마감은 불연재료 또는 준불연재료로 할 것

(2) 다음 각 물음에 답하시오. (9점)

① 방화지구 내 건축물의 인접대지경계선에 접하는 외벽에 설치하는 창문등으로서 제22조제2항에 따른 연소할 우려가 있는 부분에 설치해야 하는 방화설비 4가지를 쓰시오. (4점)

풀이&답
1. 60분+ 방화문 또는 60분 방화문
2. 소방법령이 정하는 기준에 적합하게 창문등에 설치하는 드렌처
3. 당해 창문등과 연소할 우려가 있는 다른 건축물의 부분을 차단하는 내화구조나 불연재료로 된 벽·담장 기타 이와 유사한 방화설비
4. 환기구멍에 설치하는 불연재료로 된 방화커버 또는 그물눈이 2밀리미터 이하인 금속망

② 제14조(방화구획의 설치기준)제2항제4호에서 규정한 영 제46조제1항제2호 및 제81조제5항제5호에 따라 설치되는 자동방화셔터가 갖추어야 할 요건 5가지를 쓰시오. (5점)

풀이&답
가. 피난이 가능한 60분+ 방화문 또는 60분 방화문으로부터 3미터 이내에 별도로 설치할 것
나. 전동방식이나 수동방식으로 개폐할 수 있을 것
다. 불꽃감지기 또는 연기감지기 중 하나와 열감지기를 설치할 것
라. 불꽃이나 연기를 감지한 경우 일부 폐쇄되는 구조일 것
마. 열을 감지한 경우 완전 폐쇄되는 구조일 것

(3) 제14조(방화구획의 설치기준)제1항에 따른 방화구획 적합기준 4가지를 쓰시오. (7점)

풀이&답
1. 10층 이하의 층은 바닥면적 1천제곱미터(스프링클러 기타 이와 유사한 자동식 소화설비를 설치한 경우에는 바닥면적 3천제곱미터)이내마다 구획할 것
2. 매층마다 구획할 것. 다만, 지하 1층에서 지상으로 직접 연결하는 경사로 부위는 제외한다.
3. 11층 이상의 층은 바닥면적 200제곱미터(스프링클러 기타 이와 유사한 자동식 소화설비를 설치한 경우에는 600제곱미터)이내마다 구획할 것. 다만, 벽 및 반자의 실내에 접하는 부분의 마감을 불연재료로 한 경우에는 바닥면적 500제곱미터(스프링클러 기타 이와 유사한 자동식 소화설비를 설치한 경우에는 1천500제곱미터)이내마다 구획하여야 한다.
4. 필로티나 그 밖에 이와 비슷한 구조(벽면적의 2분의 1 이상이 그 층의 바닥면에서 위층 바닥 아래면까지 공간으로 된 것만 해당한다)의 부분을 주차장으로 사용하는 경우 그 부분은 건축물의 다른 부분과 구획할 것

(4) 다음은 고층건축물에 설치되는 피난안전구역 등의 피난용도 표시에 관한 사항이다. 표의 번호에 알맞은 답을 답안지에 쓰시오. (5점)

구 분	표시사항
1. 피난안전구역	① ②
2. 특별피난계단의 계단실 및 그 부속실, 피 난계단의 계단실 및 피난용 승강기 승강장	③ ④
3. 대피공간	⑤

풀이&답

① 출입구 상부 벽 또는 측벽의 눈에 잘 띄는 곳에 "피난안전구역" 문자를 적은 표시판을 설치할 것
② 출입구 측벽의 눈에 잘 띄는 곳에 해당 공간의 목적과 용도, 다른 용도로 사용하지 아니할 것을 안내하는 내용을 적은 표시판을 설치할 것
③ 출입구 측벽의 눈에 잘 띄는 곳에 해당 공간의 목적과 용도, 다른 용도로 사용하지 아니할 것을 안내하는 내용을 적은 표시판을 설치할 것
④ 해당 건축물에 피난안전구역이 있는 경우 가목에 따른 표시판에 피난안전구역이 있는 층을 적을 것
⑤ 출입문에 해당 공간이 화재 등의 경우 대피장소이므로 물건적치 등 다른 용도로 사용하지 아니할 것을 안내하는 내용을 적은 표시판을 설치할 것

(5) 건축물의 관람석등으로부터의 출구의 설치기준을 쓰시오. (4점)

풀이&답

① 영 제38조 각호의 1에 해당하는 건축물의 관람석 또는 집회실로부터 바깥쪽으로의 출구로 쓰이는 문은 안여닫이로 하여서는 아니된다.
② 영 제38조의 규정에 의하여 문화 및 집회시설중 공연장의 개별관람석(바닥면적이 300제곱미터 이상인 것에 한한다)의 출구는 다음 각호의 기준에 적합하게 설치하여야 한다.
   1. 관람석별로 2개소 이상 설치할 것
   2. 각 출구의 유효너비는 1.5미터 이상일 것
   3. 개별 관람석 출구의 유효너비의 합계는 개별 관람석의 바닥면적 100제곱미터마다 0.6미터의 비율로 산정한 너비 이상으로 할 것

문제 09 다음 물음에 답하시오. (40점)

(1) 자동화재탐지설비의 발신기함에서 1회로당 80mA[표시등(1개당 소비전류 30mA), 경종(1개당 소비전류 50mA)]의 전류가 소모된다. 또한, 지하1층, 지상5층의 각 층별로 2회로씩 총 12회로인 공장(연면적 5000[m²])에서 P형 수신기에서 최말단 발신기까지의 거리가 600m 떨어진 경우 다음 각 물음에 답하시오.(단, 수신기의 정격전압은 24[V]이다.) (12점)

1) 표시등과 경종의 최대소요전류[A]를 계산하시오.(아래 표의 형태로 답안지에 답안을 작성하시오.) (4점)

구분	계산과정	답안
표시등		
경 종		
총 소요전류		

풀이&답

구분	계산과정	답안
표시등	30[mA]×12회로=360[mA]=0.36[A]	0.36[A]
경 종	50[mA]×12회로=600[mA]=0.6[A]	0.6[A]
총 소요전류	0.36[A]+0.6[A]=0.96[A]	0.96[A]

2) 최말단의 경종이 작동하는 경우 전압강하[V]를 계산하시오.(단, 2.5[mm²]의 전선을 사용하고, 최종답안은 소수점 3자리에서 반올림하여 2자리까지 답한다.) (3점)
   ◦ 계산과정 :
   ◦ 답안 :

풀이&답 ◦ 계산과정
   ① 최말단의 경종이 작동하는 경우 일제경보방식으로 12개의 경종이 동작하므로
      전류 I=표시등 전류(12개)+경종 소요전류
      $$=30[mA] \times 12개 + 50[mA] \times 12개$$
      $$= 960[mA]$$
      $$= 0.96[A]$$
   ② 전압강하 $e = \dfrac{35.6LI}{1,000A} = \dfrac{35.6 \times 600 \times 0.96}{1,000 \times 2.5} = 8.2022 = 8.20[V]$
   ◦ 답안 : 8.20[V]

3) "2)"항의 계산에 의거 경종의 작동여부를 설명하시오. (2점)
   ◦ 계산과정 :
   ◦ 답안 :

풀이&답 ◦ 계산과정 : 최말단의 경종이 작동하는 경우
      전압은 수신기의 전압 − 전압강하 = 24[V]−8.20[V] = 15.8[V]
      정격전압의 80[%] 이상 (24[V]×0.8 = 19.2[V])이 된다.
   ◦ 답안 : 정상 작동을 하지 않는다.

4) 자동화재탐지설비 및 시각경보장치의 화재안전기술기준에서 정한 음향장치의 구조 및 성능기준 3가지를 쓰시오. (3점)

풀이&답 ① 정격전압의 80[%] 전압에서 음향을 발할 수 있는 것으로 할 것
   ② 음량은 부착된 음향장치의 중심으로부터 1[m] 떨어진 위치에서 90[dB] 이상이 되는 것으로 할 것
   ③ 감지기 및 발신기의 작동과 연동하여 작동할 수 있는 것으로 할 것

(2) 다음은 기동용 수압개폐장치를 이용하여 기동하는 가압송수장치를 설치한 공장(1 층 규모)의 내부 평면도이다. 공장 내부에는 옥내소화전과 자동화재탐지설비가 설치되어 있을 때 다음 각 물음에 답하시오. (12점)

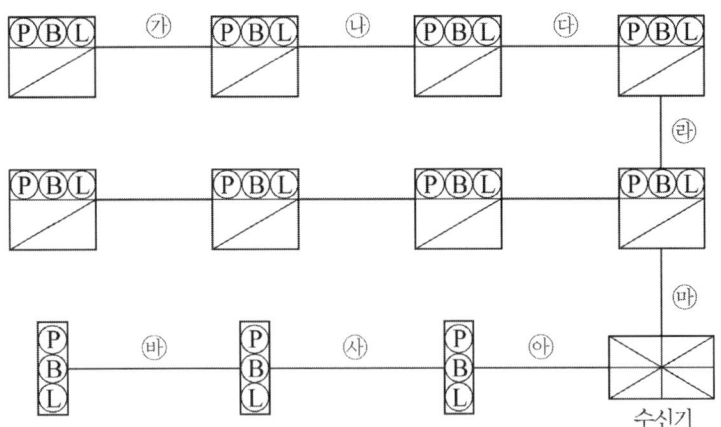

1) 도면에서 기호 ㉮∼㉚에 해당하는 최소 전선 가닥수와 배선내역을 아래의 표에 의거하여 답안지에 작성하시오. 다만, 배선내역은 아래의 예와 같이 작성한다. 또한, 발신기 세트마다 지구경종단락보호장치를 설치하는 경우임 (8점)

예시) 지구선1, 지구공통선1, 응답선1, 표시등선1, 지구경종선1, 지구경종표시등 공통선1, 기동확인표시등선1

구분	가닥수	배선내역
㉮		
㉯		
㉰		
㉱		
㉲		
㉳		
㉴		
㉵		

풀이&답

구분	가닥수	배선내역
㉮	8	지구선1, 지구공통선1, 응답선1, 지구경종선1, 표시등선1, 지구경종표시등공통선1, 기동확인표시등선2
㉯	9	지구선2, 지구공통선1, 응답선1, 지구경종선1, 표시등선1, 지구경종표시등공통선1, 기동확인표시등선2
㉰	10	지구선3, 지구공통선1, 응답선1, 지구경종선1, 표시등선1, 지구경종표시등공통선1, 기동확인표시등선2

구분	가닥수	배선내역
㉭	11	지구선4, 지구공통선1, 응답선1, 지구경종선1, 표시등선1, 지구경종표시등공통선1, 기동확인표시등선2
㉮	16	지구선8, 지구공통선2, 응답선1, 지구경종선1, 표시등선1, 지구경종표시등공통선1, 기동확인표시등선2
㉯	6	지구선1, 지구공통선1, 응답선1, 지구경종선1, 표시등선1, 지구경종표시등공통선1
㉰	7	지구선2, 지구공통선1, 응답선1, 지구경종선1, 표시등선1, 지구경종표시등공통선1
㉱	8	지구선3, 지구공통선1, 응답선1, 지구경종선1, 표시등선1, 지구경종표시등공통선1

2) ⊞와 ⊞의 차이점에 대한 아래의 표의 빈칸에 알맞은 내용을 답안지에 쓰시오.
또한, 각함의 전면에 부착되는 전기적인 기기장치의 명칭을 모두 쓰시오. (4점)

구분	차이점	부착되는 전기적인 기기장치의 명칭
⊞	1)	2)
⊠	3)	4)

풀이&답
1) 발신기세트 단독형
2) 발신기, 경종, 표시등
3) 발신기세트 옥내소화전내장형
4) 발신기, 경종, 표시등, 기동확인표시등

(3) 감지기의 형식승인 및 제품검사의 기술기준 제5조(구조 및 기능)제19호에서 규정한 감지기에 작동표시장치를 설치하지 않아도 되는 감지기 4가지를 쓰시오. (4점)

풀이&답
① 방폭구조인 감지기
② 수신기에 작동한 내용이 표시되는 감지기(무선식 감지기는 제외)
③ 차동식분포형 감지기
④ 정온식감지선형 감지기

(4) 수신기를 점검시에 화재표시등과 지구표시등이 점등되어 복구스위치를 눌렀으나 복구되지 않는 경우 4가지를 쓰시오.(단, 복구스위치를 누르면 OFF, 떼면 즉시 ON 되는 경우이다) (4점)

풀이&답
① 발신기의 누름버튼(푸시버튼)이 눌려져 있는 경우
② 해당 지구의 감지기가 불량인 경우
③ 해당 선로가 단락인 경우
④ 수신기 릴레이가 불량인 경우

(5) 화재안전기술기준에 대한 다음 각 물음에 답하시오.(8점)

1) 예상제연구역에 대한 공기유입은 어떤 방식으로 하여야 하는지 그 기준을 쓰시오.(1점)

풀이&답 유입풍도를 경유한 강제유입 또는 자연유입방식으로 하거나, 인접한 제연구역 또는 통로에 유입되는 공기(가압의 결과를 일으키는 경우를 포함한다. 이하 같다)가 해당구역으로 유입되는 방식으로 할 수 있다.

2) 특별피난계단의 계단실 및 부속실 제연설비의 화재안전기술기준에서 정한 다음의 용어정의를 쓰시오. (5점)
　　① 제연구역
　　② 방연풍속
　　③ 누설량
　　④ 보충량
　　⑤ 유입공기

풀이&답 ① 제연구역 : 제연하고자 하는 계단실, 부속실
② 방연풍속 : 옥내로부터 제연구역내로 연기의 유입을 유효하게 방지할 수 있는 풍속
③ 누설량 : 틈새를 통하여 제연구역으로부터 흘러나가는 공기량
④ 보충량 : 방연풍속을 유지하기 위하여 제연구역에 보충하여야 할 공기량
⑤ 유입공기 : 제연구역으로부터 옥내로 유입하는 공기로서 차압에 따라 누설하는 것과 출입문의 개방에 따라 유입하는 것

3) 연결송수관설비의 배관을 습식설비로 할 수 있는 기준을 쓰시오. (1점)

풀이&답 지면으로부터의 높이가 31m 이상인 특정소방대상물 또는 지상 11층 이상인 특정소방대상물에 있어서는 습식설비로 할 것

4) 연결송수관설비의 수직배관은 어떤 장소에 설치하여야 하는지 해당기준을 쓰시오. (1점)

풀이&답 내화구조로 구획된 계단실(부속실을 포함한다) 또는 파이프덕트 등 화재의 우려가 없는 장소에 설치하여야 한다. 다만, 학교 또는 공장이거나 배관주위를 1시간 이상의 내화성능이 있는 재료로 보호하는 경우에는 그러하지 아니하다.

문제 10 다음 각 물음에 답하시오. (30점)

(1) 특별피난계단의 계단실 및 부속실제연설비의 화재안전기술기준(NFTC 501A)에 따라 화재실(거실)에서 발생한 연기가 특별피난계단 부속실로 유입되는 것을 방지하기 위하여 부속실에 50[N/m^2]의 압력을 가하려고 한다. 아래의 조건을 참고하여 다음 각 물음에 답하시오. (15점)

[조건]
- 출입문의 크기는 2.1 m×1.0 m
- 문손잡이의 위치 : 긴변 모서리로부터 10 cm
- 문의 마찰력은 5N
- 제연설비가 가동되었을 경우 출입문 개방에 필요한 힘은 최댓값을 적용한다.
- 계산 과정 및 최종답안 작성시에는 소수점 3자리에서 반올림하여 2자리까지 답한다.

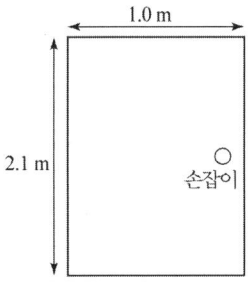

[물음]
1) 국내 화재안전기준을 적용하여 거실과 부속실 사이에 설치되는 출입문의 자동폐쇄장치가 허용하는 힘(N)의 크기를 계산하시오. (4점)
2) 동일한 조건에서 자동폐쇄장치의 폐쇄력이 45N인 제품을 사용할 경우 부속실에 가할 수 있는 압력의 한계값을 계산하시오. (3점)
3) 다음의 용어 정의를 쓰시오. (3점)
　　① 자동차압급기댐퍼
　　② 자동폐쇄장치
　　③ 과압방지장치
4) 제연구역에 대한 급기기준 5가지를 쓰시오. (5점)

 1) 출입문의 자동폐쇄장치가 허용하는 힘(N)의 크기
출입문 개방에 필요한 힘 $F_t = F_1 + F_2 + F_3$

$$110\,\text{N} = \frac{50\,\text{Pa} \times 2.1\,\text{m} \times 1.0\,\text{m} \times 1.0\,\text{m}}{2(1.0\,\text{m} - 0.1\,\text{m})} + F_2 + 5\,\text{N}$$

$$F_2 = 46.67\,\text{N}$$

$$F_t = F_1 + F_2 + F_3$$

F_1 : 차압에 의한 힘[N]

$$F_1 = \frac{\triangle P \times A \times W}{2(W - d)}$$

F_2 : 폐쇄장치의 폐쇄력[N]
F_3 : 문의 마찰력[N]
제연설비가 가동되었을 경우 출입문의 개방에 필요한 힘은 110 N 이하로 하여야 한다.

---

2) 압력의 한계값

$$110\,\text{N} = \frac{\triangle P \times 2.1\,\text{m} \times 1.0\,\text{m} \times 1.0\,\text{m}}{2(1.0\,\text{m} - 0.1\,\text{m})} + 45\,\text{N} + 5\,\text{N}, \quad \triangle P = 51.43[\text{N/m}^2]$$

3) ① 자동차압급기댐퍼 : 제연구역과 옥내 사이의 차압을 압력센서 등으로 감지하여 제연구역에 공급되는 풍량의 조절로 제연구역의 차압 유지를 자동으로 제어할 수 있는 댐퍼를 말한다.

② 자동폐쇄장치 : 제연구역의 출입문 등에 설치하는 것으로서 화재 시 화재감지기의 작동과 연동하여 출입문을 자동으로 닫히게 하는 장치를 말한다.

③ 과압방지장치 : 제연구역의 압력이 설정압력을 초과하는 경우 자동으로 압력을 조절하여 과압을 방지하는 장치를 말한다.

풀이&답 4) 급기기준

1. 부속실을 제연하는 경우 동일수직선상의 모든 부속실은 하나의 전용수직풍도를 통해 동시에 급기할 것. 다만, 동일수직선상에 2대 이상의 급기송풍기가 설치되는 경우에는 수직풍도를 분리하여 설치할 수 있다.
2. 계단실 및 부속실을 동시에 제연하는 경우 계단실에 대하여는 그 부속실의 수직풍도를 통해 급기할 수 있다.
3. 계단실만 제연하는 경우에는 전용수직풍도를 설치하거나 계단실에 급기풍도 또는 급기송풍기를 직접 연결하여 급기하는 방식으로 할 것
4. 하나의 수직풍도마다 전용의 송풍기로 급기할 것
5. 비상용승강기 또는 피난용승강기의 승강장을 제연하는 경우에는 해당 승강기의 승강로를 급기풍도로 사용할 수 있다.

(2) 비상문자동개폐장치의 성능인증 및 제품검사의 기술기준 제4조(작동시험) 기준을 모두 쓰시오. (5점)

풀이&답 자동개폐장치는 5초 이내에 개폐부가 개방되어야 하며, 의도된 복귀신호나 인위적 조작 없이는 개방상태를 유지하여야 하고 개방된 경우 개방상태를 확인할 수 있어야 한다. 이 경우 시험방법은 다음 각 호를 따른다.

1. 제어함과 수신기의 출력부(경종 또는 전용신호선)를 연결하고 제어함에 주전원을 공급할 것
2. 수신기에서 화재신호를 보낼 것
3. 이때 수신기에서 제어함으로 송신하는 화재신호 전압은 DC 24[V]와 맥류 24[V]를 각각 사용할 것
4. 자동개폐장치가 화재신호를 수신한 때부터 개폐부가 개방될 때까지의 시간을 초 단위까지 측정할 것
5. 5초 이후 개폐부의 개방상태를 쉽게 확인할 수 있는지 관찰할 것

(3) 액표면적이 1000[m²]인 제1석유류 저장탱크가 있다. 아래의 조건을 참고하여 필요한 최소 포소화약제량[m³]을 계산하시오. (4점)

> [조건]
> ① 화재안전기준을 준용한다.
> ② I형 고정포방출구 사용
> ③ 포소화약제는 수성막포, 농도는 3%
> ④ 송액관의 구경은 75mm
> ⑤ 보조포소화전 3개설치

풀이&답 포소화약제량 = 고정포방출구 + 보조포소화전

$$= AQ_1S + NS \times 8000$$

$$= 1000[\text{m}^2] \times 120[\text{L/m}^2] \times 0.03 + 3 \times 0.03 \times 8000[\text{L}] = 4320[\text{L}] = 4.32[\text{m}^3]$$

보충설명

① 제1석유류 : 인화점이 21[℃] 미만

② 송액관은 75[mm]이므로 화재안전기준에 의거하여 75[mm] 이하는 약제량 산정에서 제외

③ 고정포방출구의 포수용액량(Q_1[L/m²]) 및 방출율(Q_2[L/m²·min])

포 방출구의 종류 위험물의 구분	Ⅰ형		Ⅱ, Ⅲ, Ⅳ형		특형	
	Q_1	Q_2	Q_1	Q_2	Q_1	Q_2
제 4류 위험물중 인화점이 21℃ 미만	120	4	220	4	240	8
제 4류 위험물중 인화점이 21℃ 이상 70℃ 미만인 것	80	4	120	4	160	8
제 4류 위험물중 인화점이 70℃ 이상인 것	60	4	100	4	120	8

(4) 내용적이 30[m³]인 압력수조에 20[m³]의 물이 0.75[MPa]의 압력으로 유지되었으나 화재로 인하여 소화수가 방사되어 내부압력이 0.35[MPa]로 되었을 때 방사된 물의 양이 얼마인지 구하시오.(단, 대기압은 0.1[MPa], 물은 비압축성 유체로 추가 공급은 없는 것으로 가정한다) (6점)

풀이&답

1) 조건정리

① 방사전 절대압력 P_1 = 대기압 + 게이지압 = 0.1 + .075 = 0.85[MPa]

② 방사후 절대압력 P_2 = 대기압 + 게이지압 = 0.1 + .035 = 0.45[MPa]

③ 방사전 공기의 체적 V_1 = 내용적 − 물의 체적 = 30 − 20 = 10[m³]

④ 방사후 공기의 체적 V_2

2) 보일의 법칙을 이용하여 방사후 공기의 체적 V_2 계산

$$P_1 V_1 = P_2 V_2, \quad V_2 = \frac{P_1 V_1}{P_2} = \frac{0.85[\text{MPa}] \times 10[\text{m}^3]}{0.45[\text{MPa}]} = 18.89[\text{m}^3]$$

3) 방사된 물의 양

① 수조에 남은 물의 양 = 수조의 내용적 − 방사후 공기의 체적
= 30[m³] − 18.89[m³] = 11.11[m³]

② 방사된 물의 양 = 20[m³] − 11.11[m³] = 8.89[m³]

문제 11 다음 각 물음에 답하시오. (30점)

(1) 화재안전기준 상 송수구 기준이 있는 설비를 모두 쓰시오. (4점)

풀이&답

① 옥내소화전설비　　　　② 스프링클러설비

③ 간이스프링클러설비　　④ 화재조기진압용스프링클러설비

⑤ 물분무소화설비　　　　⑥ 포소화설비

⑦ 연결살수설비　　　　　⑧ 연소방지설비

⑨ 연결송수관설비

(2) 아래의 조건을 참고하여 이산화탄소소화설비의 전역방출방식에 적용하여야 하는 과압배출구의 면적[mm²]을 계산하시오.(단, 계산과정 및 최종답안은 소수점 3자리에서 반올림하여 2자리까지 적용한다) (6점)

[조건]
① 전자제품창고(바닥면적 160[m²], 높이 5[m], 개구부는 없음)
② 경량구조물(Light building)임
③ 이산화탄소의 저장용기는 병당 45[kg] 이다.

풀이&답

1. 유량계산
   (1) 7분이내 방사되는 유량
       ① 약제량 $W = V \times K_1 + A \times K_2$
       $$= (160[\text{m}^2] \times 5[\text{m}]) \times 2.0[\text{kg/m}^3] + 0[\text{m}^2] \times 10[\text{kg/m}^2] = 1,600[\text{kg}]$$
       (전자제품창고이므로 $2.0[\text{kg/m}^3]$)

       ② 저장되는 용기수 : $\dfrac{1,600\text{kg}}{45\text{kg/병}} = 35.5555 = 35.56 = 36$병

       ③ 유량 : $\dfrac{36\text{병} \times 45\text{kg/병}}{7\text{min}} = 231.428 = 231.43[\text{kg/min}]$

   (2) 2분이내 30%농도에 도달되는 유량
       ① 약제량 $W = V[\text{m}^3] \times 0.673[\text{kg/m}^3]$
       $$= (160[\text{m}^2] \times 5[\text{m}]) \times 0.673[\text{kg/m}^3] = 538.4[\text{kg}]$$

       ② 유량 : $\dfrac{538.4\text{kg}}{2\text{min}} = 269.2[\text{kg/min}]$

   (3) 유량은 두 값을 모두 만족하여야 하므로 269.2[kg/min]

2. 과압배출구의 면적
   (1) 실구조의 허용인장강도 : 1.2[kPa](경량구조물이므로)
   (2) 과압배출구의 면적
       $$X = \frac{239Q}{\sqrt{P}} = \frac{239 \times 269.2\text{kg/min}}{\sqrt{1.2}} = 58,733.02[\text{mm}^2]$$

이산화탄소의 과압배출구 면적

$$X = \frac{239Q}{\sqrt{P}}\ [\text{mm}^2]$$

Q : 유량[kg/min]
P : 실구조의 허용 인장강도[kPa](경량구조 : 1.2, 일반구조 : 2.4, 아치구조 : 4.8)

(3) 특정소방대상물의 취침·숙박·입원 등 이와 유사한 용도로 사용되는 거실에는 연기 감지기를 설치하여야 한다. 이에 해당하는 특정소방대상물 기준 5가지를 쓰시오. (5점)

풀이&답

① 공동주택 · 오피스텔 · 숙박시설 · 노유자시설 · 수련시설
② 교육연구시설 중 합숙소
③ 의료시설, 근린생활시설 중 입원실이 있는 의원 · 조산원
④ 교정 및 군사시설
⑤ 근린생활시설 중 고시원

(4) 이산화탄소소화설비의 화재안전기술기준에 대한 다음 각 물음에 답하시오. (10점)

1) 소화약제의 저장용기와 선택밸브 사이의 집합배관에 대한 설치기준을 쓰시오. (2점)

풀이&답 소화약제의 저장용기와 선택밸브 사이의 집합배관에는 수동잠금밸브를 설치하되 선택밸브 직전에 설치할 것. 다만, 선택밸브가 없는 설비의 경우에는 저장용기실 내에 설치하되 조작 및 점검이 쉬운 위치에 설치하여야 한다.

2) 이산화탄소 소화약제 저장용기와 선택밸브 또는 개폐밸브 사이에는 무엇을 설치하여야 하는지 그 기준을 쓰시오. (1점)

풀이&답 배관의 최소사용설계압력과 최대허용압력 사이의 압력에서 작동하는 안전장치를 설치해야 하며, 안전장치를 통하여 나온 소화가스는 전용의 배관 등을 통하여 건축물 외부로 배출될 수 있도록 해야 한다. 이 경우 안전장치로 용전식을 사용해서는 안 된다.

3) 저장용기와 집합관을 연결하는 연결배관에는 무엇을 설치하여야 하는지 그 기준을 쓰시오. (1점)

풀이&답 체크밸브를 설치할 것. 다만, 저장용기와 하나의 방호구역만을 담당하는 경우에는 그러하지 아니하다.

4) 이산화탄소 소화약제 저장용기의 개방밸브 기준을 쓰시오. (2점)

풀이&답 이산화탄소 소화약제 저장용기의 개방밸브는 전기식·가스압력식 또는 기계식에 따라 자동으로 개방되고 수동으로도 개방되는 것으로서 안전장치가 부착된 것으로 하여야 한다.

5) 이산화탄소 소화설비의 배출설비 기준을 쓰시오. (2점)

풀이&답 지하층, 무창층 및 밀폐된 거실 등에 이산화탄소소화설비를 설치한 경우에는 방출된 소화약제를 배출하기 위한 배출설비를 갖추어야 한다.

6) 이산화탄소소화설비의 과압배출구 기준을 쓰시오. (2점)

풀이&답 이산화탄소소화설비의 방호구역에는 소화약제 방출시 발생하는 과(부)압으로 인한 구조물 등의 손상을 방지하기 위해 ①부터 ④까지의 내용을 검토하여 과압배출구를 설치해야 한다. 다만, 과(부)압이 발생해도 구조물 등에 손상이 생길 우려가 없음을 시험 또는 공학적인 자료로 입증하는 경우 설치하지 않을 수 있다.
① 방호구역 누설면적
② 방호구역의 최대허용압력
③ 소화약제 방출시의 최고압력
④ 소화농도 유지시간

(5) 아래의 번호 안에 알맞은 답을 답안지에 쓰시오.(5점)

연결살수설비의 화재안전기술기준 중 폐쇄형헤드를 사용하는 연결살수설비의 주배관은 다음 각 호의 어느 하나에 해당하는 (①)에 접속하여야 한다. 이 경우 접속부분에는 (②)를 설치하되 점검하기 쉽게 하여야 한다.
1. (③)
2. (④)
3. (⑤)

풀이&답
① 배관 또는 수조
② 체크밸브
③ 옥내소화전설비의 주배관(옥내소화전설비가 설치된 경우에 한한다)
④ 수도배관(연결살수설비가 설치된 건축물 안에 설치된 수도배관 중 구경이 가장 큰 배관을 말한다)
⑤ 옥상에 설치된 수조(다른 설비의 수조를 포함한다)

문제 12 지하 6층, 지상 120층인 초고층 건축물에 대한 아래의 조건을 참조하여 다음 각 물음에 답하시오. (40점)

[조건]
① 건축물의 주 용도는 판매시설, 업무시설, 숙박시설, 교육연구시설, 문화 및 집회시 설임.
② 지하층은 층당 바닥면적 15,000[m²], 지상층은 층당 바닥면적 6,500[m²]임.
③ 옥내소화전설비의 방수구는 지하층은 층당 15개, 지상층은 층당 8개가 설치되어 있다.
④ 지하층의 층고는 5.5[m], 지상층의 층고는 층당 4[m]
⑤ 지하저수조는 정압방식이며, 전동기를 이용한 가압송수장치를 사용한다.
⑥ 최상층 방수구의 높이는 바닥으로부터 1.5[m], 스프링클러헤드의 부착높이는 3.4[m]
⑦ 펌프실은 지하 5층에 있으며 바닥으로부터 펌프 중심까지의 높이는 0.8[m], 흡입측의 수두는 무시한다.
⑧ 펌프 흡입측 및 토출측의 배관 및 관 부속품의 마찰손실은 30[m] 적용
⑨ 소방호스의 마찰손실은 8[m] 적용
⑩ 격자형 배관 방식을 채택
⑪ 수원 산정시 옥상수조의 수원은 제외한다.
⑫ 기타 주어지지 않은 조건은 화재안전기준을 준용한다.

(1) 옥내소화전설비에 필요한 최소 수원의 양 [m³] (2점)

풀이&답 수원 $Q = 5개 \times 7.8[\text{m}^3] = 39[\text{m}^3]$ 이상

(2) 스프링클러설비에 필요한 최소 수원의 양 [m³] (2점)

풀이&답 수원 $Q = 30개 \times 4.8[\text{m}^3] = 144[\text{m}^3]$ 이상

(3) 옥내소화전설비 및 스프링클러설비에 필요한 전동기의 용량을 계산하시오.
(단, 전동기의 효율은 65%, 전달계수는 1.1) (6점)

풀이&답
1) 옥내소화전설비
① 토출량 : $5개 \times 130[\text{L/min}] = 650[\text{L/min}]$

② 전양정의 계산

$$H = 8[\text{m}] + 30[\text{m}] + [(5.5 - 0.8)[\text{m}] + 5.5[\text{m}] \times 4개층 + 4[\text{m}] \times 119층 + 1.5[\text{m}] + 17[\text{m}]$$
$$= 559.2[\text{m}]$$

③ 전동기의 용량

$$P = \frac{0.163QHK}{\eta} = \frac{0.163 \times 0.65[\text{m}^3/\text{min}] \times 559.2[\text{m}] \times 1.1}{0.65} = 100.26[\text{kW}]\ 이상$$

2) 스프링클러설비
① 토출량 : 30개 × 80[L/min] = 2,400[L/min]
② 전양정의 계산

$$H = 30[\text{m}] + [(5.5 - 0.8)[\text{m}] + 5.5[\text{m}] \times 4개층 + 4[\text{m}] \times 119층 + 3.4[\text{m}] + 10[\text{m}]$$
$$= 546.1[\text{m}]$$

③ 전동기의 용량

$$P = \frac{0.163QHK}{\eta} = \frac{0.163 \times 2.4[\text{m}^3/\text{min}] \times 546.1[\text{m}] \times 1.1}{0.65} = 361.54[\text{kW}]\ 이상$$

(4) 유수검지장치의 최소 수량 (5점)

풀이&답

1) 지하층에 필요한 유수검지장치
① 층당 필요한 수량 = 15,000[m²]/3,700[m²] = 4.05 = 5개
② 지하층에 필요한 수량 : 5개 × 6개층 = 30개
③ 50층 이상인 건축물의 경우 수직배관이 2개 이상 설치, 수직배관마다 유수검지장치를 설치하여야 하므로 30개 × 2 = 60개
2) 지상층에 필요한 유수검지장치
① 층당 필요한 수량 = 6,500[m²]/3,700[m²] = 1.76 = 2개
② 지상층에 필요한 수량 : 2개 × 120개층 = 240개
③ 50층 이상인 건축물의 경우 수직배관이 2개 이상 설치, 수직배관마다 유수검지장치를 설치하여야 하므로 240개 × 2 = 480개
3) 유수검지장치의 전체수량
지하층 + 지상층 = 60개 + 480개 = 540개

(5) 피난안전구역의 최소수량은 몇 개인가? (2점)

풀이&답 120층/30층 = 4개

(6) 고층건축물의 화재안전기술기준에 대한 다음 각 물음에 답하시오. (15점)

1) 고층건축물의 화재안전기술기준에서 규정한 피난안전구역에 설치하는 피난유도선 설치기준을 쓰시오. (4점)

풀이&답
① 피난안전구역이 설치된 층의 계단실 출입구에서 피난안전구역 주 출입구 또는 비상구까지 설치할 것
② 계단실에 설치하는 경우 계단 및 계단참에 설치할 것
③ 피난유도 표시부의 너비는 최소 25[mm] 이상으로 설치할 것
④ 광원점등방식(전류에 의하여 빛을 내는 방식)으로 설치하되, 60분 이상 유효하게 작동할 것

2) 스프링클러설비의 주배관 중 수직배관은 어떻게 설치하여야 하는지 그 기준을 쓰시오. (3점)

풀이&답 50층 이상인 건축물의 스프링클러설비 주배관 중 수직배관은 2개 이상(주배관 성능을 갖는 동일 호칭배관)으로 설치하고, 하나의 수직배관이 파손 등 작동 불능 시에도 다른 수직배관으로부터 소화용수가 공급되도록 구성하여야 하며, 각각의 수직배관에 유수검지장치를 설치하여야 한다.

3) 50층 이상인 건축물의 스프링클러헤드 기준을 쓰시오. (2점)

풀이&답 50층 이상인 건축물의 스프링클러 헤드에는 2개 이상의 가지배관 양방향에서 소화용수가 공급되도록 하고, 수리계산에 의한 설계를 하여야 한다.

4) 자동화재탐지설비의 감지기는 어떻게 설치하여야 하는지 그 기준을 쓰시오. (2점)

풀이&답 감지기는 아날로그방식의 감지기로서 감지기의 작동 및 설치지점을 수신기에서 확인할 수 있는 것으로 설치하여야 한다. 다만, 공동주택의 경우에는 감지기별로 작동 및 설치지점을 수신기에서 확인할 수 있는 아날로그방식 외의 감지기로 설치할 수 있다.

5) 특별피난계단의 계단실 및 부속실 제연설비 기준을 쓰시오. (2점)

풀이&답 특별피난계단의 계단실 및 부속실 제연설비는 「특별피난계단의 계단실 및 부속실 제연설비의 화재안전기술기준(NFTC 501A)」에 따라 설치하되, 비상전원은 자가발전설비, 축전지설비, 전기저장장치로 하고 제연설비를 유효하게 40분 이상 작동할 수 있도록 해야 한다. 다만, 50층 이상인 건축물의 경우에는 60분 이상 작동할 수 있어야 한다.

6) 피난안전구역에 설치하는 제연설비의 설치기준을 쓰시오. (2점)

풀이&답 피난안전구역과 비 제연구역간의 차압은 50[Pa](옥내에 스프링클러설비가 설치된 경우에는 12.5 [Pa]) 이상으로 하여야 한다. 다만 피난안전구역의 한쪽 면 이상이 외기에 개방된 구조의 경우에는 설치하지 아니할 수 있다.

(7) 수신기의 형식승인 및 제품검사의 기술기준 중 수신기의 기록장치에 대한 다음 각 물음에 답하시오. (8점)

1) 기록장치의 정의 (2점)

풀이&답 수신기의 화재신호, 고장신호 및 수신기에 접속된 타 기구에 대한 외부배선으로의 신호 등을 저장할 수 있는 것

2) 수신기의 기록장치 적합기준 중에서 수신기의 기록장치에 저장하여야 하는 데이터의 기준을 나타낸 것이다. 괄호 안의 번호에 알맞은 답을 답안지에 쓰시오. (6점)

> 수신기의 기록장치에 저장하여야 하는 데이터는 다음 각 목과 같다. 이 경우 데이터의 발생시각을 표시하여야 한다.
> 가. (①)
> 나. (②)
> 다. (③)
> 라. (④)
> 마. (⑤)

바. (⑥)

사. 제15조의2제2항에 해당하는 신호(무선식 감지기 · 무선식 중계기 · 무선식 발신기와 접속되는 경우에 한함)

아. 제15조의2제3항에 의한 확인신호를 수신하지 못한 내역(무선식 감지기 · 무선식 중계기 · 무선식 발신기와 접속되는 경우에 한함)

풀이&답

① 주전원과 예비전원의 on/off 상태

② 경계구역의 감지기, 중계기 및 발신기 등의 화재신호와 소화설비, 소화활동설비, 소화용수설비의 작동신호

③ 수신기와 외부배선(지구음향장치용의 배선, 확인장치용의 배선 및 전화장치용의 배선을 제외한다)과의 단선 상태

④ 수신기에서 제어하는 설비로의 출력신호와 수신기에 설비의 작동 확인표시가 있는 경우 확인신호

⑤ 수신기의 주경종스위치, 지구경종스위치, 복구스위치 등 기준 제11조(수신기의 제어기능)을 조작하기 위한 스위치의 정지 상태

⑥ 가스누설신호(단, 가스누설신호표시가 있는 경우에 한함)

문제 13 다음 각 물음에 답하시오. (30점)

(1) 소방시설 설치 및 관리에 관한 법률 시행령상 자동화재탐지설비를 설치하여야 하는 특정소방대상물 중에서 의료시설 중 정신의료기관 또는 요양병원에 대한 기준을 쓰시오. (5점)

풀이&답

가) 요양병원(의료재활시설은 제외한다)

나) 정신의료기관 또는 의료재활시설로 사용되는 바닥면적의 합계가 300m² 이상인 시설

다) 정신의료기관 또는 의료재활시설로 사용되는 바닥면적의 합계가 300m² 미만이고, 창살(철재 · 플라스틱 또는 목재 등으로 사람의 탈출 등을 막기 위하여 설치한 것을 말하며, 화재 시 자동으로 열리는 구조로 되어 있는 창살은 제외한다)이 설치된 시설

(2) 임시소방시설을 설치하여야 하는 공사의 종류와 규모 중 간이소화장치와 비상경보장치를 설치하여야 하는 공사의 작업현장을 쓰시오. (4점)

1) 간이소화장치 (2점)

풀이&답

① 연면적 3천[m²] 이상

② 지하층, 무창층 또는 4층 이상의 층. 이 경우 해당 층의 바닥면적이 600[m²] 이상인 경우만 해당한다.

2) 비상경보장치 (2점)

풀이&답

① 연면적 400[m²] 이상

② 지하층 또는 무창층. 이 경우 해당 층의 바닥면적이 150[m²] 이상인 경우만 해당한다.

(3) 다중이용업소의 안전관리에 관한 특별법에 대한 다음 각 물음에 답하시오. (17점)

1) 다중이용업소에 설치하거나 교체하는 실내장식물(반자돌림대 등의 너비가 10센티미터 이하인 것은 제외한다)은 (㉠) 또는 (㉡)로 설치하여야 한다. ㉠, ㉡에 해당하

는 용어를 답안지에 쓰시오. (2점)

[풀이&답] ㉠ 불연재료
㉡ 준불연재료

2) 가로 30m, 세로 20m, 높이가 3m인 다중이용업소의 영업장에 실내장식물로 합판 또는 목재로 설치하는 경우 방염성능기준 이상으로 설치할 수 있는 면적의 최대값을 계산하시오.(단, 소수점이 발생할 경우 3자리에서 반올림하여 2자리까지 답한다)(6점)

① 간이스프링클러설비가 설치되지 않은 경우 면적

[풀이&답] 1. 천장과 벽을 합한 면적 : $30[m] \times 3[m] \times 2 + 20[m] \times 3[m] \times 2 + 30[m] \times 20[m] = 900[m^2]$

2. 방염성능기준 이상의 면적 : $900[m^2] \times \dfrac{3}{10} = 270[m^2]$

② 간이스프링클러설비가 설치된 경우 면적

[풀이&답] 1. 천장과 벽을 합한 면적 : $30[m] \times 3[m] \times 2 + 20[m] \times 3[m] \times 2 + 30[m] \times 20[m] = 900[m^2]$

2. 방염성능기준 이상의 면적 : $900[m^2] \times \dfrac{5}{10} = 450[m^2]$

3) 다중이용업소의 영업장 내부를 구획하고자 할 때 불연재료로 구획하여야 한다. 이 경우 천장(반자) 속까지 구획하여야 하는 영업장을 모두 쓰시오. (2점)

[풀이&답] 1. 단란주점 및 유흥주점 영업
2. 노래연습장업

(4) 아래의 조건을 참고하여 수용인원을 산출하시오. (3점)

[조건]
① 콘도미니엄의 종사자수 10명
② 콘도미니엄(온돌방)은 객실이 26개이며, 객실 1개당 바닥면적은 56[m²] 이다.

[풀이&답] 1) 침대가 없는 숙박시설의 수용인원 산정방법
해당 특정소방대상물의 종사자 수에 숙박시설의 바닥면적의 합계를 $3[m^2]$로 나누어 얻은 수를 합한 수

2) 수용인원의 산출 $=$ 종사자수 $+ \dfrac{\text{바닥면적의 합계}}{3m^2} = 10$인 $+ \dfrac{56m^2 \times 26\text{개 객실}}{3m^2}$
$= 495.33 = 495$인(소수점이하 반올림하여 산정한다)

(5) 다음에 대한 점검면적[m²]을 소방시설 설치 및 관리에 관한 법률 시행규칙에 의거하여 산출하시오. (8점)
1) 지하구의 길이가 1,200[m]일 경우 점검면적 (2점)
2) 길이가 3,000[m]인 3차로 도로터널의 점검면적 (2점)
3) 길이가 5,000[m]인 4차로 도로터널의 점검면적 (2점)
4) 길이가 5,000[m]인 4차로 도로터널의 점검면적(한쪽 측벽에 소방시설 설치) (2점)

풀이&답

1) 점검면적=길이×폭의 길이(1.8[m])×가감계수=1,200[m]×1.8[m]×1.0=2,160[m²]
2) 점검면적=길이×폭의 길이(3.5[m])×가감계수=3,000[m]×3.5[m]×1.1=11,550[m²]
3) 점검면적=길이×폭의 길이(7[m])×가감계수=5,000[m]×7[m]×1.1=38,500[m²]
4) 점검면적=길이×폭의 길이(3.5[m])×가감계수=5,000[m]×3.5[m]×1.1=19,250[m²]

보충설명

관리업자등이 하루 동안 점검한 면적은 실제 점검면적(지하구는 그 길이에 폭의 길이 1.8m를 곱하여 계산된 값을 말하며, 터널은 3차로 이하인 경우에는 그 길이에 폭의 길이 3.5m를 곱하고, 4차로 이상인 경우에는 그 길이에 폭의 길이 7m를 곱한 값을 말한다. 다만, 한쪽 측벽에 소방시설이 설치된 4차로 이상인 터널의 경우에는 그 길이와 폭의 길이 3.5m를 곱한 값을 말한다. 이하 같다)에 다음의 각 목의 기준을 적용하여 계산한 면적(이하 "점검면적"이라 한다)으로 하되, 점검면적은 점검한도 면적을 초과해서는 안 된다.
가. 실제 점검면적에 다음의 가감계수를 곱한다.

구분	대상용도	가감계수
1류	문화 및 집회시설, 종교시설, 판매시설, 의료시설, 노유자시설, 수련시설, 숙박시설, 위락시설, 창고시설, 교정시설, 발전시설, 지하가, 복합건축물	1.1
2류	공동주택, 근린생활시설, 운수시설, 교육연구시설, 운동시설, 업무시설, 방송통신시설, 공장, 항공기 및 자동차 관련 시설, 군사시설, 관광휴게시설, 장례시설, 지하구	1.0
3류	위험물 저장 및 처리시설, 문화재, 동물 및 식물 관련 시설, 자원순환 관련 시설, 묘지 관련 시설	0.9

문제 14 화재안전기술기준에 대한 다음 각 물음에 답하시오. (30점)

(1) 소화설비의 화재안전기술기준에 대한 다음 각 물음에 답하시오. (13점)

1) 고층건축물에 설치하는 옥내소화전설비의 비상전원 기준을 쓰시오. (2점)

풀이&답 비상전원은 자가발전설비, 축전지설비(내연기관에 따른 펌프를 사용하는 경우에는 내연기관의 기동 및 제어용 축전지를 말한다) 또는 전기저장장치(외부 전기에너지를 저장해 두었다가 필요한 때 전기를 공급하는 장치. 이하 같다)로서 옥내소화전설비를 유효하게 40분(50층 이상인 건축물의 경우에는 60분) 이상 작동할 수 있어야 한다.

2) 프레셔 프로포셔너방식에 대한 정의를 쓰시오. (1점)

풀이&답 펌프와 발포기의 중간에 설치된 벤추리관의 벤추리작용과 펌프 가압수의 포 소화약제 저장탱크에 대한 압력에 따라 포 소화약제를 흡입·혼합하는 방식.

3) 개방형 미분무 소화설비의 방수구역 기준을 쓰시오. (3점)

풀이&답
1. 하나의 방수구역은 2개 층에 미치지 아니할 것
2. 하나의 방수구역을 담당하는 헤드의 개수는 최대 설계개수 이하로 할 것. 다만, 2개 이상의 방수구역으로 나눌 경우에는 하나의 방수구역을 담당하는 헤드의 개수는 최대설계개수의 1/2

이상으로 할 것

3. 터널, 지하가 등에 설치할 경우 동시에 방수되어야 하는 방수구역은 화재가 발생된 방수구역 및 접한 방수구역으로 할 것

4) 다음은 호스릴 소화설비에 대한 소화약제의 양 및 1분당 방사하는 소화약제의 양을 나타낸 표이다. 표의 번호에 알맞은 답을 답안지에 쓰시오. (7점)

구 분		소화약제의 양(kg)	1분당 방사하는 소화약제의 양(kg/min)
분말	제1종 분말	①	②
	제2종 분말 또는 제3종 분말	③	④
	제4종 분말	⑤	⑥
이산화탄소		⑦	⑧
할론	할론 2402	⑨	⑩
	할론 1211	⑪	⑫
	할론 1301	⑬	⑭

풀이&답 ① 50 ② 45 ③ 30 ④ 27 ⑤ 20 ⑥ 18 ⑦ 90 ⑧ 60 ⑨ 50 ⑩ 45
⑪ 50 ⑫ 40 ⑬ 45 ⑭ 35

보충설명

구분		소화약제의 양 [kg]	1분당 방사하는 소화약제의 양[kg/min]
분말	제1종 분말	50	45
	제2종 분말 또는 제3종 분말	30	27
	제4종 분말	20	18
이산화탄소		90	60
할론	할론 2402	50	45
	할론 1211	50	40
	할론 1301	45	35

(2) 경보설비의 화재안전기술기준에 대한 다음 각 물음에 답하시오. (9점)

1) 도로터널에 설치하는 감지기의 설치기준 중 터널 천장의 구조가 아치형의 터널에 감지기를 설치하는 경우 기준을 쓰시오. (2점)

풀이&답 터널 천장의 구조가 아치형의 터널에 감지기를 터널 진행방향으로 설치하고자 하는 경우에는 감열부와 감열부 사이의 이격거리를 10[m] 이하로 하여 아치형 천장의 중앙 최상부에 1열로 감지기를 설치하여야 하며, 감지기를 2열 이상으로 설치하고자 하는 경우에는 감열부와 감열부 사이의 이격거리는 10[m] 이하로 감지기 간의 이격거리는 6.5[m] 이하로 설치할 것

2) 고층건축물에 설치하는 비상방송설비의 음향장치 기준을 쓰시오. (3점)

풀이&답 비상방송설비의 음향장치는 다음 각 호의 기준에 따라 경보를 발할 수 있도록 하여야 한다.
1. 2층 이상의 층에서 발화한 때에는 발화층 및 그 직상 4개층에 경보를 발할 것
2. 1층에서 발화한 때에는 발화층·그 직상 4개층 및 지하층에 경보를 발할 것
3. 지하층에서 발화한 때에는 발화층·그 직상층 및 기타의 지하층에 경보를 발할 것

3) 부착높이에 따른 감지기의 종류기준 중 아래의 표의 번호에 들어갈 내용을 답안지에 쓰시오. (3점)

부착높이	감지기의 종류
15[m] 이상 20[m] 미만	(①)
20[m] 이상	(②)

풀이&답 ① 이온화식 1종
광전식(스포트형, 분리형, 공기흡입형) 1종
연기복합형
불꽃감지기
② 불꽃감지기
광전식(분리형, 공기흡입형)중 아나로그방식

4) 발신기의 위치를 표시하는 등은 어떻게 설치하여야 하는지 그 기준을 쓰시오. (1점)

풀이&답 발신기의 위치를 표시하는 표시등은 함의 상부에 설치하되, 그 불빛은 부착면으로부터 15°이상의 범위 안에서 부착지점으로부터 10[m] 이내의 어느 곳에서도 쉽게 식별할 수 있는 적색등으로 하여야 한다.

(3) 피난설비의 화재안전기술기준에 대한 다음 각 물음에 답하시오. (4점)
1) 고층건축물의 피난안전구역에 설치하는 인명구조기구의 설치기준 4가지를 쓰시오. (2점)

풀이&답 가. 방열복, 인공소생기를 각 2개 이상 비치할 것
나. 45분이상 사용할 수 있는 성능의 공기호흡기(보조마스크를 포함한다)를 2개이상 비치하여야 한다. 다만, 피난안전구역이 50층 이상에 설치되어 있을 경우에는 동일한 성능의 예비용기를 10개 이상 비치할 것
다. 화재시 쉽게 반출할 수 있는 곳에 비치할 것
라. 인명구조기구가 설치된 장소의 보기 쉬운 곳에 "인명구조기구"라는 표지판 등을 설치할 것

2) 비상조명등은 특정소방대상물의 어느 곳에 설치하여야 하는지 그 기준을 쓰시오. (1점)

풀이&답 특정소방대상물의 각 거실과 그로부터 지상에 이르는 복도·계단 및 그 밖의 통로에 설치할 것

3) 예비전원을 내장하는 비상조명등 기준을 쓰시오. (1점)

풀이&답 예비전원을 내장하는 비상조명등에는 평상시 점등여부를 확인할 수 있는 점검스위치를 설치하고 해당 조명등을 유효하게 작동시킬 수 있는 용량의 축전지와 예비전원 충전장치를 내장할 것.

(4) 소화용수설비의 화재안전기술기준에 대한 다음 각 물음에 답하시오. (4점)

1) 소화용수설비를 설치하여야 할 특정소방대상물에 소화수조를 설치하지 아니할 수 있는 기준을 쓰시오. (1점)

> **풀이&답** 소화용수설비를 설치하여야 할 특정소방대상물에 있어서 유수의 양이 0.8[m³/min] 이상인 유수를 사용할 수 있는 경우에는 소화수조를 설치하지 아니할 수 있다.

2) 전동기 또는 내연기관에 따른 펌프를 이용하는 가압송수장치의 기준 중 내연기관을 사용하는 경우에 적합한 기준 2가지를 쓰시오. (2점)

> **풀이&답** 가. 내연기관의 기동은 채수구의 위치에서 원격조작으로 가능하고 기동을 명시하는 적색등을 설치할 것
> 나. 제어반에 따라 내연기관의 기동이 가능하고 상시 충전되어 있는 축전지설비를 갖출 것

3) 채수구의 구경 및 채수구의 설치위치를 쓰시오. (1점)

> **풀이&답** 채수구의 구경 : 65[mm] 이상
> 채수구의 설치위치 : 지면으로부터의 높이가 0.5[m] 이상 1[m] 이하

문제 15 다음 물음에 답하시오. (30점)

(1) 다음을 계산하시오. (12점)

① 20[℃] 물 100[L]를 화재현장의 화염에 살수하였다. 물이 모두 끓는 온도(100℃)까지 가열되는 동안 흡수하는 열량은 약 몇 [kJ]인가? (단, 물의 비열은 4.2[kJ/kg · ℃] 이다.) (3점)

> **풀이&답** 열량 = 100[L] × 4.2[kJ/kg · ℃] × (100 − 20)[℃] = 33,600[kJ]
> ※ 리터(L) = kg

② 지름 20[cm]의 소화용 호스에 물이 질량유량 80[kg/s]로 흐른다. 이때 평균유속은 약 몇 [m/s]인가?(단, 소수점 3자리에서 반올림하여 2자리까지 답한다) (3점)

> **풀이&답** 평균유속 $V = \dfrac{m}{\rho A} = \dfrac{80[\text{kg/s}]}{1,000[\text{kg/m}^3] \times \dfrac{\pi}{4} \times (0.2[\text{m}])^2} = 2.546 = 2.55[\text{m/s}]$

③ 동점성계수가 1.15×10^{-4} [m²/s]인 물이 100[mm]의 지름 원관 속을 흐르고 있다. 층류가 기대될 수 있는 최대 유량[L/min]을 계산하시오.(단, 임계 레이놀즈수는 2100이고, 최종 정답은 소수점 4자리에서 반올림하여 3자리까지 답한다.) (3점)

> **풀이&답** 1. 유속의 계산
> 레이놀즈수 $R_e = \dfrac{dV}{\nu}$ 에서 $2,100 = \dfrac{0.1[\text{m}] \times V}{1.15 \times 10^{-4}[\text{m}^2/\text{s}]}$
> 유속 $V = 2.415[\text{m/s}]$

2. 유량 $Q = AV = \dfrac{\pi}{4} \times (0.1[\text{m}])^2 \times 2.415[\text{m/s}]$

$\qquad = 0.01896736565[\text{m}^3/\text{s}] \times 1000 \times 60 = 1,138.042[\ell/\text{min}]$

④ 지름이 0.4[m]인 배관에 물이 0.5[m³/s]로 흐를 때 배관길이 300[m]에 대한 동력
손실이 60[kW] 라고 한다면, 이 때 배관의 관 마찰계수를 계산하시오.(단, 최종답안
은 소수점 4자리에서 반올림하여 3자리까지 답한다) (3점)

[풀이&답] 전손실 계산 $P = 0.163QH$에서

$H = \dfrac{P}{0.163Q} = \dfrac{60[\text{kW}]}{0.163 \times 0.5[\text{m}^3/\text{s}] \times 60} = 12.269 = 12.27[\text{m}]$

유속 $V = \dfrac{Q}{A} = \dfrac{0.5[\text{m}^3/\text{s}]}{\dfrac{\pi}{4} \times (0.4[\text{m}])^2} = 3.978 = 3.98[\text{m/s}]$

관마찰계수 계산 $\triangle H = \dfrac{flV^2}{2gD}$, $12.27 = \dfrac{f \times 300[\text{m}] \times (3.98[\text{m/s}])^2}{2 \times 9.8[\text{m/s}^2] \times 0.4[\text{m}]}$

관마찰계수 $f = 0.02024 = 0.020$

(2) 전역방출방식의 분말소화설비에 있어서 방호구역의 체적이 500[m³]일 때 적합한
분사헤드의 수를 결정하시오. (단, 제1종 분말이며, 개구부의 면적은 6[m²], 자동폐
쇄장치는 설치되지 않았으며, 분사헤드 1개의 분당 표준 방사량은 18[kg]이다.) (4점)

[풀이&답] 1. 약제량 $W = V \times K_1 + A \times K_2 = 500[\text{m}^3] \times 0.6[\text{kg/m}^3] + 6[\text{m}^2] \times 4.5[\text{kg/m}^2] = 327[\text{kg}]$

2. 분사헤드의 수량 : $\dfrac{327\text{kg}}{9\text{kg}} = 36.33 = 37$

[보충설명] 분사헤드 1개의 분당 표준 방사량이 18[kg], 30초 이내 방사되어야 하므로 분사헤드 1개의 방사량
은 절반인 9[kg]이 된다.

(3) 케이블트레이에 물분무소화설비를 설치하는 경우 저장하여야 할 수원의 최소 저수
량은 몇 [m³]인가? (단, 케이블트레이의 투영된 바닥면적은 70[m²] 이다.) (2점)

[풀이&답] 수원 $= 70[\text{m}^2] \times 12[\text{L/min} \cdot \text{m}^2] \times 20[\text{min}] = 16,800[\text{L}] = 16.8[\text{m}^3]$

(4) 바닥면적이 300[m²]인 발전실에 부속용도별로 추가하여야 할 적응성이 있는 소화
기의 최소 수량은 몇 개인가? (2점)

[풀이&답] 수량 $= \dfrac{300[\text{m}^2]}{50[\text{m}^2/\text{개}]} = 6$개

(5) 동력제어반(MCC)에서 옥내소화전 펌프모터에 전기를 공급하고자 하는 전동기 설
비에 대한 다음 각 물음에 답하시오.(단, 전압은 3상 220[V]이고 모터의 용량은
22[KW], 역률은 80[%]라고 한다.) (5점)

[물음]

① 모터의 전 부하전류는 몇 [A]인가? (2점)

② 모터의 역률을 95[%]로 개선하고자 할 때 필요한 전력용콘덴서의 용량은 몇 [kVA]인가? (2점)

③ 가압송수장치의 주펌프는 무엇으로 설치하여야 하는가? (1점)

풀이&답 ① 전부하전류 계산

$$I = \frac{P}{\sqrt{3}\ V\cos\theta} = \frac{22 \times 10^3}{\sqrt{3} \times 220 \times 0.8} = 72.17[A]$$

② 전력용콘덴서 용량 계산

$$Q_c = 22\left(\frac{\sqrt{1-0.8^2}}{0.8} - \frac{\sqrt{1-0.95^2}}{0.95}\right) = 9.27[kVA]$$

③ 전동기에 따른 펌프로 설치하여야 한다.

(6) 옥내소화전설비의 화재안전기술기준에서 정하고 있는 가압송수장치의 기동장치로는 기동용수압개폐장치 또는 이와 동등 이상의 성능이 있는 것을 설치하여야 하나, 학교 · 공장 · 창고시설(옥상수조를 설치한 대상은 제외한다)로서 동결의 우려가 있는 장소에 있어서는 기동스위치에 보호판을 부착하여 옥내소화전함 내에 설치할 수 있다. 이러한 경우에는 주펌프와 동등 이상의 성능이 있는 별도의 펌프로서 내연기관의 기동과 연동하여 작동되거나 비상전원을 연결한 펌프를 추가로 설치하여야 함에도 불구하고 설치하지 않을 수 있는 조건 5가지를 쓰시오. (5점)

풀이&답 ① 지하층만 있는 건축물

② 고가수조를 가압송수장치로 설치한 경우

③ 수원이 건축물의 최상층에 설치된 방수구보다 높은 위치에 설치된 경우

④ 건축물의 높이가 지표면으로부터 10[m] 이하인 경우

⑤ 가압수조를 가압송수장치로 설치한 경우

옥내소화전설비의 화재안전기술기준

2.2.1.9. 기동장치로는 기동용수압개폐장치 또는 이와 동등 이상의 성능이 있는 것을 설치할 것. 다만, 학교 · 공장 · 창고시설(2.1.2에 따라 옥상수조를 설치한 대상은 제외한다)로서 동결의 우려가 있는 장소에 있어서는 기동스위치에 보호판을 부착하여 옥내소화전함 내에 설치할 수 있다.

2.2.1.10 2.2.1.9 단서의 경우에는 주펌프와 동등 이상의 성능이 있는 별도의 펌프로서 내연기관의 기동과 연동하여 작동되거나 비상전원을 연결한 펌프를 추가 설치할 것. 다만, 다음의 어느 하나에 해당하는 경우는 제외한다.

(1) 지하층만 있는 건축물

(2) 고가수조를 가압송수장치로 설치한 경우

(3) 수원이 건축물의 최상층에 설치된 방수구보다 높은 위치에 설치된 경우

(4) 건축물의 높이가 지표면으로부터 10 m 이하인 경우

(5) 가압수조를 가압송수장치로 설치한 경우

문제 16 다음 물음에 답하시오. (40점)

(1) 거실제연설비의 제연구역의 구획에 대한 다음 각 물음에 답하시오. (5점)

① 제연구역의 구획은 무엇으로 하여야 하는지 쓰시오. (2점)

> **풀이&답** 보·제연경계벽(이하 "제연경계"라 한다) 및 벽(화재시 자동으로 구획되는 가동벽·방화셔터·방화문 포함)

② 제연구역의 구획 적합기준 3가지를 쓰시오. (3점)

> **풀이&답**
> 1. 재질은 내화재료, 불연재료 또는 제연경계벽으로 성능을 인정받은 것으로서 화재시 쉽게 변형·파괴되지 아니하고 연기가 누설되지 않는 기밀성 있는 재료로 할 것
> 2. 제연경계는 제연경계의 폭이 0.6[m] 이상이고, 수직거리는 2[m] 이내이어야 한다. 다만, 구조상 불가피한 경우는 2[m]를 초과할 수 있다.
> 3. 제연경계벽은 배연 시 기류에 따라 그 하단이 쉽게 흔들리지 아니하여야 하며, 또한 가동식의 경우에는 급속히 하강하여 인명에 위해를 주지 않는 구조일 것

(2) 예상제연구역에 설치되는 공기유입구의 적합 기준에 대해 아래 물음에 답하시오. (4점)
① 바닥면적 400[m²] 미만의 거실인 예상제연구역 기준 (2점)
② 바닥면적 400[m²] 이상의 거실인 예상제연구역 기준 (2점)

> **풀이&답**
> ① 바닥면적 400[m²] 미만의 거실인 예상제연구역 기준 (2점)
> 바닥외의 장소에 설치하고 공기유입구와 배출구간의 직선거리는 5[m] 이상으로 할 것. 다만, 공연장·집회장·위락시설의 용도로 사용되는 부분의 바닥면적이 200[m²]를 초과하는 경우의 공기유입구는 제②호의 기준에 따른다.
> ② 바닥면적 400[m²] 이상의 거실인 예상제연구역 기준 (2점)
> 바닥으로부터 1.5[m] 이하의 높이에 설치하고 그 주변 2[m] 이내에는 가연성 내용물이 없도록 할 것

(3) 아래의 조건을 이용하여 부속실제연설비에 적용하는 급기송풍기용 전동기의 용량을 계산하시오. (6점)

[조건]
① 전압 30mmAq
② 효율 60[%[, 전달계수 1.1
③ 보충량 12,000[m³/hr], 출입문등의 누설량 10[m³/min]
④ 기타 주어지지 않은 조건은 화재안전기준을 준용한다.

> **풀이&답**
> ① 급기량 = 누설량 + 보충량 = 10[m³/min] + 12,000[m³/hr]
> = 10[m³/min] + 12,000[m³]/60[min] = 210[m³/min]
> ② 송풍기의 송풍량 = 급기량 × 1.15배 이상 = 210[m³/min] × 1.15 = 241.5[m³/min]
> ③ 전동기의 용량
> $$P = \frac{P_t Q}{102\eta}K = \frac{241.5[m³/60s]}{102 \times 0.6} \times 1.1 = 2.17[kW]$$

(4) 다음 그림은 어느 실들의 평면도이다. 이 실들 중 A실을 급기 가압하고자 한다. 주어진 조건을 이용하여 A실에 유입시켜야 할 풍량은 몇 [m³/s]가 되는지 산출하시오. (단, 누설틈새면적의 계산과정에서 소수점이 발생할 경우 소수점 6자리에서 반올림하여 5자리까지만 적용하고, 풍량은 3자리에서 반올림하여 2자리까지 답한다.) (6점)

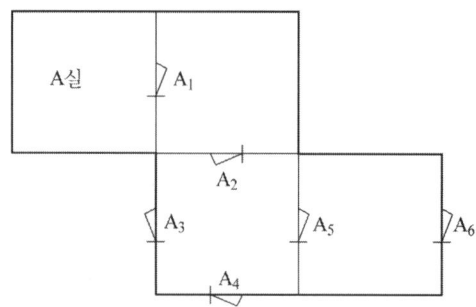

[조건]
(1) 실 외부 대기의 기압은 절대압력으로 101,300[Pa]로서 일정하다.
(2) A실에 유지하고자 하는 기압은 절대압력으로 101,400[Pa] 이다.
(3) 각 실의 문(Door)들의 틈새면적은 0.01 [m²] 이다.
(4) 어느 실을 급기 가압할 때 그 실의 문의 틈새를 통하여 누출되는 공기의 양은 다음의 식을 따른다.

$$Q = 0.827 A P^{\frac{1}{2}}$$

Q : 누출되는 공기의 양 [m³/s]
A : 문의 전체 유효등가누설면적 [m²]
P : 문을 경계로 한 실내·외의 기압차[Pa]

풀이&답
1) 누설틈새 면적
   ① $A_5 \sim A_6$ 계산(A_5, A_6이 직렬연결)
   $$= \left(\frac{1}{0.01^2} + \frac{1}{0.01^2} \right)^{-\frac{1}{2}} = 0.00707[\text{m}^2]$$
   ② $A_3 \sim A_6$ 계산(A_3, A_4, $A_5 \sim A_6$이 병렬연결)
   $$= 0.01 + 0.01 + 0.00707 = 0.02707[\text{m}^2]$$
   ③ $A_1 \sim A_6$ 계산(A_1, A_2, $A_3 \sim A_6$이 직렬연결)
   $$= \left(\frac{1}{0.01^2} + \frac{1}{0.01^2} + \frac{1}{0.02707^2} \right)^{-\frac{1}{2}} = 0.006841 = 0.00684[\text{m}^2]$$
2) 풍량계산
   ① 차압 $P = 101,400 - 101,300 = 100[\text{Pa}]$
   ② 풍량 $Q = 0.827 A P^{\frac{1}{2}} = 0.827 \times 0.00684 \times 100^{\frac{1}{2}} = 0.0565 = 0.06[\text{m}^3/\text{s}]$

(5) 터널에 정온식감지선형감지기(아날로그식)를 설치하고자 한다. 이에 대한 설치기준 4가지를 쓰시오. (8점)

풀이&답

1. 감지기의 감열부(열을 감지하는 기능을 갖는 부분을 말한다. 이하 같다)와 감열부 사이의 이격 거리는 10[m] 이하로, 감지기와 터널 좌·우측 벽면과의 이격거리는 6.5[m] 이하로 설치할 것

2. 제1호에도 불구하고 터널 천장의 구조가 아치형의 터널에 감지기를 터널 진행방향으로 설치하고자 하는 경우에는 감열부와 감열부 사이의 이격거리를 10[m] 이하로 하여 아치형 천장의 중앙 최상부에 1열로 감지기를 설치하여야 하며, 감지기를 2열 이상으로 설치하고자 하는 경우에는 감열부와 감열부 사이의 이격거리는 10[m] 이하로 감지기 간의 이격거리는 6.5[m] 이하로 설치할 것

3. 감지기를 천장면(터널 안 도로 등에 면한 부분 또는 상층의 바닥 하부면을 말한다. 이하 같다)에 설치하는 경우에는 감지기가 천장면에 밀착되지 않도록 고정금구 등을 사용하여 설치할 것

4. 형식승인 내용에 설치방법이 규정된 경우에는 형식승인 내용에 따라 설치할 것. 다만, 감지기와 천장면과의 이격거리에 대해 제조사의 시방서에 규정되어 있는 경우에는 시방서의 규정에 따라 설치할 수 있다.

(6) 그림은 자동화재탐지설비와 준비작동식 스프링클러설비의 프리액션밸브(준비작동식밸브)를 연동시키기 위한 간선계통도이다. "㉮"~"㉯"까지의 배선 가닥수, 굵기 및 용도를 답안지에 쓰시오.(단, 프리액션밸브용 감지기공통선과 전원 공통선은 분리해서 사용하고, 프리액션밸브용 압력스위치, 탬퍼스위치 및 솔레노이드 밸브용 공통선은 1가닥을 사용하는 조건이다.) (11점)

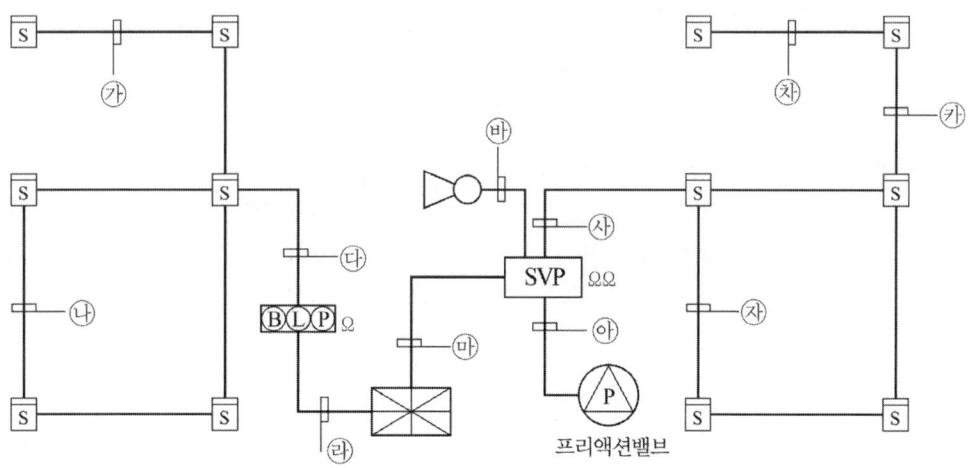

기 호	가닥수	굵기 [mm²]	용도
㉮			
㉯			
㉰			
㉱			
㉲			
㉳			
㉴			

기 호	가닥수	굵기 [mm²]	용도
⑷			
㉓			
㉔			
㉚			

풀이&답

기 호	가닥수	굵기 [mm²]	용도
㉮	4	1.5	지구2, 공통2
㉯	2	1.5	지구, 공통
㉰	4	1.5	지구2, 공통2
㉱	6	2.5	응답, 지구, 지구공통, 경종, 표시등, 경종표시등 공통
㉲	10	2.5	전원+, 전원−, 전화, 감지기A, 감지기B, 감지기 공통, 압력스위치, 탬퍼스위치, 솔레노이드밸브기동, 사이렌
㉳	2	2.5	사이렌2
㉴	8	1.5	지구4, 공통4
㉵	4	2.5	압력스위치, 탬퍼스위치, 솔레노이드밸브기동, 공통
㉶	4	1.5	지구2, 공통2
㉷	4	1.5	지구2, 공통2
㉸	8	1.5	지구4, 공통4

문제 17 다음 물음에 답하시오. (30점)

(1) 연결송수관설비를 설치하여야 하는 건축물의 11층 이상의 부분에 설치하는 방수구는 쌍구형으로 하여야 한다. 다만, 일정 기준에 해당하는 층에는 단구형으로 설치할 수 있다. 이에 해당하는 기준 2가지를 쓰시오. (4점)

풀이&답
① 아파트의 용도로 사용되는 층
② 스프링클러설비가 유효하게 설치되어 있고 방수구가 2개소 이상 설치된 층

(2) 공칭시야각 90°, 공칭감시거리가 20m인 불꽃감지기를 다음 조건과 같은 실내의 천장면에서 바닥면을 향해 균등하게 배치하여 화재를 감시하고자 한다. 불꽃감지기 1개가 방호하는 감지면적을 계산하여 최소 설치수량을 계산하시오.(단, 기타 조건은 무시한다) (6점)

[조건]
1) 바닥면적 392[m²] (가로 14[m] × 세로 28[m])
2) 천장높이 5[m]

[풀이&답]

1) 감지기 1개가 방호하는 감지면적
   ① 반지름 $r = 5[\text{m}] \times \tan 45° = 5[\text{m}]$
   ② 원형 단면적
   $$S = \pi r^2 = \pi \times (5[\text{m}])^2 = 78.54[\text{m}^2]$$
   ③ 감지면적은 원에 내접하는 정사각형의 면적과 동일하므로
   $$S = (2r \times \cos 45°)^2 = (2 \times 5[\text{m}] \times \cos 45°)^2 = 50[\text{m}^2]$$
2) 감지기의 최소 설치수량 = 바닥면적 / 감지면적
   $$= 392[\text{m}^2] / 50[\text{m}^2]$$
   $$= 7.84 = 8개$$

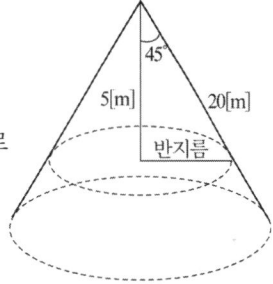

(3) 지상 1층에서 7층까지의 사무실용 내화구조 건축물이 있다. 계단은 각 층별 2개가 설치되어 있고 각 층의 높이는 3.6[m], 각 층의 바닥면적은 560[m²]이다. 수신기는 1층에 설치되어 있고, 종단저항은 발신기세트에 내장되어 있으며, 계단은 별도로 감지기회로를 구성하여 3층의 발신기세트에 각각 연결될 경우 다음 각 물음에 답하시오. (15점)

① 각 층에 설치하는 감지기의 종류를 쓰고 전체 수량을 산정하시오. (2점)
   • 감지기의 종류 :
   • 수량 :
② 계단에 설치하는 감지기의 종류를 쓰고 그 수량을 산정하시오. (2점)
   • 감지기의 종류 :
   • 수량 :
③ 각 층에 설치하는 발신기의 종류를 쓰고 그 수량을 산정하시오. (2점)
   • 발신기의 종류 :
   • 수량 :
④ 1층에 설치하는 수신기의 종류를 쓰고 그 회로수를 쓰시오. (2점)
   • 수신기의 종류 :
   • 수량 :
⑤ 종단저항은 몇 개가 필요한지 필요개소별로 그 개수를 쓰시오. (2점)

총 계	1층	2층	3층	4층	5층	6층	7층

⑥ 계통도를 그리고 각 간선의 전선수량을 표현하시오. (5점)

단, 지구경종단락보호장치를 수신기 내부에 설치하는 경우임

	7층
	6층
	5층
	4층
	3층
	2층
	1층

[계통도]

풀이&답

① 차동식스포트형(2종) 감지기의 수량

충고가 3.6[m]로 부착높이 4[m] 미만, 2종, 내화구조이므로 감지기 1개의 바닥면적은 70[m²], 층당 수량=560[m²]/70[m²]=8개, 총수량=8개×7개층=56개

- 감지기의 종류 : 차동식스포트형(2종)
- 수량 : 56개

② 광전식스포트형(2종) 감지기의 수량

계단별 수량=계단의 높이/15[m]=(7개층 × 3.6[m])/15[m]=1.68=2개

총수량=2개×2개 계단=4개

- 감지기의 종류 : 광전식스포트형(2종)
- 수량 : 4개

③ 발신기의 수량

층당 경계구역=560[m²]/600[m²]=0.93=1개이므로 발신기도 층당 1개를 설치한다.

층당 1개×7개층=7개

- 발신기의 종류 : P형 1급 발신기
- 수량 : 7개

④ 수신기의 회로수 산정 :

경계구역이 층당 1개씩이므로 7개+계단 2개소=9회로이나 설치하는 수신기의 회로수에 대한 답을 요구하였으므로 10회로가 답이 된다. 참고로 수신기 선정시 회로수는 5회로, 10회로, 15회로, 20회로, 25회로, 30회로 등 5회로 단위로 선정한다.

- 수신기의 종류 : P형 1급 수신기
- 회로 : 10회로

⑤ 종단저항의 수

경계구역이 층당 1개씩, 3층의 경우에는 계단의 감지기가 연결되므로 종단저항이 3개(3층 1개, 계단 연기감지기 2개)가 된다.

총 계	1층	2층	3층	4층	5층	6층	7층
9개	1개	1개	3개	1개	1개	1개	1개

⑥ 계통도

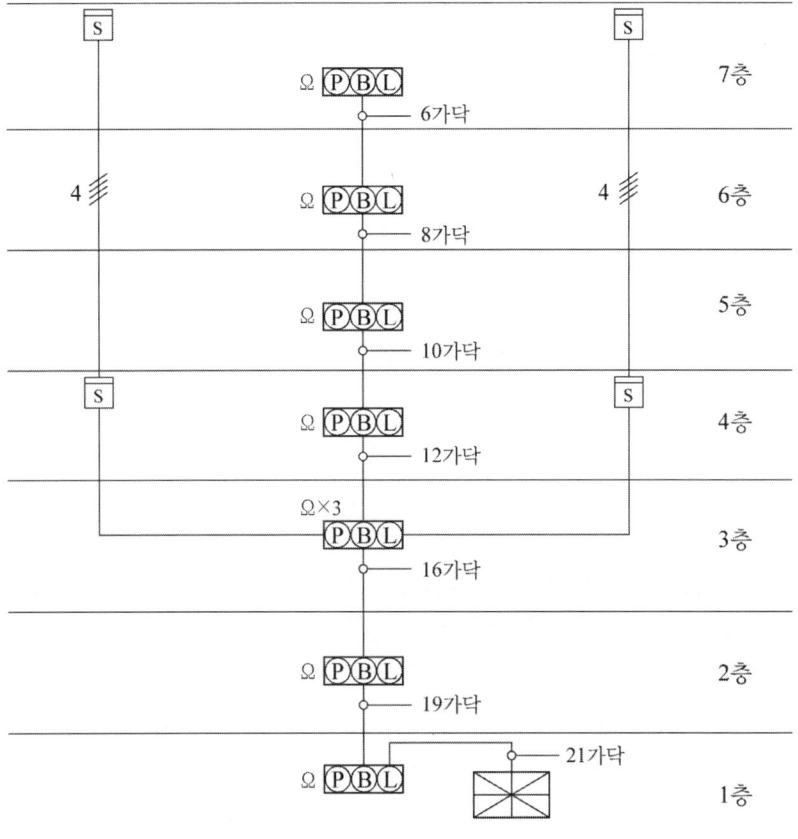

※ 지구경종단락보호장치를 수신기 내부에 설치하므로 층마다 지구경종선을 1선씩 추가한다.

(4) 부착높이 및 특정소방대상물의 구분에 따라 1개 이상 설치하여야 하는 바닥면적의 기준을 답안지에 완성하시오. (5점)

(단위 : [m²])

부착높이 및 특정소방대상물의 구분		감지기의 종류						
		차동식 스포트형		보상식 스포트형		정온식 스포트형		
		1종	2종	1종	2종	특종	1종	2종

풀이&답

부착높이 및 특정소방대상물의 구분		감지기의 종류						
		차동식 스포트형		보상식 스포트형		정온식 스포트형		
		1종	2종	1종	2종	특종	1종	2종
4 [m] 미만	주요구조부를 내화구조로 한 특정소방대상물 또는 그 부분	90	70	90	70	70	60	20
	기타 구조의 특정소방대상물 또는 그 부분	50	40	50	40	40	30	15
4 [m] 이상 8 [m] 미만	주요구조부를 내화구조로 한 특정소방대상물 또는 그 부분	45	35	45	35	35	30	
	기타 구조의 특정소방대상물 또는 그 부분	30	25	30	25	25	15	

문제 18 다음 물음에 답하시오. (30점)

(1) 다음은 준비작동식 유수검지장치에 관한 배선 계통도이다. 다음 각 물음에 답하시오.(단, 슈퍼비조리패널(SVP)와 프리액션 밸브 사이의 공통선은 하나로 한다. 또한 감지기의 공통선은 별도로 한다.) (15점)

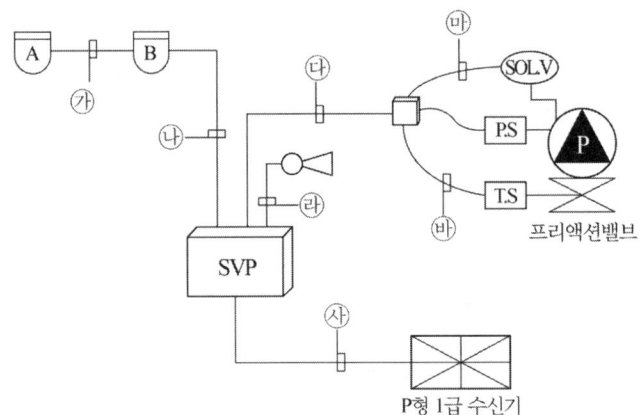

① ㉮~㉯까지의 배선 가닥수를 답란에 쓰시오. (4점)

㉮	㉯	㉰	㉱	㉲	㉳	㉴
4	8	4	2	2	2	10

② ㉱의 음향장치는 어떤 경우에 울리게 되는지 쓰시오. (2점)

③ 준비작동식 유수검지장치(프리액션 밸브)는 어떤 경우에 개방되는지 3가지를 쓰시오.(단, 전기적인 방법만 제시) (3점)

④ 준비작동식 유수검지장치 연동용 감지기 회로를 "A", "B" 회로로 구분하여 설치하는 이유와 이러한 회로방식의 명칭을 쓰시오. (2점)

ⓒ 구분하여 설치하는 이유

ⓛ 회로방식의 명칭

⑤ 준비작동식 유수검지장치 연동용 감지기 회로를 "A", "B" 회로로 구분하지 않고 하나의 회로로 구성하여도 무방한 감지기의 종류를 8가지를 쓰시오.(4점)

풀이&답

①

㉮	㉯	㉰	㉱	㉲	㉳	㉴
4	8	4	2	2	2	10

② 하나의 화재감지기 회로가 화재를 감지하는 때

③ ㉠ 2개 화재감지기회로의 감지기가 작동한 경우

   ⓛ 슈퍼비조리패널(SVP)에서 수동기동스위치를 조작한 경우

   ⓒ P형 1급 수신기에서 수동기동스위치를 조작한 경우

   ⓔ P형 1급 수신기에서 화재동작시험위치에 놓고 화재감지기 회로 A, B를 선택하는 경우 중 3가지 선택

④ ㉠ 구분하여 설치하는 이유 : 설비의 오동작 방지

   ⓛ 회로방식의 명칭 : 교차회로방식

⑤ ㉠ 불꽃감지기   ⓛ 정온식감지선형감지기

   ⓒ 분포형감지기   ⓔ 복합형감지기

   ⓜ 광전식분리형감지기   ⓗ 아날로그방식의 감지기

   ⓢ 다신호방식의 감지기   ⓞ 축적방식의 감지기

(2) 자동화재탐지설비 및 시각경보장치의 화재안전기술기준에 따른 연기감지기를 설치할 수 없는 경우에 차동식분포형 감지기 1·2종 모두 적응성이 있는 환경상태 5가지를 쓰시오. (10점)

풀이&답

① 먼지 또는 미분 등이 다량으로 체류하는 장소

② 부식성가스가 발생할 우려가 있는 장소

③ 배기가스가 다량으로 체류하는 장소

④ 연기가 다량으로 유입할 우려가 있는 장소

⑤ 물방울이 발생하는 장소

(3) 소방시설 설치 및 관리에 관한 법률 시행규칙 [별표 3]에 따라 점검장비를 이용하여 자동화재탐지설비를 점검하고자 하는 경우 필요한 장비 5가지를 쓰시오.(단, 공통시설에 필요한 장비는 제외한다) (5점)

풀이&답

① 열감지기시험기

② 연(煙)감지기시험기

③ 공기주입시험기

④ 감지기시험기연결막대

⑤ 음량계

소방시설	장비	규격
공통시설	방수압력측정계, 절연저항계(절연저항측정기), 전류전압측정계	
소화기구	저울	
옥내소화전설비 옥외소화전설비	소화전밸브압력계	
스프링클러설비 포소화설비	헤드결합렌치(볼트, 너트, 나사 등을 죄거나 푸는 공구)	
이산화탄소소화설비 분말소화설비 할론소화설비 할로겐화합물 및 불활성기체 소화설비	검량계, 기동관누설시험기, 그 밖에 소화약제의 저장량을 측정할 수 있는 점검기구	
자동화재탐지설비 시각경보기	열감지기시험기, 연(煙)감지기시험기, 공기주입시험기, 감지기시험기연결막대, 음량계	
누전경보기	누전계	누전전류 측정용
무선통신보조설비	무선기	통화시험용
제연설비	풍속풍압계, 폐쇄력측정기, 차압계(압력차 측정기)	
통로유도등 비상조명등	조도계(밝기 측정기)	최소눈금이 0.1럭스 이하인 것

문제 19 다음 각 물음에 답하시오. (30점)

(1) 흡입덕트와 토출덕트로 연결되어 있는 송풍계통에서 아래의 조건을 이용하여 송풍기의 전압, 동압 및 정압을 각각 계산하시오. (5점)

[조건]
1. 흡입구의 정압 : –150[Pa], 흡입구의 동압 : 50[Pa]
2. 토출구의 정압 : 200[Pa], 토출구의 동압 : 100[Pa]

풀이&답 ① 송풍기의 정압 = 토출구 정압–흡입구 정압
= 200[Pa]–(–150)[Pa] = 350[Pa]
② 송풍기의 동압 = 토출구 동압–흡입구 동압
= 100[Pa]–50[Pa] = 50[Pa]
③ 송풍기의 전압 = 송풍기의 정압+송풍기의 동압
= 350[Pa]+50[Pa] = 400[Pa]

(2) 소방시설 자체점검사항 등에 관한 고시 [특별피난계단 및 부속실 제연설비 성능시험조사표]를 참고하여 아래의 물음에 답하시오. (10점)

① 다음 (   )안에 들어갈 내용을 답안지에 쓰시오. (5점)

> 풍량 측정점은 (㉠), (㉡), (㉢) 등을 고려하여 송풍기의 흡입측 또는 토출측 덕트에서 정상류가 형성되는 위치를 선정한다. 일반적으로 엘보 등 방향전환 지점 기준 하류쪽은 덕트직경(장방형 덕트의 경우 상당지름)의 (㉣) 이상 상류쪽은 (㉤)이상 지점에서 측정하여야 하며, 직관길이가 미달하는 경우 최적위치를 선정하여 측정하고 측정기록지에 기록한다.

풀이&답　㉠ 덕트 내의 풍속
　㉡ 시공상태
　㉢ 현장 여건
　㉣ 7.5배
　㉤ 2.5배

② 아래의 조건을 이용하여 피토관 측정시 풍속과 풍량을 계산하시오. (5점)

[조건]
1. 동압은 200[Pa]
2. 덕트는 장방형 덕트로 길이는 1100[mm], 높이는 700[mm]
3. 계산과정에서 소수점 발생시 3자리에서 반올림하여 2자로 계산한다.

가. 풍속계산 [m/s]

나. 풍량계산 [m³/h]

풀이&답　가.　$V = 1.29\sqrt{P_v} = 1.29\sqrt{200} = 18.24[\text{m/s}]$
　나.　1. 덕트의 단면적 $A = 1.1[\text{m}] \times 0.7[\text{m}] = 0.77[\text{m}^2]$
　　　2. 풍량계산 $Q = 3{,}600\,VA = 3{,}600 \times 18.24[\text{m/s}] \times 0.77[\text{m}^2] = 50{,}561.28[\text{m}^3/\text{h}]$

특별피난계단 및 부속실 제연설비 성능시험조사표

1. 일반사항
　– 풍량 측정점은 덕트 내의 풍속, 시공상태, 현장 여건 등을 고려하여 송풍기의 흡입측 또는 토출측 덕트에서 정상류가 형성되는 위치를 선정한다. 일반적으로 엘보 등 방향전환 지점 기준 하류쪽은 덕트직경(장방형 덕트의 경우 상당지름)의 7.5배 이상 상류쪽은 2.5배이상 지점에서 측정하여야 하며, 직관길이가 미달하는 경우 최적위치를 선정하여 측정하고 측정기록지에 기록한다.
　– 피토관 측정시 풍속은 아래공식으로 계산한다.
　　$V = 1.29\sqrt{P_v}$　(V : 풍속[m/s], P_v : 동압[Pa])
　– 풍량 계산은 아래공식으로 계산한다.
　　$Q = 3{,}600\,VA$　(Q : 풍량[m³/h], V : 평균풍속[m/s], A : 덕트의 단면적)
2. 송풍기 풍량 측정위치는 측정자가 쉽게 접근할 수 있고 안전하게 측정할 수 있도록 조치하여야 한다.

3. 동일면적 분할법 사례

원형덕트 또는 송풍기 흡입구 피토관 이송 측정점 (동일면적 분할법)	장방형 덕트 피토관 이송 측정점 (동일면적 분할법)
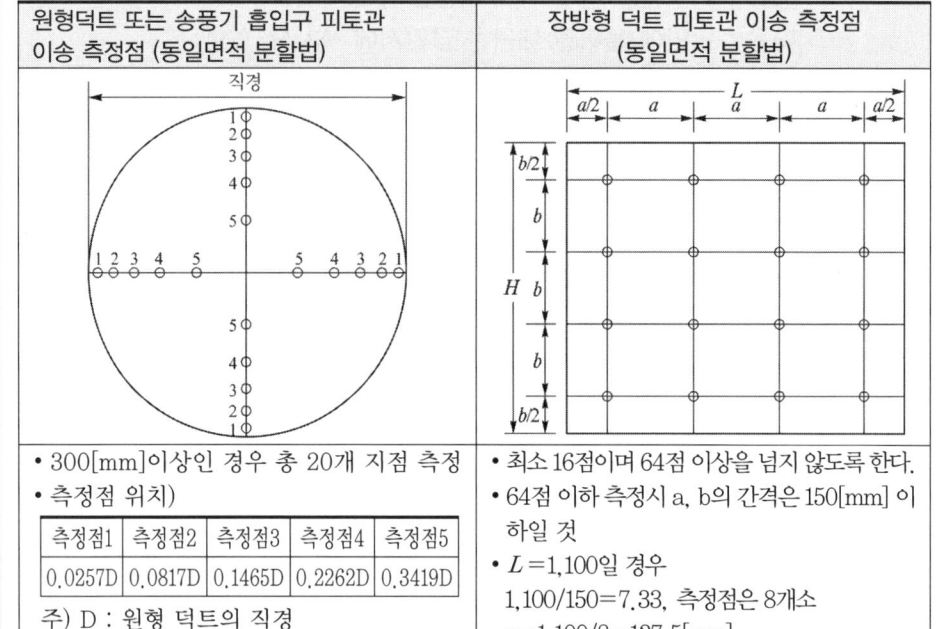	
• 300[mm]이상인 경우 총 20개 지점 측정 • 측정점 위치)	• 최소 16점이며 64점 이상을 넘지 않도록 한다. • 64점 이하 측정시 a, b의 간격은 150[mm] 이하일 것 • L=1,100일 경우 　1,100/150=7.33, 측정점은 8개소 　a=1,100/8=137.5[mm]

측정점1	측정점2	측정점3	측정점4	측정점5
0.0257D	0.0817D	0.1465D	0.2262D	0.3419D

주) D : 원형 덕트의 직경

(3) 스프링클러설비를 설치하여야 할 특정소방대상물에 스프링클러헤드를 설치하지 아니할 수 있는 기준 중 불연재료로 된 특정소방대상물 또는 그 부분으로서 어느 하나에 해당하는 장소에 대한 기준 3가지를 쓰시오. (5점)

풀이&답

가. 정수장·오물처리장 그 밖의 이와 비슷한 장소
나. 펄프공장의 작업장·음료수공장의 세정 또는 충전하는 작업장 그 밖의 이와 비슷한 장소
다. 불연성의 금속·석재 등의 가공공장으로서 가연성물질을 저장 또는 취급하지 아니하는 장소

 보충설명

1. 계단실(특별피난계단의 부속실을 포함한다)·경사로·승강기의 승강로·비상용승강기의 승강장·파이프덕트 및 덕트피트(파이프·덕트를 통과시키기 위한 구획된 구멍에 한한다)·목욕실·수영장(관람석부분을 제외한다)·화장실·직접 외기에 개방되어 있는 복도·기타 이와 유사한 장소
2. 통신기기실·전자기기실·기타 이와 유사한 장소
3. 발전실·변전실·변압기·기타 이와 유사한 전기설비가 설치되어 있는 장소
4. 병원의 수술실·응급처치실·기타 이와 유사한 장소
5. 천장과 반자 양쪽이 불연재료로 되어 있는 경우로서 그 사이의 거리 및 구조가 다음 각 목의 어느 하나에 해당하는 부분
　가. 천장과 반자사이의 거리가 2[m] 미만인 부분
　나. 천장과 반자사이의 벽이 불연재료이고 천장과 반자사이의 거리가 2[m] 이상으로서 그 사이에 가연물이 존재하지 아니하는 부분
6. 천장·반자중 한쪽이 불연재료로 되어있고 천장과 반자사이의 거리가 1[m] 미만인 부분

7. 천장 및 반자가 불연재료 외의 것으로 되어 있고 천장과 반자사이의 거리가 0.5[m] 미만인 부분

8. 펌프실·물탱크실 엘리베이터 권상기실 그 밖의 이와 비슷한 장소

9. 현관 또는 로비 등으로서 바닥으로부터 높이가 20[m] 이상인 장소

10. 영하의 냉장창고의 냉장실 또는 냉동창고의 냉동실

11. 고온의 노가 설치된 장소 또는 물과 격렬하게 반응하는 물품의 저장 또는 취급장소

12. 불연재료로 된 특정소방대상물 또는 그 부분으로서 다음 각 목의 어느 하나에 해당하는 장소
   가. 정수장·오물처리장 그 밖의 이와 비슷한 장소
   나. 펄프공장의 작업장·음료수공장의 세정 또는 충전하는 작업장 그 밖의 이와 비슷한 장소
   다. 불연성의 금속·석재 등의 가공공장으로서 가연성물질을 저장 또는 취급하지 아니하는 장소

13. 실내에 설치된 테니스장·게이트볼장·정구장 또는 이와 비슷한 장소로서 실내 바닥·벽·천장이 불연재료 또는 준불연재료로 구성되어 있고 가연물이 존재하지 않는 장소로서 관람석이 없는 운동시설(지하층은 제외한다)

(4) 특정소방대상물의 종합점검을 하던 중 유도등의 점검스위치를 눌렀을 때 유도등이 점등되지 않는 원인 5가지를 쓰시오. (5점)

풀이&답
① 축전지 연결 커넥터의 접촉불량
② 축전지 불량 또는 완전방전
③ 축전지 누락
④ 유도등 내 비상전원용 퓨즈 단선
⑤ 축전지 접속단자 불량

(5) 종합점검결과 준비작동식밸브의 이상이 발견되어 준비작동식 밸브를 보수하고 정상적으로 작동하는지의 여부를 확인하기 위하여 준비작동식밸브를 개방하였을 때 확인하여야 하는 사항 5가지를 쓰시오. (5점)

풀이&답
① 감시제어반에서 화재표시등 점등 확인
② 감시제어반에서 해당 방호구역 감지기 동작표시등 점등 확인
③ 감시제어반에서 해당 방호구역 준비작동식밸브 개방 표시등 점등 확인
④ 감시제어반에서 부저 작동 확인
⑤ 해당 방호구역의 사이렌 작동 확인
⑥ 펌프 자동기동여부 확인

문제 20 다음 각 물음에 답하시오. (30점)

(1) 아래의 조건을 참고하여 특별피난계단의 급기가압제연 중인 부속실의 출입문을 열려고 한다. 출입문의 개방에 얼마의 힘[N]이 필요한지 계산하고 적합여부를 판단하시오. (6점)

[조건]

1) 문의 크기는 높이 2.0[m], 폭 1.2[m]

2) 차압은 50[Pa]

3) 경첩과 자동폐쇄장치 등에 적용되는 힘은 40[N]이고 문손잡이와 출입문 끝단 사이의 거리는 10[cm] 이다.

풀이&답

1) 출입문 개방에 필요한 힘

$$F_t = F_{dc} + \frac{\triangle P \times A \times W}{2 \times (W-d)}$$

$$= 40[\text{N}] + \frac{50[\text{N/m}^2] \times 2.0\text{m} \times 1.2[\text{m}] \times 1.2[\text{m}]}{2 \times (1.2[\text{m}] - 0.1[\text{m}])} = 105.45[\text{N}]$$

2) 적합여부 판단

출입문개방에 필요한 힘은 110[N]이하이므로 105.45[N]은 적합하다.

(2) 다음은 고층건축물의 화재안전기술기준(NFTC 604) 피난안전구역에 설치하는 소방시설의 설치기준을 나타낸 것이다. 표의 번호에 알맞은 답을 쓰시오. (10점)

구분	설치기준
1. 제연설비	(①) 다만 피난안전구역의 한쪽 면 이상이 외기에 개방된 구조의 경우에는 설치하지 아니할 수 있다.
2. 피난유도선	피난유도선은 다음 각호의 기준에 따라 설치하여야 한다. 가. (②)까지 설치할 것 나. 계단실에 설치하는 경우 계단 및 계단참에 설치할 것 다. 피난유도 표시부의 너비는 최소 25 mm 이상으로 설치할 것 라. (③)
3. 비상조명등	(④)이 될 수 있도록 설치할 것
4. 휴대용 비상조명등	가. 피난안전구역에는 휴대용비상조명등을 다음 각호의 기준에 따라 설치하여야 한다. 　1) (⑤) : 피난안전구역 위층의 재실자수(「건축물의 피난·방화구조 등의 기준에 관한 규칙」 별표 1의2에 따라 산정된 재실자 수를 말한다)의 10분의 1 이상 　2) (⑥) : 피난안전구역이 설치된 층의 수용인원(영 별표 2에 따라 산정된 수용인원을 말한다)의 10분의 1 이상 나. (⑦) 다만, 피난안전구역이 50층 이상에 설치되어 있을 경우의 용량은 60분 이상으로 할 것
5. 인명구조기구	가. (⑧)를 각 2개 이상 비치할 것 나. 45분 이상 사용할 수 있는 성능의 공기호흡기(보조마스크를 포함한다)를 2개 이상 비치하여야 한다. 다만, 피난안전구역이 50층 이상에 설치되어 있을 경우에는 (⑨) 비치할 것 다. (⑩)에 비치할 것 라. 인명구조기구가 설치된 장소의 보기 쉬운 곳에 "인명구조기구"라는 표지판 등을 설치할 것

풀이&답
① 피난안전구역과 비 제연구역간의 차압은 50Pa(옥내에 스프링클러설비가 설치된 경우에는 12.5Pa) 이상으로 하여야 한다.
② 피난안전구역이 설치된 층의 계단실 출입구에서 피난안전구역 주 출입구 또는 비상구
③ 광원점등방식(전류에 의하여 빛을 내는 방식)으로 설치하되, 60분 이상 유효하게 작동할 것
④ 피난안전구역의 비상조명등은 상시 조명이 소등된 상태에서 그 비상조명등이 점등되는 경우 각 부분의 바닥에서 조도는 10lx 이상
⑤ 초고층 건축물에 설치된 피난안전구역
⑥ 지하연계 복합건축물에 설치된 피난안전구역
⑦ 건전지 및 충전식 건전지의 용량은 40분 이상 유효하게 사용할 수 있는 것으로 한다.
⑧ 방열복, 인공소생기
⑨ 동일한 성능의 예비용기를 10개 이상
⑩ 화재시 쉽게 반출할 수 있는 곳

(3) 지름 $D_1 = 40$[cm]에서 $D_2 = 80$[cm]로 확대되는 수평관로 속을 물이 흐르고 있다. 단면 ①의 유속과 압력이 각각 $V_1 = 4$[m/s], $P_1 = 98$[kPa]이라고 하면 단면 ②의 압력 P_2는 얼마인지 계산하시오. (단, 물은 이상유체로 가정하고 중력가속도 $g = 9.8$[m/s^2] 이다.) (6점)

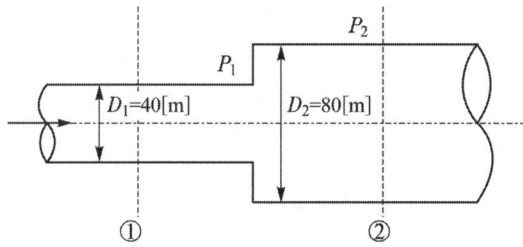

풀이&답 (1) 유속의 계산

$$V_2 = \frac{A_1}{A_2} \times V_1 = \frac{\frac{\pi}{4} \times (0.4[\text{m}])^2}{\frac{\pi}{4} \times (0.8[\text{m}])^2} \times 4[\text{m/s}] = 1[\text{m/s}]$$

(2) 압력의 계산
① 베르누이방정식

$$\frac{P_1}{\gamma_1} + \frac{V_1^2}{2g} + Z_1 = \frac{P_2}{\gamma_2} + \frac{V_2^2}{2g} + Z_2$$

V_1, V_2 : 유속[m/s]
P_1, P_2 : 압력[Pa] 또는 [N/m^2]
Z_1, Z_2 : 위치수두[m]
γ_1, γ_2 : 비중량[N/m^3]

② 압력의 계산

$$\frac{98\text{kN/m}^2}{9.8\text{kN/m}^3} + \frac{(4\text{m/s})^2}{2 \times 9.8\text{m/s}^2} = \frac{P_2}{9.8\text{kN/m}^3} + \frac{(1\text{m/s})^2}{2 \times 9.8\text{m/s}^2} \text{(위치수두는 0)}$$

$P_2 = 105.5[\text{kPa}]$

(4) 내용적이 30[m³]인 압력수조에 20[m³]의 물이 0.75[MPa]의 압력으로 유지되었으나 화재로 인하여 소화수가 방사되어 내부압력이 0.35[MPa]로 되었을 때 방사된 물의 양이 얼마인지 구하시오.(단, 대기압은 0.1[MPa], 물은 비압축성 유체로 추가 공급은 없는 것으로 가정한다) (8점)

풀이&답

1) 조건정리
   ① 방사전 절대압력 P_1 = 대기압 + 게이지압 = $0.1 + 0.75 = 0.85$[MPa]
   ② 방사후 절대압력 P_2 = 대기압 + 게이지압 = $0.1 + 0.35 = 0.45$[MPa]
   ③ 방사전 공기의 체적 V_1 = 내용적 − 물의 체적 = $30 - 20 = 10$[m³]
   ④ 방사후 공기의 체적 V_2

2) 보일의 법칙을 이용하여 방사후 공기의 체적 V_2 계산
$$P_1 V_1 = P_2 V_2, \quad V_2 = \frac{P_1 V_1}{P_2} = \frac{0.85[\text{MPa}] \times 10[\text{m}^3]}{0.45[\text{MPa}]} = 18.89[\text{m}^3]$$

3) 방사된 물의 양
   ① 수조에 남은 물의 양 = 수조의 내용적 − 방사후 공기의 체적
      = $30[\text{m}^3] - 18.89[\text{m}^3] = 11.11[\text{m}^3]$
   ② 방사된 물의 양 = $20[\text{m}^3] - 11.11[\text{m}^3] = 8.89[\text{m}^3]$

문제 21 이상유체가 흐르는 오리피스의 유량을 구하는 식을 연속방정식과 베르누이정리를 이용하여 유도하시오. (단, 위치수두 및 지점 간의 밀도 차이는 없다.)

$$\text{유량 } Q = K\sqrt{10P}, \quad P : \text{압력[MPa]}$$

풀이&답

1) 베르누이 방정식에서 전수두 H는
$$\frac{P_1}{\gamma_1} + \frac{V_1^2}{2g} + Z_1 = \frac{P_2}{\gamma_2} + \frac{V_2^2}{2g} + Z_2 \text{ 에서 수평이므로 } Z_1 = Z_2 \text{ 이다.}$$

$$\gamma = \gamma_1 = \gamma_2 \text{라고 하면 } \frac{P_1}{\gamma} + \frac{V_1^2}{2g} = \frac{P_2}{\gamma} + \frac{V_2^2}{2g} \cdots\cdots\cdots\cdots ①$$

2) 연속의 방정식에서 체적유량 Q는 $A_1 V_1 = A_2 V_2$에서 밀도의 차이가 없으므로
$$V_1 = \frac{A_2}{A_1} \times V_2 \cdots\cdots\cdots\cdots ②$$

①식에 ②식을 대입하면
$$\frac{P_1}{\gamma} + \frac{\left(\frac{A_2}{A_1} \times V_2\right)^2}{2g} = \frac{P_2}{\gamma} + \frac{V_2^2}{2g} \text{ 에서 } \quad \frac{P_1 - P_2}{\gamma} = \frac{V_2^2}{2g} - \frac{\left(\frac{A_2}{A_1} \times V_2\right)^2}{2g} \text{ 이므로}$$

$$\frac{V_2^2}{2g}\left[1 - \left(\frac{A_2}{A_1}\right)^2\right] = \frac{P_1 - P_2}{\gamma}, \quad V_2^2 = \frac{1}{1 - \left(\frac{A_2}{A_1}\right)^2} \times 2g\frac{P_1 - P_2}{\gamma} \text{ 이다.}$$

3) 양변에 제곱근을 하면
$$V_2 = \frac{1}{\sqrt{1 - \left(\frac{A_2}{A_1}\right)^2}}\sqrt{2g\frac{P_1 - P_2}{\gamma}}, \quad Q = A_2 V_2 = \frac{A_2}{\sqrt{1 - \left(\frac{A_2}{A_1}\right)^2}}\sqrt{2g\frac{P_1 - P_2}{\gamma}}$$

$$Q = \frac{A_2}{\sqrt{1-\left(\dfrac{A_2}{A_1}\right)^2}} \times \sqrt{2\frac{g}{\gamma}} \times \sqrt{P_1 - P_2} \text{ 에서}$$

$$K = \frac{A_2}{\sqrt{1-\left(\dfrac{A_2}{A_1}\right)^2}} \times \sqrt{2\frac{g}{\gamma}}, \quad P_1 - P_2 = P$$

4) 오리피스의 유량 $Q = K\sqrt{10P}$가 된다.

보충설명

압력의 단위가 kgf/cm²인 경우에는 유량 $Q = K\sqrt{P}$

문제 22 특정 방호공간에 CO_2 설비를 설치하는 경우 방호구역의 체적을 $V\,[\text{m}^3]$, 산소의 농도를 $O_2[\%]$라 할 때, 방호구역 내에 방사된 CO_2 양 $[\text{m}^3]$ 및 CO_2의 농도를 산출하는 식을 유도하시오. (단, 공식유도 시 이산화탄소는 무유출로 가정한다.)

1. 이산화탄소의 양 $CO_2[\text{m}^3] = \dfrac{21 - O_2}{O_2} \times \text{V}$

2. 이산화탄소의 농도 $CO_2[\%] = \dfrac{21 - O_2}{21} \times 100$

풀이&답 1. 산출과정 유도

무유출(No efflux)로 가정하여 공식을 유도한다.

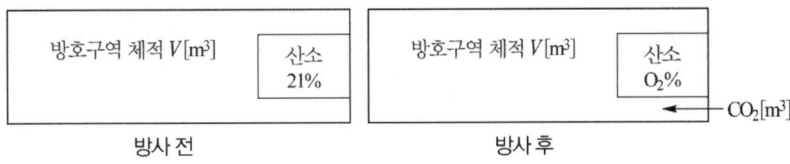

1) 방사 전 산소질량

산소질량 = 밀도 × 체적(전체 $V\,[\text{m}^3]$에서 21[%]에 해당) = $\rho \times 21\,V\,[\%]$

2) 방사 후 산소질량

산소질량 = 밀도 × 체적(전체 $V + CO_2\,[\text{m}^3]$에서 $O_2[\%]$에 해당)

$\qquad = \rho \times (V + CO_2)O_2[\%]$

3) 방사 전 산소질량 = 방사 후 산소질량

$\rho \times 21\,V\,[\%] = \rho \times (V + CO_2)O_2[\%]$에서

$21 \times V = V \times O_2 + CO_2 \times O_2$가 되고 $(21 - O_2) \times V = CO_2 \times O_2$의 식에서

$CO_2[\text{m}^3] = \dfrac{(21 - O_2)}{O_2} \times \text{V}$

2. 이산화탄소의 농도

$CO_2[\%] = \dfrac{\text{방사된 이산화탄소의 체적}}{\text{방호구역의 체적} + \text{방사된 이산화탄소의 체적}} \times 100$

$$= \frac{v}{V+v} \times 100 = \frac{\frac{21-O_2}{O_2} \times V}{V + \frac{21-O_2}{O_2} \times V} = \frac{21-O_2}{21} \times 100$$

문제 23 다음 각 물음에 답하시오. (40점)

(1) 다음은 준비작동식 유수검지장치에 관한 배선연결 계통도이다. 물음에 답하시오.
(단, 프리액션밸브의 공통선은 하나로 한다.) (12점)

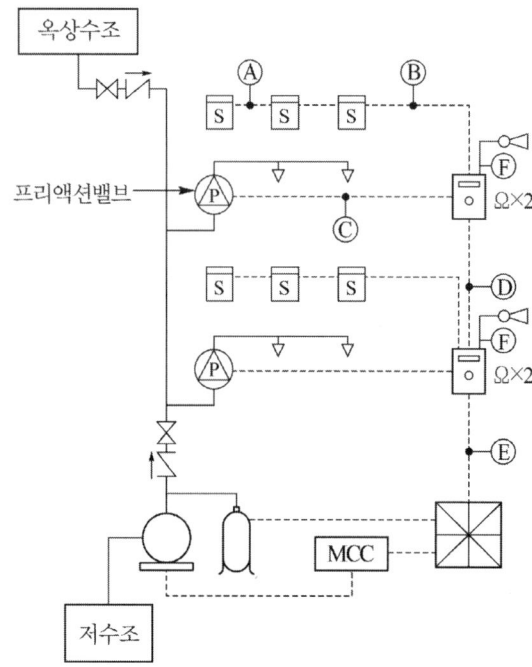

Ⓐ~Ⓕ까지의 배선 가닥수 및 배선의 용도를 답란에 쓰시오.

기호	구분	배선수	배선의 용도
Ⓐ	감지기 ↔ 감지기		
Ⓑ	감지기 ↔ SVP		
Ⓒ	프리액션밸브 ↔ SVP		
Ⓓ	SVP ↔ SVP		
Ⓔ	2 ZONE일 경우		
Ⓕ	사이렌 ↔ SVP		

풀이&답

기호	구분	배선수	배선의 용도
Ⓐ	감지기 ↔ 감지기	4	지구, 지구공통 각 2가닥
Ⓑ	감지기 ↔ SVP	8	지구, 지구공통 각 4가닥
Ⓒ	프리액션밸브 ↔ SVP	4	밸브기동1, 밸브개방확인1, 밸브주의1, 공통선1
Ⓓ	SVP ↔ SVP	9	전원 ⊕, ⊖, 전화, 감지기 A, B, 밸브기동, 밸브개방확인, 밸브주의, 사이렌
Ⓔ	2 ZONE일 경우	15	전원 ⊕, ⊖, 전화, (감지기 A, B, 밸브기동, 밸브개방확인, 밸브주의, 사이렌)×2
Ⓕ	사이렌 ↔ SVP	2	사이렌2

보충설명

기호	구분	배선수	전선굵기	배선의 용도
Ⓐ	감지기 ↔ 감지기	4	1.5[mm^2]	지구, 지구공통 각 2가닥
Ⓑ	감지기 ↔ SVP	8	1.5[mm^2]	지구, 지구공통 각 4가닥
Ⓒ	프리액션밸브 ↔ SVP	4	2.5[mm^2]	밸브기동1, 밸브개방확인1, 밸브주의1, 공통선1
Ⓓ	SVP ↔ SVP	9	2.5[mm^2]	전원 ⊕, ⊖, 전화, 감지기 A, B, 밸브기동, 밸브개방확인, 밸브주의, 사이렌
Ⓔ	2 ZONE일 경우	15	2.5[mm^2]	전원 ⊕, ⊖, 전화, (감지기 A, B, 밸브기동, 밸브개방확인, 밸브주의, 사이렌)×2
Ⓕ	사이렌 ↔ SVP	2	2.5[mm^2]	사이렌2

(2) 사이렌이 음향을 경보하는 경우
- 습식 및 건식 유수검지장치 : 헤드가 개방한 때
- 준비작동식 유수검지장치 및 일제개방형 밸브 : 감지기가 동작한 때

(2) 다음은 유도등 및 유도표지의 화재안전기술기준 중 피난구유도등 설치 제외장소에 대한 것이다. 괄호 안의 번호에 알맞은 답을 쓰시오. (3점)

- 바닥면적이 (①) 미만인 층으로서 옥내로부터 직접 지상으로 통하는 출입구 (외부의 식별이 용이한 경우에 한한다)
- 대각선의 길이가 15 m 이내인 구획된 실의 출입구
- 거실 각 부분으로부터 하나의 출입구에 이르는 보행거리가 (②)이하이고 비상조명등과 유도표지가 설치된 거실의 출입구
- 출입구가 3 이상 있는 거실로서 그 거실 각 부분으로부터 하나의 출입구에 이르는 보행거리가 (③)이하인 경우에는 주된 출입구 2개소 외의 출입구(유도표지가 부착된 출입구를 말한다). 다만, 공연장·집회장·관람장·전시장·판매시설·운수시설·숙박시설·노유자시설·의료시설·장례식장의 경우에는 그러하지 아니하다.

풀이&답
① 1,000[m²]
② 20[m]
③ 30[m]

보충설명 피난구유도등 설치제외 기준
1) 바닥면적이 1,000[m²] 미만인 층으로서 옥내로부터 직접 지상으로 통하는 출입구(외부의 식별이 용이한 경우에 한한다)
2) 대각선의 길이가 15 m 이내인 구획된 실의 출입구
3) 거실 각 부분으로부터 하나의 출입구에 이르는 보행거리가 20[m] 이하이고 비상조명등과 유도표지가 설치된 거실의 출입구
4) 출입구가 3 이상 있는 거실로서 그 거실 각 부분으로부터 하나의 출입구에 이르는 보행거리가 30[m] 이하인 경우에는 주된 출입구 2개소외의 출입구(유도표지가 부착된 출입구를 말한다). 다만, 공연장 · 집회장 · 관람장 · 전시장 · 판매시설 · 운수시설 · 숙박시설 · 노유자시설 · 의료시설 · 장례식장의 경우에는 그러하지 아니하다.

(3) 다음은 비상콘센트설비의 전원회로에 대한 기준이다. (   )안에 알맞은 내용을 쓰시오. (5점)

> • 전원회로는 각 층에 있어서 (①)이(가) 되도록 설치할 것
> • 전원회로는 (②)에서 전용회로로 할 것. 다만, 다른 설비 회로의 사고에 따른 영향을 받지 아니하도록 되어 있는 것은 그러하지 아니하다.
> • 콘센트마다 (③)를 설치하여야 하며, (④)가 노출되지 아니하도록 할 것
> • 하나의 전용회로에 설치하는 비상콘센트는 (⑤)개 이하로 할 것

풀이&답
① 2 이상
② 주배전반
③ 배선용 차단기
④ 충전부
⑤ 10

보충설명 비상콘센트설비
(1) 설치하여야 하는 특정소방대상물
　① 층수가 11층 이상인 것은 11층 이상의 층
　② 지하층의 층수가 3층 이상이고 바닥면적 합계가 1000[m²] 이상이면 지하층의 모든 층
　③ 지하가 중 터널로서 길이가 500[m] 이상
(2) 설치기준
　① 비상콘센트설비의 전원회로

전원회로의 종류	전 압	공급용량	플러그 접속기
단상 교류	220[V]	1.5[kVA] 이상	접지형 2극

　② 전원회로는 각 층에 2 이상이 되도록 설치할 것. 다만, 설치하여야 할 층의 비상콘센트가 1개인 때에는 하나의 회로로 할 수 있다.
　③ 전원으로부터 각 층의 비상콘센트에 분기되는 경우에는 분기배선용 차단기를 보호함안에 설치할 것
　④ 전원회로는 주배전반에서 전용회로로 할 것. 다만, 다른 설비의 회로의 사고에 따른 영향을 받지 아니하도록 되어 있는 것은 그러하지 아니하다.

⑤ 콘센트마다 배선용 차단기를 설치하여야 하며, 충전부가 노출되지 아니하도록 할 것

⑥ 개폐기에는 "비상콘센트"라고 표시한 표지를 할 것

⑦ 비상콘센트용의 풀박스 등은 방청도장을 한 것으로서, 두께 1.6[mm] 이상의 철판으로 할 것

⑧ 하나의 전용회로에 설치하는 비상콘센트는 10개 이하로 할 것. 이 경우 전선의 용량은 각 비상콘센트(비상콘센트가 3개 이상인 경우에는 3개)의 공급용량을 합한 용량 이상의 것으로 하여야 한다.

(4) 광전식분리형 감지기의 설치기준 중 괄호 안에 알맞은 내용을 답란의 번호에 쓰시오. (5점)

- 감지기의 (①)은 햇빛을 직접 받지 않도록 설치할 것
- 광축은 나란한 벽으로부터 (②)이상 이격하여 설치할 것
- 감지기의 송광부와 수광부는 설치된 (③)으로부터 1m 이내 위치에 설치할 것
- 광축의 높이는 천장 등 높이의 (④) 이상일 것
- 감지기의 광축의 길이는 (⑤) 범위 이내일 것

[답란]

①	②	③	④	⑤

풀이&답

①	②	③	④	⑤
수광면	0.6[m]	뒷벽	80[%]	공칭감시거리

보충설명 광전식분리형감지기 설치기준

가. 감지기의 **수광면**은 햇빛을 직접 받지 않도록 설치할 것

나. 광축(송광면과 수광면의 중심을 연결한 선)은 나란한 벽으로부터 **0.6[m]** 이상 이격하여 설치할 것

다. 감지기의 송광부와 수광부는 설치된 **뒷벽으로부터 1[m]이내** 위치에 설치할 것

라. 광축의 높이는 천장 등 높이의 **80[%]** 이상일 것

마. 감지기의 광축의 길이는 공칭감시거리 범위이내 일 것

(5) 사무실(1동)과 공장(2동)으로 구분되어 있는 건물에 P형 1급 발신기세트를 설치하고, 수신기는 경비실에 설치하였다. 경보방식은 동별 구분 경보방식을 적용하였으며, 옥내소화전의 가압송수장치는 기동용 수압개폐장치를 사용하는 방식인 경우에 다음 물음에 답하시오. (12점)

1) 빈칸 ㉮, ㉰, ㉱, ㉲ 안에 전선가닥수 및 전선의 용도를 쓰시오. 단, 스프링클러설비와 자동화재탐지설비의 공통선은 각각 별도로 사용하며, 전선은 최소 가닥수를 적용한다. 수신기 내부에 지구경종단락보호장치를 설치하는 경우임

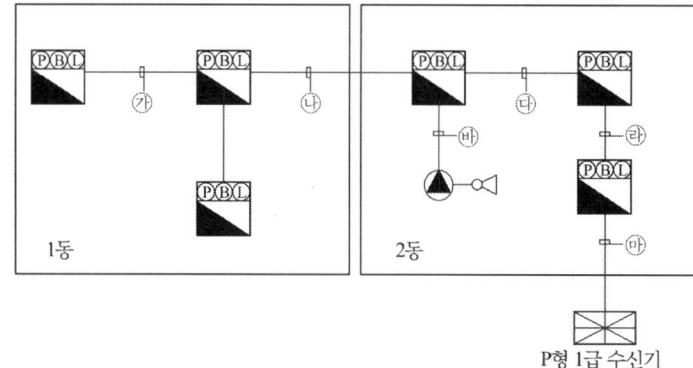

P형 1급 수신기

항목	가닥수	자동화재탐지설비							스프링클러설비			
		용도1	용도2	용도3	용도4	용도5	용도6	용도7	용도1	용도2	용도3	용도4
㉮												
㉯	10	응답	지구3	지구공통	경종	표시등	경종표시등공통	소화전기동확인2				
㉰												
㉱												
㉲												
㉳	4								압력스위치	탬퍼스위치	사이렌	공통

2) 공장동에 설치한 폐쇄형헤드를 사용하는 습식스프링클러의 유수검지장치용 음향 장치는 어떤 경우에 울리게 되는가?

3) 습식스프링클러 유수검지장치용 음향장치는 담당구역의 각 부분으로부터 하나의 음향장치까지 수평거리는 몇 [m] 이하로 하여야 하는가?

풀이&답 1)

항목	가닥수	자동화재탐지설비							스프링클러설비			
		용도1	용도2	용도4	용도5	용도6	용도7	용도8	용도1	용도2	용도3	용도4
㉮	8	응답	지구	지구공통	경종	표시등	경종표시등공통	소화전기동확인2				
㉯	10	응답	지구3	지구공통	경종	표시등	경종표시등공통	소화전기동확인2				
㉰	16	응답	지구4	지구공통	경종2	표시등	경종표시등공통	소화전기동확인2	압력스위치	탬퍼스위치	사이렌	공통
㉱	17	응답	지구5	지구공통	경종2	표시등	경종표시등공통	소화전기동확인2	압력스위치	탬퍼스위치	사이렌	공통

항목	가닥수	자동화재탐지설비							스프링클러설비			
		용도1	용도2	용도4	용도5	용도6	용도7	용도8	용도1	용도2	용도3	용도4
㉮	18	응답	지구6	지구공통	경종2	표시등	경종표시등공통	소화전기동확인2	압력스위치	탬퍼스위치	사이렌	공통
㉯	4								압력스위치	탬퍼스위치	사이렌	공통

2) 습식 유수검지장치의 압력스위치가 작동되면 경보가 울리게 된다.

3) 25[m] 이하

[보충설명]
(1) 자동화재탐지설비의 경보방식
　① 문제의 조건에서 경보방식은 동별 구분 경보방식을 채택 : 사무실동 전체에 경종 1선, 공장동 전체에 경종 1선
　② 기본 가닥수 : 6선(응답, 지구, 지구공통, 경종, 표시등, 경종표시등공통)
　③ 가닥수 변화 : 지구선은 발신기 세트마다 1선씩 추가 배선하며, 경종선은 사무실동에 1선, 공장동에 1선 배선
(2) 옥내소화전설비
　① 기본 가닥수 : 2선(소화전 기동확인 2)
　② 가닥수 변화 : 없음
(3) 습식 스프링클러설비
　① 기본 가닥수 : 4선(압력스위치, 탬퍼스위치, 사이렌, 공통)
　② 가닥수 변화 : 없음
(4) 폐쇄형습식 스프링클러설비의 밸브가 개방되어 일정량 이상의 유수의 흐름이 발생하는 경우 습식유수검지장치의 압력스위치가 작동되면 경보가 울리게 된다.

(6) 특정소방대상물에 설치된 소방시설 중 일부 또는 전부를 교체하거나 보수할 때에 착공신고의 대상이 되는 공사를 3가지 쓰시오.(단, 고장 또는 파손 등으로 인해 작동시킬 수 없는 소방시설을 긴급하게 교체하거나 보수하여야 하는 경우를 제외한다) (3점)

[풀이&답]
① 수신반
② 소화펌프
③ 동력(감시)제어반

[보충설명]
소방시설공사업법 시행령 제4조(소방시설공사의 착공신고 대상)
법 제13조제1항에서 "대통령령으로 정하는 소방시설공사"란 다음 각 호의 어느 하나에 해당하는 소방시설공사를 말한다.
특정소방대상물에 설치된 소방시설등을 구성하는 다음 각 목의 어느 하나에 해당하는 것의 전부 또는 일부를 개설(改設), 이전(移轉) 또는 정비(整備)하는 공사. 다만, 고장 또는 파손 등으로 인하여 작동시킬 수 없는 소방시설을 긴급히 교체하거나 보수하여야 하는 경우에는 신고하지 않을 수 있다.
가. 수신반(受信盤)
나. 소화펌프
다. 동력(감시)제어반

문제 24 아래의 그림과 같은 돌연확대관에서 손실수두 $h_L = \dfrac{(V_1 - V_2)^2}{2g}$ 이 됨을 증명하시오.

(단, g는 중력가속도, V_1, V_2는 각 지점에서의 유속, D_1, D_2는 직경이다.)

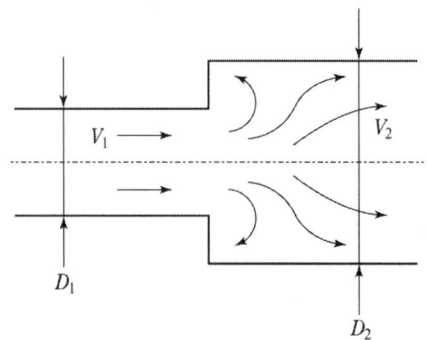

풀이&답 1. 운동량 방정식을 적용

$P_1 A_1 + \rho Q V_1 = P_2 A_2 + \rho Q V_2, \ A_1 = A_2 = A$

$(P_1 - P_2)A = \rho Q(V_2 - V_1)$

$(P_1 - P_2)A = \rho A V_2(V_2 - V_1)$

$(P_1 - P_2)A = \dfrac{\gamma}{g} A V_2(V_2 - V_1) = \dfrac{\gamma}{g} A(V_2^2 - V_1 V_2)$

$\dfrac{(P_1 - P_2)}{\gamma} = \dfrac{(V_2^2 - V_1 V_2)}{g} \rightarrow$ ①

2. 베르누이 방정식 적용

$\dfrac{P_1}{\gamma} + \dfrac{V_1^2}{2g} + Z_1 = \dfrac{P_2}{\gamma} + \dfrac{V_2^2}{2g} + Z_2 + h_L, \quad Z_1 = Z_2$

$\dfrac{P_1 - P_2}{\gamma} = \dfrac{V_2^2 - V_1^2}{2g} + h_L \rightarrow$ ②

①을 ②에 대입하면

$\dfrac{V_2^2 - V_1 V_2}{g} = \dfrac{V_2^2 - V_1^2}{2g} + h_L$

$h_L = \dfrac{V_2^2 - V_1 V_2}{g} - \dfrac{V_2^2 - V_1^2}{2g}$

$h_L = \dfrac{2V_2^2 - 2V_1 V_2}{2g} - \dfrac{V_2^2 - V_1^2}{2g}$

$h_L = \dfrac{2V_2^2 - 2V_1 V_2 - V_2^2 + V_1^2}{2g} = \dfrac{V_2^2 - 2V_1 V_2 + V_1^2}{2g} = \dfrac{(V_1 - V_2)^2}{2g}$

보충설명 $h_L = \dfrac{(V_1 - V_2)^2}{2g} = \dfrac{\left(V_1 - \dfrac{A_1}{A_2} V_1\right)^2}{2g} = \left(1 - \dfrac{A_1}{A_2}\right)^2 \dfrac{V_1^2}{2g} = K \dfrac{V_1^2}{2g}$

유량 $Q = A_1 V_1 = A_2 V_2$

여기에서, K : 부차적 손실계수

$K = \left(1 - \dfrac{A_1}{A_2}\right)^2 = \left[1 - \left(\dfrac{D_1}{D_2}\right)^2\right]^2$

문제 25 아래의 그림과 같은 돌연축소관에서 손실수두 $h_L = K\dfrac{V_2^2}{2g}$ 이 됨을 증명하시오.

(단, g는 중력가속도, V_1, V_0, V_2는 각 지점에서의 유속, A_1, A_0, A_2는 부차적 손실계

수 $K = (\dfrac{A_2}{A_0} - 1)^2)$

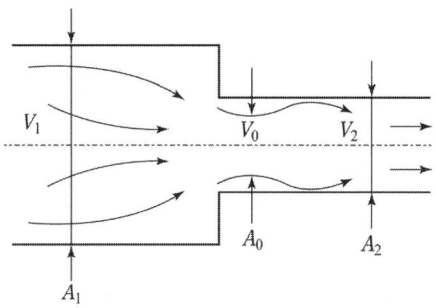

풀이&답 1. 운동량 방정식을 적용

$$P_0 A_0 + \rho Q V_0 = P_2 A_2 + \rho Q V_2,\ A_0 = A_2 = A$$

$$(P_0 - P_2)A = \rho Q(V_2 - V_0)$$

$$(P_0 - P_2)A = \rho A V_2(V_2 - V_0)$$

$$(P_0 - P_2)A = \frac{\gamma}{g} A V_2(V_2 - V_0) = \frac{\gamma}{g} A(V_2^2 - V_0 V_2)$$

$$\frac{(P_0 - P_2)}{\gamma} = \frac{(V_2^2 - V_0 V_2)}{g} \rightarrow \ ①$$

2. 베르누이 방정식 적용

$$\frac{P_0}{\gamma} + \frac{V_0^2}{2g} + Z_0 = \frac{P_2}{\gamma} + \frac{V_2^2}{2g} + Z_2 + h_L,\ Z_0 = Z_2$$

$$\frac{P_0 - P_2}{\gamma} = \frac{V_2^2 - V_0^2}{2g} + h_L \rightarrow \ ②$$

①을 ②에 대입하면

$$\frac{V_2^2 - V_0 V_2}{g} = \frac{V_2^2 - V_0^2}{2g} + h_L$$

$$h_L = \frac{V_2^2 - V_0 V_2}{g} - \frac{V_2^2 - V_0^2}{2g}$$

$$h_L = \frac{2V_2^2 - 2V_0 V_2}{2g} - \frac{V_2^2 - V_0^2}{2g}$$

$$h_L = \frac{2V_2^2 - 2V_0 V_2 - V_2^2 + V_0^2}{2g} = \frac{V_2^2 - 2V_0 V_2 + V_0^2}{2g} = \frac{(V_0 - V_2)^2}{2g}$$

유량 $Q = A_0 V_0 = A_2 V_2$의 관계에서

$$h_L = \frac{(V_0 - V_2)^2}{2g} = \frac{\left(\dfrac{A_2}{A_0} V_2 - V_2\right)^2}{2g} = \left(\frac{A_2}{A_0} - 1\right)^2 \frac{V_2^2}{2g} = K\frac{V_2^2}{2g}$$

보충설명 부차적 손실계수

$$K = \left(\frac{A_2}{A_0} - 1\right)^2 = \left(\frac{1}{\frac{A_0}{A_2}} - 1\right)^2 = \left(\frac{1}{C_c} - 1\right)^2$$

C_c : 축소계수(또는 수축계수) $= \dfrac{A_0}{A_2}$

소방시설관리사 2차

4편
심화문제

문제 01 자동소화장치에 대한 다음 물음에 답하시오. (13점)

[조건]

가. 공칭작동온도, 기류온도 및 열 기류속도는 다음과 같다.

공칭작동온도(℃)	기류온도(℃)	열 기류속도(m/s)
121~149	382~432	2.4~2.6

나. 작동 시험온도는 100℃ 이다.

다. 실온 18℃, 주위온도는 8℃ 를 적용한다.

라. 계산 시 공칭작동온도는 평균값을 적용하고, 기류온도 및 열 기류속도는 최소값을 적용한다.

마. 계산과정에서 소수점이 발생하는 경우 소수점 이하 3자리에서 반올림하여 2자리까지 답한다.

(1) 온도센서를 감지부로 사용하는 경우 조건을 이용하여 작동시간(초)을 계산하시오. (5점)

풀이&답

① 공칭작동온도 $T = \dfrac{121 + 149}{2} = 135[℃]$

② 공칭작동온도와 작동 시험온도와의 차 $\triangle T = 135 - 100 = 35[℃]$

③ 실온 $T_r = 18[℃]$

④ 작동시간 $t = 100 \times \dfrac{\log_{10}\left(1 + \dfrac{T - T_r}{\triangle T}\right)}{\log_{10}\left(1 + \dfrac{T}{\triangle T}\right)} = 100 \times \dfrac{\log_{10}\left(1 + \dfrac{135 - 18}{35}\right)}{\log_{10}\left(1 + \dfrac{135}{35}\right)} = 92.918 = 92.92초$

주거용주방자동소화장치의 형식승인 및 제품검사의 기술기준

제4조(감지부) ④ 온도센서를 감지부로 사용하는 경우에는 다음 각 호에 적합하여야 한다.

3. 작동시험

감지부는 공칭작동온도의 125[%] 온도와 풍속 1[m/s]의 수직기류에 투입하는 경우 다음 식으로 산정되는 시간(t) 이내에 작동되어야 한다.

$$t = 100 \times \dfrac{\log_{10}\left(1 + \dfrac{T - T_r}{\triangle T}\right)}{\log_{10}\left(1 + \dfrac{T}{\triangle T}\right)}$$

T : 공칭작동온도(℃)

$\triangle T$: 공칭작동온도와 작동 시험온도와의 차(℃)

T_r : 실온(℃)

(2) (1)의 작동시간을 이용하여 이융성금속을 감지부로 사용하는 경우에 반응시간지수(RTI)를 계산하시오. (4점)

풀이&답
① 작동시간 $t_r = 92.92$초
② 공칭작동온도와 주위온도의 차 $\triangle T_\infty = 135 - 8 = 127℃$
③ 기류온도와 주위온도의 차 $\triangle T_g = 382 - 8 = 374℃$
④ 기류속도 $u = 2.4[\text{m/s}]$
⑤ 반응시간지수 $RTI = \dfrac{-t_r \sqrt{u}}{\ln\left[1 - \dfrac{\triangle T_\infty}{\triangle T_g}\right]} = \dfrac{-92.92 \times \sqrt{2.4}}{\ln\left[1 - \dfrac{127}{374}\right]} = 346.98$

주거용주방자동소화장치의 형식승인 및 제품검사의 기술기준

제4조(감지부) ② 이융성금속을 감지부로 사용하는 경우에는 다음 각 호에 적합하여야 한다.
3. 감도시험
   감지부를 다음 표의 공칭작동온도구분에 따라 별표1에 의한 RTI시험장치에서 시험한 경우 다음 식으로 산정되는 반응시간지수(RTI)는 350이하 이어야 한다.

$$RTI = \dfrac{-t_r \sqrt{u}}{\ln\left[1 - \dfrac{\triangle T_\infty}{\triangle T_g}\right]}$$

T_∞ : 작동온도와 주위온도의 차(℃), T_g : 기류온도와 주위온도의 차(℃)
u : 기류속도(m/s), t_r : 작동시간(s)

---

(3) 다음은 '소화기구 및 자동소화장치의 점검표'상 주거용 주방 자동소화장치의 점검항목에 따른 점검내용을 나타낸 것이다. 괄호안의 번호에 알맞은 답을 쓰시오. (4점)
① 수신부의 설치상태 적정 및 정상(예비전원, 음향장치 등) 작동여부
② 소화약제의 지시압력 적정 및 외관의 이상 여부
③ (ㄱ)
④ (ㄴ)
⑤ (ㄷ)
⑥ (ㄹ)

풀이&답
ㄱ. 소화약제 방출구의 설치상태 적정 및 외관의 이상 여부
ㄴ. 감지부 설치상태 적정 여부
ㄷ. 탐지부 설치상태 적정 여부
ㄹ. 차단장치 설치상태 적정 및 정상 작동 여부

문제 02 다음은 수계소화설비 중 전동기를 이용한 가압송수장치에서 일반적으로 많이 사용하는 3상 유도전동기를 이용한 Y-△ 기동법을 나타낸 것이다. 아래의 각 물음에 답하시오.

(7점)

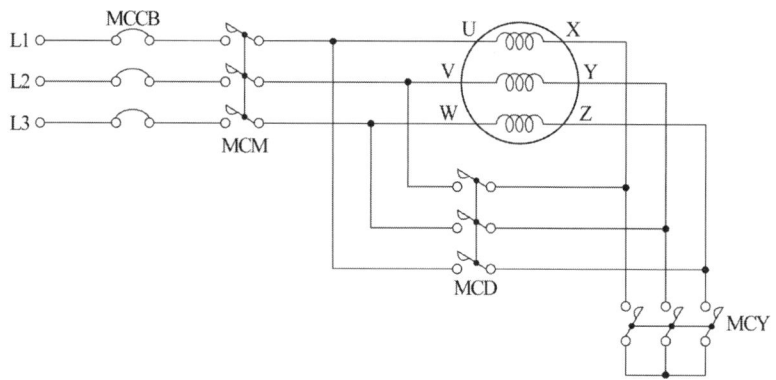

(1) 다음 표의 빈칸에 전자접촉기 접점상태(ON 상태, OFF 상태) 및 결선상태(Y결선, △결선)를 표의 번호에 맞게 답안지에 쓰시오. (4점)

구분	전자접촉기 접점상태			접속상태
	MCM	MCD	MCY	
기동시	①	②	③	④
운전시	⑤	⑥	⑦	⑧

풀이&답

구분	전자접촉기 접점상태			접속상태
	MCM	MCD	MCY	
기동시	① ON 상태	② OFF 상태	③ ON 상태	④ Y결선
운전시	⑤ ON 상태	⑥ ON 상태	⑦ OFF 상태	⑧ △결선

(2) 직입기동(전전압 기동)과 비교하여 Y-△ 기동을 하는 경우 기동전압, 기동전류 및 기동토크는 각각 어떻게 되는지 숫자를 이용하여 쓰시오. (3점)

기동전압	
기동전류	
기동토크	

풀이&답

기동전압	$\frac{1}{\sqrt{3}}$ 배로 감소
기동전류	$\frac{1}{3}$ 배로 감소
기동토크	$\frac{1}{3}$ 배로 감소

문제 03 화재안전기술기준(NFTC)에 따라 특정소방대상물에 피난기구 및 인명구조기구를 설치하고자 할 때 아래의 조건을 참고하여 다음 각 물음에 답하시오. (12점)

[조건]

① 구조 : 주요구조부는 내화구조, 지하 4층 지상 10층, 옥상으로부터 지상으로 피난이 가능한 특별피난계단이 3개소 설치, 지상 10층 위에 옥상이 설치되어 있으며 옥상의 바닥면적은 3,800[m²]이다. 옥상으로 쉽게 통할 수 있는 출입구가 설치되어 있다.

② 지하 1층의 용도는 판매시설(대규모 점포임)로서 바닥면적은 5,000[m²]

③ 지하 2층~지하 4층의 용도는 주차장으로 바닥면적은 층당 4,000[m²]

④ 지상 1층~5층의 용도는 판매시설(대규모 점포임)로서 바닥면적은 층당 4,000[m²] 이다. 또한, 지상 5층에는 인접건물로 피난할 수 있는 건널복도(주요구조부는 내화구조, 건널복도 양단의 출입구에 자동방화셔터를 설치, 피난 전용 용도임)가 설치되어 있다.

⑤ 지상 6층의 용도는 업무시설로서 바닥면적은 4,000[m²] 이다.

⑥ 지상 7층의 용도는 업무시설로서 바닥면적은 노대(주요구조부가 내화구조, 거실의 외기에 면하는 부분에 피난상 유효하게 설치되어 있고 소방사다리차가 쉽게 통행할 수 있는 도로에 면하여 설치되어 있다.)의 바닥면적(300[m²])을 포함한 4,000[m²] 이다.

⑦ 지상 8층~10층의 용도는 숙박시설로서 바닥면적은 층당 4,000[m²], 층당 객실은 각각 60개이며, 객실에는 완강기를 설치한다.

(1) 이 건축물에 설치하여야 하는 피난기구의 최소수량을 구하시오. (7점)

[풀이&답]　1) 지상 3층~4층
　　① 판매시설이므로 바닥면적 800[m²]마다 1개 이상

$$수량 : \frac{4,000[m^2]}{800[m^2]} = 5개$$

　　② 층당 수량 : 2분의 1로 감소할 수 있으므로 $5개 \times \frac{1}{2} = 2.5 = 3개$

　　③ 3개 × 2개 층 = 6개

　　2) 지상 5층
　　① 판매시설이므로 바닥면적 800[m²]마다 1개 이상

$$수량 : \frac{4,000[m^2]}{800[m^2]} = 5개$$

　　② 층당 수량 : 2분의 1로 감소할 수 있으므로 $5개 \times \frac{1}{2} = 2.5 = 3개$

　　※ 주의 : 건널복도가 설치되어 있더라도 피난기구 설치의 감소기준을 충족하지 못하므로 감소기준을 적용해서는 안 된다.

　　3) 지상 6층
　　① 업무시설이므로 바닥면적 1000[m²]마다 1개 이상

$$수량 : \frac{4,000[m^2]}{1,000[m^2]} = 4개$$

　　② 층당 수량 : 2분의 1로 감소할 수 있으므로 $4개 \times \frac{1}{2} = 2개$

4) 지상 7층
① 업무시설이므로 바닥면적 1000[m²]마다 1개 이상

$$수량 : \frac{4,000[m^2]-300[m^2]}{1,000[m^2]}=3.7=4개$$

② 층당 수량 : 2분의 1로 감소할 수 있으므로 4개 $\times \frac{1}{2}=2개$

5) 지상 8층~9층
① 숙박시설이므로 바닥면적 500[m²]마다 1개 이상

$$수량 : \frac{4,000[m^2]}{500[m^2]}=8개$$

② 층당 수량 : 2분의 1로 감소할 수 있으므로 8개 $\times \frac{1}{2}=4개$

③ 수량 : 4개×2개 층=8개

④ 객실 수량 : 60개×2개 층=120개

6) 지상 10층
객실 수량 : 60개×1개 층=60개
[주의] 지상 10층은 옥상의 직하층으로 설치제외 기준을 충족하므로 층당 수량은 산출하지 않는다.

7) 피난기구의 수량 : 6개+3개+2개+2개+8개+120개+60개=201개

(2) 상기 조건을 참고하여 인명구조기구를 비치하여야 하는 층, 최소수량 및 인명구조기구의 종류를 쓰시오. (3점)

[풀이&답] ① 층 : 지하 1층, 지상 1층, 지상 2층, 지상 3층, 지상 4층, 지상 5층
② 수량 : 층마다 2개 이상이므로 2개×6개 층 =12개
③ 종류 : 공기호흡기

(3) 지상 5층에 적응성 있는 피난기구의 종류를 모두 쓰시오. (2점)

[풀이&답] 피난사다리, 구조대, 완강기, 피난교, 다수인피난장비, 승강식피난기

문제 04 할로겐화합물 및 불활성기체 소화설비의 화재안전기술기준(NFTC 107A)에 따른 소화약제 중 FK-5-1-12를 경유를 저장한 발전기실에 설치하고자 한다. 아래의 조건을 참고하여 다음 각 물음에 답하시오. (17점)

[조건]
① 소화농도는 A, C급 화재 8.6[%], B급 화재 9[%]이며, 설계농도는 화재안전기술기준(NFTC 107A)에서 정하는 기준을 적용한다.
② 방호구역의 크기는 8[m] × 10[m] × 5[m]
③ 저장용기는 82.5[L]
④ 최대충전밀도는 다음과 같다.

항목 \ 소화약제	FK-5-1-12	
최대충전밀도(kg/m³)	1,185.4	1,441.7

⑤ 방호구역의 예상온도는 21~25℃

⑥ 약제 팽창 시 외부로의 누설을 고려한 공차를 포함하지 않는다.

⑦ 발전기실은 사람이 상주하는 공간으로 한다.

(1) FK-5-1-12의 화학식과 구조식을 쓰시오. (3점)

    ① 화학식 (1점)

    ② 구조식 (2점)

풀이&답 ① 화학식 : $CF_3CF_2C(O)CF(CF_3)_2$

    ② 구조식

(2) FK-5-1-12의 K_1(표준상태에서의 비체적) 및 K_2(단위 온도 당 비체적 증가분) 값을 계산하시오.(단, 소수점 5자리에서 반올림하여 4자리까지 답한다.) (2점)

풀이&답 분자량 계산 : $12 \times 6 + 19 \times 12 + 16 = 316[kg/kmol]$

$$K_1 = \frac{22.4}{316} = 0.070886 = 0.0709$$

$$K_2 = \frac{K_1}{273} = \frac{0.0709}{273} = 0.0002597 = 0.0003$$

(3) 소화 약제량(kg) (2점)

풀이&답 ① 설계농도 $C = 9\% \times 1.3 = 11.7\%$, 화재안전기준 상 최대허용설계농도가 10%이고, 사람이 상주하는 곳에서는 최대허용설계농도를 초과할 수 없으므로 10%를 적용한다.

    ② 비체적 $S = K_1 + K_2 \times t = 0.0709 + 0.0003 \times 21 = 0.0772[m^3/kg]$

    ③ 약제량 $W = \dfrac{V}{S} \times \dfrac{C}{100-C} = \dfrac{8m \times 10m \times 5m}{0.0772m^3/kg} \times \dfrac{10}{100-10} = 575.705 = 575.71[kg]$

(4) 화재안전기술기준(NFTC 107A)에 규정된 방출시간 안에 선택밸브를 통과하는 최소유량(kg/min)을 구하시오. (3점)

풀이&답 ① 설계농도 $C = 9\% \times 1.3 = 11.7\%$, 최대허용설계농도가 10%이므로 10%를 적용한다.

    ② 비체적 $S = K_1 + K_2 \times t = 0.0709 + 0.0003 \times 21 = 0.0772[m^3/kg]$

    ③ 최소설계농도의 95%에 해당하는 약제량

    ④ $W = \dfrac{V}{S} \times \dfrac{C \times 0.95}{100 - C \times 0.95} = \dfrac{8m \times 10m \times 5m}{0.0772m^3/kg} \times \dfrac{10 \times 0.95}{100 - 10 \times 0.95} = 543.8983[kg]$

    ⑤ 선택밸브를 통과하는 최소유량 $Q = \dfrac{543.8983[kg]}{10[s]} = 54.3898[kg/s] \times 60$

$$= 3263.388 = 3263.39[kg/min]$$

(5) 약제의 최소 병 수와 최대 병 수를 산출하시오. (4점)

풀이&답   1) 최소 병 수 : 충전밀도가 $1,441.7[\text{m}^3]$인 경우

병당 충전량 $82.5[\text{L}] \times 1,441.7[\text{kg/m}^3] = 0.0825[\text{m}^3] \times 1,441.7[\text{kg/m}^3] = 118.94[\text{kg}]$

약제병 수 $= \dfrac{575.71[\text{kg}]}{118.94[\text{kg}]} = 4.84 = 5$병

2) 최대 병 수 : 충전밀도가 $1,185.4[\text{m}^3]$인 경우

병당 충전량 $82.5[\text{L}] \times 1,185.4[\text{kg/m}^3] = 0.0825[\text{m}^3] \times 1,313.55[\text{kg/m}^3]$
$= 97.7955 = 97.8[\text{kg}]$

약제병 수 $= \dfrac{575.71[\text{kg}]}{97.8[\text{kg}]} = 5.89 = 6$병

(6) 화재안전기술기준(NFTC 107A)에 따라 저장용기에 표시하여야 하는 사항 5가지를 쓰시오. (3점)

풀이&답   ① 약제명
② 저장용기의 자체중량과 총중량
③ 충전일시
④ 충전압력
⑤ 약제의 체적

문제 05 다음은 고압가스안전관리법 제17조 및 동법 시행규칙 제39조에 따라 소화약제 저장용기를 검사하는 경우에 다음 각 물음에 답하시오. (6점)

(1) 소화용 충전용기는 언제 재검사를 하여야 하는지 쓰시오. (2점)

풀이&답   충전된 고압가스를 모두 사용한 후

(2) 다음은 용기의 재검사기간에 대한 표를 나타낸 것이다. 표의 번호 ①, ②에 알맞은 답을 쓰시오. (4점)

용기의 종류		신규검사 후 경과연수
		재검사 주기
이음매 없는 용기 또는 복합재료용기	500L 이상	①
	500L 미만	②

풀이&답   ① 5년마다
② 신규검사 후 경과연수가 10년 이하인 것은 5년마다, 10년을 초과한 것은 3년마다

보충설명

고압가스안전관리법 시행규칙 [별표22]

법 제17조제2항제1호에 따른 용기 및 특정설비의 재검사기간은 다음 각 호와 같다. 다만, 가스설비 안의 고압가스를 제거한 상태에서 휴지 중인 시설에 있는 특정설비에 대하여는 그 휴지기간은 재검사기간 산정에서 제외한다.

1. 용기
용기의 재검사기간은 다음 표와 같다. 다만, 재검사기간이 되었을 때에 <u>소화용 충전용기 또는 고정장치된 시험용 충전용기의 경우에는 충전된 고압가스를 모두 사용한 후에 재검사 한다.</u>

문제 06 화재안전기준에 대한 다음 각 물음에 답하시오. (11점)

(1) 할로겐화합물 및 불활성기체 소화설비의 화재안전기술기준(NFTC 107A)에 대한 물음에 답하시오. (4점)

1) 저장용기를 재충전하거나 교체하여야 하는 기준을 쓰시오. (2점)

① 할로겐화합물 소화약제

② 불활성기체 소화약제

> **풀이&답** ① 할로겐화합물 소화약제 : 저장용기의 약제량 손실이 5[%]를 초과하거나 압력손실이 10[%]를 초과할 경우
> ② 불활성기체 소화약제 : 압력손실이 5[%]를 초과할 경우

2) 해당 방호구역에 대한 설비를 별도 독립방식으로 하여야 하는 기준 (2점)

> **풀이&답** 하나의 방호구역을 담당하는 저장용기의 소화약제의 체적합계보다 소화약제의 방출시 방출경로가 되는 배관(집합관을 포함한다)의 내용적의 비율이 할로겐화합물 및 불활성기체소화약제 제조업체(이하 "제조업체"라 한다)의 설계기준에서 정한 값 이상일 경우에는 해당 방호구역에 대한 설비는 별도 독립방식으로 하여야 한다.

(2) 연결살수설비의 화재안전기술기준(NFTC 503)에 따라 폐쇄형헤드를 사용하는 경우 시험배관 설치기준 2가지를 쓰시오. (2점)

> **풀이&답** 1. 송수구에서 가장 먼 거리에 위치한 가지배관의 끝으로부터 연결하여 설치할 것
> 2. 시험장치 배관의 구경은 25[mm] 이상으로 하고, 그 끝에는 물받이 통 및 배수관을 설치하여 시험 중 방사된 물이 바닥으로 흘러내리지 아니하도록 할 것. 다만, 목욕실 · 화장실 또는 그 밖의 배수처리가 쉬운 장소의 경우에는 물받이 통 또는 배수관을 설치하지 않을 수 있다.

(3) 소방시설용 비상전원수전설비의 화재안전기술기준(NFTC 602)에 따라 수전하는 경우 수전방식에 따른 외함에 노출하여 설치할 수 있는 것을 나타낸 표이다. "가~마"에 알맞은 답을 쓰시오. (5점)

특별고압 또는 고압으로 수전하는 경우 (큐비클형)	저압으로 수전하는 경우 (제1종 배전반 및 제1종 분전반)
㉮	㉣
㉯	㉤
㉰	

> **풀이&답**

특별고압 또는 고압으로 수전하는 경우 (큐비클형)	저압으로 수전하는 경우 (제1종 배전반 및 제1종 분전반)
㉮ 표시등(불연성 또는 난연성재료로 덮개를 설치한 것에 한한다)	㉣ 표시등(불연성 또는 난연성재료로 덮개를 설치한 것에 한한다)
㉯ 전선의 인입구 및 인출구	㉤ 전선의 인입구 및 인출구
㉰ 환기장치	

문제 07 아래 그림과 조건을 참고하여 차압($P_1 - P_3$(kPa))을 계산하시오. (6점)

[조건]

① A_1은 쌍여닫이 출입문으로서 크기는 폭 1.0[m], 높이는 2.1[m] 이다.

② A_2는 미닫이식 창문으로서 크기는 폭 2.0[m], 높이는 1.5[m] 이다.

③ 급기량 $Q = 0.1$[m³/s]이다.

④ 기타 조건은 화재안전기준(NFSC 501A)을 준용한다.

⑤ 누설틈새면적은 소수점 5자리에서 반올림하여 4자리까지 적용하고, 차압은 소수점 3자리에서 반올림하여 2자리까지 답한다.

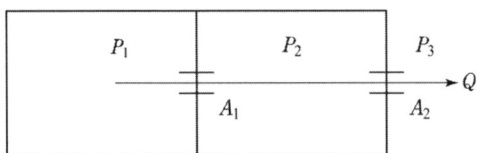

1. $P_1 - P_2$ 계산

풀이&답
① 출입문 틈새의 길이 $L = 2.1\text{[m]} \times 3 + 1.0\text{[m]} \times 4 = 10.3\text{[m]}$

② 출입문 틈새의 면적 $A_1 = \dfrac{L}{\ell} \times A_d = \dfrac{10.3\text{[m]}}{9.2\text{[m]}} \times 0.03\text{[m}^2\text{]} = 0.03358 = 0.0336\text{[m}^2\text{]}$

③ $0.827 A_1 (P_1 - P_2)^{\frac{1}{2}} = 0.827 \times 0.0336 \times (P_1 - P_2)^{\frac{1}{2}} = 0.1\text{[m}^3\text{/s]}$

$P_1 - P_2 = \left(\dfrac{0.1}{0.827 \times 0.0336} \right)^2 = 12.95\text{[Pa]}$

2. $P_2 - P_3$ 계산

풀이&답
① 창문 틈새의 길이 $L = 2.0\text{[m]} \times 2 + 1.5\text{[m]} \times 2 = 7.0\text{[m]}$

② 창문 틈새의 면적 $A_2 = 1.00 \times 10^{-4} \times$ 틈새의 길이[m]
$= 1.00 \times 10^{-4} \times 7.0\text{[m]} = 0.0007\text{[m}^2\text{]}$

③ $0.827 A_2 (P_2 - P_3)^{\frac{1}{1.6}} = 0.827 \times 0.0007 \times (P_2 - P_3)^{\frac{1}{1.6}} = 0.1\text{[m}^3\text{/s]}$

④ $P_2 - P_3 = \left(\dfrac{0.1}{0.827 \times 0.0007} \right)^{1.6} = 3,800.44\text{[Pa]}$

3. $P_1 - P_3$ 계산

풀이&답
$= P_1 - P_2 + P_2 - P_3 = P_1 - P_3$ 가 되므로
$= 12.95\text{[Pa]} + 3,800.44\text{[Pa]} = 3,813.39\text{[Pa]} = 3.81\text{[kPa]}$

문제 8 다음은 기존의 건물을 증축하여 증축되는 부분에 스프링클러설비를 설치하고자 한다. 소화펌프의 변경 없이 기존 소화펌프로 사용이 가능한지 여부를 아래의 도면과 조건을 이용하여 검토하시오. 소화펌프로부터"A"점까지의 배관의 길이 및 크기는 설계도면이 없어 알 수 없으며 실측이 불가능한 실정이다. (10점)

[조건]

1) B점의 필요압력은 0.2[MPa], 유량은 400[L/min]이다.

2) "A"점과"a"간의 마찰손실 압력은 0.15[MPa]이다.

3) 옥내소화전 방수구"a"에서의 방사시험 결과 피토게이지의 압력은 0.4MPa, 소화펌프 토출측 압력계는 1.35[MPa]을 지시하였다.

4) 소화펌프의 흡입양정은 0으로 가정한다.

5) 조도계수 C는 120로 가정한다.

6) 0.1[MPa]=10m의 관계에 있다. 소수점 4자리에서 반올림하여 3자리까지 적용한다.

7) 하젠-윌리암스 식은 다음과 같다.

$$\triangle P_m = 6.05 \times 10^4 \times \frac{Q^{1.85}}{C^{1.85} \times D^{4.87}} \times L[\text{MPa}]$$

8) 소화펌프의 정격토출유량 2,000[L/min], 정격토출압은 1[MPa]이고, 성능곡선은 다음과 같다.

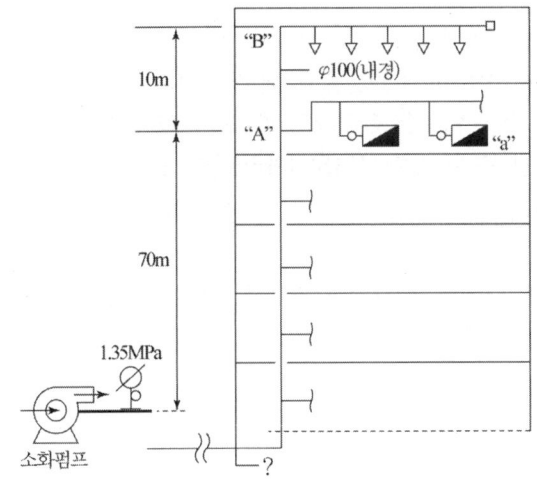
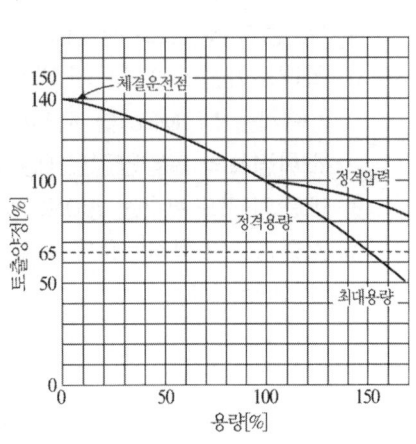

[풀이&답]

① B점의 필요압력 : 0.2[MPa]

② 소화펌프에서 B점까지의 낙차 : 70[m] + 10[m]=80[m]=0.8[MPa]

③ A점과 B점 사이의 마찰손실압력

$$\triangle P_{AB} = 6.05 \times 10^4 \times \frac{400^{1.85}}{120^{1.85} \times 100^{4.87}} \times 10 = 0.001[\text{MPa}]$$

④ 소화펌프에서 A까지의 마찰손실압력

"a"의 방사시험시 토출측 압력계 1.35[MPa]이므로 그래프에서 이때의 유량은 10[%]

즉, 2000[L/min] × 0.1 = 200[L/min]

200[L/min]일 때 소화펌프에서 A점까지의 마찰손실압력 :

$$1.35[MPa] - 70[m] - (0.4+0.15)[MPa] = 1.35[MPa] - 0.7[MPa] - 0.55[MPa]$$
$$= 0.1[MPa]$$

200[L/min]일 때 마찰손실압력이 0.1[MPa]이므로 400[L/min]일 때 마찰손실압력을 계산하면

$$0.1[MPa] : 200^{1.85} = \triangle P_{펌A} : 400^{1.85}$$

$$\triangle P_{펌A} = \frac{400^{1.85}}{200^{1.85}} \times 0.1 = 0.3605 = 0.361[MPa]$$

⑤ 소화펌프에 필요한 압력
= B점의 필요압력 + 소화펌프에서 B점까지의 낙차 + A점과 B점 사이의 마찰손실압력
+ 소화펌프에서 A까지의 마찰손실압력
= 0.2 + 0.8 + 0.001 + 0.361 = 1.362[MPa]

⑥ 소화펌프의 신설 없이 기존 소화펌프로 사용이 가능한지 여부
소화펌프에 필요한 압력은 1.362[MPa]이나 기존 소화펌프의 정격토출압이 1[MPa]이므로 사용 불가하다.

문제 09 다음은 기존 건물을 증축하여, 증축되는 부분에 옥내소화전 5개를 신설하려고 한다. 소화펌프의 추가 설치 없이 기존 소화펌프로 사용이 가능한지 여부를 검토하시오. 소화펌프로부터 "A"점까지의 배관의 길이 및 크기는 설계도면의 분실로 알 수 없으며, 실측은 불가능한 실정이다. (10점)

[조건]
① "B"점에서 필요한 압력과 유량은 0.26[MPa], 700[L/min]이다.
② "A"점과 옥내소화전 방수구 "a" 사이의 마찰손실은 0.15[MPa]이다.
③ 옥내소화전 노즐 "a"의 방사시험 결과 압력은 0.5[MPa]이고, 이때 소화펌프 토출측 압력계는 1.1[MPa]를 지시하였다.(노즐의 말단직경은 13[mm]이다.)
④ 소화펌프의 흡입양정은 0으로 한다.
⑤ 배관의 조도계수는 120으로 한다.
⑥ 소화펌프의 정격토출유량 및 정격토출압력은 2,000[L/min], 1[MPa]이고, 체절압력은 1.2[MPa] 이다.

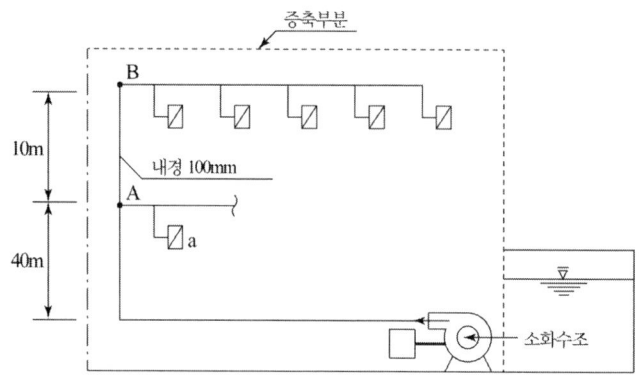

풀이&답 1) 노즐 a에서의 방수량

$$Q = 0.653 D^2 \sqrt{10P} = 0.653 \times 13^2 \times \sqrt{10 \times 0.5} = 246.77 [\text{L/min}]$$

2) 유량 246.77[L/min]일 경우 소화펌프에서 A점까지의 마찰손실압력

$$1.1[\text{MPa}] - 40[\text{m}] - (0.5+0.15)[\text{MPa}] = 1.1[\text{MPa}] - 0.4[\text{MPa}] - (0.5+0.15)[\text{MPa}]$$
$$= 0.05[\text{MPa}]$$

3) A점과 B점 사이의 마찰손실압력

$$\triangle P_{AB} = 6.05 \times 10^4 \times \frac{700^{1.85}}{120^{1.85} \times 100^{4.87}} \times 10 = 0.00287 = 0.003[\text{MPa}]$$

4) 유량 700[L/min]일 경우 소화펌프에서 A점까지의 마찰손실압력

$$0.05[\text{MPa}] : 246.77^{1.85} = \triangle P_{펌A} : 700^{1.85}$$

$$\triangle P_{펌A} = \frac{700^{1.85}}{246.77^{1.85}} \times 0.05 = 0.344[\text{MPa}]$$

5) 증축 후 소화펌프 토출측 필요압력 = 0.26 + 0.003 + 0.344 + 0.5 = 1.107[MPa]

6) 소화펌프의 신설 없이 기존 소화펌프로 사용이 가능한지 여부
증축 후 소화펌프 토출측 필요압력(1.107[MPa])이 소화펌프의 정격토출압력(1.0[MPa])보다
크므로 기존 소화펌프의 사용은 불가능하다.

문제 10 이산화탄소소화설비에 대한 다음 각 물음에 답하시오. (10점)

[조건]

① 전자제품창고(바닥면적 160[m²], 높이 5[m], 개구부는 없다.)

② 경량구조물(Light building)임

③ 이산화탄소 저장용기의 충전량은 병당 45[kg] 이다.

④ 자유유출로 해석하며, 2분이내에 30[%] 농도에 도달하는 유량으로 계산한다.

⑤ 방호구역의 최소 예상온도는 10[℃]

(1) 비체적(m³/kg)을 계산하시오. (단, 소수점 4자리에서 반올림하여 3자리까지 적용한다)

(2점)

풀이&답 ① $K_1 = \dfrac{22.4}{분자량} = \dfrac{22.4}{44} = 0.50909 = 0.509$

② $K_2 = \dfrac{K_1}{273} = \dfrac{0.509}{273} = 0.00186 = 0.002$

③ 비체적 $S = K_1 + K_2 \times t = 0.509 + 0.002 \times 10 = 0.529[\text{m}^3/\text{kg}]$

(2) 과압배출구의 면적(mm²)을 계산하시오. (단, 최종답안은 소수점 3자리에서 반올림하여
2자리까지 적용한다) (4점)

풀이&답 ① 유량

$$Q = \frac{2.303 \times log_{10} \dfrac{100}{100-C} \times \dfrac{1}{S} \times V}{2\text{min}}$$

$$= \frac{2.303 \times log_{10} \dfrac{100}{100-30} \times \dfrac{1}{0.529} \times (16[\text{m}] \times 10[\text{m}] \times 5[\text{m}])}{2[\text{min}]}$$

$$= 269.746 = 269.75[\text{kg/min}]$$

② 과압배출구의 면적

$$X = \frac{239Q}{\sqrt{P}} = \frac{239 \times 269.75[\text{kg/min}]}{\sqrt{1.2[\text{kPa}]}} = 58,853.01702[\text{mm}^2] = 58,853.02[\text{mm}^2]$$

이산화탄소의 과압배출구 면적

$$X = \frac{239Q}{\sqrt{P}}[\text{mm}^2]$$

Q : 유량[kg/min]
P : 실구조의 허용 인장강도[kPa](경량구조 : 1.2, 일반구조 : 2.4, 아치구조 : 4.8)

(3) 이산화탄소소화설비의 화재안전기술기준(NFTC 106)에서 정하고 있는 과압배출구 기준을 쓰시오. (2점)

풀이&답 이산화탄소소화설비의 방호구역에는 소화약제 방출시 발생하는 과(부)압으로 인한 구조물 등의 손상을 방지하기 위해 ①부터 ④까지의 내용을 검토하여 과압배출구를 설치해야 한다. 다만, 과(부)압이 발생해도 구조물 등에 손상이 생길 우려가 없음을 시험 또는 공학적인 자료로 입증하는 경우 설치하지 않을 수 있다.
① 방호구역 누설면적　　　　　② 방호구역의 최대허용압력
③ 소화약제 방출시의 최고압력　　④ 소화농도 유지시간

(4) 이산화탄소소화설비의 화재안전기술기준(NFTC 106)에서 정한 수동잠금밸브에 대한 기준을 쓰시오. (2점)

풀이&답 소화약제의 저장용기와 선택밸브 사이의 집합배관에는 수동잠금밸브를 설치하되 선택밸브 직전에 설치할 것. 다만, 선택밸브가 없는 설비의 경우에는 저장용기실 내에 설치하되 조작 및 점검이 쉬운 위치에 설치하여야 한다.

문제 11 아래의 표는 설비별 중계기의 입력(감시) 및 출력(제어)을 구분하여 나타낸 것이다. 표의 괄호 안의 번호에 알맞은 답을 쓰시오. (8점)

설비별	구분	입력(감시)	출력(제어)
자동화재탐지설비	감지기, 발신기, 경종, 시각경보기	(㉠)	(㉡)
습식 스프링클러설비	압력스위치, 탬퍼스위치, 사이렌	(㉢)	(㉣)
준비작동식 스프링클러설비	감지기A, 감지기B, 압력스위치, 탬퍼스위치, 솔레노이드, 사이렌	(㉤)	(㉥)
할로겐화합물 및 불활성기체소화설비	감지기A, 감지기B, 압력스위치, 지연스위치, 솔레노이드, 사이렌, 방출표시등	(㉦)	(㉧)

풀이&답
ㄱ 감지기, 발신기
ㄴ 경종, 시각경보기
ㄷ 압력스위치, 탬퍼스위치
ㄹ 사이렌
ㅁ 감지기A, 감지기B, 압력스위치, 탬퍼스위치
ㅂ 솔레노이드, 사이렌
ㅅ 감지기A, 감지기B, 압력스위치, 지연스위치
ㅇ 솔레노이드, 사이렌, 방출표시등

문제 12 특정소방대상물에 거실제연설비를 설치하고자 한다. 아래의 그림과 조건을 참조하여 거실 제연설비에 대한 각 물음에 답하시오. (20점)

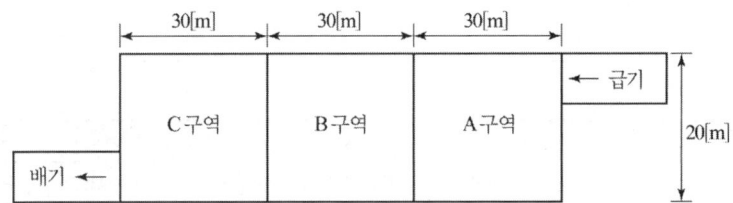

[조건]
① 제연방식은 인접구역 상호제연방식으로 한다.
② 제연경계의 폭은 0.6[m]이다.
③ 급기덕트의 풍속은 15[m/s], 배기덕트의 풍속은 20[m/s]이다.
④ 제연 Fan의 정압은 50[mmAq]로 한다.
⑤ 제연구획은 제연경계로 되어 있으며 천장 높이는 2.5[m]이다.
⑥ 기타 조건은 화재안전기준에 따른다.

(1) 동일실 제연방식과 인접구역 상호제연방식에 대하여 간단히 설명하시오. (2점)

풀이&답
① 동일실 제연방식 : 화재실에서 급기와 배기를 동시에 실시하는 방식, 소규모의 거실에 적용
② 인접구역 상호제연방식 : 화재실에서 배기하고 인접구역에서 급기를 하는 방식, 개방된 넓은 거실에 적용

(2) 예상제연구역의 배출기의 최소 배출량(m³/min) (2점)

풀이&답
① A구역, B구역, C구역 각각의 바닥면적이 30[m]×20[m]=600[m²]
② 수직거리 : 층고-제연경계의 폭=2.5[m]-0.6[m]=1.9[m]
③ 바닥면적이 400[m²]이상, 직경이 40[m] 원내, 수직거리가 2[m]이내 이므로
  A구역 = B구역 = C구역 = 40,000[m³/h]
④ 제연경계로 구획되어 있으므로
  40,000[m³/h]=40,000[m³]/60[min]=666.67[m³/min]

(3) 제연팬 전동기의 최소동력(kW)을 구하시오. (단, 전동기 효율은 65[%], 여유율은 10[%]를 적용한다.) (2점)

풀이&답
① 정압 $P_t = 50[\text{mmAq}]$

② 동력 $P = \dfrac{P_t Q}{102\eta} = \dfrac{50[\text{mmAq}] \times 40{,}000[\text{m}^3]/3{,}600[\text{s}] \times (1+0.1)}{102 \times 0.65} = 9.217 = 9.22[\text{kW}]$

(4) 배기댐퍼와 급기댐퍼의 작동상태를 답안지에 아래의 표를 그리고 그 표에 표시하시오. (2점)
(댐퍼 작동상태 ○ : open, ● : close)

구 분	배 기			급 기		
	A구역	B구역	C구역	A구역	B구역	C구역
A구역 화재시						
B구역 화재시						
C구역 화재시						

풀이&답

구 분	배 기			급 기		
	A구역	B구역	C구역	A구역	B구역	C구역
A구역 화재시	○	●	●	●	○	○
B구역 화재시	●	○	●	○	●	○
C구역 화재시	●	●	○	○	○	●

(5) 급기구(가로[mm] × 세로[mm])와 배기구(가로[mm] × 세로[mm])의 크기를 산출하시오. (6점)

[조건]
급기구(유입구)와 배기구(배출구)의 크기(정사각형)는 구역당 배기구(배출구) 4개소, 급기구(유입구)는 3개소로 하고 급기구 및 배기구의 크기는 급기량(m³/min) 및 배출량(m³/min)당 35[cm²] 이상으로 한다. 또한, 급기구와 배기구는 정사각형으로 하며, 답안작성 시 소수점 이하 첫째 자리에서 반올림하여 정수로 나타낸다.

1) 급기구의 크기

풀이&답
① 급기구 1개의 단면적

$A = \dfrac{20{,}000\text{m}^3/60\text{min}}{3\text{개}} \times 35\text{cm}^2/(\text{m}^3/\text{min}) = 3{,}888.888889\text{cm}^2$

② 급기구 한 변의 크기 $= \sqrt{3{,}888.888889\text{cm}^2} = 62.3609\text{cm} = 623.61\text{mm} = 624\text{mm}$

③ 급기구의 크기 : 가로 624mm × 세로 624mm

2) 배기구의 크기

풀이&답
① 배기구 1개의 단면적

$A = \dfrac{40{,}000\text{m}^3/60\text{min}}{4\text{개}} \times 35\text{cm}^2/(\text{m}^3/\text{min}) = 5{,}833.333333\text{cm}^2$

② 배기구 한 변의 크기 $= \sqrt{5,833.333333\text{cm}^2} = 76.37626158\text{cm} = 763.7626158\text{mm} = 764\text{mm}$

③ 배기구의 크기 : 가로 764mm × 세로 764mm

(6) 표의 번호 ①~⑥에 알맞은 답을 쓰시오.(단, 풍량, 덕트의 단면적 및 덕트의 크기는 소수점 이하 첫째 자리에서 반올림하여 정수로 나타내시오. 덕트의 크기는 각형 덕트로 하고 높이는 400mm이다. 계산이 필요한 경우에는 해당되는 번호에 풀이과정이 필요한 경우 풀이과정을 쓰고 답을 작성하도록 한다.)(6점)

덕트의 구분		최소풍량(m³/h)	덕트 단면적(mm²)	덕트 크기 (가로mm×높이mm)
급기덕트	A	①	③	⑤
	B			
	C			
배기덕트	A	②	④	⑥
	B			
	C			

풀이&답

덕트의 구분		최소풍량(m³/h)	덕트 단면적(mm²)	덕트 크기 (가로mm×높이mm)
급기덕트	A	① $\dfrac{40,000[\text{m}^3/\text{h}]}{2}$ $= 20,000[\text{m}^3/\text{h}]$	③ $A = \dfrac{20,000[\text{m}^3]/3,600[\text{s}]}{15[\text{m/s}]}$ $= 0.3703703[\text{m}^2]$ $= 370,370.3[\text{mm}^2]$ $= 370,370[\text{mm}^2]$	⑤ 가로 $= \dfrac{\text{덕트 단면적}}{\text{덕트 높이}}$ $= \dfrac{370,370[\text{mm}^2]}{400[\text{mm}]}$ $= 925.925 = 926[\text{mm}]$ 가로 926[mm]×높이 400[mm]
	B			
	C			
배기덕트	A	② $40,000[\text{m}^3/\text{h}]$	④ $A = \dfrac{40,000[\text{m}^3]/3,600[\text{s}]}{20[\text{m/s}]}$ $= 0.5555555[\text{m}^2]$ $= 555,555.5[\text{mm}^2]$ $= 555,556[\text{mm}^2]$	⑥ 가로 $= \dfrac{\text{덕트 단면적}}{\text{덕트 높이}}$ $= \dfrac{555,556[\text{mm}^2]}{400[\text{mm}]}$ $= 1,388.89$ $= 1,389[\text{mm}]$ 가로 1,389[mm]×높이 400[mm]
	B			
	C			

문제 13 자동화재 탐지설비 및 시각경보장치의 화재안전기술기준(NFTC 203)에서 정하고 있는 아래의 사항에 대하여 그 기준을 쓰시오. (10점)

(1) 감지기 상호간 또는 감지기로부터 수신기에 이르는 감지기회로의 배선 (4점)

풀이&답 다음 각목의 기준에 따라 설치할 것.

가. 아날로그식, 다신호식 감지기나 R형수신기용으로 사용되는 것은 전자파 방해를 받지 아니하는 쉴드선 등을 사용하여야 하며, 광케이블의 경우에는 전자파 방해를 받지 아니하고 내열성능이 있는 경우 사용할 수 있다. 다만, 전자파 방해를 받지 아니하는 방식의 경우에는 그러하지 아니하다.

나. 가목외의 일반배선을 사용할 때는 「옥내소화전설비의 화재안전기술기준(NFTC 102)」 2.7.2 의 표 2.7.2(1) 또는 표 2.7.2(2)에 따른 내화배선 또는 내열배선으로 사용할 것

(2) 자동화재탐지설비의 전선관, 덕트, 몰드, 풀박스 등의 설치 방법에 대한 기준 (2점)

풀이&답 자동화재탐지설비의 배선은 다른 전선과 별도의 관·덕트(절연효력이 있는 것으로 구획한 때에 는 그 구획된 부분은 별개의 덕트로 본다)·몰드 또는 풀박스 등에 설치할 것. 다만, 60[V] 미만의 약 전류회로에 사용하는 전선으로서 각각의 전압이 같을 때에는 그러하지 아니하다.

(3) P형 수신기 및 GP형 수신기의 감지기 회로의 배선에 있어서 하나의 공통선에 접속할 수 있는 경계구역 기준 (2점)

풀이&답 피(P)형 수신기 및 지피(G.P.)형 수신기의 감지기 회로의 배선에 있어서 하나의 공통선에 접속할 수 있는 경계구역은 7개 이하로 할 것

(4) 자동화재 탐지설비의 감지기회로의 전로저항 기준 및 수신기의 각 회로별 종단에 설치되는 감지기에 접속되는 배선의 전압 기준 (2점)

풀이&답 자동화재탐지설비의 감지기회로의 전로저항은 50[Ω] 이하가 되도록 하여야 하며, 수신기의 각 회로별 종단에 설치되는 감지기에 접속되는 배선의 전압은 감지기 정격전압의 80[%] 이상이어야 할 것

문제 14 제연설비의 화재안전기준(NFSC 501)에서 제연경계의 수직거리가 2[m] 이하일 경우 최소 배출풍량이 40,000[m³/hr] 이상으로 규정된 이유를 Hinkley 공식을 이용하여 설명 하시오. (단, 실의 높이(h) : 3[m], 중력가속도(g) : 9.8[m/s²], 화염의 둘레길이 : 12[m]) (5점)

풀이&답 1) Hinkley 공식

$$t = \frac{20A}{P\sqrt{g}}\left(\frac{1}{\sqrt{y}} - \frac{1}{\sqrt{h}}\right)$$

① t : 청결층 깊이 y가 될 때까지의 시간[s]
② A : 실의 바닥면적[m²]
③ P : 불의 둘레[m](대형화재 12[m], 중형화재 6[m], 소형화재 4[m])
④ y : 청결층 깊이[m]
⑤ h : 실의 높이[m]

2) Hinkley 공식을 y에 대한 식으로 변환

$$\frac{1}{\sqrt{y}} = \left(\frac{P\sqrt{g}}{20A}\right)t + \frac{1}{\sqrt{h}}$$

3) 양변을 미분하여 dy의 식으로 정리

$$-\frac{1}{2}y^{-\frac{3}{2}}dy = \frac{P\sqrt{g}}{20A}dt, \ dy = \frac{P\sqrt{g}}{20A} \times (-2y^{\frac{3}{2}})dt$$

4) 배출량에 대한 식으로 정리

$$A\frac{dy}{dt} = \frac{dV}{dt} = -\frac{P\sqrt{g}}{10}y^{\frac{3}{2}}$$

5) 배출량 산출

$$A\frac{dy}{dt} = \frac{dV}{dt} = -\frac{12\sqrt{9.8}}{10} \times 2^{\frac{3}{2}} = 10.62[\mathrm{m}^3/\mathrm{s}]$$

6) 단위 환산

$$10.62[\mathrm{m}^3/\mathrm{s}] \times \frac{3,600[\mathrm{s}]}{1[\mathrm{hr}]} = 38,232[\mathrm{m}^3/\mathrm{hr}] = 40,000[\mathrm{m}^3/\mathrm{hr}]$으로 결정한다.

문제 15 가로 30[m], 세로 20[m], 층고 12[m]인 랙(rack)식 창고에 저장높이 10[m]로 특수가연물을 저장한 경우 화재안전기술기준에 따라 화재조기진압용 스프링클러소화설비를 설치하려고 한다. 다음 조건을 참고하여 물음에 답하시오. (19점)

[조건]
① 화재조기진압용 헤드는 정방형으로 배치한다.
② K=320(하향식)
③ 화재조기진압용 스프링클러헤드의 최소방사압[MPa]은 화재조기진압용 스프링클러설비의 화재안전기술기준(NFTC 103B) 표 2.2.1에 따른다.
④ 헤드의 수량산출시 화재안전기준에서 정한 헤드 하나의 방호면적을 이용하여 산출한다.

(1) 화재조기진압용 스프링클러설비의 화재안전기술기준 표 2.2.1에 대한 다음 각 물음에 답하시오. (4점)
① 화재조기진압용 스프링클러헤드의 최소 방사압력의 종류를 쓰시오. (2점)

풀이&답 0.1[MPa], 0.14[MPa], 0.17[MPa], 0.24[MPa], 0.28[MPa], 0.34[MPa], 0.36[MPa], 0.52[MPa]

② 아래 표의 빈칸의 번호 ㉠, ㉡에 들어갈 화재조기진압용 스프링클러헤드의 K값을 답안지에 적으시오. (2점)

상향식	㉠
하향식	㉡

풀이&답 ㉠ 240 ㉡ 200, 240, 320, 360

층고 [m]	저장 높이	화재조기진압용 헤드				
		K=360 하향식	K=320 하향식	K=240 하향식	K=240 상향식	K=200 하향식
13.7	12.2	0.28	0.28	–	–	–
13.7	10.7	0.28	0.28	–	–	–
12.2	10.7	0.17	0.28	0.36	0.36	0.52
10.7	9.1	0.14	0.24	0.36	0.36	0.52
9.1	7.6	0.10	0.17	0.24	0.24	0.34

(2) 펌프의 최소 토출량[m³/min] 및 최소 수원의 양[m³]을 계산하시오. (4점)

풀이&답 1. 최소 토출량
　　　① 헤드선단의 방사압력 $P = 0.28[\text{MPa}]$
　　　② 펌프의 최소 토출량
　　　　$Q = 12 \times K\sqrt{10P} = 12 \times 320 \times \sqrt{10 \times 0.28} \times 10^{-3}$
　　　　　$= 6,425[\ell/\text{min}] = 6.425[\text{m}^3/\text{min}] = 6.43[\text{m}^3/\text{min}]$
　　2. 최소 수원의 양
　　　$Q = 12 \times K\sqrt{10P} \times 60 = 12 \times 320 \times \sqrt{10 \times 0.28} \times 60 \times 10^{-3} = 385.53[\text{m}^3]$

보충설명

최소방사압

표 2.2.1에서 층고 12.2[m]와 저장높이 10.7[m] K=320 하향식이 만나는 점에서 방사압력을 선정하면 P=0.28[MPa] 이다.

층고 [m]	저장 높이	화재조기진압용 헤드				
		K=360 하향식	K=320 하향식	K=240 하향식	K=240 상향식	K=200 하향식
13.7	12.2	0.28	0.28	–	–	–
13.7	10.7	0.28	0.28	–	–	–
12.2	10.7	0.17	0.28	0.36	0.36	0.52
10.7	9.1	0.14	0.24	0.36	0.36	0.52
9.1	7.6	0.10	0.17	0.24	0.24	0.34

(3) 화재조기진압용 헤드의 최소 수량과 최대수량을 계산하시오.(단, 소수점이하는 절상하여 정수로 답하시오.) (2점)

풀이&답 1. 최소수량 : $\dfrac{30[\text{m}] \times 20[\text{m}]}{9.3[\text{m}^2]} = 64.52 = 65$개
　　2. 최대수량 : $\dfrac{30[\text{m}] \times 20[\text{m}]}{6.0[\text{m}^2]} = 100$개

(4) 화재조기진압용 스프링클러설비의 화재안전기술기준에 대한 다음 각 물음에 답하시오.

(9점)

① 저장물의 간격 기준을 쓰시오. (1점)

풀이&답 저장물품 사이의 간격은 모든 방향에서 152[mm] 이상의 간격을 유지해야 한다.

② 화재조기진압용 스프링클러헤드의 정의를 쓰시오. (1점)

풀이&답 특정 높은 장소의 화재위험에 대하여 조기에 진화할 수 있도록 설계된 스프링클러헤드

③ 화재조기진압용 스프링클러헤드의 화재안전기술기준에서 설치장소의 구조 기준 중 보와 관련된 기준을 쓰시오. (2점)

풀이&답 보로 사용되는 목재·콘크리트 및 철재사이의 간격이 0.9[m] 이상 2.3[m] 이하일 것. 다만, 보의 간격이 2.3[m] 이상인 경우에는 화재조기진압용 스프링클러헤드의 동작을 원활히 하기 위하여 보로 구획된 부분의 천장 및 반자의 넓이가 28[m²]를 초과하지 않을 것.

④ 화재조기진압용 스프링클러설비의 환기구 적합기준 2가지를 쓰시오. (2점)

풀이&답
1. 공기의 유동으로 인하여 헤드의 작동온도에 영향을 주지 않는 구조일 것
2. 화재감지기와 연동하여 동작하는 자동식 환기장치를 설치하지 않을 것. 다만, 자동식 환기장치를 설치할 경우에는 최소작동온도가 180℃ 이상일 것

⑤ 감시제어반은 다음 각 목의 확인회로마다 도통시험 및 작동시험을 할 수 있도록 하여야 한다. 문제의 번호에 알맞은 답을 답안지에 쓰시오. (3점)

> 가.
> 나.
> 다.
> 라. 2.5.15에 따른 개폐밸브의 폐쇄상태 확인회로
> 마. 그 밖의 이와 비슷한 회로

풀이&답
가. 기동용수압개폐장치의 압력스위치회로
나. 수조 또는 물올림수조의 저수위감시회로
다. 유수검지장치 또는 압력스위치회로

문제 16 다음은 소방시설별 점검장비를 나타낸 표이다. ( )에 알맞은 답을 쓰시오. (10점)

소방시설	장비	규격
공통시설	(㉠)	
소화기구	저울	
(㉡)	소화전밸브압력계	
(㉢)	헤드결합렌치 (볼트, 너트, 나사 등을 죄거나 푸는 공구)	
이산화탄소소화설비 분말소화설비 할론소화설비 (㉣)	(㉤), 그 밖에 소화약제의 저장량을 측정할 수 있는 점검기구	
자동화재탐지설비 (㉥)	(㉦)	
누전경보기	누전계	누전전류 측정용
무선통신보조설비	무선기	통화시험용
(㉧)	(㉨)	
통로유도등 비상조명등	조도계(밝기 측정기)	(㉩)

> **풀이&답** ㉠ 방수압력측정계, 절연저항계(절연저항측정기), 전류전압측정계
> ㉡ 옥내소화전설비, 옥외소화전설비 ㉢ 스프링클러설비, 포소화설비
> ㉣ 할로겐화합물 및 불활성기체 소화설비 ㉤ 검량계, 기동관누설시험기
> ㉥ 시각경보기
> ㉦ 열감지기시험기, 연(煙)감지기시험기, 공기주입시험기, 감지기시험기연결막대, 음량계
> ㉧ 제연설비
> ㉨ 풍속풍압계, 폐쇄력측정기, 차압계(압력차 측정기)
> ㉩ 최소눈금이 0.1럭스 이하인 것

문제 17 건축물의 화재안전성능보강 방법 등에 관한 기준(국토교통부고시 제2020-358호)에 대한 다음 각 물음에 답하시오. (14점)

(1) 다음의 용어 정의를 쓰시오. (5점)

구 분	정 의
필로티 건축물	①
차양식 켄틸레버	②
불연재료띠	③
드렌처	④
소화펌프	⑤

> **풀이&답** ① 1층의 전부 또는 일부를 필로티 구조로 설치하여 주차장으로 쓰는 건축물을 말한다.
> ② 필로티 주차장에서 발생한 화재가 외벽을 통해 수직으로 확산되는 것을 방지하고자 필로티 기둥 최상단에 설치되는 돌출식 켄틸레버 구조체를 말한다.
> ③ 불연재료를 사용하여 건축물의 횡방향으로 연속 시공하여 띠를 형성하도록 한 것을 말한다.
> ④ '스프링클러설비의 화재안전기준(NFSC 103)'에 따라 창이나 벽, 처마, 지붕에 물을 뿌려 수막을 형성함으로써 화재확산방지를 위한 소화설비를 말한다.
> ⑤ 소화설비 운용을 위한 송수용의 펌프로 화재나 기타 사고의 영향이 미치지 않는 장소에 설치되는 펌프를 말한다.

(2) 건축물 구조형식에 따른 화재안전성능 보강공법에 대한 별표를 나타낸 것이다. ( )의 번호에 알맞은 답을 쓰시오. (5점)

구 분			비 고
필수 적용	필로티 건축물	1층 필로티 천장 보강 공법	필수
		(①)	택1 필수
		(1층 상부) 화재확산방지구조 적용 공법	
		(전층) 외벽 준불연재료 적용 공법	
		(전층) 화재확산방지구조 적용 공법	
		(②)	
	일반 건축물	(③)	택1 필수
		(전층) 외벽 준불연재료 적용 공법	
		(전층) 화재확산방지구조 적용 공법	

구 분		비 고
선택 적용	(④)	* 일반건축물은 필수
	(⑤)	모든 층
	방화문 설치 공법	–
	하향식 피난구 설치 공법	–

풀이&답
① (1층 상부) 차양식 캔틸레버 수평구조 적용 공법
② 옥상 드렌처 설비 적용 공법
③ 스프링클러 또는 간이스프링클러 설치 공법
④ 스프링클러 또는 간이스프링클러 설치 공법
⑤ 옥외피난계단 설치 공법

(3) 화재안전성능보강에 적용되는 재료는 (①)를 적용하여야 하고, 설비에 적용되는 재료는 (②), (③) 또는 (④)을 사용하여야 하며, (②)이 없을 때에는 KS 규격에 준한 제품을 사용하여야 한다. ( )안의 번호에 알맞은 답을 쓰시오.(4점)

풀이&답
① 불연재료, 준불연재료, 난연재료
② KS 표시 제품
③ 형식승인제품
④ 성능인증제품

문제 18 건축물관리법에 대한 다음 각 물음에 답하시오. (6점)

(1) 화재안전성능보강에 대한 용어정의를 쓰시오. (2점)

풀이&답 사용승인을 받은 건축물에 대하여 마감재의 교체, 방화구획의 보완, 스프링클러 등 소화설비의 설치 등 화재안전시설·설비의 보강을 통하여 화재 시 건축물의 안전성능을 개선하는 모든 행위를 말한다.

(2) 건축물관리법 제27조(기존 건축물의 화재안전성능보강)에 따라 다음 각 호의 어느 하나에 해당하는 건축물 중 3층 이상으로 연면적, 용도, 마감재료 등 대통령령으로 정하는 요건에 해당하는 건축물로서 보강대상 건축물의 관리자는 화재안전성능보강을 하여야 한다. 괄호 안의 번호에 알맞은 답을 쓰시오. (4점)

1. 「건축법」 제2조제2항제3호에 따른 제1종 근린생활시설
2. 「건축법」 제2조제2항제4호에 따른 제2종 근린생활시설
3. 「건축법」 제2조제2항제9호에 따른 의료시설
4. 「건축법」 제2조제2항제10호에 따른 (①)
5. 「건축법」 제2조제2항제11호에 따른 (②)
6. 「건축법」 제2조제2항제12호에 따른 (③)
7. 「건축법」 제2조제2항제15호에 따른 (④)

풀이&답　① 교육연구시설　　　② 노유자시설
　　　　　③ 수련시설　　　　　④ 숙박시설

문제 **19**　가스계소화설비의 점검에 대한 다음 각 물음에 답하시오.(18점)

(1) 가스압력식 기동장치가 설치된 이산화탄소소화설비의 봉침(파괴침) 격발시험을 하고자 한다. 물음에 답하시오. (9점)

　1) 격발시험 시 가스압력식 기동장치의 전자개방밸브(솔레노이드밸브)를 동작시키는 방법 4가지를 쓰시오. (4점)

풀이&답　① 수동조작함에서 수동조작스위치 동작
　　　　　② 감지기 2개회로(A회로, B회로) 작동
　　　　　③ 제어반에서 수동조작스위치 동작
　　　　　④ 제어반에서 동작시험스위치와 회로선택스위치로 동작

　2) 방호구역 내에 설치된 교차회로감지기를 동시에 작동시켰을 때 이산화탄소소화설비의 정상작동 여부를 판단할 수 있는 확인사항들에 대하여 5가지를 쓰시오.(단, 방호구역 내 환기장치가 설치되어 있다) (5점)

풀이&답　① 화재표시등, 감지기A, 감지기B 작동표시등 점등여부 확인
　　　　　② 방호구역 내 사이렌이 경보하는지 확인
　　　　　③ 지연 타이머 동작확인
　　　　　④ 솔레노이드밸브 동작 및 솔레노이드 밸브 기동표시등 점등여부 확인
　　　　　⑤ 환기장치 정지여부 확인

(2) 불활성기체소화약제는 질식과 저산소증에 따른 인체에 생리학적 영향을 끼치게 된다. 이를 나타내는 용어인 NEL(No Effect Level)과 LEL(Low Effect Level)에 대하여 설명하시오. (4점)

NEL(No Effect Level)	LEL(Low Effect Level)
1)	2)

풀이&답　1) NEL
　　　　　① 저산소 분위기에서 인체에 악영향을 미치지 않는 범위의 최대농도를 말한다.
　　　　　② 산소농도 12%에 해당하는 설계농도
　　　　2) LEL
　　　　　① 저산소 분위기에서 인체에 악영향을 미치는 범위의 최소농도를 말한다.
　　　　　② 산소농도 10%에 해당하는 설계농도

(3) 할로겐화합물소화약제의 생리학적 영향을 나타내는 용어인 NOAEL(No Observable Adverse Effect Level)과 LOAEL(Low Observable Adverse Effect Level)을 설명하시오. (4점)

NOAEL	LOAEL
1)	2)

풀이&답
1) NOAEL
① 농도를 증가시킬 때 아무런 악영향도 감지할 수 없는 최대농도를 말한다.
② 심장에 독성을 미치지 않는 최대농도를 말한다.
2) LOAEL
① 농도를 감소시킬 때 악영향을 감지할 수 있는 최소농도를 말한다.
② 심장에 독성을 미칠 수 있는 최소농도를 말한다.

문제 20 소방관 진입창에 대한 다음 각 물음에 답하시오. (8점)

(1) 건축법 제49조제3항에 따라 건축물의 11층 이하의 층에는 소방관이 진입할 수 있는 창을 설치하고, 외부에서 주야간에 식별할 수 있는 표시를 해야 한다. 다만, 다음 각 호의 어느 하나에 해당하는 아파트는 제외한다. ( )의 번호에 알맞은 답을 쓰시오. (2점)

> 1. 제46조제4항 및 제5항에 따라 (①)
> 2. 「주택건설기준 등에 관한 규정」 제15조제2항에 따라 (②)

풀이&답
① 대피공간 등을 설치한 아파트
② 비상용승강기를 설치한 아파트

(2) 다음은 건축물의 피난·방화구조 등의 기준에 관한 규칙 제18조의2(소방관 진입창의 기준)을 나타낸 것이다. ( )의 번호에 알맞은 답을 쓰시오. (6점)

> 1. (①)인 층에 각각 1개소 이상 설치할 것. 다만, 직접 지상으로 통하는 출입구가 있는 층 및 바닥구조체 윗면의 높이가 지표면으로부터 (②)미터를 초과하는 층에는 설치하지 않을 수 있다.
> 1의2. 소방관이 진입할 수 있는 창의 가운데에서 벽면 끝까지의 수평거리가 (③) 미터 이상인 경우에는 (③)미터 이내마다 소방관이 진입할 수 있는 창을 추가로 설치할 것. 다만, 불가피한 경우에는 소방본부장 또는 소방서장의 검토 자료 또는 의견서에 따라 완화하여 적용할 수 있다.
> 2. 소방차 진입로 또는 소방차 진입이 가능한 공터에 면할 것
> 3. 창문의 가운데에 지름 20센티미터 이상의 (④)을 야간에도 알아볼 수 있도록 빛 반사 등으로 붉은색으로 표시할 것
> 4. 창문의 한쪽 모서리에 타격지점을 지름 3센티미터 이상의 원형으로 표시할 것
> 5. 창문 유리의 크기는 폭 90센티미터 이상, 높이 (⑤)미터 이상으로 하고, 실내 바닥 면으로부터 창의 아랫부분까지의 높이는 (⑥)센티미터[난간이 설치된 노대등에 불가피하게 소방관 진입창을 설치하는 경우에는 120센티미터] 이내로 할 것

6. 다음 각 목의 어느 하나에 해당하는 유리를 사용할 것

　　가. 플로트판유리로서 그 두께가 6밀리미터 이하인 것

　　나. 강화유리 또는 배강도유리로서 그 두께가 5밀리미터 이하인 것

　　다. 가목 또는 나목에 해당하는 유리로 구성된 이중 유리

　　라. 가목 또는 나목에 해당하는 유리로 구성된 삼중 유리. 이 경우 각각의 유리에 비산방지필름을 부착하는 경우에는 그 필름 두께를 50마이크로미터 이하로 해야 한다.

풀이&답　① 2층 이상 11층 이하　② 44　③ 40　④ 역삼각형　⑤ 1　⑥ 80

문제 21 회전차의 속도식 $V = \pi DN$, 연속방정식 $Q = AV$ 및 토리첼리식 $V = \sqrt{2gH}$를 이용하여 비속도 $N_s = \dfrac{NQ^{\frac{1}{2}}}{H^{\frac{3}{4}}}$ [rpm·m³/min/m] 계산식을 유도하고 아래의 조건을 이용하여 소화펌프의 비속도를 산출하시오.(단, $H_1 = H$[m], $Q_1 = Q$[m³/min], $H_2 = 1$[m], $Q_2 = 1$[m³/min], $N_1 = N$[rpm], $N_2 = N_s$)

[조건]
- 소화펌프는 옥내소화전과 스프링클러설비 겸용으로 사용전압은 220/380[V], 정격 주파수 60[Hz], 극수는 4극, 슬립은 5[%] 이다.
- 지하 1층, 지상 6층인 근린생활시설로서 옥내소화전은 층당 3개씩 설치, 스프링클러헤드의 수량은 스프링클러설비의 화재안전기술기준에서 정하는 바에 따른다.
- 소화펌프의 전양정은 50[m] 이다.

풀이&답　1. 비속도 계산식 유도

　　1) 회전차의 속도식 $V = \pi DN$

$$\frac{V_2}{V_1} = \frac{\pi D_2 N_2}{\pi D_1 N_1} = \frac{D_2 N_2}{D_1 N_1} \rightarrow ① 식$$

　　2) 연속방정식

$$\frac{Q_2}{Q_1} = \frac{A_2 V_2}{A_1 V_1} = \frac{\frac{\pi}{4} D_2^2 \times V_2}{\frac{\pi}{4} D_1^2 \times V_1} = \left(\frac{D_2}{D_1}\right)^2 \times \frac{V_2}{V_1},$$

여기에서, $\dfrac{D_2}{D_1} = \left(\dfrac{Q_2}{Q_1}\right)^{\frac{1}{2}} \times \left(\dfrac{V_1}{V_2}\right)^{\frac{1}{2}} \rightarrow ② 식$

②식을 ①식에 대입

$$\frac{V_2}{V_1}=\left(\frac{Q_2}{Q_1}\right)^{\frac{1}{2}}\times\left(\frac{V_1}{V_2}\right)^{\frac{1}{2}}\times\frac{N_2}{N_1},\ \text{양변에}\ \left(\frac{V_2}{V_1}\right)^{\frac{1}{2}}\text{을 곱하면}$$

$$\left(\frac{V_2}{V_1}\right)^{\frac{3}{2}}=\left(\frac{Q_2}{Q_1}\right)^{\frac{1}{2}}\times\frac{N_2}{N_1},\ \ \left(\frac{Q_1}{Q_2}\right)^{\frac{1}{2}}\times\left(\frac{V_2}{V_1}\right)^{\frac{3}{2}}=\frac{N_2}{N_1}\ \rightarrow\ \text{③식}$$

3) 토리첼리식

$$\frac{V_2}{V_1}=\frac{\sqrt{2gH_2}}{\sqrt{2gH_1}}=\left(\frac{H_2}{H_1}\right)^{\frac{1}{2}}\ \rightarrow\ \text{④식}$$

④식을 ③식에 대입하면

$$\frac{N_2}{N_1}=\left(\frac{Q_1}{Q_2}\right)^{\frac{1}{2}}\times\left(\frac{V_2}{V_1}\right)^{\frac{3}{2}}=\left(\frac{Q_1}{Q_2}\right)^{\frac{1}{2}}\times\left[\left(\frac{H_2}{H_1}\right)^{\frac{1}{2}}\right]^{\frac{3}{2}}=\left(\frac{Q_1}{Q_2}\right)^{\frac{1}{2}}\times\left(\frac{H_2}{H_1}\right)^{\frac{3}{4}}$$

$$\frac{N_s}{N}=\left(\frac{Q}{1\text{m}^3/\text{min}}\right)^{\frac{1}{2}}\times\left(\frac{1\text{m}}{H}\right)^{\frac{3}{4}},$$

$$\text{비속도}\ N_s=\frac{NQ^{\frac{1}{2}}}{H^{\frac{3}{4}}}[\text{rpm}\cdot\text{m}^3/\text{min}/\text{m}]$$

2. 비속도의 계산

1) 회전속도 $N=(1-s)\times\dfrac{120f}{P}=(1-0.05)\times\dfrac{120\times60}{4}=1710\text{rpm}$

2) 토출량 $Q=2\times130L/\text{min}+20\times80L/\text{min}=1860L/\text{min}=1.86\text{m}^3/\text{min}$

3) 전양정 $H=70\text{m}$

4) 비속도 $N_s=\dfrac{NQ^{\frac{1}{2}}}{H^{\frac{3}{4}}}=\dfrac{1710\times1.86^{\frac{1}{2}}}{50^{\frac{3}{4}}}=124.03$

문제 22 다음은 특정소방대상물의 소방시설공사 완공검사를 소방본부장이나 소방서장에게 신청하기 전 소방준공검사를 하기 위하여 소방시설관리사의 참여하에 소방공사 표준시방서「02040 스프링클러 설비공사」에 따라서 점검을 하려고 한다. 괄호 안의 번호에 알맞은 답을 쓰시오. (16점)

(1) 3.6.1 스프링클러 헤드설치 일반사항(10점)

• 설계도서에 특별히 명기되어 있지 않아도 폭이 (①)를 초과하는 고정 장애물(덕트, 캐노피, 발코니 등) 아래에는 스프링클러 헤드를 설치하여야 한다. 다만 캐노피와 발코니의 경우 하부에 가연물을 적재하지 않고 불연성 재질로 된 경우에는 스프링 클러를 설치하지 않을 수 있다.

• 스프링클러 헤드로 부터의 적절한 살수 효과를 발휘할 수 있도록 적재물품과 헤드간 의 수직 이격거리는 최소 (②) 이상을 확보하여야 한다.

• 개방형 격자천장의 재료 두께가 격자구멍의 가장 작은 크기 미만이고, 개구부가 천장 면적의 개구율이 (③) 이상이며, 개구부의 가장 작은 치수가 (④) 이상인 경우에는 스프링클러 헤드를 격자천장 상부내부에 설치할 수 있으며, 격자 천장의 상부 표면과

스프링클러헤드의 최소 이격거리는 (⑤) 이상이어야 한다.

- 헤드설치시 덕트나 선반이 있는 경우 폭이 (①) 이하 경우 덕트나 선반은 살수 장애로 보지 않으며 (①) 초과 경우에는 살수장애로 보고 위쪽에는 상향식 헤드, 아래쪽에는 하향식 헤드를 (⑥)으로 설치한다.
- 지하주차장의 경우 (⑦)현상을 방지하기 위해 헤드간 수평거리는 최소 (⑧) 이상으로 설치하고 불가피하게 (⑧)이하로 할 경우에는 (⑨)을 설치한다.
- 헤드 설치시 수평배관이 여러개 있을 경우 시 배관과 배관 사이 간격이 (⑩) 이상은 살수 장애로 보지 않으며 (⑩) 미만인 경우 살수 장애로 보아 위쪽에는 상향식 헤드, 아래쪽에는 하향식 헤드를 상하향식으로 설치한다.

풀이&답　① 1.2m　② 450 mm　③ 70%　④ 6.4 mm　⑤ 450 mm
　　　　　⑥ 상하향형　⑦ Skipping　⑧ 1,800mm　⑨ 차폐판(Baffle Plate)　⑩ 15cm

(2) 3.7.3 유수경보장치의 시험 (6점)

- 습식, 건식, 부압식설비의 경우에는 시험장치를 작동하여 경보가 발하는지 시험한다.
- 경보시험을 실시하기 전에 밸브의 개폐신호가 (①)에 의해 정확하게 제어반으로 전달되는지를 밸브를 직접 작동하여 확인하여야 하며, 완전히 밸브가 완전히 열린 상태에서 열림 신호가 전달되는 것을 확인하여야 한다.
- (②)의 경우 시간지연이 거의 없이 곧바로 물이 방수되어야 하며, (③)의 경우에는 물이 방수되기까지 1분이 초과되어서는 안 된다.
- 시험밸브함은 매우 빠른 속도로 완전히 개방한 후 (④) 이내에 유수경보장치의 작동을 알리는 경보가 이루어져야 한다.
- 시험밸브함 개방 후 설정한 기동압력에서 펌프가 기동되는지를 확인하여야 하며, 펌프 기동 후 (⑤) 이상 펌프의 운전이 안정적으로 유지되는지를 확인하여야 한다.
- 시험밸브함을 잠근 후에도 수동으로 정지하기 전까지는 펌프의 기동이 (⑥)되지 않아야 한다.
- 준비작동식설비는 2차측 밸브를 폐쇄하고 밸브 본체의 배수밸브를 개방한 다음 감지기를 작동시켜 준비작동식밸브의 클래퍼가 개방되는 것을 확인한다. 클래퍼 개방 후 습식설비와 마찬가지로 약 (⑤) 이상 펌프의 운전이 안정적으로 유지되는지를 확인하여야 한다.

풀이&답　① 탬퍼스위치　② 습식설비　③ 건식설비　④ 5분　⑤ 2분　⑥ 자동으로 정지

문제 23 다음 각 물음에 답하시오. (7점)

(1) 천장제트흐름(Ceilling Jet Flow)에 대하여 설명하시오. (2점)

풀이&답　화재시 열기류(Fire Plume)은 부력과 팽창 등에 의해서 수직방향으로 상승하다가 천장면에 이르면 더 이상 상승할 수 없게 되어 천장면을 따라 굴절되어 수평방향으로 열기류가 빠른 속도로 확산되는 것

(2) 화재감지소자로 쓰이고 있는 서미스터(Thermistor)에 대한 각 물음에 답하시오. (5점)

1) 서미스터(Thermistor)란 무엇이지 간략하게 설명하시오. (1점)

풀이&답 온도(열)에 따라 물질의 저항이 변화하는 성질을 이용하는 것으로 주로 회로의 온도를 감지하는 소자이다.

2) 다음은 서미스터의 종류를 나타낸 그래프이다. 그래프상 (ㄱ), (ㄴ)에 대한 서미스터의 종류와 작동특성 및 적용 열감지기에 대하여 각각 쓰시오. (4점)

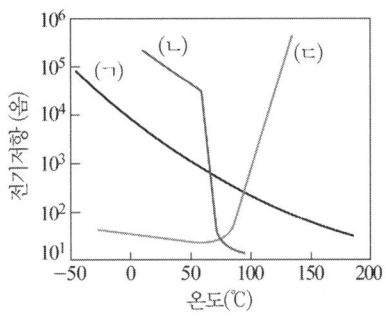

풀이&답

서미스터의 종류	특 성	적용감지기
(ㄱ) NTC	부저항특성을 갖는 서미스터로서 온도가 상승하면 저항값이 낮아지고 반대로 온도가 낮아지면 저항값이 증가하는 특성	차동식감지기
(ㄴ) CTR	일정 온도값에서 저항값이 급격히 변하는 특성	정온식감지기

[참고]
(ㄷ) PTC : 정저항특성을 갖는 서미스터로 온도가 상승하면 저항값도 상승하고 온도가 낮아지면 저항값도 낮아지는 특성, 온풍기, 다리미 등에 사용

문제 24 다음은 소방시설관리사가 피트공간 등을 점검할 때 「피트공간 등 소방시설 설치 관련 변경 지침」[시행 2012.1.6. 소방방재청 소방제도과 – 96]에 따라 점검하여야 하는 내용을 나타낸 것이다. 다음 각 물음에 답하시오. (8점)

(1) 다음의 용어를 설명하시오. (3점)

용어	설 명
피트층	①
피트공간	②
유로(수직관통부)	③

풀이&답 ① 건축법령상 연면적에 포함되지 않고 거실 용도로 사용할 수 없는 수평적 공간
② 건축설비 등을 설치 또는 통과하기 위하여 설치된 구획된 공간(수직관통부를 층간 방화구획한 공간)
③ 급·배수관, 배전·통신용 케이블 등을 설치하기 위해 건축물 내의 바닥을 관통하여 수직방향으로 연속된 공간

(2) 피트공간 등 소방시설 설치 관련 변경 지침에 관한 내용이다. 괄호 안의 번호 ①～⑤에 알맞은 답을 쓰시오. (5점)

---

(1) 2011.4.20. 이전 완공된 특정소방대상물
- 피트공간이 타용도로 사용되지 않고 출입구에 (①)될 경우 소방시설 설치 제외
- 피트층의 출입구가 타용도로 사용되지 않도록 (②)를 하여 관리자 외의 출입이 엄격히 통제될 경우 소방시설 설치 제외

(2) 2011.4.21. 이후 완공되는 특정소방대상물
- 점검구(1개소에 한함)는 (③) 또는 갑종방화문 이상의 성능이 있는 재질로 (④)하는 경우 소방시설 설치 제외
- 배관 등 시설물을 제외한 공간의 크기가 (⑤)의 경우 소방시설 설치 제외

풀이&답

① 시건장치를 설치하여 관리자 외의 출입이 엄격히 통제
② $1\,m^2$ 이하의 갑종방화문 이상의 성능을 가진 재질로 시건장치
③ $1\,m^2$ 이하 크기로 두께 $1.5\,mm$ 이상의 철판
④ 4곳 이상 볼트 조임
⑤ 가로·세로·높이 각각 $1.2\,m$ 미만

문제 25 자동화재속보설비의 속보기의 성능인증 및 제품검사의 기술기준 내용의 일부를 나타낸 것이다. 각 물음에 답하시오. (12점)

(1) 괄호 안의 번호에 알맞은 답을 쓰시오. (8점)

제5조(기능) 속보기는 다음에 적합한 기능을 가져야 한다.
- 작동신호를 수신하거나 수동으로 동작시키는 경우 (①)에 소방관서에 자동적으로 신호를 발하여 통보하되, (②) 속보할 수 있어야 한다.
- 주전원이 정지한 경우에는 자동적으로 (③)으로 전환되고, 주전원이 정상상태로 복귀한 경우에는 자동적으로 (③)에서 주전원으로 전환되어야 한다.
- (③)은 자동적으로 충전되어야 하며 자동과충전방지장치가 있어야 한다.
- 화재신호를 수신하거나 속보기를 수동으로 동작시키는 경우 자동적으로 (④)이 점등되고 음향장치로 화재를 경보하여야 하며 화재표시 및 경보는 수동으로 복구 및 정지시키지 않는 한 지속되어야 한다.
- 연동 또는 수동으로 소방관서에 화재발생 음성정보를 속보 중인 경우에도 송수화장치를 이용한 통화가 우선적으로 가능하여야 한다.
- 예비전원을 병렬로 접속하는 경우에는 (⑤) 방지 등의 조치를 하여야 한다.
- 예비전원은 감시상태를 60분간 지속한 후 10분이상 동작(화재속보후 화재표시 및 경보를 10분간 유지하는 것을 말한다)이 지속될 수 있는 용량이어야 한다.

- 속보기는 연동 또는 수동 작동에 의한 다이얼링 후 소방관서와 전화접속이 이루어지지 않는 경우에는 최초 다이얼링을 포함하여 (⑥) 반복적으로 접속을 위한 다이얼링이 이루어져야 한다. 이 경우 매회 다이얼링 완료 후 호출은 (⑦) 이상 지속되어야 한다.
- 속보기의 (⑧)가 정상위치가 아닌 경우에도 연동 또는 수동으로 속보가 가능하여야 한다.

풀이&답 ① 20초 이내 ② 3회이상 ③ 예비전원 ④ 적색 화재표시등
⑤ 역충전 ⑥ 10회이상 ⑦ 30초 ⑧ 송수화장치

(2) 제10조(절연저항시험) 기준을 쓰시오. (2점)

풀이&답 ① 절연된 충전부와 외함간의 절연저항은 직류 500 V의 절연저항계로 측정한 값이 5 MΩ(교류 입력측과 외함간에는 20 MΩ) 이상이어야 한다.
② 절연된 선로간의 절연저항은 직류 500 V의 절연저항계로 측정한 값이 20 MΩ 이상이어야 한다.

(3) 제11조(절연내력시험) 기준을 쓰시오. (2점)

풀이&답 제10조의 규정에 의한 시험부의 절연내력은 60 Hz의 정현파에 가까운 실효전압 500 V(정격전압이 60 V를 초과하고 150 V 이하인 것은 1,000 V, 정격전압이 150 V를 초과하는 것은 그 정격전압에 2를 곱하여 1000을 더한 값)이 교류전압을 가하는 시험에서 1분간 견디는 것이어야 하며, 기능에 이상이 생기지 아니하여야 한다.

문제 26 감지기의 형식승인 및 제품검사의 기술기준에 대한 각 물음에 답하시오. (10점)
(1) 제4조(감지기의 형식) 제2항 감지기의 형식별 특성에서 다음의 감지기를 설명하시오. (3점)

아날로그식	①
다신호식	②
축적형	③

풀이&답

아날로그식	① 주위의 온도 또는 연기의 양의 변화에 따른 화재정보신호값을 출력하는 방식의 감지기
다신호식	② 가. 각 서로 다른 종별 또는 감도 등의 기능을 갖춘 것으로서 일정시간 간격을 두고 각각 다른 2개 이상의 화재신호를 발하는 감지기를 말한다. 나. 동일 종별 또는 감도를 갖는 2개이상의 센서를 통해 감지하여 화재신호를 각각 발신하는 감지기를 말한다.
축적형	③ 일정농도·온도 이상의 연기 또는 온도가 일정 시간(공칭축적시간) 연속하는 것을 전기적으로 검출함으로써 작동하는 감지기(다만, 단순히 작동시간만을 지연시키는 것은 제외한다)

(2) 제8조(비화재보방지)의 일부 내용을 나타낸 것이다. 괄호 안의 번호에 알맞은 답을 쓰시오.

(4점)

∘ 감지기는 다음 각 호에 대하여 시험하는 경우 작동하지 않아야 한다.
  1. 주위온도 (①)℃인 조건을 유지하며 상대습도 (②) %에서 (③) %인 상태로 급격하게 3회 변경 투입을 반복하는 경우
  2. 감지기를 분당 (④)의 비율로 순간적인 감지기 공급전원의 차단을 반복하는 경우
∘ 광전식 기능을 가진 감지기는 제1항 및 다음 각 호에 노출되는 경우 경우에 작동하지 않아야 한다.
  1. 백열램프
  2. (⑤)
∘ 이온화식 기능을 가진 감지기는 제1항 및 기류를 가하는 경우에 작동하지 않아야 한다.
∘ 불꽃식 기능을 가진 감지기는 제1항 및 다음 각 호에 노출 및 인가되는 경우에 작동하지 않아야 한다.
  1. (⑥)
  2. 할로겐램프
  3. 직사 및 반사된 태양광
  4. (⑦)
  5. (⑧)
  6. 그 밖의 외광
  7. 흔들리는 주황색의 천(영상분석식에 한함)

풀이&답 ① (23 ± 2) ② (20 ± 5) ③ (90 ± 5) ④ 6회
⑤ 크세논램프 ⑥ 형광램프 ⑦ 아크용접 불꽃 ⑧ 충격파전압)

(3) 괄호 안의 번호에 알맞은 답을 쓰시오. (3점)

제11조(주위온도시험)
감지기의 주위온도시험은 다음 각 호 1의 규정에 의하여 시험할 경우 기능에 이상이 생기지 아니하여야 한다.
1. (①)이 있는 감지기는 −(10 ± 2) ℃에서 공칭작동온도(2 이상 공칭작동온도를 갖는 것에 있어서는 가장 낮은 공칭작동온도, 이하 제25조에서 같다)보다 (20 ± 2) ℃ 낮은 온도까지의 주위온도시험.
2. (②)는 −(10 ± 2) ℃에서 공칭감지온도 범위의 상한값보다 (20 ± 2) ℃ 낮은 온도까지의 주위온도시험.
3. (③)는 −(20 ± 2) ℃에서 (50 ± 2) ℃까지의 주위온도시험
4. 그 밖의 감지기는 −(10 ± 2) ℃에서 (50 ± 2) ℃까지의 주위온도시험

풀이&답 ① 정온식 성능
② 아날로그식으로 정온식감지기
③ 불꽃감지기

문제 27 비상문자동개폐장치의 성능인증 및 제품검사의 기술기준에 대한 각 물음에 답하시오.(7점)

(1) 비상문자동개폐장치의 용어 정의를 쓰시오. (2점)

풀이&답 비상문에 설치하는 개폐장치(전기·전자 도어록)로서 외부신호(자동화재탐지설비의 화재신호 또는 수동조작신호)에 의하여 자동적으로 개방시키는 장치를 말한다.

(2) 괄호 안의 번호에 알맞은 답을 쓰시오. (5점)

제4조(작동시험)

자동개폐장치는 (①) 이내에 개폐부가 개방되어야 하며, 의도된 복귀신호나 인위적 조작 없이는 개방상태를 유지하여야 하고 개방된 경우 개방상태를 확인할 수 있어야 한다. 이 경우 시험방법은 다음 각 호를 따른다.

1. 제어함과 수신기의 출력부((②))를 연결하고 제어함에 주전원을 공급할 것
2. 수신기에서 화재신호를 보낼 것
3. 이때 수신기에서 제어함으로 송신하는 화재신호 전압은 (③)와 (④)를 각각 사용할 것
4. 자동개폐장치가 화재신호를 수신한 때부터 개폐부가 개방될 때까지의 시간을 초 단위까지 측정할 것
5. (⑤) 이후 개폐부의 개방상태를 쉽게 확인할 수 있는지 관찰할 것

풀이&답 ① 5초 ② 경종 또는 전용신호선 ③ DC 24V ④ 맥류 24V ⑤ 5초

문제 28 가스관선택밸브의 형식승인 및 제품검사의 기술기준에 대한 각 물음에 답하시오.

(1) 가스관선택밸브의 종류에는 아래의 표와 같이 3가지가 있다. 이에 대한 용어의 정의를 쓰시오.

피스톤릴리스	①
솔레노이드식 작동장치	②
모터식 작동장치	③

풀이&답

피스톤릴리스	① 실린더에 공급된 기동용가스가 일정압력에 도달하면 피스톤을 작동시켜 일시적으로 방출되는 구조의 기계적 장치
솔레노이드식 작동장치	② 전자석의 자력을 이용하여 밸브시트를 여는 전기적 장치
모터식 작동장치	③ 전기 모터의 구동력을 이용하여 밸브시트를 여는 장치

(2) 기밀시험에 대한 표의 번호에 알맞은 답을 쓰시오.

선택밸브의 밸브시트는 닫힌 상태에서 다음 표에 해당하는 압력을 공기압 또는 질소압으로 5분간 가하는 경우에 누설되지 아니하여야 한다.

구 분	시험압력
가스계소화설비용	①
분말소화설비용	②

풀이&답

구 분	시험압력
가스계소화설비용	① 사용압력범위 최대값의 1.2배
분말소화설비용	② 사용압력범위의 최대값

> **보충설명**
>
> **사용압력 범위**
> 해당 선택밸브가 사용되는 소화설비의 작동시, 소화약제 저장용기에서 배관설비에 가해지는 조정압력범위를 말한다.

(3) 솔레노이드식 작동장치 및 모터식 작동장치에 대한 절연저항시험기준을 쓰시오.

풀이&답 솔레노이드식 작동장치 및 모터식 작동장치는 가동코일부(개폐부)와 비충전 금속부사이의 절연저항이 5 MΩ 이상이어야 한다.

문제 29 건식밸브의 방사시간은 압축공기의 배출시간(Trip time)과 소화수 이송시간(Transit time)으로 나타낼 수 있다. 이를 설명하시오.

배출시간(Trip time)	①
소화수 이송시간(Transit time)	②

풀이&답 ① 배출시간(Trip time)
　　헤드가 개방된 후 건식밸브 2차측 압축공기가 배출되어 1차측 가압수가 건식밸브 2차측으로 유입되는데 소요되는 시간
② 소화수 이송시간(Transit time)
　　건식밸브 2차측에 유입된 가압수가 개방된 헤드까지 가는데 소요되는 시간

문제 30 국가화재안전기준(NFSC)에 따라 전동기 또는 내연기관에 따른 펌프를 이용하는 가압송수장치가 기동이 된 경우에는 자동으로 정지되지 아니하도록 하여야 한다. 그렇다면 가압송수장치의 자동정지가 금지된 시기를 표의 번호에 맞게 쓰시오.

구 분	옥내소화전설비	스프링클러설비
자동정지 금지시기	①	②

풀이&답 ① 2007년 12월 28일 이후
② 2006년 12월 30일 이후

소방시설관리사 2차

5편
설계 및 시공 기출문제

합격자 144

제7회 설계 및 시공 기출문제

2004. 10. 31

01 ★★★★

다음의 각 물음에 답하시오. (배점 30점)

1) 제연설비 설치장소의 제연구획 기준 5가지를 열거하시오.

2) 옥내소화전 노즐 선단에서의 방수압력이 0.7 [MPa]를 초과하는 경우 시공 상 감압방식을 4가지 이상 기술하시오.

3) 배관의 외기 온도 변화나 충격 등에 따른 신축작용에 의한 손상 방지용 신축이음의 종류 3가지 이상 기술하시오.

4) 포소화설비 혼합장치의 종류 4가지를 열거하고 간략히 설명하시오.

5) 습식 외의 스프링클러설비에는 상향식 스프링클러헤드를 설치하여야 하나, 하향식헤드를 사용 할 수 있는 경우 3가지를 쓰시오.

풀이&답

1) 제연설비 설치장소의 제연구획 기준 5가지
   ① 하나의 제연구역의 면적은 1,000[m²]이내로 할 것
   ② 거실과 통로(복도를 포함한다. 이하 같다)는 상호 제연구획 할 것
   ③ 통로상의 제연구역은 보행중심선의 길이가 60[m]를 초과하지 아니할 것
   ④ 하나의 제연구역은 직경 60[m] 원내에 들어갈 수 있을 것
   ⑤ 하나의 제연구역은 2개 이상 층에 미치지 아니하도록 할 것. 다만, 층의 구분이 불분명한 부분은 그 부분을 다른 부분과 별도로 제연구획 하여야 한다.

2) 시공 상 감압방식을 4가지 이상
   ① 고가수조방식
   ② 구간별 전용배관방식
   ③ 중간펌프방식(부스터펌프방식, 가압펌프방식)
   ④ 감압밸브 방식
   ⑤ 감압용 오리피스 방식

3) 신축이음의 종류 3가지 이상
   ① 루우프형   ② 슬립형   ③ 벨로우즈형
   ④ 스위블형   ⑤ 볼조인트형

4) 포소화설비 혼합장치의 종류 4가지
   ① 펌프 프로포셔너 방식 : 펌프의 토출관과 흡입관 사이의 배관 도중에 설치한 흡입기에 펌프에서 토출된 물의 일부를 보내고, 농도조정 밸브에서 조정된 포 소화약제의 필요량을 포소화약제 탱크에서 펌프 흡입측으로 보내어 이를 혼합하는 방식을 말한다.
   ② 프레셔 프로포셔너방식 : 펌프와 발포기의 중간에 설치된 벤추리관의 벤추리작용과 펌프 가압수의 포 소화약제 저장탱크에 대한 압력에 따라 포 소화약제를 흡입·혼합하는 방식을 말한다.
   ③ 라인 프로포셔너방식 : 펌프와 발포기의 중간에 설치된 벤추리관의 벤추리작용에 따라 포 소화약제를 흡입·혼합하는 방식을 말한다.

④ 프레셔사이드 프로포셔너방식 : 펌프의 토출관에 압입기를 설치하여 포 소화약제 압입용펌
프로 포 소화약제를 압입시켜 혼합하는 방식을 말한다.
5) 하향식헤드를 사용할 수 있는 경우 3가지
① 드라이펜던트스프링클러헤드를 사용하는 경우
② 스프링클러헤드의 설치장소가 동파의 우려가 없는 곳인 경우
③ 개방형스프링클러헤드를 사용하는 경우

02 ★★★★

다음 각 물음에 답하시오. (배점 30점)

1) 선택밸브 등을 이용하여 전기실 등을 방호하는 이산화탄소소화설비(연기감지기와 가스압
력식 기동장치를 채용한 자동기동방식)의 각종 전기적, 기계적 구성기기의 작동순서를 연
기감지기(A, B)의 작동부터 분사헤드에서의 약제방출에 이르기까지 순차적으로 기술하
시오.(단, 종합수신반과의 연동은 고려하지 않으며 감지기 A, B 중 감지기 A가 먼저 작동
하고 전자사이렌의 기동은 하나의 감지기 작동 후 이루어지며, 압력스위치는 선택밸브 2
차측에 설치되는 조건임. 기기의 명칭은 일반적인 용어를 사용하되 화재안전기준에서 사
용되는 용어도 가능함)

2) 스프링클러설비의 감시제어반에서 확인되어야 하는 스프링클러설비의 구성기기의 비정
상 상태 감시신호 4가지를 쓰시오.(단, 물올림탱크는 설치하지 않은 것으로 하며 수신반은
P형 기준임)

풀이&답 　1) 구성기기의 작동순서

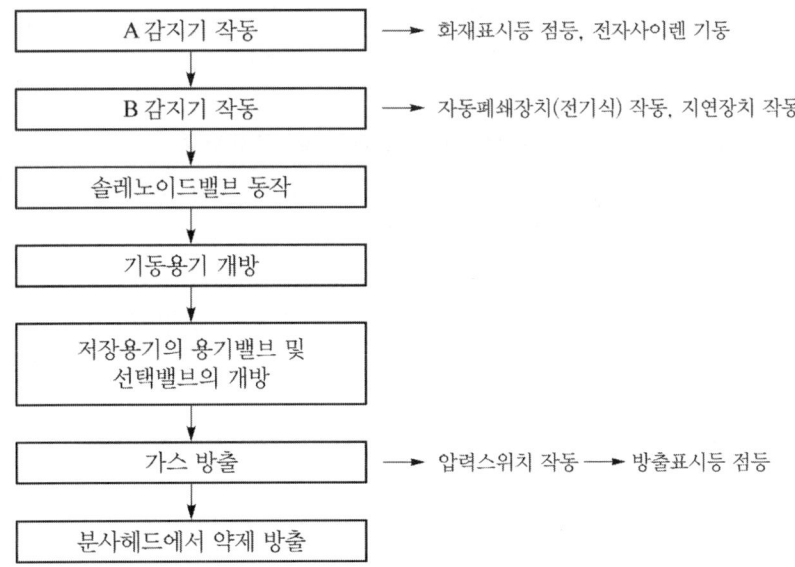

2) 비정상 상태 감시신호 4가지
① 기동용수압개폐장치의 압력스위치 회로-각 펌프의 작동여부 확인
② 수조의 저수위감시회로-수조의 저수위 확인
③ 유수검지장치 또는 일제개방밸브의 압력스위치 회로-유수검지장치 또는 일제개방밸브의
작동여부 확인

④ 일제개방밸브를 사용하는 설비의 화재감지기회로—화재감지기의 작동여부 확인
⑤ 개폐표시형개폐밸브의 폐쇄상태 확인회로—탬퍼스위치의 작동여부 확인

 스프링클러설비 감시제어반의 각 확인회로마다 도통시험 및 작동시험을 할 수 있도록 할 것
① 기동용 수압개폐장치의 압력스위치 회로
② 수조 또는 물올림탱크의 저수위 감시회로
③ 유수검지장치 또는 일제개방밸브의 압력스위치 회로
④ 일제개방밸브를 사용하는 설비의 화재감지기회로
⑤ 개폐밸브의 폐쇄상태 확인회로
⑥ 그 밖의 이와 비슷한 회로

03 ★★★★

지상 25층 지하1층의 계단실형 아파트에 옥내소화전과 스프링클러설비를 설치할 경우 다음 각 물음에 답하시오. (배점 40점)

[조건]

① 지상층 : 층당 바닥면적은 320[m²], 옥내소화전 2개/층, 폐쇄형 습식 스프링클러헤드 28 개/층

② 지하층 : 바닥면적 6,300[m²]로 방화구획 완화규정 적용, 옥내소화전 9개와 준비작동식 스프링클러설비가 혼합 설치, 소화펌프는 옥내소화전과 스프링클러 겸용이다.

③ 전양정 계산시 실양정 70[m], 소방호스와 배관 및 관부속품의 마찰손실은 25[m], 안전을 고려하여 여유율은 10[m] 적용한다.

④ 전동기의 전달계수는 1.1을 적용하고, 효율은 65[%] 이다.

[물음]

1) 소화펌프의 토출량[L/min]과 전동기의 동력[kW] 구하시오.

2) 필요한 수원의 양[m³]을 구하고, 수원을 전량 지하수조로만 적용하고자 할 때, 화재안전기준(NFSC)에 의한 조치방법을 제시하시오.

3) 소화펌프의 토출측 주배관(mm)의 수리계산방식에 의한 최소값을 구하시오.(배관 내 유속은 옥내소화전설비의 화재안전기준(NFSC 102)에 의한 상한값 사용)

4) 하나의 계단으로부터 출입할 수 있는 세대수가 층당 2세대일 경우 스프링클러설비의 방호구역 설정(지하 주차장 포함)

5) 옥내소화전설비와 호스릴옥내소화전설비의 차이점에 대하여 쓰시오.

풀이&답

1) 소화펌프의 토출량 [L/min]과 전동기의 동력[kW]

① 토출량 $= 2개 \times 130\,L/min + 10개 \times 80\,L/min = 1,060\,L/min$

② 전동기의 동력

전양정 $H =$ 실양정 + 손실수두 + 옥내소화전 방수압 + 안전율

$\qquad = 70[m] + 25[m] + 17[m] + 10[m] = 122[m]$

전동기의 동력 $P = \dfrac{9.8\,QH}{\eta} \times K = \dfrac{9.8 \times 1.06[m^3/60s] \times 122[m]}{0.65} \times 1.1 = 35.75[kW]$

2) 필요한 수원의 양 [m³], 화재안전기준(NFSC)에 의한 조치방법
　① 필요한 수원의 양 = 펌프의 토출량 × 방수시간
$$= 1,060[\text{L/min}] \times 20[\text{min}] = 21,200[\text{L}] = 21.2[\text{m}^3]$$
　② 화재안전기준에 의한 조치방법
　　㉮ 주펌프와 동등이상의 성능이 있는 별도의 펌프로서 내연기관의 기동과 연동하여 작동
　　　되거나 비상전원을 연결하여 설치한다.
　　㉯ 가압수조를 가압송수장치로 설치한 경우
3) 토출측 주배관[mm]의 수리계산방식에 의한 최소값
$$D = \sqrt{\frac{4Q}{\pi V}} = \sqrt{\frac{4 \times 1.06[\text{m}^3/60\text{s}]}{\pi \times 4[\text{m/s}]}} \times 1000 = 74.989 = 74.9[\text{mm}]$$
4) 스프링클러설비의 방호구역 설정(지하 주차장 포함)
　① 지상층 $= \dfrac{320[\text{m}^2]}{3000[\text{m}^2]} = 0.11 = 1$구역, 25층이므로 25구역

　② 지하 주차장 $= \dfrac{6300[\text{m}^2]}{3000[\text{m}^2]} = 2.1 = 3$구역

　③ 방호구역 합계 $= 25 + 3 = 28$구역
5) 옥내소화전설비와 호스릴옥내소화전설비의 차이점에 대하여 쓰시오.

구　분	옥내소화전	호스릴옥내소화전
수　원	옥내소화전의 설치개수가 가장 많은 층의 설치개수(2개 이상은 2개)에 2.6[m³]를 곱한 양 이상	옥내소화전의 설치개수가 가장 많은 층의 설치개수(2개 이상은 2개)에 2.6[m³]를 곱한 양 이상
방수량	130[L/min] 이상	130[L/min] 이상
방수압	0.17[MPa] 이상	0.17[MPa] 이상
수　평 거　리	25[m] 이하	25[m] 이하
배　관	주배관 중 수직배관 50[mm] 이상, 가지배관 40[mm] 이상	주배관 중 수직배관 32[mm] 이상, 가지배관 25[mm] 이상

합격자 100

제8회 설계 및 시공 기출문제

2005. 07. 03

01 ★★

옥외소화전설비에 대하여 아래 조건을 참고하여 문제에 답하시오. (배점 30점)

[조건]

① 정압흡입방식, 기동용 수압개폐장치 사용

② 지상식 옥외소화전 2개 설치

[물음]

1) 펌프의 흡입측과 토출측의 주위 배관을 도시하고, 밸브 및 기구 등의 이름을 쓰시오. (12점)

2) 안전밸브와 릴리프밸브의 차이점을 쓰시오. (6점)

3) 릴리프밸브의 압력설정방법을 쓰시오. (6점)

4) 소화전의 동파방지를 위하여 시공 시 유의해야 할 사항 2가지를 쓰시오. (6점)

　(동파방지 기구 등을 추가적으로 실시하는 것을 고려하지 않음)

풀이&답　1) 펌프 주위 배관을 도시

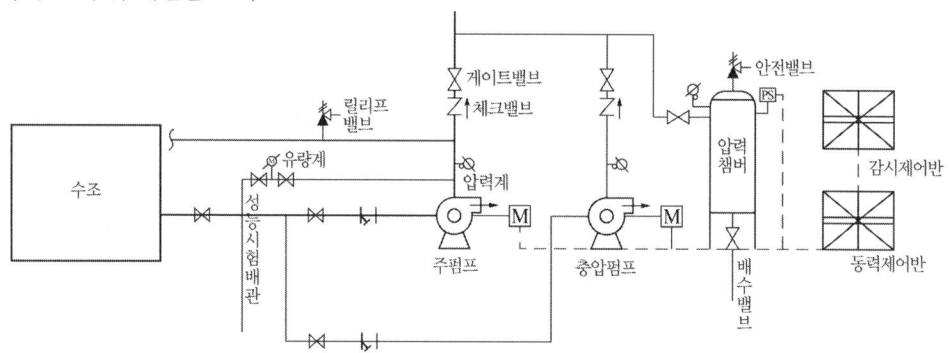

2) 안전밸브와 릴리프밸브의 차이점을 쓰시오. (6점)

안전밸브	릴리프밸브
가스나 증기용	액체용
제조 시 공장에서 작동압력을 설정	현장에서 임의로 작동압력을 설정

3) 릴리프밸브의 압력설정 방법

　① 주펌프의 토출측 개폐밸브를 폐쇄한다.

　② 동력제어반(MCC)에서 주펌프를 수동으로 기동한다.

　③ 릴리프밸브의 뚜껑을 열고 스패너 등으로 릴리프밸브를 조작한다.

　　(순환배관으로 방수될 때까지 좌측으로 돌린다)

　④ 릴리프밸브가 개방되어 순환배관으로 방수되면 체절압력 미만으로 설정된 것이다.

4) 소화전의 동파방지를 위하여 시공 시 유의해야 할 사항
　　① 배관을 동결심도 밑으로 매설한다.
　　② 배수가 잘 될 수 있도록 모래, 자갈 등으로 주변을 채운다.

02 ★★★★

콘루프형 위험물 저장 옥외탱크(내경 15[m] × 높이 10[m])에 Ⅱ형 포방출구 2개를 설치할 경우 조건을 참고하여 다음 각 물음에 답하시오. (배점 30점)
[조건]
① 포수용액량 : 220 [L/m²]
② 포방출율 : 4 [L/m²·min]
③ 소화약제(포)의 사용농도 : 3[%]
④ 보조포소화전 4개 설치
⑤ 송액관 내경 100[mm], 길이 500[m]
[물음]
1) 고정포방출구에서 방출하기 위하여 필요한 소화약제 저장량 (15점)
2) 보조포소화전에서 방출하기 위하여 필요한 소화약제 저장량 (5점)
3) 탱크까지 송액관에 충전하기 위하여 필요한 소화약제 저장량 (5점)
4) 그 합을 구하라 (5점)

풀이&답 　1) 고정포방출구에서 방출하기 위하여 필요한 소화약제 저장량 (15점)
$$= AQ_1S = \frac{\pi}{4} \times 15^2 \times 220 [\text{L/m}^2] \times 0.03 = 1,166.32 [\text{L}]$$
　　2) 보조포소화전에서 방출하기 위하여 필요한 소화약제 저장량 (5점)
$$= N \times S \times 8000 = 3개 \times 0.03 \times 8000 = 720 [\text{L}]$$
　　3) 탱크까지 송액관에 충전하기 위하여 필요한 소화약제 저장량 (5점)
$$= ALS \times 1,000 = \frac{\pi}{4} \times 0.1^2 \times 0.03 \times 1,000 = 117.81 [\text{L}]$$
　　4) 그 합을 구하라 (5점)
$$= 1,166.32 + 720 + 117.81 = 2,004.13 [\text{L}]$$

03 ★★★

한 개의 방호구역으로 구성된 가로 15[m], 세로 15[m], 높이 6[m]의 랙(rack)식 창고에 특수 가연물을 저장하고 있고, 표준형 스프링클러헤드(폐쇄형)를 정방형으로 설치하려고 한다. 다음 각 물음에 답하시오. (배점 40점)
1) 헤드설치 수 (15점)
2) 총 헤드를 담당하는 최소배관의 구경(규약방식 배관) (15점)
3) 헤드 1개당 80[L/min]으로 방출 시 옥상수조를 포함한 수원의 양[L] (10점)

풀이&답 1) 헤드설치 수(15점)

① 가로수량 $= \dfrac{15[\text{m}]}{2 \times 1.7[\text{m}] \times \cos 45°} = 6.24 = 7$개

② 세로수량 $= \dfrac{15[\text{m}]}{2 \times 1.7[\text{m}] \times \cos 45°} = 6.24 = 7$개

③ 헤드설치 수량 $= 7$개 $\times 7$개 $\times 2$열 $= 98$개

(특수가연물을 저장하는 것에 있어서는 랙(rack) 높이 4m 이하마다 스프링클러헤드를 설치하므로 2열로 배치하여야 한다.)

2) 총 헤드를 담당하는 최소배관의 구경(규약방식 배관)(15점) : 150 [mm]

3) 옥상수조를 포함한 수원의 양[L] (10점)

$= 30$개 $\times 1.6[\text{m}^3] + 30$개 $\times 1.6[\text{m}^3] \times \dfrac{1}{3} = 64[\text{m}^3] = 64,000[\text{L}]$

보충설명

특수가연물을 저장하는 경우로서 폐쇄형 스프링클러헤드를 설치하는 설비의 배관구경은 [별표1]의 다란에 따른다.

구분 \ 급수관의 구경	25	32	40	50	65	80	90	100	125	150
가	2	3	5	10	30	60	80	100	160	161 이상
나	2	4	7	15	30	60	65	100	160	161 이상
다	1	2	5	8	15	27	40	55	90	91 이상

합격자 70

제9회 설계 및 시공 기출문제

2006. 07. 02

01 ★★★

아래 그림과 같은 지상 10층, 지하 2층의 특정소방대상물에 대한 다음 각 물음에 답하시오.
내부는 방화구획이나 칸막이가 되어 있지 않다. (배점 35점)

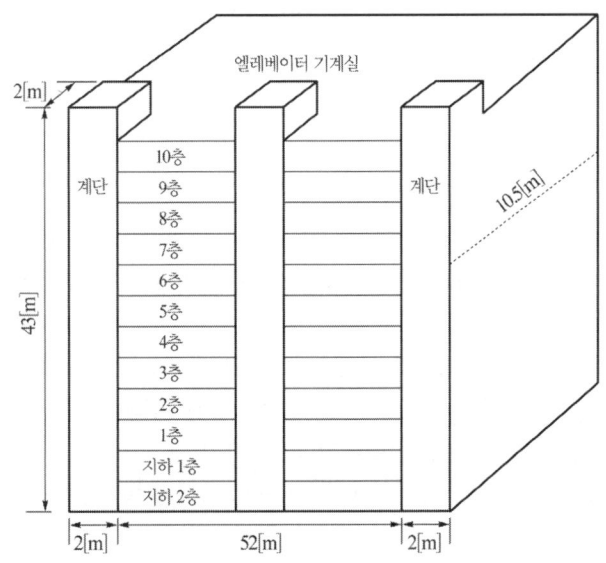

1) 자동화재탐지설비의 경계구역 수를 산출하시오. 단, 산출과정을 상세히 설명할 것 (15점)
2) 지상 1층에서 화재 발생 시 경보되어야 할 층을 쓰시오. (10점)
3) 다음 ( )안을 채우시오. (10점)

> 자동화재탐지설비에는 그 설비에 대한 감시상태를 (①)분간 지속한 후 유효하게
> (②)분 이상 경보할 수 있는 (③)를 설치하여야 한다. 다만 (④)이 (⑤)인 경우에는
> 그러하지 아니하다.

풀이&답 1) 경계구역 수
　　(1) 거실의 경계구역 수
　　　① 1개 층의 면적 = 56[m] × 10.5[m] − (2[m] × 2[m] × 3)=576[m²]
　　　② 경계구역 수 = $\dfrac{576[\text{m}^2]}{600[\text{m}^2]}$ = 0.96 = 1개
　　　③ 한 변의 길이가 56[m]로 50[m]를 초과하므로 2개 구역으로 산정
　　　④ 거실의 경계구역 수 : 2개구역 × 12개층 = 24개

    (2) 계단 및 엘리베이터기계실의 경계구역 수

       ① 계단의 경계구역 수

         하나의 경계구역의 높이는 45[m] 이하, 지하층의 계단 및 경사로(지하층의 층수가 1일 경우에는 제외)는 별도로 하나의 경계구역으로 하여야 한다. 지상층과 지하층은 분리하여야 하므로 지상2개, 지하2개로 계단의 경계구역 수는 4개

       ② 엘리베이터기계실 : 1개

    (3) 전체 경계구역 수 = 24개+4개+1개 = 29개

  2) 지상 1층에서 화재발생 시 경보되어야 하는 층

    지상 1층~지상 10층, 지하 1층~2층

  3) 다음 ( )안을 채우시오.

    ① 60

    ② 10

    ③ 축전지설비(수신기에 내장하는 경우를 포함) 또는 전기저장장치(외부 전기에너지를 저장해 두었다가 필요한 때 전기를 공급하는 장치)

    ④ 상용전원

    ⑤ 축전지설비

02 ★★★★

아래의 조건을 참고하여 할로겐화합물 소화설비의 약제 저장량을 구하시오. (배점 25점)

[조건]

① 10초 동안 약제가 방사될 시 설계농도의 95[%]에 해당하는 약제가 방출된다.

② 실의 구조는 가로 4[m], 세로 5[m], 높이 4[m] 이다.

③ $K_1 = 0.2413$, $K_2 = 0.0008$, 실온은 20[℃] 이다.

④ A, C급 화재 발생 가능 장소로서 소화농도는 8.5[%]이다.

 1) 선형상수

    $S = K_1 + K_2 \times t = 0.2413 + 0.0008 \times 20 = 0.2573$

  2) 설계농도

    $C = $ 소화농도 × 안전계수 $ = 8.5[\%] \times 1.2 = 10.2[\%]$

  3) 방호구역의 체적

    $V = 4[\text{m}] \times 5[\text{m}] \times 4[\text{m}] = 80[\text{m}^3]$

  4) 약제 저장량

$$W = \frac{V}{S} \times \frac{C}{100-C} = \frac{80[\text{m}^3]}{0.2573} \times \frac{10.2}{100-10.2} = 35.316 = 35.32[\text{kg}]$$

03 ★★★★

다음 각 물음에 답하시오. (배점 40점)

1) 바닥면적 350[m²], 높이 5[m], 전압 75[mmAq], 효율 65[%], 전달계수 1.1인 Fan의 동력을 마력(PS)으로 산정하시오. (14점)

2) 길이가 3,000[m]인 터널이 있다. 설치할 수 있는 소방시설의 종류를 모두 쓰시오. (6점)

3) 전실제연설비의 제어반 기능 5가지를 쓰시오. (20점)

풀이&답

1) 동력을 마력으로 산정하시오. (14점)
   ① 풍량 $Q = 350[\text{m}^2] \times 1\,[\text{m}^3/\text{min}\cdot\text{m}^2] = 350[\text{m}^3/\text{min}]$
   ② 팬의 동력

   $$P = \frac{P_t Q}{75\eta} \times K = \frac{75[\text{mmAq}] \times 350[\text{m}^3/60\text{s}]}{75 \times 0.65} \times 1.1 = 9.87[\text{PS}] \text{ 이상}$$

2) 설치할 수 있는 소방시설의 종류 (6점)
   ① 소화기구 중 소화기   ② 옥내소화전설비   ③ 비상경보설비
   ④ 자동화재탐지설비   ⑤ 비상조명등   ⑥ 연결송수관설비
   ⑦ 비상콘센트설비   ⑧ 무선통신보조설비

3) 전실제연설비의 제어반 기능 5가지 (20점)
   ① 급기용 댐퍼의 개폐에 대한 감시 및 원격조작기능
   ② 배출댐퍼 또는 개폐기의 작동여부에 대한 감시 및 원격조작기능
   ③ 급기송풍기와 유입공기의 배출용 송풍기(설치한 경우에 한한다)의 작동여부에 대한 감시 및 원격조작기능
   ④ 제연구역의 출입문의 일시적인 고정개방 및 해정에 대한 감시 및 원격조작기능
   ⑤ 수동기동장치의 작동여부에 대한 감시기능
   ⑥ 급기구 개구율의 자동조절장치(설치하는 경우에 한한다)의 작동여부에 대한 감시기능. 다만, 급기구에 차압표시계를 고정부착한 자동차압·과압조절형 댐퍼를 설치하고 당해 제어반에도 차압표시계를 설치한 경우에는 그러하지 아니하다.
   ⑦ 감시선로의 단선에 대한 감시기능
   ⑧ 예비전원이 확보되고 예비전원의 적합여부를 시험할 수 있어야 할 것 중 5가지

보충설명

터널에 설치할 수 있는 소방시설

소방시설의 종류	기 준
소화기구 중 소화기	터널
비상경보설비	지하가 중 터널로서 길이가 500[m] 이상
비상조명등설비	
비상콘센트설비	
무선통신보조설비	
옥내소화전설비	지하가 중 터널로서 길이가 1000[m] 이상
자동화재탐지설비	
연결송수관설비	
제연설비	지하가 중 예상교통량, 경사도 등 터널의 특성을 고려하여 행정안전부령으로 정하는 위험등급 이상에 해당하는 터널
물분무소화설비	
옥내소화전설비	

합격자 105

제10회 설계 및 시공 기출문제

2008. 09. 28

01 ★★★

다음의 할로겐화합물 및 불활성기체 소화약제에 대하여 답하시오. (배점 30점)

1) 다음의 용어 정의를 설명하시오. (6점)

　① 할로겐화합물 및 불활성기체 소화약제

　② 할로겐화합물 소화약제

　③ 불활성기체 소화약제

2) 할로겐화합물 및 불활성기체 소화설비를 설치해서는 안 되는 장소를 쓰시오. (4점)

3) 최대허용설계농도가 가장 높은 약제명을 쓰시오. (4점)

4) 최대허용설계농도가 가장 낮은 약제명을 쓰시오. (4점)

5) 과압배출구 설치장소를 쓰시오. (2점)

6) 자동폐쇄장치 설치기준을 쓰시오. (8점)

7) 저장용기 재충전 또는 교체기준을 쓰시오. (2점)

풀이&답　1) 용어정의

　　① 할로겐화합물 및 불활성기체 소화약제

　　　할로겐화합물(할론1301, 할론2402, 할론1211 제외) 및 불활성기체로서 전기적으로 비전도성이며 휘발성이 있거나 증발 후 잔여물을 남기지 않는 소화약제

　　② 할로겐화합물 소화약제

　　　불소, 염소, 브롬 또는 요오드 중 하나 이상의 원소를 포함하고 있는 유기화합물을 기본 성분으로 하는 소화약제

　　③ 불활성기체 소화약제

　　　헬륨, 네온, 아르곤 또는 질소가스 중 하나 이상의 원소를 기본 성분으로 하는 소화약제

　2) 할로겐화합물 및 불활성기체 소화설비를 설치해서는 안 되는 장소

　　① 사람이 상주하는 곳으로써 최대허용설계농도를 초과하는 장소

　　② 제3류 위험물 및 제5류 위험물을 사용하는 장소

　3) 최대허용설계농도가 가장 높은 약제명

　　HFC-23(2017.4.11.이후 기준 변경으로 설계농도가 가장 높은 약제는 FC-3-1-10임)

　4) 최대허용설계농가 가장 낮은 약제명 : FIC-13I1

　5) 과압배출구 설치 장소

　　방호구역에 소화약제 방출 시 과압으로 인하여 구조물 등에 손상이 생길 우려가 있는 장소

　6) 자동폐쇄장치 설치기준

　　① 환기장치를 설치한 것에 있어서는 할로겐화합물 및 불활성기체 소화약제가 방사되기 전에 당해 환기 장치가 정지할 수 있도록 할 것

　　② 개구부가 있거나 천장으로부터 1[m] 이상의 아래부분 또는 바닥으로부터 해당 층의 높이의 3분의2 이내의 부분에 통기구가 있어 할로겐화합물 및 불활성기체 소화약제의 유출에 따라

소화효과를 감소시킬 우려가 있는 것에 있어서는 할로겐화합물 및 불활성기체 소화약제가 방사되기 전에 해당 개구부 및 통기구를 폐쇄할 수 있도록 할 것

③ 자동폐쇄장치는 방호구역 또는 방호대상물이 있는 구획의 밖에서 복구할 수 있는 구조로 하고, 그 위치를 표시하는 표지를 할 것

7) 저장용기 재충전 또는 교체기준

저장용기의 약제량 손실이 5[%]를 초과하거나 압력손실이 10[%]를 초과할 경우에는 재충전하거나 저장용기를 교체할 것. 다만, 불활성기체 소화약제 저장용기의 경우에는 압력손실이 5%를 초과할 경우 재충전하거나 저장용기를 교체하여야 한다.

02 ★★★★★

특별피난계단의 계단실 및 부속실제연설비에 대한 다음 각 물음에 답하시오. (배점 40점)

1) 제연방식 기준 3가지를 쓰시오. (12점)

2) 제연구역 선정 기준 3가지를 쓰시오. (12점)

3) 다음의 조건을 이용하여 부속실과 거실 사이의 차압[Pa]을 구하고, 화재안전기준에 의한 최소차압 40[Pa]과 비교하여 설명하시오. (16점)

[조건]

① 거실과 부속실의 출입문 개방에 필요한 힘 $F_1 = 50[N]$ 이다.

② 화재 시 거실과 부속실의 출입문 개방에 필요한 힘 $F_2 = 90[N]$ 이다.

③ 출입문 폭 $W = 0.9[m]$, 높이 $h = 2[m]$

④ 손잡이는 출입문 끝에 있다고 가정한다.

⑤ 스프링클러설비 미설치

풀이&답

1) 제연방식기준

① 제연구역에 옥외의 신선한 공기를 공급하여 제연구역의 기압을 제연구역 이외의 옥내보다 높게 하되, 일정한 기압의 차이(차압)를 유지하게 함으로써 옥내로부터 제연구역내로 연기가 침투하지 못하도록 할 것

② 피난을 위하여 제연구역의 출입문이 일시적으로 개방되는 경우 방연풍속을 유지하도록 옥외의 공기를 제연구역내로 보충 공급하도록 할 것

③ 피난을 위하여 일시 개방된 출입문이 다시 닫히는 경우 제연구역의 과압을 방지할 수 있는 유효한 조치를 하여 차압을 유지할 것

2) 제연구역선정기준

① 계단실 및 그 부속실을 동시에 제연하는 것

② 부속실만을 단독으로 제연하는 것

③ 계단실을 단독 제연하는 것

④ 비상용승강기승강장을 단독 제연하는 것

3) 부속실과 거실사이의 차압[Pa]

① 화재 시 차압에 의한 출입문 개방에 필요한 힘
$$F_2 - F_1 = 90[N] - 50[N] = 40[N]$$

② 차압의 계산
$$F = \frac{\Delta P \times A \times W}{2(W - d)}$$

$$40[N] = \frac{\triangle P \times (0.9[m] \times 2[m]) \times 0.9[m]}{2(0.9[m] - 0)}$$

$$\triangle P = 44.44[Pa]$$

③ 최소차압은 40[Pa] 이상이어야 하므로 44.44[Pa]의 차압은 적합하다.

03 ★★★★★

헤드 방수압력이 0.1[MPa]일 때 방수량이 80[Lpm]인 폐쇄형 스프링클러설비의 수리계산에 대하여 답하시오. (배점 30점)

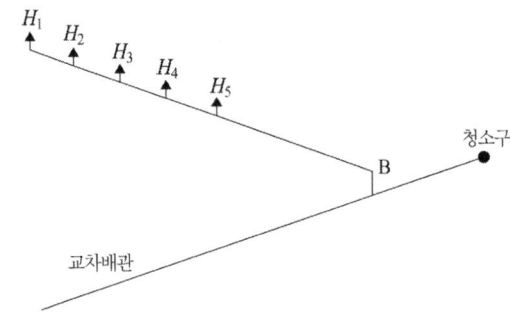

[조건]

① $H_1 \sim H_5$까지 각 헤드마다의 방수압력 차이는 0.02[MPa] 이다.

② A~B 구간의 마찰손실은 0.03[MPa]이다.

③ H_1 헤드에서의 방수량은 80[Lpm] 이다.

[물음]

1) A 지점의 필요 최소압력은 몇 [MPa]인가?

2) 각 헤드에서의 방수량은 몇 [Lpm]인가?

3) A~B 구간에서의 유량은 몇 몇 [Lpm]인가?

4) A~B 구간에서의 최소 내경은 몇 [m]인가?

풀이&답　1) A 지점의 필요 최소압력은 몇 [MPa]인가?

＝0.1[MPa] + (0.02[MPa] × 4) ＝0.18[MPa]

2) 각 헤드에서의 방수량은 몇 [Lpm]인가?

① 방출계수 K

$$K = \frac{Q}{\sqrt{10P}} = \frac{80[Lpm]}{\sqrt{10 \times 0.1[MPa]}} = 80$$

② H_1 헤드에서의 방수량 : $Q = 80[Lpm]$

③ H_2 헤드에서의 방수량

$$Q = K\sqrt{10P} = 80 \times \sqrt{10 \times (0.1 + 0.02)} = 87.64[Lpm]$$

④ H_3 헤드에서의 방수량

$$Q = K\sqrt{10P} = 80 \times \sqrt{10 \times (0.1 + 0.02 + 0.02)} = 94.66[Lpm]$$

⑤ H_4 헤드에서의 방수량

$Q = K\sqrt{10P} = 80 \times \sqrt{10 \times (0.1 + 0.02 + 0.02 + 0.02)} = 101.19[\text{Lpm}]$

⑥ H_5 헤드에서의 방수량

$Q = 80 \times \sqrt{10 \times (0.1 + 0.02 + 0.02 + 0.02 + 0.02)} = 107.33[\text{Lpm}]$

3) A~B 구간에서의 유량은 몇 [Lpm]인가?

$= 80 + 87.64 + 94.66 + 101.19 + 107.33 = 470.82[\text{Lpm}]$

4) A~B 구간에서의 최소 내경은 몇 [m]인가?

$D = \sqrt{\dfrac{4Q}{\pi V}} = \sqrt{\dfrac{4 \times 470.82[\ell/\min]}{\pi \times 6[\text{m/s}]}}$

$D = \sqrt{\dfrac{4 \times 0.47082/60[\text{s}]}{\pi \times 6[\text{m/s}]}} = 0.04[\text{m}]$

합격자 190

제11회 설계 및 시공 기출문제

2010. 09. 05

01 ★★★

다음은 소화펌프의 흡입측 배관을 설계한 도면이다. 다음 물음에 답하시오. (배점 40점)

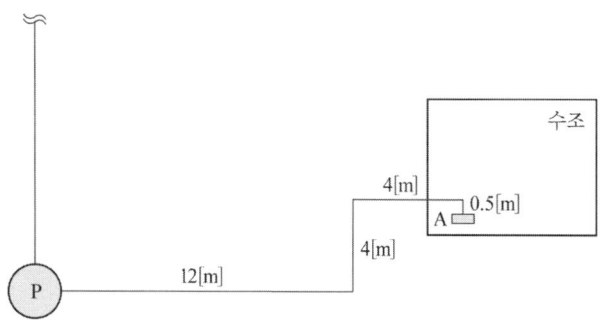

[조건]

① 펌프의 토출량은 180 [m³/h]

② 소화펌프의 토출압력은 0.8[MPa] 이다.

③ 흡입 배관상의 관부속품(엘보 등)의 직관 상당길이는 10[m]로 적용한다.

④ 소화수 증기압은 0.023 [kg/cm²], 대기압은 1 [atm]으로 적용한다.

⑤ 배관 압력손실은 아래의 hazen-williams 식으로 계산한다.(단, 속도수두는 무시한다.)

$$\triangle H = 6.05 \times \frac{Q^{1.85} \times L}{C^{1.85} \times D^{4.87}} \times 10^6$$

여기서, $\triangle H$: 압력손실 (mH₂O), Q : 유량 [ℓ/min], C : 마찰계수(100)

  L : 배관길이 [m], D : 배관내경(150[mm])

⑥ 유효흡입양정의 기준점은 A로 한다.

[물음]

1) 흡입배관에서의 마찰손실수두(mH₂O)를 계산하시오.(단, 계산과정을 쓰고 답을 소점 넷째
   자리에서 반올림해서 셋째자리까지 구하시오.) (10점)

2) 유효흡입양정(NPSH_av : available NPSH)(mH₂O)을 계산하시오.(단, 계산과정을 쓰고 답
   을 소수점 넷째자리에서 반올림해서 셋째자리까지 구하시오) (10점)

3) 필요흡입양정(NPSH_re : required NPSH)이 7 mH₂O일 때 정상적인 흡입운전가능여부를
   판단하고 그 근거를 쓰시오. (5점)

4) 유효흡입양정과 필요흡입양정의 개념을 쓰고, NPSH$_{av}$와 NPSH$_{re}$의 관계를 그래프로 설명하시오. (15점)

풀이&답

1) 흡입배관에서의 마찰손실수두 [mH$_2$O]

$$\triangle H = 6.05 \times \frac{Q^{1.85} \times L}{C^{1.85} \times D^{4.87}} \times 10^6$$

$$= 6.05 \times \frac{(180[\text{m}^3/\text{h}])^{1.85} \times (12[\text{m}]+4[\text{m}]+4[\text{m}]+0.5[\text{m}]+10[\text{m}])}{100^{1.85} \times (150[\text{mm}])^{4.87}} \times 10^6$$

$$= 6.05 \times \frac{(180,000[\ell/60\text{min}])^{1.85} \times 30.5[\text{m}]}{100^{1.85} \times (150[\text{mm}])^{4.87}} \times 10^6$$

$$= 2.5186 = 2.519 \, \text{mH}_2\text{O}$$

2) 유효흡입양정(NPSH$_{av}$: available NPSH)을 계산

$$NHSH_{re} = H_a + H_h - H_f - H_v$$

$$= 1[\text{atm}] + (4[\text{m}]-0.5[\text{m}]) - 2.519[\text{m}] - 0.023[\text{kg/cm}^2]$$

$$= 10.332[\text{m}] + (4[\text{m}]-0.5[\text{m}]) - 2.519[\text{m}] - 0.23[\text{m}] = 11.083[\text{m}]$$

$$= 11.083[\text{mH}_2\text{O}]$$

3) 정상적인 흡입운전가능여부를 판단하고 그 근거
   ① 판단 : 정상적인 흡입운전이 가능하다.
   ② 근거 : 유효흡입양정이 11.083[mH$_2$O]로서 필요흡입양정 7[mH$_2$O]보다 커서 공동현상이 발생되지 않으므로 정상적인 흡입운전이 가능하다.

4) 유효흡입양정과 필요흡입양정의 개념을 쓰고, NPSH$_{av}$와 NPSH$_{re}$의 관계를 그래프로 설명하시오.
   ① 유효흡입양정의 개념
      ⑴ 펌프 흡입측 절대압력에서 그 수온의 포화증기압을 감한 것
      ⑵ 펌프운전 시 캐비테이션(cavitation)발생 없이 펌프를 안전하게 운전할 수 있는 흡입에 필요한 수두를 말한다.
   ② 필요흡입양정의 개념
      ⑴ 펌프 흡입측 플랜지(flange)에서 임펠러(impeller)입구까지의 마찰손실
      ⑵ 펌프의 특성에 따라서 펌프가 가지고 있는 고유한 값으로 펌프를 제작할 때 결정되는 값
   ③ 유효흡입양정과 필요흡입양정의 관계

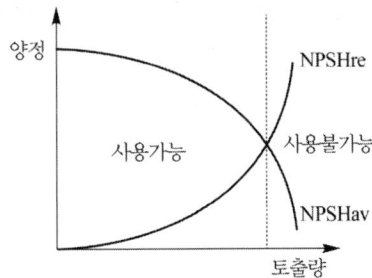

   ⑴ NPSHav = NPSHre : 공동현상 발생한계
   ⑵ NPSHav ≥ NPSHre : 사용 가능
   ⑶ NPSHav < NPSHre : 사용 불가능
   ⑷ NPSHav ≥ NPSHre × 1.3 : 설계 시(1.3 : 마찰손실 증가를 감안한 여유)

02 ★★★

특정소방대상물에 소방시설 설치유지 및 안전관리에 관한 법률과 국가화재안전기준을 적용하여 경보설비를 설치 및 시공하고자 한다. 다음 각 물음에 답하시오. (배점 30점)

1) 아래 표와 같이 구획된 3개의 실에 단독경보형감지기를 설치하고자 한다. 각 실에 필요한 최소 설치 수량과 그 근거를 쓰시오. (6점)

실	A 실	B 실	C 실
바닥면적 [m²]	28	150	350

2) 자동화재탐지설비의 화재안전기준(NFSC 203)과 관련하여 다음의 각 물음에 답하시오. (14점)
 ⑴ 지하층, 무창층 등으로 환기가 잘되지 아니하거나 실내면적이 40[m²] 미만인 장소, 감지기의 부착면과 실내 바닥과의 거리가 2.3[m] 이하인 곳으로서 일시적으로 발생한 열, 연기 또는 먼지 등으로 인하여 화재신호를 발신할 우려가 있는 장소에 설치가 가능한 적응성 있는 화재감지기 8가지를 쓰시오. (8점)
 ⑵ 위의 장소에서 적응성 있는 감지기를 제외한 일반감지기를 설치할 수 있는 조건을 쓰시오. (6점)

3) P형1급 수신기와 감지기의 배선회로에 대한 다음의 각 물음에 답하시오. (10점)
 [조건]
  ① 배선회로 저항 : 100 [Ω]
  ② 릴레이 저항 : 800 [Ω]
  ③ 회로의 전압 : DC24[V]
  ④ 상시 감시전류 : 2[mA]
  ⑤ 이외의 조건은 무시한다.

[물음]
1) 감지기의 종단저항은 몇 [Ω]인지 계산과정과 답을 쓰시오. (5점)
2) 감지기 동작 시 회로에 흐르는 전류는 몇 [mA]인가? (단, 계산 과정을 쓰고 답은 소수점 셋째자리에서 반올림하여 둘째자리까지 구하시오) (5점)

풀이&답 1) 각 실에 필요한 최소 설치 수량과 그 근거를 쓰시오.
 ⑴ 각 실별 최소 설치 수량

$$① \text{A 실} = \frac{28[m^2]}{150[m^2]} = 0.18 = 1개$$

$$② \text{B 실} = \frac{150[m^2]}{150[m^2]} = 1개$$

$$③ \text{C 실} = \frac{350[m^2]}{150[m^2]} = 2.33 = 3개$$

 ⑵ 근거
   각실(이웃하는 실내의 바닥면적이 각각 30[m²] 미만이고 벽체의 상부의 전부 또는 일부가 개방되어 이웃하는 실내와 공기가 상호 유통되는 경우에는 이를 1개의 실로 본다)마다 설

치하되, 바닥면적이 150[m²]를 초과하는 경우에는 150[m²]마다 1개 이상 설치할 것

2) 자동화재탐지설비의 화재안전기준(NFSC 203)

　(1) 적응성 있는 화재감지기 8가지

　　㉠ 불꽃감지기　　　　　　　　㉡ 정온식감지선형감지기

　　㉢ 분포형감지기　　　　　　　㉣ 복합형감지기

　　㉤ 광전식분리형감지기　　　　㉥ 아날로그방식의감지기

　　㉦ 다신호방식의감지기　　　　㉧ 축적방식의감지기

　(2) 일반감지기를 설치할 수 있는 조건

　　수신기를 축적기능 등이 있는것(축적형감지기가 설치된 장소에는 감지기 회로의 감시전류를 단속적으로 차단시켜 화재를 판단하는 방식 외의 것)으로 사용 한 경우

3) P형1급 수신기와 감지기의 배선회로에 대한 다음의 각 물음

　(1) 감지기의 종단저항

$$감시전류 = \frac{회로전압}{배선회로\ 저항 + 릴레이\ 저항 + 종단저항}$$

$$2[mA] = \frac{24[V]}{100[\Omega] + 800[\Omega] + 종단저항}$$

$$종단저항 = \frac{24[V]}{0.002[A]} - (100[\Omega] + 800[\Omega]) = 11,100[\Omega]$$

　(2) 감지기 동작 시 회로에 흐르는 전류

$$동작전류 = \frac{회로전압}{배선회로\ 저항 + 릴레이\ 저항}$$

$$동작전류 = \frac{24[V]}{100[\Omega] + 800[\Omega]} \times 1000 = 26.67[mA]$$

03 ★★★

물분무소화설비의 화재안전기준(NFSC 104)에 관하여 다음 각 물음에 답하시오. (배점 30점)

1) 아래 그림과 같이 바닥면이 자갈로 되어 있는 절연유 봉입변압기에 물분무소화설비를 설치하고자 한다. 다음 각 물음에 답하시오.(단, 계산과정을 쓰시오) (15점)

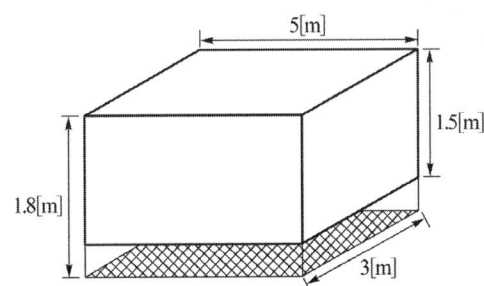

　(1) 소화펌프의 최소 토출량 [ℓ/min]을 계산하시오. (10점)

　(2) 필요한 최소 수원의 양 [m³]을 계산하시오. (5점)

2) 고압의 전기 기기가 있는 경우 물분무헤드와 전기기기의 이격 기준인 아래의 표를 완성하시오.(7점)

전압 [kV]	거리 [cm]	전압 [kV]	거리 [cm]

3) 차고 또는 주차장에 물분무소화설비를 설치하는 경우 배수설비의 설치기준 4가지를 쓰시오. (8점)

풀이&답

1) 아래 그림과 같이 바닥면이 자갈로 되어 있는 절연유 봉입변압기

    ⑴ 소화펌프의 최소 토출량 $[\ell/min]$

        ① 바닥을 제외한 표면적 $= (5[m] \times 3[m]) + (3[m] \times 1.5[m] \times 2면) + (5[m] \times 1.5[m] \times 2면)$
            $= 39[m^2]$

        ② 최소 토출량 $= 39[m^2] \times 10[\ell/min \cdot m^2] = 390[\ell/min]$

    ⑵ 필요한 최소 수원의 양 $[m^3]$

        $= 390[\ell/min] \times 20[min] = 7800[\ell] = 7.8[m^3]$

2) 물분무헤드와 전기기기의 이격 기준

전압 [kV]	거리 [cm]	전압 [kV]	거리 [cm]
66 이하	70 이상	154 초과 181 이하	180 이상
66 초과 77 이하	80 이상	181 초과 220 이하	210 이상
77 초과 110 이하	110 이상	220 초과 275 이하	260 이상
110 초과 154 이하	150 이상		

3) 배수설비의 설치기준

    ① 차량이 주차하는 장소의 적당한 곳에 높이 10[cm] 이상의 경계턱으로 배수구를 설치할 것

    ② 배수구에는 새어나온 기름을 모아 소화할 수 있도록 길이 40[m] 이하마다 집수관·소화핏트 등 기름분리장치를 설치할 것

    ③ 차량이 주차하는 바닥은 배수구를 향하여 100분의 2 이상의 기울기를 유지할 것

    ④ 배수설비는 가압송수장치의 최대송수능력의 수량을 유효하게 배수할 수 있는 크기 및 기울기로 할 것

제12회 설계 및 시공 기출문제

2011. 08. 20

01 ★★★

조건을 보고 다음 각 물음에 답하시오. (배점 40점)

[조건]

① 계단식형 아파트로서 지하2층(주차장), 지상 12층(아파트 각층 2세대)인 건축물이다.

② 각 층에 옥내소화전 및 스프링클러설비가 설치되어 있다.

③ 지하층에 옥내소화전 방수구가 3조 설치되어 있다.

④ 아파트의 각 세대별로 설치된 스프링클러헤드의 설치 수량은 12개이다.

⑤ 각 설비가 설치되어 있는 장소는 방화구획, 불연재료로 구획되어 있지 않고, 저수조, 펌프 및 입상배관은 겸용으로 설치되어 있다.

⑥ 옥내소화전설비의 경우 실양정 48[m], 배관마찰손실은 실양정의 15[%], 호스의 마찰손실 수두는 실양정의 30[%]를 적용한다.

⑦ 스프링클러설비의 경우 실양정 50[m], 배관마찰손실은 실양정의 35[%]를 적용한다.

⑧ 펌프의 효율은 체적효율 90[%], 기계효율 80[%], 수력효율 75[%] 이다.

⑨ 전달계수는 1.1을 적용한다.

[물음]

1) 주펌프의 전양정[m] 및 수원의 양 [m³]을 구하시오. (5점)

2) 펌프 토출량 [L/min] 및 동력 [kW]을 구하시오. (10점)

3) 옥상수조에 설치하여야 하는 부속장치 5가지를 쓰시오. (5점)

4) 옥내소화전 방수구 설치제외 대상 5가지를 쓰시오. (10점)

5) 스프링클러설비에서 감시제어반과 동력제어반을 구분하여 설치하지 않아도 되는 경우 4가지에 대하여 쓰시오. (10점)

풀이&답 1) 주펌프의 전양정[m] 및 수원의 양[m³]을 구하시오.

    (1) 주펌프의 전양정

        ① 옥내소화전

$$H = h_1 + h_2 + h_3 + 17 = 48[\text{m}] + 48[\text{m}] \times 0.15 + 48[\text{m}] \times 0.3 + 17[\text{m}] = 86.6[\text{m}]$$

        ② 스프링클러설비

$$H = h_1 + h_2 + 10[\text{m}] = 50[\text{m}] + 50[\text{m}] \times 0.35 + 10[\text{m}] = 77.5[\text{m}]$$

        ③ 주펌프의 전양정은 큰 값인 86.6[m] 이상

    (2) 수원의 양

$$Q = N \times 2.6[\text{m}^3] + N \times 1.6[\text{m}^3] = 2\text{개} \times 2.6[\text{m}^3] + 10\text{개} \times 1.6[\text{m}^3] = 21.2[\text{m}^3] \text{ 이상}$$

2) 펌프 토출량[L/min] 및 동력[kW]을 구하시오.

(1) 펌프의 토출량

$$Q = N \times 130[\text{L/min}] + N \times 80[\text{L/min}]$$
$$= 2\text{개} \times 130[\text{L/min}] + 10\text{개} \times 80[\text{L/min}] = 1,060[\text{L/min}] \text{ 이상}$$

(2) 동력

① 전효율

$$\eta = \text{체적효율} \times \text{기계효율} \times \text{수력효율} = 0.9 \times 0.8 \times 0.75 = 0.54$$

② 동력의 계산

$$P = \frac{9.8QH}{\eta} \times K = \frac{9.8 \times 1,060[\text{L/min}] \times 86.6[\text{m}]}{0.54} \times 1.1$$
$$= \frac{9.8 \times 1.06[\text{m}^3/60\text{s}] \times 86.6[\text{m}]}{0.54} \times 1.1 = 30.54[\text{kW}] \text{ 이상}$$

3) 옥상수조에 설치하여야 하는 부속장치 5가지를 쓰시오.

① 수위계　　　② 배수관　　　③ 급수관
④ 오버플로우관　　　⑤ 맨홀

4) 옥내소화전 방수구 설치제외 대상 5가지를 쓰시오.

① 냉장창고의 냉장실 또는 냉동창고의 냉동실
② 고온의 노가 설치된 장소 또는 물과 격렬하게 반응하는 물품의 저장 또는 취급 장소
③ 발전소·변전소 등으로서 전기시설이 설치된 장소
④ 식물원·수족관·목욕실·수영장(관람석 부분을 제외) 또는 그 밖의 이와 비슷한 장소
⑤ 야외음악당·야외극장 또는 그 밖의 이와 비슷한 장소

5) 스프링클러설비에서 감시제어반과 동력제어반을 구분하여 설치하지 않아도 되는 경우 4가지에 대하여 쓰시오.

① 다음 각목의 어느 하나에 해당하지 아니하는 특정소방대상물에 설치되는 스프링클러설비
　　㉮ 지하층을 제외한 층수가 7층 이상으로서 연면적이 2,000[m²] 이상인 것
　　㉯ 제㉮호에 해당하지 아니하는 특정소방대상물로서 지하층의 바닥면적의 합계가 3,000[m²] 이상인 것.
② 내연기관에 따른 가압송수장치를 사용하는 스프링클러설비
③ 고가수조에 따른 가압송수장치를 사용하는 스프링클러설비
④ 가압수조에 따른 가압송수장치를 사용하는 스프링클러설비

02 ★★★

다음의 각 물음에 답하시오. (배점 30점)

1) 아파트의 주방에 설치하는 주방용자동소화장치의 설치기준을 쓰시오. (10점)

2) 바닥면적 660[m²]의 의료시설에 소화기를 설치하는 경우에 조건을 참고하여 능력단위 2단위의 소화기 설치수량을 구하시오. (10점)

[조건]

① 주요구조부는 내화구조이고 실내의 마감재료는 난연재료이다.
② 보행거리에 따른 소화기 수량의 추가는 산정에서 제외한다.

3) 소화수조 및 저수조의 화재안전기준(NFSC 402)에서 정한 특정소방대상물로부터 180[m]이내에 구경 75[mm] 이상의 수도배관이 없는 경우 소화수조 및 저수조에 대한 다음 물음

에 답하시오. (10점)

[조건]

① 연면적 : 38,500[m²], 지하1층, 지상 3층인 1개동의 특정소방대상물

② 층별 바닥면적 지하1층(2,000[m²]), 지상1층(13,500[m²]), 지상2층(13,500[m²]), 지상3층 (9,500[m²])

[물음]

① 소화수조 또는 저수조를 설치시 저수조에 확보하여야 할 저수량[m³]을 구하시오(5점)

② 저수조에 설치하여야 할 흡수관 투입구, 채수구의 최소 설치수량을 구하시오.(5점)

풀이&답 1) 주방용자동소화장치의 설치기준을 쓰시오.

① 소화약제 방출구는 환기구(주방에서 발생하는 열기류 등을 밖으로 배출하는 장치를 말한다. 이하 같다)의 청소부분과 분리되어 있어야 하며, 형식승인 받은 유효설치 높이 및 방호면적에 따라 설치할 것

② 감지부는 형식승인 받은 유효한 높이 및 위치에 설치할 것

③ 가스차단장치는 주방배관의 개폐밸브로부터 2[m] 이하의 위치에 설치하되, 상시 확인 및 점검이 가능하도록 설치할 것

④ 탐지부는 수신부와 분리하여 설치하되, 공기보다 가벼운 가스를 사용하는 경우에는 천장면으로부터 30[cm] 이하의 위치에 설치하고, 공기보다 무거운 가스를 사용하는 장소에는 바닥 면으로부터 30[cm] 이하의 위치에 설치할 것

⑤ 수신부는 주위의 열기류 또는 습기 등과 주위온도에 영향을 받지 아니하고 사용자가 상시볼 수 있는 장소에 설치할 것

보충설명

소화기구 및 자동소화장치의 화재안전기준〈시행 2017.6.12.〉

1. **주거용 주방자동소화장치**는 다음 각 목의 기준에 따라 설치할 것

① 소화약제 방출구는 환기구(주방에서 발생하는 열기류 등을 밖으로 배출하는 장치를 말한다. 이하 같다)의 청소부분과 분리되어 있어야 하며, 형식승인 받은 유효설치 높이 및 방호면적에 따라 설치할 것

② 감지부는 형식승인 받은 유효한 높이 및 위치에 설치할 것

③ 차단장치(전기 또는 가스)는 상시 확인 및 점검이 가능하도록 설치할 것

④ 가스용 주방자동소화장치를 사용하는 경우 탐지부는 수신부와 분리하여 설치하되, 공기보다 가벼운 가스를 사용하는 경우에는 천장 면으로 부터 30[cm] 이하의 위치에 설치하고, 공기보다 무거운 가스를 사용하는 장소에는 바닥 면으로부터 30[cm] 이하의 위치에 설치할 것

⑤ 수신부는 주위의 열기류 또는 습기 등과 주위온도에 영향을 받지 아니하고 사용자가 상시볼 수 있는 장소에 설치할 것

2. **상업용 주방자동소화장치**는 다음 각 목의 기준에 따라 설치할 것

① 소화장치는 조리기구의 종류 별로 성능인증 받은 설계 매뉴얼에 적합하게 설치 할 것

② 감지부는 성능인증 받는 유효높이 및 위치에 설치할 것

③ 차단장치(전기 또는 가스)는 상시 확인 및 점검이 가능하도록 설치할 것

④ 후드에 방출되는 분사헤드는 후드의 가장 긴 변의 길이까지 방출될 수 있도록 약제 방출방향 및 거리를 고려하여 설치할 것

⑤ 덕트에 방출되는 분사헤드는 성능인증 받는 길이 이내로 설치할 것

2) 소화기 설치수량

① 능력단위 $= \dfrac{660[\text{m}^2]}{100[\text{m}^2]} = 6.6 = 7$단위

② 소화기 설치수량 $= \dfrac{7단위}{2단위} = 3.5 = 4$개

3) 소화수조 및 저수조

① 저수량의 계산

지상 1층, 2층 바닥면적의 합계가 $27,000[\text{m}^2]$로서 $15,000[\text{m}^2]$ 이상이므로 연면적을 $7500[\text{m}^2]$로 나누어 저수량을 산출한다.

$= \dfrac{38,500[\text{m}^2]}{7,500[\text{m}^2]} = 5.13 = 6 \times 20[\text{m}^3] = 120[\text{m}^3]$ 이상

② 흡수관 투입구, 채수구의 최소 설치수량

흡수관 투입구 2개, 채수구 3개

03 ★★★

도로터널 화재안전기준(NFSC 603)에 대한 다음의 각 물음에 답하시오. (배점 30점)

[조건]

① 도로터널의 길이는 2,500[m] 이다.

② 편도 4차선으로 일방향 터널이다.

③ 화재예방, 소방시설 설치유지 및 안전관리에 관한 법률 시행령 [별표4]에 따라 소방시설을 설치한다.

[물음]

1) 터널에 설치하는 옥내소화전 방수구의 최소 설치수량 및 수원의 양 [m³]을 구하시오. (10점)

2) 화재안전기준에 따른 옥내소화전 및 연결송수관설비의 노즐선단에서의 법적방수압 [MPa] 및 방수량 [L/min]을 쓰시오. (6점)

3) 도로터널 내 자동화재탐지설비를 설치할 경우 최소 경계구역의 수와 설치 가능한 화재감지기 3가지를 쓰시오.(단, 경계구역은 다른 설비와의 연동은 없다.) (6점)

① 최소 경계구역의 수

② 설치 가능한 화재감지기 3가지

4) 도로터널 내 비상콘센트의 최소 설치수량을 산출하고 설치기준을 쓰시오. (8점)

① 비상콘센트의 최소 설치수량

② 비상콘센트의 설치기준

풀이&답 1) 옥내소화전 방수구의 최소 설치수량 및 수원의 양[m³]

① 옥내소화전 방수구의 최소 설치수량 $= \dfrac{2500[\text{m}]}{50[\text{m}]} = 50$개

양쪽에 설치하여야 하므로 50개$\times 2 + 1 = 101$개

② 수원의 양 = $N \times 190[\text{L/min}] \times 40[\text{min}]$
$$= 3개 \times 190[\text{L/min}] \times 40[\text{min}] = 22,800[\text{L}] = 22.8[\text{m}^3]$$

2) 노즐선단에서의 법적방수압[MPa] 및 방수량[L/min]

　① 옥내소화전설비

　　㉮ 법적 방수압 : 0.35[MPa] 이상

　　㉯ 법적 방수량 : 190[L/min] 이상

　② 연결송수관설비

　　㉮ 법적 방수압 : 0.35[MPa] 이상

　　㉯ 법적 방수량 : 400[L/min] 이상

3) 최소 경계구역의 수와 설치 가능한 화재감지기

　① 최소 경계구역의 수 $= \dfrac{2500[\text{m}]}{100[\text{m}]} = 25개$

　② 설치 가능한 화재감지기 3가지

　　㉮ 차동식분포형감지기

　　㉯ 정온식감지선형감지기(아날로그식에 한한다. 이하 같다.)

　　㉰ 중앙 기술심의위원회의 심의를 거쳐 터널화재에 적응성이 있다고 인정된 감지기

4) 비상콘센트의 최소 설치수량 및 설치기준

　① 비상콘센트의 최소 설치수량 $= \dfrac{2,500[\text{m}]}{50[\text{m}]} = 50개$

　② 비상콘센트의 설치기준

　　㉮ 비상콘센트설비의 전원회로는 단상교류 220[V]인 것으로서, 그 공급용량은 1.5[kVA] 이상인 것으로 할 것

　　㉯ 전원회로는 주배전반에서 전용회로로 할 것. 다만, 다른 설비의 회로의 사고에 따른 영향을 받지 아니하도록 되어 있는 것에 있어서는 그러하지 아니하다.

　　㉰ 콘센트마다 배선용 차단기(KS C 8321)를 설치하여야 하며, 충전부가 노출되지 아니하도록 할 것

　　㉱ 주행차로의 우측 측벽에 50[m]이내의 간격으로 바닥으로부터 0.8[m] 이상 1.5[m] 이하의 높이에 설치할 것

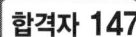

합격자 147

제13회 설계 및 시공 기출문제

2013. 05. 11

01 ★★★

이산화탄소소화설비의 화재안전기준(NFSC 106)을 참고하여 다음 각 물음에 답하시오.

(배점 40점)

1) 이산화탄소소화설비의 화재안전기준(NFSC 106)에서 정하고 있는 소화약제 저장용기의 설치기준 5가지를 쓰시오. (5점)

2) 이산화탄소소화설비의 화재안전기준(NFSC 106)에서 정하고 있는 분사헤드의 설치제외 장소 4가지를 쓰시오. (5점)

3) 방호대상물로서 모피창고, 서고 및 에탄올(C_2H_5OH) 저장창고에 전역방출방식의 고압식 이산화탄소소화설비를 아래의 조건에 따라 설계할 경우 다음 각 물음에 답하시오. (30점)

[조건]

㉮ 모피창고의 크기는 8[m] × 6[m] × 3[m] 이며, 개구부의 크기는 2[m] × 1[m]로서 자동 폐쇄장치가 설치되어 있다. 모피창고의 설계농도는 75[%] 이다.

㉯ 서고의 크기는 5[m] × 6[m] × 3[m]이며, 개구부의 크기는 1[m] × 1[m]로서 자동폐쇄 장치가 설치되지 않았다. 서고의 설계농도는 65[%]이다.

㉰ 에탄올 저장창고의 크기는 5[m] × 4[m] × 2[m] 이며, 개구부의 크기 1[m] × 1.5[m]로 서 자동폐쇄장치가 설치되어 있다. 보정계수는 1.2로 한다.

㉱ 충전비가 1.511, 저장용기의 내용적은 68[ℓ] 이다.

㉲ 하나의 집합관에 3개의 선택밸브가 설치되어 있다.

[물음]

① 모피창고 및 서고의 최소 소화약제 산출 저장량 [kg] (8점)

② 에탄올 저장창고의 최소 소화약제 산출 저장량 [kg] (5점)

③ 1병당 저장량 [kg] (3점)

④ 각 실별 저장용기 수, 저장용기실의 최소 저장용기 수 (5점)

⑤ 모피창고 및 에탄올 저장창고의 산소농도가 10[%]일 때 CO_2 농도[%]와 모피창고 및 에 탄올 저장창고의 방출체적[m³]을 각각 구하시오.(단, 방호대상물에 방출되는 이산화탄소 는 유출되지 않는다고 가정한다.) (9점)

풀이&답
1) 소화약제 저장용기의 설치기준 5가지를 쓰시오.
① 저장용기의 충전비는 고압식은 1.5 이상 1.9 이하, 저압식은 1.1 이상 1.4이하로 할 것
② 저압식 저장용기에는 내압시험압력의 0.64배부터 0.8배까지의 압력에서 작동하는 안전밸 브와 내압시험압력의 0.8배부터 내압시험압력에서 작동하는 봉판을 설치할 것

③ 저압식 저장용기에는 액면계 및 압력계와 2.3[MPa] 이상 1.9[MPa] 이하의 압력에서 작동하는 압력경보장치를 설치할 것

④ 저압식 저장용기에는 용기내부의 온도가 섭씨 영하 18[℃] 이하에서 2.1[MPa]의 압력을 유지할 수 있는 자동냉동장치를 설치할 것

⑤ 저장용기는 고압식은 25[MPa] 이상, 저압식은 3.5[MPa] 이상의 내압시험압력에 합격한 것으로 할 것

2) 분사헤드의 설치제외 장소 4가지를 쓰시오.

① 방재실 · 제어실등 사람이 상시 근무하는 장소

② 니트로셀룰로스 · 셀룰로이드제품 등 자기연소성 물질을 저장 · 취급하는 장소

③ 나트륨 · 칼륨 · 칼슘 등 활성금속물질을 저장 · 취급하는 장소

④ 전시장 등의 관람을 위하여 다수인이 출입 · 통행하는 통로 및 전시실 등

3) 다음 각 물음에 답하시오.

① 모피창고 및 서고의 최소 소화약제 산출 저장량[kg]

방 호 대 상 물	[kg/m³]	설계농도[%]
서고, 전자제품창고, 목재가공품창고, 박물관	2.0 [kg]	65
고무류 · 면화류창고, 모피창고, 석탄창고, 집진설비	2.7 [kg]	75

㉮ 모피창고

$W = V \times K_1 + A \times K_2$

$= (8[m] \times 6[m] \times 3[m]) \times 2.7[kg/m^3] + 0 = 388.8[kg]$

(자동폐쇄장치가 설치되어 있으므로 개구부 가산량은 0이다.)

㉯ 서고

$W = V \times K_1 + A \times K_2$

$= (5[m] \times 6[m] \times 3[m]) \times 2.0[kg/m^3] + (1[m] \times 1[m]) \times 10[kg/m^2] = 190[kg]$

② 에탄올 저장창고의 최소 소화약제 산출 저장량(kg)

방호구역 체적	[kg/m³]	소화약제 저장량의 최저한도의 양
45[m³] 미만	1.00[kg]	45[kg]
45[m³] 이상 150[m³] 미만	0.90[kg]	
150[m³] 이상 1,450[m³] 미만	0.80[kg]	135[kg]
1,450[m³] 이상	0.75[kg]	1,125[kg]

㉮ 방호구역의 체적 $V = 5[m] \times 4[m] \times 2[m] = 40[m^3]$

㉯ 약제량 = 방호구역체적[m³] × K[kg/m³] × 보정계수 + 개구부면적[m²] × 5[kg/m²]

$= 40[m^3] \times 1.0[kg/m^3] = 40[kg] = 45[kg]$(최저한도의 양이 45[kg] 이므로)

$= 45[kg] \times 1.2 + 0 = 54[kg]$

(자동폐쇄장치가 설치되어 있으므로 개구부 가산량은 0이다.)

③ 1병당 저장량[kg] $= \dfrac{내용적[\ell]}{충전비[\ell/kg]} = \dfrac{68[\ell]}{1.511} = 45.003 = 45[kg]$

4) 각 실별 저장용기 수, 저장용기실의 최소 저장용기 수

① 각 실별 저장용기 수

구 분	계 산	저장용기 수
모피창고	$= \dfrac{388.8kg}{45kg/병} = 8.64병$	9병
서 고	$= \dfrac{190kg}{45kg/병} = 4.22병$	5병

구 분	계 산	저장용기 수
에탄올 저장창고	$= \dfrac{54\text{kg}}{45\text{kg/병}} = 1.2$병	2병

② 저장용기실의 최소 저장용기 수 : 9병(저장용기실은 최대의 병수로 한다.)

5) 모피창고 및 에탄올 저장창고의 산소농도가 10[%]일 때 CO_2 농도[%]와 모피창고 및 에탄올 저장창고의 방출체적[m³]을 각각 구하시오.(단, 방호대상물에 방출되는 이산화탄소는 유출되지 않는다고 가정한다.)

① 모피창고 및 에탄올 저장창고의 CO_2 농도[%]

$$CO_2[\%] = \frac{21 - O_2}{21} \times 100 = \frac{21 - 10}{21} \times 100 = 52.38[\%]$$

② 모피창고의 방출체적

$$CO_2[\text{m}^3] = \frac{21 - O_2}{O_2} \times V = \frac{21 - 10}{10} \times (8[\text{m}] \times 6[\text{m}] \times 3[\text{m}]) = 158.4[\text{m}^3]$$

③ 에탄올 저장창고의 방출체적

$$CO_2[\text{m}^3] = \frac{21 - O_2}{O_2} \times V = \frac{21 - 10}{10} \times (5[\text{m}] \times 4[\text{m}] \times 2[\text{m}]) = 44[\text{m}^3]$$

02 ★★★★

다음 각 물음에 답하시오. (배점 30점)

1) 특별피난계단의 계단실 및 부속실 제연설비의 화재안전기준(NFSC 501A)에 대한 다음 각 물음에 답하시오. (16점)

① 제연구역에 대한 급기기준 4가지를 쓰시오. (8점)

② 급기송풍기 설치기준 4가지를 쓰시오. (8점)

2) 제연설비의 화재안전기준(NFSC 501) 및 아래의 조건을 참고하여 다음 각 물음에 답하시오. (14점)

[조건]

• 예상제연구역의 거실바닥면적은 500[m²], 직경은 50[m], 제연경계벽의 수직거리는 3.2[m] 이다.

• 송풍기의 효율은 50[%], 전압은 65[mmAq]

• 배출기의 흡입측 풍도의 높이는 600[mm] 이다.

• 전달계수는 1.2이다.

[물음]

① 송풍기의 최소 배출량 [m³/min] (4점)

② 전동기의 용량 [kW] (4점)

③ 배출기의 흡입측 풍도의 최소폭[mm] (4점)

④ 배출기의 흡입측 풍도 강판의 최소두께 [mm] (2점)

풀이&답 1) 다음 각 물음에 답하시오.
　① 제연구역에 대한 급기기준 4가지를 쓰시오.
　　㉮ 부속실을 제연하는 경우 동일수직선상의 모든 부속실은 하나의 전용수직풍도에 따라 동시에 급기할 것
　　㉯ 계단실 및 부속실을 동시에 제연 하는 경우 계단실에 대하여는 그 부속실의 수직풍도에 따라 급기할 수 있다.
　　㉰ 계단실만 제연하는 경우에는 전용수직풍도를 설치하거나 계단실에 급기풍도 또는 급기송풍기를 직접 연결하여 급기하는 방식으로 할 것
　　㉱ 하나의 수직풍도마다 전용의 송풍기로 급기할 것
　② 급기송풍기 설치기준 4가지를 쓰시오.
　　㉮ 송풍기의 송풍능력은 송풍기가 담당하는 제연구역에 대한 급기량의 1.15배 이상으로 할 것. 다만, 풍도에서의 누설을 실측하여 조정하는 경우에는 그러하지 아니한다.
　　㉯ 송풍기에는 풍량조절장치를 설치하여 풍량조절을 할 수 있도록 할 것
　　㉰ 송풍기에는 풍량을 실측할 수 있는 유효한 조치를 할 것
　　㉱ 송풍기는 인접장소의 화재로부터 영향을 받지 아니하고 접근 및 점검이 용이한 곳에 설치할 것
　　㉲ 송풍기는 옥내의 화재감지기의 동작에 따라 작동하도록 할 것
　　㉳ 송풍기와 연결되는 캔버스는 내열성(석면재료를 제외한다)이 있는 것으로 할 것. 중 4가지 선택

2) 다음 각 물음에 답하시오.
　① 송풍기의 최소 배출량[m³/min]
　　㉮ 배출량의 결정

수 직 거 리	배 출 량
2[m] 이하	45,000[m³/hr] 이상
2[m] 초과 2.5[m] 이하	50,000[m³/hr] 이상
2.5[m] 초과 3[m] 이하	55,000[m³/hr] 이상
3[m] 초과	**65,000[m³/hr] 이상**

　　수직거리가 3[m]를 초과하므로 표에서 배출량은 65,000[m³/hr]
　　㉯ 단위환산
　　65,000[m³/hr] = 65,000[m³/60min] = 1,083.33[m³/min]
　② 전동기의 용량[kW]
$$P = \frac{P_t Q}{102\eta} \times K = \frac{65[\text{mmAq}] \times 65,000[\text{m}^3/3600\text{s}]}{102 \times 0.5} \times 1.2 = 27.61[\text{kW}] \text{ 이상}$$
　③ 배출기의 흡입측 풍도의 최소폭[mm]
　　㉮ 흡입측 풍도의 단면적
$$A = \frac{Q}{V} = \text{풍도높이} \times \text{풍도의 폭}$$
　　㉯ 풍도의 폭 $= \dfrac{Q}{V \times \text{풍도높이}} = \dfrac{65,000[\text{m}^3/\text{hr}]}{15[\text{m/s}] \times 600[\text{mm}]}$
$$= \frac{65,000[\text{m}^3/3,600\text{s}]}{15[\text{m/s}] \times 0.6[\text{m}]} \times 1,000$$
$$= 2,006.17[\text{mm}]$$

④ 배출기의 흡입측 풍도 강판의 최소두께[mm]
⑦ 흡입측 강판의 두께산정 기준

풍도단면의 긴변 또는 직경의 크기	450[mm]이하	450[mm]초과 750[mm]이하	750[mm] 초과 1,500[mm]이하	1,500[mm]초과 2,250[mm]이하	2,250[mm]초과
강판두께	0.5[mm]	0.6[mm]	0.8[mm]	1.0[mm]	1.2[mm]

㉯ 풍도 강판의 최소두께
풍도단면의 긴변의 크기가 2,006.17[mm]로서 1,500[mm]초과 2,250[mm]이하에 해당하므로 강판의 최소두께는 1.0[mm]

03 ★★★

다음 각 물음에 답하시오. (배점 30점)

(1) 미분무소화설비의 화재안전기준(NFSC)에 대한 다음 각 물음에 답하시오. (12점)
   [물음]
   1) 폐쇄형 미분무 헤드의 표시온도가 79[℃]라면 설치장소의 평상 시 최고주위온도는 몇 [℃] 인가? (5점)
   2) 아래의 조건을 참고하여 수원의 최소 저장량 [m³]을 산출하시오. (7점)
      [조건]
      ① 방호구역 내 헤드수량 : 30개
      ② 헤드의 설계유량 : 50 [L/min]
      ③ 설계방수시간 : 1시간
      ④ 배관의 총체적(내용적) : 0.07[m³]

(2) 수신기로부터 소비전류 250[mA]인 시각경보기 4개를 아래 그림과 같이 60[m]마다 직렬로 설치하였을 때 마지막 시각경보기에 공급되는 전압[V]을 계산하시오.(단, 선로의 전선 굵기는 2.0[mm²], 수신기의 출력전압은 DC 24[V], 각 시각경보장치는 동시에 동작하며 기타 조건은 무시한다.) (10점)

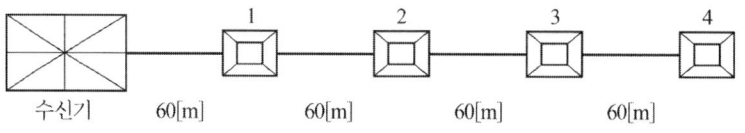

(3) 옥내소화전설비의 화재안전기준에서 규정하고 있는 내화배선의 공사방법을 쓰시오.(8점)
   (단, 내화전선, 엠아이케이블을 사용하는 경우는 제외한다.)

풀이&답 (1) 다음 각 물음에 답하시오.
   1) 평상 시 최고주위온도
      ① $T_a = 0.9\,T_m - 27.3[℃]$
         T_a : 최고주위온도, T_m : 헤드의 표시온도
      ② 최고주위온도 $T_a = 0.9 \times 79 - 27.3 = 43.8[℃]$

2) 수원의 최소 저장량[m³]

① 관계이론 $Q = N \times D \times T \times S + V$

Q : 수원의 양 [m³], N : 방호구역(방수구역)내 헤드의 개수

D : 설계유량 [m³/min], T : 설계방수시간[min]

S : 안전율(1.2이상), V : 배관의 총체적[m³]

② 수원의 최소 저장량

$Q = N \times D \times T \times S + V = 30개 \times 0.05[\text{m}^3/\text{min}] \times 60[\text{min}] \times 1.2 + 0.07[\text{m}^3]$

      $= 108.07[\text{m}^3]$

(2) 마지막 시각경보기에 걸리는 전압

① 전압강하의 계산

시각경보기	전압강하
시각경보기 1	$e_1 = \dfrac{35.6LI}{1000A} = \dfrac{35.6 \times 60 \times (250 \times 10^{-3} \times 4)}{1000 \times 2} = 1.068[\text{V}]$
시각경보기 2	$e_2 = \dfrac{35.6LI}{1000A} = \dfrac{35.6 \times 60 \times (250 \times 10^{-3} \times 3)}{1000 \times 2} = 0.801[\text{V}]$
시각경보기 3	$e_3 = \dfrac{35.6LI}{1000A} = \dfrac{35.6 \times 60 \times (250 \times 10^{-3} \times 2)}{1000 \times 2} = 0.534[\text{V}]$
시각경보기 4	$e_4 = \dfrac{35.6LI}{1000A} = \dfrac{35.6 \times 60 \times (250 \times 10^{-3} \times 1)}{1000 \times 2} = 0.267[\text{V}]$

② 마지막 시각경보기에 걸리는 전압

$V = 24 - (e_1 + e_2 + e_3 + e_4)$

   $= 24 - (1.068 + 0.801 + 0.534 + 0.267) = 21.33[\text{V}]$

(3) 내화배선의 공사방법을 쓰시오.

금속관·2종 금속제 가요전선관 또는 합성 수지관에 수납하여 내화구조로 된 벽 또는 바닥 등에 벽 또는 바닥의 표면으로부터 25[mm] 이상의 깊이로 매설하여야 한다. 다만 다음 각목의 기준에 적합하게 설치하는 경우에는 그러하지 아니하다.

① 내화성능을 갖는 배선전용실 또는 배선을 배선용 샤프트·피트·덕트 등에 설치하는 경우

② 배선전용실 또는 배선용 샤프트·피트·덕트 등에 다른 설비의 배선이 있는 경우에는 이로부터 15[cm] 이상 떨어지게 하거나 소화설비의 배선과 이웃 다른 설비의 배선사이에 배선지름(배선의 지름이 다른 경우에는 가장 큰 것을 기준으로 한다)의 1.5배 이상의 높이의 불연성 격벽을 설치하는 경우

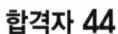

제14회 설계 및 시공 기출문제

2014. 05. 17

01 ★★

다음 각 물음에 답하시오. (40점)

1-1) 아래 조건과 같이 주상복합 건축물의 각 층에 A급 2단위, B급 3단위, C급 적응성의 소화기를 설치할 경우 다음 각 물음에 답하시오.(단, 수평거리에 따른 설치는 무시한다.) (15점)

[조건]

- 지하3층~지하1층 : 주차장 용도로서 층별 면적은 3,500[m²](단, 지하3층 바닥면적 중 발전기실 80[m²], 변전실 250[m²], 보일러실 200[m²])가 구획되어 있다.)
- 지상1층~지상5층 : 판매시설로서 층별 면적은 2,800[m²](단, 지상5층은 80[m²]의 음식점(음식점당 주방 35[m²], 나머지는 영업장으로 상호 구획)이 6개로 구획되어 있고, 각 주방은 LNG로 사용하며, 연소기로부터 보행거리 5[m] 이내에 있다.)
- 지상6층~지상33층 : 공동주택으로 각 층 540[m²](4세대)이며, 2세대별 각각 피난계단과 비상용승강기(부속실 겸용)가 있으며 내화구조로 구획됨.
- 발전기, 변전실을 제외한 전층 옥내소화전과 스프링클러설비 설치됨
- 주요 구조부는 내화구조, 내장재는 불연재임.

[물음]

① 지하3층~지하1층 층별로 설치하는 소화기 수량을 주용도, 부속용도별로 산출하시오. (6점)

풀이&답   1. 주용도 층별 소화기 수량

층	소화기 수량
지하1층	주차장(항공기 및 자동차 관련시설) 용도이므로 $\dfrac{3,500[m^2]}{200[m^2/단위]} = 17.5 = 18단위, \quad \dfrac{18단위}{2단위/개} = 9개$
지하2층	주차장(항공기 및 자동차 관련시설) 용도이므로 $\dfrac{3,500[m^2]}{200[m^2/단위]} = 17.5 = 18단위, \quad \dfrac{18단위}{2단위/개} = 9개$
지하3층	주차장(항공기 및 자동차 관련시설) 용도이므로 $\dfrac{3,500[m^2]}{200[m^2/단위]} = 17.5 = 18단위, \quad \dfrac{18단위}{2단위/개} = 9개$

2. 부속용도별 소화기수량(지하3층)

부속용도	소화기 수량
발전실	$\dfrac{80[\text{m}^2]}{50[\text{m}^2/\text{개}]} = 1.6 = 2$개
변전실	$\dfrac{250[\text{m}^2]}{50[\text{m}^2/\text{개}]} = 5$개
보일러실	$\dfrac{200[\text{m}^2]}{25[\text{m}^2/\text{단위}]} = 8$단위, $\dfrac{8단위}{2단위/개} = 4$개

② 지상1층~지상5층 층별로 설치하는 소화기 수량을 주용도, 부속용도별로 산출하시오. (7점)

[풀이&답] 1. 주용도 층별 소화기의 수량

층	소화기 수량
지상1층	판매시설 용도이므로 $\dfrac{2,800[\text{m}^2]}{200[\text{m}^2/\text{단위}]} = 14$단위, $\dfrac{14단위}{2단위/개} = 7$개
지상2층	판매시설 용도이므로 $\dfrac{2,800[\text{m}^2]}{200[\text{m}^2/\text{단위}]} = 14$단위, $\dfrac{14단위}{2단위/개} = 7$개
지상3층	판매시설 용도이므로 $\dfrac{2,800[\text{m}^2]}{200[\text{m}^2/\text{단위}]} = 14$단위, $\dfrac{14단위}{2단위/개} = 7$개
지상4층	판매시설 용도이므로 $\dfrac{2,800[\text{m}^2]}{200[\text{m}^2/\text{단위}]} = 14$단위, $\dfrac{14단위}{2단위/개} = 7$개

지상5층	① 판매시설 용도이므로
	$\dfrac{2,800[\text{m}^2]}{200[\text{m}^2/\text{단위}]} = 14$단위, $\dfrac{14단위}{2단위/개} = 7$개
	② 구획된 거실에 추가 배치(33[m²] 이상시) 12개
	  1) 주방이 35[m²]로 구획되어 있으므로 6개
	  2) 영업장 상호구획 : 80-35=45[m²]로 구획되어 있으므로 6개
	③ 합계 : 19개

2. 부속용도별 소화기의 수량

부속용도	소화기 수량
주방	① 주방당 : $\dfrac{35[\text{m}^2]}{25[\text{m}^2/\text{단위}]} = 1.4 = 2$단위, $\dfrac{2단위}{2단위/개} = 1$개 주방당 1개 × 6개의 주방 = 6개 ② 각 연소기로부터 보행거리 10[m] 이내 능력단위 3단위 이상의 소화기가 1개 이상 필요하므로 수량은 1개 × 6개의 주방 = 6개 ③ 합계 : 12개

③ 지상6층~지상33층에 설치할 소화기 수량의 합계를 용도별로 산출하시오. (2점)

풀이&답

용도	소화기 수량
층별	공동주택의 용도로서 $\dfrac{540[\mathrm{m}^2]}{200[\mathrm{m}^2/\text{단위}]} = 2.7 = 3\text{단위}, \quad \dfrac{3\text{단위}}{2\text{단위}/\text{개}} = 1.5 = 2\text{개}$ 이므로 2개/층 × 28개층 = 56개
각 세대	층당 4세대이므로 4개/층 × 28개층 = 112개
합계	168개

1-2) 스프링클러 소화수가 입상배관을 통해 "1"지점에서 13[m] 위에 있는 "2"지점으로 송수된다. "1" 지점에서의 배관 내경은 80[mm]이며, 설치된 압력계의 압력은 5[kgf/cm²]이다. "1" 지점에서 배관 내경은 65[mm]로 줄어들며, "2" 지점에서 "2"지점까지의 배관 및 관부속품 전체 마찰손실수두는 13[m] 이다. 송수 유량이 5,200[L/min]인 경우 "2" 지점에서의 압력[Pa]을 구하시오. (6점)

풀이&답

1. 압력의 단위변환

$$P_1 = 5[\mathrm{kgf/cm^2}] \times \frac{101,325[\mathrm{Pa}]}{1.0332[\mathrm{kgf/cm^2}]} = 490,345.53[\mathrm{Pa}]$$

2. "2" 지점에서의 압력계산

① 유속 $V_1 = \dfrac{Q}{A_1} = \dfrac{5.2[\mathrm{m^3}/60\mathrm{s}]}{\dfrac{\pi}{4} \times (0.08[\mathrm{m}])^2} = 17.24[\mathrm{m/s}]$

② 유속 $V_2 = \dfrac{Q}{A_2} = \dfrac{5.2[\mathrm{m^3}/60\mathrm{s}]}{\dfrac{\pi}{4} \times (0.065[\mathrm{m}])^2} = 26.12[\mathrm{m/s}]$

③ 베르누이 방정식 적용

$$\frac{P_1}{\gamma} + \frac{V_1^2}{2g} + Z_1 = \frac{P_2}{\gamma} + \frac{V_2^2}{2g} + Z_2 + \triangle H \text{ 에서}$$

$$P_2 = P_1 + \gamma\left(\frac{V_1^2 - V_2^2}{2g} + Z_1 - Z_2 - \triangle H\right)$$

$$P_2 = 490,345.53 + 9,800[\mathrm{N/m^2}]$$

$$\times \left[\frac{(17.24[\mathrm{m/s}])^2 - (26.12[\mathrm{m/s}])^2}{2 \times 9.8[\mathrm{m/s^2}]} + 0[\mathrm{m}] - 13[\mathrm{m}] - 13[\mathrm{m}]\right]$$

$$= 43,027.13[\mathrm{Pa}]$$

1-3) 다음 그림과 같이 화살표 방향으로 "가" 지점에서 "나" 지점으로 1,250[L/min]의 소화수가 흐르고 있다. "가", "나" 사이의 분기관의 내경은 65[mm]라고 할 때, 각 분기관에 흐르는 유량[L/min]을 계산하시오. (배관은 스테인레스 강관이며, 엘보 1개의 상당길이는 2.5[m]로 하고, 분기되는 두 지점의 마찰손실은 무시한다.) (7점)

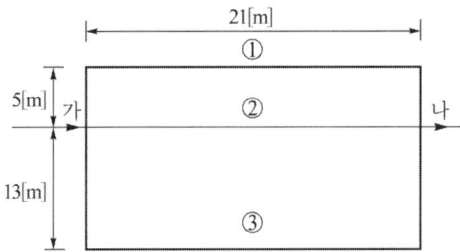

[풀이&답] 각 분기관 ①, ②, ③의 유량을 Q_1, Q_2, Q_3라 하고, 마찰손실압력을 $\triangle P_1$, $\triangle P_2$, $\triangle P_3$라 하면

1) 유량 관계

$$Q = Q_1 + Q_2 + Q_3$$

$$1,250[\text{L/min}] = Q_1 + Q_2 + Q_3$$

2) 마찰손실압력 관계

$$\triangle P_1 = \triangle P_2$$

$$6.174 \times 10^5 \times \frac{Q_1^{1.85}}{C^{1.85} \times D_1^{4.87}} \times L_1 = 6.174 \times 10^5 \times \frac{Q_2^{1.85}}{C^{1.85} \times D_2^{4.87}} \times L_2$$

C 및 D는 동일하므로

$$Q_1^{1.85} \times L_1 = Q_2^{1.85} \times L_2$$

$$Q_1^{1.85} \times (5 + 2.5 + 21 + 2.5 + 5) = Q_2^{1.85} \times 21$$

$$Q_1^{1.85} \times 36 = Q_2^{1.85} \times 21$$

$$Q_2^{1.85} = \frac{36}{21} \times Q_1^{1.85}$$

양변에 $\dfrac{1}{1.85}$ 승을 하면

$$Q_2^{1.85 \times \frac{1}{1.85}} = \left(\frac{36}{21}\right)^{1 \times \frac{1}{1.85}} \times Q_1^{1.85 \times \frac{1}{1.85}}$$

$$Q_2 = \left(\frac{36}{21}\right)^{\frac{1}{1.85}} \times Q_1$$

$$Q_2 = 1.34 Q_1$$

$$\triangle P_1 = \triangle P_3$$

$$6.174 \times 10^5 \times \frac{Q_1^{1.85}}{C^{1.85} \times D_1^{4.87}} \times L_1 = 6.174 \times 10^5 \times \frac{Q_3^{1.85}}{C^{1.85} \times D_3^{4.87}} \times L_3$$

C 및 D는 동일하므로

$$Q_1^{1.85} \times L_1 = Q_3^{1.85} \times L_3$$

$$Q_1^{1.85} \times (5 + 2.5 + 21 + 2.5 + 5) = Q_3^{1.85} \times (13 + 2.5 + 21 + 2.5 + 13)$$

$$Q_1^{1.85} \times 36 = Q_3^{1.85} \times 52$$

$$Q_3^{1.85} = \frac{36}{52} \times Q_1^{1.85}$$

양변에 $\dfrac{1}{1.85}$ 승을 하면

$$Q_3^{1.85 \times \frac{1}{1.85}} = \left(\frac{36}{52}\right)^{1 \times \frac{1}{1.85}} \times Q_1^{1.85 \times \frac{1}{1.85}}$$

$$Q_3 = \left(\frac{36}{52}\right)^{\frac{1}{1.85}} \times Q_1$$

$$Q_3 = 0.82\,Q_1$$

$$\triangle P_2 = \triangle P_3$$

$$6.174 \times 10^5 \times \frac{Q_2^{1.85}}{C^{1.85} \times D_2^{4.87}} \times L_2 = 6.174 \times 10^5 \times \frac{Q_3^{1.85}}{C^{1.85} \times D_3^{4.87}} \times L_3$$

C 및 D는 동일하므로

$$Q_2^{1.85} \times L_2 = Q_3^{1.85} \times L_3$$

$$Q_2^{1.85} \times 21 = Q_3^{1.85} \times (13 + 2.5 + 21 + 2.5 + 13)$$

$$Q_2^{1.85} \times 21 = Q_3^{1.85} \times 52$$

$$Q_3^{1.85} = \frac{21}{52} \times Q_2^{1.85}$$

양변에 $\dfrac{1}{1.85}$ 승을 하면

$$Q_3^{1.85 \times \frac{1}{1.85}} = \left(\frac{21}{52}\right)^{1 \times \frac{1}{1.85}} \times Q_2^{1.85 \times \frac{1}{1.85}}$$

$$Q_3 = \left(\frac{21}{52}\right)^{\frac{1}{1.85}} \times Q_2$$

$$Q_3 = 0.61\,Q_2$$

3) Q_1의 계산

$$1,250[\text{L/min}] = Q_1 + Q_2 + Q_3$$

$$1,250[\text{L/min}] = Q_1 + 1.34\,Q_1 + 0.82\,Q_1$$

$$1,250[\text{L/min}] = (1 + 1.34 + 0.82)\,Q_1$$

$$1,250[\text{L/min}] = 3.16\,Q_1$$

$$Q_1 = \frac{1,250}{3.16} = 395.57\,[\ell/\text{min}]$$

4) Q_2의 계산

$$Q_2 = 1.34\,Q_1 = 1.34 \times 395.57 = 530.06[\ell/\text{min}]$$

5) Q_3의 계산

$$1,250[\text{L/min}] = Q_1 + Q_2 + Q_3$$

$$1,250[\text{L/min}] = 395.57 + 530.06 + Q_3$$

$$Q_3 = 1,250 - 395.57 - 530.06 = 324.37[\ell/\text{min}]$$

1-4) 펌프에 직결된 전동기(motor)에 공급되는 전원의 주파수가 50[Hz]이며, 전동기의 극수는 4극, 펌프의 전양정이 110[m], 펌프의 토출량은 180[ℓ/s], 펌프 운전시 미끄럼(slip)율이 3[%]인 전동기가 부착된 편흡입 1단 펌프, 편흡입 2단펌프 및 양흡입 1단 펌프의 비속도(단위 표기 포함)를 각각 계산하라. (12점)

풀이&답

1) 편흡입 1단 펌프의 비속도

회전수 $N = (1-S) \times \dfrac{120f}{P} = (1-0.03) \times \dfrac{120 \times 50}{4} = 1,455[\text{rpm}]$

$$\text{비속도}(N_s) = \frac{NQ^{\frac{1}{2}}}{\left(\dfrac{H}{n}\right)^{\frac{3}{4}}} = \frac{1,455[\text{rpm}] \times \left(\dfrac{180[\ell]}{[\text{s}]}\right)^{\frac{1}{2}}}{\left(\dfrac{110\text{m}}{1\text{단}}\right)^{\frac{3}{4}}} = \frac{1,455[\text{rpm}] \times \left(\dfrac{0.18[\text{m}^3] \times 60}{[\text{min}]}\right)^{\frac{1}{2}}}{\left(\dfrac{110[\text{m}]}{1\text{단}}\right)^{\frac{3}{4}}}$$

$$= 141[\text{rpm} \cdot \text{m}^3/\text{min}/\text{m}]$$

2) 편흡입 2단 펌프의 비속도

$$\text{비속도}(N_s) = \frac{NQ^{\frac{1}{2}}}{\left(\dfrac{H}{n}\right)^{\frac{3}{4}}} = \frac{1,455[\text{rpm}] \times \left(\dfrac{180[\ell]}{[\text{s}]}\right)^{\frac{1}{2}}}{\left(\dfrac{110\text{m}}{2\text{단}}\right)^{\frac{3}{4}}} = \frac{1,455[\text{rpm}] \times \left(\dfrac{0.18[\text{m}^3] \times 60}{[\text{min}]}\right)^{\frac{1}{2}}}{\left(\dfrac{110[\text{m}]}{2\text{단}}\right)^{\frac{3}{4}}}$$

$$= 237[\text{rpm} \cdot \text{m}^3/\text{min}/\text{m}]$$

3) 양흡입 1단 펌프의 비속도

$$\text{비속도}(N_s) = \frac{NQ^{\frac{1}{2}}}{\left(\dfrac{H}{n}\right)^{\frac{3}{4}}} = \frac{1,455[\text{rpm}] \times \left(\dfrac{180[\ell]}{2[\text{s}]}\right)^{\frac{1}{2}}}{\left(\dfrac{110\text{m}}{1\text{단}}\right)^{\frac{3}{4}}} = \frac{1,455[\text{rpm}] \times \left(\dfrac{0.18[\text{m}^3] \times 60}{2[\text{min}]}\right)^{\frac{1}{2}}}{\left(\dfrac{110[\text{m}]}{1\text{단}}\right)^{\frac{3}{4}}}$$

$$= 100[\text{rpm} \cdot \text{m}^3/\text{min}/\text{m}]$$

02 ★★★

다음 각 물음에 답하시오. (40점)

2-1) 아래 조건의 건축물에 자동화재탐지설비 설계시 최소 경계구역 수를 계산하시오.

(단, 모든 감지기는 광전식 스포트형 연기감지기 또는 차동식 스포트형감지기로서 표준 감시거리 및 감지면적을 가진 감지기로 설치하고 자동식소화설비 경계구역은 제외) (8점)

[조건]

① 바닥면적 : 28[m]×42[m] = 1,176[m²]

② 연면적 : 1,176[m²] × 8개층 + 300[m²](옥탑층) = 9,708[m²]

③ 층 수 : 지하2층, 지상6층, 옥탑층

④ 층고 : 4[m]

⑤ 건물높이 : 4[m] × 9개층(지하2층∼옥탑층) = 36[m]

⑥ 주용도 : 판매시설

⑦ 층별 부속용도 : 지하2층 : 주차장

　　　　　　　　　지하1층 : 주차장 및 근린생활시설

　　　　　　　　　지상1층∼지상6층 : 판매시설

　　　　　　　　　옥탑층 : 계단실, 엘리베이터, 권상기실, 기계실, 물탱크실

⑧ 직통계단 : 지하2층～지상6층 1개, 지하2층～옥탑층 1개, 총 2개
⑨ 엘리베이터 : 1개소

풀이&답

지하2층～지상6층	층별 : $\dfrac{1,176[\text{m}^2]}{600[\text{m}^2/구역]} = 1.96 = 2구역$ 합계 : 2구역/층 × 8개층 = 16구역
옥탑층	$\dfrac{300[\text{m}^2]}{600[\text{m}^2/구역]} = 0.5 = 1구역$
지상 계단	① 지상1층～지상6층 : $\dfrac{4[\text{m}/층] \times 6개층}{45[\text{m}/구역]} = 0.53 = 1구역$ ② 지상1층～옥탑층 : $\dfrac{4[\text{m}/층] \times 7개층}{45[\text{m}/구역]} = 0.61 = 1구역$
지하계단	$\dfrac{4[\text{m}/층] \times 2개층}{45[\text{m}/구역]} = 0.18 = 1구역$ 계단이 2개소이므로 2구역
엘리베이터 권상기실	1구역
최소 경계구역 수	16구역+1구역+2구역+2구역+1구역=22구역

2-2) R형 자동화재탐지설비의 신호전송선로에 트위스트 쉴드선을 사용하는 이유, 트위스트 선로의 종류와 원리를 설명하시오. (8점)

풀이&답

1) 트위스트 쉴드선을 사용하는 이유
   ① 자기장등의 외부요인으로 데이터가 변하거나 신호가 감소하는 현상을 막기 위해
   ② 전자파 방해를 방지하기 위해
2) 트위스트 선로의 종류
   ① UTP(Unshield Twisted Pair) : 무차폐 이중 와선으로 된 케이블
   ② FTP(Foil Screened Twisted Pair) : 피복 안쪽에만 차폐를 한 케이블
   ③ STP(Shield Twisted Pair) : 피복 안쪽과 내선에 차폐를 한 케이블
3) 트위스트 선로의 원리
   트위스트 선로를 사용하면, 한쪽 선로에서 방해를 주는 자계는 오른 나사의 법칙에 따라 화살표 방향으로 기전력이 발생되며, 다른 선로에서도 화살표 방향으로 기전력이 발생되어, 이 두 선로의 기전력은 서로 상쇄된다.

2-3) 아래 조건을 참고하여 발전기 용량[kVA]을 계산하시오. (10점)

부하의 종류	출력 [kW]	전부하 특성				시동 특성		시동 순서	비고
		역률 [%]	효율 [%]	입력 [kVA]	입력 [kW]	역률 [%]	입력 [kVA]		
비상조명등	8	100	–	8	8	–	8	1	
스프링클러펌프	45	85	88	60.1	51.1	40	140	2	Y-△기동
옥내소화전펌프	22	85	86	30.1	25.6	40	46	3	Y-△기동
제연급기휀	7.5	85	87	10.1	8.6	40	61		직입기동
합 계	82.5	–	–	108.3	93.3	–	255		

[조건]

① 발전기 용량계산은 PG방식을 적용하고, 고조파 부하는 고려하지 않음.

② 기동방식에 따른 계수는 1.0 적용

③ 표준역률 : 0.8, 허용전압강하 : 25%, 발전기 리액턴스 : 20%, 과부하 내량 : 1.2

풀이&답

① $PG_1 = \dfrac{\sum W_L \times L}{\cos\theta_G} = \dfrac{93.3[\text{kW}] \times 1.0}{0.8} = 116.625 = 116.63[\text{kVA}]$이상

PG_1 : 정격운전 상태에서 부하설비의 가동에 필요한 발전기 용량[kVA]

$\sum W_L$: 부하입력 합계[kW]

L : 부하 수용률

$\cos\theta_G$: 발전기 역률

② $PG_2 = \dfrac{1-\Delta E}{\Delta E} \times X_d' \times Q_L = \dfrac{1-0.25}{0.25} \times 0.2 \times 140[\text{kVA}] = 84[\text{kVA}]$이상

PG_2 : 부하 중 최대 용량(기동 kVA)의 전동기를 기동할 때에 허용전압 강하를 고려한 발전기 용량 [kVA]

ΔE : 부하입력 합계[kW]

X_d' : 발전기 직축 과도 리액턴스

Q_L : 기동 입력이 가장 큰 전동기의 기동시 돌입용량[kVA]

③ $PG_3 = \dfrac{\sum W_0[\text{kW}] + Q_{Lmax}[\text{kVA}] \times \cos\theta_{QL}}{K \times \cos\theta_G}[\text{kVA}]$

$\qquad = \dfrac{(8+51.1)+(46+61)\times 0.4}{1.2 \times 0.8} = 106.15[\text{kVA}]$

PG_3 : 부하 중 최대 용량(기동 kVA)의 전동기를 기동 순서상 마지막으로 가동할 때 필요한 발전기 용량 [kVA]

$\sum W_0$: 기저 부하(BASE LOAD)의 입력합계[kW]

Q_L : 기동 입력이 가장 큰 전동기의 기동시 돌입용량[kVA]

$\cos\theta_{QL}$: 기동 돌입부하 기동역률

K : 원동기 과부하 내량

$\cos\theta_G$: 발전기 역률

④ 비상발전기 용량은 가장 큰 값인 116.63[kVA]이상

2-4) 금속마그네슘 화재에 대하여 다음 소화설비가 적응성이 없는 이유를 기술하고, 반응식을 쓰시오. (4점)

(1) 이산화탄소산화설비

풀이&답

① 이유 : 이산화탄소가 마그네슘과 반응하여 다량의 열과 가연물인 탄소를 생성하여 폭발적으로 연소한다.

② 반응식 : $2Mg + CO_2 \rightarrow 2MgO + C$

(2) 물분무소화설비

풀이&답

① 이유 : 물분무가 마그네슘과 반응하여 다량의 열과 수소를 발생시켜 폭발한다.

② 반응식 : $Mg + 2H_2O \rightarrow Mg(OH)_2 + H_2 + Q$

03 ★★★

다음 각 물음에 답하시오. (30점)

3-1) 할로겐화합물 소화약제 HCFC Blend-A 화학식과 조성비율을 쓰시오. (5점)

> **풀이&답** HCFC-123($CHCl_2CF_3$) : 4.75[%]
> HCFC-12($CHClF_2$) : 82[%]
> HCFC-124($CHClFCF_3$) : 9.5[%]
> $C_{10}H_{16}$: 3.75[%]

3-2) IG-541 불활성기체 소화약제에 관한 것이다. 다음 각 물음에 답하시오. (15점)

[조건]

① 실 면적 : 300[m²], 층고 : 3.5[m], 소화농도 : 35.84[%]

② 노즐에서 소화약제 방사시 온도 : 20[℃]

③ 전기실로서 최소 예상온도 : 10[℃]

④ 1병당 80L, 충전압력 : 19,965[kPa]

[물음]

(1) IG-541 소화약제 산출식을 쓰고, 각 기호를 설명하시오. (3점)

> **풀이&답**
> $$X = 2.303 \left(\frac{V_S}{S} \right) \times \log_{10} \left[\frac{100}{(100-C)} \right]$$
> X : 공간체적당 더해진 소화약제의 부피 $[m^3/m^3]$
> S : 소화약제별 선형상수 $(K_1 + K_2 \times t)[m^3/kg]$
> C : 체적에 따른 소화약제의 설계농도[%]
> V_S : 20[℃]에서 소화약제의 비체적 $[m^3/kg]$
> t : 방호구역의 최소예상온도[℃]

(2) IG-541의 선형상수 K_1과 K_2 값을 구하시오. (3점)

> **풀이&답** IG-541의 분자량 $= 28[g] \times 0.52 + 40[g] \times 0.4 + 44[g] \times 0.08 = 34.08[g]$
> $$K_1 = \frac{22.4}{분자량} = \frac{22.4}{34.08} = 0.65728$$
> $$K_2 = \frac{K_1}{273} = \frac{0.65728}{273.16} = 0.00241$$

(3) IG-541의 소화약제량 $[m^3]$을 구하시오. (3점)

> **풀이&답** 선형상수 $S = K_1 + K_2 \times t = 0.65728 + 0.00241 \times 10[℃] = 0.68138[m^3/kg]$
> 20[℃] 비체적 $V_S = K_1 + K_2 \times 20[℃] = 0.65728 + 0.00241 \times 20[℃] = 0.70548[m^3/kg]$
> 설계농도 $C = $소화농도 $\times$ 안전계수 $= 35.84[\%] \times 1.2 = 43.008[\%]$
> 실체적 $V = 300[m^2] \times 3.5[m] = 1,050[m^3]$
> $\therefore$ IG-541의 저장량
> $$X = 2.303 \left(\frac{V_S}{S} \right) \times \log_{10} \left[\frac{100}{(100-C)} \right] \times V$$

$$= 2.303 \times \left(\frac{0.70548 [\mathrm{m^3/kg}]}{0.68138 [\mathrm{m^3/kg}]} \right) \times \log_{10} \left[\frac{100 [\%]}{(100 [\%] - 43.008 [\%])} \right] \times 1,050 [\mathrm{m^3}]$$
$$= 611.4 [\mathrm{m^3}]$$

(4) IG-541의 최소 저장용기 수를 구하시오. (3점)

① IG-541의 저장용기 충전량 $= 80 [\mathrm{L/병}] \times \dfrac{19,965 [\mathrm{kPa}]}{101.325 [\mathrm{kPa}]} = 15,763.14 [\mathrm{L}] = 15.76 [\mathrm{m^3/병}]$

② IG-541의 용기 수 $= \dfrac{611.4 [\mathrm{m^3}]}{15.76 [\mathrm{m^3/병}]} = 38.79 = 39$병

(5) 선택밸브 통과 유량 $[\mathrm{m^3/s}]$을 구하시오. (3점)

유량 $= \dfrac{2.303 \times \left(\dfrac{0.70548}{0.68138} \right) \times \log_{10} \left[\dfrac{100}{(100 - 43.008 \times 0.95)} \right] \times 1,050 [\mathrm{m^3}]}{120 [\mathrm{s}]} = 4.76 [\mathrm{m^3/s}]$

> 보충설명
> 2018.11.19. 개정된 화재안전기준(NFSC 107A)에 따라 A · C급 화재의 경우에는 2분 이내 약제가 방사되어야 하므로 변경기준에 맞추어 답안을 수정하였습니다.

3-3) 자동소화장치 중 가스식, 분말식, 고체에어로졸식 자동소화장치의 설치 기준을 쓰시오. (5점)

풀이&답
1. 소화약제 방출구는 형식승인 받은 유효설치범위 내에 설치할 것
2. 자동소화장치는 방호구역 내에 형식승인되 1개의 제품을 설치할 것. 이 경우 연동방식으로서 하나의 형식을 받은 경우에는 1개의 제품으로 본다.
3. 감지부는 형식승인된 유효설치범위 내에 설치하여야 하며, 설치장소의 평상시 최고 주위온도에 따라 다음 표에 따른 표시온도의 것으로 설치할 것. 다만, 열 감지선의 감지부는 형식승인 받은 최고주위온도범위 내에 설치하여야 한다.

설치 장소의 최고주위온도	표시온도
39[℃] 미만	79[℃] 미만
39[℃] 이상 64[℃] 미만	79[℃] 이상 121[℃] 미만
64[℃] 이상 106[℃] 미만	121[℃] 이상 162[℃] 미만
106[℃] 이상	162[℃] 이상

4. 3목에도 불구하고 화재감지기를 감지부를 사용하는 경우에는 제8호 나목부터 마목까지의 설치방법에 따를 것

> 보충설명
>
> 제8호 나목부터 마목
> 나. 화재감지기는 방호구역 내의 천장 또는 옥내에 면하는 부분에 설치하되「자동화재탐지설비의 화재안전기준(NFSC 203)」제7조에 적합하도록 설치할 것
> 다. 방호구역 내의 화재감지기의 감지에 따라 작동되도록 할 것
> 라. 화재 감지기의 회로는 교차회로방식으로 설치할 것. 다만. 화재감지기를「자동화재탐지설비의 화재안전기준(NFSC 203)」제7조제1항 단서의 각 호의 감지로 설치하는 경우에는 그러하지 아니하다.
> 마. 교차회로 내의 각 화재감지기회로별로 설치된 화재감지기 1개가 담당하는 바닥면적은 [자동화재탐지설비의 화재안전기준(NFS 203)] 제7조제3항제5호 · 제8호 및 제10호에 따른 바닥면적으로 할 것

자동화재탐지설비의 화재안전기준 제7조제1항의 단서의 각 호의 감지기
1. 불꽃 감지기
2. 정온식감지선형 감지기
3. 분포형 감지기
4. 복합형 감지기
5. 광전식 분리형 감지기
6. 아날로그방식의 감지기
7. 다신호방식의 감지기
8. 축적방식의 감지기

합격자 75

제15회 설계 및 시공 기출문제

2015. 09. 05

01 ★★★

제연설비의 화재안전기준(NFSC 501)에 의거하여 다음 각 물음에 답하시오. (40점)

(1) 아래 조건과 평면도를 참고하여 다음 각 물음에 답하시오. (9점)

[조건]

㉮ 예상제연구역의 A구역과 B구역은 2개의 거실이 인접된 구조이다.

㉯ 제연경계로 구획할 경우에는 인접구역 상호제연방식을 적용한다.

㉰ 최소 배출량 산출 시 송풍기 용량 산정은 고려하지 않는다.

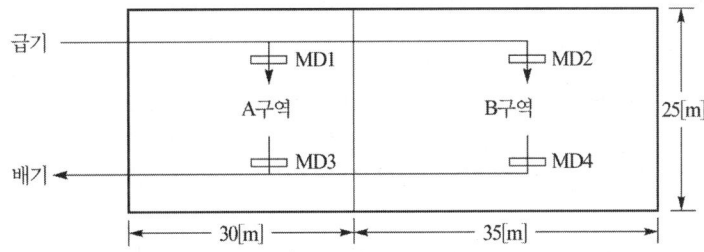

① A구역과 B구역을 자동방화셔터로 구획할 경우 A구역의 최소 배출량[m³/hr]을 구하시오. (3점)

<풀이&답>
1. 면적계산 : $30[m] \times 25[m] = 750[m^2]$
2. 직경의 크기 : $\sqrt{30^2 + 25^2} = 39.05[m]$
3. $400[m^2]$ 이상, 직경이 $40[m]$ 원내이므로 배출량은 $40,000[m^3/hr]$

② A구역과 B구역을 자동방화셔터로 구획할 경우 B구역의 최소 배출량[m³/hr]을 구하시오. (3점)

<풀이&답>
1. 면적계산 : $35[m] \times 25[m] = 875[m^2]$
2. 직경의 크기 : $\sqrt{35^2 + 25^2} = 43.01[m]$
3. $400[m^2]$ 이상, 직경이 $40[m]$ 초과이므로 배출량은 $45,000[m^3/hr]$

③ A구역과 B구역을 제연경계로 구획할 경우 예상제연구역의 급·배기 댐퍼별 동작상태(개방 또는 폐쇄)를 표기하시오.

제연구역	급기댐퍼	배기댐퍼
A구역 화재 시	MD 1 :	MD3 :
	MD 2 :	MD4 :
B구역 화재 시	MD 1 :	MD3 :
	MD 2 :	MD4 :

풀이&답

제연구역	급기댐퍼	배기댐퍼
A구역 화재 시	MD 1 : 폐쇄	MD3 : 개방
	MD 2 : 개방	MD4 : 폐쇄
B구역 화재 시	MD 1 : 개방	MD3 : 폐쇄
	MD 2 : 폐쇄	MD4 : 개방

(2) 제연설비 설치장소에 대한 제연구역 구획 설정기준 5가지를 쓰시오. (6점)

풀이&답 〈제연설비 화재안전기준 제4조제1항〉

1. 하나의 제연구역의 면적은 $1,000[m^2]$이내로 할 것
2. 거실과 통로(복도를 포함한다. 이하 같다)는 상호 제연구획 할 것
3. 통로상의 제연구역은 보행중심선의 길이가 60[m]를 초과하지 아니할 것
4. 하나의 제연구역은 직경 60[m] 원내에 들어갈 수 있을 것
5. 하나의 제연구역은 2개 이상 층에 미치지 아니하도록 할 것. 다만, 층의 구분이 불분명한 부분은 그 부분을 다른 부분과 별도로 제연구획 하여야 한다.

(3) 아래 그림과 같은 5개 거실에 제연(배연)설비가 설치되어 있는 경우에 대해 다음 각 물음에 답하시오. (25점)

[조건]

㉮ 각 실의 면적은 $60[m^2]$로 동일하고, 배출량은 최소 배출량으로 한다.

㉯ 주덕트는 사각덕트로 폭과 높이는 1,000[mm]와 500[mm] 이다.

㉰ 주덕트의 벽면 마찰손실계수는 0.02로 모든 덕트 구간에 동일하게 사용한다.

㉱ 사각덕트를 원형덕트로의 환산지름은 수력지름(hydraulic diameter)의 산출 공식을 이용한다.

㉲ 각 가지덕트에서 발생하는 압력손실의 합은 5[mmAq]로 한다.

㉳ 주덕트는 마찰손실 이외의 각종 부속품 손실(부차적 손실)은 무시한다.

㉴ 송풍기에서 발생하는 압력손실은 무시한다.

㉵ 공기밀도는 $1.2\,[kg/m^3]$ 이다.

㉶ 계산식과 풀이과정을 쓰고, 계산은 소수점 셋째자리에서 반올림한다.

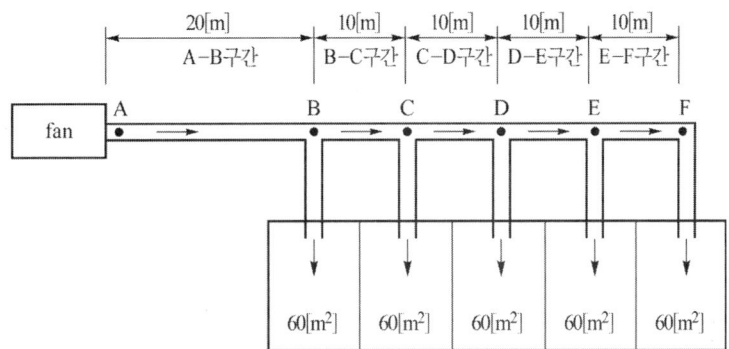

① 송풍기의 최소 필요 압력[Pa]을 계산하시오. (20점)

풀이&답

1. 배출량＝면적[m²]×1[m³/min·m²]＝60[m²]×1[m³/min·m²]＝60[m³/min]×60
   ＝3,600[m³/hr]
   최소 배출량 5,000[m³/hr]

2. 원형덕트로의 환산지름

   $$수력지름 = \frac{4ab}{2(a+b)} = \frac{2ab}{a+b} = \frac{2 \times 1,000[mm] \times 500[mm]}{1,000[mm]+500[mm]}$$
   $$= 666.6667[mm] = 0.667[m] = 0.67[m]$$

3. A−B구간에서의 압력손실
   1) 배출량 : 5,000[m³/hr]×5＝25,000[m³/hr]

   2) 풍속 : $V = \dfrac{Q}{A} = \dfrac{25,000[m^3/3,600s]}{\frac{\pi}{4} \times (0.67[m])^2} = 19.696 = 19.7[m/s]$

   3) 압력손실 : $P = \gamma H = \gamma \times \dfrac{f\ell V^2}{2gD} = \dfrac{1.2[kgf/m^3] \times 0.02 \times 20[m] \times (19.7[m/s])^2}{2 \times 9.8[m/s^2] \times 0.67[m]}$
   $$= 14.185 = 14.19[kgf/m^2]$$

4. B−C 구간의 압력손실
   1) 배출량 : 5,000[m³/hr]×4＝20,000[m³/hr]

   2) 풍속 : $V = \dfrac{Q}{A} = \dfrac{20,000[m^3/3,600s]}{\frac{\pi}{4} \times (0.67[m])^2} = 15.757 = 15.76[m/s]$

   3) 압력손실 : $P = \gamma H = \gamma \times \dfrac{f\ell V^2}{2gD} = \dfrac{1.2[kgf/m^3] \times 0.02 \times 10[m] \times (15.76[m/s])^2}{2 \times 9.8[m/s^2] \times 0.67[m]}$
   $$= 4.539 = 4.54[kgf/m^2]$$

5. C−D 구간의 압력손실
   1) 배출량 : 5,000[m³/hr]×3＝15,000[m³/hr]

   2) 풍속 : $V = \dfrac{Q}{A} = \dfrac{15,000[m^3/3,600s]}{\frac{\pi}{4} \times (0.67[m])^2} = 11.818 = 11.82[m/s]$

   3) 압력손실 : $P = \gamma H = \gamma \times \dfrac{f\ell V^2}{2gD} = \dfrac{1.2[kgf/m^3] \times 0.02 \times 10[m] \times (11.82[m/s])^2}{2 \times 9.8[m/s^2] \times 0.67[m]}$
   $$= 2.553 = 2.55[kgf/m^2]$$

제 15 회 설계 및 시공 기출문제　525

6. D-E 구간의 압력손실

1) 배출량 : $5,000[\text{m}^3/\text{hr}] \times 2 = 10,000[\text{m}^3/\text{hr}]$

2) 풍속 : $V = \dfrac{Q}{A} = \dfrac{10,000[\text{m}^3/3,600\text{s}]}{\dfrac{\pi}{4} \times (0.67[\text{m}])^2} = 7.878 = 7.88[\text{m/s}]$

3) 압력손실 : $P = \gamma H = \gamma \times \dfrac{f\ell V^2}{2gD} = \dfrac{1.2[\text{kgf/m}^3] \times 0.02 \times 10[\text{m}] \times (7.88[\text{m/s}])^2}{2 \times 9.8[\text{m/s}^2] \times 0.67[\text{m}]}$

$= 1.134 = 1.13[\text{kgf/m}^2]$

7. E-F 구간의 압력손실

1) 배출량 : $5,000[\text{m}^3/\text{hr}] \times 1 = 5,000[\text{m}^3/\text{hr}]$

2) 풍속 : $V = \dfrac{Q}{A} = \dfrac{5,000[\text{m}^3/3,600\text{s}]}{\dfrac{\pi}{4} \times (0.67[\text{m}])^2} = 3.939 = 3.94[\text{m/s}]$

3) 압력손실 : $P = \gamma H = \gamma \times \dfrac{f\ell V^2}{2gD} = \dfrac{1.2[\text{kgf/m}^3] \times 0.02 \times 10[\text{m}] \times (3.94[\text{m/s}])^2}{2 \times 9.8[\text{m/s}^2] \times 0.67[\text{m}]}$

$= 0.283 = 0.28[\text{kgf/m}^2]$

8. 송풍기의 최소 필요압력

1) 압력손실의 합 = $14.19 + 4.54 + 2.55 + 1.13 + 0.28 + 5 = 27.69[\text{mmAq}]$ ($\text{kgf/m}^2 = \text{mmAq}$)

2) 단위변환 : $27.69[\text{mmAq}] \times \dfrac{101,325[\text{Pa}]}{10,332[\text{mmAq}]} = 271.55[\text{Pa}]$

② 송풍기의 최소 필요 공기동력[W]을 계산하시오. (5점)

[풀이&답] $P = \dfrac{P_t Q}{102} = \dfrac{27.69[\text{mmAq}] \times 25,000[\text{m}^3/3,600\text{s}]}{102} = 1.885212[\text{kW}] = 1,885.21[\text{W}]$

02 ★★★

다음 각 물음에 답하시오. (30점)

(1) 「유도등 및 유도표지의 화재안전기준(NFSC 303)」에 관하여 다음 물음에 답하시오. (7점)

① 복도통로유도등에 관한 설치기준을 쓰시오.(5점)

[풀이&답] 〈제6조제1항 제1호〉

1. 복도에 설치할 것

2. 구부러진 모퉁이 및 보행거리 20m마다 설치할 것

3. 바닥으로부터 높이 1m 이하의 위치에 설치할 것. 다만, 지하층 또는 무창층의 용도가 도매시장·소매시장·여객자동차터미널·지하역사 또는 지하상가인 경우에는 복도·통로 중앙부분의 바닥에 설치하여야 한다.

4. 바닥에 설치하는 통로유도등은 하중에 따라 파괴되지 아니하는 강도의 것으로 할 것

② 피난층에 이르는 부분의 유도등을 60분 이상 유효하게 작동시킬 수 있는 용량으로 비상전원을 설치하여야 하는 특정소방대상물을 쓰시오. (2점)

[풀이&답] 〈제9조제2항의2 단서조항〉

1. 지하층을 제외한 층수가 11층 이상의 층

2. 지하층 또는 무창층으로서 용도가 도매시장 · 소매시장 · 여객자동차터미널 · 지하역사 또는 지하상가

(2) 아래 그림과 같이 휘발유 저장탱크 1기와 중유 저장탱크 1기를 하나의 방유제에 설치하는 옥외탱크저장소에 관하여 다음 각 물음에 답하시오.(단, 포소화약제량 계산에는 포송액 관의 부피는 고려하지 않으며, 방유제 용적 계산에는 간막이둑 및 방유제 내의 배관 체적은 무시한다. 계산은 소수점 셋째자리에서 반올림하여 둘째자리까지 구하시오.) (12점)

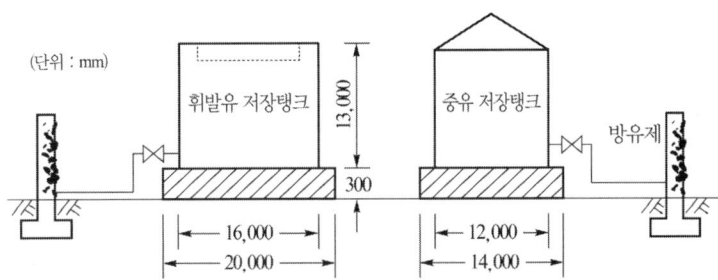

〈조건〉

㉮ 휘발유 저장탱크 : 최대저장용량 1,900[m³], 플루팅루프탱크(탱크 내측면과 굽도리판 사이의 거리는 0.6[m]), 특형

㉯ 중유 저장탱크 : 최대저장용량 1,000[m³], 콘루프탱크, Ⅱ형(인화점 70℃ 이상)

㉰ 포소화약제의 종류 : 수성막포 3[%]

㉱ 보조포소화전 : 3개 설치

㉲ 방유제 면적 : 1,500[m²]

① 최소 포소화약제 저장량[ℓ]을 계산하시오. (6점)

[풀이&답] 1. 중유 탱크 $= \dfrac{\pi}{4} \times (12[\mathrm{m}])^2 \times 100[\ell/\mathrm{m}^2] \times 0.03 + 3개 \times 0.03 \times 8{,}000 = 1{,}059.29[\ell]$

2. 휘발유 탱크 $= \left[\dfrac{\pi}{4} \times (16[\mathrm{m}])^2 - \dfrac{\pi}{4} \times (14.8[\mathrm{m}])^2 \right] \times 240[\ell/\mathrm{m}^2] \times 0.03 + 3개 \times 0.03 \times 8{,}000$
$= 929[\ell]$

3. 최소 포소화약제 저장량
둘 중 큰 값을 선정해야 하므로 1,059.29[ℓ] 이상

② 방유제 높이[m]를 계산하시오. (6점)

[풀이&답] ① 방유제 용량
용량이 최대인 탱크용량의 110[%] 이상$= 1{,}900[\mathrm{m}^3] \times 110[\%] = 2{,}090[\mathrm{m}^3]$

② 당해 방유제 내 있는 지반면 이상 부분 모든 탱크의 기초 체적

$= \dfrac{\pi}{4} \times 20^2 \times 0.3 + \dfrac{\pi}{4} \times 14^2 \times 0.3 = 140.42919 = 140.43[\mathrm{m}^3]$

③ 용량이 최대인 탱크 외의 탱크의 방유제 높이 이하 부분의 용적

$= \dfrac{\pi}{4} \times 12^2 \times (H - 0.3) = 113.1[\mathrm{m}^2] \times H - 33.93[\mathrm{m}^3]$

④ 방유제의 높이

$$1500[\text{m}^2] \times H - 140.43[\text{m}^3] - (113.1[\text{m}^2] \times H - 33.93[\text{m}^3]) = 2,090[\text{m}^3]$$

$$(1,500 - 113.1)H = (2,090 + 140.43 - 33.93)[\text{m}^3]$$

방유제 높이 $H = \dfrac{(2,090 + 140.43 - 33.93)}{(1,500 - 113.1)} = 1.58[\text{m}]$

(3) 「도로터널의 화재안전기준(NFSC 603)」에 관하여 다음 각 물음에 답하시오. (11점)

① 3,000[m]인 편도 4차로의 일방향 터널에서 터널 양쪽의 측벽 하단에 도로면으로부터 높이 0.8[m], 폭 1.2[m]의 유지보수 통로가 있을 경우 도로면을 기준으로 한 발신기 설치 높이를 쓰시오. (2점)

[풀이&답]
1. 발신기는 바닥면으로부터 0.8[m] 이상 1.5[m] 이하의 높이에 설치할 것
2. 발신기의 설치높이 : 0.8[m]+(0.8[m] 이상 1.5[m] 이하)=1.6[m] 이상 2.3[m] 이하

② 비상경보설비에 대한 설치기준을 쓰시오.(4점)

[풀이&답]
1. 발신기는 주행차로 한쪽 측벽에 50[m] 이내의 간격으로 설치하며, 편도 2차선 이상의 양방향 터널이나 4차로 이상의 일방향 터널의 경우에는 양쪽의 측벽에 각각 50[m] 이내의 간격으로 엇갈리게 설치할 것.
2. 발신기는 바닥면으로부터 0.8[m] 이상 1.5[m] 이하의 높이에 설치할 것
3. 음향장치는 발신기 설치위치와 동일하게 설치할 것. 다만, 「비상방송설비의 화재안전기준(NFSC 202)」에 적합하게 설치된 방송설비를 비상경보설비와 연동하여 작동하도록 설치한 경우에는 비상경보설비의 지구음향장치를 설치하지 아니할 수 있다.
4. 음량장치의 음량은 부착된 음향장치의 중심으로부터 1[m] 떨어진 위치에서 90[dB] 이상이 되도록 할 것
5. 음향장치는 터널내부 전체에 동시에 경보를 발하도록 설치할 것
6. 시각경보기는 주행차로 한쪽 측벽에 50[m] 이내의 간격으로 비상경보설비 상부 직근에 설치하고, 전체 시각경보기는 동기방식에 의해 작동될 수 있도록 할 것

③ 화재에 노출이 우려되는 제연설비와 전원공급선의 운전 유지조건을 쓰시오. (2점)

[풀이&답]
〈제9조제2항4호〉
250[℃]의 온도에서 60분 이상 운전상태를 유지할 수 있도록 할 것

④ 제연설비의 기동은 자동 또는 수동으로 기동될 수 있도록 하여야 한다. 이 경우 제연설비가 기동되는 조건에 대하여 쓰시오.(3점)

[풀이&답]
〈제9조제3항〉
1. 화재감지기가 동작되는 경우
2. 발신기의 스위치 조작 또는 자동소화설비의 기동장치를 동작시키는 경우
3. 화재수신기 또는 감시제어반의 수동조작스위치를 동작시키는 경우

03 ★★★★

다음 각 물음에 답하시오. (30점)

(1) 수계 소화설비에 관한 다음 각 물음에 답하시오. (9점)

① 아래 그림은 펌프를 이용하여 옥내소화전으로 물을 배출하는 개략도이다. 열교환이
없으며, 모든 손실을 무시할 때, 펌프의 수동력[kW]을 계산하시오.(단, P_1은 게이지압
이고, 물의 밀도는 998.2[kg/m³], $g=9.8$[m/s²], 대기압은 0.1 [MPa], 전달계수 $k=$
1.1, 효율 75[%] 이다. 계산은 소수점 셋째자리에서 반올림하여 둘째자리까지 구하시
오.) (5점)

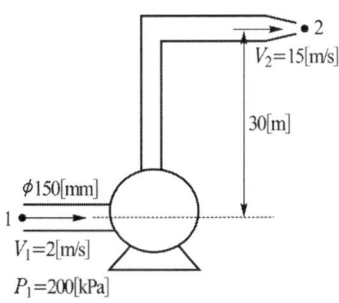

풀이&답 1. 토출량

$$Q=A_1V_1=A_2V_2=\frac{\pi}{4}\times(0.15[\text{m}])^2\times2[\text{m/s}]=0.035[\text{m}^3/\text{s}]=0.04[\text{m}^3/\text{s}]$$

2. 전양정

$$\frac{P_1}{\gamma}+\frac{V_1^2}{2g}+Z_1+H_P=\frac{P_2}{\gamma}+\frac{V_2^2}{2g}+Z_2+\triangle H$$

$$\frac{200[\text{kN/m}^3]}{998.2[\text{kg/m}^3]\times9.8[\text{m/s}^2]}+\frac{(2[\text{m/s}])^2}{2\times9.8[\text{m/s}^2]}+0[\text{m}]+H_P$$

$$=0[\text{m}]+\frac{(15[\text{m/s}])^2}{2\times9.8[\text{m/s}^2]}+30[\text{m}]+0[\text{m}]$$

(조건에 의거 $\triangle H=0$, 대기압상태이므로 $P_2=0$)

$$H_P=\frac{(15[\text{m/s}])^2}{2\times9.8[\text{m/s}^2]}+30[\text{m}]-\frac{200[\text{kN/m}^3]}{998.2[\text{kg/m}^3]\times9.8[\text{m/s}^2]}-\frac{(2[\text{m/s}^2])}{2\times9.8[\text{m/s}^2]}=41.26[\text{m}]$$

3. 물의 비중량

$$\gamma=\rho g=998.2[\text{kg/m}^3]\times9.8[\text{m/s}^2]=9,782.36[\text{N/m}^3]=9.78[\text{kN/m}^3]$$

4. 수동력

$$P=\gamma QH=9.78[\text{kN/m}^3]\times0.04[\text{m}^3/\text{s}]\times41.26[\text{m}]=16.1409=16.14[\text{kW}]$$

[계산은 소수점 셋째자리에서 반올림하여 둘째자리까지 구하시오.]라는 조건에 의거하
여 풀이과정에서의 반올림에 따라 수동력의 값이 달라질 수 있습니다.

② 「화재예방, 소방시설 설치·유지 및 안전관리에 관한 법률 시행령」 별표5에 의거하여
문화 및 집회시설(동·식물원은 제외)의 전층에 스프링클러를 설치하여야 하는 특정소

방대상물 4가지를 쓰시오. (4점)

[풀이&답]
1. 수용인원이 100명 이상인 것
2. 영화상영관의 용도로 쓰이는 층의 바닥면적이 지하층 또는 무창층인 경우에는 $500[\text{m}^2]$ 이상, 그 밖의 층의 경우에는 $1천[\text{m}^2]$ 이상인 것
3. 무대부가 지하층·무창층 또는 4층 이상의 층에 있는 경우에는 무대부의 면적이 $300[\text{m}^2]$ 이상인 것
4. 무대부가 3) 외의 층에 있는 경우에는 무대부의 면적이 $500[\text{m}^2]$ 이상인 것

(2) 가로 15[m]×세로 10[m]×높이 4[m]인 전산기기실에 HFC-125를 설치하고자 한다. 아래 조건을 기준으로 다음 각 물음에 답하시오.(단, 약제 팽창 시 외부로의 누설을 고려한 공차를 포함하지 않으며, 계산은 소수점 다섯째자리에서 반올림하여 넷째자리까지 구하시오.) (7점)

[조건]
㉮ 해당 약제의 소화농도는 A, C급 화재 시 7[%], B급 화재 시 9[%]로 적용한다.
㉯ 전산기기실의 최소예상온도는 20[℃]이다.

① HFC-125의 K_1(표준상태에서의 비체적) 및 K_2(단위 온도 당 비체적 증가분) 값을 계산하시오. (2점)

[풀이&답]
1. HFC-125의 분자량 계산
   1) 분자식 : CF_3CHF_2
   2) 분자량 : $12\times2+1\times1+19\times5=120[\text{kg/kmol}]$
2. $K_1 = \dfrac{22.4}{\text{분자량}} = \dfrac{22.4}{120} = 0.186666 = 0.1867[\text{m}^3/\text{kg}]$
3. $K_2 = \dfrac{K_1}{273} = \dfrac{0.1867}{273} = 0.00068 = 0.0007[\text{m}^3/\text{kg}]$

② 「할로겐화합물 및 불활성기체 소화설비의 화재안전기준(NFSC 107A)」에 규정된 방출시간 안에 방출하여야 하는 최소 약제량[kg]을 구하시오. (5점)

[풀이&답]
1. 방호공간의 체적 $V=15[\text{m}]\times10[\text{m}]\times4[\text{m}]=600[\text{m}^3]$
2. 선형상수 $S=K_1+K_2t=0.1867+0.0007\times20=0.2007[\text{m}^3/\text{kg}]$
3. 설계농도 $C=7[\%]\times1.2=8.4[\%]$
4. 약제량 : 설계농도의 95[%] 이상에 해당하는 약제가 규정된 시간 안에 방출되어야 하므로 약제량
$$W=\frac{V}{S}\times\frac{C\times0.95}{100-C\times0.95}=\frac{600}{0.2007}\times\frac{8.4\times0.95}{100-8.4\times0.95}=259.25[\text{kg}]$$

(3) 「포소화설비의 화재안전기준(NFSC 105)」에 의거하여 아래 조건에 관한 다음 각 물음에 답하시오. (14점)

[조건]
㉮ 높이 3[m], 바닥 크기가 10[m]×15[m]인 차고에 호스릴포소화전을 설치한다.
㉯ 호스접결구 수는 6개이며, 5[%] 수성막포를 사용한다.

① 최소 포소화약제 저장량[ℓ]을 계산하시오. (4점)

풀이&답 저장량 $Q = N \times S \times 6,000 \times 0.75 = 5 \times 0.05 \times 6,000 \times 0.75 = 1,125[\ell]$

② 차고 및 주차장에 호스릴포소화설비를 설치할 수 있는 조건을 쓰시오. (4점)

풀이&답 〈포소화설비의 화재안전기준 제4조〉
1. 완전 개방된 옥상주차장 또는 고가 밑의 주차장 등으로서 주된 벽이 없고 기둥뿐이거나 주위가 위해방지용 철주 등으로 둘러쌓인 부분
2. 옥외로 통하는 개구부가 상시 개방된 구조의 부분으로서 그 개방된 부분의 합계면적이 해당 차고 또는 주차장의 바닥면적의 15[%] 이상인 부분
3. 지상 1층으로서 방화구획 되거나 지붕이 없는 부분
4. 지상에서 수동 또는 원격조작에 따라 개방이 가능한 개구부의 유효면적의 합계가 바닥면적의 20[%] 이상(시간당 5회 이상의 배연능력을 가진 배연설비가 설치된 경우에는 15[%] 이상)인 부분

포소화설비의 화재안전기준 개정(2018.9.10 행정예고)에 따른 답안작성
1. 완전 개방된 옥상주차장 또는 고가 밑의 주차장으로서 주된 벽이 없고 기둥뿐이거나 주위가 위해방지용 철주 등으로 둘러쌓인 부분
2. 지상 1층으로서 지붕이 없는 부분

③ 포소화설비 기동장치에 설치하는 자동경보장치의 설치기준을 쓰시오. (6점)

풀이&답 〈포소화설비의 화재안전기준 제11조제3항〉
1. 방사구역마다 일제개방밸브와 그 일제개방밸브의 작동여부를 발신하는 발신부를 설치할 것. 이 경우 각 일제개방밸브에 설치되는 발신부 대신 1개층에 1개의 유수검지장치를 설치할 수 있다.
2. 상시 사람이 근무하고 있는 장소에 수신기를 설치하되, 수신기에는 폐쇄형스프링클러헤드의 개방 또는 감지기의 작동여부를 알 수 있는 표시장치를 설치할 것
3. 하나의 소방대상물에 2 이상의 수신기를 설치하는 경우에는 수신기가 설치된 장소 상호간에 동시 통화가 가능한 설비를 할 것

합격자 122

제16회 설계 및 시공 기출문제

2016. 09. 24

01 ★★★★

다음 각 물음에 답하시오. (40점)

(1) 가로 2[m], 세로 1.8[m], 높이 1.4[m]인 가연물에 국소방출방식의 고압식 이산화탄소 소화 설비를 설치하고자 한다. 다음 물음에 답하시오. (단, 저장용기는 68[ℓ]/45[kg]을 사용하며, 입면에 고정된 벽체는 없다.) (10점)

① 방호공간의 체적 [m³]을 구하시오. (2점)

 방호공간의 체적

$$V = (0.6[m] + 가로 + 0.6[m]) \times (0.6[m] + 세로 + 0.6[m]) \times (높이 + 0.6[m])$$
$$= (0.6[m] + 2[m] + 0.6[m]) \times (0.6[m] + 1.8[m] + 0.6[m]) \times (1.4[m] + 0.6[m])$$
$$= 3.2[m] \times 3[m] \times 2[m] = 19.2[m^3]$$

② 방호공간 벽면적의 합계[m²]을 구하시오. (2점)

풀이&답 방호공간 벽면적의 합계

$$A = 3.2[m] \times 2[m] \times 2면 + 3[m] \times 2[m] \times 2면 = 24.8[m^2]$$

③ 방호대상물 주위에 설치된 벽면적의 합계[m²]를 구하시오. (2점)

풀이&답 $a = 0$(입면에 고정된 벽체는 없으므로)

④ 이산화탄소 소화설비의 최소 약제량 및 용기수를 구하시오. (4점)

풀이&답 1) 최소 약제량

$$W = 방호공간의 체적[m^3] \times \left[8 - 6 \times \frac{a}{A} \right] \times 1.4$$
$$= 19.2[m^3] \times \left[8 - 6 \times \frac{0}{24.8} \right] \times 1.4 = 215.04[kg]$$

2) 저장용기 수 : $\dfrac{215.04[kg]}{45[kg]} = 4.78 = 5$병

(2) 체적 55[m³] 미만인 전기설비에서 심부화재발생 시 다음 물음에 답하시오. (30점)

① 이산화탄소의 비체적 [m³/kg]을 구하시오. (단, 심부화재이므로 온도는 10[℃]를 기준 으로 하며 답은 소수점 셋째자리에서 반올림하여 둘째자리까지 구한다.) (5점)

풀이&답 비체적 $V_s = \dfrac{RT}{PM} = \dfrac{0.082[atm \cdot m^3/kmol \cdot K] \times (273+10)[K]}{1[atm] \times 44[kg/kmol]} = 0.527 = 0.53[m^3/kg]$

② 자유유출(Free efflux)상태에서 방호구역 체적당 소화약제량 산정식을 쓰시오. (5점)

풀이&답 방호구역 체적당 소화약제량

$$x = 2.303 \times log\left(\frac{100}{100-C}\right) \times \frac{1}{S}\,[\text{kg/m}^3]$$

C : 설계농도[%], S : 비체적[m³/kg]

③ 이산화탄소소화설비의 화재안전기준(NFSC 106)에 따라 전역방출방식에 있어서 심부화재의 경우 방호대상물별 소화약제의 양과 설계농도를 쓰시오. (12점)

방호대상물	방호구역의 체적 1[m³]에 대한 소화약제의 양	설계농도 [%]
(가)		
(나)		
(다)		
(라)		

풀이&답

방호대상물	방호구역의 체적 1[m³]에 대한 소화약제의 양	설계농도 [%]
(가) 유압기기를 제외한 전기설비, 케이블실	1.3[kg]	50
(나) 체적 55[m³] 미만의 전기설비	1.6[kg]	50
(다) 서고, 전자제품창고, 목재가공품창고, 박물관	2.0[kg]	65
(라) 고무류, 면화류창고, 모피창고, 석탄창고, 집진설비	2.7[kg]	75

④ 전역방출방식에서 체적 55[m³] 미만인 전기설비 방호대상물의 설계농도를 구하시오. (단, 계산값은 소수점 셋째자리에서 반올림하여 둘째자리까지 구하고, 설계농도는 반올림하여 정수로 한다.) (8점)

풀이&답 방호구역의 체적당 약제량 $x = 1.6\,[\text{kg/m}^3]$
비체적 $S = 0.53\,[\text{m}^3/\text{kg}]$이므로 대입하면

$$x = 2.303 \times log\left(\frac{100}{100-C}\right) \times \frac{1}{S}\,[\text{kg/m}^3]$$

$$1.6 = 2.303 \times log\left(\frac{100}{100-C}\right) \times \frac{1}{0.53}\,[\text{kg/m}^3]$$

설계농도 $C = 57.166 = 57.17[\%]$, 문제의 조건에 따라 설계농도는 57[%]

02 ★★★★

다음 각 물음에 답하시오. (30점)

(1) 스프링클러 소화설비의 화재안전기준(NFSC 103)에 따라 다음 각 물음에 답하시오. (24점)

① 일반건식밸브와 저압건식밸브의 작동순서를 쓰시오. (6점)

일반건식밸브 작동순서	저압건식밸브 작동순서
① 폐쇄형 스프링클러헤드 개방	① 폐쇄형 스프링클러헤드 개방
② 2차측 압력저하	② 2차측 압력저하
③ 액셀레이터(Accelerator) 작동	③ 액추에이터 작동
④ 중간챔버 감압	④ 중간챔버 감압
⑤ 일반건식밸브 개방	⑤ 저압건식밸브 개방

② 저압건식밸브 2차측 설정압력이 낮은 경우 장점 4가지를 쓰시오. (4점)

[풀이&답]
① 소화수의 이송시간을 단축할 수 있다.
② 저압건식밸브의 개방시간을 단축할 수 있다.
③ 공기압축기(컴프레셔)의 용량을 줄일 수 있다.
④ 유지관리가 쉽다.
⑤ 초기 세팅 및 복구가 쉽다.

③ 건식스프링클러 헤드의 설치장소 최고온도가 39[℃]미만이고, 헤드를 하향식으로 할 경우 설치 헤드의 표시 온도와 헤드의 종류를 쓰시오. (2점)

[풀이&답]

헤드의 표시온도	79[℃] 미만
헤드의 종류	드라이펜던트(dry pendent) 스프링클러헤드

④ 건식스프링클러 2차측 급속개방장치(Quick opening device)의 액셀레이터(Accelerator), 익져스터(Exhauster) 작동원리를 쓰시오. (4점)

[풀이&답]

구 분	작동원리
액셀레이터 (Accelerator)	헤드의 작동에 따라 건식밸브 2차측의 공기압력이 세팅압력보다 낮아졌을 때 가속기가 작동하여 2차측의 압축공기 일부를 클래퍼 1차측 중간챔버로 보내어 건식밸브가 신속히 개방되도록 한다.
익져스터 (Exhauster)	헤드의 작동에 따라 건식밸브 2차측의 공기압력이 세팅압력보다 낮아졌을 때 공기배출기가 작동하여 2차측의 압축공기가 대기 중으로 빠르게 배출되도록 한다.

⑤ 복합 건축물에 설치된 스프링클러 소화설비의 주펌프를 2대로 병렬운전 할 경우 장점 2가지를 쓰시오. (4점)

[풀이&답]
1) 신뢰성 확보(운전의 안전성 확보)
2) 소요동력이 감소
3) 흡입측 마찰손실수두의 감소

⑥ 스프링클러소화설비의 가압방식 중 펌프방식에 있어서 후드밸브와 체크밸브의 이상 유무를 확인하는 방법을 쓰시오. (단, 수조는 펌프보다 아래에 있다.) (4점)

풀이&답 1) 물올림탱크의 물올림관에 있는 급수밸브를 폐쇄
2) 펌프 상부의 물올림 컵(프라이밍 컵) 밸브를 개방하여 물올림 컵(프라이밍 컵)에 일정량의 물을 채운다.
3) 물올림 컵(프라이밍 컵)의 수위가 내려가는 경우 : 후드밸브 이상
4) 물올림 컵(프라이밍 컵)의 수위가 올라가는 경우 : 체크밸브 이상

(2) 간이스프링클러설비의 화재안전기준(NFSC 103A)에 따라 다음 각 물음에 답하시오. (6점)

① 상수도직결방식의 배관과 밸브의 설치순서를 쓰시오. (3점)

풀이&답 1) 수도용계량기, 급수차단장치, 개폐표시형밸브, 체크밸브, 압력계, 유수검지장치(압력스위치 등 유수검지장치와 동등 이상의 기능과 성능이 있는 것을 포함한다. 이하 같다), 2개의 시험밸브의 순으로 설치할 것
2) 간이스프링클러설비 이외의 배관에는 화재시 배관을 차단할 수 있는 급수차단장치를 설치할 것

② 펌프를 이용한 배관과 밸브의 설치순서를 쓰시오. (3점)

풀이&답 수원, 연성계 또는 진공계(수원이 펌프보다 높은 경우를 제외한다. 이하 같다), 펌프 또는 압력수조, 압력계, 체크밸브, 성능시험배관, 개폐표시형밸브, 유수검지장치, 시험밸브의 순으로 설치할 것

03 ★★★★

노유자시설에 제연설비를 설치하려고 한다. 다음 그림과 조건을 참조하여 물음에 답하시오. (30점)

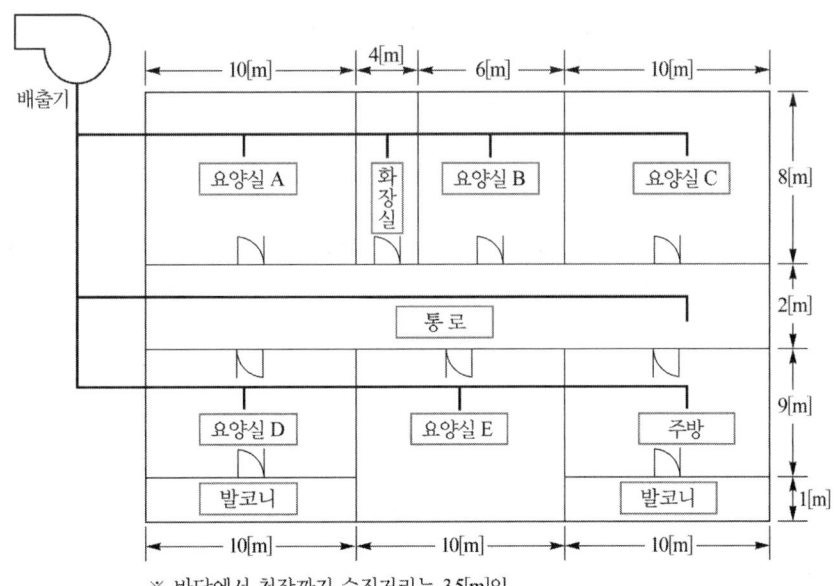

※ 바닥에서 천장까지 수직거리는 3.5[m]임

[조건] ㉮ 노유자시설의 특성상 바닥면적에 관계없이 하나의 제연구역으로 간주한다.
㉯ 공동배출방식에 따른다.

㉰ 본 노유자시설은 숙박시설(가족호텔) 제연설비기준에 따라 설치한다.

㉱ 통로배출방식이 가능한 예상제연구역은 모두 통로배출방식으로 한다.

㉲ 기계실, 전기실, 창고는 사람이 거주하지 않는다.

㉳ 건축물 및 통로의 주요구조는 내화구조이고, 마감재는 불연재료이며, 통로에는 가연성 내용물이 없다.

(1) 배출기 최소풍량 [m³/hr]을 구하시오. (각 실별 풍량 계산과정을 쓸 것) (8점)

구분	바닥면적(또는 통로길이)	풍량 계산과정
요양실A	$10[\text{m}] \times 8[\text{m}] = 80[\text{m}^2]$	$80[\text{m}^2] \times 1[\text{m}^3/\text{min} \cdot \text{m}^2] = 80[\text{m}^3/\text{min}] \times 60$ $= 4,800[\text{m}^3/\text{hr}] = 5,000[\text{m}^3/\text{hr}](최소기준)$
요양실B	$6[\text{m}] \times 8[\text{m}] = 48[\text{m}^2]$	설치제외
요양실C	$10[\text{m}] \times 8[\text{m}] = 80[\text{m}^2]$	$80[\text{m}^2] \times 1[\text{m}^3/\text{min} \cdot \text{m}^2] = 80[\text{m}^3/\text{min}] \times 60$ $= 4,800[\text{m}^3/\text{hr}] = 5,000[\text{m}^3/\text{hr}](최소기준)$
요양실D	$10[\text{m}] \times 9[\text{m}] = 90[\text{m}^2]$	설치제외
요양실E	$10[\text{m}] \times 10[\text{m}] = 100[\text{m}^2]$	$100[\text{m}^2] \times 1[\text{m}^3/\text{min} \cdot \text{m}^2] = 100[\text{m}^3/\text{min}] \times 60$ $= 6,000[\text{m}^3/\text{hr}]$
주 방	$10[\text{m}] \times 9[\text{m}] = 90[\text{m}^2]$	$90[\text{m}^2] \times 1[\text{m}^3/\text{min} \cdot \text{m}^2] = 90[\text{m}^3/\text{min}] \times 60$ $= 5,400[\text{m}^3/\text{hr}]$
통 로	$10[\text{m}] + 4[\text{m}] + 6[\text{m}] + 10[\text{m}] = 30[\text{m}]$	$25,000[\text{m}^3/\text{hr}]$
화장실	$4[\text{m}] \times 8[\text{m}] = 32[\text{m}^2]$	설치제외
풍량결정		① 거실 풍량 합계 $= 5,000[\text{m}^3/\text{hr}] + 5,000[\text{m}^3/\text{hr}] + 6,000[\text{m}^3/\text{hr}] + 5,400[\text{m}^3/\text{hr}]$ $= 21,400[\text{m}^3/\text{hr}]$ ② 통로 풍량 : $25,000[\text{m}^3/\text{hr}]$ ③ 풍량 결정 : 거실과 통로는 공동예상제연구역으로 할 수 없으므로 큰 값인 $25,000$ $[\text{m}^3/\text{hr}]$로 한다.

보충설명

요양실 B
제연설비의 화재안전기준 제5조(제연방식) 제2항[통로와 인접하고 있는 거실의 바닥면적이 50 [m²] 미만으로 구획(제연경계에 따른 구획은 제외한다. 다만, 거실과 통로와의 구획은 그러하지 아니하다)되고 그 거실에 통로가 인접하여 있는 경우에는 화재 시 그 거실에서 직접 배출하지 아니하고 인접한 통로의 배출로 갈음할 수 있다. 다만, 그 거실이 다른 거실의 피난을 위한 경유거실인 경우에는 그 거실에서 직접 배출하여야 한다.]에 의거하여 거실 배출량 산정에서 제외한다.

제연설비의 화재안전기준 제6조(배출량 및 배출방식) 제1항제2호
바닥면적이 50[m²] 미만인 예상제연구역을 통로배출방식으로 하는 경우에는 통로보행중심선의 길이 및 수직거리에 따라 다음 표에서 정하는 기준량 이상으로 할 것

통로길이	수직거리	배출량	비고
40[m] 이하	2[m] 이하	$25,000[\text{m}^3/\text{hr}]$	벽으로 구획된 경우를 포함한다.

통로길이	수직거리	배출량	비고
40[m] 이하	2[m] 초과 2.5[m] 이하	30,000[m³/hr]	
	2[m] 초과 3[m] 이하	35,000[m³/hr]	
	3[m] 초과	45,000[m³/hr]	
40[m] 초과 60[m] 이하	2[m] 이하	30,000[m³/hr]	벽으로 구획된 경우를 포함한다.
	2[m] 초과 2.5[m] 이하	35,000[m³/hr]	
	2[m] 초과 3[m] 이하	40,000[m³/hr]	
	3[m] 초과	50,000[m³/hr]	

제연설비의 화재안전기준 제13조(설치제외)
제연설비를 설치하여야 할 특정소방대상물 중 화장실·목욕실·주차장·발코니를 설치한 숙박시설(가족호텔 및 휴양콘도미니엄에 한한다)의 객실과 사람이 상주하지 아니하는 기계실·전기실·공조실·50[m²] 미만의 창고 등으로 사용되는 부분에 대하여는 배출구·공기유입구의 설치 및 배출량 산정에서 이를 제외한다.

(2) 배출기 회전수가 600[rpm]에서 배출량이 20,000[m³/hr]이고, 축동력이 5.0[kW]이면, 이 배출기가 최소풍량을 배출하기 위해 필요한 최소 전동기동력[kW]을 구하시오. (단, 계산값은 소수점 셋째자리에서 반올림하여 둘째자리까지 구하고, 전동기 여유율은 15[%]를 적용한다.) (4점)

[풀이&답] 1) 회전수의 산정

$$\frac{Q_2}{Q_1} = \frac{N_2}{N_1}, \quad \frac{25,000[m^3/hr]}{20,000[m^3/hr]} = \frac{N_2}{600[rpm]}, \quad N_2 = 750[rpm]$$

2) 축동력의 산정

$$\frac{P_2}{P_1} = \left(\frac{N_2}{N_1}\right)^3, \quad \frac{P_2}{5[kW]} = \left(\frac{750[rpm]}{600[rpm]}\right)^3, \quad P_2 = 9.765625[kW]$$

3) 최소 전동기동력 = 축동력 × 전동기 여유율
$$= 9.765625[kW] \times (1+0.15) = 11.23[kW]$$

(3) '요양실E'에 대하여 다음 물음에 답하시오. (7점)

① 필요한 최소 공기유입량 [m³/hr]을 구하시오. (2점)

[풀이&답] 공기유입량(급기량)은 배출량 이상이어야 하므로 6,000[m³/hr]

② 공기유입구의 최소면적 [cm²]을 구하시오. (5점)

[풀이&답] $6,000[m^3/hr] \times \frac{1[hr]}{60[min]} \times 35[cm^2/(m^3/min)] = 3,500[cm^2]$

(4) 특정소방대상물의 소방안전관리에 대한 물음에 답하시오. (11점)

① 화재예방, 소방시설 설치·유지 및 안전관리에 관한 법령상 강화된 소방시설기준의 적용대상인 노유자시설과 의료시설에 설치하는 소방설비를 쓰시오. (6점)

[풀이&답]

구 분	소방설비
노유자시설	간이스프링클러설비, 자동화재탐지설비 및 단독경보형감지기
의료시설	스프링클러설비, 간이스프링클러설비, 자동화재탐지설비, 자동화재속보설비

② 피난기구의 화재안전기준(NFSC 301)에 따라 승강식피난기 및 하향식 피난구용 내림식사다리 설치기준 중 ㉠ ~ ㉤에 해당되는 내용을 쓰시오. (5점)

> 승강식피난기 및 하향식 피난구용 내림식사다리는 다음 각 목에 적합하게 설치할 것
> ㉮ ㉠
> ㉯ ㉡
> ㉰ ㉢
> ㉱ ㉣
> ㉲ ㉤
> ㉳ 하강구 내측에는 기구의 연결 금속구 등이 없어야 하며 전개된 피난기구는 하강구 수평투영면적 공간 내의 범위를 침범하지 않는 구조이어야 할 것. 단, 직경 60cm 크기의 범위를 벗어난 경우이거나, 직하층의 바닥 면으로부터 높이 50cm 이하의 범위는 제외한다.
> ㉴ 대피실 내에는 비상조명등을 설치 할 것
> ㉵ 대피실에는 층의 위치표시와 피난기구 사용설명서 및 주의사항 표지판을 부착할 것
> ㉶ 사용 시 기울거나 흔들리지 않도록 설치할 것
> ㉷ 승강식피난기는 한국소방산업기술원 또는 법 제42조제1항에 따라 성능시험기관으로 지정받은 기관에서 그 성능을 검증받은 것으로 설치할 것

[풀이&답]

㉠ 승강식피난기 및 하향식 피난구용 내림식사다리는 설치경로가 설치층에서 피난층까지 연계될 수 있는 구조로 설치할 것. 단, 건축물 규모가 지상 5층 이하로서 구조 및 설치 여건상 불가피한 경우는 그러하지 아니 한다.

㉡ 대피실의 면적은 $2[m^2]$(2세대 이상일 경우에는 $3[m^2]$) 이상으로 하고,「건축법 시행령」제46조제4항의 규정에 적합하여야 하며 하강구(개구부) 규격은 직경 60[cm] 이상일 것. 단, 외기와 개방된 장소에는 그러하지 아니 한다.

㉢ 대피실의 출입문은 갑종방화문으로 설치하고, 피난방향에서 식별할 수 있는 위치에 "대피실" 표지판을 부착할 것. 단, 외기와 개방된 장소에는 그러하지 아니 한다.

㉣ 대피실 출입문이 개방되거나, 피난기구 작동 시 해당층 및 직하층 거실에 설치된 표시등 및 경보장치가 작동되고, 감시 제어반에서는 피난기구의 작동을 확인 할 수 있어야 할 것

㉤ 착지점과 하강구는 상호 수평거리 15[cm] 이상의 간격을 둘 것

피난기구의 화재안전기준 제4조 제3항 제10호

승강식피난기 및 하향식 피난구용 내림식사다리는 다음 각 목에 적합하게 설치할 것

가. 승강식피난기 및 하향식 피난구용 내림식사다리는 설치경로가 설치층에서 피난층까지 연계
   될 수 있는 구조로 설치할 것. 단, 건축물 규모가 지상 5층 이하로서 구조 및 설치 여건상 불가
   피한 경우는 그러하지 아니 한다.

나. 대피실의 면적은 2[m²](2세대 이상일 경우에는 3[m²]) 이상으로 하고, 「건축법 시행령」 제46
   조제4항의 규정에 적합하여야 하며 하강구(개구부) 규격은 직경 60[cm] 이상일 것. 단, 외기와
   개방된 장소에는 그러하지 아니 한다.

다. 하강구 내측에는 기구의 연결 금속구 등이 없어야 하며 전개된 피난기구는 하강구 수평투영
   면적 공간 내의 범위를 침범하지 않는 구조이어야 할 것. 단, 직경 60[cm] 크기의 범위를 벗어
   난 경우이거나, 직하층의 바닥 면으로부터 높이 50[cm] 이하의 범위는 제외 한다.

라. 대피실의 출입문은 갑종방화문으로 설치하고, 피난방향에서 식별할 수 있는 위치에 "대피실"
   표지판을 부착할 것. 단, 외기와 개방된 장소에는 그러하지 아니 한다.

마. 착지점과 하강구는 상호 수평거리 15[cm] 이상의 간격을 둘 것

바. 대피실 내에는 비상조명등을 설치할 것

사. 대피실에는 층의 위치표시와 피난기구 사용설명서 및 주의사항 표지판을 부착할 것

아. 대피실 출입문이 개방되거나, 피난기구 작동 시 해당층 및 직하층 거실에 설치된 표시등 및
   경보장치가 작동되고, 감시 제어반에서는 피난기구의 작동을 확인할 수 있어야 할 것

자. 사용 시 기울거나 흔들리지 않도록 설치할 것

차. 승강식피난기는 한국소방산업기술원 또는 법 제42조제1항에 따라 성능시험기관으로 지정받
   은 기관에서 그 성능을 검증받은 것으로 설치할 것

합격자 70

제17회 설계 및 시공 기출문제

2017. 09. 23

01 ★★★★

다음 물음에 답하시오.(40점)

(1) 특정소방대상물의 관계인이 특정소방대상물의 규모·용도 및 수용인원을 고려하여 스프링 클러설비를 설치하고자 한다. "지붕 또는 외벽이 불연재료가 아니거나 내화구조가 아닌 공장 또는 창고시설"로서 스프링클러설비 설치대상이 되는 경우 5가지를 쓰시오 (5점)

풀이&답 1. 창고시설(물류터미널에 한정한다) 중 바닥면적의 합계가 2천5백[m²] 이상이거나 수용인원이 250명 이상인 것
2. 창고시설(물류터미널은 제외한다) 중 바닥면적의 합계가 2천5백[m²] 이상인 것
3. 랙식 창고시설 중 바닥면적의 합계가 750[m²] 이상인 것
4. 공장 또는 창고시설 중 지하층·무창층 또는 층수가 4층 이상인 것 중 바닥면적이 500[m²] 이상인 것
5. 공장 또는 창고시설 중 「소방기본법 시행령」 별표 2에서 정하는 수량의 500배 이상의 특수가 연물을 저장·취급하는 시설

(2) 준비작동식스프링클러설비의 동작순서 block diagram을 완성하시오. (7점)

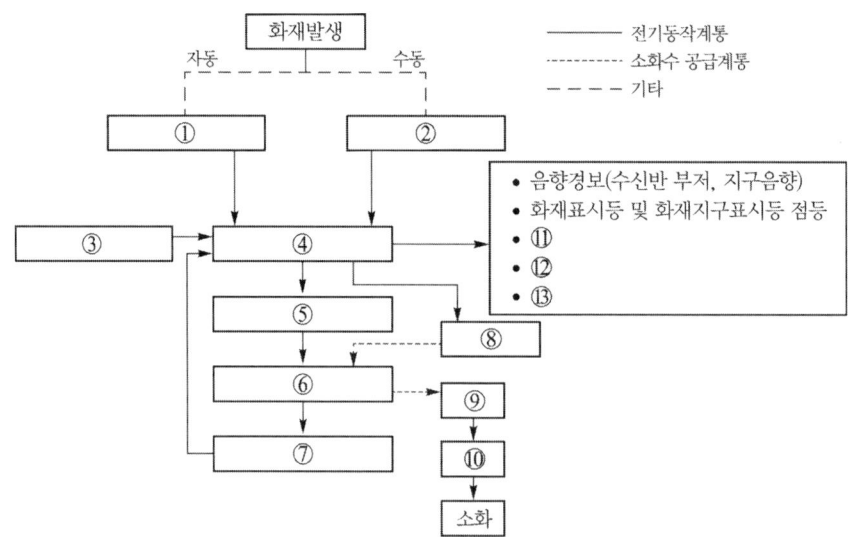

풀이&답 ① 감지기 작동   ② 수동기동장치(SVP) 작동
③ 기동용수압개폐장치의 압력스위치 동작   ④ 감시제어반(수신반)
⑤ 전자밸브 개방(솔레노이드 밸브 개방)   ⑥ 준비작동식 밸브 개방

⑦ 압력스위치 작동
⑧ 펌프기동
⑨ 배관
⑩ 헤드
⑪ 밸브개방확인(준비작동식 밸브)
⑫ 기동용수압개폐장치의 압력스위치 동작확인
⑬ 펌프기동 확인

준비작동식스프링클러설비의 동작순서

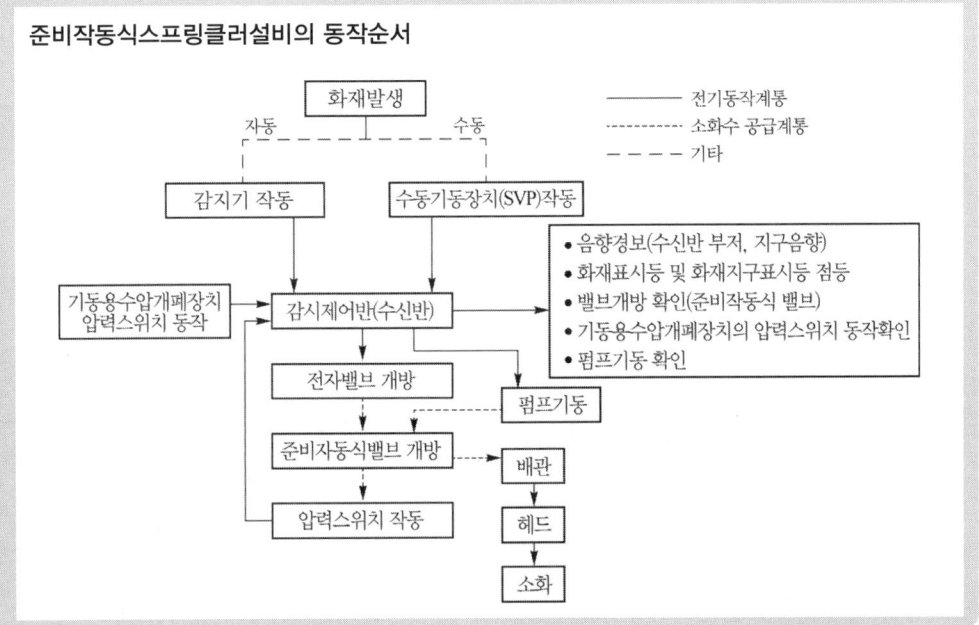

(3) 감지기회로의 도통시험과 관련하여 다음의 각 물음에 답하시오. (4점)

① 종단저항 설치기준 3가지를 쓰시오. (2점)

|풀이&답|
1. 점검 및 관리가 쉬운 장소에 설치할 것
2. 전용함을 설치하는 경우 그 설치 높이는 바닥으로부터 1.5[m] 이내로 할 것
3. 감지기 회로의 끝부분에 설치하며, 종단감지기에 설치할 경우에는 구별이 쉽도록 해당감지기의 기판 및 감지기 외부 등에 별도의 표시를 할 것

② 회로도통시험을 전압계를 사용하여 시험 시 측정결과에 대한 가부판정기준을 쓰시오. (2점)

|풀이&답|
수신기의 전압계를 확인한다.(전압은 24[V]로 가정)
1. 정상 : 전압계의 지침이 녹색(약 2~6[V])범위 지시
2. 단선 : 전압계의 지침이 0[V] 지시
3. 단락 : 전압계의 지침이 적색범위 지시

(4) 일제개방밸브를 사용하는 스프링클러설비에 있어서 일제개방밸브 2차측 배관의 부대설비 설치기준을 쓰시오. (4점)

|풀이&답|
1. 개폐표시형밸브를 설치할 것
2. 개폐표시형밸브와 준비작동식유수검지장치 또는 일제개방밸브 사이의 배관은 다음과 같은 구조로 할 것

① 수직배수배관과 연결하고 동 연결배관 상에는 개폐밸브를 설치할 것

② 자동배수장치 및 압력스위치를 설치할 것

③ 압력스위치는 수신부에서 준비작동식유수검지장치 또는 일제개방밸브의 개방여부를 확인할 수 있게 설치할 것

(5) 「위험물안전관리에 관한 세부기준」에서 부착장소의 최고주위온도와 스프링클러헤드 표시온도를 쓰시오. (5점)

부착장소의 최고주위온도(단위 : ℃)	표시온도(단위 : ℃)
①	②
③	④
⑤	⑥
⑦	⑧
⑨	⑩

풀이&답

부착장소의 최고주위온도(단위 : ℃)	표시온도(단위 : ℃)
① 28 미만	② 58 미만
③ 28 이상 39 미만	④ 58 이상 79 미만
⑤ 39 이상 64 미만	⑥ 79 이상 121 미만
⑦ 64 이상 106 미만	⑧ 121 이상 162 미만
⑨ 106 이상	⑩ 162 이상

(6) 감지기 오작동으로 인하여 준비작동식밸브가 개방되어 1차 측의 가압수가 2차 측으로 이동하였으나 스프링클러헤드는 개방되지 않았다. 밸브 2차측 배관은 평상시 대기압 상태로서 배관 내의 체적은 3.2[m³]이고 밸브 1차측 압력은 5.8[kgf/cm²]이며, 물의 비중량은 9,800[N/m³], 공기의 분자운동은 이상기체로서 온도 변화는 없다고 할 때 다음 물음에 답하시오. (단 계산과정을 쓰고, 계산 값은 소수점 셋째자리에서 반올림하여 둘째자리까지 구하시오.) (8점)

① 오작동으로 인하여 밸브 2차측으로 넘어간 소화수의 양 [m³]을 구하시오. (5점)

풀이&답

1. 밸브개방 전

① 절대압력 P_1 : 대기압+게이지압=1.0332[kgf/cm²]+0[kgf/cm²]=1.0332[kgf/cm²]

② 공기의 체적 V_1 : 3.2[m³](배관의 체적과 동일)

2. 밸브개방 후

① 절대압력 P_2 : 대기압+게이지압=1.0332[kgf/cm²]+5.8[kgf/cm²]=6.8332[kgf/cm²]

② 공기의 체적 V_2

3. 보일의 법칙을 적용

$P_1 V_1 = P_2 V_2$ 에서 $V_2 = \dfrac{P_1 V_1}{P_2} = \dfrac{1.0332 \times 3.2}{6.8332} = 0.48[\text{m}^3]$

4. 2차측으로 넘어간 물의 양 = 변경 전 2차측 공기체적-변경 후 2차측 공기체적

$= 3.2[\text{m}^3] - 0.48[\text{m}^3] = 2.72[\text{m}^3]$

② 밸브 2차측 배관 내에 충수되는 유체의 무게 [kN]를 구하시오. (3점)

풀이&답 비중량 $\gamma = \dfrac{W}{V}$에서

무게 $W = \gamma V = 9,800[\text{N/m}^3] \times 2.72[\text{m}^3] = 26,656[\text{N}] = 26.66[\text{kN}]$

(7) 할로겐화합물 및 불활성기체 소화설비의 화재안전기준(NFSC 107A)에 관한 다음 물음에 답하시오. (단, 계산과정을 쓰고, 계산값은 소수점 셋째자리에서 반올림하여 둘째자리까지 구하시오.) (7점)

[조건]
- 최대허용압력 : 16,000[kPa]
- 배관의 바깥지름 : 8.5[cm]
- 배관 재질 인장 강도 : 410[N/mm²]
- 항복점 : 250[N/mm²]
- 전기저항 용접 배관 방식이며, 용접 이음을 한다.

① 배관의 최대허용응력(kPa)을 구하시오. (4점)

풀이&답
1. 배관 재질 인장강도의 1/4값 : $410[\text{N/mm}^2] \times 1/4 = 102.5[\text{N/mm}^2]$
2. 항복점의 2/3값 : $250[\text{N/mm}^2] \times 2/3 = 166.67[\text{N/mm}^2]$
3. 배관이음효율 : 전기저항 용접 배관 방식이므로 0.85 적용
4. 최대허용응력(SE)
   =배관 재질 인장강도의 1/4값과 항복점의 2/3값 중 작은 값×배관이음효율 × 1.2
   $= 102.5[\text{N/mm}^2] \times 0.85 \times 1.2 = 104.55[\text{N/mm}^2]$
   $= 104.55[\text{N}/10^{-6}\,\text{m}^2]$
   $= 104.55 \times 10^6\,[\text{N/m}^2]$
   $= 104.55 \times 10^3\,[\text{kN/m}^2] = 104,550[\text{kPa}]$

② 관의 두께 [mm]를 구하시오. (3점)

풀이&답 $t = \dfrac{PD}{2SE} + A = \dfrac{16,000[\text{kPa}] \times 85[\text{mm}]}{2 \times 104,550[\text{kPa}]} + 0 = 6.504 = 6.5[\text{mm}]$

① 배관의 바깥지름 8.5[cm]=85[mm]
② A는 나사이음, 홈이음 등의 허용값[mm]을 나타낸 것으로 용접이음은 0이다.

02 ★★★★

다음 물음에 답하시오. (30점)
(1) 주요구조부가 내화구조인 건축물에 자동화재탐지설비를 설치하고자 한다. 다음 조건을 참고하여 물음에 답하시오. (단, 조건에 없는 내용은 고려하지 않는다.) (9점)

[조건]

- 층   수 : 지하 2층, 지상 9층
- 바닥면적 : 층별 1,050[m^2](가로 35[m], 세로 30[m])
- 연 면 적 : 11,550[m^2]
- 각 층의 높이는 지하 2층 4.5[m], 지하 1층 4.5[m], 1층~9층 3.5[m], 옥탑층 3.5[m]
- 직통계단은 건물 좌, 우측에 1개씩 설치
- 옥탑층은 엘리베이터 권상기실로만 사용되며 건물 좌, 우측에 1개씩 설치
- 각 층 거실과 지하주차장에는 차동식스포트형감지기 2종 설치
- 연기감지기 설치장소에는 광전식스포트형 2종 설치
- 지하 2개 층은 주차장 용도로 준비작동식유수검지장치(교차회로방식) 설치
- 지상 9개 층은 사무실 용도로 습식유수검지장치 설치
- 화재감지기는 스프링클러설비와 겸용으로 설치

① 전체 경계구역의 수를 구하시오. (4점)

풀이&답 1. 수평적 경계구역

구 분	계 산	수량
지하층	지하 각층별 면적이 1,050[m^2]로 스프링클러설비의 방사구역 (3,000[m^2])과 동일하게 설정할 수 있으므로 각 층당 1개×2개층 =2개	2개
지상층	각 층당 경계구역 : 1,050[m^2]/600[m^2]=1.75≒2개 층별 2개×9개층=18개	18개
소 계	2개+18개=20개	20개

2. 수직적 경계구역

구 분	계 산	수량
지상층 계단	지상층의 높이 : 3.5[m]×9개층+3.5[m]×1개층=35[m] 좌, 우 계단 각각 경계구역의 수 : 35[m]/45[m]=0.78≒1개 전체 경계구역의 수 : 1개×2개소=2개	2개
지하층 계단	지하층의 높이 : 4.5[m]×2개층=9[m] 좌, 우 계단 각각 경계구역의 수 : 9[m]/45[m]=0.2≒1개 전체 경계구역의 수 : 1개×2개소=2개	2개
엘리베이터 권상기실	엘리베이터 권상기실은 별도의 경계구역으로 설정하여야 한다. 권상기실 2개소×1개=2개	2개
소 계	2개+2개+2개=6개	6개

3. 전체 경계구역의 수 = 수평적 경계구역 + 수직적 경계구역
$$= 20개+6개 = 26개$$

② 설치해야 할 감지기의 종류별 수량을 구하시오. (5점)

풀이&답 1. 광전식스포트형 2종

구 분	설치해야 할 감지기의 종류	계 산	수량

지상층 계단	광전식스포트형 2종	• 지상층의 높이 :
		   3.5[m]×9개층+3.5[m]×1개층=35[m]
		• 좌, 우 계단 각각 감지기의 수량 :
		   35[m]/15[m]=3개
		• 전체 수량 : 3개×2개소=6개
			6개

지하층 계단	광전식스포트형 2종	• 지하층의 높이 : 4.5[m]×2개층=9[m] • 좌, 우 계단 각각 감지기의 수량 : 9[m]/15[m]=0.6=1개 • 전체 수량 : 1개×2개소=2개	2개
엘리베이터 권상기실	광전식스포트형 2종	2개소×1개=2개	2개
수량합계		6개+2개+2개=10개	10개

2. 차동식스포트형 2종

구분	설치해야 할 감지기의 종류	계산	수량
지상층	차동식스포트형 2종	층의 높이가 3.5[m]로서 부착높이가 4[m] 미만, 차동식스포트형 2종을 설치하는 조건이므로 1개당 70[m²]를 적용 층별 수량 : 1,050[m²]/70[m²]=15개 전체 수량 : 15개×9개층=135개	135개
지하층	차동식스포트형 2종	층의 높이가 4.5[m]로서 부착높이가 4[m] 이상, 차동식스포트형 2종을 설치하는 조건이므로 1개당 35[m²]를 적용 층별 수량 : 1,050[m²]/35[m²]=30개, 교차회로 방식을 적용하므로 30개×2회로=60개 전체수량 : 60개×2개층=120개	120개
수량합계		135개+120개=255개	255개

(2) 국가화재안전기준(NFSC)에 관한 다음 물음에 답하시오. (7점)

① 송수구 가까운 곳의 보기 쉬운 곳에 송수압력범위를 표시한 표지를 설치하여야 되는 소방시설 중 화재안전기준상 규정하고 있는 소화설비의 종류 4가지를 쓰시오. (2점)

풀이&답 1. 스프링클러설비
2. 화재조기진압용스프링클러설비
3. 물분무소화설비
4. 포소화설비
5. 연결송수관설비

② 연결송수관설비의 송수구 설치기준 중 급수개폐밸브 작동표시스위치의 설치기준을 쓰시오. (3점)

풀이&답
1. 급수개폐밸브가 잠길 경우 탬퍼 스위치의 동작으로 인하여 감시제어반 또는 수신기에 표시되어야 하며 경보음을 발할 것
2. 탬퍼 스위치는 감시제어반 또는 수신기에서 동작의 유무확인과 동작시험, 도통시험을 할 수 있을 것
3. 급수개폐밸브의 작동표시 스위치에 사용되는 전기배선은 내화전선 또는 내열전선으로 설치할 것

③ 특별피난폐단의 계단식 및 부속실 제연설비에서 옥내의 출입문(방화구조의 복도가 있는 경우로서 복도와 거실사이의 출입문)에 대한 구조기준을 쓰시오. (2점)

풀이&답
1. 출입문은 언제나 닫힌 상태를 유지하거나 자동폐쇄장치에 의해 자동으로 닫히는 구조로 할 것
2. 거실 쪽으로 열리는 구조의 출입문에 자동폐쇄장치를 설치하는 경우에는 출입문의 개방 시 유입공기의 압력에도 불구하고 출입문을 용이하게 닫을 수 있는 충분한 폐쇄력이 있는 것으로 할 것

(3) 다중이용업소의 안전관리에 관한 특별법령상 다음 물음에 답하시오. (6점)

① 다중이용업소에 설치·유지하여야 하는 안전시설등 중에서 구획된 실(實)이 있는 영업장 내부에 피난통로를 설치하여야 되는 다중이용업의 종류를 쓰시오. (2점)

풀이&답 구획된 실이 있는 영업장

보충설명 2018.7.10. 시행령 개정 및 시행에 따라 구획된 실이 있는 영업장으로 기준이 변경되어 답안을 수정합니다.

② 다중이용업소의 영업장에 설치·유지하여야 하는 안전시설등의 종류 중 영상음향 차단 장치에 대한 설치·유지기준을 쓰시오. (4점)

풀이&답
1. 화재시 자동화재탐지설비의 감지기에 의하여 자동으로 음향 및 영상이 정지될 수 있는 구조로 설치하되, 수동(하나의 스위치로 전체의 음향 및 영상장치를 제어할 수 있는 구조를 말한다)으로도 조작할 수 있도록 설치할 것
2. 영상음향차단장치의 수동차단스위치를 설치하는 경우에는 관계인이 일정하게 거주하거나 일정하게 근무하는 장소에 설치할 것. 이 경우 수동차단스위치와 가장 가까운 곳에 "영상음향차단스위치"라는 표지를 부착하여야 한다.
3. 전기로 인한 화재발생 위험을 예방하기 위하여 부하용량에 알맞은 누전차단기(과전류차단기를 포함한다)를 설치할 것
4. 영상음향차단장치의 작동으로 실내 등의 전원이 차단되지 않는 구조로 설치할 것

(4) 아래 조건과 같은 배관의 A지점에서 B지점으로 40[kgf/s]의 소화수가 흐를 때 A, B 각 지점에서의 평균속도[m/s]를 계산하시오. (단, 조건에 없는 내용은 고려하지 않으며, 계산과정을 쓰고 답은 소수점 넷째자리에서 반올림하여 셋째자리까지 구하시오.) (3점)

[조건]
- A지점 : 호칭지름 100, 바깥지름 114.3[mm], 두께 4.5[mm]
- B지점 : 호칭지름 80, 바깥지름 89.1[mm], 두께 4.05[mm]

풀이&답
1. 체적유량 계산
   중량유량 $G = \gamma A V = \gamma Q$의 관계에서
   체적유량 $Q = \dfrac{G}{\gamma} = \dfrac{40[\text{kgf/s}]}{1{,}000[\text{kgf/m}^3]} = 0.04[\text{m}^3/\text{s}]$
   물의 비중량 $\gamma = 1{,}000[\text{kgf/m}^3] = 9{,}800[\text{N/m}^3] = 9.8[\text{kN/m}^3]$
2. A지점의 내경 = 바깥지름 − 두께 × 2 = 114.3[mm] − 4.5[mm] × 2
                  = 105.3[mm] = 0.1053[m]
3. B지점의 내경 = 바깥지름 − 두께 × 2 = 89.1[mm] − 4.05[mm] × 2
                  = 81[mm] = 0.081[m]
4. A 지점의 유속 $V_A = \dfrac{Q}{A_A} = \dfrac{0.04[\text{m}^3/\text{s}]}{\dfrac{\pi}{4} \times (0.1053[\text{m}])^2} = 4.593[\text{m/s}]$
5. B 지점의 유속 $V_B = \dfrac{Q}{A_B} = \dfrac{0.04[\text{m}^3/\text{s}]}{\dfrac{\pi}{4} \times (0.081[\text{m}])^2} = 7.762[\text{m/s}]$

(5) 「소방시설의 내진설계 기준」에 따른 수평배관의 종방향 흔들림 방지 버팀대에 대한 설치 기준을 쓰시오. (5점)

풀이&답
1. 종방향 흔들림 버팀대의 수평지진하중 산정시 버팀대의 모든 가지배관을 포함하여야 한다.
2. 종방향 흔들림 방지 버팀대의 설계하중은 설치된 위치의 좌우 12[m]를 포함한 24[m]내의 배관에 작용하는 수평지진하중으로 산정한다.
3. 주배관 및 교차배관에 설치된 종방향 흔들림 방지 버팀대의 간격은 24[m]를 넘지 않아야 한다.
4. 마지막 버팀대와 배관 단부 사이의 거리는 12[m]를 초과하지 않아야 한다.
5. 4방향 버팀대는 횡방향 및 종방향 버팀대의 역할을 동시에 할 수 있어야 한다.

03 ★★★★

다음 물음에 답하시오. (30점)

(1) 소화기구 및 자동소화장치의 화재안전기준(NFSC 101)에 관하여 다음 물음에 답하시오. (8점)

① 소화기 수량산출에서 소형소화기를 감소 할 수 있는 경우에 관하여 쓰시오. (2점)

구 분	내 용
소화설비가 설치된 경우	
대형소화기가 설치된 경우	

구 분	내 용
소화설비가 설치된 경우	옥내소화전설비 · 스프링클러설비 · 물분무등소화설비 · 옥외소화전설비를 설치한 경우에는 해당 설비의 유효범위의 부분에 대하여는 제4조제1항제2호 및 제3호에 따른 소화기의 3분의 2를 감소할 수 있다.
대형소화기가 설치된 경우	해당 설비의 유효범위의 부분에 대하여는 제4조제1항제2호 및 제3호에 따른 소화기의 2분의 1을 감소할 수 있다.

제5조(소화기의 감소) 제1항
소형소화기를 설치하여야 할 특정소방대상물 또는 그 부분에 옥내소화전설비 · 스프링클러설비 · 물분무등소화설비 · 옥외소화전설비 또는 대형소화기를 설치한 경우에는 해당 설비의 유효범위의 부분에 대하여는 제4조제1항제2호 및 제3호에 따른 소화기의 3분의 2(대형소화기를 둔 경우에는 2분의 1)를 감소할 수 있다. 다만, 층수가 11층 이상인 부분, 근린생활시설, 위락시설, 문화 및 집회시설, 운동시설, 판매시설, 운수시설, 숙박시설, 노유자시설, 의료시설, 아파트, 업무시설(무인변전소를 제외한다), 방송통신시설, 교육연구시설, 항공기 및 자동차관련 시설, 관광 휴게시설은 그러하지 아니하다.

② 소화기 수량산출에서 소형소화기를 감소 할 수 없는 특정소방대상물 4가지를 쓰시오.
(2점)

[풀이&답] 층수가 11층 이상인 부분, 근린생활시설, 위락시설, 문화 및 집회시설, 운동시설, 판매시설, 운수시설, 숙박시설, 노유자시설, 의료시설, 아파트, 업무시설(무인변전소를 제외한다), 방송통신시설, 교육연구시설, 항공기 및 자동차관련 시설, 관광 휴게시설 중 4가지 선택

③ 일반화재를 적용대상으로 하는 소화기구의 적응성이 있는 소화약제를 쓰시오. (4점)

구 분	내 용
가스계소화약제	㉠
분말소화약제	㉡
액체소화약제	㉢
기타소화약제	㉣

[풀이&답] ㉠ 할론소화약제, 할로겐화합물 및 불활성기체 소화약제
㉡ 인산염류소화약제
㉢ 산알칼리소화약제, 강화액소화약제, 포소화약제, 물 · 침윤소화약제
㉣ 고체에어로졸화합물, 마른모래, 팽창질석 · 팽창진주암

[별표1] 소화기구의 소화약제별 적응성

소화약제 구분 / 적응대상	가스			분말		액체				기타			
	이산화탄소소화약제	할론소화약제	할로겐화합물 및 불활성기체 소화약제	인산염류소화약제	중탄산염류소화약제	산알칼리소화약제	강화액소화약제	포소화약제	물·침윤소화약제	고체에어로졸화합물	마른모래	팽창질석·팽창진주암	그 밖의 것
일반화재 (A급 화재)	–	○	○	○	–	○	○	○	○	○	○	○	–
유류화재 (B급 화재)	○	○	○	○	○	○	○	○	○	○	○	○	–
전기화재 (C급 화재)	○	○	○	○	○	*	*	*	*	○	–	–	–
주방화재 (K급 화재)	–	–	–	–	*	–	*	*	*	–	–	–	*

(2) 항공기 격납고에 포소화설비를 설치하고자 한다. 아래 조건을 참고하여 물음에 답하시오. (12점)

[조건]

- 격납고의 바닥면적 1,800[m²], 높이 12[m]
- 격납고의 주요 구조부가 내화구조이고, 벽 및 천장의 실내에 면하는 부분은 난연 재료임
- 격납고 주변에 호스릴포소화설비 6개 설치
- 항공기의 높이 : 5.5[m]
- 전역방출방식의 고발포용 고정포방출구 설비 설치
- 팽창비가 220인 수성막포 사용

① 격납고의 소화기구의 총 능력단위를 구하시오. (2점)

풀이&답 능력단위 : $\dfrac{1,800[\text{m}^2]}{100[\text{m}^2] \times 2\text{배}} = 9단위$

항공기 격납고는 항공기 및 자동차관련시설, 주요구조부가 내화구조, 벽 및 천장의 실내에 면하는 부분은 난연재료이므로 기준면적의 2배를 적용한다.

특정소방대상물	소화기구의 능력단위
위락시설	해당 용도의 바닥면적 30[m²] 마다 능력단위 1단위 이상
공연장 · 집회장 · 관람장 · 문화재 · 장례식장 및 의료시설	해당 용도의 바닥면적 50[m²] 마다 능력단위 1단위 이상

특정소방대상물	소화기구의 능력단위
근린생활시설 · 판매시설 · 운수시설 · 숙박시설 · 노유자시설 · 전시장 · 공동주택 · 업무시설 · 방송통신시설 · 공장 · 창고시설 · 항공기 및 자동차 관련 시설 및 관광휴게시설	해당 용도의 바닥면적 100[m²] 마다 능력단위 1단위 이상
그 밖의 것	해당 용도의 바닥면적 200[m²] 마다 능력단위 1단위 이상

[주] 소화기구의 능력단위를 산출함에 있어서 건축물의 주요구조부가 내화구조이고, 벽 및 반자의 실내에 면하는 부분이 불연재료 · 준불연재료 또는 난연재료로 된 특정소방대상물에 있어서는 위 표의 기준면적의 2배를 해당 특정소방대상물의 기준면적으로 한다.

② 고정포방출구 최소 설치개수를 구하시오. (3점)

풀이&답 고정포방출구는 바닥면적 500[m²] 마다 1개 이상 설치하여야 한다.

수량 : $\dfrac{1,800[\text{m}^2]}{500[\text{m}^2]} = 3.6 = 4$개

③ 고정포방출구 1개당 최소방출량 [ℓ/min]을 구하시오. (3점)

풀이&답 관포체적 : $1,800[\text{m}^2] \times (5.5[\text{m}] + 0.5[\text{m}]) = 10,800[\text{m}^3]$

1개당 최소 방출량 : $\dfrac{10,800[\text{m}^3] \times 2[\ell/\text{m}^3 \cdot \text{min}]}{4개} = 5,400[\ell/\text{min}]$

고정포방출구는 특정소방대상물 및 포의 팽창비에 따른 종별에 따라 해당 방호구역의 관포체적 (해당 바닥 면으로부터 방호대상물의 높이보다 0.5m 높은 위치까지의 체적을 말한다) 1m³에 대하여 1분당 방출량이 다음 표에 따른 양 이상

소방대상물	포의 팽창비	1[m³]에 대한 분당 포수용액 방출량
항공기격납고	팽창비 80 이상 250 미만의 것	2.00[ℓ]
	팽창비 250 이상 500 미만의 것	0.50[ℓ]
	팽창비 500 이상 1,000 미만의 것	0.29[ℓ]
차고 또는 주차장	팽창비 80 이상 250 미만의 것	1.11[ℓ]
	팽창비 250 이상 500 미만의 것	0.28[ℓ]
	팽창비 500 이상 1,000 미만의 것	0.16[ℓ]
특수가연물을 저장 또는 취급하는 소방대상물	팽창비 80 이상 250 미만의 것	1.25[ℓ]
	팽창비 250 이상 500 미만의 것	0.31[ℓ]
	팽창비 500 이상 1,000 미만의 것	0.18[ℓ]

④ 전체 포소화설비에 필요한 포수용액량 [m³]을 구하시오. (4점)

풀이&답
1. 고정포방출구에 필요한 포수용액량
= $10,800[\text{m}^3] \times 2[\ell/\text{m}^3 \cdot \min] \times 10[\min] = 216,000[\ell] = 216[\text{m}^3]$
2. 호스릴포소화전에 필요한 포수용액량
= $5개 \times 300[\ell/\min] \times 20[\min] = 30,000[\ell] = 30[\text{m}^3]$
3. 포수용액량의 합계
= $216[\text{m}^3] + 30[\text{m}^3] = 246[\text{m}^3]$

(3) 비상콘센트설비의 화재안전기준(NFSC 504)등을 참고하여 다음 물음에 답하시오. (10점)

① 업무시설로서 층당 바닥면적은 1,000[m²]이며, 층수가 25층인 특정소방대상물에 특별피난계단이 2개소일 경우 비상콘센트의 회로 수, 설치개수 및 전선의 허용전류[A]를 구하시오. (단, 수평거리에 따른 설치는 무시하며, 전선관은 수직으로 설치되어 있으며, 허용전류는 25[%] 할증을 고려한다.) (5점)

풀이&답
1. 비상콘센트의 회로 수
① 비상콘센트의 수량 : 11층~25층까지 15개층에 설치하여야 하므로 15개
② 하나의 전용회로에 설치하는 비상콘센트는 10개 이하가 되어야 하므로 특별피난계단 당 2회로가 된다.
③ 회로 수 : 2회로×특별피난계단 2개소=4회로
2. 비상콘센트의 설치개수
특별피난계단 당 15개×2개소=30개
3. 전선의 허용전류
① 전선의 용량 $I = \dfrac{P}{V} = \dfrac{1.5[\text{kVA}] \times 3개}{220[\text{V}]} = 20.4545[\text{A}]$
② 허용전류 $I_0 = 25.4545 \times 1.25 = 25.57[\text{A}]$

보충설명

제4조(전원 및 콘센트 등) 제2항
하나의 전용회로에 설치하는 비상콘센트는 10개 이하로 할 것. 이 경우 전선의 용량은 각 비상콘센트(비상콘센트가 3개 이상인 경우에는 3개)의 공급용량을 합한 용량 이상의 것으로 하여야 한다.

제4조(전원 및 콘센트 등) 제5항
비상콘센트의 배치는 아파트 또는 바닥면적이 1,000[m²] 미만인 층은 계단의 출입구(계단의 부속실을 포함하며 계단이 2 이상 있는 경우에는 그중 1개의 계단을 말한다)로부터 5[m]이내에, 바닥면적 1,000[m²] 이상인 층(아파트를 제외한다)은 각 계단의 출입구 또는 계단부속실의 출입구(계단의 부속실을 포함하며 계단이 3 이상 있는 층의 경우에는 그중 2개의 계단을 말한다)로부터 5[m]이내에 설치하되, 그 비상콘센트로부터 그 층의 각 부분까지의 거리가 다음 각 목의 기준을 초과하는 경우에는 그 기준 이하가 되도록 비상콘센트를 추가하여 설치할 것
가. 지하상가 또는 지하층의 바닥면적의 합계가 3,000[m²] 이상인 것은 수평거리 25[m]
나. 가목에 해당하지 아니하는 것은 수평거리 50[m]

② 소방용 장비 용량이 3[kW], 역률이 65[%] 장비를 비상콘센트에 접속하여 사용하고자 한다. 층수가 25층인 특정소방대상물의 각층 층고는 4[m]이며, 비상콘센트 (비상콘센트용 풀박스)는 화재안전기준에서 허용하는 가장 낮은 위치에 설치하고, 1층의 비상콘센트용 풀박스로부터 수전설비까지의 거리가 100[m]일 경우 전선의 단면적[mm²]을 구하시오. (단, 전압강하는 정격진압의 10%로 하고, 최상층 기준으로 한다.) (5점)

풀이&답

1. 최상층 비상콘센트까지 선로의 길이

    $L = 100[\text{m}] + 24층 \times 4[\text{m}] + 0.8[\text{m}] = 196.8[\text{m}]$

2. 정격전류 $I = \dfrac{P}{V\cos\theta} = \dfrac{3 \times 10^3}{220 \times 0.65} = 20.979 = 20.98[\text{A}]$

3. 전압강하 $e = 220[\text{V}] \times 0.1 = 22[\text{V}]$

4. 전선의 단면적 $A = \dfrac{35.6LI}{1,000e} = \dfrac{35.6 \times 196.8 \times 20.98}{1,000 \times 22} = 6.68[\text{mm}^2]$

최상층 비상콘센트까지 선로의 길이

1층의 비상콘센트용 풀박스로부터 수전설비까지의 거리+최상층 비상콘센트(비상콘센트용 풀박스)까지의 수직높이로 구하여야 한다.

비상콘센트는 화재안전기준에 의거하여 바닥으로부터 높이 0.8[m] 이상 1.5[m] 이하의 위치에 설치하여야 한다. 문제의 조건에서 화재안전기준에서 허용하는 가장 낮은 위치라 함은 0.8[m]를 말한다.

합격자 67

제18회 설계 및 시공 기출문제

2018. 10. 13

01 ★★★★

다음 물음에 답하시오.(40점)

┃**물음 1** 벤츄리관(Venturi tube)에 대하여 답하시오. (17점)

(1) 벤츄리관(Venturi tube)에서 베르누이 정리와 연속방정식 등을 이용하여 유량 구하는 공식을 유도하시오. (12점)

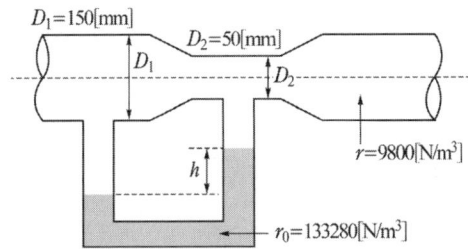

풀이&답

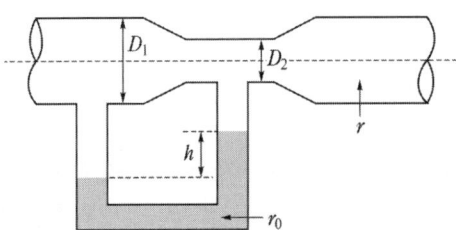

1. 연속방정식

   유량 $Q = A_1 V_1 = A_2 V_2$의 관계에서, 속도 $V_1 = \dfrac{A_2 V_2}{A_1}$

2. 베르누이 방정식

   $$\frac{P_1}{\gamma} + \frac{V_1^2}{2g} + Z_1 = \frac{P_2}{\gamma} + \frac{V_2^2}{2g} + Z_2, \quad Z_1 = Z_2$$

   $$\frac{P_1 - P_2}{\gamma} = \frac{V_2^2 - V_1^2}{2g} = \frac{V_2^2 - V_1^2}{2g} = \frac{V_2^2 - \left(\dfrac{A_2 V_2}{A_1}\right)^2}{2g} = \frac{V_2^2\left[1 - \left(\dfrac{A_2}{A_1}\right)^2\right]}{2g}$$

   $$V_2^2 = \frac{1}{1 - \left(\dfrac{A_2}{A_1}\right)^2} \times 2g\,\frac{P_1 - P_2}{\gamma}$$

   $$\frac{A_2}{A_1} = \frac{\dfrac{\pi}{4}D_2^2}{\dfrac{\pi}{4}D_1^2} = \frac{D_2^2}{D_1^2}, \quad \left(\frac{A_2}{A_1}\right)^2 = \left(\frac{D_2^2}{D_1^2}\right)^2 = \left(\frac{D_2}{D_1}\right)^4$$

$$V_2 = \sqrt{\frac{1}{1-\left(\dfrac{A_2}{A_1}\right)^2} \times 2g\frac{P_1-P_2}{\gamma}} = \sqrt{\frac{1}{1-\left(\dfrac{D_2}{D_1}\right)^4} \times 2g\frac{P_1-P_2}{\gamma}}$$

$$P_1 - P_2 = (\gamma_0 - \gamma)h$$

3. 유량

$$Q = A_2 V_2 = \frac{A_2}{\sqrt{1-\left(\dfrac{D_2}{D_1}\right)^4}} \times \sqrt{\frac{2g(\gamma_0-\gamma)h}{\gamma}}$$

여기에서, Q : 유량[m³/s], D_1, D_2 : 직경(지름)[m], A_2 : 축소부분의 단면적[m²]
γ_0 : 수은의 비중량[N/m³], γ : 물의 비중량[N/m³], h : 마노미터의 높이[m]

(2) 위 그림과 같은 벤츄리관(Venturi tube)에서 액주계의 높이차가 200[mm]일 때, 관을 통과하는 물의 유량[m³/s]을 구하시오. (단, 중력가속도 $g = 9.8$[m/s²], $\pi = 3.14$, 기타 조건은 무시하며, 소수점 여섯자리에서 반올림하여 다섯자리까지 구하시오.) (5점)

> **풀이&답** ① $A_2 = \dfrac{\pi}{4} \times (0.05\text{m})^2 = \dfrac{3.14}{4} \times (0.05\text{m})^2 = 0.00196\text{m}^2$
>
> ② 유량 $Q = A_2 V_2 = \dfrac{A_2}{\sqrt{1-\left(\dfrac{D_2}{D_1}\right)^4}} \times \sqrt{\dfrac{2g(\gamma_0-\gamma)h}{\gamma}}$
>
> $\quad = \dfrac{0.00196}{\sqrt{1-\left(\dfrac{0.05}{0.15}\right)^4}} \times \sqrt{\dfrac{2 \times 9.8 \times (133280 - 9800) \times 0.2\text{m}}{9800}}$
>
> $\quad = 0.0138605 = 0.01386[\text{m}^3/\text{s}]$

┃ 물음 2 피난기구의 화재안전기준(NFSC 301)에 대하여 답하시오. (10점)

(1) 4층 이상의 층에 피난사다리(하향식 피난구용 내림식사다리는 제외)를 설치하는 경우 기준을 쓰시오. (2점)

> **풀이&답** 금속성 고정사다리를 설치하고, 당해 고정사다리에는 쉽게 피난할 수 있는 구조의 노대를 설치할 것

(2) "피난기구는 계단ㆍ피난구 기타 피난시설로부터 적당한 거리에 있는 안전한 구조로 된 피난 또는 소화활동상 유효한 개구부에 고정하여 설치하거나 필요한 때에 신속하고 유효하게 설치할 수 있는 상태에 둘 것"이라고 규정하고 있다. 여기에서 밑줄 친 유효한 개구부에 대하여 설명하시오. (2점)

> **풀이&답** 가로 0.5[m]이상 세로 1[m]이상인 것을 말한다. 이 경우 개구부 하단이 바닥에서 1.2[m] 이상이면 발판 등을 설치하여야 하고, 밀폐된 창문은 쉽게 파괴할 수 있는 파괴장치를 비치하여야 한다.

(3) 지상 10층(업무시설)인 소방대상물의 3층에 피난기구를 설치하고자 한다. 적응성이 있는 피난기구 8가지를 쓰시오. (4점)

풀이&답

① 미끄럼대   ② 피난사다리
③ 구조대   ④ 완강기
⑤ 피난교   ⑥ 피난용트랩
⑦ 다수인피난장비   ⑧ 승강식피난기

(4) 지상 10층(판매시설)인 소방대상물의 5층에 피난기구를 설치하고자 한다. 필요한 피난기구의 최소수량을 산출하시오. (단, 바닥면적은 2000[m²]이며, 주요구조부는 내화구조이고, 특별피난계단이 2개소 설치되어 있다.) (2점)

풀이&답 기본수량 : $\dfrac{2000m^2}{800m^2} = 2.5 = 3$개

감소기준 적용 수량 : $3개 \times \dfrac{1}{2} = 1.5 = 2$개

물음 3 이산화탄소소화설비의 화재안전기준(NFSC 106) 및 아래 조건에 따라 이산화탄소 소화설비를 설치하고자 한다. 다음에 대하여 답하시오. (13점)

[조건]
◦ 방호구역은 2개 구역으로 한다.
   A 구역은 가로 20[m] × 세로 25[m] × 높이 5[m]
   B 구역은 가로 6[m] × 세로 5[m] × 높이 5[m]
◦ 개구부는 다음과 같다.

구분	개구부 면적	비고
A 구역	이산화탄소소화설비의 화재안전기준에서 규정한 최대값 적용	자동폐쇄장치 미설치
B 구역	이산화탄소소화설비의 화재안전기준에서 규정한 최대값 적용	자동폐쇄장치 미설치

◦ 전역방출설비이며 방출시간은 60초 이내로 한다.
◦ 충전비는 1.5, 저장용기의 내용적은 68 ℓ 이다.
◦ 각 구역 모두 아세틸렌 저장창고이다.
◦ 개구부 면적 계산 시에 바닥면적을 포함하고, 주어진 조건 외에는 고려하지 않는다.
◦ 설계농도에 따른 보정계수는 아래의 표를 참고한다.

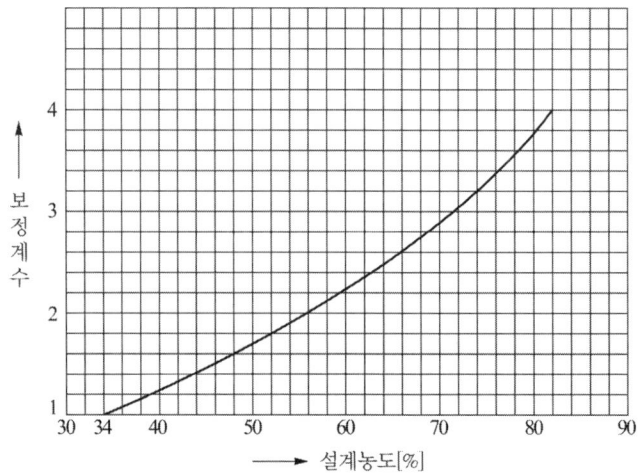

(1) 각 방호구역 내 개구부의 최대면적[m²]을 구하시오. (2점)

 ① A 구역

방호구역의 전체 표면적 : $20[m] \times 5[m] \times 2 + 25[m] \times 5[m] \times 2 + 20[m] \times 25[m] \times 2 = 1450[m^2]$

개구부의 최대면적 : $1450[m^2] \times 0.03 = 43.5[m^2]$

② B 구역

방호구역의 전체 표면적 : $6[m] \times 5[m] \times 2 + 5[m] \times 5[m] \times 2 + 6[m] \times 5[m] \times 2 = 170[m^2]$

개구부의 최대면적 : $170[m^2] \times 0.03 = 5.1[m^2]$

보충설명

방호대상물 전체둘레의 면적(방호구역의 벽, 바닥 및 천장 또는 지붕면적의 합계)

개구부의 면적 = 방호대상물 전체둘레의 면적 × 3[%] 이하

▶ **표면화재 방호대상물의 약제량 계산**

① 소화약제 저장량

$$W = V \times K_1 \times 보정계수 + A \times K_2$$

W : 약제저장량[kg]

V : 방호구역의 체적(불연재료나 내열성의 재료로 밀폐된 구조물이 있는 경우에는 그 체적을 감한 체적)[m³]

K_1 : 방호구역 체적당 소화약제량[kg/m³]

A : 개구부 면적[m²]

K_2 : 개구부 가산량[kg/m²]

   (방호구역의 개구부에 자동폐쇄장치를 설치하지 아니한 경우)

② 방호구역 체적 1[m³]에 대한 소화약제의 양(K_1) 및 개구부 가산량(K_2)

방호구역 체적	방호구역 체적에 대한 소화약제의 양 [kg/m³]	최저 한도량 [kg]	개구부 가산량[kg/m²] (자동폐쇄장치 미 설치시)
45[m³]미만	1.0[kg/m³]	45[kg]	5[kg/m²]
45[m³]이상 150[m³]미만	0.9[kg/m³]		
150[m³]이상 1,450[m³]미만	0.8[kg/m³]	135[kg]	
1,450[m³]이상	0.75[kg/m³]	1,125[kg]	

(2) 각 방호구역의 최소 소화약제 산출량[kg]을 구하시오. (5점)

> **풀이&답** 1. A 구역
> ① 방호구역의 체적 $V = 20[m] \times 25[m] \times 5[m] = 2500[m^3]$
> ② 보정계수 : 조건에 따라 아세틸렌은 설계농도 66%이므로 표에서 2.6
> ③ 최소 약제량
> $W = ($ $V[m^3] \times K[kg/m^3]$ (최저한도의 양 미만은 최저한도의 양) $\times$ 보정계수 $+ A[m^2] \times 5[kg/m^2]$
> $= 2500[m^3] \times 0.75[kg/m^3] \times 2.6 + 43.5[m^2] \times 5[kg/m^2] = 5092.5[kg]$
> 2. B 구역
> ① 방호구역의 체적 $V = 6[m] \times 5[m] \times 5[m] = 150[m^3]$
> ② 보정계수 : 조건에 따라 아세틸렌은 설계농도 66%이므로 표에서 2.6
> ③ 최소 약제량
> $W = ($ $V[m^3] \times K[kg/m^3]$ (최저한도의 양 미만은 최저한도의 양) $\times$ 보정계수 $+ A[m^2] \times 5[kg/m^2])$
> $= 150[m^3] \times 0.8[kg/m^3] = 120[kg] \rightarrow 135[kg]$ (최저한도의 양)
> $= 135[kg] \times 2.6 + 5.1[m^2] \times 5[kg/m^2] = 376.5[kg]$

(3) 저장용기실의 최소 저장용기 수 및 최소 소화약제 저장량[kg]을 구하시오. (4점)

> **풀이&답** 1. 최소 저장용기 수
> ① 병당 충전량 : $\dfrac{\text{내용적}[\ell]}{\text{충전비}[\ell/kg]} = \dfrac{68[\ell]}{1.5} = 45.333 = 45.33[kg]$
> ② A 구역 저장용기 수 : $\dfrac{5092.5[kg]}{45.33[kg]} = 112.34 = 113$병
> ③ B 구역 저장용기 수 : $\dfrac{376.5[kg]}{45.33[kg]} = 8.305 = 9$병
> ④ 저장용기실의 저장용기의 수 : 113병
> 2. 최소 소화약제 저장량 : 113병 $\times$ 45.33 = 5122.29 kg

> **보충설명**
> **▸ 저장용기실을 별도로 설치하는 경우**
> 1. 최소 저장용기 수
> ① A 구역 저장용기 수 : $\dfrac{5092.5kg}{45.33kg} = 112.34 = 113$병
> ② B 구역 저장용기 수 : $\dfrac{376.5kg}{45.33kg} = 8.305 = 9$병
> 2. 최소 소화약제 저장량
> ① A 구역 : 113병 $\times$ 45.33 = 5122.29kg
> ② B 구역 : 9병 $\times$ 45.33 = 407.97kg

(4) 이산화탄소소화설비의 화재안전기준 [별표 1]에서 정하는 가연성액체 또는 가연성 가스의 소화에 필요한 설계농도[%] 기준 중 석탄가스와 에틸렌의 설계농도[%]를 쓰시오. (2점)

> **풀이&답** 1. 석탄가스 : 37[%]
> 2. 에틸렌 : 49[%]

보충설명

가연성 액체 또는 가연성 가스의 소화에 필요한 설계농도

방호대상물	설계농도(%)
수소(Hydrogen)	75
아세틸렌(Acetylene)	66
일산화탄소(Carbon Monoxide)	64
산화에틸렌(Ethylene Oxide)	53
에틸렌(Ethylene)	49
에탄(Ethane)	40
(석탄가스, 천연가스(Coal, Natural gas))	37
사이크로 프로판(Cyclo Propane)	37
이소부탄(Iso Butane)	36
프로판(Propane)	36
부탄(Butane)	34
메탄(Methane)	34

02 ★★★★

다음 물음에 답하시오. (30점)

물음 1 화재안전기준 및 아래 조건에 따라 다음에 대하여 답하시오. (18점)

[조건]

① 두 개의 동으로 구성된 건축물로서 A동은 50층의 아파트, B동은 11층의 오피스텔로서 지하층은 공용으로 사용된다.

② A 동과 B 동은 완전구획하지 않고 하나의 소방대상물로 보며, 소방시설은 각각 별개 시설로 구성한다.

③ A 동과 B 동의 층고는 2.8[m]이며, 바닥면적은 30[m]×20[m]로 동일하다.

④ 지하층의 층고는 3.5[m]이며, 바닥면적은 80[m]×60[m] 이다.

⑤ 지하층은 5개 층으로 주차장, 기계실 및 전기실로 구성되었으며 지하층의 소방시설은 B동에 연결되어 있다.

⑥ 옥내소화전설비의 방수구는 화재안전기준상 바닥으로부터 가장 높이 설치되어 있으며, 바닥 등 콘크리트 두께는 무시한다.

⑦ 고가수조의 크기는 8[m]×6[m]×6[m](높이)이며 각 동 옥상 바닥에 설치되어 있다.

⑧ 수조의 토출구는 물탱크의 바닥에 위치한다.

⑨ 계산 시 π=3.14이며 소수점 3자리에서 반올림하여 2자리까지 구한다.

⑩ 주어진 조건 외에는 고려하지 않는다.

(1) 옥내소화전설비를 정방향으로 배치한 경우, A동과 B동의 최소 수원을 각각 구하시오. (8점)

[풀이&답]

  1. A동의 최소 수원

    ① A동 소화전의 수량

$$\text{가로수량} : \frac{30[m]}{2\times 25[m]\times \cos45} = 0.848 = 1개$$

$$\text{세로수량} : \frac{20[m]}{2\times 25[m]\times \cos45} = 0.565 = 1개$$

      수량 : 가로수량 × 세로수량 = 1 × 1 = 1개

    ② A동의 최소 수원 : 1개 × 7.8[m³] = 7.8[m³]

  2. B동의 최소 수원

    ① 소화전의 수량

B동 지상층	가로수량 : $\frac{30m}{2\times 25m\times \cos45} = 0.848 = 1개$ 세로수량 : $\frac{20m}{2\times 25m\times \cos45} = 0.565 = 1개$ 수량 : 가로수량 × 세로수량 = 1 × 1 = 1개
B동 지하층	가로수량 : $\frac{80m}{2\times 25m\times \cos45} = 2.262 = 3개$ 세로수량 : $\frac{60m}{2\times 25m\times \cos45} = 1.697 = 2개$ 수량 : 가로수량 × 세로수량 = 3 × 2 = 6개

    ② B동의 최소 수원 :

      N(5개 이상은 5개) × 7.8[m³] = 5 × 7.8[m³] = 39[m³] (A동과 B동은 완전구획하지 않고 하나의 소방대상물이라 하였으므로 50층 이상의 건축물로 해석한다.)

옥내소화전설비의 수원

구 분			옥내소화전설비
수 원	구분	30층 미만	$N\times 2.6[m^3]$이상 (N : 5개 이상은 5개)
		30층 이상 49층 이하	$N\times 5.2[m^3]$이상
		50층 이상	$N\times 7.8[m^3]$이상
토출량	$N\times 130[\ell/min]$ 이상 (N : 5개 이상은 5개)		$N\times 130[\ell/min]$이상 (N : 5개 이상은 5개)
수평거리	25[m] 이하		25[m] 이하

(2) 스프링클러설비가 설치된 경우, 아파트와 오피스텔의 최소 수원[m³]을 각각 구하시오. (6점)

[풀이&답]

  1. 아파트의 최소 수원

    수원 $Q = N\times 4.8[m^3] = 10 \times 4.8[m^3] = 48[m^3]$

  2. 오피스텔

    수원 $Q = N\times 4.8[m^3] = 30 \times 4.8[m^3] = 144[m^3]$ (A동과 B동은 완전구획하지 않고 하나의 소방대상물이라 하였으므로 50층 이상의 건축물로 해석한다.)

보충설명 스프링클러설비의 수원

수 원	30층 미만	$N \times 1.6[\text{m}^3]$이상(N : 기준개수)
	30층 이상 49층 이하	$N \times 3.2[\text{m}^3]$이상(N : 기준개수)
	50층 이상	$N \times 4.8[\text{m}^3]$이상(N : 기준개수)
	[옥상수원] ① 층수가 30층 이상 49층 이하(의무설치) 옥상수원 $Q = N \times 3.2[\text{m}^3] \times 1/3$ 이상(N : 기준개수) ② 층수가 50층 이상(의무설치) 옥상수원 $Q = N \times 4.8[\text{m}^3] \times 1/3$ 이상(N : 기준개수) ③ 층수가 30층 미만(면제기준 제외) 옥상수원 $Q = N \times 1.6[\text{m}^3] \times 1/3$ 이상(N : 기준개수)	
토출량	$N \times 80[\ell/\text{min}]$이상 ($N$: 기준개수)	
기준 개수	**10개**	**아파트**, 10층 이하로서 헤드 부착높이가 8[m]미만
	20개	① 공장 또는 창고(특수가연물 저장·취급 외) ② 근린생활시설·운수시설 또는 복합건축물 ③ 10층 이하로서 헤드 부착높이가 8m이상인 것
	30개	**① 11층 이상(지하층 제외)** ② 지하상가 또는 지하역사 ③ 특수가연물 저장·취급하는 공장·창고 ④ 판매시설 또는 복합건축물(판매시설이 설치된 복합건축물을 말한다)

(3) B동 고가수조의 소화용수가 자연낙차에 따라 지하 5층 옥내소화전 방수구로 방수되는데 소요되는 최소시간[s]을 구하시오. (4점)

풀이&답 1. H_2 계산

H_1에서 수조의 높이를 제외(수조 상부에서 수조 바닥까지 비우는 조건)한 위치수두[m]
= 11층 × 2.8[m] + 3.5[m] × 4층 + (3.5[m]−1.5[m]) = 46.8[m]

2. H_1(수조의 액 표면적에서 방출구까지의 위치수두[m]) 계산

① 수조의 높이 : $\dfrac{\text{소화용수의 양}[\text{m}^3]}{\text{수조 바닥면적}[\text{m}^2]} = \dfrac{39[\text{m}^3]+144[\text{m}^3]}{8[\text{m}] \times 6[\text{m}]} = 3.81[\text{m}]$

② $H_1 = 3.81[\text{m}] + 46.8[\text{m}] = 50.61[\text{m}]$

3. 방수구로 방수되는데 소요되는 최소시간

$$t = \frac{2A_1(\sqrt{H_1} - \sqrt{H_2})}{C_d A_2 \sqrt{2g}} = \frac{2 \times (6[\text{m}] \times 8[\text{m}]) \times (\sqrt{50.61[\text{m}]} - \sqrt{46.8[\text{m}]})}{1 \times \dfrac{3.14}{4} \times (0.04[\text{m}])^2 \times \sqrt{2 \times 9.8[\text{m/s}^2]}}$$

= 4,713.514 = 4,713.51초

보충설명 ① 옥내소화전 방수구의 구경 : 40[mm], 소화전 노즐의 구경 : 13[mm]
② 고가수조의 소화용수=옥내소화전의 수원 + 스프링클러설비의 수원 = 39 + 144 = 183[m³]
③ 소화전의 방수노즐로 방수되는데 소요되는 최소시간

$$t = \frac{2A_1(\sqrt{H_1} - \sqrt{H_2})}{C_d A_2 \sqrt{2g}} = \frac{2 \times (6[\text{m}] \times 8[\text{m}]) \times (\sqrt{50.61[\text{m}]} - \sqrt{46.8[\text{m}]})}{1 \times \dfrac{3.14}{4} \times (0.013[\text{m}])^2 \times \sqrt{2 \times 9.8[\text{m/s}^2]}} = 44,624.99초$$

저장된 소화수를 수조 바닥까지 비우는데 걸리는 시간(NFPA 공식)

$$t = \frac{2A_1(\sqrt{H_1} - \sqrt{H_2})}{C_d A_2 \sqrt{2g}}$$

t : 물이 배수되는데 걸리는 시간[s]

A_1 : 수조의 액 표면적[m^2],　　A_2 : 방출구의 단면적[m^2]

C_d : 유량계수

H_1 : 수조의 액 표면적에서 방출구까지의 위치수두[m]

H_2 : H_1에서 수조의 높이를 제외(수조 상부에서 수조 바닥까지 비우는 조건)한 위치수두[m]

물음 2 물의 압력-온도 상태도(Pressure-Temperature Diagram)와 관련하여 다음에 대하여 답하시오. (12점)

(1) 물의 압력-온도 상태도를 작도하고, 상태도에 임계점과 삼중점을 표시하고 각각을 설명하시오. (4점)

풀이&답

1. 물의 삼중점
   고체, 액체, 기체의 3상이 평형을 이루어 공존하는 점을 말하며, 삼중점일 때 온도는 약 0.01℃, 압력은 약 0.01 기압(atm)이다.
2. 물의 임계점 : 374℃
   액체와 기체의 상태가 같아지기 시작하는 점을 말하며, 임계온도는 약 374℃, 임계압력은 약 218 기압(atm)이다.

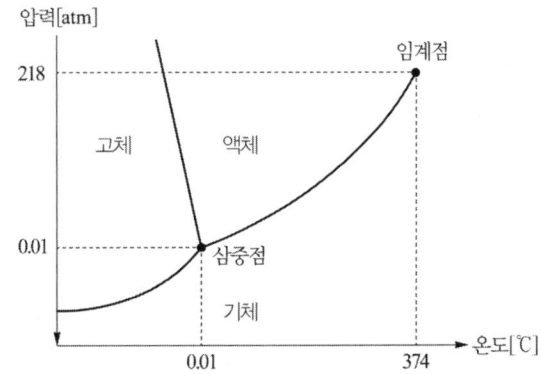

(2) 상태도에 비등현상(Ebullition)과 공동현상(Cavitation)을 작도하고 설명하시오. (4점)

풀이&답

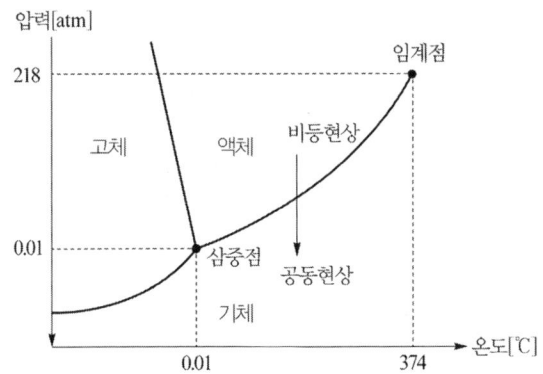

1. 비등현상(Ebullition) : 급격한 온도의 상승으로 액체가 기체로 변화하는 현상
2. 공동현상(Cavitation) : 압력이 감소하여 액체가 기체로 변화하면서 기포가 발생하는 현상

(3) 물의 응축잠열과 증발잠열을 설명하고, 증발잠열이 소화효과에 미치는 영향을 설명하시

오. (4점)

풀이&답 　1. 응축잠열 : 기체에서 액체로 상 변화되는 과정에서 발생하는 열로 약 539kcl/kg

2. 증발잠열 : 액체에서 기체로 상 변화되는 과정에서 발생하는 열로 약 539kcl/kg

3. 증발잠열이 소화효과에 미치는 영향

증발잠열을 이용하여 점화원 및 화염의 온도를 낮추어 소화하는 것으로 냉각효과를 갖는다.

03 ★★★★

다음 물음에 답하시오. (30점)

│물음 1　자동화재탐지설비에 대하여 답하시오. (12점)

(1) 아래 조건을 참조하여 실온이 18℃일 때, 1종 정온식 감지기의 최소 작동시간[s]을 계산과

정을 쓰고 구하시오. (10점)

> [조건]
> ① 감지기의 공칭 작동온도는 80℃이고, 작동 시험온도는 100℃이다.
> ② 실온이 0℃ 및 0℃ 이외에서 감지기 작동시간의 소수점 이하는 절상하여 계산한다.

풀이&답

$$t = \frac{t_0 \log_{10}\left(1 + \frac{\theta - \theta_r}{\delta}\right)}{\log_{10}\left(1 + \frac{\theta}{\delta}\right)} = \frac{(41초) \times \log_{10}\left(1 + \frac{(80℃ - 18℃)}{(100℃ - 80℃)}\right)}{\log_{10}\left(1 + \frac{80℃}{(100℃ - 80℃)}\right)} = 35.9445 = 36초$$

※ 40초 초과이므로 t_0에 41초를 대입하여 계산한다.

보충설명　작동시간의 범위를 산정하는 경우

$$= \frac{(40초\ 초과\ 120초\ 이하) \times \log_{10}\left(1 + \frac{(80℃ - 18℃)}{(100 - 80℃)}\right)}{\log_{10}\left(1 + \frac{80℃}{(100℃ - 80℃)}\right)}$$

$= 35.067초\ 초과\ 105.203초\ 이하 = 36초\ 초과\ 106초\ 이하$

보충설명　감지기의 형식승인 및 제품검사의 기술기준 제16조(정온식감지기의 공칭작동온도의 구분, 감도

시험 및 화재정보신호)제1항제1호

1. 작동시험 : 공칭작동온도의 125%가 되는 온도이고 풍속이 1[m/s]인 수직기류에 투입하는 경우

그 종별에 따라 다음 표에 정하는 시간 이내에 작동하여야 한다.

종별	실온	
	0℃	0℃ 이외
특종	40초 이하	실온 θ_r[℃]일 때의 작동시간 t[초]는 다음 식에 의하여 산출한다. $$t = \frac{t_0 \log_{10}\left(1 + \frac{\theta - \theta_r}{\delta}\right)}{\log_{10}\left(1 + \frac{\theta}{\delta}\right)}$$
1종	40초 초과 120초 이하	
2종	120초 초과 300초 이하	
(주)	t_0 : 실온이 0℃인 경우의 작동시간(초), 　θ : 공칭작동온도(℃) δ : 공칭작동온도와 작동시험온도와의 차	

(2) 자동화재탐지설비 및 시각경보장치의 화재안전기준(NFSC 203)에 따른 정온식 감지선형감지기 설치기준이다. ( )안의 내용을 차례대로 쓰시오. (2점)

감지기와 감지구역의 각 부분과의 수평거리가 내화구조인 경우 1종 (ㄱ) 이하, 2종 (ㄴ) 이하로 할 것. 기타 구조의 경우 1종 (ㄷ) 이하, 2종 (ㄹ) 이하로 할 것

[풀이&답]   ㄱ : 4.5[m]   ㄴ : 3[m]   ㄷ : 3[m]   ㄹ : 1[m]

[보충설명]

정온식감지선형감지기 설치기준
가. 보조선이나 고정금구를 사용하여 감지선이 늘어지지 않도록 설치할 것
나. 단자부와 마감 고정금구와의 설치간격은 10㎝ 이내로 설치할 것
다. 감지선형 감지기의 굴곡반경은 5㎝ 이상으로 할 것
라. 감지기와 감지구역의 각부분과의 수평거리가 내화구조의 경우 1종 4.5m 이하, 2종 3m 이하로 할 것. 기타 구조의 경우 1종 3m 이하, 2종 1m 이하로 할 것
마. 케이블트레이에 감지기를 설치하는 경우에는 케이블트레이 받침대에 마감금구를 사용하여 설치할 것
바. 지하구나 창고의 천장 등에 지지물이 적당하지 않는 장소에서는 보조선을 설치하고 그 보조선에 설치할 것
사. 분전반 내부에 설치하는 경우 접착제를 이용하여 돌기를 바닥에 고정시키고 그 곳에 감지기를 설치할 것
아. 그 밖의 설치방법은 형식승인 내용에 따르며 형식승인 사항이 아닌 것은 제조사의 시방(示方)에 따라 설치할 것

물음 2 가스계 소화설비에 대하여 답하시오. (10점)

(1) 화재안전기준(NFSC 107A) 및 아래 조건에 따라, HCFC BLEND A를 이용한 소화설비를 설치하였을 때, 전체 소화약제 저장용기에 저장되는 최소 소화약제의 저장량[kg]을 산출하시오. (6점)

[조건]
1. 바닥면적 300[m²], 높이 4[m]의 발전실에 소화농도는 7.0[%]로 한다.
2. 방사시 온도는 20[℃], $K_1 = 0.2413$, $K_2 = 0.00088$ 이다.
3. 저장용기의 규격은 68[ℓ], 50[kg] 용이다.

[풀이&답]
1. 방호구역의 체적 $V = 300[\text{m}^2] \times 4[\text{m}] = 1200[\text{m}^3]$
2. 설계농도 $C = 7[\%] \times 1.2 = 8.4[\%]$
3. 선형상수 $S = K_1 + K_2 \times t = 0.2413 + 0.00088 \times 20 = 0.2589$
4. 소화약제의 저장량
$$W = \frac{V}{S} \times \frac{C}{100-C} = \frac{1200}{0.2589} \times \frac{8.4}{100-8.4} = 425.043 = 425.04[\text{kg}]$$
5. 저장용기 수 산정
$$\frac{425.04[\text{kg}]}{50[\text{kg}]} = 8.5008 = 9병$$

6. 저장용기에 저장되는 최소 소화약제의 저장량

병수×병당 저장량＝9병×50[kg]＝450[kg]

보충설명 발전실에서 <u>경유라고 명시하지 않은 경우</u>에는 일반화재로 해석하여

설계농도＝소화농도 × 1.2

발전실(경유)라고 명시한 경우

1. 방호구역의 체적 $V = 300[m^2] \times 4[m] = 1200[m^3]$

2. 설계농도 $C = 7[\%] \times 1.3 = 9.1[\%]$

3. 선형상수 $S = K_1 + K_2 \times t = 0.2413 + 0.00088 \times 20 = 0.2589$

4. 소화약제의 저장량

$$W = \frac{V}{S} \times \frac{C}{100-C} = \frac{1200}{0.2589} \times \frac{9.1}{100-9.1} = 464.009 = 464.01[kg]$$

5. 저장용기 수 산정

$$\frac{464.01[kg]}{50[kg]} = 9.2802 = 10병$$

6. 저장용기에 저장되는 최소 소화약제의 저장량

병수 × 병당 저장량 = 10병×50[kg] = 500[kg]

▶ 발전실에 <u>경유라고 명시한 경우</u>에는 유류화재로 해석하여

설계농도＝소화농도 × 1.3

(2) 위 (1)의 저장용기에 대하여 화재안전기준(NFSC 107A)에서 요구하는 저장용기 교체기준을 쓰시오. (2점)

풀이&답 저장용기의 약제량 손실이 5[%]를 초과하거나 압력손실이 10[%]를 초과할 경우에는 재충전하거나 저장용기를 교체할 것.

[보충설명] NFSC 107A 제6조(저장용기)제2항

② 할로겐화합물 및 불활성기체 소화약제의 저장용기는 다음 각 호의 기준에 적합하여야 한다.

1. 저장용기의 충전밀도 및 충전압력은 별표 1에 따를 것

2. 저장용기는 약제명·저장용기의 자체중량과 총중량·충전일시·충전압력 및 약제의 체적을 표시할 것

3. 집합관에 접속되는 저장용기는 동일한 내용적을 가진 것으로 충전량 및 충전압력이 같도록 할 것

4. 저장용기에 충전량 및 충전압력을 확인할 수 있는 장치를 하는 경우에는 해당 소화약제에 적합한 구조로 할 것

5. **저장용기의 약제량 손실이 5[%]를 초과하거나 압력손실이 10[%]를 초과할 경우에는 재충전하거나 저장용기를 교체할 것.** 다만, 불활성기체 소화약제 저장용기의 경우에는 압력손실이 5%를 초과할 경우 재충전하거나 저장용기를 교체하여야 한다.

(3) 이산화탄소소화설비의 화재안전기준(NFSC 106)에 따라 이산화탄소소화설비의 설치장소에 대한 안전시설 설치기준 2가지를 쓰시오. (2점)

풀이&답 1. 소화약제 방출시 방호구역 내와 부근에 가스방출시 영향을 미칠 수 있는 장소에 시각경보장치를 설치하여 소화약제가 방출되었음을 알도록 할 것.
2. 방호구역의 출입구 부근 잘 보이는 장소에 약제방출에 따른 위험경고표지를 부착할 것.

｜물음 2 특별피난계단의 계단실 및 부속실 제연설비의 화재안전기준(NFSC 501A)에 따라 부속실에 제연설비를 설치하고자 한다. 아래 조건에 따라 다음에 대하여 답하시오. (8점)

> [조건]
> 1. 제연구역에 설치된 출입문의 크기는 폭 1.6[m], 높이 2.0[m] 이다.
> 2. 외여닫이문으로 제연구역의 실내 쪽으로 열린다.
> 3. 주어진 조건 외에는 고려하지 않으며 계산값은 소수점 넷째자리에서 반올림하여 소수점 셋째자리까지 구한다.

(1) 출입문의 누설틈새 면적[m²]을 산출하시오. (4점)

풀이&답 1. 출입문 틈새의 길이 $L = 1.6[\text{m}] \times 2 + 2.0[\text{m}] \times 2 = 7.2[\text{m}]$
2. 출입문의 누설틈새 면적
$$A = \frac{L}{\ell} \times A_d = \frac{7.2[\text{m}]}{5.6[\text{m}]} \times 0.01[\text{m}^2] = 0.01285 = 0.013[\text{m}^2]$$

(2) 위 (1)의 누설틈새를 통한 최소 누설량[m³/s]을 $Q = 0.827AP^{\frac{1}{2}}$ 의 식을 이용하여 산출하시오. (4점)

풀이&답 1. 제연구역과 옥내사이의 차압 : 40 [Pa]
2. 누설량 $Q = 0.827AP^{\frac{1}{2}} = 0.827 \times 0.013 \times 40^{\frac{1}{2}} = 0.06799 = 0.068[\text{m}^3/\text{s}]$

보충설명

1. 출입문의 틈새면적
$$A = \frac{L}{\ell} \times A_d$$

A : 출입문의 틈새 $[\text{m}^2]$, L : 출입문 틈새의 길이 $[\text{m}]$
다만, L의 수치가 ℓ의 수치 이하인 경우에는 ℓ의 수치로 할 것

출입문	ℓ	A_d
외여닫이문(실내 쪽으로 열리도록 설치하는 경우)	5.6	0.01
외여닫이문(실외 쪽으로 열리도록 설치하는 경우)	5.6	0.02
쌍여닫이문	9.2	0.03
승강기의 출입문	8.0	0.06

2. 누설량 계산
$$Q = 0.827A_t P^{\frac{1}{N}}[\text{m}^3/\text{s}]$$

A_t : 누설틈새면적의 합계, P : 차압[Pa], N : 문(2.0) 창문(1.6)

 합격자 283

제19회 설계 및 시공 기출문제

2019. 9. 21

01 ★★★★

다음 물음에 답하시오. (40점)

▌**물음 1** 건축물내 실의 크기가 가로 20[m] × 세로 20[m] × 높이 4[m]인 노유자시설에 제 3종 분말소화기를 설치하고자 한다. 다음을 구하시오.(단, 건축물은 비내화구조이다.)

(1) 최소 소화능력단위(2점)

> **풀이&답** $\dfrac{20[\text{m}] \times 20[\text{m}]}{100[\text{m}^2]} = 4$ 단위

(2) 2단위 소화기 설치시 소화기 개수(1점)

> **풀이&답** $\dfrac{4단위}{2단위/개} = 2$ 개

 보충설명

[별표 3] 특정소방대상물별 소화기구의 능력단위기준(제4조제1항제2호 관련)

특정소방대상물	소화기구의 능력단위
1. 위락시설	해당 용도의 바닥면적 30[m²] 마다 능력단위 1단위 이상
2. 공연장 · 집회장 · 관람장 · 문화재 · 장례식장 및 의료시설	해당 용도의 바닥면적 50[m²] 마다 능력단위 1단위 이상
3. 근린생활시설 · 판매시설 · 운수시설 · 숙박시설 · 노유자시설 · 전시장 · 공동주택 · 업무시설 · 방송통신시설 · 공장 · 창고시설 · 항공기 및 자동차 관련시설 및 관광휴게시설	해당 용도의 바닥면적 100[m²] 마다 능력단위 1단위 이상
4. 그 밖의 것	해당 용도의 바닥면적 200[m²] 마다 능력단위 1단위 이상

(주) 소화기구의 능력단위를 산출함에 있어서 건축물의 **주요구조부가 내화구조**이고, 벽 및 반자의 실내에 면하는 부분이 **불연재료 · 준불연재료 또는 난연재료**로 된 특정소방대상물에 있어서는 위 표의 **기준면적의 2배**를 해당 특정소방대상물의 기준면적으로 한다.

물음 2 다음을 계산하시오.(21점)

(1) 특정소방대상물(B급 화재)에 소화약제 HFC-23인 할로겐화합물소화설비를 설치하고자
한다. 다음 조건에 따라 답을 구하시오.(9점)

[조건]
- 특정소방대상물의 크기 : 가로 20[m] × 세로 8[m] × 높이 6[m]
- 소화농도 32[%] 이다.
- 저장용기는 80리터이며, 최대충전밀도 중 가장 큰 것을 사용한다.
- 소화약제 선형상수 값(K_1 =0.3164, K_2 =0.0012)
- 방호구역의 온도는 20℃ 이다.
- 화재안전기준의 $W=\dfrac{V}{S}\times\dfrac{C}{100-C}$ 식을 적용한다.
- 소수점 셋째자리에서 반올림하여 둘째자리까지 구한다.
- 주어진 조건 외에는 고려하지 않는다.

항목 \ 소화약제	HFC-23				
최대충전밀도 [kg/m³]	768.9	720.8	640.7	560.6	480.6
21℃ 충전압력 [kPa]	4,198	4,198	4,198	4,198	4,198
최소사용설계압력 [kPa]	9,453	8,605	7,626	6,943	6,392

① 소화약제 저장량[kg] (3점)

풀이&답
① 선형상수 $S=K_1+K_2\times t=0.3164+0.0012\times 20=0.3404$
② 설계농도 $C=$소화농도$\times 1.3=32[\%]\times 1.3=41.6[\%]$
③ 저장량 $W=\dfrac{V}{S}\times\dfrac{C}{100-C}=\dfrac{20[m]\times 8[m]\times 6[m]}{0.3404}\times\dfrac{41.6}{100-41.6}$
$=2,008.917=2,008.92[kg]$

보충설명
실 저장량인 경우
① 1병당 저장량 : 내용적 × 충전밀도 = 80리터 × 768.9 [kg/m³]
$= 0.08[m^3]\times 768.9 [kg/m^3] = 61.512 [kg/병]$
② 저장용기 수량 : $\dfrac{2,008.92[kg]}{61.512[kg/병]}=32.66=33[병]$
③ 실 저장량 : 병수×1병당 저장량 = 33병 × 61.512[kg/병] = 2,029.896 = 2,029.9[kg]

② 소화약제를 방사할 때 분사헤드에서의 유량(kg/s)(6점)

풀이&답
① 선형상수 $S=K_1+K_2\times t=0.3164+0.0012\times 20=0.3404$
② 설계농도 $C=$소화농도$\times 1.3=32[\%]\times 1.3=41.6[\%]$

③ 최소설계농도의 95[%] 이상 해당하는 약제량

$$W = \frac{V}{S} \times \frac{C \times 0.95}{100 - C \times 0.95} = \frac{960[\mathrm{m}^3]}{0.3404} \times \frac{41.6 \times 0.95}{100 - 41.6 \times 0.95} = 1842.8366 = 1842.84[\mathrm{kg}]$$

④ 분사헤드에서의 유량 $\dfrac{1842.84[\mathrm{kg}]}{10\mathrm{s}} = 184.284 = 184.28[\mathrm{kg/s}]$

1. 체적에 따른 소화약제의 설계농도(%)는 상온에서 제조업체의 설계기준에서 정한 실험수치를 적용한다. 이 경우 **설계농도는 소화농도(%)에 안전계수(A · C급화재 1.2, B급화재 1.3)를 곱한 값**으로 할 것

2. 배관의 구경은 해당 방호구역에 **할로겐화합물소화약제는 10초 이내에, 불활성기체소화약제는 A·C급 화재는 2분, B급 화재 1분 이내**에 방호구역 각 부분에 최소설계농도의 95% 이상 해당하는 약제량이 방출되도록 하여야 한다.

3. 최대충전밀도 중 가장 큰 값 적용

항목 \ 소화약제	HFC-23				
최대충전밀도 [kg/m³]	768.9	720.8	640.7	560.6	480.6
21℃ 충전압력 [kPa]	4,198	4,198	4,198	4,198	4,198
최소사용설계압력 [kPa]	9,453	8,605	7,626	6,943	6,392

4. 소화약제의 저장량(NFSC 107A 제7조제1항제1호)

할로겐화합물소화약제는 다음 공식에 따라 산출한 양 이상

$$W = \frac{V}{S} \times \left[\frac{C}{(100 - C)} \right]$$

W : 소화약제의 무게 [kg]
V : 방호구역의 체적 [m³]
S : 소화약제별 선형상수$(K_1 + K_2 \times t)$ [m³/kg]
C : 체적에 따른 소화약제의 설계농도 [%]
t : 방호구역의 최소예상온도 [℃]

(2) 특정소방대상물(C급화재)에 소화약제 IG-100 불활성기체소화설비를 설치한다. 다음 조건에 따라 답을 구하시오.(12점)

[조건]
○ 특정소방대상물의 크기 : 가로 20[m] × 세로 8[m] × 높이 6[m]
○ 소화농도 30[%] 이다.
○ 저장용기는 80리터이며, 충전압력 중 가장 적은 것을 사용한다.
○ 소화약제 선형상수 값과 20℃에서 소화약제의 비체적은 같다고 가정한다.
○ 화재안전기준의 $X = 2.303 \times \left(\dfrac{V_s}{S} \right) \times \log_{10} \left(\dfrac{100}{100 - C} \right)$ 식을 적용한다.
○ 소수점 셋째자리에서 반올림하여 둘째자리까지 구한다.
○ 주어진 조건 외에는 고려하지 않는다.

항목 \ 소화약제	IG–01		IG–541			IG–55			IG–100		
21℃ 충전압력 [kPa]	16,341	20,436	14,997	19,996	31,125	15,320	20,423	30,634	16,575	22,312	28,000
최소사용 설계압력 [kPa] 1차측	16,341	20,436	14,997	19,996	31,125	15,320	20,423	30,634	16,575	22,312	227.4
2차측	비고2 참조										

비고) 1. 1차측과 2차측은 감압장치를 기준으로 한다.
　　　2. 2차측 최소사용설계압력은 제조사의 설계프로그램에 의한 압력값에 따른다.

① 소화약제 저장량 [m³] (4점)

[풀이&답] 체적 $V = 20[m] \times 8[m] \times 6[m] = 960[m^3]$
설계농도 $C = $ 소화농도 $\times 1.3 = 30[\%] \times 1.2 = 36[\%]$
$S = V_s$ (조건에 의거)
저장량 $X = 2.303 \times \left(\dfrac{V_s}{S} \right) \times \log_{10} \left(\dfrac{100}{100-C} \right) \times V$
$\qquad = 2.303 \times \log_{10} \left(\dfrac{100}{100-36} \right) \times 960[m^3] = 428.512 = 428.51[m^3]$

② 소화약제 저장용기수 (8점)

[풀이&답] ① 체적 $V = 20[m] \times 8[m] \times 6[m] = 960[m^3]$
② 설계농도 $C = $ 소화농도 $\times 1.3 = 30[\%] \times 1.2 = 36[\%]$
③ $S = V_s$ (조건에 의거)
④ 저장량 $X = 2.303 \times \left(\dfrac{V_s}{S} \right) \times \log_{10} \left(\dfrac{100}{100-C} \right) \times V$
$\qquad = 2.303 \times \log_{10} \left(\dfrac{100}{100-36} \right) \times 960[m^3] = 428.512 = 428.51[m^3]$
⑤ 1병당 저장량
$\dfrac{P_1 \times V_1}{T_1} = \dfrac{P_2 \times V_2}{T_2}$
$\dfrac{(101.325[kPa] + 16,575[kPa]) \times 80[L]}{(273+21)K} = \dfrac{(101.325[kPa] + 0) \times V_2}{(273+20)K}$
$V_2 = 13,121.818L = 13.12[m^3]$
⑥ 저장용기수 : $\dfrac{428.51[m^3]}{13.12[m^3/병]} = 32.66 = 33[병]$

1. 소화약제의 저장량(NFSC 107A 제7조제1항제2호)
 불활성기체 소화약제는 다음 공식에 따라 산출한 양 이상

$$X = 2.303 \left(\dfrac{V_s}{S} \right) \times \log_{10} \left[\dfrac{100}{(100-C)} \right]$$

X : 공간체적당 더해진 소화약제의 부피[m³/m³]
S : 소화약제별 선형상수 $(K_1 + K_2 \times t)$[m³/kg]

C : 체적에 따른 소화약제의 설계농도[%]

V_s : 20℃에서 소화약제의 비체적[m³/kg]

t : 방호구역의 최소예상온도[℃]

2. 최소충전압력은 게이지압력으로 해석한다.

3. 충전압력 및 최소사용설계압력

항목 \ 소화약제	IG-01		IG-541			IG-55			IG-100		
21℃ 충전압력 [kPa]	16,341	20,436	14,997	19,996	31,125	15,320	20,423	30,634	16,575	22,312	28,000
최소사용 설계압력 [kPa] 1차측	16,341	20,436	14,997	19,996	31,125	15,320	20,423	30,634	16,575	22,312	227.4
2차측	비고2 참조										

비고) 1. 1차측과 2차측은 감압장치를 기준으로 한다.

　　　2. 2차측 최소사용설계압력은 제조사의 설계프로그램에 의한 압력값에 따른다.

물음 3 스프링클러설비가 소요되는 펌프의 전양정 66[m]에서 말단헤드 압력이 0.1[MPa] 이다. 말단헤드 압력을 0.2[MPa]로 증가시켰을 때 다음 조건에 따라 답을 구하시오. (11점)

[조건]
　○ 하젠-윌리암스의 식을 적용한다.
　○ 방출계수 K값은 90이다.
　○ 1MPa의 환산수두는 100m이다.
　○ 실양정은 20m이다.
　○ 소수점 셋째자리에서 반올림하여 둘째자리까지 구한다.
　○ 주어진 조건 외에는 고려하지 않는다.

(1) 말단헤드 유량[L/min] (2점)

풀이&답 　유량 $Q = K\sqrt{10P} = 90 \times \sqrt{10 \times 0.2} = 127.28[\text{L/min}]$

(2) 마찰손실압력[MPa] (7점)

풀이&답 　변경 전 마찰손실압력 $\triangle P_{m1}$

전양정 - 실양정 - 말단헤드 압력 $= 66[\text{m}] - 20[\text{m}] - 0.1[\text{MPa}]$

$\qquad\qquad\qquad\qquad\qquad\qquad = 46[\text{m}] - 0.1[\text{MPa}] = 0.46[\text{MPa}] - 0.1[\text{MPa}] = 0.36[\text{MPa}]$

변경전의 유량 $Q_1 = K\sqrt{10P} = 90 \times \sqrt{10 \times 0.1} = 90[\text{L/min}]$

변경후의 유량 $Q_2 = K\sqrt{10P} = 90 \times \sqrt{10 \times 0.2} = 127.28[\text{L/min}]$

변경 후 마찰손실압력 $\triangle P_{m2} = \left(\dfrac{Q_2}{Q_1}\right)^{1.85} \times \triangle P_{m1} = \left(\dfrac{127.28}{90}\right)^{1.85} \times 0.36 = 0.6835 = 0.68[\text{MPa}]$

(3) 펌프의 토출압력[MPa] (2점)

풀이&답 토출압력 = 실양정+마찰손실압력+말단헤드 압력
= 20[m]+0.68[MPa]+0.2[MPa]
= 0.2[MPa]+0.68[MPa]+0.2[MPa]
=1.08[MPa]

물음 4 다음 조건을 참조하여 할로겐화합물 및 불활성기체소화설비에서 배관의 두께[mm]를 구하시오. (5점)

[조건]

○ 가열맞대기 용접배관을 사용한다.

○ 배관의 바깥지름은 84[mm] 이다.

○ 배관재질의 인장강도 440[MPa], 항복점 300[MPa] 이다.

○ 배관 내 최대허용압력은 12,000[kPa] 이다.

○ 화재안전기준의 $t = \dfrac{PD}{2SE} + A$식을 적용한다.

○ 소수점 셋째자리에서 반올림하여 둘째자리까지 구한다.

○ 주어진 조건 외에는 고려하지 않는다.

풀이&답
1. 최대허용응력 SE

인장강도의 $\dfrac{1}{4}$값 : $440[\text{MPa}] \times \dfrac{1}{4} = 110[\text{MPa}]$

항복점의 $\dfrac{2}{3}$값 : $300[\text{MPa}] \times \dfrac{2}{3} = 200[\text{MPa}]$

$SE = 110[\text{MPa}] \times 0.6 \times 1.2 = 79.2[\text{MPa}] \times 10^3 = 79,200[\text{kPa}]$

2. 배관의 두께 $t = \dfrac{PD}{2SE} + A = \dfrac{12,000[\text{kPa}] \times 84[\text{mm}]}{2 \times 79,200[\text{kPa}]} + 0 = 6.36[\text{mm}]$

※ 배관의 두께 $t = \dfrac{PD}{2SE} + A$

P : 최대허용압력[kPa]
D : 배관의 바깥지름[mm]
SE : 최대허용응력[kPa]
    (배관재질 인장강도의 1/4값과 항복점의 2/3 값중 적은 값×배관이음효율×1.2)
A : 나사이음, 홈이음 등의허용값[mm])헤드설치부분은 제외한다)
・나사이음 : 나사의 높이
・절단홈이음 : 홈의 깊이
・용접이음 : 0

※ 배관이음효율
・이음매 없는 배관 : 1.0
・전기저항 용접배관 : 0.85
・가열맞대기 용접배관 : 0.60

02 ★★★★

특별피난계단의 계단실 및 부속실 제연설비의 화재안전기준(NFSC 501A) 및 다음 조건을 참조하여 각 물음에 답하시오. (30점)

[조건]

풍 량	○ 업무시설로서 층수는 20층이고, 층별 누설량은 $500[\text{m}^3/\text{hr}]$, 보충량은 $5,000[\text{m}^3/\text{hr}]$ 이다. ○ 풍량 산정은 화재안전기준에서 정하는 최소 풍량으로 계산한다. ○ 소수점은 둘째자리에서 반올림하여 첫째자리까지 구한다.
정 압	○ 흡입 루버의 압력강하량 : $150[\text{Pa}]$ ○ System effect(흡입) : $50[\text{Pa}]$ ○ System effect(토출) : $50[\text{Pa}]$ ○ 수평덕트의 압력강하량 : $250[\text{Pa}]$ ○ 수직덕트의 압력강하량 : $150[\text{Pa}]$ ○ 자동차압댐퍼의 압력강하량 : $250[\text{Pa}]$ ○ 송풍기정압은 10[%] 여유율로 하고 기타조건은 무시한다. ○ 단위환산은 표준대기압 조건으로 한다. ○ 소수점은 둘째자리에서 반올림하여 첫째자리까지 구한다.
전동기	○ 효율은 55[%]이고 전달계수는 1.1이다. ○ 상기 풍량, 정압조건만 반영한다. ○ 소수점은 둘째자리에서 반올림하여 첫째자리까지 구한다.

물음 1 송풍기의 풍량 $[\text{m}^3/\text{hr}]$을 산정하시오. (8점)

풀이&답
① 급기량 = 누설량+보충량 = $500[\text{m}^3/\text{hr}] \times 20$층 + $5,000[\text{m}^3/\text{hr}]$ = $15,000[\text{m}^3/\text{hr}]$
② 송풍기의 풍량 = 급기량 $\times 1.15 = 15,000[\text{m}^3/\text{hr}] \times 1.15 = 17,250[\text{m}^3/\text{hr}]$

물음 2 송풍기 정압을 산정하여 mmAq로 표기하시오. (14점)

풀이&답
① 정압 P_t = (흡입 루버의 압력강하량 + System effect(흡입) + System effect(토출)
    + 수평덕트의 압력강하량 + 수직덕트의 압력강하량 + 자동차압댐퍼의 압력강하량)
    $\times (1+0.1)$
  $P_t = (150[\text{Pa}] + 50[\text{Pa}] + 50[\text{Pa}] + 250[\text{Pa}] + 150[\text{Pa}] + 250[\text{Pa}]) \times (1+0.1) = 990[\text{Pa}]$
② 단위환산
  $P_t = 990[\text{Pa}] \times \dfrac{10,332[\text{mmAq}]}{101325[\text{Pa}]} = 100.949 = 100.9[\text{mmAq}]$

물음 3 송풍기 구동에 필요한 전동기 용량[kW]을 계산하시오. (8점)

풀이&답 전동기 용량
$$P = \frac{P_t \times Q}{102\eta} \times K = \frac{100.9[\text{mmAq}] \times 17,250[\text{m}^3/3600\text{s}]}{102 \times 0.55} \times 1.1 = 9.479 = 9.5[\text{kW}]$$

급기송풍기의 설치기준

1. 송풍기의 **송풍능력**은 송풍기가 담당하는 제연구역에 대한 **급기량의 1.15배 이상**으로 할 것. 다만, 풍도에서의 누설을 실측하여 조정하는 경우에는 그러하지 아니한다.
2. 송풍기에는 **풍량조절장치**를 설치하여 풍량조절을 할 수 있도록 할 것
3. 송풍기에는 **풍량을 실측할 수 있는 유효한 조치**를 할 것
4. 송풍기는 인접장소의 화재로부터 영향을 받지 아니하고 **접근 및 점검이 용이한 곳**에 설치할 것
5. 송풍기는 옥내의 **화재감지기**의 동작에 따라 작동하도록 할 것
6. 송풍기와 연결되는 캔버스는 **내열성**(석면재료를 제외한다)이 있는 것으로 할 것

03 ★★★★

다음 물음에 답하시오. (30점)

물음 1 국가화재안전기준 및 다음 조건에 따라 각 물음에 답하시오.(7점)

[조건] 스프링클러설비 펌프일람표

장비명	수량	유량[L/min]	양정[m]	비고
주펌프	1	2,400	120	전자식 압력스위치 적용
예비펌프	1	2,400	120	
충압펌프	1	60	120	

(1) 기동용수압개폐장치의 압력 설정치를 쓰시오.(단, 10[m] = 0.1[MPa]로 하고, 충압펌프의 자동정지는 정격치로 하되 기동~정지 압력차는 0.1[MPa], 나머지 압력차는 0.05[MPa]로 설정하며 압력강하시 자동기동은 충압 – 주 – 예비펌프순으로 한다.) (3점)

① 주펌프 기동점, 정지점
② 예비펌프 기동점, 정지점
③ 충압펌프 기동점, 정지점

풀이&답
① 주펌프 기동점, 정지점
    주펌프 정지점 : 120[m]=1.2[MPa](자기유지 기능 사용하는 경우)
                      또는 120[m]×1.4=168[m]=1.68[MPa](체절압력을 정지점으로 하는 경우)
    주펌프 기동점 : 충압펌프 기동점−0.05[MPa]=1.1[MPa]−0.05[MPa]=1.05[MPa]
② 예비펌프 기동점, 정지점
    예비펌프 정지점 : 120[m]=1.2[MPa](자기유지 기능 사용하는 경우)
                       또는 120[m]×1.4=168[m]=1.68[MPa](체절압력을 정지점으로 하는 경우)
    예비펌프 기동점 : 주펌프 기동점−0.05[MPa]=1.05[MPa]−0.05[MPa]=1.0[MPa]
③ 충압펌프 기동점, 정지점
    충압펌프 정지점 : 120[m]=1.2[MPa]
    충압펌프 기동점 : 1.2[MPa]−0.1[MPa]=1.1[MPa]

체절압력을 정지점으로 하는 경우 압력의 설정

주펌프 및 예비펌프 정지점	1.68 [MPa]
충압펌프 정지점	1.2 [MPa]
충압펌프 기동점	1.1 [MPa]
주펌프 기동점	1.05 [MPa]
예비펌프 기동점	1.0 [MPa]

(2) 주펌프 또는 예비펌프 성능시험시 성능기준에 적합한 양정[m]을 쓰시오. (2점)

① 체절운전시

② 정격토출량의 150% 운전시

풀이&답 ① 체절운전시 : 120[m]×1.4=168[m] 이하

② 정격토출량의 150[%] 운전시 : 120[m]×0.65=78[m] 이상

펌프의 성능은 체절운전 시 정격토출압력의 140[%]를 초과하지 아니하고, 정격토출량의 150[%]로 운전 시 정격토출압력의 65[%] 이상이 되어야 하며, 펌프의 성능시험배관은 다음 각 호의 기준에 적합하여야 한다.

(3) 펌프의 성능시험배관에 적합한 유량측정장치의 유량범위를 쓰시오. (2점)

① 최소유량 [L/min]

② 최대유량 [L/min]

풀이&답 ① 최소유량 [L/min] : 2,400 [L/min]

② 최대유량 [L/min] : 2,400 [L/min]×1.75=4,200 [L/min]

1. 유량측정장치는 성능시험배관의 직관부에 설치하되, 펌프의 정격토출량의 175[%] 이상 측정할 수 있는 성능이 있을 것

2. 유량측정범위 : 정격토출량~정격토출량의 1.75배 이상

| **물음 2** 화재예방, 소방시설 설치·유지 및 안전관리에 관한 법령 및 국가화재안전기준에 따라 각 물음에 답하시오. (10점)

(1) 특정소방대상물의 규모, 용도 및 수용인원 등을 고려하여 갖추어야 하는 소방시설의 종류 중 문화 및 집회시설(동·식물원 제외), 종교시설(주요구조부가 목조인 것 제외), 운동시설(물놀이형 시설제외)의 모든층에 설치하여야 하는 경우에 해당하는 스프링클러설비 설치대상 4가지를 쓰시오. (4점)

풀이&답 1. 수용인원이 100명 이상인 것
2. 영화상영관의 용도로 쓰이는 층의 바닥면적이 지하층 또는 무창층인 경우에는 500[m²] 이상, 그 밖의 층의 경우에는 1천[m²] 이상인 것
3. 무대부가 지하층·무창층 또는 4층 이상의 층에 있는 경우에는 무대부의 면적이 300[m²] 이상인 것
4. 무대부가 3. 외의 층에 있는 경우에는 무대부의 면적이 500[m²] 이상인 것

(2) 할로겐화합물 및 불활성기체소화설비의 화재안전기준(NFSC 107A)에 따른 배관의 구경 선정기준을 쓰시오. (2점)

풀이&답 배관의 구경은 해당 방호구역에 할로겐화합물소화약제는 10초 이내에, 불활성기체소화약제는 A·C급 화재는 2분, B급 화재 1분 이내에 방호구역 각 부분에 최소설계농도의 95% 이상 해당하는 약제량이 방출되도록 하여야 한다.

(3) 무선통신보조설비의 화재안전기준(NFSC 505)에 따른 무선기기 접속단자 설치기준을 4가지만 쓰시오. (4점)

풀이&답 1. 화재층으로부터 지면으로 떨어지는 유리창 등에 의한 지장을 받지 않고 지상에서 유효하게 소방활동을 할 수 있는 장소 또는 수위실 등 상시 사람이 근무하고 있는 장소에 설치할 것
2. 단자는 한국산업규격에 적합한 것으로 하고, 바닥으로부터 높이 0.8[m] 이상 1.5[m] 이하의 위치에 설치할 것
3. 지상에 설치하는 접속단자는 보행거리 300[m] 이내마다 설치하고, 다른 용도로 사용되는 접속단자에서 5[m] 이상의 거리를 둘 것
4. 지상에 설치하는 단자를 보호하기 위하여 견고하고 함부로 개폐할 수 없는 구조의 보호함을 설치하고, 먼지·습기 및 부식 등에 따라 영향을 받지 아니하도록 조치할 것
5. 단자의 보호함의 표면에 "무선기 접속단자"라고 표시한 표지를 할 것 중 4가지 선택

▌물음 3 국가화재안전기준 및 다음 조건에 따라 각 물음에 답하시오. (13점)

[조건]
- 지하주차장은 3개 층이며, 각 층의 바닥면적은 60[m]×60[m]이고 층고는 4.5[m] 이다.
- 주차장의 준비작동식스프링클러설비 감지기는 교차회로방식으로 자동화재탐지설비와 겸용한다.
- 지하 3층 주차장은 기계실(450[m²])과 전기실·발전기실(250[m²])이 있다.
- 지하 3층 기계실은 습식스프링클러설비를 적용한다.
- 주요구조부는 내화구조이다.
- 주어진 조건 외에는 고려하지 않는다.

(1) 지하주차장 및 기계실에 차동식스포트형 감지기(2종)를 적용할 경우 총 설치수량을 구하시오.(단, 층별 하나의 방호구역 바닥면적은 최대로 적용한다.) (5점)

풀이&답

1. 지하주차장
   1) 지하 1층 ~ 지하 2층
      ① 층의 바닥면적 : $60[m] \times 60[m] = 3,600[m^2]$
      ② 층당 수량

      $$\frac{3,000[m^2]}{35[m^2]} = 85.71 = 86[개], \quad \frac{600[m^2]}{35[m^2]} = 17.14 = 18[개]$$

      (하나의 방호구역 최대면적은 $3,000[m^2]$ 이다.)
      (86개 + 18개) × 2회로 × 2개층 = 416개
   2) 지하 3층

      $$\frac{60[m] \times 60[m] - (450[m^2] + 250[m^2])}{35[m^2]} = 82.86 = 83개, \quad 83개 \times 2회로 = 166개$$

2. 기계실

   $$\frac{450[m^2]}{35[m^2]} = 12.86 = 13개$$

3. 총 설치수량
   416개 + 166개 + 13개 = 595개

(2) 스프링클러설비 유수검지장치의 종류별 설치수량을 구하시오. (2점)

풀이&답

준비작동식 유수검지장치	① 지하1층 ~ 지하2층 층당 $\dfrac{60[m] \times 60[m]}{3,000[m^2]} = 1.2 = 2개$, 2개층이므로 2개 × 2개층 = 4개 ② 지하3층 $\dfrac{60[m] \times 60[m] - (450[m^2] + 250[m^2])}{3,000[m^2]} = 0.97 = 1개$ ③ 총수량 : 4개 + 1개 = 5개
습식 유수검지장치	$\dfrac{450m^2}{3,000m^2} = 0.15 = 1개$

(3) 폐쇄형스프링클러헤드를 사용하는 설비의 방호구역·유수검지장치의 설치기준을 6가지만 쓰시오. (6점)

풀이&답

1. 하나의 방호구역의 바닥면적은 $3,000[m^2]$를 초과하지 아니할 것. 다만, 폐쇄형스프링클러설비에 격자형배관방식(2이상의 수평주행배관 사이를 가지배관으로 연결하는 방식을 말한다)을 채택하는 때에는 $3,700[m^2]$ 범위 내에서 펌프용량, 배관의 구경 등을 수리학적으로 계산한 결과 헤드의 방수압 및 방수량이 방호구역 범위 내에서 소화목적을 달성하는 데 충분할 것
2. 하나의 방호구역에는 1개 이상의 유수검지장치를 설치하되, 화재발생시 접근이 쉽고 점검하기 편리한 장소에 설치할 것
3. 하나의 방호구역은 2개 층에 미치지 아니하도록 할 것. 다만, 1개 층에 설치되는 스프링클러헤드의 수가 10개 이하인 경우와 복층형구조의 공동주택에는 3개 층 이내로 할 수 있다.
4. 유수검지장치를 실내에 설치하거나 보호용 철망 등으로 구획하여 바닥으로부터 0.8[m] 이상 1.5[m] 이하의 위치에 설치하되, 그 실 등에는 개구부가 가로 0.5[m] 이상 세로 1[m] 이상의

출입문을 설치하고 그 출입문 상단에 "유수검지장치실" 이라고 표시한 표지를 설치할 것. 다만, 유수검지장치를 기계실(공조용기계실을 포함한다)안에 설치하는 경우에는 별도의 실 또는 보호용 철망을 설치하지 아니하고 기계실 출입문 상단에 "유수검지장치실"이라고 표시한 표지를 설치할 수 있다.

5. 스프링클러헤드에 공급되는 물은 유수검지장치를 지나도록 할 것. 다만, 송수구를 통하여 공급되는 물은 그러하지 아니하다.

6. 자연낙차에 따른 압력수가 흐르는 배관 상에 설치된 유수검지장치는 화재시 물의 흐름을 검지할 수 있는 최소한의 압력이 얻어질 수 있도록 수조의 하단으로부터 낙차를 두어 설치할 것

7. 조기반응형 스프링클러헤드를 설치하는 경우에는 습식유수검지장치 또는 부압식스프링클러설비를 설치할 것 중 6가지 선택

합격자 65

제20회 설계 및 시공 기출문제

2020. 9. 26

01 ★★★★

다음 물음에 답하시오. (40점)

┃물음 1 간이스프링클러설비에 관한 다음 물음에 답하시오. (30점)

(1) 화재예방, 소방시설 설치·유지 및 안전관리에 관한 법령상 간이스프링클러설비를 설치
해야 하는 특정소방대상물을 쓰시오. (11점)

> [풀이&답]　1) 근린생활시설 중 다음의 어느 하나에 해당하는 것
> 　　　가) 근린생활시설로 사용하는 부분의 바닥면적 합계가 1천[m²] 이상인 것은 모든 층
> 　　　나) 의원, 치과의원 및 한의원으로서 입원실이 있는 시설
> 　　　다) 조산원 및 산후조리원으로서 연면적 600[m²] 미만인 시설
> 　　2) 교육연구시설 내에 합숙소로서 연면적 100[m²] 이상인 것
> 　　3) 의료시설 중 다음의 어느 하나에 해당하는 시설
> 　　　가) 종합병원, 병원, 치과병원, 한방병원 및 요양병원(정신병원과 의료재활시설은 제외한다)
> 　　　　으로 사용되는 바닥면적의 합계가 600[m²] 미만인 시설
> 　　　나) 정신의료기관 또는 의료재활시설로 사용되는 바닥면적의 합계가 300[m²] 이상 600[m²]
> 　　　　미만인 시설
> 　　　다) 정신의료기관 또는 의료재활시설로 사용되는 바닥면적의 합계가 300[m²] 미만이고, 창살
> 　　　　(철재·플라스틱 또는 목재 등으로 사람의 탈출 등을 막기 위하여 설치한 것을 말하며, 화
> 　　　　재 시 자동으로 열리는 구조로 되어 있는 창살은 제외한다)이 설치된 시설
> 　　4) 노유자시설로서 다음의 어느 하나에 해당하는 시설
> 　　　가) 제12조제1항제6호 각 목에 따른 시설(제12조제1항제6호 나목부터 바목까지의 시설 중 단
> 　　　　독주택 또는 공동주택에 설치되는 시설은 제외하며, 이하 "노유자 생활시설"이라 한다)
> 　　　나) 가)에 해당하지 않는 노유자시설로 해당 시설로 사용하는 바닥면적의 합계가 300[m²] 이
> 　　　　상 600[m²] 미만인 시설
> 　　　다) 가)에 해당하지 않는 노유자시설로 해당 시설로 사용하는 바닥면적의 합계가 300[m²] 미
> 　　　　만이고, 창살(철재·플라스틱 또는 목재 등으로 사람의 탈출 등을 막기 위하여 설치한 것
> 　　　　을 말하며, 화재 시 자동으로 열리는 구조로 되어 있는 창살은 제외한다)이 설치된 시설
> 　　5) 건물을 임차하여 「출입국관리법」 제52조제2항에 따른 보호시설로 사용하는 부분
> 　　6) 숙박시설 중 생활형 숙박시설로서 해당 용도로 사용되는 바닥면적의 합계가 600[m²] 이상인
> 　　　것
> 　　7) 복합건축물(별표 2 제30호나목의 복합건축물만 해당한다)로서 연면적 1천[m²] 이상인 것은
> 　　　모든 층

(2) 다중이용업소의 안전관리에 관한 특별법상 간이스프링클러설비를 설치해야 하는 특정소
방대상물을 쓰시오. (4점)

> [풀이&답]　가) 지하층에 설치된 영업장
> 　　　나) 밀폐구조의 영업장

다) 산후조리업 및 고시원업의 영업장. 다만, 지상 1층에 있거나 지상과 직접 맞닿아 있는 층(영업장의 주된 출입구가 건축물의 외부의 지면과 직접 연결된 경우를 포함한다)에 설치된 영업장은 제외한다.

라) 제2조제7호의3에 따른 권총사격장의 영업장

(3) 간이스프링클러설비의 화재안전기준(NFSC 103A)상 상수도직결형 및 캐비넷형 가압송수장치를 설치할 수 없는 특정소방대상물 3가지를 쓰시오. (6점)

 1) 근린생활시설 중 다음의 어느 하나에 해당하는 것
　가) 근린생활시설로 사용하는 부분의 바닥면적 합계가 1천[m²] 이상인 것은 모든 층
　나) 의원, 치과의원 및 한의원으로서 입원실이 있는 시설
2) 숙박시설 중 생활형 숙박시설로서 해당 용도로 사용되는 바닥면적의 합계가 600[m²] 이상인 것
3) 복합건축물(별표 2 제30호나목의 복합건축물만 해당한다)로서 연면적 1천[m²] 이상인 것은 모든 층

간이스프링클러설비의 화재안전기준(NFSC 103A) 제5조제7항
⑦ 영 별표 5 제1호마목1) 또는 6)과 7)에 해당하는 특정소방대상물의 경우에는 상수도직결형 및 캐비닛형 간이스프링클러설비를 제외한 가압송수장치를 설치하여야 한다.

영 별표 5 제1호마목1) 또는 6)과 7)
1) 근린생활시설 중 다음의 어느 하나에 해당하는 것
　가) 근린생활시설로 사용하는 부분의 바닥면적 합계가 1천[m²] 이상인 것은 모든 층
　나) 의원, 치과의원 및 한의원으로서 입원실이 있는 시설
6) 숙박시설 중 생활형 숙박시설로서 해당 용도로 사용되는 바닥면적의 합계가 600[m²] 이상인 것
7) 복합건축물(별표 2 제30호나목의 복합건축물만 해당한다)로서 연면적 1천[m²] 이상인 것은 모든 층

(4) 간이스프링클러설비의 화재안전기준(NFSC 103A)상 가압수조 가압송수장치 방식에서 배관 및 밸브 등의 설치 순서에 대하여 명칭을 쓰고, 소방시설의 도시기호를 그리시오. (5점)

설치 순서는 수원, 가압수조, (ㄱ.), (ㄴ.), (ㄷ.), (ㄹ.), (ㅁ.), 2개의 시험밸브 순으로 설치한다.

ㄱ.	압력계	
ㄴ.	체크밸브	
ㄷ.	성능시험배관	
ㄹ.	개폐표시형밸브	
ㅁ.	유수검지장치	

(5) 간이스프링클러설비의 화재안전기준(NFSC 103A)상 간이헤드 수별 급수관의 구경에 관한 내용이다. (   )에 들어갈 내용을 쓰시오. (4점)

> "캐비닛형" 및 "상수도직결형"을 사용하는 경우 주배관은 (㉠)[mm], 수평주행배관은 (㉡)[mm], 가지배관은 (㉢)[mm] 이상으로 할 것. 이 경우 최장배관은 제5조제6항에 따라 인정받은 길이로 하며 하나의 가지배관에는 간이헤드를 (㉣)개 이내로 설치하여야 한다.

풀이&답   ㉠ 32   ㉡ 32   ㉢ 25   ㉣ 3

물음 2   아래의 그림과 같은 돌연확대관에서 손실수두를 구하는 공식을 유도하고, 중력가속도 g는 9.8[m/s²], 직경 D_1=50[mm], D_2=400[mm], 유량 Q=800[L/min]일 때 돌연확대관에서의 손실수두[m]를 계산하시오.(단, V_1, V_2는 각 지점의 유속이며, 계산값은 소수점 셋째자리에서 반올림하여 둘째자리까지 구하시오.) (10점)

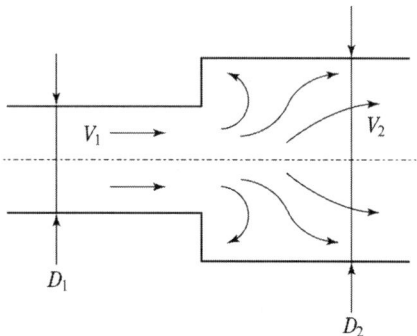

풀이&답   1. 공식유도
  1) 운동량 방정식을 적용

$$P_1 A_1 + \rho Q V_1 = P_2 A_2 + \rho Q V_2, \quad A_1 = A_2 = A$$
$$(P_1 - P_2)A = \rho Q (V_2 - V_1)$$
$$(P_1 - P_2)A = \rho A V_2 (V_2 - V_1)$$
$$(P_1 - P_2)A = \frac{\gamma}{g} A V_2 (V_2 - V_1) = \frac{\gamma}{g} A (V_2^2 - V_1 V_2)$$
$$\frac{(P_1 - P_2)}{\gamma} = \frac{(V_2^2 - V_1 V_2)}{g} \rightarrow ①$$

  2) 베르누이 방정식 적용

$$\frac{P_1}{\gamma} + \frac{V_1^2}{2g} + Z_1 = \frac{P_2}{\gamma} + \frac{V_2^2}{2g} + Z_2 + h_L, \quad Z_1 = Z_2$$
$$\frac{P_1 - P_2}{\gamma} = \frac{V_2^2 - V_1^2}{2g} + h_L \rightarrow ②$$

①을 ②에 대입하면

$$\frac{V_2^2 - V_1 V_2}{g} = \frac{V_2^2 - V_1^2}{2g} + h_L$$

$$h_L = \frac{V_2^2 - V_1 V_2}{g} - \frac{V_2^2 - V_1^2}{2g}$$

$$h_L = \frac{2 V_2^2 - 2 V_1 V_2}{2g} - \frac{V_2^2 - V_1^2}{2g}$$

$$h_L = \frac{2 V_2^2 - 2 V_1 V_2 - V_2^2 + V_1^2}{2g} = \frac{V_2^2 - 2 V_1 V_2 + V_1^2}{2g} = \frac{(V_1 - V_2)^2}{2g}$$

유량 $Q = A_1 V_1 = A_2 V_2$에서 $V_2 = \dfrac{A_1 V_1}{A_2}$이 된다. 이 식을 대입하면

$$h_L = \frac{(V_1 - V_2)^2}{2g} = \frac{(V_1 - \frac{A_1}{A_2} V_1)^2}{2g} = \frac{(1 - \frac{A_1}{A_2})^2 \times V_1^2}{2g}$$

$$h_L = (1 - \frac{A_1}{A_2})^2 \frac{V_1^2}{2g} = K \frac{V_1^2}{2g} \text{이 된다.}$$

여기에서, K : 부차적 손실계수 $K = \left(1 - \dfrac{A_1}{A_2}\right)^2 = \left[1 - \left(\dfrac{D_1}{D_2}\right)^2\right]^2$

풀이&답 2. 손실수두의 계산

① 유속 $V_1 = \dfrac{4Q}{\pi D_1^2} = \dfrac{4 \times 0.8[\text{m}^3]/60[\text{s}]}{\pi \times (0.05[\text{m}])^2} = 6.79[\text{m/s}]$

② 부차적 손실계수 $K = \left(1 - \dfrac{A_1}{A_2}\right)^2 = \left[1 - \left(\dfrac{D_1}{D_2}\right)^2\right]^2 = \left[1 - \left(\dfrac{0.05}{0.4}\right)^2\right]^2 = 0.96899 = 0.97$

③ 손실수두 $h_L = K \dfrac{V_1^2}{2g} = 0.97 \times \dfrac{6.79^2}{2 \times 9.8} = 2.2816 = 2.28[\text{m}]$

02 ★★★★

위험물안전관리에 관한 세부기준에 관한 다음 물음에 답하시오. (30점)

물음 1 제조소등에 가스계소화설비를 설치하고자 한다. 다음 물음에 답하시오. (12점)

(1) 해당 방호구역에 전역방출방식으로 IG 계열의 소화약제 소화설비를 설치하고자 한다. 아래 조건을 이용하여 IG-100, IG-55, IG-541을 각각 방사하는 경우 저장해야 하는 최소 소화약제의 양[m³]을 구하시오. (6점)

> [조건]
> ① 방호구역은 가로 20[m], 세로 10[m], 높이는 5[m]
> ② 방호구역에는 산화프로필렌을 저장하고 소화약제의 계수는 1.8이다.
> ③ 방호구역은 1기압, 20[℃]이다.

풀이&답

1) 방호구역의 체적 $V = 20[m] \times 10[m] \times 5[m] = 1,000[m^3]$

2) IG-100을 방사하는 경우 저장용기에 저장하는 최소 소화약제의 양(m^3)

    소화약제의 양 $W = (V[m^3] \times K[m^3/m^3]) \times$ 소화약제의 계수

                   $= (1,000[m^3] \times 0.516[m^3/m^3]) \times 1.8 = 958.8[m^3]$

3) IG-55를 방사하는 경우 저장용기에 저장하는 최소 소화약제의 양(m^3)

    소화약제의 양 $W = (V[m^3] \times K[m^3/m^3]) \times$ 소화약제의 계수

                   $= (1,000[m^3] \times 0.477[m^3/m^3]) \times 1.8 = 858.6[m^3]$

3) IG-541을 방사하는 경우 저장용기에 저장하는 최소 소화약제의 양(m^3)

    소화약제의 양 $W = (V[m^3] \times K[m^3/m^3]) \times$ 소화약제의 계수

                   $= (1,000[m^3] \times 0.472[m^3/m^3]) \times 1.8 = 849.6[m^3]$

보충설명

방호구역 체적당 소화약제의 양

소화약제의 종류	방호구역의 체적 당 소화약제의 양(m^3/m^3), 1기압 20℃ 기준
IG-100	0.516
IG-55	0.477
IG-541	0.472

(2) 불활성가스소화설비에서 전역방출방식인 경우 안전조치 기준 3가지를 쓰시오. (3점)

풀이&답

① 기동장치의 방출용스위치 등의 작동으로부터 저장용기의 용기밸브 또는 방출밸브의 개방까지의 시간이 20초 이상 되도록 지연장치를 설치할 것

② 수동기동장치에는 ①에 정한 시간 내에 소화약제가 방출되지 않도록 조치를 할 것

③ 방호구역의 출입구등 보기 쉬운 장소에 소화약제가 방출된다는 사실을 알리는 표시등을 설치할 것

(3) HFC-227ea, FIC-13I1, FK-5-1-12의 화학식을 각각 쓰시오. (3점)

풀이&답

HFC-227ea	CF_3CHFCF_3
FIC-13I1	CF_3I
FK-5-1-12	$CF_3CF_2C(O)CF(CF_3)_2$

물음 2 이소부틸알콜을 저장하는 내부 직경이 40[m]인 고정지붕구조의 탱크에 Ⅱ형 포방출구를 설치하여 방호하려고 한다. 아래 조건을 이용하여 다음 물음에 답하시오. (12점)

> [조건]
> ① 포소화약제는 3[%]의 수용성액체용 포소화약제를 사용한다.
> ② 고정식포방출구의 설계압력환산수두는 35[m], 배관의 마찰손실수두는 20[m], 낙차 30[m]이다.

③ 펌프의 수력효율은 87[%], 체적효율은 85[%], 기계효율은 80[%]이며, 전동기의 전달계수는 1.1로 한다.

④ 저장탱크에서 고정포 방출구까지 사용하는 송액관의 내경은 100[mm]이고, 송액관의 길이는 120[m] 이다.

⑤ 보조포소화전은 쌍구형(호스접속구가 2개)으로 2개가 설치되어 있다.

⑥ 원주율(π)은 3.14를 적용한다.

⑦ 포수용액의 비중은 1로 본다.

⑧ 위험물안전관리에 관한 세부기준을 따른다.

⑨ 계산값은 소수점 셋째자리에서 반올림하여 둘째자리까지 구하시오.

⑩ 기타 조건은 무시한다.

(1) Ⅱ형 포방출구의 정의를 쓰시오. (2점)

풀이&답 고정지붕구조 또는 부상덮개부착고정지붕구조(옥외저장탱크의 액상에 금속제의 플로팅, 팬 등의 덮개를 부착한 고정지붕구조의 것을 말한다. 이하 같다)의 탱크에 상부포주입법을 이용하는 것으로서 방출된 포가 탱크옆판의 내면을 따라 흘러내려 가면서 액면 아래로 몰입되거나 액면을 뒤섞지 않고 액면상을 덮을 수 있는 반사판 및 탱크 내의 위험물 증기가 외부로 역류되는 것을 저지할 수 있는 구조·기구를 갖는 포방출구

(2) 소화하는데 필요한 최소 포수용액량, 최소 수원의 양(L), 최소 포소화약제의 저장량(L)을 각각 계산하시오. (6점)

1) 최소 포수용액량[L]

풀이&답 ① 고정포방출구 : $AQ_1 = \dfrac{3.14}{4} \times (40[\text{m}])^2 \times 240[\text{L/m}^2] \times 1.25 = 376,800[\text{L}]$

② 보조포소화전 : $N \times 8,000[\text{L}] = 3$개 $\times 8,000[\text{L}] = 24,000[\text{L}]$

③ 송액관 : $AL \times 1,000 = \dfrac{3.14}{4} \times (0.1[\text{m}])^2 \times 120[\text{m}] \times 1,000 = 942[\text{L}]$

④ 포수용액량 : $376,800 + 24,000 + 942 = 401,742[\text{L}]$

2) 최소 수원의 양[L]

풀이&답 수원의 양=포수용액량×(1−약제농도)=$401,742 \times (1 - 0.03) = 389,689.74[\text{L}]$

3) 최소 포 소화약제의 저장량[L]

풀이&답 포 소화약제의 저장량=포수용액량×약제농도=$401,742 \times 0.03 = 12,052.26[\text{L}]$

(3) 전동기의 출력[kW]을 계산하시오.(단, 유량은 포수용액량으로 한다.) (4점)

풀이&답 토출량 : $AQ_2 + N \times 400 = \dfrac{3.14}{4} \times (40[\text{m}])^2 \times 8[\text{L/min}] \times 1.25 + 3 \times 400[\text{L/min}]$
$= 13,760[\text{L/min}]$

전양정 : $H = 35[m] + 20[m] + 30[m] = 85[m]$

전효율 : $\eta = 0.87 \times 0.85 \times 0.8 = 0.5916 = 0.59$

전동기의 출력 : $P = \dfrac{0.163QHK}{\eta} = \dfrac{0.163 \times 13.76[m^3/min] \times 85[m] \times 1.1}{0.59}$

$= 355.4394 = 355.44[kW]$ 이상

위험물안전관리에 관한 세부기준 제133조

(라) 제4류 위험물 중 비수용성 외의 것에 대해서는 (다)의 표에 불구하고 표 1에서 정한 포수용액양 및 방출율에 표 2의 세부구분란의 품목에 따라 정한 계수를 각각 곱한 수치 이상으로 할 것

[표 1]

I형		II형		IV형	
포수용액량 (L/m^2)	방출율 $(L/m^2 \cdot min)$	포수용액량 (L/m^2)	방출율 $(L/m^2 \cdot min)$	포수용액량 (L/m^2)	방출율 $(L/m^2 \cdot min)$
160	8	240	8	240	8

[표 2]

위험물의 구분		계수
종류	세부구분	
알콜류	메틸알콜, 3-메틸2-부틸알콜, 에틸알콜, 아릴알콜, 1-펜틸알콜, 2-펜틸알콜, t-펜틸알콜, 이스펜틸알콜, 1-헥실알콜, 사이크로헥사놀, 훌후릴 알콜, 벤질알콜, 프로필렌글리콜, 에틸렌글리콜, 디에틸렌 글리콜, 디프로필렌 글리콜, 글리세린	1.0
	2-프로필알콜, 1-프로필알콜, 이소부틸알콜, 1-부틸알콜, 2-부틸알콜	1.25
	t-부틸알콜	2.0

물음 3 위험물안전관리에 관한 세부기준상 스프링클러설비의 기준에 대한 다음 물음에 답하시오. (6점)

(1) 폐쇄형스프링클러헤드를 설치하는 경우 스프링클러헤드의 부착위치에 관한 사항이다. 다음 ( )에 들어갈 내용을 쓰시오. (2점)

> ○ 가연성 물질을 수납하는 부분에 스프링클러헤드를 설치하는 경우에는 제1호 가목의 규정에도 불구하고 당해 헤드의 반사판으로부터 하방으로 (㉠)[m], 수평방향으로 (㉡)[m]의 공간을 보유할 것
>
> ○ 개구부에 설치하는 스프링클러헤드는 당해 개구부의 상단으로부터 높이 (㉢)[m] 이내의 벽면에 설치할 것

풀이&답 ㉠ 0.9   ㉡ 0.4   ㉢ 0.15

제131조(스프링클러설비의 기준)

마. 스프링클러헤드의 부착위치는 (1) 및 (2)에 정한 것에 의할 것
  (1) 가연성 물질을 수납하는 부분에 스프링클러헤드를 설치하는 경우에는 제1호가목의 규정
    에 불구하고 당해 헤드의 반사판으로부터 하방으로 0.9m, 수평방향으로 0.4m의 공간을
    보유할 것
  (2) 개구부에 설치하는 스프링클러헤드는 당해 개구부의 상단으로부터 높이 0.15m 이내의 벽
    면에 설치할 것

(2) 스프링클러설비의 유수검지장치 설치기준 2가지를 쓰시오. (2점)

[풀이&답] ① 유수검지장치의 1차측에는 압력계를 설치할 것
② 유수검지장치의 2차측에 압력의 설정을 필요로 하는 스프링클러설비에는 당해 유수검지장치
  의 압력설정치보다 2차측의 압력이 낮아진 경우에 자동으로 경보를 발하는 장치를 설치할 것

제131조(스프링클러설비의 기준)

7. 유수검지장치는 다음 각목에 정한 것에 의하여 설치할 것
  가. 유수검지장치의 1차측에는 압력계를 설치할 것
  나. 유수검지장치의 2차측에 압력의 설정을 필요로 하는 스프링클러설비에는 당해 유수검지
    장치의 압력설정치보다 2차측의 압력이 낮아진 경우에 자동으로 경보를 발하는 장치를
    설치할 것

(3) 스프링클러설비의 기준에 관한 내용이다. 다음 ( )에 들어갈 내용을 쓰시오. (2점)

> 건식 또는 (㉠)의 유수검지장치가 설치되어 있는 스프링클러설비는 스프링클러헤드
> 가 개방된 후 (㉡)분 이내에 당해 스프링클러헤드로부터 방수될 수 있도록 할 것

[풀이&답] ㉠ 준비작동식   ㉡ 1

제131조(스프링클러설비의 기준)

11. 건식 또는 준비작동식의 유수검지장치가 설치되어 있는 스프링클러설비는 스프링클러헤드가
   개방된 후 1분 이내에 당해 스프링클러헤드로부터 방수될 수 있도록 할 것

03 ★★★★

다음 물음에 답하시오. (30점)

┃물음 1 하디 크로스 방식(Hardy Cross Method)의 유체역학적 기본원리 3가지를 쓰시오. (3점)

［풀이&답］ 1. 질량보존의 법칙(연속의 원리)
유입점의 유량과 유출점의 유량은 같다.
2. 에너지 보존법칙
각 관로가 만나는 지점에서의 유입점과 유출점이 같을 경우 각 경로별 압력손실은 같다.
3. 각 관로의 마찰손실(압력손실)은 Hazen-Williams 식을 이용하여 계산한다.

┃물음 2 하디 크로스 방식(Hardy Cross Method)의 계산절차 중 4단계~8단계의 내용을 쓰시오. (5점)

- 1단계 : 모든 루프의 각 경로와 관련 있는 배관길이, 관경, C factor(조도)와 같은 중요한 변수를 알아야 한다.
- 2단계 : 각 변수를 적절한 단위로 수치 변환한다. 부속류에 대한 국부손실은 등가배관길이로 변환하여야 한다. 각 구간별 유량을 제외한 모든 변수값을 계산하도록 한다.
- 3단계 : 루프에 의해 이어지는 연속성이 충족되도록 적절한 분배유량을 가정한다.
- 4단계 : (　　　　　　　　　ㄱ　　　　　　　　　)
- 5단계 : (　　　　　　　　　ㄴ　　　　　　　　　)
- 6단계 : (　　　　　　　　　ㄷ　　　　　　　　　)
- 7단계 : (　　　　　　　　　ㄹ　　　　　　　　　)
- 8단계 : (　　　　　　　　　ㅁ　　　　　　　　　)
- 9단계 : 새롭게 보정된 분배유량으로 dQ값이 충분히 작아질 때까지 4단계~7단계까지를 반복한다.
- 10단계 : 마지막 확인사항으로 임의의 경로에 대한 유입점부터 유출점까지의 마찰손실압력을 계산한다. 다른 경로로 두 번째 계산된 마찰손실압력값은 예상되는 범위 내의 동일한 값이 되어야 한다.

［풀이&답］ 방화공학 핸드북(SFPE 4-79)
ㄱ 마찰손실(P_f)을 계산한다.

$$P_f = FLC \times Q^{1.85}$$

$$FLC = 6.174 \times 10^4 \times \frac{L}{C^{1.85} \times D^{4.87}}$$

ㄴ 마찰손실의 합계($\sum P_f$)를 계산한다.
마찰손실 합계($\sum P_f$)가 ±0.5[psi] 이내가 되면 계산을 종료한다.

ㄷ $\dfrac{P_f}{Q}$를 계산한다.

$\sum P_f$가 ±0.5[psi] 이내가 아닐 때, 구간별로 $\dfrac{P_f}{Q}$를 구하여 이를 합산한다.

㉣ 유량 보정값(dQ)을 계산한다.

$$dQ = \frac{-\sum P_f}{1.85 \times \sum \left(\dfrac{P_f}{Q} \right)}$$

㉤ 보정 유량을 가감한다.
각 관로별 분배유량을 $dQ + Q$로 가감한다.

물음 3 그림과 같이 A 지점으로 물이 유입되어 B 지점으로 유출되고 있다. A~B 사이에 있는 세 개 분기관의 내경이 40[mm]라고 할 때 각 분기관으로 흐르는 유량을 계산하시오. (8점)

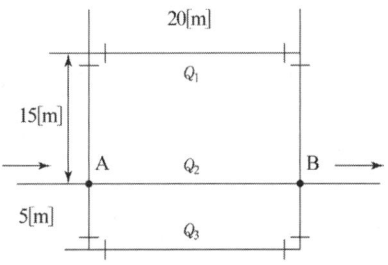

[조건]

∘ 배관의 마찰손실압력을 구하는 공식은 다음과 같다.

$$\triangle P = 6.174 \times 10^4 \times \frac{Q^{1.85}}{C^{1.85} \times D^{4.87}} \times L$$

여기서, $\triangle P$: 마찰손실압력(MPa), Q : 유량(L/min)
   C : 조도계수(120), D : 배관경(mm), L : 배관길이(m)

∘ 유입점과 유출점에는 1,000 L/min의 유량이 흐르고 있다.

∘ 90도 엘보의 등가길이는 2 m이며, A와 B 두 지점의 배관부속 마찰손실은 무시한다.

∘ 계산값은 소수점 셋째자리에서 반올림하여 둘째자리까지 구하시오.

풀이&답 각 분기관 ①, ②, ③의 유량을 Q_1, Q_2, Q_3라 하고, 마찰손실압력을 $\triangle P_1$, $\triangle P_2$, $\triangle P_3$라 하면

1) 유량 관계

$$Q = Q_1 + Q_2 + Q_3$$

$$1,000[\text{L/min}] = Q_1 + Q_2 + Q_3$$

2) 마찰손실압력 관계

$$\triangle P_1 = \triangle P_2$$

$$6.174 \times 10^4 \times \frac{Q_1^{1.85}}{C^{1.85} \times D_1^{4.87}} \times L_1 = 6.174 \times 10^4 \times \frac{Q_2^{1.85}}{C^{1.85} \times D_2^{4.87}} \times L_2$$

C(조도계수 120) 및 D(배관경 40mm)는 동일하므로

$$Q_1^{1.85} \times L_1 = Q_2^{1.85} \times L_2, \quad Q_1^{1.85} \times (15+2+20+2+15) = Q_2^{1.85} \times 20$$

$$Q_1^{1.85} \times 54 = Q_2^{1.85} \times 20, \quad Q_2^{1.85} = \frac{54}{20} \times Q_1^{1.85}$$

양변에 $\dfrac{1}{1.85}$ 승을 하면 $Q_2^{1.85 \times \frac{1}{1.85}} = \left(\dfrac{54}{20}\right)^{1 \times \frac{1}{1.85}} \times Q_1^{1.85 \times \frac{1}{1.85}}$

$$Q_2 = \left(\frac{54}{20}\right)^{\frac{1}{1.85}} \times Q_1, \quad Q_2 = 1.71\,Q_1$$

$$\triangle P_1 = \triangle P_3$$

$$6.174 \times 10^4 \times \frac{Q_1^{1.85}}{C^{1.85} \times D_1^{4.87}} \times L_1 = 6.174 \times 10^4 \times \frac{Q_3^{1.85}}{C^{1.85} \times D_3^{4.87}} \times L_3$$

C(조도계수 120) 및 D(배관경 40mm)는 동일하므로

$$Q_1^{1.85} \times L_1 = Q_3^{1.85} \times L_3$$

$$Q_1^{1.85} \times (15+2+20+2+15) = Q_3^{1.85} \times (5+2+20+2+5)$$

$$Q_1^{1.85} \times 54 = Q_3^{1.85} \times 34, \quad Q_3^{1.85} = \frac{54}{34} \times Q_1^{1.85}$$

양변에 $\dfrac{1}{1.85}$ 승을 하면

$$Q_3^{1.85 \times \frac{1}{1.85}} = \left(\frac{54}{34}\right)^{1 \times \frac{1}{1.85}} \times Q_1^{1.85 \times \frac{1}{1.85}}, \quad Q_3 = \left(\frac{54}{34}\right)^{\frac{1}{1.85}} \times Q_1$$

$$Q_3 = 1.28\,Q_1$$

3) Q_1의 계산

$$1,000[\text{L/min}] = Q_1 + Q_2 + Q_3$$

$$1,000[\text{L/min}] = Q_1 + 1.71\,Q_1 + 1.28\,Q_1$$

$$1,000[\text{L/min}] = (1 + 1.71 + 1.28)\,Q_1$$

$$1,000[\text{L/min}] = 3.99\,Q_1$$

$$Q_1 = \frac{1,000}{3.99} = 250.626 = 250.63[\text{L/min}]$$

4) Q_2의 계산

$$Q_2 = 1.71\,Q_1 = 1.71 \times 250.63[\text{L/min}] = 428.577 = 428.58[\text{L/min}]$$

5) Q_3의 계산

$$1,000[\text{L/min}] = Q_1 + Q_2 + Q_3$$

$$1,000[\text{L/min}] = 250.63 + 428.58 + Q_3$$

$$Q_3 = 1,000 - 250.63 - 428.58 = 320.79[\text{L/min}]$$

물음 4　스프링클러설비의 방수압과 방수량 계산식 $Q = 80\sqrt{10P}$ (Q : L/min, P : MPa)의 유도과정을 쓰시오. (8점) (단, 헤드의 오리피스 내경(d)은 12.7[mm], 방출계수(C)는 0.75이며, 중력가속도(g)는 9.81 [m/s²], 1 [MPa] = 10 [kgf/cm²]으로 가정한다.)

풀이&답 　방수량 $Q = CAV$

$$= C \times \frac{\pi}{4} \times D^2 \times \sqrt{2gH} = 0.75 \times \frac{\pi}{4} \times D^2 \times \sqrt{2 \times 9.81 \times 10P}$$

$$= 8.25 \times D^2 \times \sqrt{P}$$

변경 전의 단위 $Q : \mathrm{m^3/s}, \ D : \mathrm{m}, \ P : \mathrm{kg_f/cm^2}$
변경 후의 단위 $Q : \mathrm{L/min}, \ D : \mathrm{mm}, \ P : \mathrm{MPa}$

$$Q[\mathrm{L/min}] \times \left(\frac{\dfrac{1[\mathrm{m^3}]}{60[\mathrm{s}]}}{\dfrac{1,000[\mathrm{L}]}{1[\mathrm{min}]}} \right) = 8.25 \times 12.7[\mathrm{mm}]^2 \times \left(\frac{1[\mathrm{m}]}{10^3[\mathrm{mm}]} \right)^2 \times \sqrt{P[\mathrm{MPa}] \times \frac{10[\mathrm{kg_f/cm^2}]}{1[\mathrm{MPa}]}}$$

$$Q[\mathrm{L/min}] = 60 \times 1,000 \times 8.25 \times 12.7^2 \times \left(\frac{1}{10^3} \right)^2 \times \sqrt{10P[\mathrm{MPa}]}$$

$$Q[\mathrm{L/min}] = 79.84\sqrt{10P[\mathrm{MPa}]} = 80\sqrt{10\mathrm{P}[\mathrm{MPa}]}$$

$$Q = 80\sqrt{10P}$$

보충설명 　**단위변환**

변경 후의 단위 × $\dfrac{\text{변경전의 단위}}{\text{변경후의 단위}}$

| **물음 5**　스프링클러설비의 화재안전기준(NFSC 103)상 다음 물음에 답하시오. (6점)

(1) 개폐밸브의 개폐상태를 감시제어반에서 확인할 수 있도록 설치하여야 하는 급수개폐밸브 작동표시 스위치의 설치기준을 쓰시오. (3점)

 풀이&답　1. 급수개폐밸브가 잠길 경우 탬퍼 스위치의 동작으로 인하여 감시제어반 또는 수신기에 표시되어야 하며 경보음을 발할 것
　2. 탬퍼 스위치는 감시제어반 또는 수신기에서 동작의 유무확인과 동작시험, 도통시험을 할 수 있을 것
　3. 급수개폐밸브의 작동표시 스위치에 사용되는 전기배선은 내화전선 또는 내열전선으로 설치할 것

보충설명 　**제8조(배관)제16항**

⑯ 급수배관에 설치되어 급수를 차단할 수 있는 개폐밸브에는 그 밸브의 개폐상태를 감시제어반에서 확인할 수 있도록 급수개폐밸브 작동표시 스위치를 다음 각 호의 기준에 따라 설치하여야 한다.
　1. 급수개폐밸브가 잠길 경우 탬퍼 스위치의 동작으로 인하여 감시제어반 또는 수신기에 표시되어야 하며 경보음을 발할 것
　2. 탬퍼 스위치는 감시제어반 또는 수신기에서 동작의 유무확인과 동작시험, 도통시험을 할 수 있을 것
　3. 급수개폐밸브의 작동표시 스위치에 사용되는 전기배선은 내화전선 또는 내열전선으로 설치할 것

(2) 기동용수압개폐장치를 기동장치로 사용하는 경우 설치하여야 하는 충압펌프의 설치기준을 쓰시오. (3점)

풀이&답

1. 펌프의 토출압력은 그 설비의 최고위 살수장치(일제 개방밸브의 경우는 그 밸브)의 자연압보다 적어도 0.2[MPa]이 더 크도록 하거나 가압송수장치의 정격토출압력과 같게 할 것
2. 펌프의 정격토출량은 정상적인 누설량보다 적어서는 아니되며 스프링클러설비가 자동적으로 작동할 수 있도록 충분한 토출량을 유지할 것

보충설명

제5조(배관)제1항제13호

13. 기동용수압개폐장치를 기동장치로 사용하는 경우에는 다음의 각 목의 기준에 따른 충압펌프를 설치할 것
   가. 펌프의 토출압력은 그 설비의 최고위 살수장치(일제 개방밸브의 경우는 그 밸브)의 자연압보다 적어도 0.2[MPa]이 더 크도록 하거나 가압송수장치의 정격토출압력과 같게 할 것
   나. 펌프의 정격토출량은 정상적인 누설량보다 적어서는 아니되며 스프링클러설비가 자동적으로 작동할 수 있도록 충분한 토출량을 유지할 것

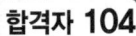

제21회 설계 및 시공 기출문제

2021. 9. 18

01 ★★★★

다음 물음에 답하시오. (40점)

물음 1 아래 그림과 같이 관 속에 가득찬 40℃의 물이 중량 유량 980 N/min으로 흐르고
있다. B지점에서 공동현상이 발생하지 않도록 하는 A지점에서의 최소압력(kPa)을 구하
시오.(단, 관의 마찰 손실은 무시하고, 40℃ 물의 증기압은 55.32mmHg이다. 계산값은 소
수점 다섯째자리에서 반올림하여 소수점 넷째자리까지 구하시오.) (10점)

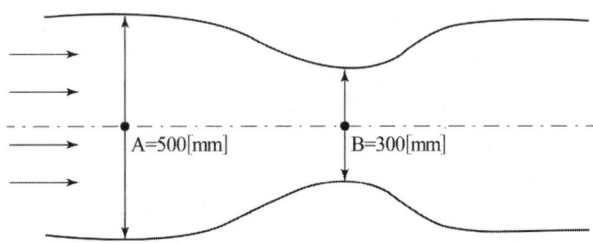

풀이&답 A지점의 유속 $V_A = \dfrac{G}{\gamma_A A_A} = \dfrac{980 \text{ N}/60\text{s}}{9,800 \text{ N/m}^3 \times \dfrac{\pi}{4} \times (0.5 \text{ m})^2} = 0.0085 \text{ m/s}$

B지점의 유속 $V_B = \dfrac{G}{\gamma_B A_B} = \dfrac{980 \text{ N}/60\text{s}}{9,800 \text{ N/m}^3 \times \dfrac{\pi}{4} \times (0.3 \text{ m})^2} = 0.0236 \text{ m/s}$

$\dfrac{P_A}{r_A} + \dfrac{V_A^2}{2g} + Z_A = \dfrac{P_B}{r_B} + \dfrac{V_B^2}{2g} + Z_B$에서 $r_A = r_B = r, \ Z_A = Z_B$

$\dfrac{P_A}{9,800 \text{ N/m}^3} + \dfrac{(0.0085 \text{ m/s})^2}{2 \times 9.8 \text{ m/s}^2} = \dfrac{55.32 \text{ mmHg} \times \dfrac{101,325 \text{ Pa}}{760 \text{ mmHg}}}{9,800 \text{ N/m}^3} + \dfrac{(0.0236 \text{ m/s})^2}{2 \times 9.8 \text{ m/s}^2}$

$P_A = 7,375.635776 \text{ Pa} = 7.3756 \text{ kPa}$

물음 2 도로터널의 화재안전기준(NFSC 603)에 대하여 아래 조건에 따라 다음 물음에 답하시오. (15점)

〈조건〉
◦ 제연설비 설계화재강도의 열량으로 5분 동안 화재가 진행되었다.
◦ 소화수 및 주위온도는 20℃에서 400℃로 상승하였다.
◦ 물의 비중은 1, 물의 비열은 4.18 kJ/kg·℃, 물의 증발잠열은 2,253.02 kJ/kg
◦ 대기압은 표준대기압, 수증기의 비열은 1.85 kJ/kg·℃
◦ 동력은 3상 380V 30kW
◦ 효율은 0.8, 전달계수는 1.2, 전양정은 25m
◦ 계산값은 소수점 셋째자리에서 반올림하여 소수점 둘째자리까지 구하시오.
◦ 기타 조건은 무시한다.

(1) 물분무소화설비가 작동하여 소화수가 방사되는 경우 수원의 용량(m^3)을 구하시오. (단, 방사된 소화수와 생성된 수증기의 40%만 냉각소화에 이용되는 것으로 가정한다.) (10점)

풀이&답   1. 제연설비 설계화재강도로 5분간 진행시 열량
$$20\,\text{MW} \times 5\text{분} = 20 \times 10^6\,\text{W} \times 5\text{분} = 20 \times 10^6\,\text{J/s} \times 300\,\text{s} = 6 \times 10^6\,\text{kJ}$$

2. 소화수 방사시 열량
$$Q = mC\triangle T + mr + mC\triangle T$$
$$= m \times 4.18\,\text{kJ/kg} \cdot ℃ \times (100-20)℃ + m \times 2,253.02\,\text{kJ/kg} \cdot ℃$$
$$\quad + m \times 1.85\,\text{kJ/kg} \cdot ℃ \times (400-100)℃$$
$$= m \times 3,142.32\,\text{kJ/kg}$$

3. 수원의 용량
$$6 \times 10^6\,\text{kJ} = m \times 3,142.32\,\text{kJ/kg} \times 0.4$$
(방사된 소화수와 생성된 수증기의 40%만 냉각소화에 이용되므로)
$$m = \frac{6 \times 10^6\,\text{kJ}}{3,142.32\,\text{kJ/kg} \times 0.4} = 4,773.54\,\text{kg} = 4.77\text{ton} = 4.77\text{m}^3$$

(2) 방사된 수원을 보충하기 위해 필요한 최소시간(s)을 구하시오. (5점)

풀이&답   전동기 용량 $P = \dfrac{9.8QHK}{\eta}$ 에서
$$30\,\text{kW} = \frac{9.8 \times 4.77\,\text{m}^3/\text{s} \times 25\,\text{m} \times 1.2}{0.8}$$
$$최소시간 \quad s = \frac{9.8 \times 4.77\,\text{m}^3 \times 25\,\text{m} \times 1.2}{30\,\text{kW} \times 0.8} = 58.43$$

물음 3 다음은 소방시설 자체점검사항 등에 관한 고시에서 정하고 있는 소방시설 도시기호에 관한 것이다. ( )에 알맞은 명칭을 쓰고, 도시기호를 그리시오. (5점)

명 칭	도시기호
(ㄱ)	
(ㄴ)	
(ㄷ)	
이온화식 감지기(스포트형)	(ㄹ)
시각경보기(스트로브)	(ㅁ)

풀이&답   ㄱ. 분말·탄산가스·할로겐헤드
ㄴ. 포헤드(평면도)
ㄷ. 방수구
ㄹ. $\boxed{S}_I$
ㅁ.

명 칭	도시기호
분말·탄산가스·할로겐헤드	
포헤드(평면도)	
방수구	
이온화식 감지기(스포트형)	$\boxed{S}_I$
시각경보기(스트로브)	

물음 4 스프링클러헤드의 특성에 대하여 다음 물음에 답하시오. (10점)

(1) 화재조기진압용 스프링클러설비의 화재안전기준(NFSC 103B)에서 화재조기진압용 스프링클러설비를 설치할 장소의 구조 중 해당 층의 높이와 천장의 기울기 기준을 쓰시오. (2점)

풀이&답   ① 해당층의 높이가 13.7 m 이하일 것. 다만, 2층 이상일 경우에는 해당층의 바닥을 내화구조로 하고 다른 부분과 방화구획 할 것
② 천장의 기울기가 1,000분의 168을 초과하지 않아야 하고, 이를 초과하는 경우에는 반자를 지면과 수평으로 설치할 것

(2) 화재조기진압용 스프링클러설비의 화재안전기준(NFSC 103B)에서 화재조기진압용 스프링클러 가지배관 사이의 거리를 쓰시오. (2점)

[풀이&답] 가지배관 사이의 거리는 2.4 m 이상 3.7 m 이하로 할 것. 다만, 천장의 높이가 9.1 m 이상 13.7 m 이하인 경우에는 2.4 m 이상 3.1 m 이하로 한다.

(3) 필요방사밀도(RDD : Required Delivered Density)의 개념을 쓰시오. (2점)

[풀이&답] ① 화재진압에 필요한 물의 양
② $\dfrac{\text{화재진압을 위해 연소물 표면에서 필요로 하는 방사량}[\ell/min]}{\text{연소물 상단의 표면적}[m^2]}$

(4) 실제방사밀도(ADD : Actual Delivered Density)의 개념을 쓰시오. (2점)

[풀이&답] ① 화면에 실제 도달한 물의 양
② $\dfrac{\text{화재시 실제로 연소물 표면에 도달한 방사량}[\ell/min]}{\text{연소물 상단의 표면적}[m^2]}$

(5) 필요방사밀도와 실제방사밀도의 관계를 설명하시오. (2점)

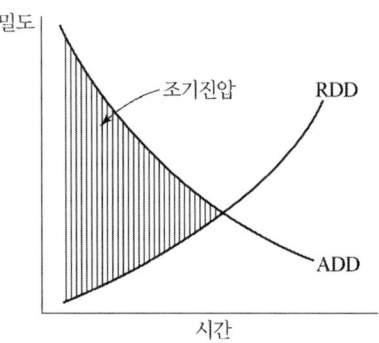

[풀이&답] 화재시 조기진압이 될 수 있는 조건은 ADD>RDD인 영역이다.

02 ★★★★

다음 물음에 답하시오. (30점)

| 물음 1 이산화탄소소화설비 화재안전기준(NFSC 106)에 대하여 다음 물음에 답하시오. (8점)

(1) 이산화탄소소화설비의 분사헤드 설치 제외 장소 4가지를 쓰시오. (4점)

[풀이&답] ① 방재실·제어실 등 사람이 상시 근무하는 장소
② 니트로셀룰로스·셀룰로이드제품 등 자기연소성물질을 저장·취급하는 장소
③ 나트륨·칼륨·칼슘 등 활성금속물질을 저장·취급하는 장소
④ 전시장 등의 관람을 위하여 다수인이 출입·통행하는 통로 및 전시실 등

(2) 가연성 액체 또는 가연성 가스의 소화에 필요한 설계농도에 관하여 ( )에 들어갈 내용을 쓰시오. (4점)

방호대상물	설계농도(%)
수소	75
(ㄱ)	66
산화에틸렌	(ㄴ)
(ㄷ)	40
사이크로 프로판	37
이소부탄	(ㄹ)

풀이&답 ㄱ. 아세틸렌   ㄴ. 53   ㄷ. 에탄   ㄹ. 36

보충설명

가연성 액체 또는 가연성 가스의 소화에 필요한 설계농도

방호대상물	설계농도(%)
수소(Hydrogen)	75
아세틸렌(Acetylene)	66
일산화탄소(Carbon Monoxide)	64
산화에틸렌(Ethylene Oxide)	53
에틸렌(Ethylene)	49
에탄(Ethane)	40
석탄가스, 천연가스(Coal, Natural gas)	37
사이크로 프로판(Cyclo Propane)	37
이소부탄(Iso Butane)	36
프로판(Propane)	36
부탄(Butane)	34
메탄(Methane)	34

물음 2 바닥면적 $600\,m^2$, 높이 $7\,m$인 전기실에 할론소화설비(Halon 1301)를 전역방출방식으로 설치하고자 한다. 용기의 부피 $72\,\ell$, 충전비는 최대값을 적용하고, 가로 $1.5\,m$, 세로 $2\,m$의 출입문에 자동폐쇄장치가 없을 경우, 다음 물음에 답하시오. (12점)

(1) 할론소화설비의 화재 안전기준(NFSC 107)에 따른 최소 약제량(kg) 및 저장용기 수(개)를 구하시오. (4점)

풀이&답 1. 최소 약제량 계산

방호구역의 체적 $V = 600\,m^2 \times 7\,m = 4{,}200\,m^3$

약제량 $W = V \times K_1 + A \times K_2$

$\quad\quad = 4{,}200\,m^3 \times 0.32\,kg/m^3 + 1.5\,m \times 2\,m \times 2.4\,kg/m^2 = 1{,}351.2\,kg$

2. 저장용기 수

병당 충전량 $= \dfrac{72\ell}{1.6\ell/kg} = 45\,kg$

저장용기 수 $= \dfrac{1{,}351.2\,kg}{45\,kg} = 30.027 = 31$개

보통널명 Halon 1301의 충전비 : 0.9 이상 1.6 이하

(2) 할론소화설비의 화재안전기준(NFSC 107)에 따라 계산된 최소 약제량이 방사될 때 실내의 약제농도가 6%라면, Halon 1301 소화약제의 비체적(m³/kg)을 구하시오.(단, 비체적은 소수점 여섯째자리에서 반올림하여 다섯째자리까지 구하시오.) (5점)

풀이&답   설계농도 $C = \dfrac{v}{V+v} \times 100\,(\%)$

$$6\% = \dfrac{v}{4,200\,\mathrm{m}^3 + v} \times 100\,(\%)$$

약제의 체적 $v = 268.0851\,\mathrm{m}^3$

비체적 $S = \dfrac{v}{W} = \dfrac{268.0851\,\mathrm{m}^3}{1,351.2\,\mathrm{kg}} = 0.198405 = 0.19841\,\mathrm{m}^3/\mathrm{kg}$

(3) 저장용기에 저장된 실제 저장량이 모두 방사된 경우, (2)에서 구한 비체적 값을 사용하여 약제농도(%)를 계산하시오. (단, 계산값은 소수점 셋째자리에서 반올림하여 둘째자리까지 구하시오.) (3점)

풀이&답   약제농도 $C = \dfrac{45\,\mathrm{kg} \times 31\,개 \times 0.19841\,\mathrm{m}^3/\mathrm{kg}}{4,200\,\mathrm{m}^3 + 45\,\mathrm{kg} \times 31\,개 \times 0.19841\,\mathrm{m}^3/\mathrm{kg}} \times 100\,\% = 6.18\,\%$

┃물음 3   고층건축물의 화재안전기준(NFSC 604)에 대하여 다음 물음에 답하시오. (10점)

(1) 피난안전구역에 설치하는 소방시설 중 인명구조기구, 피난유도선을 제외한 나머지 3가지를 쓰시오. (3점)

풀이&답   ① 제연설비
② 비상조명등
③ 휴대용비상조명등

(2) 피난안전구역에 설치하는 소방시설 설치기준 중 피난유도선 설치기준 3가지를 쓰시오.
(3점)

풀이&답   ① 피난안전구역이 설치된 층의 계단실 출입구에서 피난안전구역 주 출입구 또는 비상구까지 설치할 것
② 계단실에 설치하는 경우 계단 및 계단참에 설치할 것
③ 피난유도 표시부의 너비는 최소 25 mm 이상으로 설치할 것
④ 광원점등방식(전류에 의하여 빛을 내는 방식)으로 설치하되, 60분 이상 유효하게 작동할 것
중 3가지 선택

(3) 피난안전구역에 설치하는 소방시설 설치기준 중 인명구조기구 설치기준 4가지를 쓰시오. (4점)

풀이&답
① 방열복, 인공소생기를 각 2개 이상 비치할 것
② 45분이상 사용할 수 있는 성능의 공기호흡기(보조마스크를 포함한다)를 2개이상 비치하여야 한다. 다만, 피난안전구역이 50층 이상에 설치되어 있을 경우에는 동일한 성능의 예비용기를 10개 이상 비치할 것
③ 화재시 쉽게 반출할 수 있는 곳에 비치할 것
④ 인명구조기구가 설치된 장소의 보기 쉬운 곳에 "인명구조기구"라는 표지판 등을 설치할 것

[별표1] 피난안전구역에 설치하는 소방시설 설치기준

구분	설치기준
1. 제연설비	피난안전구역과 비 제연구역간의 차압은 50pa(옥내에 스프링클러설비가 설치된 경우에는 12.5Pa) 이상으로 하여야 한다. 다만 피난안전구역의 한 쪽 면 이상이 외기에 개방된 구조의 경우에는 설치하지 아니할 수 있다.
2. 피난유도선	피난유도선은 다음 각호의 기준에 따라 설치하여야 한다. 가. 피난안전구역이 설치된 층의 계단실 출입구에서 피난안전구역 주 출입구 또는 비상구까지 설치할 것 나. 계단실에 설치하는 경우 계단 및 계단참에 설치할 것 다. 피난유도 표시부의 너비는 최소 25mm 이상으로 설치할 것 라. 광원점등방식(전류에 의하여 빛을 내는 방식)으로 설치하되, 60분 이상 유효하게 작동할 것
3. 비상조명등	피난안전구역의 비상조명등은 상시 조명이 소등된 상태에서 그 비상조명등이 점등되는 경우 각 부분의 바닥에서 조도는 10lx 이상이 될 수 있도록 설치할 것
4. 휴대용 비상조명등	가. 피난안전구역에는 휴대용비상조명등을 다음 각호의 기준에 따라 설치하여야 한다. 　1) 초고층 건축물에 설치된 피난안전구역: 피난안전구역 위층의 재실자 수(「건축물의 피난·방화구조 등의 기준에 관한 규칙」 별표 1의2에 따라 산정된 재실자 수를 말한다)의 10분의 1 이상 　2) 지하연계 복합건축물에 설치된 피난안전구역: 피난안전구역이 설치된 층의 수용인원(영 별표 2에 따라 산정된 수용인원을 말한다)의 10분의 1 이상 나. 건전지 및 충전식 건전지의 용량은 40분 이상 유효하게 사용할 수 있는 것으로 한다. 다만, 피난안전구역이 50층 이상에 설치되어 있을 경우의 용량은 60분 이상으로 할 것
5. 인명구조기구	가. 방열복, 인공소생기를 각 2개 이상 비치할 것 나. 45분이상 사용할 수 있는 성능의 공기호흡기(보조마스크를 포함한다)를 2개이상 비치하여야 한다. 다만, 피난안전구역이 50층 이상에 설치되어 있을 경우에는 동일한 성능의 예비용기를 10개 이상 비치할 것 다. 화재시 쉽게 반출할 수 있는 곳에 비치할 것 라. 인명구조기구가 설치된 장소의 보기 쉬운 곳에 "인명구조기구"라는 표지판 등을 설치할 것

03 ★★★★

다음 물음에 답하시오. (30점)

물음 1 경보설비의 비상전원으로 사용되는 축전지가 방전할 때 아래 그림과 같이 시간에 따라 방전전류가 감소하는 경우, 이에 적합한 축전지의 용량(Ah)을 구하시오. (단, 보수율 0.8, 용량환산시간 K는 아래표와 같다.) (9점)

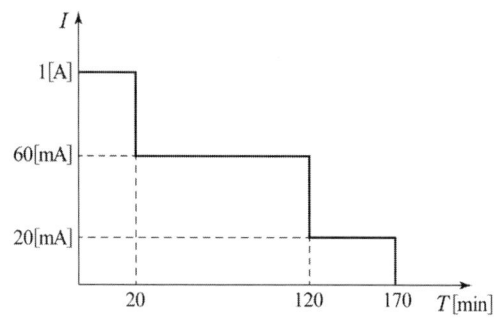

시간(min)	10	20	30	50	100	110	120	150	170
K	1.3	1.4	1.7	2.5	3.4	3.6	3.8	4.8	5.0

풀이&답

$C_1 = \dfrac{1}{L}K_1 I_1 = \dfrac{1}{0.8} \times 1.4 \times 1 = 1.75\,\text{Ah}$

$C_2 = \dfrac{1}{L}[K_1 I_1 + K_2(I_2 - I_1)] = \dfrac{1}{0.8}[3.8 \times 1 + 3.4 \times (0.06 - 1)] = 0.755\,\text{Ah}$

$C_3 = \dfrac{1}{L}[K_1 I_1 + K_2(I_2 - I_1) + K_3(I_3 - I_2)] = \dfrac{1}{0.8}[5 \times 1 + 4.8 \times (0.06 - 1) + 2.5 \times (0.02 - 0.06)]$
$\quad = 0.485\,\text{Ah}$

$C_1,\ C_2,\ C_3$ 중 큰 값인 $1.75\,\text{Ah}$

$C_1 = \dfrac{1}{L}K_1 I_1 = \dfrac{1}{0.8} \times 1.4 \times 1 = 1.75\,Ah$

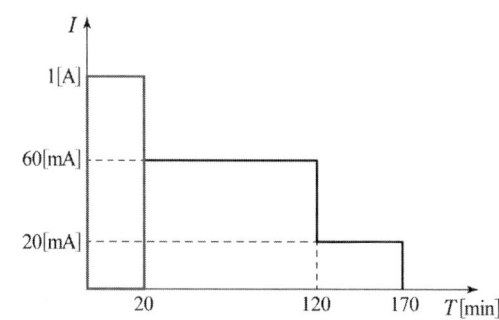

20분에 해당하는 $K_1 = 1.4$

시간(min)	10	**20**	30	50	100	110	120	150	170
K	1.3	**1.4**	1.7	2.5	3.4	3.6	3.8	4.8	5.0

$$C_2 = \frac{1}{L}[K_1 I_1 + K_2(I_2 - I_1)] = \frac{1}{0.8}[3.8 \times 1 + 3.4 \times (0.06 - 1)] = 0.755\,\text{Ah}$$

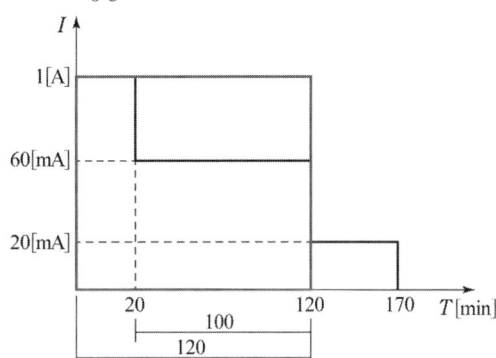

120분에 해당하는 $K_1 = 3.8$, 100분에 해당하는 $K_2 = 3.4$

시간(min)	10	20	30	50	**100**	110	**120**	150	170
K	1.3	1.4	1.7	2.5	**3.4**	3.6	**3.8**	4.8	5.0

$$C_3 = \frac{1}{L}[K_1 I_1 + K_2(I_2 - I_1) + K_3(I_3 - I_2)]$$
$$= \frac{1}{0.8}[5 \times 1 + 4.8 \times (0.06 - 1) + 2.5 \times (0.02 - 0.06)] = 0.485\,\text{Ah}$$

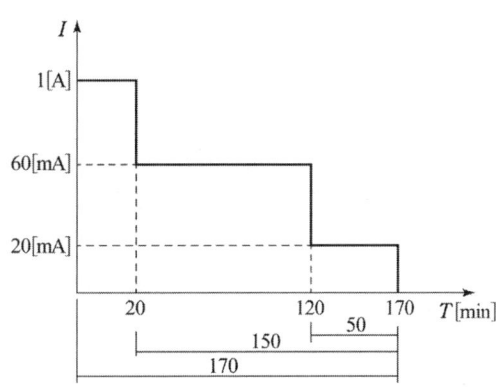

170분에 해당하는 $K_1 = 5.0$, 150분에 해당하는 $K_2 = 4.8$, 50분에 해당하는 $K_3 = 2.5$

시간(min)	10	20	30	**50**	100	110	120	**150**	**170**
K	1.3	1.4	1.7	**2.5**	3.4	3.6	3.8	**4.8**	**5.0**

물음 2 자동화재탐지설비 회로에 감지기, 경종, 사이렌 등이 전선으로 연결되어 있을 경우, 각 기기에 흐르는 전류와 개수는 다음과 같다. 각 기기에 인가되는 전압을 80% 이상으로 유지하기 위한 전선의 최소 공칭 단면적(mm^2)을 구하시오.(단, 수신기 공급전압 : 24V, 감지기 : 20mA 10개, 경종 : 50mA 5개, 사이렌 : 30mA 2개, 전선의 고유저항율 : $\frac{1}{58}\,\Omega \cdot mm^2/m$, 도전율 : 97%, 수신기와 기기간 거리 : 250m) (8점)

풀이&답 　1. 전압강하 공식 유도

$$e = 2IR = 2I \times \rho \times \frac{L}{A} = 2I \times \frac{1}{58} \times \frac{1}{0.97} \times \frac{L}{A} = 0.0356 \frac{LI}{A}$$

2. 전선의 최소 공칭 단면적

전압강하 $e = 24 - 24 \times 0.8 = 4.8\text{V}$

전류 $I = 20\,\text{mA} \times 10개 + 50\,\text{mA} \times 5개 + 30\,\text{mA} \times 2개 = 510\,\text{mA} = 0.51\,\text{A}$

$$A = \frac{0.0356LI}{e} = \frac{0.0356 \times 250 \times 0.51}{4.8} = 0.9456 = 0.95\,\text{mm}^2$$

최소 공칭 단면적 : $1.5\,\text{mm}^2$

물음 3　자동화재탐지설비 및 시각경보장치의 화재안전기준(NFSC 203)에 의한 정온식 감지선형 감지기의 설치기준이다. ( )에 들어갈 내용을 쓰시오. (5점)

> ○ (ㄱ)이나 고정금구를 사용하여 감지선이 늘어지지 않도록 설치할 것
> ○ 단자부와 마감 고정금구와의 설치간격은 (ㄴ)cm 이내로 설치할 것
> ○ 감지선형 감지기의 굴곡반경은 (ㄷ)cm 이상으로 할 것
> ○ 감지기와 감지구역의 각 부분과의 수평거리가 내화구조의 경우 1종 (ㄹ)m 이하, 2종 (ㅁ)m 이하로 할 것. 기타구조의 경우 1종 3m 이하, 2종 1m 이하로 할 것

풀이&답　ㄱ. 보조선　ㄴ. 10　ㄷ. 5　ㄹ. 4.5　ㅁ. 3

물음 4　아래 그림은 전동기 시퀀스 제어회로 중 일부 회로의 타임챠트이다. 이에 맞는 회로의 명칭을 쓰고, 그림의 스위치 소자를 이용하여 시퀀스 제어회로를 완성하시오. (8점)

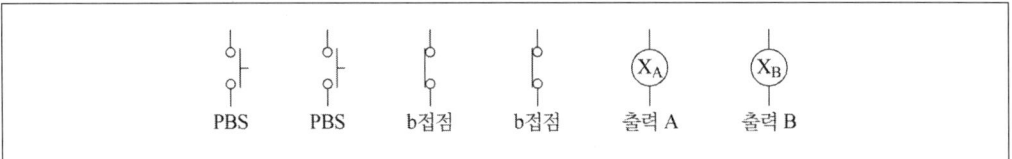

PBS　　PBS　　b접점　　b접점　　출력 A　　출력 B

〈스위치 소자 및 회로기호〉

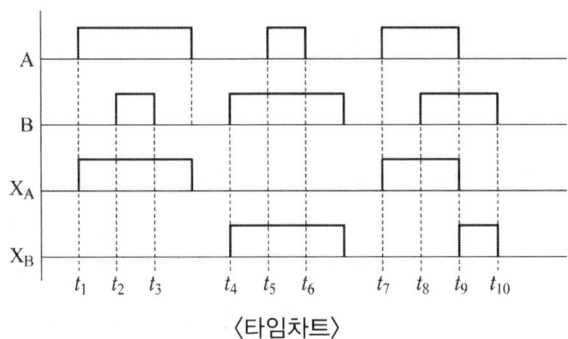

〈타임차트〉

(1) 회로의 명칭 :

풀이&답 인터록 회로

(2) 제어회로 완성 :

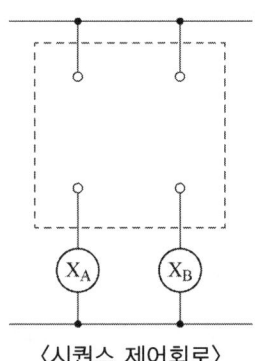

〈시퀀스 제어회로〉

풀이&답

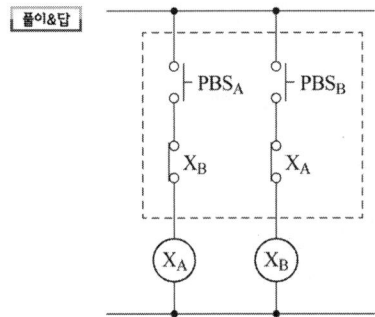

제22회 설계 및 시공 기출문제

2022. 9. 24

01 ★★★★

다음 물음에 답하시오. (40점)

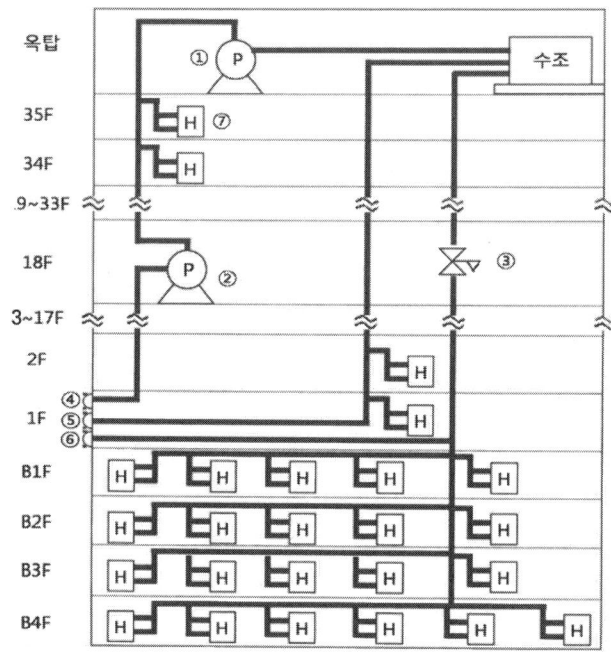

[범례]		
①		옥내소화전 주펌프
②		연결송수관설비 가압펌프
③		저층부 옥내소화전 감압밸브
④		연결송수관설비 흡입측 송수구
⑤		중층부 옥내소화전 및 연결송수관설비 겸용 송수구
⑥		저층부 옥내소화전 및 연결송수관설비 겸용 송수구
⑦	H	옥내소화전

- 지하 4층/지상 35층 주상복합 건축물로 각 층의 높이는 3 m로 동일하다.
- 송수구는 지상 1층 바닥으로부터 1 m 높이에 설치한다.
- 옥내소화전 설치개수는 지상 1층~지상 35층 각 층 1개, 지하 1층~지하 3층 각 층 5개, 지하 4층 6개임
- 옥내소화전설비 고층부는 펌프방식이고 중층부, 저층부는 고가수조방식이며 저층부 구간은 지하 1층에서 지하 4층까지임
- 옥내소화전설비 및 연결송수관설비의 배관 및 부속류 마찰손실은 낙차의 30%를 적용한다.
- 펌프의 효율은 50 %, 전달계수는 1.1을 적용한다.
- 옥내소화전 방수구는 바닥으로부터 1 m 높이, 연결송수관설비 방수구는 바닥으로부터 0.5 m 높이에 설치됨
- 펌프와 바닥 사이 및 수조와 바닥 사이 높이는 무시한다.
- 옥내소화전 호스 마찰손실 수두는 7 m, 연결송수관설비 호스 마찰손실 수두는 3 m
- 감압밸브는 바닥으로부터 1 m 높이에 설치
- 수두 10 m는 0.1 MPa로 한다.
- 계산값은 소수점 넷째자리에서 반올림하여 소수점 셋째자리까지 구한다.
- 기타 조건은 무시한다.

물음 1 수조의 최소수원의 양(m^3)과 고층부의 필요한 최소 동력(kW)을 구하시오. (10점)

[풀이&답] 1. 수조의 최소수원의 양(m^3)

$Q = N \times 5.2 \, m^3 = 5 \times 5.2 \, m^3 = 26 \, m^3$

2. 고층부의 필요한 최소 동력(kW)

1) 토출량 $Q = N \times 130 \, L/min = 1 \times 130 \, L/min = 130 \, L/min$

2) 전양정 $H = h_1 + h_2 + h_3 + 17$

① 소방용호스의 마찰손실 수두 $h_1 = 7 \, m$

② 낙차 $h_2 = -(3 \, m - 1 \, m) = -2 \, m$

③ 배관의 마찰손실 수두 $h_3 = (3 \, m - 1 \, m) \times 0.3 = 0.6 \, m$

④ 전양정 $H = h_1 + h_2 + h_3 + 17 \, m = 7 \, m - 2 \, m + 0.6 \, m + 17 \, m = 22.6 \, m$

3) 최소 동력 $P = \dfrac{0.163QHK}{\eta} = \dfrac{0.163 \times 0.13 \, m^3/min \times 22.6 \, m \times 1.1}{0.5} = 1.05356 = 1.054 \, kW$

물음 2 고가수조방식으로 적용 가능한 중층부의 가장 높은 층을 구하시오. (6점)

[풀이&답] 1) 필요한 낙차 $H = h_1 + h_2 + 17$

① 소방용호스의 마찰손실 수두 $h_1 = 7 \, m$

② 배관의 마찰손실 수두 $h_2 = H \times 0.3 \, m$

③ $H = 7 \, m + H \times 0.3 + 17 \, m$

④ $H = 34.2857 \, m = 34.286 \, m$

2) 층수

계산 : $\dfrac{34.286 \, m}{3 \, m/층} = 11.429층 = 11층$

적용 가능한 중층부의 가장 높은 층 : 35층−11층=24층

물음 3 지상 18층에 설치된 감압밸브 2차측 압력을 0 MPa으로 설정했다면, 지하 1층의 옥내소화전 노즐선단에서 방수압력(MPa)을 구하시오. (5점)

풀이&답
1) 필요한 낙차 $H = h_1 + h_2 + h_3$
① 소방용호스의 마찰손실 수두 $h_1 = 7\,\text{m}$
② 배관의 마찰손실 수두 $h_2 = (18층 \times 3\,\text{m}) \times 0.3\,\text{m} = 16.2\,\text{m}$
③ 노즐선단에서 방수압력 $h_3 = H - h_1 - h_2 = 18층 \times 3\,\text{m} - 16.2\,\text{m} - 7\,\text{m} = 30.8\,\text{m}$
2) 단위환산 $30.8\,\text{m} \times \dfrac{0.1\,\text{MPa}}{10\,\text{m}} = 0.308\,\text{MPa}$

물음 4 연결송수관설비 흡입측 송수구에서 소방차 인입압력이 0.7 MPa 이다. 이 때 연결송수관설비 가압송수장치에 필요한 최소 동력(kW)을 구하시오. (5점)

풀이&답
1) 전양정 계산
① 소방용호스의 마찰손실 수두 $h_1 = 3\,\text{m}$
② 낙차 $h_2 = (3\,\text{m} - 1\,\text{m}) + 33층 \times 3\,\text{m}/층 + 0.5 = 101.5\,\text{m}$
③ 배관의 마찰손실 수두 $h_3 = 101.5\,\text{m} \times 0.3 = 30.45\,\text{m}$
④ 연결송수관설비의 전양정 :
$$H = h_1 + h_2 + h_3 + 35\,\text{m} - 소방차\ 가압송수능력$$
$$= 3\,\text{m} + 101.5\,\text{m} + 30.45\,\text{m} + 35\,\text{m} - 0.7\,\text{MPa}$$
$$= 3\,\text{m} + 101.5\,\text{m} + 30.45\,\text{m} + 35\,\text{m} - 70\,\text{m}$$
$$= 99.95\,\text{m}$$
2) 토출량 : $2,400\,\text{L/min} = 2.4\,\text{m}^3/\text{min}$
3) 최소 동력 $P = \dfrac{0.163 QHK}{\eta} = \dfrac{0.163 \times 2.4\,\text{m}^3/\text{min} \times 99.95\,\text{m} \times 1.1}{0.5}$
$$= 86.0209 = 86.021\ \text{kW}$$

물음 5 지상 10층과 지하 4층에 필요한 최소 연결송수관설비 송수구 압력(MPa)을 각각 구하시오. (10점)

풀이&답
1) 지상 10층 송수구 압력
① 소방용호스의 마찰손실 수두 $h_1 = 3\,\text{m}$
② 낙차 $h_2 = (3\,\text{m} - 1\,\text{m}) + 8층 \times 3\,\text{m}/층 + 0.5 = 26.5\,\text{m}$
③ 배관의 마찰손실 수두 $h_3 = 26.5\,\text{m} \times 0.3 = 7.95\,\text{m}$
④ 전양정 $H = 3\,\text{m} + 26.5\,\text{m} + 7.95\,\text{m} + 35\,\text{m} = 72.45\,\text{m}$
⑤ 단위환산 $72.45\,\text{m} \times \dfrac{0.1\,\text{MPa}}{10\,\text{m}} = 0.7245 = 0.725\,\text{MPa}$
2) 지하 4층 송수구 압력
① 소방용호스의 마찰손실 수두 $h_1 = 3\,\text{m}$
② 낙차 $h_2 = -[1\,\text{m} + 3층 \times 3\,\text{m}/층 + (3\,\text{m} - 0.5\,\text{m})] = -12.5\,\text{m}$
③ 배관의 마찰손실 수두 $h_3 = 12.5\,\text{m} \times 0.3 = 3.75\,\text{m}$
④ 전양정 $H = 3\,\text{m} - 12.5\,\text{m} + 3.75\,\text{m} + 35\,\text{m} = 29.25\,\text{m}$
⑤ 단위환산 $29.25\,\text{m} \times \dfrac{0.1\,\text{MPa}}{10\,\text{m}} = 0.2925 = 0.293\,\text{MPa}$

물음 6 옥내소화전에 사용하는 가압송수장치 4가지 방식을 쓰시오. (4점)

[풀이&답]
1) 전동기 또는 내연기관에 따른 펌프를 이용하는 가압송수장치
2) 고가수조의 자연낙차를 이용하는 가압송수장치
3) 압력수조를 이용하는 가압송수장치
4) 가압수조를 이용하는 가압송수장치

02 ★★★★

다음 물음에 답하시오. (30점)

물음 1 지하 2층, 지상 11층인 철근콘크리트 구조의 신축 건축물에 자동화재탐지설비를 설계하고자 한다. 조건을 참고하여 물음에 답하시오. (17점)

[조건]
○ 각 층의 바닥면적은 650 m²이고, 한 변의 길이는 50 m를 넘지 않는다.
○ 각 층의 층고는 4 m이고, 반자는 없다.
○ 각 층은 별도로 구획되지 않고, 복도는 없는 구조이다.
○ 지하 2층에서 지상 11층까지는 직통계단 1개소와 엘리베이터 1개소가 있다.
○ 각 층의 계단실 면적은 15 m², 엘리베이터 승강로의 면적은 10 m²이다.
○ 각 층에는 샤워시설이 있는 50 m²의 화장실이 1개소 있다.
○ 각 층의 구조는 모두 동일하고, 건물의 용도는 사무실이다.
○ 각 층에는 차동식 스포트형 감지기 1종, 계단과 엘리베이터에는 연기감지기 2종을 설치한다.
○ 수신기는 지상 1층에 설치한다.
○ 조건에 주어지지 않은 사항은 고려하지 않는다.

(1) 건축물의 최소 경계구역 수를 구하시오. (5점)

[풀이&답]

수평 경계구역	층별 경계구역 : $\dfrac{650 \text{ m}^2 - (15 \text{ m}^2 + 10 \text{ m}^2)}{600 \text{ m}^2} = 1.04 = 2$ 경계구역 13개층×2 경계구역=26 경계구역
수직 경계구역	엘리베이터 승강로 : 1 경계구역 직통계단 지상 : $\dfrac{11개층 \times 4 \text{ m/층}}{45 \text{ m}} = 0.977 = 1$ 경계구역 지하 : $\dfrac{2개층 \times 4 \text{ m/층}}{45 \text{ m}} = 0.177 = 1$ 경계구역
계	26 경계구역 + 3 경계구역=29 경계구역

(2) 감지기 종류별 최소 설치 수량을 구하시오. (5점)

풀이&답

차동식스포트형 1종	층별 수량 : $\dfrac{650m^2 - (50m^2 + 15m^2 + 10m^2)}{45m^2} = 12.78 = 13$개 13개층 × 13개 = 169개 최소 설치 수량 : 169개
연기감지기 2종	엘리베이터 승강로 : 1개 직통계단 지상 : $\dfrac{11개층 \times 4\,m/층}{15\,m} = 2.93 = 3$개 지하 : $\dfrac{2개층 \times 4\,m/층}{15\,m} = 0.53 = 1$개 최소 설치 수량 : 1개+3개+1개=5개

(3) 지상 1층에 화재가 발생하였을 경우, 경보를 발하여야 하는 층을 모두 쓰시오. (2점)

풀이&답 지상 1층, 지상 2층, 지하 1층, 지하 2층

우선경보방식(시행 2023.2.10.)

1. 대상 : 11층 이상(공동주택인 경우에는 16층 이상)
2. 경보방법

발화층	경보를 발하여야 하는 층
2층 이상	발화층, 그 직상4개층
1층	발화층, 그 직상4개층 및 지하층
지하층	발화층, 그 직상층 및 기타 지하층

※ 개정내용으로 답을 하면 지상1층, 지상2층, 지상3층, 지상4층, 지상5층, 지하1층, 지하2층

(4) 지상 1층에 P형1급 수신기를 설치할 경우, 모든 경계구역으로부터 수신기에 연결되는 배선내역을 쓰고 각각의 최소 전선가닥수를 구하시오.(단, 모든 감지기 배선의 종단저항은 해당 층의 발신기세트 내부에 설치하고, 경종과 표시등은 하나의 공통선을 사용한다) (5점)

풀이&답

배선내역	전선가닥수
발신기선(또는 응답선)	1
경종선	12
표시등선	1
경종 표시등 공통선	1
회로선(또는 지구선)	29
회로공통선(또는 지구공통선)	5

※ 경계구역의 수가 29이므로 회로선(또는 지구선) : 29선
회로공통선(또는 지구공통선)은 7경계구역마다 1선추가이므로 5선

물음 2 3상 유도전동기의 Y-△ 기동제어회로 중 하나이다. 물음에 답하시오. (13점)

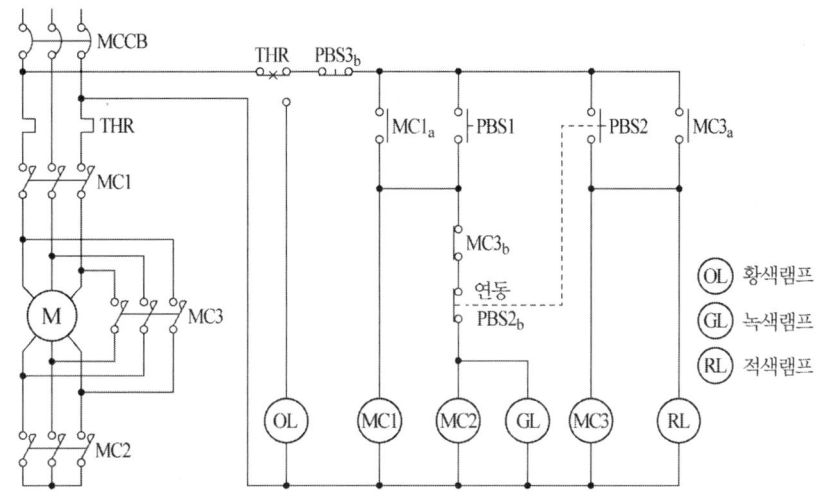

(1) Y-△ 기동제어회로를 사용하는 가장 큰 이유를 쓰시오. (3점)

[풀이&답] 기동시 기동전류를 $\dfrac{1}{3}$로 감소

(2) Y결선에서의 기동전류는 △결선에 비해 몇 배가 되는지 유도과정을 쓰시오. (5점)

[풀이&답]
$$\frac{I_Y}{I_\triangle} = \frac{\dfrac{V}{\sqrt{3}\,Z}}{\sqrt{3}\,\dfrac{V}{Z}} = \frac{1}{(\sqrt{3})^2} = \frac{1}{3}$$

여기서, V : 선간전압, Z : 임피던스

(3) 전동기가 △결선으로 운전되고 있을 때, 점등되는 램프를 쓰시오. (3점)

[풀이&답] 적색램프

(4) 도면에서 THR의 명칭과 회로에서의 역할을 쓰시오. (2점)

[풀이&답]

명칭	열동계전기(또는 서멀 릴레이)
역할	전동기에 과전류가 흐를 때 회로를 차단하여 전동기를 보호

03 ★★★★

다음 물음에 답하시오. (30점)

물음 1 아래 그림은 정상류가 형성되는 제연송풍기의 상류측 덕트 단면이다. 다음 조건에 따른 물음에 답하시오. (21점)

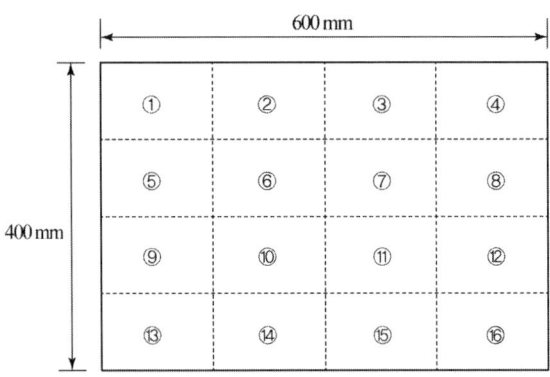

[조건]

○ 덕트 단면의 크기는 600 mm × 400 mm이며, 제연송풍기 풍량을 피토관을 이용하여 동일 면적 분할법(폭방향 4개점, 높이방향 4개점으로 총 16개점)으로 측정한다.

○ 그림에 나타낸 ①~⑯은 장방향 덕트 단면의 측정점 위치이다.

○ 측정위치 ⑥, ⑦, ⑩, ⑪에서 전압과 정압의 차이는 모두 86.4 Pa이고 ②, ③, ⑤, ⑧, ⑨, ⑫, ⑭, ⑮에서 모두 38.4 Pa이며 ①, ④, ⑬, ⑯에서 모두 21.6 Pa 이다.

○ 덕트마찰계수 $f = 0.01$, 유체밀도 $\rho = 1.2 \ kg/m^3$, 덕트지름(hydraulic diameter)은 수력 지름 수식을 활용한다.

○ 계산값은 소수점 넷째자리에서 반올림하여 소수점 셋째자리까지 구한다.

○ 기타 조건은 무시한다.

(1) 제연송풍기의 풍량(m³/hr)을 구하시오. (12점)

풀이&답 1) 평균풍속 $V = \dfrac{1.29\sqrt{86.4} \times 4 + 1.29\sqrt{38.4} \times 8 + 1.29\sqrt{21.6} \times 4}{16} = 8.4934 \ m/s$

2) 면적 $A = 600 \ mm \times 400 \ mm = 0.6 \ m \times 0.4 \ m = 0.24 \ m^2$

3) 풍량 $Q = 3,600 \ VA = 3,600 \times 8.4934 \times 0.24 = 7,338.2976 = 7,338.298 \ m^3/hr$

(2) 덕트내 평균풍속(m/s)을 구하시오. (3점)

풀이&답 평균풍속

$$V = \frac{1.29\sqrt{86.4} \times 4 + 1.29\sqrt{38.4} \times 8 + 1.29\sqrt{21.6} \times 4}{16} = 8.4934 = 8.493 \ m/s$$

(3) 달시-바이스바흐식(Darcy-Weisbach)을 이용하여 단위 길이당 덕트마찰손실(Pa/m)을 구하시오. (6점)

수력반경 $R_h = \dfrac{ab}{2(a+b)} = \dfrac{0.6\,\text{m} \times 0.4\,\text{m}}{2(0.6\,\text{m} + 0.4\,\text{m})} = 0.12\,\text{m}$

덕트지름 $D = 4R_h = 4 \times 0.12\,\text{m} = 0.48\,\text{m}$

풍속 $V = 8.493\,\text{m/s}$

단위 길이당 덕트마찰손실

$$P = \gamma H = \rho g \times \dfrac{fV^2}{2gD} = 1.2\,\text{kg/m}^3 \times \dfrac{0.01 \times (8.493\,\text{m/s})^2}{2 \times 0.48\,\text{m}} = 0.9016 = 0.902\,\text{Pa/m}$$

▌물음 2 아래 그림과 같이 구획된 3개의 거실에서 각 거실 A, B, C의 예상제연구역에 대한 최저 배출량(m³/hr)을 각각 구하시오. (6점)

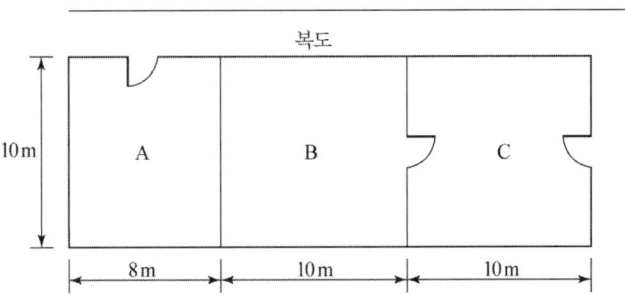

A실	바닥면적 : 10 m × 8 m = 80 m² 최저 배출량 : 80 m² × 1 m³/min·m² × 60 min/hr = 4,800 m³/hr 5,000 m³/hr 이상으로 하여야 하므로 5,000 m³/hr
B실	바닥면적 : 10 m × 10 m = 100 m² 최저 배출량 : 100 m² × 1 m³/min·m² × 60 min/hr = 6,000 m³/hr
C실	바닥면적 : 10 m × 10 m = 100 m² 최저 배출량 : 100 m² × 1 m³/min·m² × 60 min/hr = 6,000 m³/hr

제6조(배출량 및 배출방식)

① 거실의 바닥면적이 400 m² 미만으로 구획(제연경계에 따른 구획을 제외한다. 다만, 거실과 통로와의 구획은 그러하지 아니하다)된 예상제연구역에 대한 배출량은 다음 각 호의 기준에 따른다.

1. 바닥면적 1 m²당 1 m³/min 이상으로 하되, 예상제연구역에 대한 최저 배출량은 5,000 m³/hr 이상으로 할 것

▌물음 3 고층건축물의 화재안전기준(NFSC 604)상 피난안전구역에 설치하는 소방시설 설치기준에서 제연설비 설치기준을 쓰시오. (3점)

피난안전구역과 비 제연구역간의 차압은 50 Pa(옥내에 스프링클러설비가 설치된 경우에는 12.5 Pa) 이상으로 하여야 한다. 다만 피난안전구역의 한쪽 면 이상이 외기에 개방된 구조의 경우에는 설치하지 아니할 수 있다.

제23회 설계 및 시공 기출문제

01 ★★★★

다음 물음에 답하시오. (40점)

물음 1 이산화탄소 소화설비를 설치하려고 한다. 조건을 참고하여 물음에 답하시오. (16점)

[조건]

○ 전자제품 창고의 크기는 가로 12 m, 세로 8 m, 높이 4 m 이다.

○ 전역방출방식(심부화재)으로 설계하고 기준온도는 10 ℃로 한다.

○ 10 ℃에서의 이산화탄소의 비체적은 0.52 m^3/kg 이다.

○ 약제가 저장용기로부터 헤드로 방출될 때까지 배관 내 유량(kg/min)은 일정하다.

○ 계산값은 소수점 넷째자리에서 반올림하여 소수점 셋째자리까지 구한다.

○ 개구부 가산량 및 그 외 기타 조건은 무시한다.

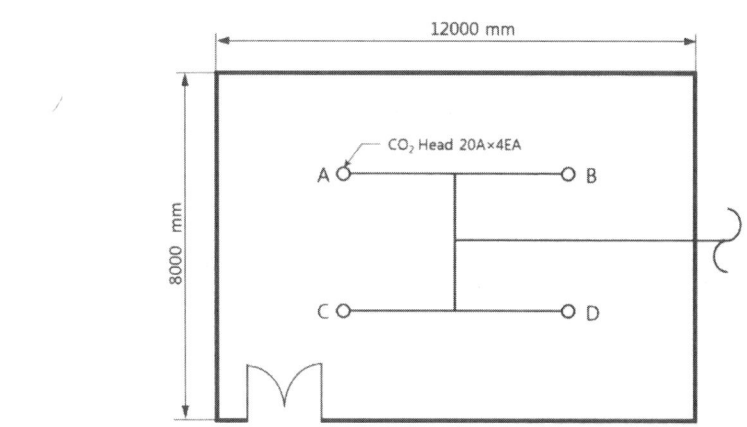

(1) 소화약제의 최소 저장량(kg)을 구하시오. (3점)

풀이&답 저장량

$$W = V \times K_1 + A \times 10 [kg/m^2] = 12m \times 8m \times 4m \times 2.0 [kg/m^3] + 0 \times 10 [kg/m^2] = 768 [kg]$$

(2) 약제방사 후 2분이 경과한 시점에 A헤드에서의 최소 방사량(kg/min)을 구하시오. (5점)

풀이&답 1. 2분 이내 30 % 농도에 도달하기 위한 약제량

$$W = 2.303 \times \log_{10} \frac{100}{100 - C} \times \frac{1}{S} \times V$$

$$W = 2.303 \times \log_{10} \frac{100}{100 - 30} \times \frac{1}{0.52} \times (12\,m \times 8\,m \times 4\,m) = 263.4381 = 263.438 \text{ kg}$$

2. 2분이 경과한 시점에 A헤드에서의 최소 방사량(kg/min)

A헤드에서의 최소 방사량 : $\dfrac{263.438\ kg}{2\ min \times 4\ 개} = 32.92975 = 32.930\ kg/min$

(3) 소화약제 최소 저장량(kg)을 방호구역 내에 모두 방사할 때까지 소요되는 시간(초)을 구하시오. (4점)

 방사량 $\dfrac{263.438\ kg}{2\ min} = 131.719\ kg/min$

시간 $t = \dfrac{768\ kg}{131.719\ kg/min} \times \dfrac{60\ s}{1\ min} = 349.835635 = 349.836\ s$

(4) 이산화탄소소화설비의 화재안전기술기준(NFTC 106)에서 정하고 있는 저장용기 기준 5 가지를 쓰시오. (단, 저장용기 설치장소 기준은 제외) (4점)

풀이&답 1. 저장용기의 충전비는 고압식은 1.5 이상 1.9 이하, 저압식은 1.1 이상 1.4 이하로 할 것
2. 저압식 저장용기에는 내압시험압력의 0.64배부터 0.8배의 압력에서 작동하는 안전밸브와 내압시험압력의 0.8배부터 내압시험압력에서 작동하는 봉판을 설치할 것
3. 저압식 저장용기에는 액면계 및 압력계와 2.3 MPa 이상 1.9 MPa 이하의 압력에서 작동하는 압력경보장치를 설치할 것
4. 저압식 저장용기에는 용기 내부의 온도가 섭씨 영하 18℃ 이하에서 2.1 MPa의 압력을 유지할 수 있는 자동냉동장치를 설치할 것
5. 저장용기는 고압식은 25 MPa 이상, 저압식은 3.5 MPa 이상의 내압시험압력에 합격한 것으로 할 것

보충설명

이산화탄소소화설비 소화약제 저장용기 기준
2.1.1 이산화탄소 소화약제의 저장용기는 다음의 기준에 **적합한 장소에 설치**해야 한다.
　2.1.1.1 방호구역 외의 장소에 설치할 것. 다만, 방호구역 내에 설치할 경우에는 피난 및 조작이 용이하도록 피난구 부근에 설치해야 한다.
　2.1.1.2 온도가 40℃ 이하이고, 온도변화가 작은 곳에 설치할 것
　2.1.1.3 직사광선 및 빗물이 침투할 우려가 없는 곳에 설치할 것
　2.1.1.4 방화문으로 방화구획 된 실에 설치할 것
　2.1.1.5 용기의 설치장소에는 해당 용기가 설치된 곳임을 표시하는 표지를 할 것
　2.1.1.6 용기 간의 간격은 점검에 지장이 없도록 3 cm 이상의 간격을 유지할 것
　2.1.1.7 저장용기와 집합관을 연결하는 연결배관에는 체크밸브를 설치할 것. 다만, 저장용기가 하나의 방호구역만을 담당하는 경우에는 그렇지 않다.

2.1.2 이산화탄소 소화약제의 저장용기는 다음의 **기준에 적합**해야 한다.
　2.1.2.1 저장용기의 충전비는 고압식은 1.5 이상 1.9 이하, 저압식은 1.1 이상 1.4 이하로 할 것
　2.1.2.2 저압식 저장용기에는 내압시험압력의 0.64배부터 0.8배의 압력에서 작동하는 안전밸브와 내압시험압력의 0.8배부터 내압시험압력에서 작동하는 봉판을 설치할 것
　2.1.2.3 저압식 저장용기에는 액면계 및 압력계와 2.3 MPa 이상 1.9 MPa 이하의 압력에서 작동하는 압력경보장치를 설치할 것
　2.1.2.4 저압식 저장용기에는 용기 내부의 온도가 섭씨 영하 18℃ 이하에서 2.1 MPa의 압력을 유지할 수 있는 자동냉동장치를 설치할 것
　2.1.2.5 저장용기는 고압식은 25 MPa 이상, 저압식은 3.5 MPa 이상의 내압시험압력에 합격한 것으로 할 것

물음 2 할로겐화합물 및 불활성기체 소화약제 산출식에 관한 다음 물음에 답하시오. (10점)

(1) 할로겐화합물 소화약제량 산출식은 무유출(No efflux)방식을 기초로 유도하는데 그 이유를 쓰고, 산출식을 유도하시오. (5점)

풀이&답

1. 이유

   할로겐화합물소화약제는 주된 소화효과가 부촉매(억제)소화효과로 상대적으로 소화성능이 우수하여 방사되어야 하는 방사량이 적고 설계농도도 낮다. 또한 약제의 독성으로 인한 방사시간이 10초로 매우 짧다. 이런 이유로 인해 무유출상태의 이론을 적용한다.

2. 산출식 유도

   1) 할로겐 화합물은 부촉매 소화효과를 가지므로 무유출로 계산

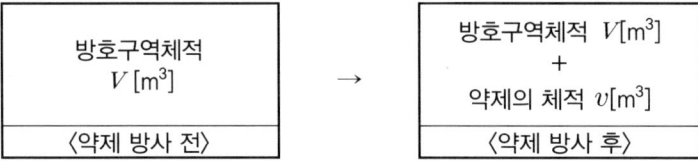

   2) 약제방사 후 약제의 농도 $C[\%]$

   (1) 농도 $C[\%] = \dfrac{\text{약제부피}}{\text{전체부피}} = \dfrac{v}{V+v} \times 100[\%]$

   (2) 약제의 비체적(S) = 약제의 체적(v)/약제의 무게(W) $\left[\dfrac{m^3}{kg}\right]$

   (3) 약제의 체적 $v[m^3]$ 계산

   ① $C(V+v) = v \times 100$

   ② $CV = v(100-C)$

   ③ $v = \dfrac{C}{100-C} \cdot V$

   (4) 약제의 무게 $W[kg]$ 계산

   $S = \dfrac{v}{W}$ 이므로 $v = SW$

   $SW = \dfrac{C}{100-C} \cdot V$

   $W = \dfrac{V}{S} \cdot \dfrac{C}{100-C}$

   ① V : 방호구역의 체적$[m^3]$

   ② S : 소화약제별 선형상수$[m^3/kg]$ $(S = K_1 + K_2 t)$

   ③ C : 체적에 따른 소화약제의 설계농도$[\%]$

   ④ t : 방호구역의 최소예상온도$[℃]$

(2) 불활성기체 소화약제량 산출식은 자유유출(Free efflux)방식을 기초로 유도하는 데 그 이유를 쓰고, 산출식을 유도하시오. (5점)

풀이&답

1. 이유

   불활성기체 소화약제의 주된 소화효과가 질식소화효과이기에 방사되어야 하는 방사량이 많고 설계농도도 높다. 따라서 자유유출상태의 이론식을 적용한다.

2. 산출식 유도

   1) 방호구역 1 m^3 당 약제량을 $X[m^3/m^3]$라 하면

   $e^X = \dfrac{100}{100-C}$

2) 양변에 $\log_{10}$을 하면 $\log_{10} e^X = \log_{10} \dfrac{100}{100-C}$

$$X = \dfrac{1}{\log_{10} e} \log_{10} \dfrac{100}{100-C}, \quad \text{여기에서 } \dfrac{1}{\log_{10} e} = 2.303$$

$$X = 2.303 \log_{10} \dfrac{100}{100-C} \, [\text{m}^3/\text{m}^3]$$

3) 이상기체 상태방정식에서 부피는 온도에 비례해서 증가하므로 20℃(약제의 보관온도)로 환산한 약제의 체적을 구하기 위해서 20℃의 비체적 V_s를 곱한 뒤에 방호구역의 최소예상온도에서의 비체적(S)으로 나눈다.

4) 방호구역 1 m³당 소화 약제량

$$X = 2.303 \times \left(\dfrac{V_s}{S} \right) \times \log_{10} \left(\dfrac{100}{100-C} \right)$$

여기에서, X : 공간체적당 더해진 소화약제의 부피(m³/m³)

　　　　　C : 체적에 따른 소화약제 설계농도(%)

　　　　　V_s : 20℃에서 소화약제의 비체적(m³/kg)

　　　　　S : 소화약제별 선형상수$(K_1 + K_2 \times t)$(m³/kg)

　　　　　t : 방호구역의 최소예상온도(℃)

물음 3 할로겐화합물 및 불활성기체 소화설비를 설치하려고 한다. 조건을 참고하여 물음에 답하시오. (14점)

[조건]

○ 바닥면적 240 m², 층고 4 m인 방호구역에 전역방출방식으로 설치한다.
○ HFC-227ea의 설계농도는 8.8 %로 한다.
○ IG-100의 설계농도는 39.4 %로 한다.
○ 방호구역의 최소예상온도는 15 ℃이다.
○ HFC-227ea의 화학식은 CF_3CHFCF_3 이다.
○ 원자량은 다음과 같다.

기호	H	C	N	F	Ar	Ne
원자량	1	12	14	19	40	20

○ HFC-227ea의 용기는 68리터(충전량 50kg), IG-100의 용기는 80리터(충전량 12.4 m³)를 사용한다.
○ (1)의 계산 값은 소수점 다섯째자리에서 반올림하여 소수점 넷째자리까지 구한다.
○ (2)(3)(4)는 (1)에서 직접 구한 선형상수 K_1과 K_2를 이용한다.

(1) HFC-227ea와 IG-100의 선형상수를 위의 조건을 이용하여 K_1과 K_2를 직접 구하시오.(2점)

[풀이&답] 1. HFC-227ea

CF_3CHFCF_3의 분자량 : $12 \times 3 + 1 \times 1 + 19 \times 7 = 170$

$$K_1 = \dfrac{22.4}{170} = 0.13176 = 0.1318$$

$$K_2 = \dfrac{K_1}{273} = \dfrac{0.1318}{273} = 0.0004827 = 0.0005$$

2. IG-100

N_2의 분자량 : $14 \times 2 = 28$

$$K_1 = \frac{22.4}{28} = 0.8$$

$$K_2 = \frac{K_1}{273} = \frac{0.8}{273} = 0.00293 = 0.0029$$

(2) HFC-227ea를 소화약제로 선정할 경우 필요한 최소 용기 수를 구하시오. (3점)

풀이&답 방호구역의 체적 $V = 240\,\text{m}^2 \times 4\,\text{m} = 960\,\text{m}^3$

소화약제별 선형상수 $S = K_1 + K_2 \times t = 0.1318 + 0.0005 \times 15 = 0.1393\ \text{m}^3/\text{kg}$

설계농도 $C = 8.8\%$

최소 소화약제량 $W = \dfrac{V}{S} \times \dfrac{C}{100-C} = \dfrac{960}{0.1393} \times \dfrac{8.8}{100-8.8} = 664.97903 = 664.98\ \text{kg}$

최소 용기 수 : $\dfrac{664.98\ \text{kg}}{50\ \text{kg/병}} = 13.2996 = 14\text{병}$

(3) IG-100을 소화약제로 선정할 경우 최소 용기 수를 구하시오. (3점)

풀이&답 방호구역의 체적 $V = 240\,\text{m}^2 \times 4\,\text{m} = 960\,\text{m}^3$

소화약제별 선형상수 $S = K_1 + K_2 \times t = 0.8 + 0.0029 \times 15 = 0.8435\ \text{m}^3/\text{kg}$

20℃에서의 비체적 $V_s = K_1 + K_2 \times 20 = 0.8 + 0.0029 \times 20 = 0.858\ \text{m}^3/\text{kg}$

설계농도 $C = 39.4\%$

최소 소화약제량 : $X = 2.303 \times \left(\dfrac{V_s}{S}\right) \times \log_{10}\left(\dfrac{100}{100-C}\right) \times V$

$$= 2.303 \times \frac{0.858}{0.8435} \times \log_{10}\left(\frac{100}{100-39.4}\right) \times 960$$

$$= 489.19419 = 489.19\ \text{m}^3$$

최소 용기 수 : $\dfrac{489.19\ \text{m}^3}{12.4\ \text{m}^3/\text{병}} = 39.4508 = 40\text{병}$

(4) 방호구역이 사람이 상주하는 곳이라면 HFC-227ea와 IG-100의 최대 용기 수를 구하시오. (6점)

풀이&답 1. HFC-227ea

방호구역의 체적 $V = 240\,\text{m}^2 \times 4\,\text{m} = 960\,\text{m}^3$

소화약제별 선형상수 $S = K_1 + K_2 \times t = 0.1318 + 0.0005 \times 15 = 0.1393\ \text{m}^3/\text{kg}$

설계농도 $C = 10.5\%$(최대허용설계농도)

최소 소화약제량 $W = \dfrac{V}{S} \times \dfrac{C}{100-C} = \dfrac{960}{0.1393} \times \dfrac{10.5}{100-10.5} = 808.51183 = 808.51\ \text{kg}$

최소 용기 수 : $\dfrac{808.51\ \text{kg}}{50\ \text{kg/병}} = 16.1702 = 17\text{병}$

2. IG-100

방호구역의 체적 $V = 240\,\text{m}^2 \times 4\,\text{m} = 960\,\text{m}^3$

소화약제별 선형상수 $S = K_1 + K_2 \times t = 0.8 + 0.0029 \times 15 = 0.8435\ \text{m}^3/\text{kg}$

20℃에서의 비체적 $V_s = K_1 + K_2 \times 20 = 0.8 + 0.0029 \times 20 = 0.858\ \text{m}^3/\text{kg}$

설계농도 $C = 43\%$(최대허용설계농도)

최소 소화약제량 : $X = 2.303 \times \left(\dfrac{V_s}{S}\right) \times \log_{10}\left(\dfrac{100}{100-C}\right) \times V$

$$= 2.303 \times \frac{0.858}{0.8435} \times \log_{10}(\frac{100}{100-43}) \times 960$$
$$= 549.0095 = 549.01 \text{ m}^3$$

최소 용기 수 : $\dfrac{549.01 \text{ m}^3}{12.4 \text{ m}^3/\text{병}} = 44.275 = 45$병

02 ★★★★

다음 물음에 답하시오. (30점)

물음 1 도로터널의 제연설비 중 제트 팬의 시퀀스 제어회로이다. 물음에 답하시오. (19점)

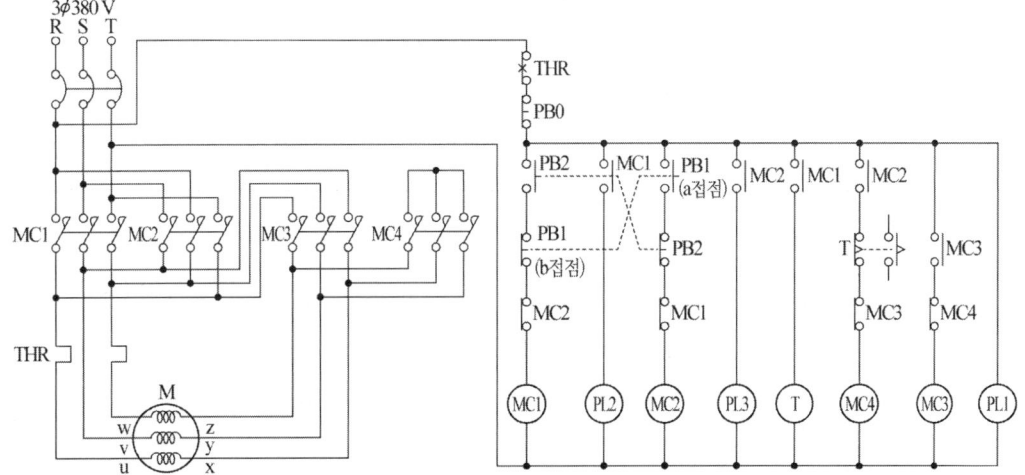

(1) MCCB를 ON시키고 PB2를 눌렀다 떼었을 때 동작 시퀀스를 쓰시오. (단, 타이머 설정시간은 3초이다.) (3점)

[풀이&답] 1. MCCB를 ON하면 PL1이 점등된다.
2. PB2를 누르면 전자접촉기 MC1이 여자, PL2 점등, 타이머 T 여자, 전자접촉기 MC4가 여자되어 전동기 M은 Y로 기동한다.
3. PB2에서 손을 떼어도 MC1 a접점에 의해 자기유지되어 기동상태를 유지한다.
4. 타이머 T의 설정시간인 3초 후에 타이머 T의 b접점에 의해 MC4는 소자, MC3가 여자되어 전동기 M은 △운전 상태가 된다.
5. MC3 a접점에 의해서 자기유지되어 운전상태를 유지한다.

(2) 유도전동기에 정격전압 3상 380[V]를 공급할 때, 전자개폐기 MC3 및 MC4 동작 시 전동기 각 상의 권선에 인가되는 전압[V]을 각각 쓰시오. (2점)

[풀이&답] MC3 동작 시 : 380 V

MC4 동작 시 : $\dfrac{380}{\sqrt{3}} = 219.393 = 219.39$ V

(3) 제어회로의 입력신호가 다음과 같을 때 타임차트 ①~⑥을 완성하시오. (단, MC1~MC4는
전자코일, PL1과 PL2는 램프, 타이머 설정시간은 3초, 타임차트 1칸은 3초로 한다.) (12점)

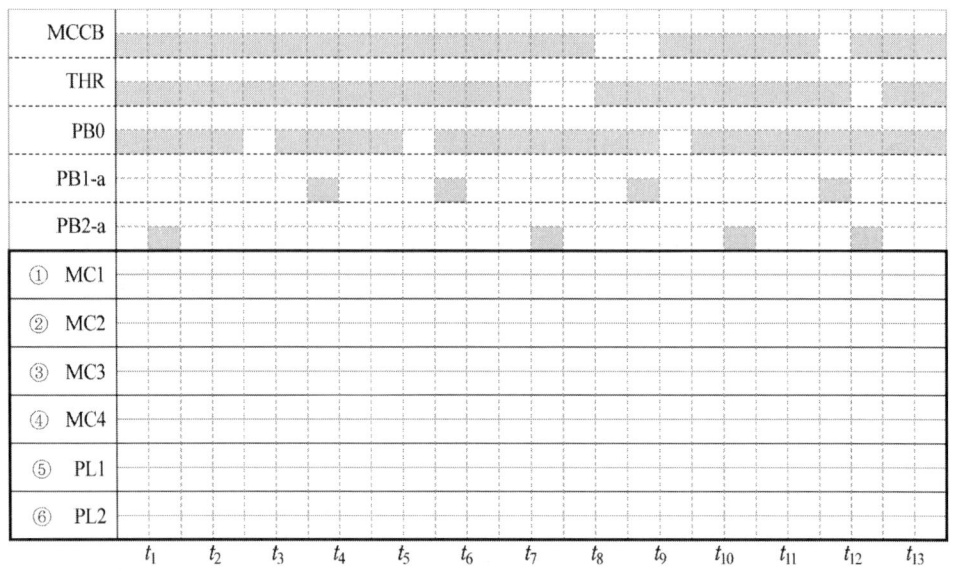

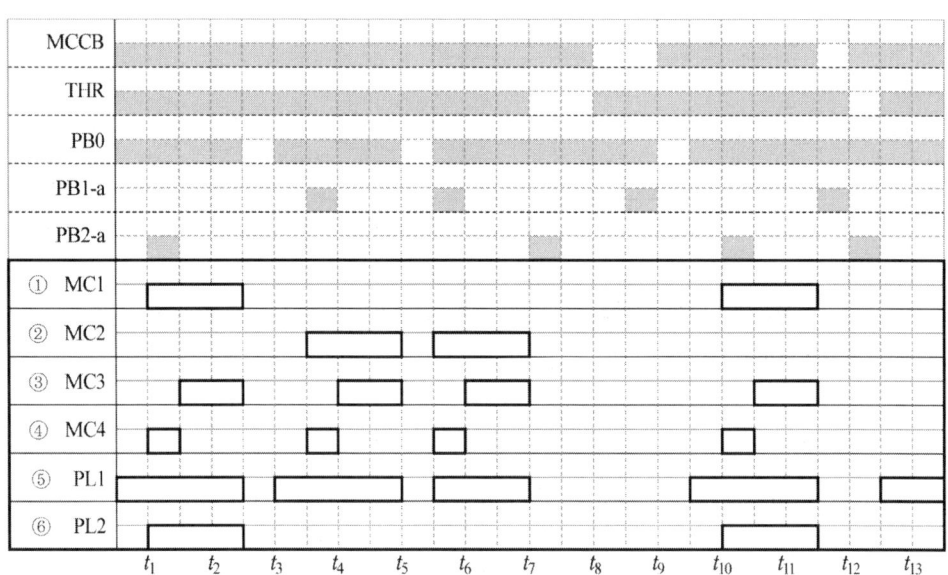

(4) 순시동작 한시복귀 타이머를 사용할 경우 입력신호가 다음과 같을 때 b접점의 타임차트
를 완성하시오. (2점)

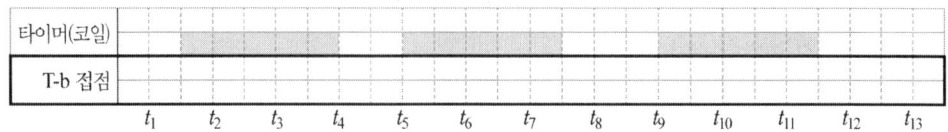

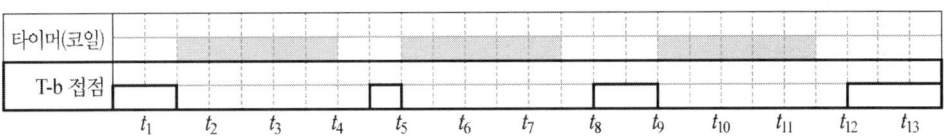

타이머(코일)

T-b 접점

t_1 t_2 t_3 t_4 t_5 t_6 t_7 t_8 t_9 t_{10} t_{11} t_{12} t_{13}

| 물음 2 다음 물음에 답하시오. (11점)

(1) 수신반에서 500[m] 이격된 지점의 감지기가 작동할 때 26[mA]의 전류가 흘렀다. 전압강하계산식(간이식)을 이용하여 전압강하[V]를 구하시오. (단, 전선을 표준연동선으로 굵기는 단선 1.2[mm]이며, 계산값은 소수점 셋째자리에서 반올림하여 소수점 둘째자리까지 구한다.) (3점)

[풀이&답] 전압강하 $e = \dfrac{35.6LI}{1000A} = \dfrac{35.6 \times 500\,\mathrm{m} \times 26 \times 10^{-3}\mathrm{A}}{1000 \times \dfrac{\pi}{4} \times (1.2\,\mathrm{mm})^2} = 0.4092 = 0.41\,\mathrm{V}$

(2) 3상 380[V], 100[kVA] 옥내소화전 펌프용 유도전동기가 역률 65[%](지상)로 운전 중이다. 전력용콘덴서를 설치하여 역률을 95[%](지상)로 개선하고자 할 경우 필요한 콘덴서 용량[kVar]을 구하시오. (단, 계산값은 소수점 셋째자리에서 반올림하여 소수점 둘째자리까지 구한다.) (5점)

[풀이&답] 콘덴서 용량

$$Q = P\left(\frac{\sin\theta_1}{\cos\theta_1} - \frac{\sin\theta_2}{\cos\theta_2}\right) = 100\,\mathrm{kVA} \times 0.65 \left(\frac{\sqrt{1-0.65^2}}{0.65} - \frac{\sqrt{1-0.95^2}}{0.95}\right)$$
$$= 54.62895 = 54.63\ \mathrm{kVar}$$

(3) 스프링클러 펌프와 연결된 3상 380[V], 60[Hz], 50[kW]의 전동기가 있다. 이 전동기의 동기속도와 회전속도를 구하시오. (단, 슬립은 0.04, 극수는 4극이다.) (3점)

[풀이&답] 1. 동기속도 $N_s = \dfrac{120f}{P} = \dfrac{120 \times 60}{4} = 1800\ \mathrm{rpm}$

2. 회전속도 $N = (1-s)N_s = (1-0.04) \times 1800 = 1728\ \mathrm{rpm}$

03 ★★★★

다음 물음에 답하시오. (30점)

❙물음 1 지상 5층 건물에 옥내소화전설비를 설치하고자 한다. 다음 조건을 참고하여 펌프의 전동기 소요동력(kW)을 구하시오. (단, 계산값은 소수점 셋째자리에서 반올림하여 둘째자리까지 구한다.) (3점)

```
──────[ 조건 ]──────
○ 각 층의 소화전(개) : 3
○ 분당 방수량(L/ min ) : 130
○ 실 양정(m) : 60
○ 배관의 압력손실수두(m) : 실 양정의 30%
○ 호스의 마찰손실수두(m) : 4
○ 노즐선단 방수압력(MPa) : 0.17
○ 펌프효율(%) : 70
○ 여유율(A) : 1.2
○ 전달계수(K) : 1.1
```

풀이&답 토출량 $Q = 2 \times 130 = 260 \text{ L/min}$

전양정 $H = 4\text{ m} + 60\text{ m} + 60\text{ m} \times 0.3 + 17\text{ m} = 99\text{ m}$

전동기 소요동력 $P = \dfrac{0.163\,QHK}{\eta} = \dfrac{0.163 \times 0.26\text{ m}^3/\text{min} \times 1.2 \times 99\text{ m} \times 1.1}{0.7}$

$\qquad = 7.9117 = 7.91\text{kW}$

❙물음 2 옥내소화전설비의 화재안전기술기준(NFTC 102)상 불연재료로 된 특정소방대상물 또는 그 부분으로서, 옥내소화전 방수구를 설치하지 않을 수 있는 곳 5가지를 쓰시오. (5점)

풀이&답 1. 냉장창고 중 온도가 영하인 냉장실 또는 냉동창고의 냉동실
2. 고온의 노가 설치된 장소 또는 물과 격렬하게 반응하는 물품의 저장 또는 취급 장소
3. 발전소·변전소 등으로서 전기시설이 설치된 장소
4. 식물원·수족관·목욕실·수영장(관람석 부분을 제외한다) 또는 그 밖의 이와 비슷한 장소
5. 야외음악당·야외극장 또는 그 밖의 이와 비슷한 장소

❙물음 3 옥내소화전설비의 화재안전기술기준(NFTC 102)에 관한 다음 물음에 답하시오. (6점)

(1) 비상전원 3가지를 쓰시오. (3점)

풀이&답 1. 자가발전설비
2. 축전지설비(내연기관에 따른 펌프를 사용하는 경우에는 내연기관의 기동 및 제어용 축전지를 말한다)
3. 전기저장장치(외부 전기에너지를 저장해 두었다가 필요한 때 전기를 공급하는 장치)

(2) 비상전원을 설치하지 아니할 수 있는 경우 3가지를 쓰시오. (3점)

풀이&답 1. 2 이상의 변전소(「전기사업법」 제67조에 따른 변전소를 말한다. 이하 같다)에서 전력을 동시에 공급받을 수 있는 경우

2. 하나의 변전소로부터 전력의 공급이 중단되는 때에는 자동으로 다른 변전소로부터 전원을 공급받을 수 있도록 상용전원을 설치한 경우

3. 가압수조방식

물음 4 다음은 소방시설 자체점검사항 등에 관한 고시에서 정하고 있는 소방시설 도시기호에 관한 것이다. 명칭에 알맞은 도시기호를 그리시오. (3점)

명칭	도시기호
옥외소화전	(ㄱ)
소화전 송수구	(ㄴ)
옥내소화전 방수용기구병설	(ㄷ)

풀이&답

명칭	도시기호
옥외소화전	
소화전 송수구	
옥내소화전 방수용기구병설	

물음 5 다음은 옥내소화전의 노즐에서 방수량을 구하는 공식이다. 이 공식의 유도과정을 쓰시오. (9점)

$Q = 0.6597 D^2 \sqrt{P}$	여기서, Q : 방수량(L/min) D : 노즐구경(mm) P : 방수압력(kg/cm²)

풀이&답

1. 공식유도

① $Q = AV = \dfrac{\pi}{4}D^2 \times \sqrt{2gH}$ 에서 $H = 10P$ 이므로

② $Q = AV = \dfrac{\pi}{4}D^2 \times \sqrt{2gH} = \dfrac{\pi}{4}D^2 \times \sqrt{2 \times 9.8 \times 10P}$에서

③ $Q = \dfrac{\pi}{4}D^2 \times \sqrt{2 \times 9.8 \times 10P} = 10.99557 D^2 \sqrt{P}$가 된다.

④ 여기에서 유량 $Q[\text{m}^3/\text{s}]$를 $Q[\text{L/min}]$으로, 지름 $D[\text{m}]$를 $D[\text{mm}]$로 단위환산

⑤ $Q[\text{m}^3/\text{s}] = 10.99557 \times D[\text{m}]^2 \sqrt{P[\text{kg/cm}^2]}$ 에 ④의 조건을 대입하면

⑥ $Q[\text{L/min}] \times \dfrac{1[\text{m}^3]}{1,000[\text{L}]} \times \dfrac{1[\text{min}]}{60[\text{s}]}$

$= 10.99557 \times D[\text{mm}^2] \times \dfrac{1[\text{m}^2]}{(1,000)^2[\text{mm}^2]} \sqrt{P[\text{kg/cm}^2]}$

⑦ $Q[\text{L/min}] = 10.99557 \times \dfrac{1,000 \times 60}{(1,000)^2} \times D[\text{mm}]^2 \sqrt{P[\text{kg/cm}^2]}$

$= 0.6597342 \times D^2 \sqrt{P} = 0.6597 D^2 \sqrt{P}$

2. 유도된 공식

$$Q = 0.6597D^2\sqrt{P}$$

여기서, Q : 방수량(L/min), D : 노즐구경(mm), P : 방수압력(kg/cm^2)

물음 6 소방시설의 내진설계 기준상 지진분리장치 설치기준 4가지를 쓰시오. (4점)

풀이&답

1. 지진분리장치는 배관의 구경에 관계없이 지상층에 설치된 배관으로 건축물 지진분리이음과 소화배관이 교차하는 부분 및 건축물 간의 연결배관 중 지상 노출 배관이 건축물로 인입되는 위치에 설치하여야 한다.
2. 지진분리장치는 건축물 지진분리이음의 변위량을 흡수할 수 있도록 전후좌우 방향의 변위를 수용할 수 있도록 설치하여야 한다.
3. 지진분리장치의 전단과 후단의 1.8 m 이내에는 4방향 흔들림 방지 버팀대를 설치하여야 한다.
4. 지진분리장치 자체에는 흔들림 방지 버팀대를 설치할 수 없다.

제24회 설계 및 시공 기출문제

합격자 ??

01 ★★★★

다음 물음에 답하시오. (40점)

물음 1 특별피난계단의 계단실 및 부속실 제연설비에 관한 다음 물음에 답하시오.(23점)

[조건]

- 지하 4층/지상 3층의 스프링클러설비가 없는 내화구조 건축물로 특별피난계단 부속실에 제연설비가 설치되어 있다.
- 방화문 크기(높이×폭) : 2.0m×1.0m
- 중력가속도 : 9.8 m/s²
- 현재기온 : 20℃
- 공기의 밀도 : 1.204 kg/m³
- 유량계수 C : 0.7
- 차압은 법적 최소차압을 적용한다.
- 특별피난계단의 계단실 및 부속실 제연설비의 화재안전성능기준(NFPC 501A), 화재안전기술기준(NFTC 501A) 따른다.
- 계산값은 소수점 다섯째자리에서 반올림하여 소수점 넷째자리까지 구한다.

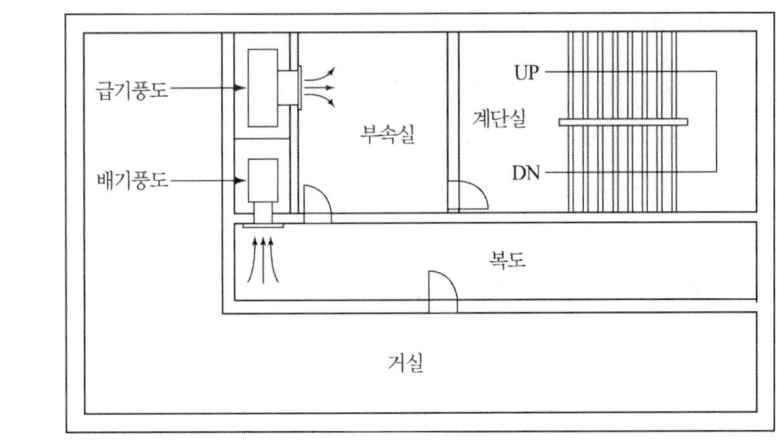

(1) 지상 2층의 부속실과 복도 사이의 누설량을 구하려고 한다. 다음을 각각 계산하시오. (10점)

① 화재안전기술기준을 적용한 누설량(m³/s)

풀이&답 1) 누설틈새면적의 합

$$A_t = \frac{L}{l} \times A_d = \frac{(2\,\mathrm{m} \times 2 + 1\,\mathrm{m} \times 2)}{5.6\,\mathrm{m}} \times 0.01\,\mathrm{m}^2 = 0.01071 = 0.0107\,\mathrm{m}^2$$

2) 누설량

$$Q = KA_t \sqrt{\frac{2}{\rho} \triangle P}$$

$$= 0.7 \times 0.0107\,\mathrm{m^2} \times \sqrt{\frac{2}{1.204\,\mathrm{kg/m^3}} \times 40\,\mathrm{Pa}}$$

$$= 0.06105 = 0.0611\,\mathrm{m^3/s}$$

보충설명

출입문의 틈새면적

$$A = \frac{L}{l} \times A_d$$

A : 출입문의 틈새(m²)

L : 출입문 틈새의 길이(m)

다만, L의 수치가 l의 수치 이하인 경우에는 l의 수치로 할 것

출입문	l	Ad
외여닫이문(실내 쪽으로 열리도록 설치하는 경우)	5.6	0.01
외여닫이문(실외 쪽으로 열리도록 설치하는 경우)	5.6	0.02
쌍여닫이문	9.2	0.03
승강기의 출입문	8.0	0.06

② 「문세트(KS F 3109)」에 따른 기준을 적용한 최대 허용 누설량(m³/s)

풀이&답   1) 「문세트(KS F 3109)」에 따른 기준 : 차압 25 Pa일 때, 공기 누설량은 0.9 m³/min·m²

차압 25 Pa일 때, 공기 누설량 : $2.0\,\mathrm{m} \times 1.0\,\mathrm{m} \times 0.9\,\mathrm{m^3/min \cdot m^2} \times \dfrac{1\,\mathrm{min}}{60\,\mathrm{s}} = 0.03\,\mathrm{m^3/s}$

2) 최대 허용 누설량 계산

누설량 Q는 차압 $\sqrt{\triangle P}$에 비례하므로, 비례식을 적용

$0.03\ \mathrm{m^3/s} : \sqrt{25Pa} = Q : \sqrt{40Pa}$

$$Q = \frac{\sqrt{40Pa}}{\sqrt{25Pa}} \times 0.03\,\mathrm{m^3/s} = 0.03794 = 0.0379\,\mathrm{m^3/s}$$

(2) 특별피난계단 부속실의 배출용 송풍기 최소 풍량(m³/hr) 및 입상덕트의 최소 크기(m²)를 각각 계산하시오. (4점)

풀이&답   1) 배출용 송풍기 최소 풍량(m³/hr)

$$Q_N = AV = 2\,\mathrm{m} \times 1\,\mathrm{m} \times 0.5\,\mathrm{m/s} \times \frac{3{,}600\,\mathrm{s}}{1\,\mathrm{hr}} = 3{,}600\,\mathrm{m^3/hr}$$

2) 입상덕트의 최소 크기(m²)

$$A_P = \frac{Q_N}{15} = \frac{2\,\mathrm{m} \times 1\,\mathrm{m} \times 0.5\,\mathrm{m/s}}{15\,\mathrm{m/s}} = 0.06666 = 0.0667\,\mathrm{m^2}$$

유입공기 배출 시 배출면적 계산

배출방식	배출구의 면적
수직풍도	(1) 자연 배출식 ① $A_P = \dfrac{Q_N}{2}$ ② 수직풍도의 길이가 100 m를 초과하는 경우에는 산출수치의 1.2배 이상으로 한다. (2) 기계 배출식 : $A_P = \dfrac{Q_N}{15}$
배출구	$A_0 = \dfrac{Q_N}{2.5}$
비고	A_P : 수직풍도의 내부단면적[m²] Q_N : 수직풍도가 담당하는 1개층의 제연구역의 출입문 (옥내와 면하는 출입문을 말함)1개의 면적[m²]과 방연풍속 [m/s]을 곱한 값[m³/s]

제연구역에 따른 방연풍속

제연구역		방연풍속
계단실 및 그 부속실을 동시에 제연하는 것 또는 계단실만 단독으로 제연하는 것		0.5 m/s 이상
부속실만 단독으로 제연하는 것	부속실이 면하는 옥내가 거실인 경우	0.7 m/s 이상
	부속실이 면하는 옥내가 복도로서 그 구조가 방화구조(내화시간이 30분 이상인 구조를 포함한다)인 것	0.5 m/s 이상

(3) 출입문 개방에 필요한 최대 힘을 기준으로 출입문에 설치된 폐쇄장치(Door Closer)의 폐쇄력(N)을 계산하시오. (단, 출입문 손잡이는 문의 끝에 설치되었다.) (4점)

풀이&답 출입문 개방에 필요한 힘 $F_t = F_{dc} + F_p$의 관계에서
폐쇄장치(Door Closer)의 폐쇄력

$$F_{dc} = F_t - F_p = F_t - \frac{k_d \Delta P A W}{2(W-d)} = 110\,\text{N} - \frac{1 \times 40\,\text{Pa} \times 2\,\text{m} \times 1\,\text{m} \times 1\,\text{m}}{2(1\,\text{m} - 0\,\text{m})} = 70\,\text{N}$$

출입문 개방에 필요한 힘

$$F_t = F_{dc} + F_p$$

(폐쇄장치(Door Closer)의 폐쇄력+차압에 의해 방화문에 미치는 힘)

$$F_p = \frac{k_d \Delta P A W}{2(W-d)} [\text{N}]$$

N : 문(2.0) 창문(1.6)	W : 출입문의 폭
A : 출입문의 면적	d : 출입문 손잡이와 벽과의 거리
k_d : 상수(보통 1을 적용)	ΔP : 차압[Pa]

(4) 수직풍도를 「건축물의 피난·방화구조 등의 기준에 관한 규칙」 제3조 제2호의 기준에 맞게 설치할 경우 다음 ( )에 들어갈 내용을 쓰시오. (5점)

> ○ 철근콘크리트조 또는 철골철근콘크리트조로서 두께가 (ㄱ)센티미터 이상인 것
> ○ 골구를 철골조로 하고 그 양면을 두께 (ㄴ)센티미터 이상의 철망모르타르 또는 두께 (ㄷ)센티미터 이상의 콘크리트블록·벽돌 또는 석재로 덮은 것
> ○ 철재로 보강된 콘크리트블록조, 벽돌조 또는 석조로서 철재에 덮은 콘크리트블록 등의 두께가 (ㄹ)센티미터 이상인 것
> ○ 무근콘크리트조·콘크리트블록조·벽돌조 또는 석조로서 그 두께가 (ㅁ)센티미터 이상인 것

풀이&답 ㄱ. 7 ㄴ. 3 ㄷ. 4 ㄹ. 4 ㅁ. 7

│물음 2 특별피난계단의 계단실 및 부속실 제연설비에 관한 다음 물음에 답하시오. (9점)

> ───── [조건] ─────
> ○ 누설량 : 2.5 m^3/s   ○ 전압 : 600 Pa
> ○ 송풍기 효율 : 60 %   ○ 보충량 : 1.5 m^3/s
> ○ 풍도의 누기율 : 누설량의 40 %   ○ 전달계수 : 1.1

(1) 급기송풍기 풍량(m^3/hr)을 계산하시오. (3점)

풀이&답 풍량 Q=누설량 + 보충량

$$= 2.5[\text{m}^3/\text{s}] + 2.5[\text{m}^3/\text{s}] \times 0.4 + 1.5[\text{m}^3/\text{s}]$$

$$= 5[\text{m}^3/\text{s}] \times \frac{3,600 \text{ s}}{1 \text{ hr}} = 18,000[\text{m}^3/\text{hr}]$$

보충설명 급기송풍기의 설치는 다음의 기준에 적합해야 한다.
송풍기의 송풍능력은 송풍기가 담당하는 제연구역에 대한 급기량의 1.15배 이상으로 할 것. 다만, 풍도에서의 누설을 실측하여 조정하는 경우에는 그렇지 않다.

(2) 급기송풍기 동력(kW)을 계산하시오. (3점)

풀이&답 전압 $P_t = 600[\text{Pa}] \times \dfrac{10,332[\text{mmAq}]}{101,325[\text{Pa}]} = 61.1813 = 61.18[\text{mmAq}]$

풍량 $Q = 5[\text{m}^3/\text{s}]$

동력 $P = \dfrac{P_t Q}{102\eta}K = \dfrac{61.18 \text{ mmAq} \times 5 \text{ m}^3/\text{s}}{102 \times 0.6} \times 1.1 = 5.4982 = 5.5[\text{kW}]$

(3) 급기송풍기 풍량을 기준으로 한 입상덕트의 최소 크기(m$_2$)를 계산하시오. (3점)

풀이&답 입상덕트의 최소 크기

$$A = \frac{Q}{15 \text{ m/s}} = \frac{5 \text{ m}^3/\text{s}}{15 \text{ m/s}} = 0.3333 = 0.33 \text{ m}^2$$

급기풍도 내의 풍속은 15 m/s 이하로 할 것

물음 3 아래 그림과 같이 벽으로 구획된 3개의 거실을 상부급기·상부배기방식의 공동예상 제연구역으로 할 경우 다음 물음에 답하시오. (8점)

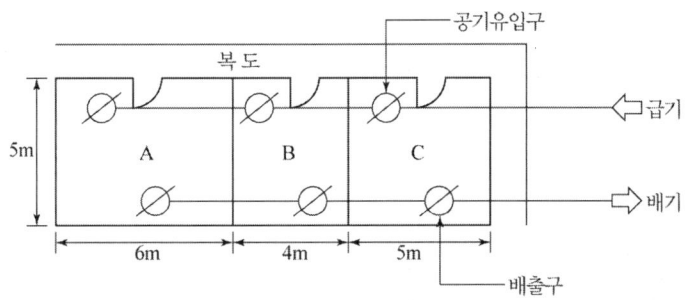

(1) 공동예상 제연구역의 최소 전체 배출량(m³/hr)을 구하시오. (4점)

풀이&답   ① A실 : $5\,m \times 6\,m \times 1\,m^3/min \cdot m^2 = 30\,m^3/min \times \dfrac{60\,min}{1\,hr} = 1{,}800\,m^3/hr$

② B실 : $5\,m \times 4\,m \times 1\,m^3/min \cdot m^2 = 20\,m^3/min \times \dfrac{60\,min}{1\,hr} = 1{,}200\,m^3/hr$

③ C실 : $5\,m \times 5\,m \times 1\,m^3/min \cdot m^2 = 25\,m^3/min \times \dfrac{60\,min}{1\,hr} = 1{,}500\,m^3/hr$

④ 공동예상 제연구역의 최소 전체 배출량(m³/hr) :
   $1{,}800[m^3/hr] + 1{,}200[m^3/hr] + 1{,}500[m^3/hr] = 4{,}500[m^3/hr] \rightarrow 5{,}000[m^3/hr]$

공동예상제연구역 안에 설치된 예상제연구역이 각각 벽으로 구획된 경우(제연구역의 구획 중 출입구만을 제연경계로 구획한 경우를 포함한다)에는 각 예상제연구역의 배출량을 합한 것 이상으로 할 것. 다만, 예상제연구역의 바닥면적이 400 m² 미만인 경우 배출량은 바닥면적 1 m² 당 1 m³/min 이상으로 하고 공동예상구역 전체배출량은 5,000 m³/hr 이상으로 할 것

(2) A, B, C실의 공기유입구와 배출구의 최소 직선거리(m)를 각각 구하시오. (4점)

풀이&답   ① A실 : $6\,m \times \dfrac{1}{2} = 3\,m$ ② B실 : $5\,m \times \dfrac{1}{2} = 2.5\,m$

③ C실 : $5\,m \times \dfrac{1}{2} = 2.5\,m$

공기유입구 기준
바닥면적 400 m² 미만의 거실인 예상제연구역(제연경계에 따른 구획을 제외한다. 다만, 거실과 통로와의 구획은 그렇지 않다)에 대해서는 공기유입구와 배출구간의 직선거리는 5 m 이상 또는 구획된 실의 장변의 2분의 1 이상으로 할 것.

02 ★★★★

다음 물음에 답하시오. (30점)

| 물음 1 다음 그림을 보고 물음에 답하시오. (단, 계산값은 소수점 셋째자리에서 반올림하여 소수점 둘째자리까지 구한다.) (14점)

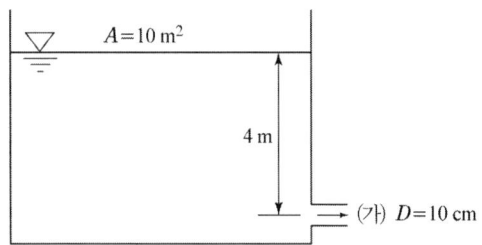

> ○ A : 수면의 면적
> ○ D : 방출구의 직경
> ○ 최고 유효수면과 최저 유효수면의 거리 : 4m

(1) (가)에서 대기중으로 방출되는 물의 최대유량[L/min]을 계산하시오. (단, 유량계수 및 배관계통의 마찰손실은 무시한다.) (4점)

[풀이&답] 최대유량 $Q = AV = A \times \sqrt{2gh}$

$$= \frac{\pi}{4} \times (0.1 \, \text{m})^2 \times \sqrt{2 \times 9.8 \, \text{m/s}^2 \times 4 \, \text{m}} \times \frac{1,000 \, \text{L}}{1 \, \text{m}^3} \times \frac{60 \, \text{s}}{1 \, \text{min}}$$

$$= 4,172.53 \, \text{L/min}$$

(2) 수조에서 물을 배수하고자 할 때 사용되는 배수시간 산출 공식을 연속방정식과 토리첼리의 정리를 이용하여 유도하시오. (6점)

[풀이&답] 1) 연속방정식

$$Q = A_1 V_1 = A_2 V_2 \qquad \cdots ①식$$

여기서, A_1 : 수조의 액표면적, V_1 : 수조의 액면강하속도

  A_2 : 방출구의 단면적, V_2 : 방출구에서의 유속

2) 유속의 계산

$$V_1 = \frac{dH}{dt}, \quad V_2 = C_d \times \sqrt{2gH} \qquad \cdots ②식$$

3) ②식을 ①식에 대입

$$-A_1 \frac{dH}{dt} = C_d \times A_2 \sqrt{2gH}$$

$$dt = -\frac{A_1}{C_d \times A_2} \times \frac{dH}{\sqrt{2gH}}$$

양변을 적분하면

$$\int_0^t dt = -\frac{A_1}{C_d \times A_2} \times \frac{1}{\sqrt{2g}} \int_{H_1}^{H_2} \frac{1}{\sqrt{H}} dH$$

$$t = -\frac{A_1}{C_d \times A_2} \times \frac{1}{\sqrt{2g}} \left[2\sqrt{H}\right]_{H_1}^{H_2}$$

$$t = -\frac{A_1}{C_d \times A_2} \times \frac{1}{\sqrt{2g}} \times 2\left[\sqrt{H_2} - \sqrt{H_1}\right]$$

$$t = -\frac{2A_1}{C_d \times A_2} \times \frac{1}{\sqrt{2g}} \times \left[-\left(\sqrt{H_1} - \sqrt{H_2}\right)\right]$$

$$t = \frac{2A_1}{C_d \times A_2} \times \frac{1}{\sqrt{2g}} \times \left[\sqrt{H_1} - \sqrt{H_2}\right]$$

$$t = \frac{2A_1\left(\sqrt{H_1} - \sqrt{H_2}\right)}{C_d A_2 \sqrt{2g}}$$

여기서, t : 물이 배수되는데 걸리는 시간[s]

A_1 : 수조의 액 표면적[m²]

A_2 : 방출구의 단면적[m²]

C_d : 유량계수

H_1 : 수조의 액 표면적에서 방출구까지의 위치수두[m]

H_2 : H_1에서 수조의 높이를 제외(수조 상부에서 수조 바닥까지 비우는 조건)한 위치수두[m]

(3) 위 (2)의 공식에 따라 (가)에서 수조의 최고 유효수면부터 최저 유효수면까지 배수하는데 걸리는 최소 시간 $t(s)$를 계산하시오.(단, 유량계수 및 배관계통의 마찰손실은 무시한다.)

(4점)

풀이&답 $t = \dfrac{2A_1\left(\sqrt{H_1} - \sqrt{H_2}\right)}{C_d A_2 \sqrt{2g}} = \dfrac{2 \times 10 \times \left(\sqrt{4} - \sqrt{0}\right)}{1 \times \dfrac{\pi}{4} \times 0.1^2 \times \sqrt{2 \times 9.8}} = 1,150.3819 = 1,150.38[s]$

$$t = \frac{2A_1\left(\sqrt{H_1} - \sqrt{H_2}\right)}{C_d A_2 \sqrt{2g}}$$

t : 물이 배수되는데 걸리는 시간[s]

A_1 : 수조의 액 표면적[m²]

A_2 : 방출구의 단면적[m²]

C_d : 유량계수

H_1 : 수조의 액 표면적에서 방출구까지의 위치수두[m]

H_2 : H_1에서 수조의 높이를 제외(수조 상부에서 수조 바닥까지 비우는 조건)한 위치수두[m]

물음 2 가스계소화설비에 관한 다음 물음에 답하시오.(단, 계산값은 소수점 넷째자리에서 반올림하여 소수점 셋째자리까지 구한다.) (13점)

(1) 할론소화설비의 화재안전기술기준(NFTC 107)에 관한 내용이다. (   )에 들어갈 내용을 쓰시오. (2점)

> 기동용가스용기의 체적은 (ㄱ.)L 이상으로 하고, 해당 용기에 저장하는 질소 등의 비활성기체는 (ㄴ.) MPa 이상 (21 ℃ 기준)의 압력으로 충전할 것. 다만, 기동용가스용기의 체적을 1 L 이상으로 하고, 해당 용기에 저장하는 이산화탄소의 양은 0.6 kg 이상으로 하며, 충전비는 1.5 이상 1.9 이하의 기동용가스용기로 할 수 있다.

풀이&답　ㄱ. 5　ㄴ. 6.0

(2) 다음 조건을 보고 배관의 최대허용압력 (kPa)을 계산하시오. (4점)

> ─── [조건] ───
> ○ 배관은 전기저항 용접에 의해 제조된 압력배관용 탄소강관이다.
> ○ 배관의 호칭지름은 40 mm(외경 48.6 mm)이며, 두께는 2.43 mm이다.
> ○ 배관재질의 인장강도는 400 MPa이고, 항복점은 250 MPa이다.
> ○ 계산은 「할로겐화합물 및 불활성기체소화설비의 화재안전기술기준(NFTC 107A)」상의 관련식을 근거로 한다.

풀이&답
1) 최대허용응력 계산

① 배관재질 인장강도의 $\frac{1}{4}$값 : $400[\text{MPa}] \times \frac{1}{4} = 100[\text{MPa}]$

② 항복점의 2/3 값 : $250[\text{MPa}] \times \frac{2}{3} = 166.667[\text{MPa}]$

③ 최대허용응력계산 $SE = 100[\text{MPa}] \times 0.85 \times 1.2 = 102[\text{MPa}] = 102,000[\text{kPa}]$

2) 최대허용압력 계산

① 배관의 두께 $t = \frac{PD}{2SE} + A$에서 최대허용압력 $P = \frac{(t-A) \times 2SE}{D}$이므로

② $P = \frac{(t-A) \times 2SE}{D} = \frac{(2.43\,\text{mm} - 0\,\text{mm}) \times 2 \times 102,000\,\text{kPa}}{48.6\,\text{mm}} = 10,200\,\text{kPa}$

(용접이음이므로 $A = 0$)

> ※ 배관의 두께 $t = \frac{PD}{2SE} + A$
>
> P : 최대허용압력[kPa]
> D : 배관의 바깥지름[mm]
> SE : 최대허용응력[kPa]
> 　　(배관재질 인장강도의 1/4값과 항복점의 2/3 값중 적은 값×배관이음효율×1.2)
> A : 나사이음, 홈이음 등의허용값[mm]헤드설치부분은 제외한다)
> ・나사이음 : 나사의 높이　　　　・절단홈이음 : 홈의 깊이
> ・용접이음 : 0

※ 배관이음효율
· 이음매 없는 배관 : 1.0
· 전기저항 용접배관 : 0.85
· 가열맞대기 용접배관 : 0.60

(3) 할로겐화합물소화약제량(kg)의 산출식에서 적용되는 소화약제별 선형상수 S(m³/kg)는 $K_1 + K_2 \times t$를 말한다. 아보가드로의 법칙과 샤를의 법칙의 개념을 쓰고 이를 이용하여 K_1과 K_2를 설명하시오. (4점)

풀이&답 ① 아보가드로의 법칙의 개념
표준상태(0℃, 1기압)일 때 모든 기체 1 kmol의 부피는 22.4 m³
② 샤를의 법칙의 개념
모든 기체의 부피는 온도가 1℃ 증가할 때마다 0℃에서 부피의 1/273씩 증가한다.

③ K_1 : 0℃에서의 비체적, $\dfrac{22.4 \text{ m}^3}{\text{분자량}(\text{kg})}$

④ K_2 : t℃에서의 비체적, $\dfrac{K_1}{273}$(m³/kg)

(4) 심부화재 방호대상물에서 10 ℃를 기준으로 이산화탄소 소화약제의 선형상수 S(m³/kg)를 산출하시오. (3점)

풀이&답 ① 이산화탄소(CO_2)의 분자량 : $12 + 16 \times 2 = 44$kg

② $K_1 = \dfrac{22.4}{44} = 0.509$

③ 선형상수 $S = K_1 + K_2 \times t = 0.509 + \dfrac{0.509}{273} \times 10 = 0.5276 = 0.528 \text{ m}^3/\text{kg}$

물음 3 「소화기구 및 자동소화장치의 화재안전기술기준(NFTC 101)」상 LPG를 연료외의 용도로 저장하고 있을 때 부속용도별로 추가하는 소화기구 설치기준을 가스 저장량별로 구분하여 모두 쓰시오. (3점)

풀이&답

「고압가스안전관리법」·「액화석유가스의 안전관리 및 사업법」 또는 「도시가스사업법」에서 규정하는 가연성가스를 제조하거나 연료외의 용도로 저장·사용하는 장소	저장하고 있는 양 또는 1개월동안 제조·사용하는 양	200 kg 미만	저장하는 장소	능력단위 3단위 이상의 소화기 2개 이상
			제조·사용하는 장소	능력단위 3단위 이상의 소화기 2개 이상
		200 kg 이상 300 kg 미만	저장하는 장소	능력단위 5단위 이상의 소화기 2개 이상
			제조·사용하는 장소	바닥면적 50 m²마다 능력단위 5단위 이상의 소화기 1개 이상
		300 kg 이상	저장하는 장소	대형소화기 2개 이상
			제조·사용하는 장소	바닥면적 50 m²마다 능력단위 5단위 이상의 소화기 1개 이상

03 ★★★★

다음 물음에 답하시오. (단, 계산값은 소수점 둘째자리에서 반올림하여 소수점 첫째자리까지 구한다.) (30점)

물음 1 자동화재탐지설비의 감지기 회로에 관한 다음 조건을 보고 물음에 답하시오. (10점)

[조건]

○ 감지기 배선은 1.5 mm² 의 HFIX 전선을 사용한다.
○ 전선에 사용된 도체의 고유저항은 1.7×10^{-8} Ω·m 이다.
○ 종단저항(10 kΩ)은 회로의 말단 감지기에 설치한다.
○ 수신기에서 말단 감지기까지의 배선 거리는 150 m이다.
○ 수신기에서 하나의 감지기 회로에 사용된 릴레이저항은 800 Ω이다.
○ 수신기의 감지기 회로전압은 DC 24 V이다.

(1) 감지기 회로의 선로저항(Ω)을 계산하시오. (3점)

풀이&답 선로저항 $R = \rho \dfrac{l}{A} = 1.7 \times 10^{-8} \, \Omega \cdot m \times \dfrac{150 \, m \times 2}{1.5 \, mm^2} = 3.4 \, \Omega$

(수신기에서 말단 감지기까지의 배선 거리는 150 m이므로
전선의 총 길이는 150 m × 2선 = 300 m)

(2) 평상시 감지기 회로에 흐르는 감시전류 I_1(mA), 말단 감지기가 동작했을 때 감지기 회로에 흐르는 동작전류 I_2(mA)를 각각 계산하시오. (3점)

풀이&답 감시전류 $I_1 = \dfrac{\text{회로전압}}{\text{릴레이저항} + \text{선로저항} + \text{종단저항}}$

$\qquad = \dfrac{24}{800 + 3.4 + 10 \times 10^3} \times 10^3 = 2.22 \, mA$

$\quad$ 동작전류 $I_2 = \dfrac{\text{회로전압}}{\text{릴레이저항} + \text{선로저항}} = \dfrac{24}{800 + 3.4} \times 10^3 = 29.87 mA$

(3) 자동화재탐지설비의 감지기 배선을 노출배관으로 시공하고자 한다. 계통도의 감지기 배선에 다음과 같은 표기가 있다면, 이 도시 기호가 의미하는 바를 모두 쓰시오. (2점)

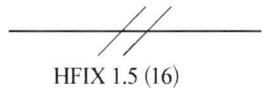

HFIX 1.5 (16)

풀이&답 16 mm 후강전선관에 전선 단면적이 1.5 mm²인 450/750 V 저독성 난연 폴리올레핀 절연전선 2가닥을 노출배선 시공하였다.

보충설명
○ 배선공사명 : 노출배선
○ 사용 전선 : 450/750 V 저독성 난연 폴리올레핀 절연전선, 전선의 굵기 : 1.5 mm², 가닥수 : 2가닥
○ 사용 전선관 : 16 mm 후강전선관

(4) 수신기 공통선시험의 목적과 판정기준을 각각 쓰시오. (2점)

 ① 공통선 시험의 목적

하나의 공통선이 담당하고 있는 경계구역(회선) 수가 7회로 이하인지의 여부를 확인

② 판정기준

도통시험을 통해 단선이 표시되는 회선수가 7회로 이하이면 정상

 ※ 화재안전기술기준 : 하나의 공통선에 접속할 수 있는 경계구역은 7개 이하로 할 것

물음 2 자동화재탐지설비의 전원회로에 관한 다음 물음에 답하시오. (10점)

(1) 수신기 교류 전원부의 브리지 정류회로는 그림 (a)와 같고, 변압기 2차측 전압 파형은 그림 (b)와 같다. 변압기의 1차측 전압은 AC 60 Hz, 220 V이고, 2차측 전압은 AC 60 Hz, 24 V이다. 그림 (b)에 표시된 V_m(V)과 T(ms)를 각각 계산하시오. (3점)

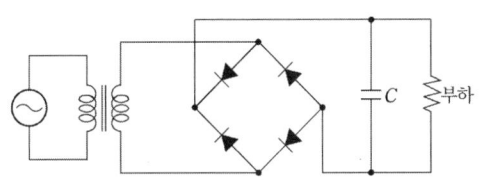

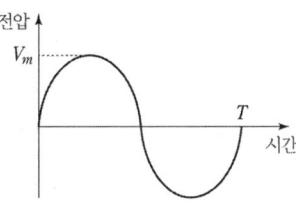

(a) 브리지 정류회로   (b) 변압기 2차측 전압파형

$V_m[\text{V}] = \sqrt{2} \times V = \sqrt{2} \times 24 = 33.941 = 33.94[\text{V}]$

$T[\text{ms}] = \dfrac{1}{f} = \dfrac{1}{60} = 0.016666 \times 10^3 = 16.67[\text{ms}]$

(2) 브리지 정류회로에서 콘덴서 C의 회로 내 역할을 쓰시오. (2점)

정류회로의 출력전압인 직류전압을 일정하게 유지하기 위하여

(3) 수신기 비상전원으로 연축전지를 사용하고자 한다. 주어진 조건을 참고하여 축전지의 최소 용량(mAh)을 계산하시오. (5점)

[조건]

- 경계구역 수는 5개이고, P형 1급 수신기를 사용한다.
- 평상시 수신기가 감시상태일 때 흐르는 전류는 총 170 mA이다.
- 화재가 발생하여 수신기가 동작상태일 때 흐르는 전류는 최대 400 mA이다.
- 축전지의 보수율은 0.8을 적용한다.
- 최저 축전지 온도 5 ℃일 때 사용된 연축전지의 용량환산시간 K는 아래 표와 같다.

시간(분)	10분	20분	30분	60분	100분	120분	180분
용량환산시간 K	1.30	1.45	1.75	2.55	3.45	3.85	5.05

풀이&답 용량환산시간 K값 : 60분 감시, 10분 이상 경보이므로 표에서

60분일 때 $K_1 = 2.55$, 10분일 때 $K_2 = 1.30$

감시전류 $I_1 = 170$ mA, 경보전류 $I_2 = 400$ mA

축전지 용량 = 감시용량 + 경보용량

$$C = \frac{1}{L}(K_1 I_1 + K_2 I_2) = \frac{1}{0.8}(2.55 \times 170 \text{ mA} + 1.30 \times 400 \text{ mA}) = 1{,}191.875 = 1{,}191.88 \text{ mAh}$$

보충설명

1. 경보하는 동안 감시를 하지 않는 경우

시간(분)	10분	20분	30분	60분	100분	120분	180분
용량환산시간 K	1.30	1.45	1.75	2.55	3.45	3.85	5.05

용량환산시간 K의 표에서 주어진 시간(60분, 10분)을 볼 때 경보하는 동안 감시를 하지 않는
경우이므로 축전지용량은

$$C = \frac{1}{L}(K_1 I_1 + K_2 I_2)$$

$$= \frac{1}{0.8}(2.55 \times 170 \text{ mA} + 1.30 \times 400 \text{ mA})$$

$$= 1{,}191.875 = 1{,}191.88 \text{mAh}$$

2. 경보하는 동안 감시를 하는 경우

용량환산시간 K의 표에서 시간이 70분, 10분이 있어야 한다. 이 때, 축전지용량은

$$C = \frac{1}{L}[K_1 I_1 + K_2(I_2 - I_1)]$$

$$= \frac{1}{0.8}[K_1 \times 170 \text{mA} + 1.30 \times (400 \text{mA} - 170 \text{mA})]$$

물음 3 비상콘센트설비에 관한 다음 물음에 답하시오. (10점)

(1) 22.9kV를 수전하는 건축물에 비상콘센트설비를 설치하고자 한다. 비상콘센트설비의 화
재안전기술기준(NFTC 504)상 비상콘센트설비의 상용전원회로 배선은 어디에서 분기할
수 있는지 모두 쓰시오. (2점)

풀이&답 전력용변압기 2차 측의 주차단기 1차 측 또는 2차 측에서 분기하여 전용배선으로 할 것

보충설명

상용전원회로의 배선은 저압수전인 경우에는 인입개폐기의 직후에서, 고압수전 또는 특고압수
전인 경우에는 전력용변압기 2차 측의 주차단기 1차 측 또는 2차 측에서 분기하여 전용배선으로
할 것

---

(2) 비상콘센트설비의 화재안전기술기준(NFTC 504)상 비상콘센트설비의 비상전원으로 사
용할 수 있는 설비 4종류를 모두 쓰시오. (2점)

풀이&답 자가발전설비, 비상전원수전설비, 축전지설비 또는 전기저장장치(외부 전기에너지를 저장해 두
었다가 필요한 때 전기를 공급하는 장치를 말한다)

(3) 지하 2층, 지상 15층, 연면적이 10,000 m²인 건축물에 비상콘센트설비를 설치하고자 한다. 비상콘센트설비의 화재안전기술기준(NFTC 504)상 비상전원을 설치하지 않을 수 있는 경우를 모두 쓰시오. (3점)

풀이&답 2 이상의 변전소에서 전력을 동시에 공급받을 수 있거나 하나의 변전소로부터 전력의 공급이 중단되는 때에는 자동으로 다른 변전소로부터 전력을 공급받을 수 있도록 상용전원을 설치한 경우

(4) 소방관이 비상콘센트에 6 kW의 동력을 사용하는 전동기를 연결하여 구조활동을 실시하였다. 이 때 전동기 코드에 흐르는 전류(A)를 계산하시오. (단, 이 전동기의 역률은 70%이다.) (3점)

풀이&답 전류 $I = \dfrac{P}{V\cos\theta} = \dfrac{6 \times 10^3}{220 \times 0.7} = 38.961 = 38.96[A]$

합격자 ??

제25회 설계 및 시공 기출문제

2025. 9. 6

01 ★★★★

다음 물음에 답하시오. (40점)

물음 1 할로겐화합물 및 불활성기체소화설비를 방호구역에 전역방출방식으로 설치한다. 다음 조건을 보고 물음에 답하시오. (20점)

[조건]

○ 10m×10m×4m (가로×세로×높이)인 방호구역이다.
○ C급화재로 한다.
○ HFC-227ea의 소화농도는 7%, IG-01의 소화농도는 30%이다.
○ HFC-227ea의 경우 최대충전밀도가 가장 큰 소화약제를 사용하고, IG-01의 경우 21℃ 충전압력 중 최대의 것을 사용한다.
○ 각 저장용기의 내용적은 100L이다.
○ 방호구역 온도는 20℃이며, IG-01의 선형상수 값과 소화약제 비체적은 같다.
○ 그 외 기준은 화재안전기술기준에 따른다.
○ 계산 값은 소수점 다섯째자리에서 반올림하여 소수점 넷째자리까지 구한다.

(1) 최소 소화약제 저장량을 구하시오. (4점)

① HFC-227ea를 사용할 경우(kg)

② IG-01을 사용할 경우(m^3)

풀이&답 ① HFC-227ea를 사용할 경우(kg)

설계농도 $C = 7\,\% \times 1.35$(C급 화재이므로)$= 9.45\,\%$

선형상수 계산 : $K_1 = 0.1269$, $K_2 = 0.0005$ 이므로

$$S = K_1 + K_2 \times t = 0.1269 + 0.0005 \times 20 = 0.1369$$

방호구역의 체적 $V = 10\,m \times 10\,m \times 4\,m = 400\,m^3$

소화약제 저장량 $W = \dfrac{V}{S} \times \dfrac{C}{100-C} = \dfrac{400}{0.1369} \times \dfrac{9.45}{100-9.45} = 304.92981 = 304.9298$ kg

1) 소화약제에 따른 K_1, K_2 값

소화약제	K_1	K_2
FC-3-1-10	0.094104	0.00034455
HCFC BLEND A	0.2413	0.00088
HCFC-124	0.1575	0.0006
HFC-125	0.1825	0.0007
HFC-227ea	0.1269	0.0005
HFC-23	0.3164	0.0012
HFC-236fa	0.1413	0.0006
FIC-13I1	0.1138	0.0005
FK-5-1-12	0.0664	0.0002741

2) A · B · C급 화재별 안전계수

설계농도	소화농도	안전계수
A급	A급	1.2
B급	B급	1.3
C급	A급	1.35

풀이&답 ② IG-01을 사용할 경우(m^3)

방호구역의 체적 $V = 10\,m \times 10\,m \times 4\,m = 400\,m^3$

설계농도 $C = 30\% \times 1.35$(C급 화재이므로)$= 40.5\,\%$

선형상수 : $K_1 = 0.5685$, $K_2 = 0.00208$ 이므로

$$S = K_1 + K_2 \times t = 0.5685 + 0.00208 \times 20 = 0.6101$$

20 ℃에서 소화약제의 비체적 V_s

$$V_s = K_1 + K_2 \times 20 = 0.5685 + 0.00208 \times 20 = 0.6101$$

소화약제 저장량

$$X = 2.303 \frac{V_s}{S} \times \log_{10} \frac{100}{100 - C} \times V$$

$$= 2.303 \left(\frac{0.6101}{0.6101}\right) \times \log_{10} \frac{100}{100 - 40.5} \times 400$$

$$= 207.71497 = 207.7150\,m^3$$

1) 소화약제에 따른 K_1, K_2 값

소화약제	K_1	K_2
IG-01	0.5685	0.00208
IG-100	0.7997	0.00293
IG-541	0.65799	0.00239
IG-55	0.6598	0.00242

2) A · B · C급 화재별 안전계수

설계농도	소화농도	안전계수
A급	A급	1.2
B급	B급	1.3
C급	A급	1.35

(2) 최소 저장용기 수를 구하시오. (10점)

① HFC-227ea를 사용할 경우

② IG-01을 사용할 경우

 풀이&답

① HFC-227ea를 사용할 경우

화재안전기술기준에 따른 HFC-227ea의 최대충전밀도는 1,265 kg/m^3

저장용기 1병당 충전량 : $1{,}265\,\text{kg/m}^3 \times \dfrac{100\text{L}}{1{,}000\text{L/m}^3} = 126.5\text{kg}$

저장용기 수 : $\dfrac{304.9298\text{kg}}{126.5\text{kg/병}} = 2.4105 = 3\text{병}$

② IG-01을 사용할 경우

화재안전기술기준에 따른 IG-01의 최대충전압력은 31,097 kPa

저장용기 1병당 충전량 :

보일-샤를의 법칙 $\dfrac{P_1 V_1}{T_1} = \dfrac{P_2 V_2}{T_2}$ 에서

$$\frac{(101.325\,\text{kPa} + 31{,}097\,\text{kPa}) \times 0.1\,\text{m}^3}{(273+21)\,\text{K}} = \frac{(101.325\,\text{kPa}+0) \times V_2}{(273+20)\,\text{K}}$$

$$V_2 = \frac{(101.325\,\text{kPa}+31{,}097\,\text{kPa}) \times 0.1\,\text{m}^3}{(101.325\,\text{kPa}+0)} \times \frac{(273+20)\,\text{K}}{(273+21)\,\text{K}} = 30.68562 = 30.6856\,\text{m}^3$$

저장용기 수 : $\dfrac{207.7150\,\text{m}^3}{30.6856\,\text{m}^3/병} = 6.7691 = 7\text{병}$

보충설명

1) HFC-227ea의 최대충전밀도

항목 ＼ 소화약제	HFC-227ea			
최대충전밀도(kg/m^3)	1,265	1,201.4	1,153.3	1,153.3

2) IG-01의 충전압력

항목 ＼ 소화약제		IG-01		
21℃ 충전압력(kPa)		16,341	20,436	31,097
최소사용 설계압력(kPa)	1차측	16,341	20,436	31,097
	2차측	2차측의 최소사용설계압력은 제조사의 설계프로그램에 의한 압력 값에 따른다.		

(3) 분사헤드에서 최소 방사량을 구하시오. (6점)

   ① HFC-227ea를 사용할 경우(kg/s)

   ② IG-01을 사용할 경우(m^3/s)

[풀이&답] ① HFC-227ea를 사용할 경우(kg/s)

    최소설계농도의 95% 이상에 해당하는 약제량

$$W = \frac{V}{S} \times \frac{C \times 0.95}{100 - C \times 0.95} = \frac{400}{0.1369} \times \frac{9.45 \times 0.95}{100 - 9.45 \times 0.95} = 288.1795756 \text{ kg}$$

    최소 방사량 : $\dfrac{288.1795756 \text{kg}}{10 \text{s}} = 28.81795756 = 28.8180 \text{kg/s}$

   ② IG-01을 사용할 경우(m^3/s)

    최소설계농도의 95 % 이상에 해당하는 약제량

$$X = 2.303 \frac{V_s}{S} \times \log_{10} \frac{100}{100 - C \times 0.95} \times V$$

$$= 2.303 \left(\frac{0.6101}{0.6101} \right) \times \log_{10} \frac{100}{100 - 40.5 \times 0.95} \times 400 = 194.3256455 \text{ m}^3$$

    최소 방사량 : $\dfrac{194.3256455 \text{m}^3}{120 \text{s}} = 1.619380379 = 1.6194 \text{ m}^3$/s

배관의 구경은 해당 방호구역에 할로겐화합물소화약제는 10초 이내에, 불활성기체소화약제는 AC급 화재 2분, B급 화재 1분 이내에 방호구역 각 부분에 최소설계농도의 95 % 이상에 해당하는 약제량이 방출되도록 해야 한다.

｜물음 2｜ 화재의 예방 및 안전관리에 관한 법률 시행령 [별표 2]의 특수가연물을 저장ㆍ취급하는 특정소방대상물의 방호구역 크기가 20 m×30 m×10 m(가로×세로×높이) 이다. 높이 8 m까지 특수가연물이 저장되었다면, 이곳에 전역방출방식의 고발포용 고정포방출구를 설치할 때 다음을 구하시오. (단, 팽창비는 300이며, 방출시간은 10분이다.) (4점)

(1) 최소 포수용액량(L)을 구하시오. (3점)

(2) 최소 포방출구 수를 구하시오. (1점)

[풀이&답] (1) 최소 포수용액량(L)을 구하시오.

    관포체적 $V = 20 \text{ m} \times 30 \text{ m} \times (8 \text{ m} + 0.5 \text{ m}) = 5,100 \text{ m}^3$

    포수용액량 $Q = 5,100 \text{ m}^3 \times 0.31 \text{ L/min} \cdot \text{m}^3 \times 10 \text{ min} = 15,810 \text{ L}$

  (2) 최소 포방출구 수를 구하시오.

    방호구역의 면적 $A = 20 \text{ m} \times 30 \text{ m} = 600 \text{ m}^2$

    포방출구 수 $N = \dfrac{600 \text{ m}^2}{500 \text{ m}^2} = 1.2 = 2$개

1) 특정소방대상물 및 포의 팽창비에 따른 고정포방출구의 방출량

특정소방대상물	포의 팽창비	1 m³에 대한 분당 포수용액 방출량
항공기격납고	팽창비 80 이상 250 미만의 것	2.00 L
	팽창비 250 이상 500 미만의 것	0.50 L
	팽창비 500 이상 1,000 미만의 것	0.29 L
차고 또는 주차장	팽창비 80 이상 250 미만의 것	1.11 L
	팽창비 250 이상 500 미만의 것	0.28 L
	팽창비 500 이상 1,000 미만의 것	0.16 L
특수가연물을 저장 또는 취급하는 특정소방대상물	팽창비 80 이상 250 미만의 것	1.25 L
	팽창비 250 이상 500 미만의 것	0.31 L
	팽창비 500 이상 1,000 미만의 것	0.18 L

2) 고정포방출구는 바닥면적 500 m²마다 1개 이상으로 하여 방호대상물의 화재를 유효하게 소화할 수 있도록 할 것

물음 3 그림과 같이 방화구획된 특정소방대상물에 고압식 전역방출방식의 이산화탄소소화설비를 설치한다. 충전비는 1.6이며, 저장용기의 내용적이 60 L일 때 다음을 구하시오. (단, 높이는 3m이다.) (10점)

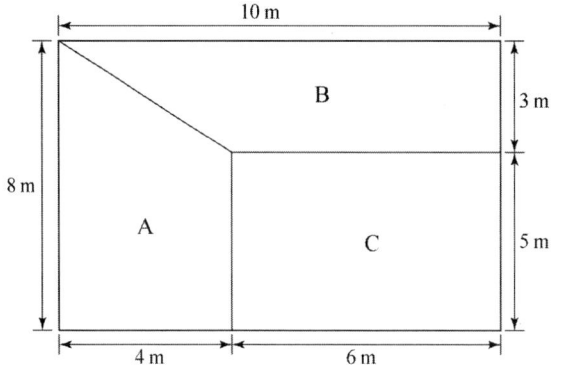

A실 : 변전실
B실 : 모피창고
C실 : 가연성액체 저장

(1) 각 방호구역의 최소 저장용기 수를 구하시오. (3점)

[풀이&답]

방호구역	저장용기 수
A실 : 변전실 (심부화재)	방호공간의 체적 $V = (4\text{m} \times 5\text{m} + 3\text{m} \times 4\text{m} \times \dfrac{1}{2}) \times 3\text{m} = 78\text{m}^3$ 소화약제 저장량 $W = 78\text{m}^3 \times 1.3\text{kg/m}^3 = 101.4\text{kg}$ 1병당 저장량 : $\dfrac{60\text{L}}{1.6} = 37.5\text{kg}$ 최소 저장용기 수 $\dfrac{101.4\text{kg}}{37.5\text{kg/병}} = 2.704 = 3$병
B실 : 모피창고 (심부화재)	방호공간의 체적 $V = (3\text{m} \times 6\text{m} + 3\text{m} \times 4\text{m} \times \dfrac{1}{2}) \times 3\text{m} = 72\text{m}^3$ 소화약제 저장량 $W = 72\text{m}^3 \times 2.7\text{kg/m}^3 = 194.4\text{kg}$ 1병당 저장량 : $\dfrac{60\text{L}}{1.6} = 37.5\text{kg}$ 최소 저장용기 수 $\dfrac{194.4\text{kg}}{37.5\text{kg/병}} = 5.184 = 6$병
C실 : 가연성액체 저장 (표면화재)	방호공간의 체적 $V = (6\text{m} \times 5\text{m}) \times 3\text{m} = 90\text{m}^3$ 소화약제 저장량 $W = 90\text{m}^3 \times 0.9\text{kg/m}^3 = 81\text{kg}$ 1병당 저장량 : $\dfrac{60\text{L}}{1.6} = 37.5\text{kg}$ 최소 저장용기 수 $\dfrac{81\text{kg}}{37.5\text{kg/병}} = 2.16 = 3$병

(2) A실의 이산화탄소 농도가 40%일 때, 이산화탄소 방출가스의 체적(m^3)을 구하시오.
(단, 방호구역은 무유출 상태임) (3점)

[풀이&답] 이산화탄소 농도 $CO_2 = \dfrac{v}{V+v} \times 100\,\%$ (V : 실의 체적, v : 방출가스의 체적)

$40\,\% = \dfrac{v}{78\,\text{m}^3 + v} \times 100\,\%$, $v = 52\,\text{m}^3$

1) 심부화재, 방호대상물 및 방호구역 체적에 따른 소화약제의 양과 설계농도

방호대상물	방호구역의 체적 1 m^3에 대한 소화약제의 양	설계농도 %
유압기기를 제외한 전기설비, 케이블실	1.3 kg	50
체적 55 m^3 미만의 전기설비	1.6 kg	50
서고, 전자제품창고, 목재가공품창고, 박물관	2.0 kg	65
고무류 · 면화류창고, 모피창고, 석탄창고, 집진설비	2.7 kg	75

2) 표면화재, 방호구역 체적에 따른 소화약제 및 최저한도의 양

방호대상물	방호구역의 체적 1 m³에 대한 소화약제의 양	소화약제 저장량의 최저한도의 양
45 m³ 미만	1.00 kg	45 kg
45 m³ 이상 150 m³ 미만	0.90 kg	45 kg
150 m³ 이상 1,450 m³ 미만	0.80 kg	135 kg
1,450 m³ 이상	0.75 kg	1,125 kg

(3) A, B, C실에 공급되는 소화약제를 다음 그림과 기호를 이용하여 저장용기에서 선택밸브 까지 배관계통도를 완성하시오. (4점)

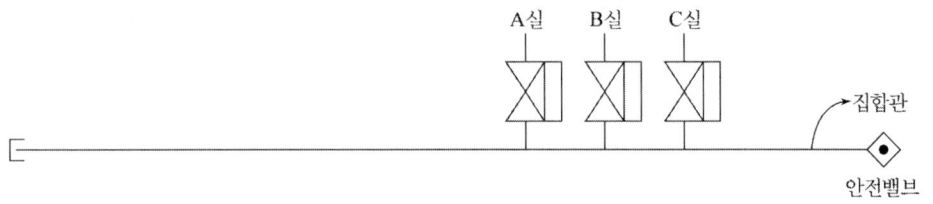

[기호]

◎ : 저장용기   ⬭ : 기동용기   ———— : 배관

⟲ : 가스체크밸브   ⧓ : 선택밸브   -------- : 동관

풀이&답

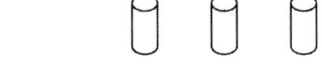

물음 4 다음은 전기저장시설의 화재안전기술기준(NFTC 607)에 관한 내용이다. 다음 물음에 답하시오. (6점)

(1) 다음 ( )에 들어갈 내용을 쓰시오. (4점)

> ○ 전기저장장치는 관할 소방대의 원활한 소방활동을 위해 지면으로부터 지상 (ㄱ) m (전기저장장치가 설치된 전용 건축물의 최상부 끝단까지의 높이) 이내, 지하 (ㄴ) m (전기저장장치가 설치된 바닥면까지의 깊이) 이내로 설치해야 한다.
> ○ 전기저장장치 설치장소의 벽체, 바닥 및 천장은 「건축물의 피난 · 방화구조 등의 기준에 관한 규칙」에 따라 건축물의 다른 부분과 방화구획 해야 한다. 다만, (ㄷ)와(과) (ㄹ) 설비는 방화구획 하지 않을 수 있다.

[풀이&답] ㄱ. 22 ㄴ. 9 ㄷ. 배터리실 외의 장소 ㄹ. 옥외형 전기저장장치

(2) 전기저장시설의 화재안전성능과 관련된 시험을 수행할 수 있는 시험기관 2곳을 쓰시오. (단, 소방청장이 인정하는 시험방법으로 화재안전성능을 시험할 수 있는 비영리 국가 공인시험기관은 제외함) (2점)

[풀이&답] 1. 한국소방산업기술원
2. 한국화재보험협회 부설 방재시험연구원

02 ★★★★

다음 물음에 답하시오. (30점)

물음 1 개방형스프링클러설비에 관한 다음 물음에 답하시오. (20점)

─── [조건] ───

○ 무대부에 설치하며, 속도수두는 무시한다.
○ 말단 A1 스프링클러헤드의 최소방사압력은 0.1 MPa, K 값은 80이다.
○ 조도는 120이다.
○ 스프링클러헤드의 배치는 정방형이다.
○ 관부속품의 등가길이는 표와 같다. (단, 레듀셔와 헤드에 직접 연결되는 관 및 관부속품의 등가길이는 무시)

배관구경(mm)		25	32	40	50
등가길이	엘보(m)	0.6	0.9	1.2	1.5
	분류티(m)	1.5	1.8	2.4	3.0

○ 가지배관 1과 가지배관 2의 모든 규격은 동일하다.
○ 계산 값은 소수점 다섯째자리에서 반올림하여 소수점 넷째자리까지 구한다.
○ 그 외 기준은 화재안전기술기준에 따른다.
○ (3), (4), (5), (6) 문제는 (1), (2)에서 구한 값을 이용한다.

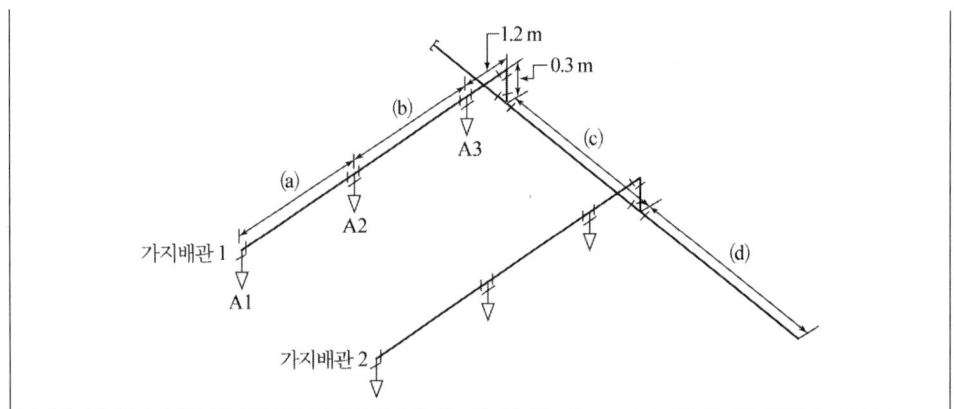

(1) 스프링클러설비의 화재안전기술기준(NFTC 103)상 개방형 스프링클러헤드수별 급수관의 구경 표를 완성하시오. (2점)

급수관의 구경(mm) 구분	25	32	40	50
다	(ㄱ)	(ㄴ)	(ㄷ)	(ㄹ)

풀이&답

급수관의 구경(mm) 구분	25	32	40	50
다	(1)	(2)	(5)	(8)

급수관의 구경 mm 구분	25	32	40	50	65	80	90	100	125	150
가	2	3	5	10	30	60	80	100	160	161 이상
나	2	4	7	15	30	60	65	100	160	161 이상
다	1	2	5	8	15	27	40	55	90	91 이상

[비고]
1. 폐쇄형스프링클러헤드를 사용하는 설비의 경우로서 1개 층에 하나의 급수배관(또는 밸브 등)이 담당하는 구역의 최대면적은 3,000 m²를 초과하지 않을 것
2. 폐쇄형스프링클러헤드를 설치하는 경우에는 "가"란의 헤드수에 따를 것. 다만, 100개 이상의 헤드를 담당하는 급수배관(또는 밸브)의 구경을 100 mm로 할 경우에는 수리계산을 통하여 2.5.3.3의 단서에서 규정한 배관의 유속에 적합하도록 할 것
3. 폐쇄형스프링클러헤드를 설치하고 반자 아래의 헤드와 반자속의 헤드를 동일 급수관의 가지관상에 병설하는 경우에는 "나"란의 헤드수에 따를 것
4. 2.7.3.1의 경우로서 폐쇄형스프링클러헤드를 설치하는 설비의 배관구경은 "다"란에 따를 것
5. 개방형스프링클러헤드를 설치하는 경우 하나의 방수구역이 담당하는 헤드의 개수가 30개 이하일 때는 "다"란의 헤드수에 의하고, 30개를 초과할 때는 수리계산 방법에 따를 것

(2) 스프링클러헤드 사이의 간격(m)을 구하시오. (2점)

[풀이&답] $S = 2r\cos 45° = 2 \times 1.7\,\text{m} \times \cos 45° = 2.404163\,\text{m} = 2.4042\,\text{m}$

(3) 구간 (a)에서의 마찰손실압력(MPa)과 A2 스프링클러헤드의 최소유량(L/min)을 구하시오. (4점)

[풀이&답]

1) 구간 (a)에서의 마찰손실압력(MPa)

L : 직관의 길이(2.4042 m) + 관 부속품(25 mm 엘보 0.6 m) = 3.0042 m

$$\triangle P_{(a)} = 6.053 \times 10^4 \times \frac{Q^{1.85}}{C^{1.85} \times D^{4.87}} \times L$$

$$= 6.053 \times 10^4 \times \frac{80^{1.85}}{120^{1.85} \times 25^{4.87}} \times 3.0042 = 0.01336 = 0.0134\,\text{MPa}$$

2) A2 스프링클러헤드의 최소유량(L/min)

$$K = \frac{Q_{A1}}{\sqrt{10P}} = \frac{80}{\sqrt{10 \times 0.1}} = 80$$

$$Q_{A2} = 80\sqrt{10P_{A2}} = 80\sqrt{10 \times (0.1 + 0.0134)} = 85.19154 = 85.1915\,\text{L/min}$$

(4) 구간 (b)에서의 마찰손실압력(MPa)과 A3 스프링클러헤드의 최소유량(L/min)을 구하시오. (4점)

[풀이&답]

1) 구간 (b)에서의 마찰손실압력(MPa)

L : 직관의 길이(2.4042 m) + 관 부속품(분류티 1.8 m) = 4.2042 m

$$\triangle P_{(b)} = 6.053 \times 10^4 \times \frac{Q^{1.85}}{C^{1.85} \times D^{4.87}} \times L$$

$$= 6.053 \times 10^4 \times \frac{(80 + 85.1915)^{1.85}}{120^{1.85} \times 32^{4.87}} \times 4.2042 = 0.02149 = 0.0215\,\text{MPa}$$

2) A3 스프링클러헤드의 최소유량(L/min)

$$Q_{A3} = 80\sqrt{10P_{A3}} = 80\sqrt{10 \times (0.1 + 0.0134 + 0.0215)} = 92.91716 = 92.9172\,\text{L/min}$$

(5) 구간 (c)에서의 최소유량(L/min)을 구하시오. (2점)

[풀이&답] $Q_{(c)} = Q_{A1} + Q_{A2} + Q_{A3} = 80 + 85.1915 + 92.9172 = 258.1087\,\text{L/min}$

(6) 구간 (d)에서의 최소유량(L/min)을 구하시오. (6점)

[풀이&답]

구간 (d)에서의 최소유량 :

$Q_{(d)} = $ 가지배관 1의 보정유량$(Q_{(tree-1)})$ + 가지배관 2의 유량$(Q_{(tree-2)})$

1. 가지배관 2의 유량$(Q_{(tree-2)}) = 258.1087\,\text{L/min}$

2. 가지배관 1의 보정유량$(Q_{(tree-1)})$

1) 가지배관 1의 분기점과 교차배관 사이의 압력 : $P_{tree1-교차}$

① $P_{A3} = 0.1 + 0.1134 + 0.0215 = 0.1349\,\text{MPa}$

② $\triangle P_{A3-분기점}$

$L = $ 직관의 길이(1.2 m + 0.3 m) + 40 mm 엘보(1.2 m) + 40 mm 분류티(2.4 m)

$= 5.1\,\text{m}$

$$\triangle P_{A3-분기점} = 6.053 \times 10^4 \times \frac{(258.1087)^{1.85}}{120^{1.85} \times 40^{4.87}} \times 5.1 = 0.02008 = 0.0201 \text{ MPa}$$

③ 낙차 $P_{낙차} = 0.3 \text{ m} \times \dfrac{0.101325 \text{ MPa}}{10.332 \text{ m}} = 0.002942 = 0.0029 \text{ MPa}$

④ $P_{tree1-교차} = 0.1349 + 0.0201 + 0.0029 = 0.1579 \text{ MPa}$

2) 가지배관 2의 분기점과 교차배관 사이의 압력 $P_{tree2-교차}$

① 가지배관 사이 마찰손실압력 $\triangle P_{tree1-tree2}$

L = 직관의 길이(2.4042 m) + 40 mm 분류티(2.4 m) = 4.8042 m

(※ 직관의 길이 : 문제의 도면상 (c)는 헤드간의 거리와 동일함)

$$\triangle P_{tree1-tree2} = 6.053 \times 10^4 \times \frac{(258.1087)^{1.85}}{120^{1.85} \times 40^{4.87}} \times 4.8042 = 0.018919 = 0.0189$$

② $P_{tree2-교차} = P_{tree1-교차} + \triangle P_{tree1-tree2} = 0.1579 + 0.0189 = 0.1768 \text{ MPa}$

3) 가지배관 1의 유량(보정유량)

① $K = \dfrac{Q}{\sqrt{10P}} = \dfrac{258.1087}{\sqrt{10 \times 0.1579}} = 205.405268 = 205.4053$

② $Q_{보정유량} = 205.4053 \times \sqrt{10 \times 0.1768} = 273.119542 = 273.1195 \text{ L/min}$

[별해] 유량보정

$Q = K\sqrt{10P}$ 에서 $Q \propto \sqrt{P}$ 이므로

$Q = 258.1087 \times \sqrt{\dfrac{0.1768}{0.1579}} = 273.1195 \text{ L/min}$

---

4) (d)의 유량 = 258.1087 L/min + 273.1195 L/min = 531.2282 L/min

물음 2 다음 조건을 고려하여 물음에 답하시오. (4점)

[조건]

○ 10층의 백화점 건축물에 습식스프링클러설비를 설치하며, 각 층의 스프링클러헤드의 설치 갯수는 20개이다.
○ 펌프에서 최고위 말단헤드까지의 배관 및 관 부속품의 마찰손실은 펌프 실양정의 30 %이다.
○ 펌프의 진공계 눈금은 367.79 mmHg 이다.
○ 펌프의 토출양정은 100 m이다.
○ 펌프의 체적효율은 0.95, 기계효율은 0.85, 수력효율은 0.75이다.
○ 전동기의 전달계수는 1.2이다.
○ 말단 스프링클러헤드의 방수량과 방수압력은 80 L/min, 0.1 MPa 이다.
○ 계산 값은 소수점 셋째자리에서 반올림하여 소수점 둘째자리까지 구한다.

(1) 펌프의 전양정을 구하시오. (2점)

풀이&답

$h_1 = 367.79 \text{ mmHg} \times \dfrac{10.332 \text{ m}}{760 \text{ mmHg}} + 100 \text{ m} = 105.0000083 \text{ m} = 105 \text{ m}$

$h_2 = 105 \text{ m} \times 0.3 = 31.5 \text{ m}$

$h_3 = 0.1 \text{ MPa} \times \dfrac{10.332 \text{ m}}{0.101325 \text{ MPa}} = 10.19689119 = 10.2 \text{ m}$

전양정 $H = h_1 + h_2 + h_3 = 105 \text{ m} + 31.5 \text{ m} + 10.2 \text{ m} = 146.7 \text{ m}$

1 atm = 0.101325 MPa = 101.325 kPa = 760 mmHg = 10.332m(H₂O) = 10.332 mAq
= 1.0332 kgf/cm² = 1.013 bar

(2) 전동기의 용량(kW)을 구하시오. (2점)

풀이&답 $Q = 30 \times 80\,\text{L/min} = 2,400\,\text{L/min} = 2.4\,\text{m}^3/\text{min}$

$\eta = 0.95 \times 0.85 \times 0.75 = 0.605625 = 0.61$

전동기 용량 $P = \dfrac{0.163KQH}{\eta} = \dfrac{0.163 \times 1.2 \times 2.4 \times 146.7}{0.61} = 112.8964 = 112.9\,\text{kW}$

물음 3 다음 물음에 답하시오. (6점)

(1) 제연설비의 화재안전기술기준(NFTC 501)상 댐퍼, 풍량조절댐퍼의 정의를 각각 쓰시오. (2점)

풀이&답

댐퍼	풍도 내부의 연기 또는 공기의 흐름을 조절하기 위해 설치하는 장치
풍량조절댐퍼	송풍기(또는 공기조화기) 토출측에 설치하여 유입풍도로 공급되는 공기의 유량을 조절하는 장치

(2) 스프링클러설비의 화재안전기술기준(NFTC 103)상 헤드의 설치 제외장소 중 "불연재료로 된 특정소방대상물 또는 그 부분으로서 다음의 어느 하나에 해당하는 장소" 4가지를 쓰시오. (2점)

불연재료로 된 특정소방대상물 또는 그 부분으로서 다음의 어느 하나에 해당하는 장소
○ (ㄱ)
○ (ㄴ)
○ (ㄷ)
○ (ㄹ)

풀이&답 ㄱ. 정수장 · 오물처리장 그 밖의 이와 비슷한 장소
ㄴ. 펄프공장의 작업장 · 음료수공장의 세정 또는 충전하는 작업장 그 밖의 이와 비슷한 장소
ㄷ. 불연성의 금속 · 석재 등의 가공공장으로서 가연성물질을 저장 또는 취급하지 않는 장소
ㄹ. 가연성 물질이 존재하지 않는 「건축물의 에너지절약설계기준」에 따른 방풍실

03 ★★★★

다음 물음에 답하시오. (단, 계산문제의 경우 답안 작성 시 소수점 셋째자리에서 반올림하여 둘째자리까지 작성하시오.) (30점)

| 물음 1 아래 그림과 같이 선전압이 380[V], 60[Hz]인 평형 3상 전원에 평형 부하인 옥내소화전 펌프용 3상 유도 전동기가 연결되어 있다. 전동기 부하에 전달되는 전체 전력을 측정하기 위하여 전력계 W1과 W2를 사용하는 2전력계 방법으로 측정한 값이 $P_1 = 500$[W], $P_2 = 1,000$[W]이다. 다음 물음에 답하시오. (14점)

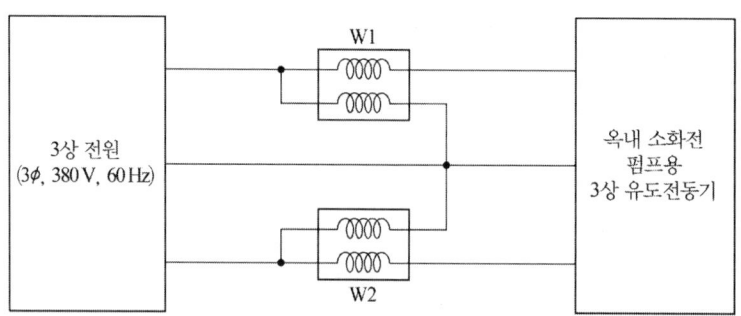

(1) 3상 유도 전동기 부하에서 소비되는 유효전력[W]을 구하시오. (2점)

[풀이&답] 유효전력 $P = P_1 + P_2 = 500 + 1,000 = 1,500$ W

(2) 3상 유도 전동기 부하에 공급되는 피상전력[VA]을 구하시오. (2점)

[풀이&답] 유효전력 $P = P_1 + P_2 = 500 + 1,000 = 1,500$W
무효전력 $P_r = \sqrt{3}(P_1 - P_2) = \sqrt{3}(1,000 - 500) = 500\sqrt{3}$ Var
피상전력 $P_a = \sqrt{P^2 + P_r^2} = \sqrt{1,500^2 + (500\sqrt{3})^2} = 1,732.050808 = 1,732.05$ VA

(3) 3상 유도 전동기 부하의 역률을 구하시오. (2점)

[풀이&답] 역률 $\cos\theta = \dfrac{P}{P_a} = \dfrac{1,500}{1,732.05} = 0.866025 = 0.87$

(4) 3상 유도 전동기 부하의 역률을 0.95(지상)로 개선하기 위하여 동일 용량의 커패시터(전력용 콘덴서) 3개를 △결선으로 연결하여 구현하는 경우 1상당 커패시터 정전용량[μF]은 얼마인지 구하시오. (2점)

[풀이&답] 콘덴서 용량 $Q_c = P(\tan\theta_1 - \tan\theta_2)$
$= 1,500\left(\dfrac{\sqrt{1-0.87^2}}{0.87} - \dfrac{\sqrt{1-0.95^2}}{0.95}\right) = 357.063 = 357.06$ VA

1상 당 커패시터 정전용량 $C = \dfrac{Q_c}{6\pi f V^2} = \dfrac{357.06}{6\pi \times 60 \times 380^2} \times 10^6 = 2.18635 = 2.19$ μF

(5) Y−△ 기동법으로 3상 유도 전동기를 기동하는 경우 Y 결선에서의 기동 전류는 △ 결선에 비하여 몇 배인지 구하시오. (2점)

풀이&답 $\dfrac{I_Y}{I_\triangle} = \dfrac{\frac{V}{\sqrt{3}\,Z}}{\sqrt{3}\,\frac{V}{Z}} = \dfrac{1}{(\sqrt{3})^2} = \dfrac{1}{3}, \quad I_Y = \dfrac{1}{3}I_\triangle$

(6) Y−△ 기동법으로 3상 유도 전동기를 기동하는 경우 Y 결선에서의 기동 토크는 △ 결선에 비하여 몇 배인지 구하시오. (2점)

풀이&답 $\dfrac{T_Y}{T_\triangle} = \dfrac{(\frac{V}{\sqrt{3}})^2}{(V)^2} = \dfrac{1}{3}, \quad T_Y = \dfrac{1}{3}T_\triangle$

(7) 3상 유도 전동기의 회전자계의 회전 속도가 2,000[rpm]이고, 회전자의 속도는 1,900 [rpm]이라면 공극 출력과 기계적 출력의 비인 2차측 효율[%]은 얼마인지 구하시오. (단, 기계적 손실은 무시한다.) (2점)

풀이&답 2차 효율 $\eta_2 = \dfrac{N}{N_s} = \dfrac{1,900}{2,000} = 0.95 \times 100 = 95\,\%$

│물음 2 비상조명등의 화재안전기술기준(NFTC 304)상 휴대용비상조명등은 다음의 기준에 적합해야 한다. (   )에 들어갈 내용을 순서대로 쓰시오. (4점)

> ○ 다음 각 기준의 장소에 설치할 것
>   − 숙박시설 또는 다중이용업소에는 객실 또는 영업장 안의 구획된 실마다 잘 보이는 곳(외부에 설치시 출입문 손잡이로부터 1m 이내 부분)에 (ㄱ)개 이상 설치
>   − 「유통산업발전법」 제2조제3호에 따른 대규모점포(지하상가 및 지하역사는 제외한다)와 영화상영관에는 보행거리 50 m 이내마다 3개 이상 설치
>   − 지하상가 및 지하역사에는 보행거리 (ㄴ)m 이내마다 (ㄷ)개 이상 설치
> ○ 설치높이는 바닥으로부터 0.8 m 이상 1.5 m 이하의 높이에 설치할 것
> ○ 어둠속에서 위치를 확인할 수 있도록 할 것
> ○ 사용 시 자동으로 점등되는 구조일 것
> ○ 외함은 난연성능이 있을 것
> ○ 건전지를 사용하는 경우에는 방전 방지조치를 해야 하고, 충전식 배터리의 경우에는 상시 충전되도록 할 것
> ○ 건전지 및 충전식 배터리의 용량은 (ㄹ)분 이상 유효하게 사용할 수 있는 것으로 할 것

풀이&답 ㄱ. 1   ㄴ. 25   ㄷ. 3   ㄹ. 20

물음 3 다음 물음에 답하시오. (6점)

(1) 비상전원설비로 사용되는 연축전지가 방전할 때 아래 그림과 같이 시간에 따라 방전전류가 증가하는 경우, 이에 적합한 연축전지의 용량(Ah)을 구하시오. (단, 보수율은 0.8, 용량환산시간 K는 아래 표와 같다.) (2점)

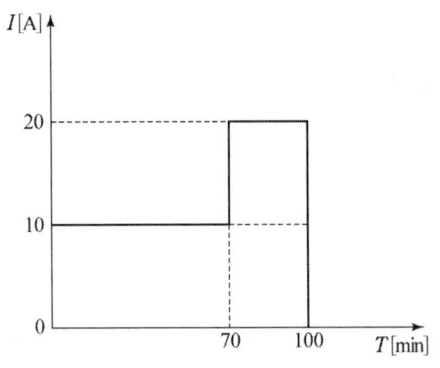

시간(min)	10	20	30	50	100
K	1.3	1.4	1.7	2.5	3.4

풀이&답 용량환산시간계수 $K_1 = 3.4$, $K_2 = 1.7$

축전지의 용량 $C = \dfrac{1}{L}[K_1 I_1 + K_2(I_2 - I_1)] = \dfrac{1}{0.8}[3.4 \times 10 + 1.7 \times (20 - 10)] = 63.75$ Ah

보충설명

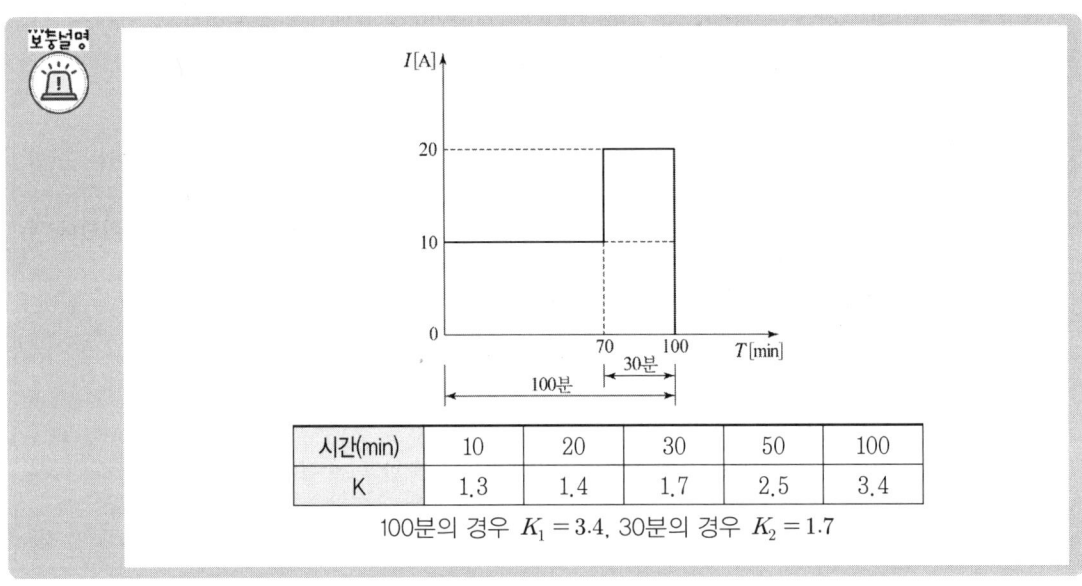

시간(min)	10	20	30	50	100
K	1.3	1.4	1.7	2.5	3.4

100분의 경우 $K_1 = 3.4$, 30분의 경우 $K_2 = 1.7$

(2) 연축전지 충전방식으로 부동충전방식을 사용하고자 한다. 아래 주어진 조건을 사용하여 부동충전방식의 충전기 2차 전류[A]와 2차 출력[kVA]을 각각 구하시오. (단, 연축전지의 정격 용량은 위의 (1)에서 구한 값을 사용한다.) (4점)

[조건]

○ 상시 부하의 용량은 5[kW]이며 역률은 1이다.

○ 표준 전압은 100[V]이다.

○ 연축전지의 정격 방전율은 10시간이다.

풀이&답 2차 전류 $I_2 = \dfrac{63.75}{10} + \dfrac{5 \times 10^3}{100} = 56.375 = 56.38\,\text{A}$

2차 출력 $P = VI_2 = 100 \times 56.38 = 5,638\,\text{VA} \times 10^{-3} = 5.638 = 5.64\,\text{kVA}$

물음 4 소방펌프용 전동기에 전력을 공급하는 변압기의 변압비가 6,600/380[V]이고, 정격용량이 50[kVA]인 단상 변압기 3대를 △ 결선하여 100[kVA]인 3상 평형 부하에 전력을 공급하는 중에 변압기 1대가 소손되어 소손된 변압기를 제거한 후 V 결선하여 운전하려고 한다. 다음 물음에 답하시오. (6점)

(1) 소손되기 전의 부하전류(선전류)와 변압기 상전류를 구하시오. (2점)

풀이&답 부하전류(선전류) $I_l = \dfrac{P}{\sqrt{3}\,V_l} = \dfrac{100 \times 10^3}{\sqrt{3} \times 380} = 151.93428 = 151.93\,\text{A}$

상전류 $I_p = \dfrac{I_l}{\sqrt{3}} = \dfrac{151.93}{\sqrt{3}} = 87.7168 = 87.72\,\text{A}$

(2) 소손된 변압기 1대를 제거한 후 V 결선으로 운전 시 부하전류(선전류)와 변압기 상전류를 구하시오. (2점)

풀이&답 부하전류(선전류) $I_l = \dfrac{P}{\sqrt{3}\,V_l} = \dfrac{100 \times 10^3}{\sqrt{3} \times 380} = 151.93428 = 151.93\,\text{A}$

상전류 $I_p = I_l = 151.93\,\text{A}$(V결선이므로 선전류와 상전류가 동일함)

(3) 소손된 변압기 1대를 제거한 후 V 결선하여 운전하면 소손되지 않은 나머지 2대의 단상 변압기에는 몇 %의 과부하가 걸리는지 구하시오. (2점)

풀이&답 V결선시 출력 $P_V = \sqrt{3}\,P_1 = \sqrt{3} \times 50 = 50\sqrt{3}$

과부하율 $= \dfrac{부하용량}{변압기용량} = \dfrac{100}{50\sqrt{3}} \times 100 = 115.47\,\%$

[별해] 변압기 1대에 걸리는 실제 부담 부하용량 :

$$P_V = \sqrt{3}\,P_1 = 100, \quad P_1 = \dfrac{100}{\sqrt{3}} = 57.735\,\text{kVA}$$

변압기 정격용량 : 50 kVA

과부하율 : $\dfrac{57.735}{50} \times 100 = 115.47\,\%$

MEMO

Non-Stop High-Pass
소방시설관리사 제2차

소방시설의 설계 및 시공

발　　행 / 2025년 12월 30일

저　　자 / 김 상 현
펴 낸 이 / 정 창 희
펴 낸 곳 / 동일출판사
주　　소 / 서울시 강서구 곰달래로31길7 (2층)
전　　화 / (02) 2608-8250
팩　　스 / (02) 2608-8265
등록번호 / 제109-90-92166호

판 권
소 유

ISBN 978-89-381-1751-9 13530
값 / 30,000원